Torsten Schwarz

Herausgeber

LEITFADEN Dialog Marketing

marketing
BÖRSE
www.marketing-boerse.de

Mit freundlicher Empfehlung von

Schober GROUP

ISBN-13: 978-3-00-023925-0
ISBN-10: 3-00-023925-1

© 2008 marketing-BÖRSE GmbH, Waghäusel
Melanchthonstr. 5, D-68753 Waghäusel
Internet: http://www.marketing-boerse.de
Kontakt: info@marketing-boerse.de

Umschlagsgestaltung: Maren Wendt, Hamburg
Satz und Layout: KOMM-ON Peter Föll, Karlsruhe
Druck und Bindung: Wilhelm & Adam, Heusenstamm
Printed in Germany

Vorwort

Dialogmarketing perfektioniert

Individualkommunikation und Werbemessbarkeit sind schon immer die Domäne des Direktmarketings. Im heutigen Dialogmarketing sind Domains und Performance-Marketing neue Keywords.

Doch auch Mobile- und Internet-Performance-Strategien haben die gleiche Zielsetzung wie das klassische Direktmarketing: Mit Messbarkeit zu mehr Effizienz und Wirtschaftlichkeit.

Nur wer versteht, die bewährten Konzepte und Erfahrungen des Direktmarketings in die Online-Welt zu übertragen und neue Technologien mit erprobten Verfahren zu vernetzen, wird die vielfältigen Chancen der crossmedialen Multichannel-Kommunikation erfolgreich nutzen können.

Die vernetzte One-to-One-Kommunikation über alle Kanäle entwickelt sich zum echten Dialog. Menschen und Unternehmen nutzen die neuen Medien als virtuelle Plattform zur Information und Kommunikation, zum Erfahrungs- und zum Meinungsaustausch.

Kunden beurteilen Qualität und Leistung öffentlich und werden über Communities und Blogs zu einer neuen Marktmacht. Gleichzeitig entstehen für alle Unternehmens-größen und Branchen tolle Chancen, über crossmediale Dialogkonzepte die neue „Kunden-Nähe" für den eigenen Erfolg zu nutzen. So entstehen Kundenbindung und Markenloyalität.

Verstehen wir es als zusätzliche Chance, wenn Kunden sagen, was sie wollen und auch, was sie nicht wollen. Denn das „Mehr an Information" führt zu mehr Effizienz und Wertschöpfung.

Eine völlig neue Herausforderung, um das Dialogmarketing zu perfektionieren.

Klaus Schober

Vorwort

Qualität ist das beste Rezept!

Ein elementarer Paradigmenwechsel bewegt das Marketing und erfordert nachhaltiges Umdenken. Zukunftsforscher Christoph Santner, The Future Kitchen, zufolge ist die gute, alte Informationsgesellschaft längst zur Kreations- und Schöpfungsgesellschaft geworden, der „Prosum" hat den Konsum abgelöst. Der Verbraucher – ein Begriff, der ebenfalls dringender Überholung bedarf – lässt sich nicht mehr durch die übliche Werbeansprache beeindrucken, sondern entscheidet selbst, welche Produkte und Dienstleistungen er benötigt. Seine Erfahrungen wiederum teilt er mit anderen.

Eindimensionale Kommunikation stößt in der Schöpfungsgesellschaft unweigerlich an ihre Grenzen. Der Dialog, die Interaktion, ist zum Non plus Ultra geworden. Für Marketer ist der Einsatz von Dialogmarketing schon heute zwingend notwendig, um Marken an den nutzenden Menschen zu bringen.

Doch die Möglichkeit, in den Dialog mit Unternehmen zu treten, reicht längst nicht aus, um den Ansprüchen des Prosumenten zu genügen. Wie überall, kommt es auch hier auf das „wie" an, über das Anwender und Dienstleister von Dialogmarketing dringend intensiver nachdenken müssen. Ein falsches Verständnis von dialogischer Kommunikation führt nämlich noch viel zu oft dazu, dass der Marktpartner Verbraucher ohne Sinn und Verstand auf den verschiedensten Kanälen mit Angeboten „zugemüllt" wird, die ihn gar nicht interessieren. Hier läuft grundsätzlich etwas falsch.

Ein detailliertes Wissen über die echten Bedürfnisse von Kunden und eine hohe Qualität innerhalb des Dialogprozesses mit den Prosumenten sind die basics für erfolgreiches Marketing. Unternehmen wissen das natürlich längst. Doch gute Vorsätze werden angesichts eines schnellen Vertriebserfolges nach dem „quick and dirty"-Prinzip gerne vergessen, obwohl dabei nur allzu häufig der gute Ruf einer Marke auf dem Spiel steht.

Der DDV übernimmt gerade hier eine wichtige Rolle. Er versteht sich als Mahner für die gute Sache und nimmt seine Verantwortung ausgesprochen ernst. Seit Jahren setzen sich die Mitglieder für eine hohe, nachweisbare und messbare Qualität ihrer Leistungen und Services ein, weil sie wissen, dass dieser Faktor einen Wettbewerbsvorteil im Markt darstellt. Und nicht nur das: akzeptierte Qualität spielt auch im Kampf gegen staatliche Restriktionen und für eine Selbstregulierung der Wirtschaft eine eindeutige Rolle. Diese ist nur dann glaubhaft umsetzbar, wenn sich Unternehmen offensiv zur Qualität bekennen.

Dieter Weng
Präsident des DDV, Deutscher Dialogmarketing Verband

Vorwort

Wer nur mit Anzeigen Reklame macht, verschenkt bares Geld. Erst die Kombination mit der direkten Kundenansprache steigert die Werbewirkung nachhaltig. Selbst große Markenhersteller verlagern Budgets von klassischer Werbung hin zu Below-the-line-Maßnahmen. Der steigende Werbedruck stellt Unternehmen aber auch vor neue Herausforderungen. Immer schwieriger wird es, Interessenten auf sich aufmerksam zu machen. Einerseits sinken die Responseraten, andererseits wächst die Zahl der Kanäle. Immer mehr Medien wollen bedient werden, die Budgets stagnieren jedoch. Daraus resultiert der Zwang, aus den Dialogmedien „mehr rauszuholen". Um mehr Effizienz geht es in diesem Buch.

Unternehmen haben ein berechtigtes Interesse am Dialog mit Kunden und Interessenten. Auch Verbraucher wollen mit Firmen kommunizieren. Leider jedoch gehen viele Dialogversuche von Unternehmen am Ziel vorbei. Wer nichts zu sagen hat, sollte schweigen. Wer langweilige Mailings verschickt, wird nicht mehr wahrgenommen. Die Wirkung des Direktmarketings verpufft, wenn Werbebriefe ungeöffnet im Mülleimer landen. Relevanz ist das Zauberwort für den erfolgreichen Kundendialog.

Immer mehr Menschen verbringen einen immer größeren Anteil ihrer Mediennutzungszeit im Internet. Direktmarketing im Internet jedoch unterliegt eigenen Regeln. Das unter dem Schlagwort „Web 2.0" populär gewordene Mitmach-Web birgt für Unternehmen neue Herausforderungen. Monologe werden zu Dialogen. Der Bereich Online-Marketing ist in diesem Buch jedoch ausgeklammert, da der Verlag gerade kürzlich ein Standardwerk zu genau diesem Thema herausgegeben hat. Im „Leitfaden Online Marketing" werden alle Aspekte des Themas ausführlich beleuchtet.

Dieses Buch bündelt das Wissen der Dialogmarketing-Branche. Die Autoren zählen zu den führenden Köpfen des Fachgebiets. Von der Werbewirkung über Texten bis zum Aufbau einer Kundendatenbank reichen die Themen. Neben der Gestaltung professioneller Mailings werden auch Kataloge und Kundenzeitschriften unter die Lupe genommen. Der Einsatz von Dialogmarketing in den verschiedenen Branchen wird detailliert beschrieben. Im Praxisteil werden konkrete Beispiele vorgestellt.

Dieser Leitfaden soll kein wissenschaftliches Werk, sondern eine praktische Anleitung für Unternehmen sein. Es ist aus der Sicht erfahrener Experten geschrieben. Am Kapitelanfang erhalten Sie jeweils eine Einführung ins Thema. Diese erläutert die Relevanz der jeweiligen Beiträge.

Ich wünsche Ihnen, dass dieses Buch Ihnen hilft, neue Anregungen für den Dialog mit Ihren Kunden und Interessenten zu finden.

Torsten Schwarz

Waghäusel im September 2008

INHALT

1. Grundlagen

Direktwerbung – Direct Marketing – Dialogmarketing *Heinz Dallmer* 9

Grundlagen des Dialogmarketings *Heinrich Holland* 15

Dialogmarketing im Zeitalter der Informationsgesellschaft *Klaus Wilsberg* 21

Geschichte des Dialogmarketings *Heinz Fischer* 27

Die Professor Vögele Dialogmethode *Siegfried Vögele* 30

Psychologie des Dialogmarketings *Robert K. Bidmon* 33

Direktmarketing-Controlling *Jürgen Bruns* 43

Internationales Direktmarketing *Jürgen Höfling, Diane Rinas* 47

Dialog Marketing Monitor 2008 *Silke Lebrenz, Heiko Lehmann* 59

2. Multikanal-Dialog

Synergien zwischen klassischer Werbung und Dialogmarketing *Detlef Burow* 71

On- und Offline-Dialogmarketing kombinieren *Marion Meinert* 77

Multichannel-Zielgruppen-Marketing *Arnold Steinke, Klaus Schober* 83

Sechs erfolgreiche crossmediale Kampagnen *Manfred Dorfer* 88

3. Zielgruppen

Zielgruppen modellieren durch richtige Adressauswahl *Rudolf Jahns* 95

Mass Customization im Direktmarketing *Holger Kuhfuß* 101

Geomarketing – eine neue Dimension im Direktmarketing *Christian Huldi* 109

4. Werbewirkung

Grundlagen der Werbewahrnehmung *Thorsten Schäfer* 115

Neuromarketing *Christian Holst* 121

Erkenntnisse der Gehirnforschung in der Praxis anwenden *Claus Mayer* 131

Neue Anwendungsgebiete der Blickverlaufsforschung *Laura Lamieri* 141

Tests im Dialogmarketing *Markus Schöberl* 148

5. Schriftlicher Dialog

Wie Texte wirken *Stefan Gottschling* 159

Erfolgreiche Werbebriefe texten *Michael Brückner* 169

Was Internettexte vom Dialogmarketing lernen können *Detlef Krause* 181

B2C-Kataloge texten und gestalten *Gerhard Kirchner* 187

B2B-Kataloge: Nachschlagewerke oder Verkäufer? *Thomas Wehlmann* 200

Das dialogisierte Magazin *Thomas Kramer, Ralf T. Kreutzer* 206

Mailing-, Flyer- und Katalogtexte optimieren *Hans-Peter Förster* 218

6. Druck und Versand

Druck und Herstellung von Werbemitteln *Karl Giesriegl* 223
Leistungen rund um den Lettershop *Wolfgang Hartmann* 246
Portooptimierung und Umschlaggestaltung *Jürgen Hofmann* 254

7. Telefon und Fax

Erfolgreiches Telefonmarketing *Günter Greff* 265
Typgerechtes Telefonieren *Gaby S. Graupner* 277
Callcenter strategisch integrieren *Harald Henn* 284
Dialogmarketing per Fax *Elke Benevento* 297

8. CRM

Grundlagen und rechtliche Aspekte von Kundendatenbanken *J. Link, A. Gary* 307
Datenpflege ist Kundenpflege *Carsten Kraus* 321
Kundenbindungsprogramme *Ralf T. Kreutzer* 332
Kundenmanagement nach Kundenwert *Georg Blum* 347
Marketing Intelligence – Komplexität beherrschen *Dieter Brändli* 354
Wieviel Dialog will der Kunde? *Anne M. Schüller* 360

9. Recht

Rechtliche Grundlagen des Dialogmarketings *Peter Schotthöfer, Florian Steiner* 371
Rechtslage in Österreich und der Schweiz *Frank Tapella* 379

10. Praxis

Auswahl einer Dialogmarketing-Agentur *Manfred Dorfer* 399
Dialogmarketing im Versandhandel *Martin Groß-Albenhausen* 407
Dialogmarketing bei Finanzdienstleistern *Martin Nitsche* 416
Dialogmarketing in der Versicherungsbranche *Jan-Dirk Dallmer* 424
Dialogmarketing im Automobilhandel *H. Dieter Dahlhoff, Eva Janina Korzen* 431
Dialogmarketing im Fundraising *Martin Dodenhoeft* 443
Dialogmarketing in der politischen Kommunikation *Kerstin Plehwe* 452

11. Fallbeispiele
Dialogmedien pfiffig kombinieren

Briefmailings – der erste Eindruck zählt *Claudia Schäfer* 465
Der Dialog per Katalog *Thomas Wehlmann* 467
Telemarketing im Versandhandel *Klaus Beha* 469
„Paper to web" Transfer im Versandhandel *Christian Dankl* 471
VHS Mainburg kommuniziert online *Stefan Maier* 473

Bildschirmschoner als kreatives Dialogmedium *Jörg Rensmann* 475

Mit Mobile Marketing Unterwäsche verkaufen *Nils M. Hachen* 477

Die DKB nutzt den Dialog über Suchmaschinen *Bernd Stieber* 479

Leadgenerierung: Kontakt zu Neukunden herstellen

Logistiker sucht Adressen spezieller Exporteure *Daniel Simon* 481

WirtschaftsWoche nutzt bonifizierte E-Mails *Hans-Peter Anzinger* 483

Air Berlin verkauft Tickets mit Affiliate-Marketing *Thomas Hessler* 485

Wie Napster Performance-Marketing einsetzt *Burkhard Köpper* 487

CreditPlus steuert erfolgsbasierte Onlinewerbung *Matthias Stadelmeyer* 489

Eigene Adressen hegen und pflegen

CRM-Lösung für Deutsche Post Renten Service *C. Linsenmeier, J. Hein-Winkler* 491

Nitro Snowboards fährt ab auf Qualitätsadressen *Martin Philipp* 493

Mehr Erfolg durch aktuelle Adressen *Dieter Schefer* 495

E-Mail-Marketing und Newsletter gewinnen

E-Mail-Marketing unverzichtbar für E-Commerce *Manfred Bacher* 497

Bei E-Mail gelten eigene Regeln *Mark Graninger* 499

Automobil-Newsletter auf dem Prüfstand *Thomas Heickmann* 501

Ohne interessante Inhalte kein Dialog

B2B-Kundenkommunikation bei MTU Friedrichshafen *Markus Eberle* 503

buch.de importiert Newsletter-Inhalte automatisch *Ulf Richter* 505

SICK AG setzt auf internationale E-Mail-Plattform *Christine Schilling* 507

Relevanz ist das Zauberwort im Dialogmarketing

Samsung verschickt individuelle Newsletter *Sebrus Berchtenbreiter* 509

IKEA schafft Relevanz durch Selbstsegmentierung *Swen Krups* 511

Mit Service-E-Mails die Konversion erhöhen *Volker Wiewer* 513

Amaxa AG setzt auf Trigger-E-Mail-Kreisläufe *Britta Queda* 515

Sparda-Banken arbeiten mit Kollisionsmatrix *Andreas Landgraf* 517

Werbeplanung mit Geomarketing optimieren *Cornelia Lichtner* 519

Autoren 521

Stichworte 529

GRUNDLAGEN

Direktwerbung – Direct Marketing – Dialogmarketing 9

Grundlagen des Dialogmarketings 15

Dialogmarketing im Zeitalter der Informationsgesellschaft 21

Geschichte des Dialogmarketings 27

Die Professor Vögele Dialogmethode 30

Psychologie des Dialogmarketings 33

Direktmarketing-Controlling 43

Internationales Direktmarketing 47

Dialog Marketing Monitor 2008 59

Heinz Dallmer klärt zunächst einmal die Fachbegriffe: Was unterscheidet Direktwerbung, Direct Marketing und Dialogmarketing? Er erläutert die Bedeutung des direkten Kundenkontakts und zeigt neue Wege des Social Web auf. In seinen zehn Thesen betont er unter anderem, wie wichtig Datenpflege und die richtige Selektierung sind. Sein Fazit: Die Machtverhältnisse zwischen Kunden und Unternehmen verlagern sich. Die Unternehmen werden vom Jäger zum Gejagten.

Heinrich Holland gibt einen Überblick über Grundlagen und Rahmenbedingungen des Dialogmarketing. Er beschreibt die zur Verfügung stehenden Medien und erläutert Ihren richtigen Einsatz.

Klaus Wilsberg geht auf die Problematik des Informationsüberangebots ein. Er erläutert, warum der ausschließliche Einsatz klassischer Werbung an Grenzen stößt. Die Antwort muss eine zunehmende Individualisierung des Dialogs sein. Der einfachste Weg dorthin ist die direkte Ansprache von Interessenten und Kunden. Dazu müssen Kampagnen im Rahmen einer integrierten Kommunikation miteinander vernetzt werden.

Heinz Fischer skizziert die Geschichte des Dialogmarketings. Diese reicht von ersten Adressverlagen über die Gründung eines eigenen Verbands bis zur aktuellen Datenschutzdiskussion.

Siegfried Vögele erläutert die von ihm entworfene Dialogmethode. Dabei analysiert er Kommunikationsprozesse anhand des bekannten und vertrauten Gesprächs mit einem Verkäufer.

Robert Bidmon präsentiert einen Abriss des aktuellen Kenntnisstands und der Forschungsansätze rund um das Thema Dialogmarketing. Er klärt die psychologischen Grundlagen, wie bei den Empfängern zunächst Aufmerksamkeit und dann die Bereitschaft zum Reagieren erzeugt wird.

Jürgen Bruns erklärt, wie der Erfolg von Dialogmarketing-Maßnahmen gemessen werden kann. Er geht besonders auf die Zielgrößen Kundenwert und Kundenzufriedenheit ein und zeigt, wie ein Kennzahlensystem aussehen kann.

Diane Rinas und Jürgen Höfing widmen sich dem Thema Internationales Direktmarketing. Gerade bei der direkten Ansprache, gilt es nationale Eigenheiten zu beachten, damit eine Kampagne erfolgreich verläuft. Die Autoren präsentieren umfangreiches Zahlenmaterial über die nationalen Märkte.

Silke Lebrenz und Heiko Lehmann stellen in diesem Buch den neuen „Dialog Marketing Monitor 2008" vor. Er enthält umfangreiches Zahlenmaterial zu den Anteilen der verschiedenen Werbeformen am Gesamtwerbemarkt. Detailliert wird auch die Entwicklung der speziellen Dialogmarketing-Instrumente anhand konkreter Zahlen nachgezeichnet.

Torsten Schwarz

GRUNDLAGEN

DIREKTWERBUNG – DIRECT MARKETING – DIALOGMARKETING

HEINZ DALLMER

Direct Marketing? Was löste diese Bezeichnung kurz nach seinem ersten Auftauchen in Europa für Diskussionen aus. Musste „manipuliert" von „Profiteuren im Medienmarkt" wieder ein neues Label her, um alte, vielleicht das älteste Medium der Welt, Medien (wieder) attraktiv zu machen? Alter Wein in neuen Schläuchen?

Panta Rhei – alles fließt

Heraklit begründete die Lehre vom Fluss der Dinge, die auch für das Dialogmarketing gilt: Aus Direktwerbung wird Direct Marketing, aus Direct Marketing wird Dialogmarketing. Was wird aus Dialogmarketing? Vermeintlich nur ein Begriffswandel. Mitnichten. Es handelt sich um durchaus verschiedene Marketing-Kommunikations-Anwendungen mit unterscheidbaren Wesensmerkmalen.

Während **Direktwerbung** eine/mehrere Werbebotschaften in Form selbständiger Werbemittel (zum Beispiel **Mailing**) direkt und nicht mit Hilfe eines anderen Werbeträgers übermittelt, mit dem Empfänger gezielt angesprochen/angeschrieben werden, ist **Direct Marketing** der Oberbegriff **aller** Kommunikations-/Distributionsmaßnahmen, die sich direkter Kommunikation und/oder des Direktvertriebs bedienen.

Direktwerbung bezeichnet Werbemittel

Direct Marketing steht für alle direkten Marketing-, Kommunikations- und Distributionsmaßnahmen

Direct Mail	Direktwerbung
Direct Response	Dialog
Individualisiert	One-to-One
Versandhandel	Direktvertrieb
Rückkopplung	Online

Abb. 1: Elemente des Direct Marketing [1]

In jüngster Zeit ist in Theorie und Praxis eine Schwerpunktverlagerung von medial vermittelter Kommunikation auf die echte Dialogorientiertheit festzustellen, im Idealfall mit **Face-to-Face**-Kontakt (unvermitteltes, persönliches Gespräch), ersatzweise im **Mouth-to-Mouth**-Kontakt (Beispiel: Telefonat), also zulasten des ein-direktionalen Medieneinsatzes. Selbst die deutsche Branchenvertretung (DDV) verwendet nun den Begriff **„Dialogmarketing"** in seinem Namen. Unter streng-

www.marketing-boerse.de/Experten/details/Heinz-Dallmer

ster Auslegung (siehe oben), das heißt Simultanität der Kommunikation ist jedoch nur ein Teil des Medieneinsatzes im Direct Marketing „echtes" Dialogmarketing, vor allem gilt dies für Telefonmarketing. Leider gibt es aus verständlichen Gründen (nicht statistisch ermittelbar) in veröffentlichten Statistiken keine Angaben für den Anwendungsbereich „persönliche, nicht medial vermittelte Gespräche". In der Wirkungsforschung gilt das persönliche Gespräch von Angesicht zu Angesicht als das Medium mit dem höchsten **Impact** (Eindruck, Wirkungswert).

Gespräche erzielen die höchste Wirkung

Treiber und Nutzenpotentiale

Die Struktur der konkreten Mediennutzung hat sich in den letzten Jahren nicht dramatisch verändert. Dem Monitoring der Direktmarketing-Aktivitäten durch die Deutsche Post Worldnet [2] ist zu entnehmen, dass mehr als zwei Drittel der Werbespendings in Deutschland in den **direkten Kundendialog** investiert werden, wobei sich je nach Nutzergruppe Verschiebungen im Vergleich von Direktmarketing-Medien und Klassikmedien feststellen lassen. Online-Werbung und Telefon-Marketing haben gemäß der Statistik wachsende Bedeutung bekommen, wenn man so will also eine Zunahme der Dialogorientiertheit.

Zwei Drittel der Werbung fließen in direkten Kundenkontakt

Unter den klassischen Medien des Direktmarketings nimmt die **„volladressierte" Werbesendung** eine führende Position ein. Uneingeschränkt kann gelten, dass Direktmarketing im Wirtschaftsleben schon heute dominant, und vermutlich auch mittelfristig weiter auf dem Wachstumspfad sein wird. Dafür gibt es viele Gründe, die anschaulich als **Treiber des Direct Marketing** in folgender Grafik zusammengefasst sind:

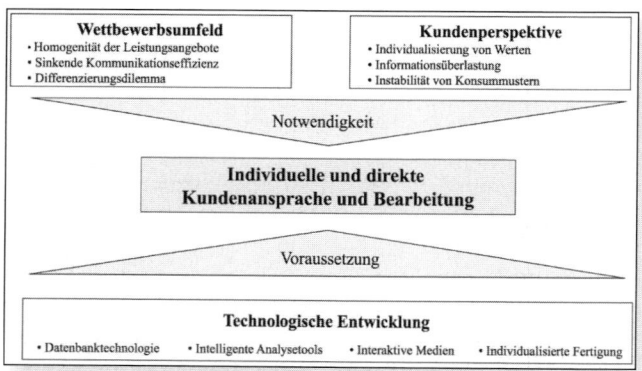

Abb. 2: Treiber des Direct Marketing [3]

In anderer Darstellungsweise wurden verschiedene **Nutzenpotenziale** sowohl für Unternehmen als auch für Nachfrager mit dem Konzept eines an individuellen **interaktiven Kundenbeziehungen** ausgerichteten Direct Marketing verbunden (Abb. 3).

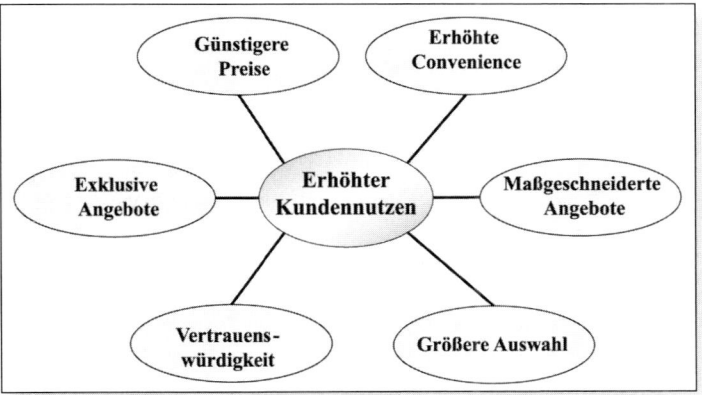

Abb. 3: Nutzenpotentiale des Direct Marketing aus Kundensicht [4]

Abb. 4: Nutzenpotenziale des Direct Marketing aus Unternehmenssicht [5]

Paradigmenwechsel

In jüngster Zeit ist im Markt der Medien ein weiteres Nutzenpotential hinzu-
gekommen: Die Dialogmöglichkeiten in **Community-Plattformen** im Internet
und in sozialen Netzwerken, für viele werbetreibende Unternehmen absolutes
Neuland. „In Online-Kampagnen in **sozialen Netzwerken** entsteht immer ein Dialog
zwischen dem Werbetreibenden und seiner Zielgruppe. Das kann verschiedene
Formen haben: ein tatsächlicher Dialog, ein Wettbewerb oder ein Gewinnspiel. Auf
jeden Fall geht es darum, eine Interaktion, eine Einbindung oder eine Begegnung
mit der Marke herzustellen". [6] Die werbenden Unternehmen müssen sich auf
etwas völlig Neues einstellen: Dialog findet nicht nur in „gewünschter" Richtung
zwischen Unternehmen und Verbrauchern statt, sondern zwischen den Verbrauchern
untereinander. Nutzer können auch negative Kommentare abgeben. J. Berger
schreibt, dass sich Unternehmen darüber bewusst sein müssen, die Kontrolle über
ihre Marke ein Stück weit aufzugeben. [6]

Der Dialog im
Social Web ist
noch neu

11

Neue praktische Methoden und das Wissen darüber

Die Inhaltsstrukturen dieses Leitfadens Dialogmarketing sind typisch für aktuelle Trends, wobei man von den praktischen Erfahrungen der Autoren profitieren kann. Beispielsweise genannt seien das **„Crossmediale Kampagnenmanagement"** und das **Multi-Channel-Dialogmarketing**.

Das Wissen um die Wirkung des **„Auditshifting"** wird in Zukunft entscheidenden Einfluss bekommen. Auditshifting meint zum Beispiel die Steigerung des Absatzpotenzials durch Präsenz in mindestens zwei unterschiedlichen, sich ergänzenden Medien (zum Beispiel TV, Internet, Mail) mit gegenseitigen Verweisen, wobei die Präsenzen sowohl die Möglichkeit der Emotionalisierung als auch die der Darstellung von Produktfunktionen und Anwendungen in Live-Darstellung, aber auch der Platzierung der gleichen Produkte auf Internetseiten mit informativer, nachhaltiger = ausdruckbarer Beschreibung bieten.

Ausgaben steigen – Wirkung lässt nach

Wenn die Frage gestellt wird, wie gut Unternehmen die Identität und Positionierung ihrer Marken wirksam durch Kommunikation in den Köpfen der Kunden verankern, so gibt F.-R. Esch [7] in einem Fachbeitrag der Frankfurter Allgemeine Zeitung eine ernüchternde Antwort: „Die Kommunikationsausgaben steigen seit Jahren, die daraus resultierenden Kommunikationswirkungen sinken hingegen kontinuierlich". Trotz vieler Negativ-Einflussfaktoren (zum Beispiel informationsüberlastete Verbraucher, wachsender Medienwettbewerb) liegen die Ursachen häufig in der eigenen Beschränktheit, häufig in mangelnder Kommunikationskoordination, in mangelndem Wissen um Erfolgsfaktoren und deren Wirkungsmechanismen. Der oben genannte Autor zieht beispielsweise die intensive Ausnutzung des Chancen-potenzials sogenannter Kundenberührungspunkte (**Customer Touch Points**) heran, um Dialogmöglichkeiten einzusetzen. Er nennt als Beispiel: Bei Strommarken ist einer der wichtigsten Kontaktpunkte die Stromrechnung, deren Gestaltung in vielen Fällen zu wünschen übrig lässt. Die Versicherungsbranche hingegen weiß um die Chancen, aus einem Schadensfall neues Vertragsvolumen zu generieren!

Die meisten Autoren belegen, dass der **Grad der Individualisierung** des Direct Marketing sich spürbar erhöhen wird. Und diese Individualisierung wird völlig neue Züge annehmen. Die persönliche Anrede ist heute eine Selbstverständlichkeit ebenso wie vorpersonalisierte Bestellscheine. So etwas wird einfach vorausgesetzt. Heute geht es ab sofort zum Beispiel um den **Einsatz individueller Bilderwelten**, wobei die **vollfarbige Personalisierung** eine immer größere Rolle spielt. Beispiel: Aus der Merkmalsdatenbank der Zielgruppe werden Bildassoziationen zum Empfängerprofil (Haus-/Gartenbesitzer = Gartenmotiv) für die variable Prospektgestaltung je nach Zielgruppenmerkmal gewählt. Mit Digitaldruck machbar.

Digitaldruck macht Personali-sierung möglich

Die einzige Konstante ist Wandel: Ausblick

Alles ist Wandel. Besonders der Markt der Medien hat sich stark verändert und wird sich weiter verändern. Kaum ein marktführendes Unternehmen gleich welcher Branche, das sich erlauben könnte, am Dialogmarketing vorbeizugehen. Zumal sich das verfügbare Medienspektrum permanent erweitert. Nicht zuletzt aufgrund technologischer Entwicklungen. Viel zu wenig wird betont, dass der bedeutendste Vorteil des Dialogmarketing sein **demokratischer Charakter** ist. Die Zugänglichkeit, der Einsatz, die Anwendung der Medien für Dialogmarketing steht jedem offen, auf Verbraucherseite, wie auf Unternehmerseite, ob große Unternehmen oder KMUs. Der Zugang zu den wesentlichen Medien des Dialogmarketing wird nicht wie bei den Klassikmedien von Medienanstalten bestimmt.

Die Erreichbarkeit von Zielgruppen nicht nur an der jeweiligen Wohn-/ Büroadresse sondern überall, zu jeder Zeit via **Mobile Commerce** wird das Dialogmarketing dramatisch erweitern. Obwohl einerseits das Anspruchsdenken von Verbrauchern (Multioptions-, hybride, Schnelligkeits-, Convenience-, Simplicity-, Customize-Bedingungen) zunimmt, steigen die Chancen für eine erfolgreiche Vermarktung von Produkten und Dienstleistungen über diese Marketing-Methode weiter, vielleicht gerade deshalb, weil man sich auf den wandelnden Bedingungsrahmen mit Dialogmarketing besser als bei anderen Medien einstellen kann.

Dies bedingt aber die ständige Auseinandersetzung mit den **Wirkungsmechanismen**. Ständig auf der Höhe des aktuell notwendigen praktischen Wissens zu sein, ist die Herausforderung. Das Dialogmarketing lebt von seinem ständigen **Methoden-zuwachs**, ob es Methoden der Zielgruppenanalyse, der Segmentierung sind, ob es Erkenntnisse der Textwirkungen sind, ob es produktionstechnisches Wissen, ob es CRM- und Datenbank-Know-how ist, ob es Rechtsgrundlagen als Bedingungsrahmen sind, ob es spezifisches Branchen Know-how ist.

Dialogmarketing ist auch für kleinere Unternehmen einsetzbar

Zehn Thesen

1. Der Mensch ist überfordert, alle Informationen, die täglich auf ihn einströmen, bewusst wahrzunehmen. Dies bedingt Optimierung. Auf beiden Seiten.

2. Marketing wird heute häufig von kurzlebigen Schlagworten regiert. Die überzeugenden Wirkungsmechanismen der direkten Kommunikation lassen mit großer Wahrscheinlichkeit prognostizieren, dass die Vorsilben **„Direkt"** und **„Dialog"** Bestand haben werden, über alle vermeintlichen Modetrends hinweg.

3. Der dringend notwendige einheitliche **Blick auf den Konsumenten**, gerade bei zunehmender globaler Wirtschaft und konzernvernetzten Unternehmens-gebilden ist eine wichtige Forderung, die sich in **integrierten Kunden-dateien**, relevanten Informationen aus **vergangenem Kundenverhalten** auf der Zeitachse dokumentieren lässt.

Kunden-bedürfnisse ändern sich

4. Häufig wird die **Gesamtmarktsicht** vergessen. Es ist immer ratsam, den selbst eroberten Markt(anteil) mit dem potentiellen Gesamtmarkt zu vergleichen. **Profiling** ist hierfür ein geeignetes Instrument, um seinen Ist-Kundenbestand mit dem theoretisch möglichen Sollbestand zu vergleichen.

5. Da sich Kunden und ihre Bedürfnisse verändern, ist die Kenntnis dieser Veränderung ein wichtiges Erfolgskriterium. Somit ist es nicht ausreichend, alle Informationen zu einem Kunden nur in einem „Schnappschuss" zu erfassen. **Kontinuierliches Begleiten** ist Bedingung für künftige Erfolge.

6. Die Chancen des Erfolgs von morgen liegen in der vergleichenden Auswahl der Angebote durch den Konsumenten. Er nimmt das wahr, was er will. Ein **Selektionsprozess**, den man begünstigen kann. Man muss ihn verstehen lernen.

7. Nationale Schutzzonen gibt es nicht mehr. Bisher national begrenzte Märkte werden zunehmend durch globale, das heißt **grenzüberschreitende Medien** überwunden. Die Welt steht uns offen. Den anderen aber auch bei uns!

8. Die richtigen Merkmale der Zielgruppe/n zur richtigen Zeit erkennen, ist die Herausforderung für den Einsatz von modernen Datamining und Scoring-Techniken. Dies gilt sowohl für das Erkennen von **zeitbezogenen Kaufwahrscheinlichkeiten**, aber auch für den Zeitpunkt von **Abwanderungstendenzen**.

9. **Datendisziplin** ist Chefsache. Es kommt nicht nur darauf an, die eigenen Kundendaten korrekt zu erfassen, diese zu pflegen und zu schützen, sondern diese Daten anlassgerecht einsetzen zu können.

Jäger werden zu Gejagten

10. Die Speerspitze der **Kommunikation wird sich umkehren**: Der Jäger wird zum Gejagten. Wenn bislang Unternehmen auf die Kunden zielten („Zielgruppen"), suchen sich die Kunden heute vielfach die Unternehmen selbst aus, denen sie vertrauen.

Literatur

[1] Dallmer H. (Hrsg): Direct Marketing & More. – Wiesbaden, 2002.

[2] Regelmäßige Veröffentlichungen über die Direct Marketing-Aktivitäten deutscher Unternehmen von Deutsche Post Worldnet, zum Beispiel Direct Marketing Monitor, Direktmarketing Deutschland 2005, Studie 17.

[3] Meffert H.: Direct Marketing und marktorientierte Unternehmensführung. – In: Dallmer H. (Hrsg.): Direct Marketing & More, Wiesbaden, S. 36, 2002.

[4] ebenda, S. 43.

[5] ebenda, S. 44.

[6] Berger J. in Frankfurter Allgemeine Zeitung, S. 19, 19.5.2008.

[7] Esch F.-R.: Kommunikation auf den Punkt gebracht. – In: Frankfurter Allgemeine Zeitung, S.22, 5.5.2008.

[8] Dallmer H., Dallmer J. D.: Direct Marketing im Wandel. – In: Torsten Schwarz (Hrsg.): Leitfaden Online Marketing. – Waghäusel, S. 101 ff., 2007.

Das Dialogmarketing hat in den letzten Jahren eine rasante Entwicklung mit beträchtlichen Zuwachsraten erlebt. Immer mehr Unternehmen aus den unterschiedlichsten Branchen haben es in ihr Marketing-Instrumentarium aufgenommen.

Dem direkten Marketing wird von zahlreichen Unternehmen bereits eine größere Bedeutung zugemessen als dem „klassischen". In der amerikanischen Literatur kursiert seit vielen Jahren der Ausspruch „In ten years all marketing will be direct-marketing".

Das Dialogmarketing wird sicherlich nicht das klassische Marketing verdrängen, es verfolgt andere Ziele. Aber es ergänzt im Rahmen des **Integrierten Marketings** das Instrumentarium und führt zu Umschichtungen in der Allokation der Budgets.

Dialogmarketing wächst schneller als klassische Werbung

Von 1997 bis 2006 sind die Aufwendungen für das Dialogmarketing in Deutschland nach einer jährlichen Erhebung der Deutschen Post AG von 17,1 Milliarden Euro auf 32 Milliarden Euro gestiegen [1]. Nach dieser Studie haben die Aufwendungen für die direkte Kommunikation heute etwa zwei Drittel der gesamten Kommunikationsaufwendungen erreicht. Immer mehr Unternehmen der unterschiedlichsten Branchen haben ihre Budgets umgeschichtet und nutzen die Vorteile des **direkten Kontaktes zu ihren Kunden** und Interessenten.

Die Entwicklung zum Dialogmarketing

Die Entwicklung des Dialogmarketings begann mit dem **reinen Postversandgeschäft** (Direct-Mail). Versandhändler waren die Pioniere des Dialogmarketings. Sie stellten den Kunden Kataloge oder Prospekte zur Verfügung, aus denen Waren bestellt werden konnten, die dann per Post zugestellt wurden. Direct-Mail bedeutet den Versand von Werbebriefen (Mailings). Daraus hat sich die Direktwerbung und aus dem Direktmarketing schließlich das Dialogmarketing entwickelt.

Direktwerbung umfasst neben dem Einsatz von Mailings bereits weitere Kommunikationsmedien wie beispielsweise das Telefon. Es stellt einen der Entscheidungsbereiche innerhalb des Direktmarketings dar.

Direktmarketing ist darauf ausgerichtet, eine **Reaktion der angesprochenen Person zu erhalten**, die in einer Datenbank gespeichert wird, um eine individuelle Beziehung einzugehen. Langfristig soll sich daraus ein Dialog entwickeln; die Aktionen und Reaktionen werden ständig weitergeführt. Dieser **langfristige Dialog** steht im Zentrum des Dialogmarketings.

Direktmarketing will Reagierer

> **Direct-Mail • Direktwerbung • Direktmarketing • Dialogmarketing**

Unter Dialogmarketing versteht man alle Marketingaktivitäten, die auf eine gezielte Ansprache der Zielpersonen und eine Reaktion (Response) ausgerichtet sind [2].

Dialogmarketing

➤ umfasst alle Marketinginstrumente, die eingesetzt werden, um

➤ eine gezielte und direkte Interaktion mit Zielpersonen

➤ aufzubauen und dauerhaft aufrecht zu erhalten, und

➤ hat das Ziel, eine messbare Reaktion (Response) auszulösen.

Das entscheidende Merkmal des Dialogmarketings ist somit die direkte und individuell **gezielte Ansprache einer Zielperson**, die bei einer Aktion angestrebt wird. Diese direkte Ansprache erlaubt eine genaue Erfolgskontrolle, da die Reaktionen auf eine Kampagne schon nach wenigen Tagen eintreten und den Aussendungen genau zugeordnet werden können.

Klassisches Marketing und Dialogmarketing

Einzelner Empfänger der Werbebotschaft wird identifiziert

Das klassische Marketing richtet sich an eine Zielgruppe, die sich im Rahmen der **Marktsegmentierung** selektieren lässt. Diese Selektion geht aber nicht so weit, dass der einzelne Empfänger der Werbebotschaft identifiziert werden kann. Die Zielpersonen werden durch Massenmedien angesprochen, wobei zum Teil große Streuverluste in Kauf genommen werden.

Dagegen ist die Botschaft des Dialogmarketings an **einzelne, individuell bekannte Zielpersonen** gerichtet. Zumindest wird der Aufbau einer solchen individuellen Beziehung zwischen dem Absender und dem Empfänger der Botschaft angestrebt. Das Dialogmarketing beinhaltet wie auch der klassische Marketingbegriff die Werbung als einen Bestandteil.

Wie das Marketing in verschiedene Instrumente unterteilt wird, lässt sich auch das Dialogmarketing in die vier Marketinginstrumente zerlegen:

➤ Produkt- und Sortimentspolitik

➤ Distributionspolitik

➤ Kontrahierungspolitik

➤ Kommunikationspolitik.

In allen Marketinginstrumenten finden sich spezielle Aufgaben des Dialogmarketings. Im Rahmen eines Integrierten Marketings sind alle Aktivitäten aufeinander abzustimmen, um damit eine **optimale synergetische Wirkung** zu erreichen.

Bedingungen für das Dialogmarketing

Die Frage danach, wann das Dialogmarketing besser geeignet ist als das klassische Marketing, lässt sich pauschal natürlich nicht beantworten. Im Rahmen des Integrierten Marketing stellt sich nicht die Frage nach dem Entweder-Oder sondern nach dem Sowohl-als-Auch. Es ist eine **optimale Kombination** aller Instrumente zu finden.

Allerdings lassen sich einige Bedingungen formulieren, unter denen dem direkten Marketing der Vorzug gegenüber dem klassischen zu geben ist.

Dialogmarketing setzt eine **identifizierbare Zielgruppe**, ja sogar eine individuell identifizierbare Zielperson voraus, denn anders kann kein direkter Kontakt stattfinden. Die Informationen über den individuellen Kunden oder Interessenten werden in Datenbanken gespeichert und durch das Database-Marketing für Aktionen genutzt.

Wenn die Zielpersonen dem Unternehmen bekannt sind, kann es diese direkt, beispielsweise **durch Mailings, ansprechen**. Wenn das Unternehmen die Zielpersonen nicht kennt, aber diese kennen lernen möchte, können mehrstufige **Dialogmarketing-Aktionen** eingesetzt werden, die zunächst der Ermittlung von Interessenten dienen.

Wer seine Kunden kennt, kann sie auch ansprechen

Bei erklärungsbedürftigen Angeboten können diese Erklärungen wirkungsvoll durch die Dialogmarketing-Medien übermittelt werden.

Wenn die (potenziellen) Kunden gegenüber dem Produkt ein hohes Involvement haben, werden sie auch bereit sein, sich mit einem Werbemittel zu diesem Thema zu beschäftigen.

Wenn das Kaufverhalten mit **komplexen Entscheidungsprozessen** verbunden ist, kann der Einsatz des Dialogmarketings diesen Prozess unterstützen. Impulskaufverhalten findet eher am Point-of-Sale statt.

Dialogmarketing dient dem Aufbau einer Beziehung. Wenn ein Kauf also kein einmaliges Ereignis ist, sondern es Folgekäufe gibt, kann durch das Customer Relationship Management (**CRM**) eine Kundenbeziehung aufgebaut werden. Damit wird das Ziel verfolgt, dass es **auf Grund von Loyalität zu Folgekäufen** kommt.

Ziel ist die Beziehung

Dialogmarketing ist sinnvoll, wenn der Kauf nicht geringwertig ist, sondern ein bestimmtes Volumen erreicht, so dass die Kosten für den direkten Kontakt wirtschaftlich sind. Der **direkte Kontakt ist wesentlich effektiver** aber pro Kontakt auch teurer als die Massenkommunikation, die in Tausender-Kontakt-Preisen rechnet. Die Kosten müssen sich in die Verkaufspreise der verkauften Produkte einkalkulieren lassen.

Das Marketing vieler Unternehmen hat sich vom Massenmarketing weg bewegt. Über das Marktlücken- und Marktnischenmarketing mit immer kleiner werdenden Zielgruppen kommt man zum Dialogmarketing. Es wird der Dialog mit dem einzelnen, individuell bekannten Kunden oder Interessenten geführt (**One-to-One-Marketing**).

> Massenmarketing • Marktlückenmarketing
> • Marktnischenmarketing • Dialogmarketing

Medien des Dialogmarketings

Die Palette der Dialogmarketing-Medien hat sich in den letzten Jahren ständig ausgeweitet.

Adressierte Werbesendungen	Unadressierte Werbesendungen	Telefon, Fax	Online Medien
Mailing Katalog Prospekt	Postwurfsendung Haushaltswerbung Teiladressiert	Aktiv, Outbound Passiv, Inbound	E-Mail E-Newsletter Internet Blogs Mobile
Print (Zeitschrift, Zeitung)	TV	Radio	Sonstige
Anzeige Beilage	Werbespots DRTV Tele- und Home-Shopping	Werbespots Direct Respons Radio	Außenwerbung Rechnungs- und Paketbeilagen OnPack POS-Werbung

Abb. 1: Medien des Dialogmarketings

Aufforderung zur
Reaktion

In der Übersicht finden sich auch Medien der Massenkommunikation [3]. Nur wenn diese eine **Aufforderung zur Reaktion** und damit zum Dialog enthalten, werden sie dem Dialogmarketing zugerechnet. Eine Anzeige in einer Zeitschrift kann als Reaktionsmöglichkeit beispielsweise einen Coupon, eine aufgeklebte Antwortkarte, eine Telefonnummer oder eine E-Mail-Adresse enthalten. In einem TV- oder Radio-Spot wird die Aufforderung zum Dialog durch Angabe einer Telefonnummer erfolgen.

Der Interessent, der darauf reagiert, wird in einer Datenbank gespeichert, die folgenden Stufen des Dialogs werden durch die direkte Kommunikation geführt (zum Beispiel Mailings, E-Mails).

Erfolgsfaktoren für das Dialogmarketing

Das starke Wachstum des Dialogmarketings ist auf eine Vielzahl von Erfolgsfaktoren zurückzuführen [4].

Wertewandel: Der Wertewandel in der Gesellschaft hat zu einer Individualisierung und Differenzierung geführt. Dieser Trend zur **Individualisierung** ist an den wachsenden Sortimenten zu erkennen, die den Konsumenten angeboten werden. Die Marktnischen wurden immer kleiner, so dass eine Zielgruppenansprache durch klassische Marketing-Instrumente zu immer größeren Streuverlusten führen musste.

Informationstechnologie: Das Dialogmarketing hat von der rasanten Entwicklung im Bereich der Informationstechnologie profitiert. Immer leistungsfähigere und kostengünstige Systeme erhöhten beispielsweise die Bedeutung des Database-Marketings. Das Dialogmarketing setzt eine **sehr leistungsfähige Hard- und Software** voraus und kann auf der Basis der Technologie seine Vorteile ausspielen.

Mehr Möglichkeiten des Database-Marketing

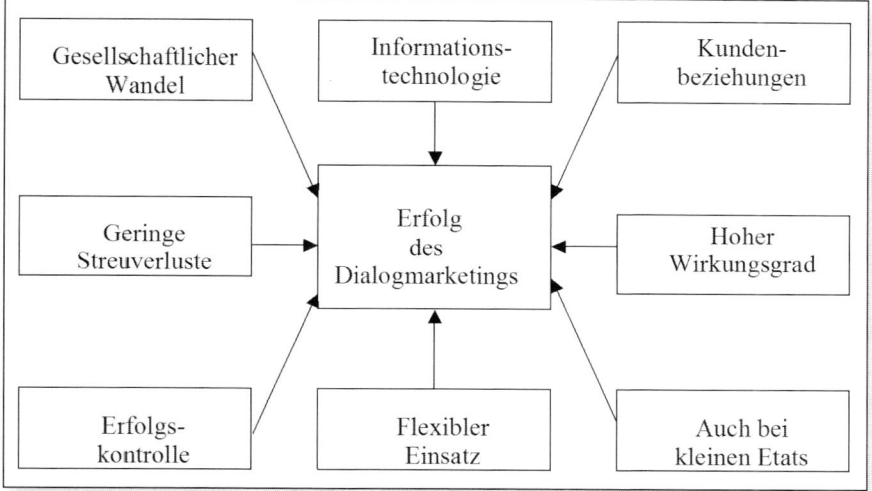

Abb. 2: Erfolgsfaktoren für das Dialogmarketing

Kundenbeziehungen: Dialogmarketing bietet die Möglichkeit, die Kundenorientierung durch den Dialog mit dem Kunden zu intensivieren und die **Bindung zwischen Unternehmen und Kunden** zu stärken.

Minimierung der Streuverluste: Steigende Kosten der Kommunikation in Massenmedien und stark gestiegene Kosten des Außendienstes haben zu einer Substitution durch Dialogmarketing geführt, das Streuverluste minimiert.

Hoher Wirkungsgrad: Durch die gezielte und individuelle Kundenansprache kann mit einem höheren Wirkungsgrad gerechnet werden. Dieser Wirkungsgrad wird **durch eine höhere Aufmerksamkeit** und die Konkurrenzausschaltung beim Werbemittelkontakt verstärkt. Durch die persönliche Ansprache wird eine Ablenkung durch konkurrierende Werbebotschaften verhindert.

Erfolgskontrolle: Ein Hauptvorteil des Dialogmarketings liegt in der schnellen und eindeutigen Messbarkeit des Erfolges einer Aktion. Diese Messbarkeit ermöglicht die eindeutige Zuordnung von Kosten und Erträgen. Damit erlaubt das Dialogmarketing eine **genaue Rentabilitätsberechnung** und die Durchführung von Tests zur Optimierung der Werbeansprache.

Schnelle Messbarkeit

Flexibilität: Die Handhabung ist sehr flexibel und der Einsatz lässt sich auch kurzfristig variieren.

Eignung für den Mittelstand: Dialogmarketing ist auch bei kleinen Werbeetats möglich und damit auch für mittelständische Unternehmen gut geeignet.

Dialogmarketing in allen Branchen

Das rasante Wachstum des Dialogmarketings ist nicht zuletzt auf den verstärkten Einsatz bei Investitionsgüterunternehmen, Markenartikelherstellern und Finanzdienstleistern zurückzuführen. Viele Unternehmen neben den Versandhändlern und anderen klassischen Dialogmarketing-Unternehmen haben die Vorteile dieses Instruments erkannt und es in ihr Marketing integriert.

Außendienst ist teuer

Es rentiert sich für Versicherungsunternehmen wegen der hohen Kosten nicht, einen Außendienstmitarbeiter in einen Haushalt zu schicken, um eine Erhöhung der Hausratsversicherung vorzuschlagen. Sie können aber aus ihrer Datei die vor längerer Zeit abgeschlossenen Verträge selektieren und den Kunden mit Methoden des Dialogmarketings eine Vertragsanpassung empfehlen. Weiterhin lassen sich auf diesem Weg andere Versicherungsprodukte bewerben. Falls der Kunde Interesse daran hat, kann er weitere Informationen oder einen Außendienstbesuch anfordern.

Automobilhändler, bei denen ein Kunde ein Auto gekauft hat, taten früher wenig, um den aufgebauten Kontakt zu pflegen. Dies hat sich geändert. Die meisten Automobilhändler oder -hersteller nutzen heute das Dialogmarketing, um den Kundenkontakt aufrecht zu erhalten und zu intensivieren. Sie schreiben den Kunden an, um ihn an fällige Werkstattbesuche oder TÜV-Termine zu erinnern. Sie laden ihn zu Sonderaktionen ein, bieten ihm Zubehör an oder schreiben ihm einfach einen Geburtstagsbrief.

Literatur

[1] Deutsche Post AG: Direktmarketing in Deutschland 2006. – Bonn, 2007.

[2] Holland H.: Direktmarketing. – 410 S., ISBN: 3800630265, 2. Aufl., Vahlen Verlag, München, S. 5, 2004.

[3] Holland H.: Direktmarketing. – 410 S., ISBN: 3800630265, 2. Aufl., Vahlen Verlag, München, S. 24, 2004.

[4] Heinrich Holland: Dialogmarketing. – 116 S., ISBN: 3446220984, Hanser Verlag, München, S. 12, 2002.

DIALOGMARKETING IM ZEITALTER DER INFORMATIONSGESELLSCHAFT

KLAUS WILSBERG

Marktwirtschaftlich verfasste Gesellschaftssysteme und somit auch die Marketing-Kommunikation stehen vor einer umwälzenden Entwicklung. Globalisierung, Individualisierung, Informations-Technologie und der Wandel von Verkäufer- zu Käufermärkten haben das Informations- und Wirtschaftsverhalten von Unternehmen und Konsumenten nachhaltig verändert.

Abb. 1: Paradigmenwechsel im Marketing

Wandel in der Kundenansprache

Die **Vielfalt der Produkte** und die **Komplexität der Märkte** sind unüberschaubar geworden. Den subjektiven Eindruck vieler Menschen, dass die Anzahl der verfügbaren Informationen von Jahr zu Jahr steigt, haben zahlreiche Studien bewiesen. Zudem spiegelt sich zumindest in den westlichen Industrienationen die **zunehmende Individualisierung** in den Ansprüchen der Konsumenten nach steigender Individualität in der Kommunikation. Der Kunde, ob nun als Unternehmer oder Privatkunde, möchte in seiner Rolle als Konsument als Individuum und nicht als Teil einer konturlosen „Masse" behandelt werden. Auf der Produzentenseite wird diesem Trend längst Rechnung getragen. So geht beispielsweise die Entwicklung der Sortimente in der Automobilindustrie aktuell sehr stark in Richtung „Nische und Diversifikation". Auch in der Bekleidungsindustrie gibt es längst nicht mehr einen bestimmenden Trend, sondern vielmehr eine Vielzahl von Möglichkeiten, sich bewusst und trendgerecht zu kleiden und gleichzeitig Individualität zum Ausdruck zu bringen.

Vielfalt nimmt zu

www.marketing-boerse.de/Experten/details/Klaus-Wilsberg

Darüber hinaus beansprucht eine zunehmende Vielfalt von Werbemedien und eine **steigende Anzahl von Werbebotschaften** die Aufmerksamkeit des Konsumenten in immer höherem Maß. Der Empfänger einer konkreten Werbebotschaft registriert durchschnittlich nur zwei bis drei Prozent der dargebotenen Information. Ein primäres Ziel der Werbetreibenden sollte es daher sein, dass die Werbung tatsächlich wahrgenommen wird, zumal steigende Informationsansprüche der Kunden eine zunehmend **zielgerichtete Kommunikation** erfordern.

Nur zwei Prozent werden registriert

Klassik stößt an Grenzen

Marketing-Entscheider erwarten einen ergebnisorientierten und wirtschaftlichen Einsatz der Werbebudgets. Im Sinne einer effektiven und effizienten Markenführung muss Kommunikation nicht nur emotional ansprechen und hohe Aufmerksamkeit schaffen, sondern auch zu Handlungen aktivieren, die zum Kauf führen. Die meisten Angebote sprechen jedoch lediglich kleine oder kleinste Marktsegmente an. Die Kommunikation mit klassischen Medien – beispielsweise Radio- und Fernsehwerbung, Anzeigen – ist daher an Grenzen gestoßen. Wer erfolgreich mit seinen Kunden kommunizieren will, muss demnach umdenken. Die Folge ist eine klare Verschiebung bei der Bewertung von Kommunikations-Instrumenten in deutschen Unternehmen: Die **Bedeutung des individuellen Dialogs** mit dem Kunden in Kombination mit messbaren Leistungsbeweisen **wächst**. Die Anforderungen, die sich daraus für die Kommunikation ergeben, sind immens. Die Kernaufgabe besteht darin, einen sinnvollen Spagat zwischen der Individualisierung von Werbung (Differenzierung und Detaillierung der Ansprache) einerseits und wirtschaftlichen Aspekten andererseits zu finden.

Individualisierung ist notwendig

Dialogmarketing-Formel

Die Herausforderung lässt sich zunächst auf eine einfache Formel bringen. Es muss gelingen,

➤ den richtigen Ansprechpartner

➤ zum richtigen Zeitpunkt

➤ mit dem richtigen Thema

➤ seiner Persönlichkeit entsprechend und

➤ über das richtige Medium

zu erreichen.

Um dieses Kernziel effizient zu erreichen, setzen fast alle Marketing-Verantwortlichen zunehmend auf **direkte, dialogorientierte Kommunikations-Formen** ohne Streuverluste. Auch Unternehmen, die bislang in erster Linie auf klassische Werbung fokussiert waren, setzen zunehmend auf Dialogmarketing. Die historische Entwicklung des Marketings entspricht diesem Trend: Das Marketing vieler Unternehmen hat sich vom Massen-Marketing über das Marktnischen-

Marketing mit immer kleiner werdenden Zielgruppen zum individuellen, also zum Dialogmarketing entwickelt. Für kleine, identifizierbare Zielgruppen eignen sich die Medien der direkten, dialogorientierten Kommunikation, da diese wesentlich treffsicherer eingesetzt werden können. **Statt des „Gießkannen-Prinzips"** (oder auch „Schrotflinten-Prinzips") der Vergangenheit wird nun das Dialogmarketing eingesetzt, um jede einzelne Zielperson individuell zu erreichen.

Das Ende der Gießkanne

Begrifflichkeit des Dialogmarketing

Das **Dialogmarketing** lässt sich durch das „Tante-Emma-Prinzip" erläutern: Tante Emma, die Inhaberin eines so genannten „Tante Emma-Ladens", kannte ihre Kunden, die in der unmittelbaren Umgebung wohnten. Sie konnte sie mit Namen ansprechen und individuell mit ihnen kommunizieren. Sie wusste, welche Bedürfnisse ihre Kunden haben, welche Käsesorte und welches Brot sie bevorzugen. Sie konnte mit den Kunden „ein Schwätzchen" halten und „schrieb sie auch einmal an", wenn es notwendig war. Durch den direkten, individuellen Kontakt baute „Tante Emma" eine **intensive Kundenbeziehung** auf. Im klassischen Marketing ging diese Kundenbeziehung bei größer werdender Kundenzahl verloren. Die Kontakte wurden anonym.

„Tante-Emma-Prinzip"

Im Dialogmarketing wird durch interaktives Marketing mit messbaren Kontakten die **direkte Beziehung zum Kunden** wieder hergestellt. Allerdings muss bei zunehmendem Geschäftsvolumen das Gedächtnis von „Tante Emma" durch technische Hilfsmittel unterstützt werden. Man benötigt **Datenbanken**.

Durch Dialogmarketing-Aktionen wird der Kunde direkt und gezielt angesprochen. Reaktionen werden erfassbar und können so in Kunden-Datenbanken ausgewertet werden. Hierdurch wird zu jedem einzelnen Kunden oder potenziellen Kunden eine Beziehung aufgebaut (**Beziehungs-Marketing**). Heute spricht man auch vom so genannten **„Integrierten Marketing"**, weil Medien des Dialogmarketings (zum Beispiel ein Werbebrief) erfolgreich mit klassischen Medien (zum Beispiel eine Anzeige) kombiniert werden.

Gefragt sind in diesem Zusammenhang innovative Kommunikations-Konzepte, bei denen klassische Werbung und Dialogmedien sich gegenseitig sinnvoll unterstützen. Damit zeichnet sich im Marketing ein neuer Trend auf, der alte Frontstellungen zwischen „Klassik" und so genanntem „Below-the-line-Marketing" aufbricht und darüber hinaus die Rolle der einzelnen Medien im Kommunikations-Mix neu bewertet. Neue Produkte wie **„MediaMail"** der Deutschen Post verbinden klassische und Dialog-orientierte Ansätze sehr konkret. Eine Trend-Studie des Siegfried Vögele Instituts zeigt diesen Zusammenhang deutlich auf. Danach sehen Experten immer noch einen **großen Nachholbedarf in der integrierten Kommunikation**. Obwohl der zeitlich und inhaltlich synchronisierte Einsatz von klassischer Kommunikation und Dialog-Maßnahmen in den entscheidenden Marken-Dimensionen erfolgreich wirkt (sowohl bei Image als auch im Abverkauf), stößt dieses integrierte Vorgehen im Tagesgeschäft häufig an operative Grenzen.

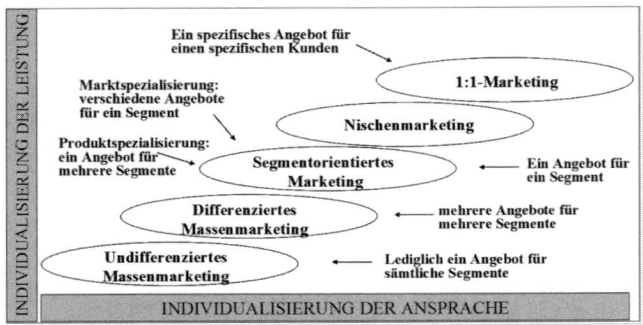

Abb. 2: Vom Massen-Marketing zum Dialogmarketing (One-to-One-Marketing)

Trends im Dialogmarketing

Im Rahmen der Studie wurden sechs Thesen entwickelt:

> ### These 1: Persönliche und individualisierte Kunden-Kommunikation ist erfolgsentscheidend

Der persönliche Kontakt zum Kunden, dialogorientierte Kommunikations-Formen und individualisierte Instrumente zur Kundenansprache sind nach Ansicht aller Experten Garanten für den zukünftigen Erfolg von Kommunikations-Strategien. Wichtig wird aber auch das neue Grundverständnis: Dialogmarketing ist mehr als eine Technik, die sich beispielsweise mit den neuesten Möglichkeiten der Adressoptimierung befasst. **Dialogmarketing ist eine Management-Aufgabe.**

> ### These 2: Erfolgs-Controlling bei der Kunden-Kommunikation wird unverzichtbar

Viele Unternehmen führen bisher kaum oder nur vereinzelt Erfolgs-Messungen durch. Das Erfolgs-Controlling bei Kommunikations-Maßnahmen wird aufgrund härterer Wettbewerbs-Bedingungen sowie sinkender Werbe-Budgets aber unverzichtbar für jedes Unternehmen, das effizient wirtschaften möchte. Dies impliziert die **Einführung von Controlling-Systemen** mit verschiedenen Kommunikations-Controllingtools. Im Trend liegen auch apparative Verfahren zur Messung der Wahrnehmung und Wirkung von Werbung. Bekannt ist insbesondere die Augenkamera-Technik. Eine Innovation stellt die neurophysiologische Wahrnehmungs-Forschung, kurz „Gehirnforschung", dar.

Erfolgs-messung wird unverzichtbar

> ## These 3: Verbesserungs-Potenzial beim
> ## Customer Relationship Management (CRM)

In vielen Unternehmen herrscht Aufholbedarf im Bereich der Kundendaten-Verwaltung und -Verwendung. Mangelnde Datentransparenz und eingeschränkter Unternehmens-interner Datenfluss erschweren noch zu häufig die optimale Ausschöpfung der Kundendaten im Rahmen der Unternehmens-Kommunikation.

> ## These 4: Großer Aufholbedarf im Bereich
> ## der integrierten Kommunikation

Sinnvoll vernetzte Kampagnen sind durchaus und nachweisbar in der Lage, eine höhere Werbewirkung zu erzielen. Dieses integrierte Vorgehen stößt im Tages-geschäft jedoch häufig an operative Grenzen. Diese bestehen in dem hohen zeitlichen Aufwand, der Kostenintensität sowie der notwendigen fachlichen und inhaltlichen Kompetenz bei Unternehmen und Agenturen.

> ## These 5: Klassisches Marketing und Dialogmarketing
> ## sind keine Gegensätze

Diese Tatsache scheint noch nicht im Bewusstsein aller Unternehmen und Agenturen angelangt zu sein. Dabei sprechen wissenschaftliche Untersuchungen eine eindeutige Sprache. Der zeitlich und inhaltlich synchronisierte Einsatz von klassischer Kommunikation und Dialogmaßnahmen zeigt in den entscheidenden Marken-Dimensionen eine teils deutlich höhere Erfolgsquote. Jedoch bedeutet integrierte Kommunikation mehr als nur den parallelen Einsatz verschiedener Medien. **Synergieeffekte** entstehen nur durch „Orchestrierung der Kommunikations-Instrumente" für ein definiertes Ziel.

> ## These 6: Forschung und Wissenschaft nehmen
> ## den direkten Kundendialog stärker ins Visier

Neben der Wirtschaft wird auch die Wissenschaft die genannten Trends wesentlich stärker bei ihren Forschungs-Aktivitäten berücksichtigen als dies bisher der Fall war. Insgesamt rückt Dialogmarketing in den Blickpunkt der Forschung. Wurde Dialogmarketing an den Marketing-Lehrstühlen insbesondere der Universitäten bislang kaum berücksichtigt, zeigt sich heute ein Umdenken. Dabei werden zunehmend interdisziplinäre Ansätze verfolgt, beispielsweise als Kooperation der Marketing-Lehrstühle mit Psychologen, Soziologen und Naturwissenschaftlern.

Dialogmarketing wird Forschungs-gegenstand

Nicht nur für die **Etablierung des Dialogmarketings in der Wissenschaft**, sondern auch für die Sicherung des qualifizierten Nachwuchses bei den Dialogmarketing-Experten ist diese Entwicklung von größter Bedeutung.

Literatur

Becker J.: Marketing-Konzeption. – 7. Auflage, München, 2001.

Becker J.: Der Strategietrend im Marketing: vom Massenmarketing über das Segmentmarketing zum kundenindividuellen Marketing. – München, 2000.

Bruns J.: Direktmarketing. – Ludwigshafen, 1998.

Bruhn M.: Relationship Marketing. – München, 2001.

Bruhn M.: Schweizer Kundenbarometer. – Basel, 1998.

Bruhn M., Georgi, D.: Wirtschaftlichkeit des Kundenbindungsmanagements. – In: Bruhn M., Homburg C. (Hrsg.): Handbuch Kundenbindungsmanagement. – 5. Aufl., Wiesbaden, 2005.

Dallmer H. (Hrsg.): Handbuch des Direct-Marketing & More, Wiesbaden, 2002.

DDV (Hrsg.): Direktmarketing ist Chefsache. – Wiesbaden, 2002.

Diller H.: Beziehungsmanagement. – In: Handwörterbuch des Marketing. – Sp. 285 ff., Stuttgart 2. Aufl., 1995.

Hansmann K.W.: Kurzlehrbuch Prognoseverfahren. – Wiesbaden, 1983.

Hennig-Thurau T., Hansen U.: Relationship Management. – Berlin Heidelberg, 2001.

Hesse J.: Vom Beeinflussungsmarketing zum Beziehungsmarketing: Ursachen, Dimensionen, Instrumente. – In: Hesse J., Kaupp P.: Kundenkommunikation und Kundenbindung. – Berlin, 1997.

Hesse J., Neu M., Theuner G.: Marketing. – Berlin, 2. Aufl., 2007.

Holland H.: Direktmarketing. – München, 2. Aufl., 2004.

Holland H. (Hrsg.): Das Mailing. – Wiesbaden, 2002.

Holland H.: Dialogmarketing. – München, 2002.

Holland H.: Erfolgreiche Strategien für die Kundenbindung. – Wiesbaden, 1998.

Link J., Hildebrand V.: Database Marketing und Computer Aided Selling. – München, 1993.

Link J., Brändli D., Schleuning C., Kehl R.: Handbuch Database Marketing. – Ettlingen 1997.

Löffler H., Scherfke A.: Praxishandbuch Direktmarketing. – Berlin, 2000.

Kotler P.: Marketing-Management. – 2001.

Krafft M., Hesse J., Knappik K., Kay P., Rinas D. (Hrsg.): Internationales Direktmarketing. – Wiesbaden, 2005.

Meffert H.: Marketing, – Wiesbaden, 9. Aufl., 2000.

Meffert H., Bruhn M.: Dienstleistungsmarketing. – Wiesbaden, 3. Aufl., 2001.

Meining W. u.a.: Direktmarketing. – In: Vahlens Großes Marketinglexikon. – S. 205 ff., München, 1992.

Neu M.: Verkaufsmanagement. – Berlin 2006.

Neu M.: Unternehmensführung. – Berlin 1997.

Reibnitz U.: Szenario-Technik nutzen für mehr Handlungsspielraum in Ihren Marketing-Planungen. – In: Marketing-Journal, Nr. 1, S. 37-41, 1981.

Rapp R.: Customer Relationship Management. – Frankfurt, 2001.

SVI Insight „Trends in der werblichen Kommunikation", download unter http://www.sv-institut.de/publikationen.php.

Vögele S.: Dialogmethode. Das Verkaufsgespräch per Brief und Antwortkarte. – Landsberg am Lech, 2002.

Wilde K.: Handbuch Data Mining im Marketing. – 2001.

Schon in den 80er Jahren des 19. Jahrhunderts hat die Firma Adolf Schustermann in Berlin einen **„Adressenverlag"** aufgebaut, der für werbende Unternehmen Branchen- und Privatadressen aus ganz Deutschland zur Verfügung stellte. Diese Adressen wurden zur **Werbung per Post** eingesetzt, um neue Kunden zu werben und für Verkaufsangebote per Katalog von den ersten „Versandhändlern", die in dieser Zeit im Markt aktiv wurden.

Der Welt-Adressen-Verlag Emil Reiss, Leipzig, gesellte sich in dieser Zeit noch dazu als Dienstleister für **„direkte Offerten"**.

Nach dem ersten Weltkrieg (1914-1918) kamen weitere **„Adressenbüros"** hinzu, zum Beispiel die Firma Richard Scholz, die auch Dienstleistungen zum Versand von Werbedrucksachen angeboten hat. Mitte der 1930er Jahre tauchte im Angebot des Adressenverlages Müller, Berlin, zum ersten Mal der Begriff **„Direktwerbung"** auf, als Werbemaßnahme, die sich an Umworbene persönlich richtet, bei minimaler Fehlstreuung und exakter Erfolgskontrolle.

Nach dem Zweiten Weltkrieg tun sich die Adressenverleger zusammen, um ihre Interessen gegen Politik und Wirtschaft besser zu vertreten. 1948 gründeten sie die „Arbeitsgemeinschaft der Adressverlage" (ADV). Präsident Ernst Koop (Adressenverlag Koop, Düsseldorf) bleibt während der gesamten Wirtschaftswunderzeit bis zu seinem Tod im Amt. 1967 übernimmt der Autor dieses Beitrages (damals Inhaber der Scholz OhG, Berlin) die Führung des ADV, der bis 1983 die Zahl von 22 Mitglieder erreichte. 1985 wird der Verband umbenannt in Deutscher Direktmarketing Verband.

Adressenverleger gründen nach dem Zweiten Weltkrieg einen Verband

Die technische Entwicklung in dieser Zeit: Einführung **automatischer Direktadressierung**, zunächst mit Metall/Adrema-Platten, dann Kettendrucker per Computer gesteuert, elektronische Erfassung, Datenbankführung und Druckproduktion. **1969** wurden bereits **2,5 Milliarden Deutsche Mark für Direktwerbemaßnahmen** von der Wirtschaft ausgegeben. **Heute** sind es mehr als **fünf Milliarden Euro**.

Eine Bremse in der positiven Entwicklung war 1970 die Einführung des **Datenschutz-Gesetzes**, auf das der ADV (Adressenverleger-Verband, heute DDV) mit der **„Robinson-Liste"** reagierte. In diese Liste/Datenbank konnten sich private Personen kostenlos eintragen, wenn sie keine Werbepost im ihrem Briefkasten empfangen wollten. Alle dem DDV angeschlossenen Dienstleister wurden verpflichtet, diese Liste bei der Abgabe von Privatadressen für Mailing-Aktionen einzusetzen. Im Mai 2008 waren in der Robinson-Liste circa 657.500 Eintragungen verzeichnet. Als Partner des DDV und aller Direktwerber engagiert sich auch die

Robinsonliste als Antwort auf neues Datenschutzgesetz

Deutsche Post immer stärker im Bereich Zustellung und Service und beachtet strikt die „Robinson-Liste".

Parallel zur klassischen Werbung wächst auch das **Direktmarketing**. Zahlreiche „Direktmarketing Agenturen" werden gegründet und die Zahl der Dienstleister wie Lettershops und Fullservice-Agenturen nimmt zu. Immer mehr Branchen, wie Verlage, Versicherungen, Handelsunternehmen setzen Instrumente des Direktmarketing zur Neukunden-Gewinnung, Verkaufsförderungen und Kunden-bindung ein.

1965 gibt Gerardi die Zeitschrift „Direkt Marketing" heraus

1965 war in der Entwicklung ein besonderes Jahr: Direktwerbung bekam eine eigene Zeitschrift. Mit dem Leitartikel „Was ist Direktwerbung?" gab der Herausgeber **Alfred Gerardi**, einer der hervorragenden Direktwerbe-Experten dieser Zeit, den zukünftigen Weg zum Direktmarketing an. Eine einzige Form der Werbung, bei der vom Werbungtreibenden selbst und von ihm allein der Werbeträger ausgesucht und gestaltet wird.

Die Werbeziele und -aufgaben weiteten sich immer mehr aus:

➤ Direktverkauf an den Verbraucher,

➤ Direktverkauf an den Handel/Großhandel,

➤ Verkaufsunterstützung des Groß- und Einzelhandels,

➤ Verkaufsunterstützung des Außendienstes,

➤ Bearbeitung bestimmter Branchen zur Unterstützung der Anzeigenwerbung,

➤ Marktforschung,

➤ Public Relation,

➤ Kundenbetreuung und Kundenbindung.

Zum Direktmarketing per Post kommt heute der Einsatz von E-Mails, personalisierten Anzeigen, Telefon-Kontakte, TV-Response, Internet bis zum Handy-Kontakt. Immer mit der Zielsetzung, Werbung und Kauf/Verkauf zu einer einzigen Handlung zu verschmelzen.

Der Anwenderkreis umfasst alle Wirtschaftszweige und ist längst nicht mehr auf den Versandhandel als Pionier des Direktmarketing beschränkt. Jedes Unternehmen, das die Aufgabe des Verkaufens an den Endverbraucher nicht Dritten überlässt, praktiziert Direktmarketing beziehungsweise ist dafür prädestiniert. Markenhersteller, die neue Produkte nicht allein über den Handel einführen, Zeitungen/Zeitschriften, die durch Direktwerbung Abonnenten werben, Versicherungen, Dienstleister, die schriftlich ihr Klientel ansprechen – **sie alle praktizieren Direktmarketing**.

Die Frage, ob Direktwerbung/Direktmarketing als ein Medium zu betrachten ist, wird heute nicht mehr gestellt. Längst ist klar: Direktmarketing ist ein mehrstufiger Prozess direkter Kommunikation, der alle Aktivitäten im Marketing umfasst: Angebot (Marktkommunikation), Abschluss (Kauf-, Miet- und anderer Vertrag) und überall dort, wo zwischen erstem Anbieter und letztem Nachfrager, erstem

Absetzer und letztem Beschaffer eine unmittelbare Beziehung besteht und ein Dialog geführt wird. Aus Direktmarketing wird Dialogmarketing.

Dialogmarketing heute ist eine Methode, die sich der verschiedenen Medien bedient:

➤ das persönliche Verkaufsgespräch (Verkäufer)

➤ das telefonische Verkaufsgespräch (Telemarketing)
  – das schriftliche Verkaufsgespräch (Direktwerbung, Mailing)

➤ die Haushaltswerbung (door-to-door)

➤ Response-Beilagen

➤ Response-Anzeigen

➤ E-Mail

➤ Internet und Mobiltelefon

Dialogmarketing heute ist ein **Marketing-System**, das sich der verschiedenen Medien bedient. Im Dialogmarketing werden mittels **interaktiver Kommunikation** direkte Kontakte mit der Zielgruppe/Zielperson herstellt. Diese interaktive Kommunikation schafft seitens des Konsumenten das Engagement, sich aktiv zu beteiligen und zielt drauf ab, passive Werbung in aktive Werbung umzuwandeln.

Literatur

Andersson, A.: Mehr Geld und mehr Erfolg mit Direktmarketing, Werbebriefen, Mailings & Direct Response-Anzeigen. – 340 S., Books on Demand, 3. erw. Auflage, 2002.

Bruns, J., Weis H.-Ch. (Hrsg.): Direktmarketing. – 500 S., Kiehl, 2. Aufl., 2007.

Dallmer, H. (Hrsg): Das Handbuch. Direct Marketing & More. – 1300 S., Gabler Verlag, 8. Aufl., 2002.

Fischer H., Boessneck B.: Die besten Direktmarketing-Kampagnen (2). – 280 S., 1992.

Fischers Archiv: Dialogmarketing-Trends 2007/2008 – 167 S., 2007.

Hell, H.: Die Erfolgsstory des Direktmarketing. – 368 S., Moderne Industrie, 1989.

Holland H.: Direktmarketing. – 399 S., Vahlen, 2.vollst. überar. u. erw. Auflage, 2004.

Kracke: Crossmedia-Strategien – Dialog über alle Medien. – 240 S., 2001.

Krafft (Hrsg.): Internationales Direktmarketing – Grundlagen, Best Practice, Marketingfakten. – 350 S., 2005.

Löffler H., Scherfke A.: Praxishandbuch Direktmarketing. – 336 S., Cornelsen, 2000.

Müller, R.: Es fing schon in der Antike an. – 136 S., kart., illustr., 1988.

Pohlmann, J.: Coupon-Marketing - Kunden finden und binden mit Rabatten. – 192 S., 2003.

Schwarz, T.: Leitfaden Online Marketing – Das kompakte Wissen der Branche. – 853 S., marketing-BÖRSE, 2007.

Vögele, S.: Das Verkaufsgespräch per Brief und Antwortkarte – Die Dialogmethode. – 372 S., 12. Auflg. 2002.

Die Professor Vögele Dialogmethode für das Entwickeln und Gestalten von Mailings baut auf dem echten Verkaufsgespräch auf. Im persönlichen **Gespräch steuert der Verkäufer** den gesamten Ablauf von der ersten Kontaktstufe bis hin zur Abschluss-Phase. Der Kunde hat Fragen und erwartet eine gute Antwort. Ein guter Verkäufer beantwortet zu früh gestellte Fragen, die in die Abschluss-Phase gehören, nicht sofort. **Er schiebt die Antwort hinaus.** Manche Fragen beantwortet er, auch wenn sie der Kunde nur gedacht, aber noch nicht ausgesprochen hat. Der Verkäufer kennt diese Fragen aus Erfahrung. Es sind die unausgesprochenen Käufer-Fragen. Während dieses Dialogs sendet der Kunde sehr **viele kleine Zustimmungen** (kleine „jas"), bevor er dem Angebot mit einem großen JA zustimmt. Wir nennen sie **Kaufsignale** (Verstärker). Dazwischen liegen auch kleine „neins" (Filter).

Viele kleine Zustimmungen

Wenn der persönliche Besuch des Verkäufers zu teuer wird, kommt es zu **„Ersatzbesuchen"**, zum Beispiel per Brief, per Telefon, per Coupon-Anzeige, per Internet. Auch im schriftlichen Dialog kennen wir Fragen und Antworten: Angefangen von „Woher hat diese Firma meine Adresse?" über Fragen wie „Brauche ich das? Was bringt mir das? Was will diese Firma von mir?" bis hin zur Schlussfrage „Was soll ich jetzt tun?". Einige dieser Fragen konzentrieren sich auf den Brief (persönliche Fragen), andere auf die Beilagen (Produktfragen) und auf das Response-Element (Abschlussfragen).

Was bringt mir das?

Es gibt viele Arten solcher Kundengespräche. Sie alle haben einen ähnlichen Aufbau. Am Ende steht **als Ziel die positive Reaktion** des Kunden. Die Art dieser Reaktion hängt von der Art des Gesprächs ab. Der Verkäufer führt nicht nur Verkaufsgespräche im engeren Sinne (mit sofortigem Abschluss), sondern auch Informations-, Kontakt-, Service- oder Bedarfsanalyse-Gespräche.

Die Botschaft allein ist aber noch kein Dialogersatz. Sie muss ankommen, muss gelesen und verstanden werden. Ob dies geschehen ist, zeigt die **Response**. Erfolgreiche schriftliche Dialoge führen heißt, diesen Erfolg durch Reaktionen beweisen. Informationen ohne Reaktion sind Monologe! Sie können sehr wohl zur Verbesserung des Bekanntheitsgrades und des Images beitragen. Informationen dieser Art zählt man in der Regel zum klassischen Bereich der Werbung. Der Empfänger reagiert aber erst, wenn er sich mit der Botschaft ausführlich genug beschäftigt hat. Das **Reaktionsverhalten** ist also abhängig vom **Leseverhalten** der Zielgruppe.

Es gibt noch weitere Analogien zum echten persönlichen Gespräch: Auch im Dialogmarketing spricht man mit Personen einer Zielgruppe und wartet auf eine Reaktion, möglichst ein großes JA. Auf dem Weg vom ersten Kontakt bis zur Reaktion per Unterschrift erkennt man bei Labor-Untersuchungen viele kleine

Zustimmungen des Lesers, kleine „jas" (Signale für eine positive Response). Dazwischen liegen in der Regel auch kleine „neins". Beispiel: Der Leser öffnet ein Mailing und bewegt sich dabei langsam in Richtung Papierkorb. Dies ist ein deutliches kleines „nein", das auch ohne **Messinstrument** zu erkennen ist.

Im Gegensatz zum mündlichen Dialog legt man beim Schriftlichen alle Gesprächsteile sofort auf den Tisch des Empfängers. Was der Kunde im persönlichen Verkaufsgespräch nacheinander hört, schaut der Mensch jetzt nahezu gleichzeitig an. Dennoch gibt es eine **bestimmte Reihenfolge bei der Informations-Aufnahme**. Läuft sie analog zum mündlichen Dialog ab, hat sie die besten Chancen.

Reihenfolge wie beim mündlichen Dialog

Wohlgemerkt: Die Gestaltung eines Mailings ist nicht die alleinige Erfolgsursache für die Reaktion. Sie ist aber **entscheidend für das Leseverhalten**. Das richtige Produkt, die Angebotsform, die richtige Zielgruppe, das Ziel – all das sind Erfolgs-Voraussetzungen für die endgültige Reaktion. Sie nutzen jedoch wenig, wenn die Botschaft über ein gutes Produkt dem Leser durch schlechte Gestaltung verborgen bleibt.

Das Leseverhalten

Bei Mailings lässt sich ein weit verbreitetes Blickverhaltens-Muster feststellen, das man am besten mit den Worten **„der erste Eindruck ist entscheidend"** umschreibt. Bereits nach wenigen aufgenommenen Informationen fällt die Entscheidung über Zu- oder Abwendung. Für das Öffnen, Entfalten und Überfliegen eines einfachen 20-Gramm-Mailings stellen **die ersten zwanzig Sekunden** (im Durchschnitt zwei Sekunden pro DIN-A4-Seite) eine wichtige Schwelle dar: Alle Seiten wurden ein erstes Mal angeschaut. Spätestens jetzt hat sich der „erste Eindruck" gebildet, und zwar meistens aufgrund gesehener Bilder, Grafiken und Headlines. Text wird erst gelesen, wenn dieser erste Eindruck zum Lesen motiviert. Der erste Kurzdialog muss dem Betrachter signalisieren: Das bringt Vorteile für mich! **Das Lesen macht Sinn.** Denn für Sinnloses opfert man keine wertvolle Zeit.

Vorteile suchen

Einerseits sind zwanzig Sekunden wenig Zeit, um Vorteile zu erkennen. Anderseits sind zwanzig Sekunden beinahe zehnmal mehr, als wir für die durchschnittliche Beachtung einer klassischen Anzeige messen. Während dieser zwanzig Sekunden hält das Auge fünfzig bis hundertmal an. Alle diese so genannten **Fixationen** (mindestens 0,2 Sekunden Verweildauer) bergen Chancen und Risiken für das Weiterlesen. Sobald die kleinen „neins" überwiegen, wird der Lesevorgang abgebrochen. Es kommt zu einem negativen Urteil über den gesamten Inhalt. Die **negative Prädisposition** kann dazu führen, dass nachfolgende positive Informationen subjektiv falsch verstanden werden.

Ein Mailing muss auch einmal den Preis der Ware nennen und vom Bezahlen sprechen. Das sind Themen, die den Leser nicht immer positiv stimmen. Informationen dieser Art sind ungefährlich, solange sie erst spät, nach den positiven Informationen (kleine „jas") registriert werden. Die Dialog-Reihenfolge muss daher im schriftlichen Gespräch bewusst gesteuert werden. Andernfalls läuft man Gefahr, das Verkaufsgespräch beim Preis oder den Zahlungsbedingungen zu beginnen, also von hinten! Die „neins" kommen dann zu früh, die späteren „jas" haben keine Chance mehr.

Aus dem bisher Gesagten folgt, dass man grundsätzlich den Blickverlauf auf einem Print-Medium vorhersagen kann, und zwar für den ersten Kurzdialog mit einem Mailing. Dazu benötigt der Gestalter jedoch einige Faustregeln, welche Elemente zuerst gesehen werden. Eine hilfreiche Liste, die auf der Basis von Blickverlaufs-Untersuchungen mit der Augenkamera beruht, finden Sie in Kapitel 4.

Beim Entwickeln und Gestalten neuer Dialog-Werbemittel legt man zunächst den **Soll-Dialog** in der Reihenfolge eines Vertreter-Gespräches fest. Die größten Vorteile und die besten Antworten auf mögliche Kundenfragen verteilt man anschließend als gewünschte Fixationen (Augen-Haltepunkte) in der richtigen Reihenfolge auf das/die Werbemittel und belegt diese Blickpunkte mit entsprechenden Bildelementen und Headlines. Das ergibt den Kurzdialog. Der Rest wird in Textblöcke gepackt. Sie werden erst gelesen, wenn die ersten Fixationen genügend kleine „jas" produziert haben.

In einem Prospekt benötigen alle Bild-Elemente und alle Headlines einen Text-block. Das führt schneller zum **zweiten, intensiveren Dialog**, zum Lesen. Genau hier unterscheiden sich klassische Werbeprospekte von Prospekten des Dialogmarketings.

Zusammengefasst bedeutet dies für die Werbepraxis: Der Empfänger von Mailings, Response-Anzeigen oder anderen Dialogmarketing-Instrumenten sucht Vorteile und Antworten auf seine Fragen, bevor er mit einer Response reagiert. Seine Augen folgen dabei bestimmten Gesetzmäßigkeiten. Dieser Blickverlauf muss identisch sein mit der Reihenfolge der gesuchten Vorteile und Antworten. Der sicherste erste **Blickpunkt sind Bilder**, Fotos oder bildähnliche Elemente. Der zweite Blickpunkt sind deutliche **Headlines**, der dritte Hervorhebungen in **Textstellen**. Dieses Wissen bietet zwei Chancen: zum einen für das fundierte Beurteilen bisheriger Mailings, Anzeigen und Beilagen, zum anderen beim Gestalten neuer Dialog-Werbemittel. Für mehr Erfolg, mehr Umsatz und mehr große „JAs" im Kundendialog gilt also folgende Formel:

Erst Bilder dann Worte

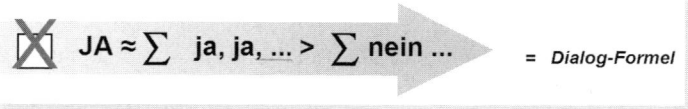

Abb. 1: Dialog-Formel

Literatur

Vögele S.: Dialogmethode. Das Verkaufsgespräch per Brief und Antwortkarte. – Landsberg am Lech, 2002.

PSYCHOLOGIE DES DIALOGMARKETINGS

ROBERT K. BIDMON

Fachleute für Manipulation – Werbepsychologen kennen die Tricks, wie man Menschen zum Geld ausgebenden Konsumenten macht. Hinter diesem Vorurteil steckt oft die übertriebene Hoffnung, es gäbe einen einfachen Weg zum garantierten Erfolg. Gäbe es ihn, dann wären wohl alle Werbepsychologen Millionäre. Welche Chancen die Psychologie tatsächlich dem Dialogmarketing bieten, soll beispielhaft im Folgenden gezeigt werden. Zuerst wird erklärt, was Dialogmarketing und was Psychologie ist, dann wie Praktiker von den Ergebnissen der Psychologen profitieren können.

Dialogmarketing – ein breites Gebiet

Das heutige Dialogmarketing entwickelte sich aus unterschiedlichsten Wurzeln: der frühen Direktwerbung, dem Direkt-, dem Mobile- und dem Onlinemarketing. Heute beschränkt sich Dialogmarketing **nicht mehr nur auf den Marketing-Mix-Faktor „Kommunikation"**. Bruns [1] vertrat wohl als Erster im deutschsprachigen Raum diese Position in seinem Lehrbuch. Ähnlich konsequent sah es 2005 Wirtz in seiner Definition des Direktmarketings: „Als Instrumente werden hierfür sämtliche Elemente des Marketingmix in integrierter Form und zunehmend unter Nutzung moderner Informations- und Kommunikationstechnologien eingesetzt". Doch nicht nur der Begriff dehnte sich aus. Es gab weitere Folgen:

Entstehung einer Wissenschaft: Gerade die neuen, elektronischen Instrumente ermöglichen eine viel bessere, schnellere und präzisere Kontrolle des Verhaltens der Umworbenen. Dies führt zu besseren Untersuchungsmöglichkeiten. Manche sehen hier den Entstehungszeitpunkt einer Wissenschaft „Direkt- beziehungsweise Dialogmarketing".

Neue Medien machen Erfolgs-messung leichter

Betonung der Funktionen des Direktmarketings, wie etwa Schaffung eines individuellen Kundenkontakts, ein echter Dialog mit dem Kunden, die Erzielung einer messbaren Kundenreaktion, die Erreichung der Kommunikationsziele des Unternehmens oder die Befriedigung der Kundenbedürfnisse. Die Funktion „einen Dialog mit dem Umworbenen (also Interessenten, Kunden) zu führen" wird dabei besonders häufig in den Vordergrund gestellt, wie beispielsweise beim interaktiven Marketing oder dem One-to-One-Marketing [2].

Wie kann die Psychologie ein so breit verstandenes Dialogmarketing unterstützen? Beispielsweise zeigen schon viele Ergebnisse aus frühen „wissenschaftlichen" Werken zum Thema „Mail" [3, 4] eine große **Verwandtschaft mit Teilen der Psychologie**. So ähnelt der frühe Ansatz des Testmarketings dem in der Psychologie damals verbreiteten **Stimulus-Response-Ansatz**, der den Zusammenhang zwischen definierten Reizen und bestimmten Reaktionen untersuchte.

Psychologie

Heute ist die Psychologie die **Wissenschaft vom Verhalten** und den mentalen Prozessen des Menschen. Letztere sind subjektive innere Erfahrungen wie beispielsweise Träume, Empfindungen, Wahrnehmungen, Gedanken, Einstellungen, Gefühle [5, S. 9]. Die verschiedenen Möglichkeiten der Psychologie für das Dialogmarketing sollen im Folgenden an einigen Beispielen vorgestellt werden. Zuerst zu den wissenschaftlichen Grundlagen.

Mehr Sicherheit für Dialogmarketing-Regeln

Wäre es nicht schön, es gäbe im Dialogmarketing Regeln und Ergebnisse, die als „sicher" gelten und die sich auch auf zukünftige Instrumente übertragen lassen? Wissenschaftler suchen und veröffentlichen solche verlässlichen Ergebnisse. In den Publikationen beschreiben Wissenschaftler ihren Weg zu den Ergebnissen, Schritt für Schritt – für andere nachvollziehbar. Der Einsatz jeder Methode muss begründet werden, warum bei diesen Personen und zu diesem Zeitpunkt. Der Weg der Erkenntnisgewinnung wird nun in Publikationen zur Diskussion gestellt. **Nur die sichersten Ergebnisse bewähren sich** in diesem Umfeld.

Keine reproduzierbaren Ergebnisse

In den frühen „wissenschaftlichen" Werken der Direktwerbung, wie beispielsweise denen von Caples, Hopkins, Buckley oder Andersson, berichten die Autoren leider nur fast Ergebnisse. Die Leser, Anwender interessierte damals, was Erfolg bringt und nicht, wie die Ergebnisse zustande kamen. Leider sind die dargestellten Ergebnisse aber nicht nachvollziehbar.

AIDA stimmte nicht

Nachvollziehbar sind dagegen die Ergebnisse der wissenschaftlichen Psychologie. Durch sie werden manche Dialogmarketing-Aussagen als Marketing-Mythen entlarvt, wie beispielsweise die Maslowsche Bedürfnis-Pyramide oder das AIDA-Modell [vergleiche 6; 7]. Aber für viele Aussagen liefert die Psychologie oft ein besseres Fundament. So erhält die Praxis zusätzliche Sicherheiten bei der Bewertung vieler Dialogmarketing-Aussagen. Hierzu ein Beispiel: Die Empfehlung **„Keep It Simple and Short"** (**KISS**) findet eine Parallele in folgendem Befund: Das Gehirn verbraucht circa zwanzig Prozent der aufgenommenen Energie, obwohl es nur zwei Prozent des Körpergewichts eines Menschen wiegt [8]. Ein Schluss daraus lautet: Das Gehirn neige zu „energiesparenden" Maßnahmen.

KISS-Regel gilt

Daher kann vermutet werden, dass werbliche Informationen, nach der KISS-Regel gestaltet, leicht aufgenommen und verarbeitet werden können.

Bestimmte Schritte sind wichtig für ein wissenschaftliches Vorgehen. Diese lernen Psychologen vor allem in den Fächern **Methodik und Statistik**. Oft sind die gewonnenen Aussagen, Regeln, Ergebnisse, allgemeingültig und auch für zukünftige Entwicklungen anwendbar, wie beispielsweise das eben genannte Ergebnis zum energiesparenden Gehirn.

Psychologische Aussagen, die für alle Dialoginstrumente gelten

Allgemeingültige Aussagen über solche Prozesse könnten bei der Gestaltung unterschiedlichster Kommunikationsinstrumente helfen – und ein Problem lösen: Vordergründig wird es heute für Gestalter immer schwieriger, einen Gesamtüberblick über alle Regeln zu bekommen, da es immer mehr Instrumente (Print, Mobile, Online) – und Regeln dafür – gibt. Entlastend für das Gedächtnis wären hingegen einige wenige, allgemeingültige, sichere Regeln, die die verschiedenen Prozesse zwischen Kontakt und Response beschreiben. Von diesen könnte man Ideen und Kriterien für die Gestaltung der meisten Instrumente ableiten.

Zuerst muss der **Kontakt sichergestellt** werden. Wenn er stattfindet – freiwillig oder unfreiwillig, egal ob mit einem Print-, Mobile- oder Online-Instrument, konzentriert sich in diesem kurzen Moment die Aufmerksamkeit auf einige Gestaltungselemente: zum Beispiel Töne, Bilder, Headlines. Aus diesen Informationen entsteht schon **nach sehr kurzer Zeit ein erster Eindruck**. Das limbische System [9, S. 227ff; 10] bewertet, nach Neurowissenschaftlern, zuerst die Informationen emotional. Diese Bewertung zeigt die persönliche Relevanz an: „gut" beziehungsweise „schlecht" für mich. Dies erfolgt vor der Verarbeitung „rationaler Informationen". Ebenso werden einige Inhalte wahrgenommen und es entsteht zusätzlich eine Vermutung darüber, ob die Inhalte des Werbemittels persönlich relevant sind oder nicht.

Gut oder schlecht für mich?

Je nach Relevanzurteil beschäftigt sich der Umworbene intensiver mit dem Werbemittel oder nicht: er liest, klickt einen Link an, sieht ein Video. Diese Beschäftigung bestätigt oder widerlegt die ersten emotionalen (und inhaltlichen) Eindrücke. Im Idealfall wird nun ein **neues Verhalten geplant**, wie beispielsweise die Response. Deshalb sollten die Umworbenen spätestens jetzt auch zu solchem Verhalten motiviert werden.

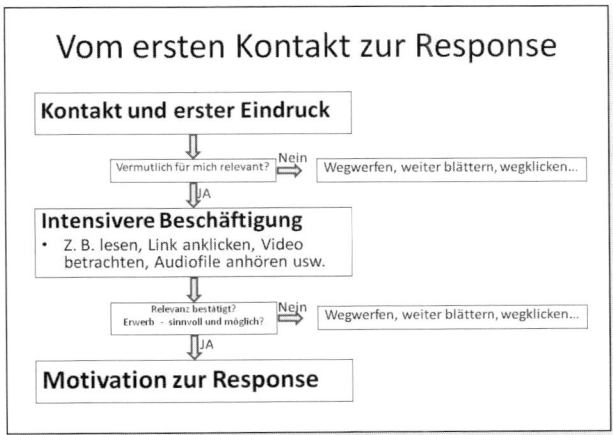

Abb. 1: Vom ersten Kontakt zur Response.

Kurzer Kontakt und erster Eindruck

Beworbene nehmen die meisten Werbemittel zuerst nur kurz wahr: im **Printbereich** beispielsweise zwischen 1,3 und 2,0 Sekunden pro DIN A4 Seite [11, S. 187]. Im **Onlinebereich** müssen Webdesigner wohl schon in 50 msec einen guten Eindruck beim Betrachter einer Website hervorrufen [12]. Auch für Online-Werbemittel betont Kielholz [13, S. 78] die Wichtigkeit des ersten Eindrucks: „Will man die Aufmerksamkeitsprozesse steuern, muss man gerade jene Bereiche im Internet wirksam gestalten, die auf den ersten Blick sichtbar sind". Ähnliches gilt im **Telefonmarketing**: „Setzen Sie Ihre volle Gesprächsenergie in den ersten zehn Sekunden des Telefonats ein" [14, S. 107]. Um von Anfang an einen guten Eindruck am Telefon zu erzielen, empfehlen Praktiker vor dem Abheben des Hörers zu lächeln und dann möglichst bald einen spannenden „Motivator" zu bringen.

Der erste Eindruck zählt

In dieser kurzen, orientierenden Zeit konzentriert sich die Wahrnehmung auf ganz bestimmte Teile des Werbemittels. Aus diesen zuerst aufgenommenen Inhalten entsteht dann der erste Eindruck. Bei **Printwerbemitteln** beginnt beispielsweise „in über 75 Prozent der Fälle … die Anzeigenbetrachtung beim Bild" [15]. „Das Auge beginnt nicht bei der Headline und arbeitet sich dann Punkt für Punkt bis nach rechts unten durch. Für den Blickverlauf gibt es klare Prioritäten: Bild vor Text, Personen vor Landschaften oder Hintergründen, Gesichter vor dem Körper, Auge, Mund und Nase zuerst" [16].

Im **Telefonmarketing** sind es am Anfang des Gesprächs die paralinguistischen Signale, wie beispielsweise die Tönung der Stimme, die die Gefühlslage des Sprechers anzeigt, beziehungsweise die allerersten Fragen und Argumente.

Im **Onlinemarketing** entsteht der erste Eindruck auf unterschiedlichen Wegen, bei E-Mails beispielsweise aus den Angaben „Absender" und „Betreff". Bei Websites dürfte der erste Eindruck teilweise von den zur Verfügung stehenden Bandbreiten abhängen. Bei geringen Übertragungsgeschwindigkeiten und langsamen Aufbau der Seite sind die ersten Informationen, wie beispielsweise Texte, ausschlaggebend. Bei schnellem Aufbau können es animierte und nicht animierte Bilder, Töne, aber auch deutlich hervorgehobene schriftliche Informationen sein.

Die zuerst **wahrgenommenen Informationen werden blitzschnell** mit bereits bestehenden geistigen und emotionalen Gedächtnisinhalten **angereichert** und bewertet. Meist entsteht aufgrund mehrerer wahrgenommener Einzelinhalte ein **erster Eindruck**: vermutlich relevant oder nicht relevant für mich. Dieser entscheidet über das weitere Schicksal des Werbemittels [17; 18]: wegwerfen, auflegen, weiterblättern, wegklicken oder eine intensivere Beschäftigung mit dem Werbemittel.

Der Text: äußerer und innerer Lesewiderstand

Bei der Verarbeitung von Texten spielen – sowohl im Off- als auch im Onlinebereich – der äußere und innere Lesewiderstand eine entscheidende Rolle [19, S. 48f. und 90f.]. Unter ersterem versteht man die **Lesbarkeit eines Textes**. Eine zentrale Rolle spielt hier die **Typografie**. Der „innere Lesewiderstand" beschäftigt sich mit der Textverständlichkeit. Sie wird in der Abb. 2 von oben nach unten besser. Je

Texte bequem lesen

geringer beide Lesewiderstände ausgeprägt sind, umso leichter fällt die Aufnahme des Textes. Es folgen beispielhaft einige Ergebnisse zum äußeren und inneren Lesewiderstand.

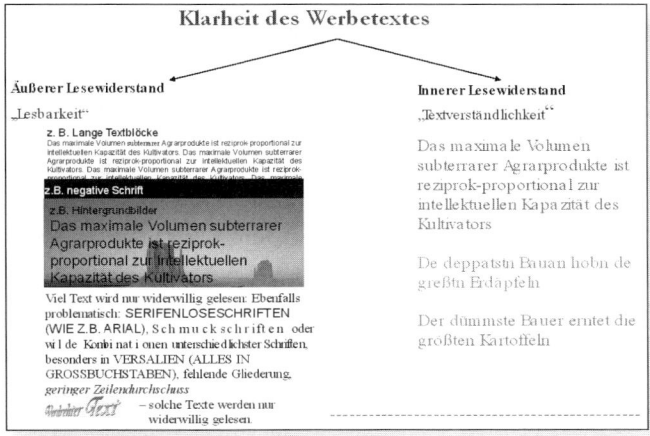

Abb. 2: Die textliche Klarheit der Werbebotschaft (Erläuterung im Text).

Lesbarkeit im Printbereich

Die Lesbarkeit im Printbereich wurde in den letzten Jahrzehnten besonders von Colin Wheildon untersucht [20-23]. Seit fast zwanzig Jahren untersucht er an einem Panel, das zuletzt fünfhundert Personen umfasste, verschiedene Layout- und Typovarianten. Er untersuchte den Einsatz fetter und kursiver Schrift, Einsatz von Versalien, Farbe, Zeilenbreite, Block- und Flattersatz und vielem mehr. Ihn selbst verblüfften **zwei Resultate** [23]: Zum einen, wie leicht die Leser durch ein **fragwürdiges Design** zu vergraulen seien, das sind solche, die dem „natürlichen" Blickverlauf widersprechen. Empfehlungen für optimale Blickverläufe geben beispielsweise Arnold und Vögele [22, ausführlich ab S. 103; 24]. Zum anderen verblüffte Wheildon die wiederholte Bestätigung des Wissens, dass Fließtexte, in **Serifenschrift** geschrieben, besser verstanden werden, als solche mit Nichtserifenschriften.

Fließtext besser
in Serifenschrift

Lesbarkeit bei Online-Medien

Online-Medien verändern durch die Pixelierung an Bildschirmen die typografischen Besonderheiten der zugrunde liegenden Druckschriften. So geht beispielsweise das charakteristische An- und Abschwellen der Strichstärke von Antiqua-Schriften verloren. Dies initiierte eine ganze Reihe von Studien [25-28] – teilweise mit widersprüchlichen Ergebnissen. Neuere Studien fördern nicht nur typografische Erkenntnisse zutage. Als bedeutende **Wirkfaktoren im Leseprozess** am Bildschirm identifizierte Liebig [25] das **Lebensalter der Nutzer** und die **Konstruktionsart des Monitors**. 19- bis 35-jährige lasen die Experimentaltexte erheblich schneller als die Minderjährigen und die über 55-jährigen Probanden. Zudem ergab eine

Flachbild-
monitore lesbarerstatistische Analyse, dass Texte an Flachbildschirmen etwas schneller aufgenommen werden als an Röhrenbildschirmen.

Text-Verständlichkeit

Anfang der 70er Jahre entwickelten die Hamburger Forscher Inghard Langer, Friedemann Schulz von Thun und Reinhard Tausch [29] ein umfassendes **Modell der Textverständlichkeit**. Es gehört heute zu den besterforschtesten und praktikabelsten im deutschsprachigen Raum. Es gilt für alle Textarten. Andreas Reichle [30] untersuchte die Gültigkeit für Direktmarketing-Texte. Sehr gut verständliche Texte sind durch **vier Dimensionen** (unabhängig von der Textart und vom verwendeten Medium) gekennzeichnet:

➤ Sehr hohe **Einfachheit**: Ein Werbetext sollte eine einfache Darstellung haben, geprägt durch **kurze, einfach konstruierte Sätze**. Es sollten **geläufige Wörter** verwendet werden, möglichst konkret und anschaulich.

➤ Mittlere **Kürze und Prägnanz**: Der Text sollte **kurz und knapp** sein und sich inhaltlich auf das Wesentliche beschränken. Jedes Wort, das verwendet wird, sollte notwendig für das Verständnis sein. Die Texte sollten in der Dimension „Kürze/Prägnanz" eine mittlere Ausprägung haben. Für den mitzuteilenden Inhalt sollten nicht zu wenig und nicht zu viele Wörter verwendet werden.

Einfach, kurz und
gegliedert

➤ Sehr hohe **Gliederung und Ordnung**: Der Text muss stark **gegliedert, übersichtlich und folgerichtig** sein. Wichtig ist eine gute Unterscheidung zwischen dem inhaltlich Wesentlichen und dem Unwesentlichen. Der rote Faden sollte immer erkennbar sein. Eine klare Reihenfolge muss ersichtlich sein.

➤ **Anregende Zusätze**: Informationen über den **Nutzen eines Produktes** oder Statements von Testimonials dürften bei werblichen Texten zu den anregenden Zusätzen gehören. Eine **persönliche Komponente** ist wünschenswert.

Wie man Umworbene zur Reaktion bringt

Waren bestellen oder Informationen anfordern – dazu möchte häufig der Absender den Empfänger motivieren. Oft ist die Response eine Entscheidung in diesem Sinne.

Nach Praktikererfahrungen sollte die Möglichkeit zur Response möglichst in den ersten Sekunden wahrgenommen werden [31]. Diese geschieht etwa dadurch, dass sich das **Response-Element deutlich**, beispielsweise farblich prägnant, von seiner Umgebung abhebt [19, S. 47ff.] oder sogar separat vorhanden ist. Beispiele hierfür sind die separate Antwortkarte, der Coupon oder im Online-Bereich die Shop-/ Einkaufswagensymbole, die sich deutlich von ihrer Umgebung unterscheiden.

Entscheidungsaspekte der Response-Orientierung

Entscheidungen sind nicht die Folge rationalen, durchdachten Abwägens verschiedener Handlungsalternativen. Häufig wird der Entscheidungsprozess abgekürzt. Dies geschieht meistens durch Konzentration auf **„Schlüsselinfor-mationen"**, wie etwa Testurteilen, Preisen, Markennamen. So erspart beispielsweise das Urteil „sehr gut" beziehungsweise „Testsieger" die intensive, prüfende Auseinandersetzung mit dem Produkt. Aufgrund solcher „geistigen Daumenregeln" [**„mental shortcuts"**, vergleiche auch: 32; 33; 34] reduziert man den Aufwand an Zeit, Energie und geistiger Arbeit für viele Entscheidungen.

Response-Auslöser

Die Prinzipien der Beeinflussung

Weitere Response-Auslöser, **„Action-Getter"**, beschrieb beispielsweise Kirchner [35, S. 52] wie etwa:

➤ **Free gift/Gastgeschenk**: erkennbar an der Formulierung: „gehört Ihnen, auch wenn Sie vom Angebot keinen Gebrauch machen",

➤ **Zeit-/Mengenbeschränkung**: „letzter Bestelltermin 30. September",

➤ **Prominenten-/Leitbildwerbung**: „…schmeckt vorzüglich, das bestätigt auch Starkoch Alfons Schuhbeck".

Die Daumenregeln erforschte der Beeinflussungsforscher Cialdini [34]. Er untersuchte Tausende unterschiedlicher Überzeugungstaktiken von Beeinflussungsprofis. So entdeckte er eine Reihe „mental shortcuts", wie etwa das **Kontrastprinzip**. Hier wird eine Information mit einer vorhergehenden kontrastiert. Dies geschieht beispielsweise, wenn man beim Verkauf eines DVD-Rekorders zum Preis von 179 Euro, den früheren, verlangten Preis, 499 Euro, nennt. Dadurch erscheinen die 179 Euro subjektiv niedriger als ohne Nennung des kontrastierenden Preises.

Fazit

Wir sahen am Beispiel Kommunikation, wie vielfältig die Beiträge der Psychologie für das Dialogmarketing sein können. Leider gibt es noch zwei Hürden: Erstens, die wissenschaftlichen Psychologen publizieren zwar seit Jahren schon passende Ergebnisse, leider nicht unter einem zusammenfassenden Titel, wie beispielsweise Dialogmarketing-Psychologie. Heute erhält man passende Ergebnisse in Werken zur Kognitiven Psychologie [36], Kommunikations- und Medien- [37;38], Informations- [39] , Wahrnehmungs- [40], Online- [13], Markt- und Werbe- [19; 41; 42], Sozial- [43; 44] oder Biopsychologie [45]. Man findet auch entscheidende Erkenntnisse über entsprechende Literaturdatenbanken (PsycINFO, Psyndex).

Fachsprache der Psychologen

Eine zweite Hürde ist die Fachsprache der Psychologen. Wenn ein Psychologe den Anspruch hat, **für die Praxis wissenschaftliche Erkenntnisse zu liefern**, dann muss er in Praktikersprache übersetzen [46-49], sei es als Seminar-, Workshopleiter oder Berater. Nur so werden psychologische Erkenntnisse auch für die Praxis nutzbar.

39

Literatur

[1] Bruns J.: Direktmarketing. – Ludwigshafen (Rhein): Kiehl, 1998.

[2] Peppers D, Rogers M.: Strategien für individuelles Kundenmarketing. Die 1:1 Zukunft (Am. Original erschien 1993: The One-to-One-Future). – Haufe bei Knaur, München, 1994.

[3] Hopkins, CC. Scientific Advertising. http://www.peakperformancetechnology.com/ Scientific%20Advertising%201.PDF. 1923, 1-11-2007.

[4] Buckley H. J.: The science of marketing by mail. – B. C. Forbes publishing company, New York City, 1924.

[5] Myers D. G., Grosser C, Wahl S, Hoppe-Graff S.: Psychologie. – Springer, Heidelberg, 2005.

[6] Bidmon R. K.: Mythen des Direktmarketings. Welche Gültigkeit haben Werberegeln wirklich? – In: Direkt Marketing 44[2], 62-63. 2008.

[7] Lürssen, J.: AIDA – reif für das Museum? http://www.absatzwirtschaft.de/psasw/ fn/asw/sfn/buildpage/cn/cc_vt/artpage/0/SH/0/ID/30115/page1/PAGE_1002979/page2/ PAGE_1003000/aktelem/PAGE_1003205/s/0/index.html, 2004, 25-7-2005.

[8] Shulman R. G., Rothman D. L., Beharr K. L., Hyder, F.: Energetic basis of brain imaging: implications for neuroimaging. – In: Trends in Neurosciences 27, 489-495, 2004.

[9] Damasio A. R.: Descartes' Irrtum – Fühlen, Denken und das menschliche Gehirn. – List, München, 2005.

[10] Storch M. Krause F.: Das Zürcher Ressourcen Modell ZRM. – http:// www.majastorch.de/download/zrm.pdf, 2000.

[11] Kroeber-Riel W., Esch F. R.: Strategie und Technik der Werbung. Verhaltenswissenschaftliche Ansätze. – Kohlhammer, Stuttgart, 2000.

[12] Lindgaard G., Fernandes G., Dudek C., Brown, J.: Attention web designers: You have 50 milliseconds to make a good first impression! – In: Behaviour and Information Technology 25 [Number 2/March-April 2006], 115-126 (12), 2006.

[13] Kielholz A.: Online-Kommunikation – die Psychologie der neuen Medien für die Berufspraxis. – In: Springer Medizin, 9 Tab., Heidelberg, 2008.

[14] Greff G.: Das 1x1 des Telefonmarketing. – Gabler, Wiesbaden, 1997.

[15] Jeck-Schlottmann: Werbewirkung bei geringem Involvement. – Saarbrücken. Arbeitspapier Nr. 1 der Reihe „Konsum und Verhalten", 1988.

[16] Wimmer R.-M.: Menschen sind Augentiere. – In: Absatzwirtschaft 31[2], 88-99, 1988.

[17] Schubert T.: Empirische und theoretische Überprüfung der psychologischen Wirkung des ersten Kurzdialogs im Direktmarketing. – Ludwig-Maximilians-Universität München, Lehrstuhl Prof. L. v. Rosenstiel (Diplomarbeit im Rahmen des Drittmittelprojektes Deutsche Forschungszentren für Direktmarketing an den Universitäten München und Rostock, Ltg. R. Bidmon. Ein Projekt der Siegfried-Vögele-Stiftung im Stifterverband für die Deutsche Wissenschaft), 25-3-2004.

[18] Vögele S., Bidmon R. K.: Psychologische Aspekte der Dialogmethode. – In: Dallmer H. (Hrsg.): Direct Marketing & More. –Gabler, Wiesbaden, 435-58, 2002.

[19] Neumann P.: Markt- und Werbepsychologie – Praxis. Wahrnehmung – Lernen – Aktivierung – Image-Positionierung – Verhaltensbeeinflussung – Messmethoden. – Fachverlag Wirtschaftspsychologie, Gräfelfing, [089/20 11 282], 2003.

[20] Wheildon C.: Communicating – or just making pretty shapes. – http:// www.ianmc.com.au/articles/cojmps.pdf, 1990.

[21] Wheildon C.: Type and Layout. How typography and design can get you message across – or get in the way. – Strathmoor Press, Berkely, California, 1995.

[22] Wheildon C, Heard G.: Type and Layout. Are you communicating or just making pretty shapes? How typography and design can get you message across – or get in the way. – With a forward by David Ogilvy and additional material by Geoffrey Heard; The Worsley Press, Hastings, Victoria, Australien, 2005.

[23] Wheildon C.: Colin Wheildon on Direct Mail Design – an Interview in Target Marketing. http://www.targetmarketingmag.com/story/story.bsp?sid=20467&var=story, 26-4-2006. 2-11-2007.

[24] Vögele S.: Dialogmethode: Das Verkaufsgespräch per Brief und Antwortkarte. – mi, Landsberg/Lech, 2002.

[25] Liebig, M.: Browser-Typografie: Untersuchungen zur Lesbarkeit von Schrift im World Wide Web. – Dissertation zur Erlangung des akademischen Grades Doktor der Philosophie; Fakultät Kulturwissenschaften der Universität Dortmund (Gutachter Prof. Dr. Ulrich Pätzold, Prof. Dr. Günther Rager, beide Universität Dortmund), 30-11-2005.

[26] Bayer, S. K.: Bildschirmtypografie. Technische und psychologische Determinanten der Gestaltung von Online-Dokumenten. – Alles Buch. Studien der Erlanger Buchwissenschaft III; Universität Erlangen-Nürnberg, Buchwissenschaft, 2003.

[27] Ziefle M. C.: Bildschirm oder Papier – Determinanten der Leseleistung im Medienvergleich. – In: Hacker W. (Hrsg.): Bericht über den 41. Kongress der Deutschen Gesellschaft für Psychologie in Dresden 1998. Schwerpunktthema: Zukunft gestalten; 1998; Lengerich, Dresden, S. 592-604, 1999.

[28] Redelius J.: Der „digitale" Gutenberg: Untersuchungen zur Lesbarkeit digitaler Bildschirmschriften. – Ludwigsburg, Pädag. Hochsch., Diss., 1998.

[29] Langer I., Schulz von Thun F., Tausch R.: Sich verständlich ausdrücken. Anleitungstexte, Unterrichtstexte, Vertragstexte, Amtstexte, Versicherungstexte, Wissenschaftstexte u.a. – Reinhardt, München, 1990.

[30] Reichle A.: Eine explorative Studie zur Anwendbarkeit des Hamburger Textverständ-lichkeitsmodells auf Werbetexte unter Einbeziehung der Dimension Personzentrierung. – Ludwig-Maximilians-Universität München, Lehrstuhl Prof. L. v. Rosenstiel (Diplomarbeit im Rahmen des Drittmittelprojektes Deutsche Forschungszentren für Direktmarketing an den Universitäten München und Rostock, Ltg. R. Bidmon. Ein Projekt der Siegfried-Vögele-Stiftung im Stifterverband für die Deutsche Wissenschaft), 2004.

[31] Vögele S.: Dialogmethode: Das Verkaufsgespräch per Brief und Antwortkarte. – mi, Landsberg/Lech, 1984.

[32] Hell W.: Kognitive Täuschungen: Fehl-Leistungen und Mechanismen des Urteilens, Denkens und Erinnerns. – Spektrum, Akad. Verl., Heidelberg, Berlin, Oxford, 1993.

[33] Cialdini R. B.: Einfluß. Wie und warum sich Menschen überzeugen lassen. – Original: Influence – How and Why People Agree to Things; mvg (TB 308), Landsberg, 1987.

[34] Cialdini R. B.: Die Psychologie des Überzeugens. Ein Lehrbuch für alle, die ihren Mitmenschen und sich selbst auf die Schliche kommen wollen. – Am. Orig. erschien 2001: Influence, 4th ed.; Hogrefe, Bern, Göttingen, 2002.

[35] Kirchner G.: Die neue Praxis der Direktwerbung. Wie Sie Ihre Verkaufs- und Werbeprobleme selbst lösen. – Forkel-Verlag, Wiesbaden, 1991.

[36] Anderson J. R.: Kognitive Psychologie. – Spektrum, Akad. Verl., Heidelberg, Berlin, 2007.

[37] Batinic B., Appel M. : Medienpsychologie. – Springer Medizin, Heidelberg, 2008.

[38] Six U., Gleich U., Gimmler R.: Kommunikationspsychologie – Medienpsychologie [Lehrbuch]. Weinheim u.a.: Beltz, 2007.

[39] Mangold R.: Informationspsychologie – Wahrnehmen und Gestalten in der Medienwelt. – Spektrum Akad. Verl, München, Elsevier, 2007.

[40] Goldstein B.: Wahrnehmungspsychologie. – Ritter M. (Hrsg.), Spektrum, Heidelberg, 2. dt. Ausg., 2002.

[41] Neumann P.: Markt- und Werbepsychologie – Grundlagen. Definitionen, Interventio nsmöglichkeiten – Operationalisierung – Statistik. – Fachverlag Wirtschaftspsychologie, Gräfelfing, [089/20 11 282], 2003.

[42] Rosenstiel L. v., Neumann P.: Marktpsychologie. – Wissenschaftliche Buchgesellschaft (Primus-Verlag), Darmstadt, 2002.

[43] Stroebe W.: Sozialpsychologie: eine Einführung. – Mit 17 Tab., Stroebe W. (Hrsg.), Übers. von M. Reiss. Springer, Berlin, Heidelberg, New York, Barcelona, Hongkong, London, Mailand, Paris, Tokio, 2002.

[44] Fischer L., Wiswede G.: Grundlagen der Sozialpsychologie. – Oldenbourg, München, Wien, 2002.

[45] Pinel J., Pauli P.: Biopsychologie. – u.a.: Pearson Studium, München, 2007.

[46] Hartmann H.: Psychologische Diagnostik. – Kohlhammer, Stuttgart, 1973.

[47] Tritt K., Bidmon R. K., Heymann F. v., Joraschky P., Lahmann C., Nickel M., Loew, T.: Zehn Thesen zur psychotherapeutischen Versorgungsforschung – ein Positionspapier. – In: Psychotherapie 12[1], 136-148. 2007.

[48] Bidmon R. K.: Direktmarketing als Brückenwissenschaft. – In: DDV (Hrsg.): Dialogmarketing Perspektiven 2006/2007. Tagungsband 1. wissenschaftlichen interdisziplinären Kongress für Dialogmarketing, Gabler, Wiesbaden, 9-30, 2007.

[49] Bidmon R. K., Vögele S.: Neue Erkenntnisse zur Mailinggestaltung nach der Dialogmethode. Gestaltungsempfehlungen zwischen Anforderungen der Wissenschaft und der Praxis. – In: Wirtz BW, Burmann C, (Hrsg.): Ganzheitliches Direktmarketing. – Gabler, Wiesbaden, 423-452, 2006.

DIREKTMARKETING-CONTROLLING

JÜRGEN BRUNS

Der Übergang vom Massenmarketing über das Zielgruppenmarketing zum Direktmarketing kennzeichnet die zunehmende Ausrichtung des Marketing vom Gesamtmarkt über Marktsegmente auf den Einzelnen – sei es der private Endverbraucher oder der Einzelne in seiner jeweiligen Funktion in einem Unternehmen (Rolle im Buying Center).

Ähnlich wie in der Medizin, wo das Skalpell durch Laser und Mikrochirurgie weitgehend abgelöst wurde, wurden im Marketing ursprünglich grobe Instrumente durch immer **zielpersonengenauere Instrumente** ergänzt und ersetzt.

So ist eine Entwicklung von zum Beispiel Massenprodukten über Produktvarianten für bestimmte Zielgruppen hin zu individuell gestalteten Produkten im Rahmen der Mass Customization zu beobachten. Aus dem einstigen unveränderbaren T-Modell von Ford (Tin Lizzie) sind Pkws geworden, von denen heute aufgrund der zahlreichen Wahlmöglichkeiten der Ausstattung kaum noch zwei Autos vollkommen identisch sind. Aus der Massenwerbung wurde eine Werbung, die über ausgewählte Werbeträger bestimmte Zielgruppen zu erreichen suchte. Inzwischen werden „punktgenau" Zielpersonen zum Beispiel durch Mailings oder E-Mails angesprochen.

Diese Entwicklung war nur möglich, weil die **Marktkenntnisse ständig ausgeweitet** und verfeinert wurden. Das Database-Management erlaubt heute die Sammlung und vor allem die Verknüpfung und Selektion – im Rahmen von SQL, OLAP oder Datamining – immer größerer Datenmengen. Aus einer ursprünglich globalen, undifferenzierten Information über die Größe eines Marktes (zum Beispiel Anzahl der potenziellen Verbraucher, Gesamtabsatz in einer Periode) wurde die Information über das Marktpotenzial genau definierter Zielgruppen (zum Beispiel berufstätige Frauen im Alter von 20 bis 30 Jahren, die in Großstädten leben). Die heutigen Kenntnisse über die einzelne Zielperson, ihre Wünsche, Bedürfnisse, Einstellungen, Motive oder ihr Kaufverhalten erlauben zunehmend eine Vertiefung der Marktsegmentierung zur **mikrogeografischen Segmentierung** (Individualsegmentierung oder Segment-of-One). [1]

Aus Daten werden Informationen

Die Entwicklung der **individuell ausgerichteten Instrumente** im Direktmarketing ging einher mit einer „Schärfung" der Controlling-Instrumente. Das Controlling kann seine Aufgaben der Analyse, Planung, Steuerung und Kontrolle der Unternehmensaktivitäten – hier der Marketing-Aktivitäten – nur wahrnehmen, wenn es individuelle Ziele präzise zu formulieren hilft, die Erfolge des Instrumentaleinsatzes genau misst und individuelle Zielabweichungen im Rahmen einer Prozessanalyse zu analysieren hilft.

Direktmarketing-Controlling sagt „was" und „wie" gemessen werden muss

Der Aufbau eines Customer Relationship Management (CRM) kann nur unter Einbeziehung des Controllings – und zwar von Anfang an – erfolgreich sein. Die Kundenorientierung des CRM beinhaltet:

➤ die Gewinnung neuer Kunden,
➤ die Ermittlung des Kundenwertes,
➤ die Erfassung der Kundenbedürfnisse,
➤ die kundenorientierte Ausrichtung des Leistungsangebots,
➤ die Ermittlung der Kundenzufriedenheit,
➤ die Kundenbindung,
➤ eventuelle Maßnahmen zur Kundenwiedergewinnung.

Das CRM legt den Schwerpunkt auf die Behandlung des Kunden. Das Direktmarketing legt hingegen den Schwerpunkt auf die Instrumente (tools). Das **CRM** sagt, was man tun sollte, das **Direktmarketing** sagt, wie man etwas tun sollte [2].

Zielgrößen vorgeben, um Erfolg messbar zu machen

Dem Controlling kommt in diesem Prozess die Aufgabe zu, dem Marketing geeignete Zielgrößen vorzugeben, die eine Messung und Zurechnung des Erfolges ermöglichen. (If you cannot measure it, you cannot manage it). Als Beispiele für solche Zielgrößen sollen exemplarisch herausgegriffen werden:

➤ Kundenwert und
➤ Kundenzufriedenheit.

Beispiel: Kundenwert

Der Kundenwert ist eine zentrale Kennzahl und damit eine zentrale Steuerungsgröße im Direktmarketing [3]. Der gegenwärtige und vor allem der zukünftige Wert eines Kunden bestimmt die Intensität und das Budget mit der sich ein Unternehmen der Pflege eines Kunden widmet. Geeignete Größen zur Messung des Kundenwertes sind

➤ Lifetime Values (LTV),
➤ Scoring-Modelle (RFMR- oder FRAT-Modelle),
➤ Portfolio-Ansätze,
➤ Individuelle Kunden-Deckungsbeitragsanalysen.

Gerade das letzte Beispiel einer Kunden-Deckungsbeitragsrechnung zeigt, dass das Controlling bereits frühzeitig die Weichen dafür stellen muss, dass Informationen über einzelne Kunden so erhoben werden, dass eine spätere **kundenindividuelle Erfolgsermittlung** möglich ist.

KUNDEN-DECKUNGSBEITRAGSRECHNUNG
Bruttoerlöse je Kunden − Erlösschmälerungen
= **Nettoerlöse je Kunde**
− Kosten der vom Kunden bezogenen Leistungen (variable Stückkosten aus der Kalkulation x bezogene Mengen)
= **Kundendeckungsbeitrag I**
− Kundenbedingte Auftragskosten (zum Beispiel Vorrichtungen, Verpackungs- und Versandkosten)
= **Kundendeckungsbeitrag II**
− Kundenbedingte Besuchkosten (zum Beispiel Anreise oder Bewirtungskosten) − sonstige dem Kunden direkt zurechenbare Einzelkosten (zum Beispiel für Mailings, Zinsen auf offene Forderungen, Werbekostenzuschüsse, Listungsgebühren, Gehaltsanteile des zuständigen Key-Account-Mangers)
= **Kundendeckungsbeitrag III**

Abb. 1: Kunden-Deckungsbeitragsrechnung

Beispiel: Kundenzufriedenheit

Die Kundenzufriedenheitsanalyse dient der Überprüfung inwieweit es einem Anbieter gelungen ist, die Kundenbedürfnisse zu befriedigen. Die Kundenzufriedenheit ist abhängig

➤ von den Kundenwünschen, -erwartungen und -erfahrungen,
➤ von der Kenntnis und Beurteilung der auf dem Markt befindlichen Wettbewerbsprodukte,
➤ von der Wahrnehmung und Beurteilung des eigenen Leistungsangebots.

Dem Controlling fällt hier die Aufgabe zu, sicherzustellen, dass messbare und zurechenbare Größen erfasst werden, die die spätere Ermittlung eines **Kundenzufriedenheitsindex** erlauben. Abbildung 2 zeigt, wie die Ermittlung der Zufriedenheit mit einem Pkw-Modell aussehen könnte.

KRITERIEN	Wichtigkeit	Erfüllung
Technische Leistungsmerkmale	90	80
Spritverbrauch	80	50
Reparaturanfälligkeit	40	60
Sicherheit	60	30
Ausstattung	60	60
Umweltbelastung	30	70
Wiederverkaufswert	50	50

Abb. 2: Analyse der Zufriedenheit mit der Qualität eines Pkw-Modells

45

Controlling als Basis für integriertes Kundenmanagement

Die angesprochenen Konzepte zur Messung des Kundenwertes oder der Zufriedenheit, die ergänzt werden können um Kennzahlen zum Beschwerdemanagement, zur Kundenbindung oder Kundenrückgewinnung lösen einzelne Problemstellungen im Management einer Kundenbeziehung. Ihr volles Potenzial können sie aber erst entfalten, wenn sie im Rahmen eines integrierten Ansatzes zum Kundenmanagement zum Einsatz kommen [4].

Ein **Kundenmanagement-Kennzahlensystem der Zukunft** wird sich dabei auf folgende Bereiche, die als zentrale Erfolgsfaktoren angesehen werden können, stützen:

➤ Kennzahlen über die Eigenschaften des Kunden,
➤ Kennzahlen über den Instrumentaleinsatz,
➤ Kennzahlen über die Ausprägung unternehmensinterner Leistungsprozesse.

Diese Kennzahlensysteme sind miteinander und mit Informationen zur Umwelt und zum Wettbewerb zu verknüpfen. Die Kompetenzen der Mitarbeiter (Motivation, Kundenorientierung, Ergebnisorientierung, Qualifikation) sollten ebenso einfließen.

Mit der Individualisierung der Kundenbearbeitung ist die Einführung eines **Direktmarketing-Controllings** unerlässlich. Es muss dafür Sorge tragen, dass Zielgrößen implementiert werden, die später messbar sind und es erlauben, den Kundenerfolg den eingesetzten Marketing-Instrumente zuzurechnen. Dies erfordert die Einflussnahme auf die in einer Kundendatenbank zu erfassenden Informationen und auf die Auswahl der Instrumente zur Verarbeitung der gespeicherten Daten.

Wenn dies beachtet wird, wird das Controlling ein wirksames Steuerungsinstrument im Direktmarketing sein.

LITERATUR

[1] Bruns J.: Direktmarketing. – Kiehl Verlag, Ludwigshafen, 2. Aufl., 2007.

[2] Bruns J.: Direktmarketing und CRM – Unterschiedliche Blickrichtungen auf den Kunden. – In: Direktmarketing, S. 42, Mai 2007.

[3] Heinrich H.: Direktmarketing-Controlling. – In: Weiterbildung. – One-to-One Book, Ausgabe 6, S. 77.

[4] Buxel H.: Gestaltung von Kundenmanagement-Kennzahlensystemen. – In: Symposion, Digitale Fachbibliothek, 2008.

Die Weltwirtschaft verändert sich rasant. Grenzen fallen, Märkte wachsen enger zusammen und Länder, die gestern noch Entwicklungsregionen waren, sind innerhalb weniger Jahrzehnte zu interessanten Wachstumsmärkten geworden. Diese **grenzenlose Entwicklung** der Weltwirtschaft bietet Unternehmen auch **grenzenlose Chancen**. Andere Perspektiven eröffnen sich und die Möglichkeit, dem zunehmenden Wettbewerbsdruck auf dem heimischen Markt zu weichen und in neue Länder zu expandieren. Neue Chancen, aber auch neue Kulturen und Risiken erwarten dort die Unternehmen. Es gibt von Land zu Land, von Region zu Region andere Regeln, andere Vorlieben und andere Konsumentenbedürfnisse. Dies stellt Unternehmen vor Herausforderungen, die sie erfolgreich bewältigen, wenn zwei Dinge beachtet und harmonisch miteinander in Einklang gebracht werden: Zum einen ist die fundierte Kenntnis des anvisierten Marktes und damit eng verzahnt umfassendes Know-how über die dortigen Konsumenten und deren wirkungsvolle Ansprache unabdingbare Voraussetzung für den Erfolg. Zum anderen muss sich das Unternehmen auf einen Partner stützen können, der längst erfolgreich global agiert, die jeweiligen Märkte kennt und eine Dienstleistung bietet, die auf den jeweiligen Geschäftspartner maßgenau zugeschnitten einen messbaren Erfolg gewährleistet.

Andere Länder, andere Sitten

Zahlreiche Unternehmen setzen bereits seit vielen Jahren auf **nationales Dialogmarketing**. Damit können Konsumenten direkt und ganz individuell kontaktiert werden. Um aber auch jenseits der heimischen Märkte passgenau Zielgruppen anzusprechen, ist internationales Dialogmarketing das geeignete Instrument. Allerdings gilt hier das Sprichwort: **Andere Länder, andere Sitten**. Das heißt, nationales Dialogmarketing ist nicht eins zu eins auf internationale Märkte zu übertragen. Es gibt diverse Unterschiede, die – wenn man Erfolg haben möchte – unbedingt zu beachten sind. Dazu gehört beispielsweise die Art und Anzahl der Medien, ihre Wirkung und relative Bedeutung. Doch auch die Kosten der Werbekanäle können sehr differieren. Weitere Punkte sind die Verfügbarkeit und vor allem die Qualität der Adressen sowie die gesetzlichen Bestimmungen zum Beispiel bei Lotterien, Gewinnspielen, Zugaben und Prämien. Ganz gleich, ob die Länder Nachbarn sind oder sie durch Weltmeere getrennt werden – in ausländischen Wirtschaftsräumen ist die Beachtung von Aspekten wie Sprache, Religion und Bildung – also von nationaler Kultur insgesamt – ein weiteres wichtiges Schlüsselkriterium für den Erfolg einer Kampagne.

Medien, Gesetze und Kulturen unterscheiden sich

Internationales Dialogmarketing umfasst alle **grenzüberschreitenden Marketing-Maßnahmen**, die mit der Absicht eingesetzt werden, eine interaktive Beziehung zu Zielpersonen herzustellen, um sie zu einer individuellen, messbaren Reaktion zu veranlassen [1]. Dabei können ganz unterschiedliche Dialogmarketinginstrumente eingesetzt werden. Kernelement ist in der Regel das Mailing, doch auch Telefon/Fax, E-Mail, Print und TV – sofern es hier eine **Responsemöglichkeit** gibt – werden oftmals im Rahmen einer integrierten Kampagne im Medienmix zur direkten Kundenansprache genutzt.

Der Weg ins internationale Dialogmarketing

Hat sich ein Unternehmen für den Einstieg in einen neuen Markt und für Dialogmarketing als das Werbeinstrument entschieden, läuft ein schrittweiser Prozess an. Idealtypisch erfolgt er nach Kay Peters [2] in sechs aufeinander folgenden Phasen und startet mit der **Analyse potenzieller Zielländer**. Es geht beispielsweise darum, die wirtschaftlichen Stärken in den anvisierten Ländern zu ermitteln, abzuschätzen, ob dort genügend Kaufkraft für ein neues Produkt vorhanden ist, und zu ermitteln, wie groß die Bevölkerung und wie sie strukturiert ist. Kenntnisse über **das lokale Kaufverhalten** spielen ebenso eine Rolle wie das Wissen um **steuerliche Bestimmungen**, das **Wettbewerbsumfeld**, die Direktmarketing-Affinität oder das regulative Umfeld.

Kaufverhalten und Steuerbestimmungen

Hat man diese Fakten der potenziellen Zielländer zusammengestellt und ausgewertet, kann im nächsten Schritt die **Selektion des Ziellandes** erfolgen. Bei der Evaluation sind verschiedene Faktoren zu beachten: Wie sieht es mit der politischen Stabilität aus? Welche kulturellen Besonderheiten liegen vor? Gibt es regionale Unterschiede und wenn ja, welche? Haben Wettbewerber bereits den Markt besetzt und sind die Konsumenten gegenüber Dialogmarketing aufgeschlossen?

Die richtige Zielgruppe

Schritt drei sieht die **Auswahl einer Zielgruppe** vor. Hierbei bilden Kundenprofile, die man im heimischen Markt gewonnen hat, oft eine erste Grundlage. Eigene Tests und Marktforschung sind besonders gut geeignet, um die heimatlichen Kundenprofile für den Zielmarkt zu adaptieren. Ein weiterer guter Indikator bei der Auswahl der Zielgruppe ist die generelle Dialogmarketingerfahrung der Konsumenten. Außerdem sollte das Shopping-Verhalten berücksichtigt werden.

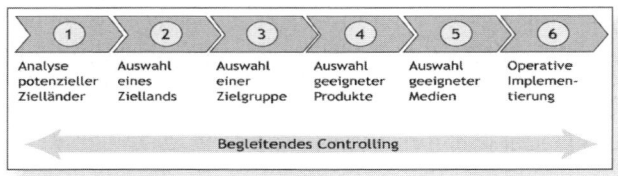

Abb. 1: Einstieg in einen neuen Markt nach Kay Peters [1, S. 19]

Liegt die Zielgruppe fest, muss in Schritt vier überlegt werden, ob das Produkt/Produktsortiment in allen Facetten den **Bedürfnissen der Zielgruppe** entspricht oder angepasst werden muss. Ganz wichtig ist es, die rechtlichen Rahmenbedingungen im Vorfeld einer Kampagne abzuklären, denn, was beispielsweise in Deutschland erlaubt ist oder nur mit einer Abmahnung verfolgt wird, kann in anderen Ländern zu einer Klage führen. Jeder Marketer sollte sich daher im Vorfeld einer geplanten Kampagne genau informieren.

Entspricht das Produkt den Bedürfnissen?

Die Mediennutzung unterscheidet sich von Land zu Land stark. Schritt fünf sieht daher eine **Analyse des lokalen ausländischen Werbeumfelds** vor. Wichtig ist, die eigene Kampagne und den geplanten Medienmix den lokalen Gepflogenheiten anzupassen. Nur dann weckt man erfolgreich die Aufmerksamkeit der Zielgruppe.

In der Umsetzung – Schritt sechs – der internationalen Dialogmarketingkampagne sind die meisten Fußangeln versteckt. Ganz wichtig ist eine **gute Adressqualität**. Sie ist ein Kernelement des Dialogmarketings und die Basis für den Erfolg. Doch es müssen noch eine Reihe anderer Faktoren berücksichtigt werden, wie die landestypischen Zahlungsmodalitäten oder auch rechtliche Rahmenbedingungen. Unter Umständen sollte auch das zu vermarktende Produkt den Bedürfnissen der ausländischen Zielgruppe angepasst werden. Es bietet sich auf jeden Fall an, für die verschiedenen Bereiche wie Lagerung, Retouren-Management und so weiter Spezialisten, entweder auf lokaler oder internationaler Ebene, hinzuzuziehen.

Konkrete Zielvorgaben

Jede unternehmerische Neuausrichtung ist auch mit Risiken verbunden. Bei einer Expansion in ausländische Märkte mit Hilfe von internationalem Dialogmarketing lassen sich diese Risiken allerdings systematisch reduzieren. So sollte der Marketer den Dialogmarketingprozess von Anfang an mit einem zielführenden Controlling begleiten. Der Controllingprozess im internationalen Dialogmarketing verläuft ähnlich wie der nationale und kann mit kleinen Anpassungen oftmals übertragen werden. Er umfasst die Erstellung eines Plans, konkrete Zielvorgaben, die Festlegung der Verantwortlichkeiten, regelmäßige Tests und die Anpassung der Kampagne an die neuen Ergebnisse. Marktforschung und Testläufe sind probate Mittel, um den Erfolg von Kampagnen frühzeitig zu überprüfen und Anpassungen an die Ergebnisse vorzunehmen [3].

Internationales Dialogmarketing ist das **Ergebnis einer Vielzahl von Fakten**, die alle auf ein Ziel ausgerichtet sind: Unterschiedliche Kunden mit unterschiedlichen Ansprüchen in zum Teil auch unterschiedlichen Regionen dieser Welt mit einem Unternehmen in einen Dialog zu bringen und zu messbaren Reaktionen zu veranlassen. Das klingt zunächst wie die „Quadratur des Kreises" – vor allem, wenn die Vielzahl der Besonderheiten betrachtet wird, die es zu beachten gilt. Doch die Lösung liegt in einer **genauen Kenntnis des neuen Marktes** und in ausführlichen Informationen über die Zielgruppen, die angesprochen werden sollen.

Nützliche Planungsgrundlage und Orientierungstool

Wer in neue Märkte strebt, muss werben. Der „Direkt Marketing Monitor International" (DMMI) liefert aktuelle Informationen, die eine **Analyse des Dialogmarketingklimas** in Ländern rund um den Globus ermöglichen. Das Fundament der Studie 2008 bildet eine umfassende Marktforschung, in der 18.500 Konsumenten aus 30 Ländern zu ihren Konsumgewohnheiten und ihrer Einstellung gegenüber Dialogmarketing befragt worden sind. Im Rahmen der standardisierten, computergestützten Mehrthemen-Umfrage von TNS Infratest in Zusammenarbeit mit dem Market Research Service Center (MRSC) im Auftrag der Deutschen Post

Fakten über neue Märkte

Global Mail wurden in jedem der Länder private Verbraucher telefonisch interviewt. Pro Land liefert der „Direkt Marketing Monitor International" Informationen zu:

➤ Zahlen und Fakten zum Dialogmarketingklima,
➤ aktuelle Wirtschaftsinformationen, die für Dialogmarketing relevant sind,
➤ Dialogmarketingtrends,
➤ Verbrauchertrends,
➤ Versandhandelsaffinitäten,
➤ rechtliche Regeln im Zusammenhang mit Dialogmarketingkampagnen.

Fakten und Trends im internationalen Vergleich

Im folgenden Kapitel geht es um einen globalen Vergleich der Untersuchungs-ergebnisse des „Direkt Marketing Monitors International 2008". Diese Queranalyse verschafft länderübergreifende Transparenz, denn durch sie lässt sich das Dialogmarketingklima weltweit näher bestimmen und wesentliche Trends können abgeleitet werden. Diese Ergebnisse können als Planungstool bei der Entwicklung internationaler Dialogmarketingstrategien hinzugezogen werden.

Die globale Verbreitung von Mailings

Die Verbreitung von Mailings weist im internationalen Vergleich große Unterschiede auf. Abb. 2 zeigt, dass die Mailingdichte in Europa sehr hoch ist. Finnland, Deutschland, Frankreich, die Niederlande, Österreich, Schweden und Tschechien stehen an der Spitze. Russland hat mit etwas mehr als sechzig Prozent noch Potenzial. In Amerika nimmt die Verbreitung von Mailings von Süden nach Norden stetig zu. **Spitzenreiter ist Kanada (93 Prozent)**, das Schlusslicht bildet in dieser Region Argentinien (44 Prozent). Vergleicht man den asiatischen Raum, haben die Inder bislang selten Kontakt mit Mailings. In Japan und Singapur hingegen ist man mit Dialogmarketingmaßnahmen ebenso vertraut wie in Europa.

Russland hat noch Potenzial (Randnotiz)

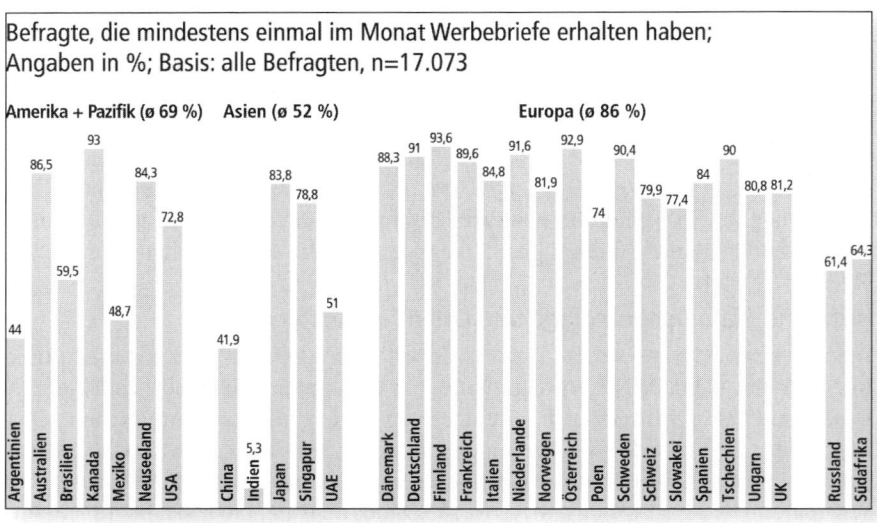

Abb. 2: Erhalt von Mailings, Ländervergleich [4]

Wo haben Mailings die besten Chancen?

Schaut man sich die Mailing-Affinität an, so zeigt sich, dass Mailings weltweit auf einem hohen Niveau akzeptiert werden. Spitzenreiter sind Australien, Brasilien, Neuseeland, Kanada, Indien, China, Japan, Dänemark, Deutschland, Finnland, die Niederlande, Polen, Schweden, Norwegen, Tschechien und Ungarn. Sie alle liegen, so der Quervergleich, bei über neunzig Prozent. Die übrigen Länder folgen dicht auf.

Doch welche Konsumenten sind auch besonders reaktionsfreudig? Dazu gehören, wie Abb. 3 zeigt, vor allem die Verbraucher aus **Kanada (78,4 Prozent)** und **Indien (86,8 Prozent)**. Aber auch in Japan, Polen, den Niederlanden, Tschechien und Neuseeland sind die Konsumenten gerne bereit, auf Werbebriefe zu reagieren. So stellt sich das Bild insgesamt betrachtet sehr heterogen dar, vor allem in Europa. Die Reaktionsbereitschaft unter allen Befragten liegt im Durchschnitt bei über 40 Prozent.

Inder reagieren auf Werbebriefe

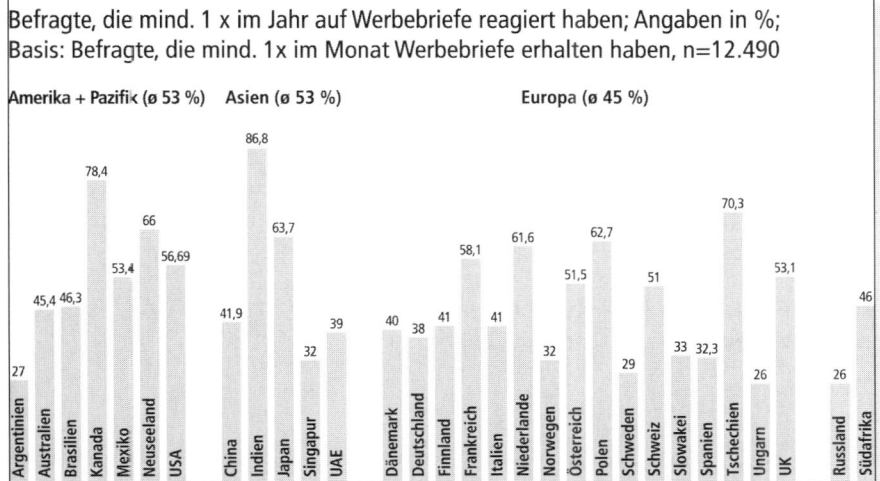

Abb. 3: Reaktionsfreudige, Ländervergleich [5]

Wirft man einen Blick auf Europa, so sieht man, dass die tschechischen, polnischen und niederländischen Verbraucher im Vergleich mit den anderen am reaktions-freudigsten sind.

Welche Konsumenten interessieren sich für Mailings?

Die Frage, welche Konsumenten besonderes Interesse an Mailings zeigen, ist für eine Dialogmarketingkampagne von entscheidender Bedeutung. Tendenziell interessieren sich Frauen mit mittlerer bis gehobener Schulbildung und im Mehrpersonenhaushalt lebend besonders für Mailings. Sie gehören auch zu den regelmäßigen Lesern, doch der Anteil der Männer wird diesbezüglich zunehmend größer. Auch sind Männer sehr reaktionsfreudig. Über alle Regionen hinweg sind Konsumenten, die Mailings gegenüber aufgeschlossen sind, markentreu und schauen auf den Preis. Die Verbraucher aus der Region Amerika/Pazifik sind darüber hinaus auch offener

Männer reagieren eher

für neue Produkte. Auf Mailings reagieren insbesondere Konsumenten unter fünfzig Jahren, mit einer **gehobenen Schulbildung** und mit **hohem Einkommen**.

Die favorisierte Gestaltung von Mailings – das Auge öffnet mit

Was muss ein Mailing haben, um das Interesse der Kunden zu wecken? Ist es seine Optik, muss eine Warenprobe oder ein Gutschein beiliegen? Lockt das Gewinnspiel? Die Befragung in den Ländern ergab, dass die Verbraucher vor allem darauf achten, ob der **Mailing-Absender bekannt** ist (38 Prozent). Doch auch **Warenproben** (35 Prozent) vergrößern die Chance, beim Konsumenten anzukommen. Frauen, ganz gleich ob in den Regionen Asien, Europa oder Amerika/Pazifik, lassen sich insbesondere von Gutscheinen, Coupons und Warenproben überzeugen. Gewinnspiele stoßen kaum auf Interesse (17 Prozent) [6].

Viele Wege führen zum Response

Doch wie reagieren die Konsumenten auf ein Werbemailing? Gibt es bestimmte Responsekanäle, die sie bevorzugt nutzen und wie sehen hierbei die regionalen Unterschiede aus? Das sind viele Fragen, die vor einer Dialogmarketingkampagne unbedingt geklärt werden sollten. Denn bei den Responsekanälen gibt es ganz unterschiedliche regionale Vorlieben. So ist in **Europa** die **Antwortkarte** sehr beliebt und in **Asien** wird eher per **E-Mail** reagiert. Generell greifen die Konsumenten aus der **Region Amerika/Pazifik** am liebsten zum **Telefon**, doch schaut man hier genauer hin – und gerade dies ist für ein Unternehmen, das in einem fremden Land werbewirksam tätig werden will, wichtig – zeigt sich, dass die US-Amerikaner ganz entgegen dem generellen Regionen-Trend lieber die Antwortkarte abschicken.

Asiaten mailen, Amerikaner rufen an

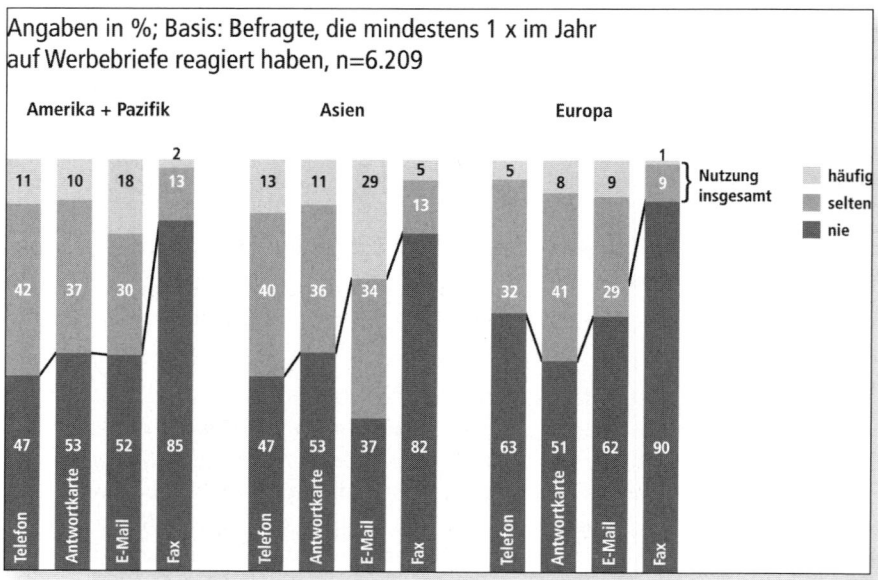

Abb. 4: Responsewege, Nutzungshäufigkeit [7]

Die Konkurrenz der Kommunikationskanäle

Um die Wirksamkeit von Dialogmarketing einschätzen zu können, sollte man die Akzeptanz von Werbemedien insgesamt vergleichen. In den Regionen Asien und Amerika/Pazifik liegen Mailings in der Beliebtheit hinter Print- und der TV-Werbung auf Platz drei. Noch besser ist ihr Ranking in Europa, dort kommen Mailings direkt hinter der Werbung in Zeitungen/Zeitschriften etwa gleichauf mit TV auf Platz zwei. Und für alle Regionen gilt: **Das Interesse für Mailings ist weitgehend unabhängig vom Alter.** Vergleicht man die Werbemedienaffinität insgesamt, zeigt sich, dass diese in China, den Vereinigten Arabischen Emiraten und Südafrika am höchsten ist – bei Mailings ist dort allerdings noch Überzeugungsarbeit zu leisten. Männer zeigen besonderes Interesse an Internetwerbung, Frauen hingegen bevorzugen Print- und TV-Werbung und sind überhaupt an Werbung interessierter als Männer.

Frauen interessierter als Männer

Branchen- und Produktinteresse aus Kundensicht

Auch wenn es heißt „andere Länder, andere Sitten", so gibt es doch Bereiche, in denen die Unterschiede nicht besonders groß sind. Bestimmte Brancheninteressen sind ein solcher Punkt, bei dem es größere Übereinstimmungen und Parallelen gibt. „Everybody`s Darling" sind beispielsweise die Konsumbereiche Gesundheit/ **Wellness (45 Prozent)** und **Unterhaltung (43 Prozent)**. Unterscheidet man nach speziellen Zielgruppen sind sich die Konsumenten rund um den Globus ebenfalls einig und bestätigen Klischees: Frauen interessieren sich für Kosmetik, Mode, Gesundheit und Dekoration, Männer für Autos, Sport und Elektronik.

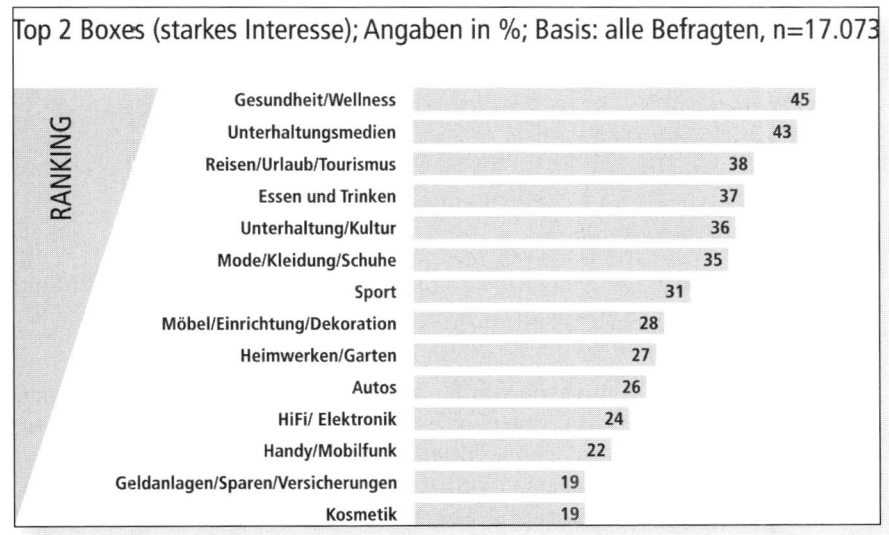

Abb. 5: Responsewege, Nutzungshäufigkeit [8]

Wer neue Märkte erschließen oder in bereits bestehende Märkte expandieren möchte, sollte die Erkenntnisse und Fakten des „Direkt Marketing Monitors International" als Grundlage für seine Planungen nutzen. Je größer das Know-how bezüglich ausländischer Märkte ist, desto effizienter lassen sich Konsumenten mit Werbebotschaften erreichen und desto besser lässt sich das internationale Geschäft aufbauen.

Case study – Lokale Punktlandung durch globale Planung

„Think Globally – Act Locally" nach diesem Prinzip handeln weltweit agierende Unternehmen schon seit vielen Jahren. Doch dieser Ansatz des „globalen Denkens und lokalen Handels" wird nicht allen logistischen und inhaltlichen Herausforderungen einer internationalen Dialogmarketingkampagne gerecht. Warum ist das so? Die zentrale Werbebotschaft wird global konzipiert, doch alle Planungsschritte vom Adressmanagement bis zu möglichen Nachfassaktionen werden lokal, also in jedem Land individuell geplant und umgesetzt. Eine so durchgeführte internationale Kampagne hat wenig Aussicht auf Erfolg, denn die Wahrnehmung und die Akzeptanz einer Werbebotschaft sind von den Werten, Einstellungen und Erwartungen der anzusprechenden Zielgruppe abhängig. Hierbei spielen Faktoren unter anderem wie Kultur und Religion eine wichtige Rolle. Die Spannung zwischen Zentralität und lokaler Anpassung muss aufgelöst werden. DHL Global Mail [9] hat daher das Prinzip „Think Globally – Act Locally" umgekehrt und ergänzt. **„Create Globally – Think Locally – Act Globally"** lautet der Lösungsansatz, nach dem für das Produkt „Global Mail Business" eine Dialogmarketingkampagne für vierzehn Länder entwickelt wurde. Hierbei wurde die Kernaussage zentral entwickelt, lokal unter Einbeziehung von umfassendem Know-how über die einzelnen Märkte entsprechend angepasst und die Gesamtkampagne schließlich von der Zentrale aus organisiert, gesteuert, umgesetzt und evaluiert.

Werbebotschaft auf Zielland abstimmen

Ziel der weltweiten Dialogmarketingkampagne war es, den Bekanntheitsgrad von DHL Global Mail und den Absatz des Produktes messbar zu steigern. Um dies zu erreichen, sollte die Kampagne

➤ eine einheitliche Botschaft,
➤ im Medienmix,
➤ den relevanten Zielgruppen,
➤ auf unterschiedlichen Märkten,
➤ in der ihnen eigenen Bild-, Wort- und Emotionsebene
➤ möglichst effizient vermitteln.

Bei der Entwicklung der Kampagne arbeiteten das Head Office, eine von ihm beauftragte Leadagentur sowie lokale Experten aus den Ländergesellschaften der Global Mail eng zusammen.

Zur Vorbereitung der Kampagne wurden zunächst die **Zielgruppen definiert**. Es handelte sich dabei um Personengruppen, die entweder über die Wahl neuer Dienstleistungspartner entscheiden dürfen oder die im täglichen Geschäft mit diesen Partnern arbeiten. Benannt wurden drei Kernzielgruppen: 1. Direktoren, Einkaufsleiter und Poststellenleiter, 2. Sekretärinnen und 3. Büroleiter. Die letzten beiden Gruppen stehen zum einen in direktem Kontakt mit den Entscheidern, zum anderen gehören sie zu den Direktnutzern der Dienstleistung. In den nächsten beiden Schritten wurden die **Zielmärkte festgelegt** sowie die **individuellen Ansprechpartner** identifiziert. Erst danach ging es an die eigentliche Kreation der Kampagne und die **Entwicklung einer zentralen Botschaft**. Eine Produkteigenschaft musste in ein Sprachbild gefasst werden, das von allen Adressaten verstanden und ausschließlich mit positiven Assoziationen verbunden wird.

„Das erste Mal" lautete der Slogan am Ende des Kreationsprozesses, als Key Visual wählte man ein weibliches Augenpaar. Beide Elemente, Botschaft und Key Visual, wurden dann unter Berücksichtigung der jeweiligen Besonderheiten des Marktes und der entsprechenden Zielgruppen individualisiert.

Nachdem die grundsätzliche Ausrichtung der Kampagne feststand, wurde in internationalen Teams herausgearbeitet, welcher **Medienmix** den größtmöglichen Erfolg bringen könnte. Dabei sollten drei inhaltliche Ebenen bearbeitet werden:

Medienmix abstimmen

➤ die **emotionale Ebene**, auf der ein positives Interesse der Adressaten geweckt wird und die durch Kernbotschaft und Visualisierung erreicht wird.

➤ die **Beweisebene**, in der das Produktversprechen glaubwürdig belegt wird.

➤ die **Aktionsebene**, die die Adressaten zur Reaktion auf die Kampagne animiert und das Produkt für sie erlebbar macht [10].

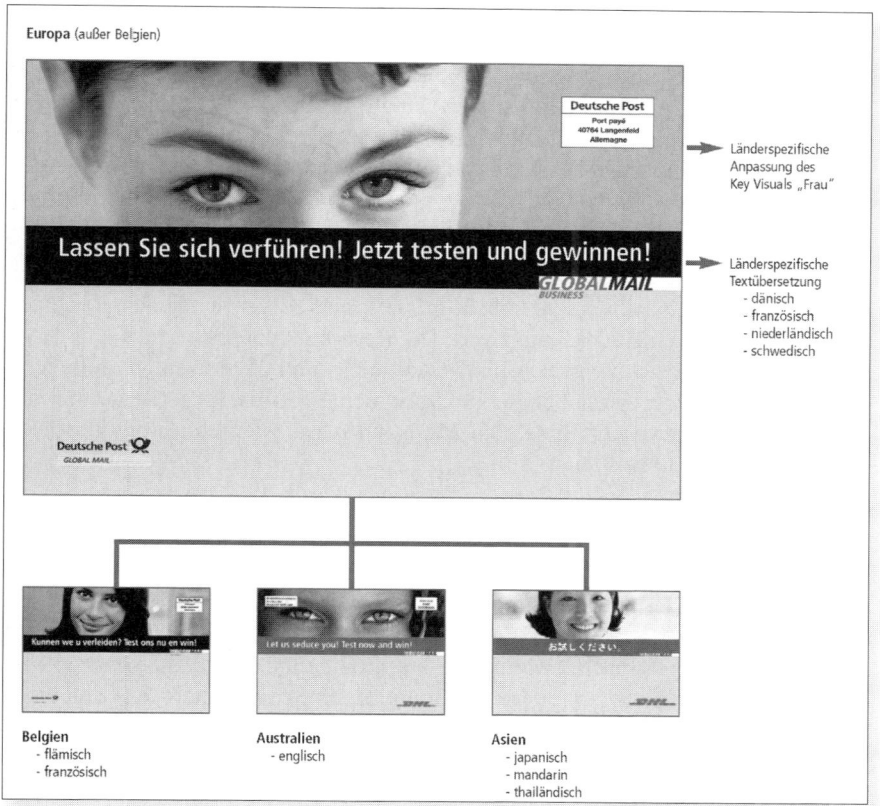

Abb. 6: Weltweite Kampagne „Das erste Mal": Key Visual wurde variiert.

Als Kernelement der Kampagne wurde ein **Mailing** entwickelt, das alle drei Ebenen abdeckte. Es bestand aus drei Teilen: einem personalisierten Anschreiben mit Basisinformationen zum Produkt, einer aufwendig gestalteten Klappkarte, auf der Testimonials abgebildet waren sowie einem Gewinnspiel.

Key Visual
musste variiert
werden

Am Ende des Prozesses stand die ganz entscheidende **lokale Adaption von Texten und Visualisierungen**, beide wurden konsequent an die Zielmärkte angepasst. Bei der Lokalisierung der Texte handelte es sich allerdings nicht nur um reine Übersetzungen, sondern vielmehr mussten Tonfall und Inhalt der Kampagne mit viel Sensibilität in die Sprache und in Sprachbilder der Zielländer übertragen werden. Das Motiv des Key Visuals – das weibliche Augenpaar – wurde für die verschiedenen Länder variiert: Den Japanern lächelten asiatische Augen entgegen, den Schweden blauäugige, und die Franzosen wurden von einer dunkelhaarigen Frau mit braunen Augen begrüßt. Um die Aufmerksamkeit auf die Kampagne zu erhöhen, wurden zusätzliche begleitende Medien eingesetzt, die im Verbund miteinander, der bekannten Kommunikationsleitlinie folgend, „wie ein Orchester im Gleichklang", für eine erhöhte Wahrnehmung der umfassenden integrierten Kampagne sorgen sollten. Die Verantwortlichen schalteten unter anderem Anzeigen und Internet-Banner, verschickten ein Follow up-Mailing und setzten Telefonmarketing ein.

Da diese Methodik zur einheitlichen Ansprache von Kunden in 14 Ländern eine völlig neue Vorgehensweise war, wurde beschlossen, die Kampagne nicht in allen Ländern zeitgleich zu starten. Das heißt, es wurde die so genannte **Wasserfallstrategie – eine Expansionsstrategie**, bei der schrittweise vorgegangen wird – eingesetzt. Eine alternative Möglichkeit wäre die Sprinklerstrategie gewesen, bei der der internationale Markteintritt in allen anvisierten Ländern zeitgleich erfolgt. Die Wasserfallstrategie hatte in diesem Fall den Vorteil, dass aufgrund erster Erfahrungen nachjustiert werden konnte.

Die Kampagne war ein voller Erfolg. Das Mailing und auch die begleitenden Maßnahmen erzielten einen sehr hohen Aufmerksamkeitsgrad und erzeugten einen ebenfalls hohen Wiedererkennungswert. Die Responsequote bewegte sich je nach Land in einem Bereich zwischen fünf (Österreich) und 27 Prozent (Frankreich). Eine Auswertung der Kampagne ergab, dass beide Kernziele – Steigerung des Bekanntheitsgrads von DHL Global Mail und Absatzsteigerung des Produkts – nachhaltig erreicht wurden.

Dialogmarketingkampagnen nach dem Prinzip „Create Globally – Think Locally – Act Globally" unterstützen/ergänzen das Marketing international orientierter Unternehmen, die ein Produkt oder Dienstleistungen in verschiedenen Ziel-ländern – unter Berücksichtigung der kulturellen, ethnischen und religiösen Einstellungen – gleichzeitig vermarkten wollen. DHL Global Mail hat mit diesem Modellprojekt nachgewiesen, dass zentral geplante und auf verschiedene Zielmärkte/Zielgruppen adaptierte Dialogmarketingkampagnen funktionieren. Sie eröffnen somit allen international aktiven Unternehmen einen neuen Weg, heterogene Kundengruppen individuell und damit erfolgreich anzusprechen. Dies ist mit einem geringeren Aufwand möglich als dem für die Umsetzung einzelner, für die Länder individuell konzipierter Kampagnen [11].

Fazit

Internationales Dialogmarketing erleichtert den effektiven Eintritt in neue Märkte und hat in den vergangenen Jahren in Folge der Globalisierung zunehmend an Bedeutung gewonnen. Es umfasst alle Marktaktivitäten, um im Ausland gezielt oder sogar in individueller Einzelansprache Zielgruppen zu erreichen. Dialogmarketingkampagnen nach dem Handlungsprinzip **„Create Globally – Think Locally – Act Globally"** unterstützen das Marketing international ausgerichteter Unternehmen optimal, vor allem, wenn sie – wie das Kampagnenbeispiel gezeigt hat – Produkte parallel in mehreren Ländern zeitgleich vermarkten wollen.

Doch der Erfolg einer Dialogmarketingkampagne hängt ganz entscheidend von dem Know-how über den jeweiligen Zielmarkt und die Zielgruppen ab. Je mehr man über die ausländischen Wirtschaftsräume und die Konsumenten weiß, desto effektiver sind die durch Dialogmarketing entwickelten und umgesetzten individualisierten Werbebotschaften. Für eine erfolgreiche Kampagne muss auf die besonderen Bedürfnisse und Vorlieben der Zielgruppe hinsichtlich Gestaltung und Ansprache eingegangen werden. Der Bekanntheitsgrad wird erhöht und der Produktabsatz gesteigert, wenn namentlich identifizierte Empfänger mit entsprechend **individualisierten Kernbotschaften und Key Visuals** angesprochen werden. Um langfristig die markenpolitische Zielsetzung zu realisieren, bietet sich ein cross-medialer Ansatz der Marketing-Instrumente an.

Vorsprung durch Wissen

In Europa herrscht insgesamt gesehen eine hohe Mailingdichte. Betrachtet man die Daten, die zur Mailing-Affinität vorliegen, so zeigt sich, dass sie dort tendenziell am höchsten ist, wo die Konsumenten am wenigsten Kontakt mit Mailings haben, das sind beispielsweise die indischen und chinesischen Verbraucher. Dort bietet der Werbemarkt vielversprechende Möglichkeiten.

Aber auch in den anderen Regionen gibt es eine breite Basis mailing-affiner Konsumenten, doch muss dort noch zielgruppenorientierter gearbeitet werden. Insgesamt herrscht also weltweit eine große Aufgeschlossenheit gegenüber Mailings. Konsumenten interessieren sich eher für eine Werbebotschaft, wenn eine Warenprobe oder Coupons beiliegen. Sehr interessant ist auch, dass Mailings im Medienranking etwa gleichauf mit TV-Werbung auf Platz 2 direkt hinter der Print-Werbung kommen.

Die Globalisierung der Märkte bietet zahlreiche Chancen. Unternehmen sollten sie nutzen, doch dabei ihren Wettbewerbern immer einen Schritt voraus sein. Internationales Dialogmarketing unterstützt beim Eintritt in neue Märkte und ist trotz der vielen Punkte, die zu beachten sind, wie zum Beispiel im Vorfeld die Zielgruppen-Analyse oder lokale Adaptionen bei der Umsetzung einer Kampagne, „ein relativ einfaches, schnelles und kostengünstiges Instrument" [12] für eine erfolgreiche Expansion.

Literatur

[1] Vgl. Deutscher Dialogmarketing Verband, DDV.

[2] Krafft M., Hesse J., Höfling J., Peters K., Rinas D. (Hrsg.): International Direct Marketing, Principles, Best Practices, Marketing Facts. – Springer Verlag, S. 19ff., 2007.

[3] ebenda, S. 34-35.

[4] - [8] Deutsche Post Global Mail/Market Research Service Center (MRSC): Direkt Marketing Monitor International 2008.

[9] Unter dem Markennamen „DHL Global Mail" bieten Gesellschaften des Konzerns Deutsche Post World Net Produkte und Dienstleistungen im Auftrag der Deutschen Post AG im Ausland an. Die Gesellschaften des Konzerns Deutsche Post World Net werden im Folgenden insgesamt als DHL Global Mail bezeichnet.

[10] Krafft M., Hesse J., Höfling J., Peters K., Rinas D. (Hrsg.): International Direct Marketing, Principles, Best Practices, Marketing Facts. – Springer Verlag, S. 61, 2007.

[11] ebenda, S. 66.

[12] ebenda, S. 37.

Direkt Marketing Monitor International 2008

Krafft M., Hesse J., Höfling J., Peters K., Rinas D. (Hrsg.): International Direct Marketing, Principles, Best Practices, Marketing Facts. – Springer Verlag, ISBN-978-3-540-39631-4, S. 19ff., Springer Verlag, 2007.

Die Deutsche Post AG gibt seit 1997 jährlich den Dialog Marketing Monitor (DMM, früher: Direkt Marketing Monitor) heraus. Der Dialog Marketing Monitor ist das einzige Instrument in Deutschland, das sowohl die internen als auch externen Marketingaufwendungen der Unternehmen erfasst und somit den Werbemarkt in Deutschland vollständig abbildet. Jährlich werden circa 3.500 Unternehmen nach ihren Marketingaktivitäten und -budgets für die verschiedenen Werbeinstrumente – insbesondere die Dialogmedien – befragt. Auf diese Weise ergibt sich ein lückenloses Bild der Dialogmarketinglandschaft in Deutschland. Der Dialog Marketing Monitor ist damit Zeugnis eines wachsenden und sich rasant verändernden Marktes. Jedoch nicht nur das weite Feld des Dialogmarketing ist in Bewegung: Auch die jährliche Untersuchung wird stetig weiter entwickelt, um Methoden und Fragestellungen den Marktgegebenheiten anzupassen. [1]

Angesichts der Tatsache, dass die 350 Unternehmen in Deutschland mit 36,5 Prozent mehr als ein Drittel des Gesamtbudgets für Dialogmarketing tragen, wurden 2008 zusätzlich zwölf Einzelinterviews mit Dialogmarketingverantwortlichen der Top Werber in Deutschland geführt. Die Befragung der Top-Entscheider in Deutschland gibt Aufschluss darüber, wohin in Zukunft die großen **Werbebudgets** gelenkt werden und welche **Trends den Werbemarkt** bestimmen werden.

> 350 Unternehmen haben zusammen einen Anteil von 36,5 Prozent am Gesamtmarkt für Dialogmarketing

Marktsegmentierung: Die Medien des Dialogmarketings

Gemeinsames Merkmal aller Marketingaktivitäten mit Dialogmarketing-Medien ist das Vorhandensein eines direkten Kommunikationskanals vom Empfänger der Werbung zurück zum werbetreibenden Unternehmen. Ziel ist es, eine interaktive Beziehung zu Zielpersonen herzustellen, um sie zu einer individuellen, messbaren Reaktion (Response) zu veranlassen

Zu den Dialogmarketing-Kanälen im engeren Sinne zählen daher physische Mailings, das heißt die postalische Werbesendung, unterteilt anhand der Adressierungsmerkmale in volladressierte, teiladressierte und unadressierte Formen, ferner onlinebasierte Werbeformen, definiert als Aktivität im Rahmen der unternehmenseigenen und/oder externen Websites (Internet-Homepage und Bannerwerbung) und E-Mail-Marketing sowie aktives und passives Telefonmarketing.

Die Möglichkeit der Response ist jedoch auch bei klassischen Medien gegeben: Printanzeigen sind mit einer Hotline versehen, TV-Spots verweisen auf Internetseiten, auf Internetseiten finden sich Call-Back-Buttons und auf Plakaten gibt es infrarotbasierte Interaktionspunkte, die der Rezipient mit seinem Handy kontaktieren kann. All diese Medien zählen landläufig zu dem, was man als „Klassik-Medien"

www.marketing-boerse.de/Experten/details/Silke-Lebrenz
www.marketing-boerse.de/Experten/details/Heiko-Lehmann

bezeichnet. Aufgrund ihres Response-Elementes werden sie jedoch zum Dialogmarketing im engeren Sinne hinzugezählt.

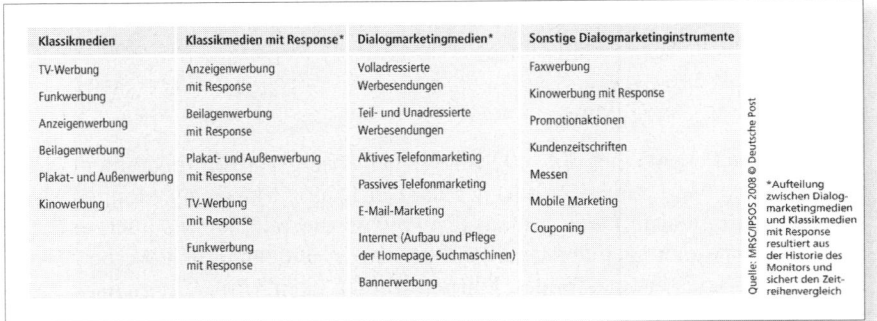

Abb. 1: Das Universum der Werbemedien

Dialogmarketing in Deutschland: Zahlen und Fakten

Die im Rahmen des Dialog Marketing Monitors erhobenen Werbespendings schließen sowohl die gesamte **externe** Wertschöpfungskette der Klassik- und Dialogmarketingmedien (Honorare, Gehälter, Produktionskosten, Streuung) ein als auch alle **internen** Aufwendungen in den Unternehmen. Nimmt man externe und interne Kosten zusammen, so wurden insgesamt in Deutschland 2007 71,6 Milliarden (Mrd.) Euro (2006: 70,5 Mrd. Euro) in Werbung investiert (Abb. 2). Das entspricht einem Wachstum von 1,6 Prozent. Damit ist das Wachstum um 3,3 Prozentpunkte niedriger als im Vorjahr und bleibt deutlich hinter der Entwicklung des Bruttoinlandsproduktes zurück (BIP 2007: 2,5 Prozent).

Gesamtwerbemarkt Deutschland bleibt hinter dem Wirtschaftswachstum zurück

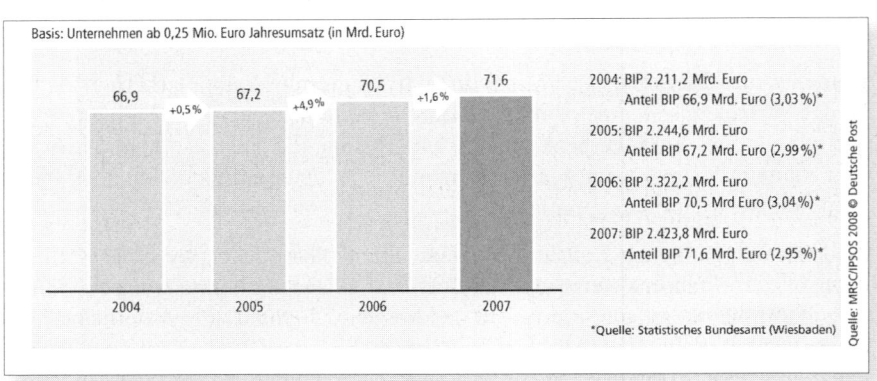

Abb. 2: Entwicklung des Gesamtwerbebudgets in Deutschland

Dialogmarketing dominiert den Gesamtwerbemarkt

Werbung in Deutschland ist in erster Linie Dialogmarketing. Abb. 3 zeigt, dass insgesamt 50,8 Mrd. Euro – mehr als zwei Drittel der Aufwendungen für Werbung

– in Dialogmedien investiert werden. 32,7 Mrd. Euro, das sind 39 Prozent aller Werbeausgaben, entfallen auf Dialogmarketingmedien im engeren Sinne. Das Budget für Klassikmedien mit Response-Elementen – dazu gehören beispielsweise Anzeigen- oder Plakatwerbung – beträgt 5,1 Mrd. Euro, das sind 7 Prozent aller Werbeausgaben. Dialogmarketingmedien im weiten Sinne, das heißt „Sonstige Dialogmarketingmedien", etwa Messen und Couponing, konstituieren mit 18 Mrd. Euro ein Viertel des Gesamtwerbemarktes.

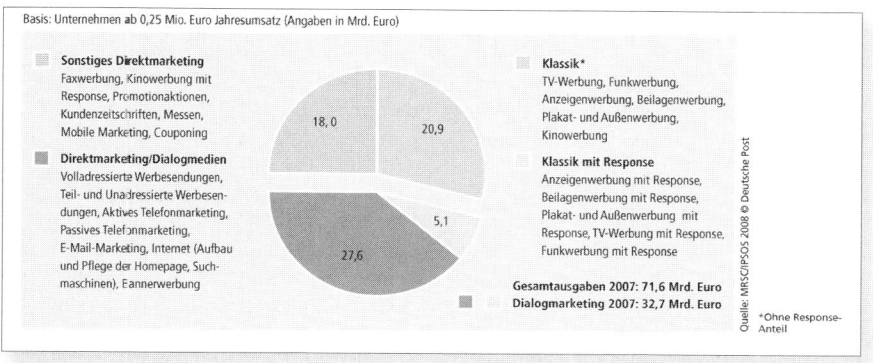

Abb. 3: Struktur der Gesamtwerbeausgaben

Der Dialogmarketingmarkt trotzt dabei den Wachstumsschwächen des Gesamt-werbemarktes. Unternehmen in Deutschland geben im Jahr 32,7 Mrd. Euro für Dialogmarketing aus (siehe Abb. 4). Der Anstieg beträgt rund 700 Mio. Euro. Das entspricht einem soliden Wachstum von 2 Prozent und liegt über der Wachstumsrate des Gesamtwerbemarktes von 1,6 Prozent. Damit zeigt sich ein deutlich gegen-läufiger Trend zwischen Dialogmarketing und Klassikmedien. Hält dieser an, so wird Dialogmarketing seine dominierende Position im Mediengesamtportfolio weiter ausbauen.

Gegenläufiger Trend zwischen Dialogmarketing und Klassik-medien

Exkurs Top-Werber: Dialogmarketing weiter auf dem Vormarsch

Tenor der – in diesem Jahr erstmalig befragten – Top-Werbetreibenden ist, dass die Bedeutung des Dialogmarketings auf Kosten der Klassik weiter wächst. „Es wird zunehmend schwieriger, Budgets für klassische Werbung am Vorstand vorbei zu bekommen. Der Glamour der Klassik ist vorbei." Das „Trommelfeuer" der klassischen Werbung können und wollen sich nicht mehr alle Unternehmen leisten. Daher werben nur wenige Top-Unternehmen aufgrund ihrer historisch gewachsenen Strukturen und Kommunikationsphilosophie weiterhin stark mit klassischen Medien.

Neben dieser Verlagerung prognostizieren die Top-Werber zudem einen Trend von Offline- zu Online-Medien, wobei Werbesendungen ihren Stellenwert halten. Das große Plus von Mailings – die direkte Ansprache – wird in Zukunft durch verbesserte Adressdaten (zum Beispiel Kundenkarten, Nutzerprofile) sogar noch stärker für zielgenauere Werbung genutzt werden. Eine wichtige Rolle bei dieser Entwicklung spielt der Crossmedia-Ansatz: Synergieeffekte sollen durch gezielte

Kombination unterschiedlicher Kommunikationskanäle beispielsweise von Mailings und Internetauftritten oder Mailings und Anzeigen verstärkt realisiert werden.

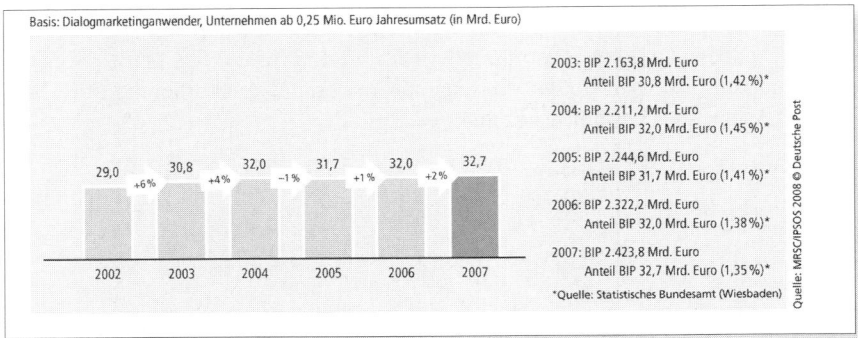

Basis: Dialogmarketinganwender, Unternehmen ab 0,25 Mio. Euro Jahresumsatz (in Mrd. Euro)

2003: BIP 2.163,8 Mrd. Euro
Anteil BIP 30,8 Mrd. Euro (1,42 %)*

2004: BIP 2.211,2 Mrd. Euro
Anteil BIP 32,0 Mrd. Euro (1,45 %)*

2005: BIP 2.244,6 Mrd. Euro
Anteil BIP 31,7 Mrd. Euro (1,41 %)*

2006: BIP 2.322,2 Mrd. Euro
Anteil BIP 32,0 Mrd. Euro (1,38 %)*

2007: BIP 2.423,8 Mrd. Euro
Anteil BIP 32,7 Mrd. Euro (1,35 %)*

*Quelle: Statistisches Bundesamt (Wiesbaden)

Quelle: MRSC/IPSOS 2008 © Deutsche Post

Abb. 4: Dialogmarketingaufwendungen 2007

Dialogmarketing in Bewegung

Bei der Verteilung der Werbebudgets stehen Mailings (volladressierte, teil- und unadressierte Werbesendungen) mit einem Gesamtspendingvolumen von 14,3 Mrd. Euro an erster Stelle. Damit bleibt die Werbesendung das umsatzstärkste Medium. 11,5 Mrd. Euro entfallen auf volladressierte Werbesendungen. 2,8 Mrd. Euro werden für teil- und unadressierte Werbesendungen ausgegeben. Während im Vorjahr die Aufwendungen noch um 0,1 Mrd. Euro zurückgegangen sind, bleiben 2007 die Ausgaben konstant. Die rückläufige Tendenz der letzten Jahre ist damit beendet.

Wachstum des Dialogmarketing lässt sich vor allem auf Online- und Klassikmedien mit Response zurückführen

Das Wachstum des Dialogmarketing lässt sich vor allem auf Online- (+0,7 Mrd. Euro auf 8,6 Mrd. Euro) und Klassikmedien mit Response (+0,6 Mrd. Euro auf 5,2 Mrd. Euro) zurückführen:

Online-Medien befinden sich 2007 weiter im Aufwind. Präsentierten sich im Vorjahr noch 859.000 Unternehmen (ab 0,25. Mio. Euro Jahresumsatz) mit einem Gesamtbudget von 5,0 Mrd. Euro mit Websites im Internet, so kommen in diesem Jahr 906.000 Unternehmen auf ein Gesamtbudget von 5,1 Mrd. Euro. Damit sind 72 Prozent aller Unternehmen ab 0,25 Mio. Euro Jahresumsatz mit einer Website im Internet präsent.

Deutliche Budgetsteigerungen finden sich auch bei der Bannerwerbung. Die Ausgaben steigen um 0,4 Mrd. Euro auf 1,8 Mrd. Euro an. Ein Plus von 0,2 Mrd. Euro verzeichnet gleichzeitig das E-Mail-Marketing. Hier ergibt sich nun ein Spendingvolumen von 1,7 Mrd. Euro.

Die Ausgabenrückgänge für **Klassikmedien mit Response**-Elementen der letzten Jahre sind gestoppt. Die Budgets boomen wieder. Während Anzeigen-/Beilagenwerbung mit Response im vergangenen Jahr noch ein kräftiges Minus von 1 Mrd. Euro zu verzeichnen hatte, steigen die Spendings 2007 um 0,5 Mrd. auf 3,9 Mrd. Euro an. Die Ausgaben für Plakat- und Außenwerbung mit Response wachsen von

0,1 auf 0,2 Mrd. Euro. Die Budgets für TV-/ Funkwerbung halten sich hingegen konstant bei 1,1 Mrd. Euro.

Der große Verlierer des Jahres 2007 ist das **Telefonmarketing**. Die Gesamtaufwendungen gehen drastisch zurück. 2007 beträgt das Gesamtbudget 4,7 Mrd. Euro. Das entspricht einem Minus von 0,5 Mrd. Euro im Vergleich zum Vorjahr. Die größten Verluste muss das Aktive Telefonmarketing hinnehmen. Hier sinken die Ausgaben um 0,3 Mrd. Euro auf 2,5 Mrd. Euro. Auch beim Passiven Telefonmarketing zeigen sich Einbußen: Mit einem Rückgang von 0,2 Mrd. Euro betragen die Gesamtausgaben nunmehr 2,2 Mrd. Euro.

Exkurs Top-Werber: Telefonmarketing in Nöten

Für den Abstieg des Telefonmarketing finden sich nach Meinung der Top-Werbetreibenden mehrere Gründe. Das Image des Telefonmarketing sinkt. Das Auftreten unseriöser Anbieter kann dazu beitragen, dass eine gesamte Branche in Verruf gerät. Es entstehen zunehmend Reaktanzen auf Seiten der Endkonsumenten, die zu rückläufiger Response führen können. Zudem wird der Einsatz von Telefonmarketing in Zukunft noch stärker von gesetzlichen Restriktionen eingeengt.

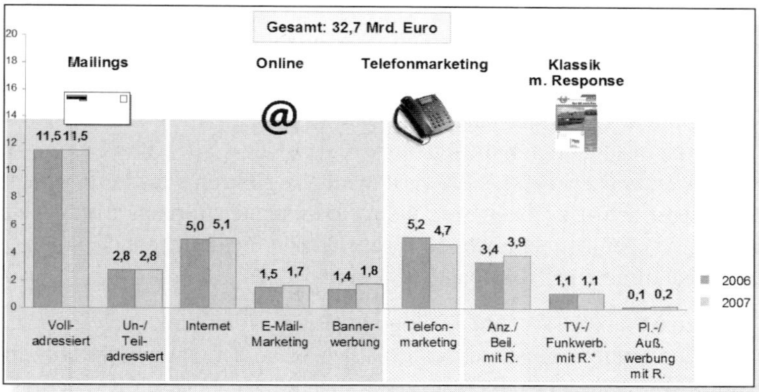

Das Image des Telefonmarketing sinkt. Das Auftreten unseriöser Anbieter kann dazu beitragen, dass eine gesamte Branche in Verruf gerät.

Abb. 5: Aufwendungen für einzelne Dialogmarketingmedien

„Big spender" im Dialogmarketing: Dienstleister

Dienstleistungsunternehmen liegen trotz sinkender Nutzerzahlen bei den Dialogmarketingaufwendungen weiterhin vorn. Mit 16,3 Mrd. Euro stellen die Dienstleister weiterhin das größte Budget für Dialogmarketingaufwendungen bei steigender Tendenz: Im Vorjahr wurden nur 15,7 Mrd. Euro in den Kundendialog investiert.

Auch der Handel zeigt ein leichtes Wachstum: 2007 setzen wieder mehr Händler (84 Prozent) Dialogmarketing ein, im Vorjahr waren es noch 80 Prozent in dieser Branche. Die Nutzerzahlen steigen somit im Jahr 2007 um 19.000 Unternehmen an. Diese positive Entwicklung schlägt allerdings nicht in gleichem Umfang auf die Spendings durch, da parallel dazu die Durchschnittsausgaben pro Nutzer leicht sinken. Dennoch steigen insgesamt die Aufwendungen auf 12,1 Mrd. Euro (2006:

11,8 Mrd. Euro). Diese zusätzlichen Budgets werden in erster Linie in Ausgaben für Anzeigen und Beilagen mit Response investiert.

Das verarbeitende Gewerbe hingegen hat sein Budget für Dialogmarketing leicht zurückgefahren: Die Aufwendungen sinken auf 4,3 Mrd. Euro (2006: 4,5 Mrd. Euro). Gleichzeitig ist aber die Tendenz sinkender Nutzeranteile der vergangenen Jahre gebrochen (2004: 78 Prozent, 2005: 73 Prozent, 2006: 71 Prozent). Die Branche nutzt wieder verstärkt Dialogmarketing (2007: 74 Prozent Nutzeranteil). Das entspricht einem Plus von 30.000 Unternehmen des verarbeitenden Gewerbes.

Outsourcing führt zu zunehmender Professionalisierung

Bei der Betrachtung des (Wert-)Schöpfungsprozesses lässt sich oberflächlich ein eindeutiger Trend ausmachen: Die Spendings gehen zunehmend an externe Dienstleister. Dieser Trend gilt jedoch nicht für alle Medien und auch nicht für alle Abschnitte der Wertschöpfungskette gleichermaßen. So werden zwar Planung, Konzeption und Produktion zunehmend in professionelle Hände gelegt, bei Distribution/Schaltung mit einem traditionell sehr hohen Budgetstellenwert sinken hingegen die externen Budgets bei zahlreichen Medien. Dies lässt sich vor allem durch abnehmende Kosten erklären. Eine gewichtige Rolle spielen hierbei technische Neuerungen, wie z.B. die digitale Distribution.

Sicher ist: Outsourcing zieht langfristig eine gesteigerte Professionalisierung mit sich. Qualifiziertes Kundenmanagement verlangt Know How und Professionalität sowie kompetente Dienstleister, die als Outsourcing-Partner zur Verfügung stehen. Die Anforderungen erstrecken sich über die gesamte Wertschöpfungskette und schließen gerade beim qualitativ hochwertigen Dialogmarketing auch das Response- und Dialoghandling einer Kampagne mit ein.

Klassikmedien sind tendenziell stärker outgesourced als Dialogmarketingmedien

Beim Vergleich von Klassik- und Dialogmarketingmedien fällt auch 2007 auf, dass Klassikmedien tendenziell stärker externalisiert sind als Dialogmarketingmedien. Die Rangliste der externen Kostenanteile führen Fernseh-, Hörfunk- und Kinowerbung an. Am Ende der Reihe stehen hingegen die Dialogmedien aktives und passives Telefonmarketing, Faxwerbung sowie E-Mail-Marketing.

Bewegung in den Markt der externen Dienstleister bringen vor allem die Dialogmedien: Der externe Kostenanteil bei Online-Medien nimmt im Vergleich zum Vorjahr deutlich zu. Hier zeichnet sich eine Abkehr von hausgemachten IT-Lösungen zu professionell konzipierten Kampagnen ab. Parallel dazu sind bei einzelnen Medien auch starke Rückgänge der externen Kosten zu beobachten: Bei Kundenzeitschriften, passivem Telefonmarketing und bei Faxwerbung greifen die Unternehmen verstärkt auf eigene Ressourcen zurück.

Mobile Marketing: Hoffnungsträger oder Nischen-Dasein?

97 Mio. Handys waren 2007 im Besitz der Deutschen bei rund 82 Mio. Einwohnern. Damit gibt es, wie bereits im Jahr zuvor, mehr Handys als Einwohner! Offenkundig

geht der Trend in Richtung Zweithandy-Besitz. Eine aktive Nutzung aller Mobiltelefone kann jedoch daraus nicht abgeleitet werden.

Das Handy ist dabei kein langfristiges Gebrauchsgut. Der Absatz von Mobiltelefonen lag 2007 mit 36,5 Mio. Stück 6 Prozent höher als 2006 (34,4 Mio.). [2]

Knapp die Hälfte der Deutschen wurde damit (zumindest rein rechnerisch) binnen eines Jahres Eigentümer eines neuen Handys. Angesichts dieser Marktzahlen wundert nicht, dass als aufsteigender Stern der Zukunft immer wieder Mobile Marketing in die Schlagzeilen gerät. Die Unternehmensrealität sieht allerdings sehr viel nüchterner aus.

Trotz der weiten Verbreitung von Handys nutzt auch im Jahr 2007 nur eine verschwindend kleine Minderheit von 9.000 Unternehmen das Mobiltelefon für seine Unternehmenskommunikation. Gerundet entspricht das einem Prozent aller Dialogmarketinganwender. Insgesamt wurden 0,1 Mrd. Euro für das Mobile Marketing ausgegeben. Vor allem Dienstleister gehen 2007 optimistisch voran und steigern ihre Ausgaben für Mobile Marketing um das Achtfache auf 0,08 Mrd. Euro. Dennoch bleiben die Ausgaben vergleichsweise niedrig, so dass diesen Steigerungen nach wie vor nur Pioniercharakter zugesprochen werden kann.

Kritische Stimmen, die vor allem das Handy als „Privatsphäre" wahrnehmen und daher von Marketingmaßnahmen auf dem Handy absehen möchten, mischen sich mit optimistischen Klängen: Der Bundesverband Digitale Wirtschaft (BVDW) stellt in einer Studie fest, dass eine deutliche Akzeptanz für dieses Medium besteht, etwa wenn Werbung Geldvorteile (zum Beispiel Rabatte) bringt, der Datenschutz gewährleistet ist und für den Handynutzer persönlich wichtig ist. [3]

Exkurs Top-Werber: Mobile Marketing

Auch nach Meinung der befragten Top-Werber ist Mobile Marketing kurz- bis mittelfristig nur eine Randerscheinung, könnte jedoch mittel- bis langfristig an Bedeutung gewinnen. Die Entwicklung wird stark von den voranschreitenden technischen Möglichkeiten abhängig sein. Es ist noch unklar, wie der (potentielle) Kunde reagieren wird, wenn über eines seiner „intimsten" Kommunikationsmittel geworben wird. Ähnlich wie beim E-Mail Marketing, hat auch Mobile Marketing ein erhöhtes „Nervpotential". Des Weiteren macht dieses Medium bei älteren Kunden (noch) wenig Sinn und ist eher, wenn überhaupt, für die Ansprache jüngerer technikaffiner Konsumenten geeignet.

Mobile Marketing könnte mittel- bis langfristig an Bedeutung gewinnen

Crossmedia-Kampagnen

Obwohl Experten immer wieder den Trend zur crossmedialen Kommunikation als einen wichtigen Treiber des Dialogmarketing betonen, hat bislang weniger als ein Viertel aller Unternehmen Crossmedia für sich „entdeckt". Dabei versteht man unter Crossmedia-Marketing die strategische Nutzung von verschiedenen aufeinander abgestimmten Medien zur Bewerbung eines Produktes oder einer Dienstleistung. Durch den kombinierten Einsatz verschiedener Instrumente können sich die spezifischen Stärken der eingesetzten Medien zu Synergieeffekten ergänzen.

Integrierte Kommunikation bietet neue Perspektiven

Anzeigen, Internet und volladressierte Werbesendungen sind die beliebtesten Medien für die integrierte Kommunikation. Am häufigsten kommen dabei zusätzlich etwa 3 Medien „flankierend" zum Einsatz. Anzeigen und Internet werden auch 2007 wieder am häufigsten miteinander kombiniert. 73.000 Unternehmen nutzen diese zusammen. Die Tendenz in diesem Segment ist dabei stark steigend: Der kombinierte Einsatz von Anzeigen und Internet für Cross-Media legt in 2007 um 59 Prozent-Punkte zu. Den zweiten Platz unter den Top-Kombinationen nehmen Anzeigen und Messen ein. Diese standen bei 39.000 Unternehmen auf der Agenda (+15 Prozent-Punkte). Volladressierte Werbesendungen und das Internet werden am dritthäufigsten kombiniert eingesetzt. 37.000 Unternehmen entscheiden sich für diese Kombination (+9 Prozent-Punkte).

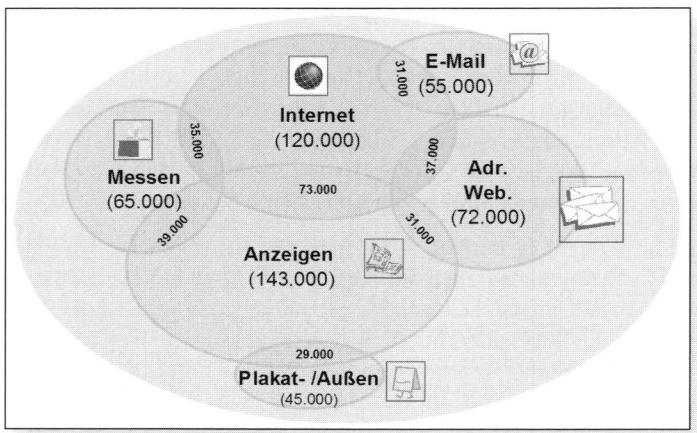

Abb. 6: Top-Medienkombinationen

Exkurs Top-Werber: Cross-Media

Der Anteil der Unternehmen, die Crossmedia-Kampagnen durchführen, sinkt im Vergleich zum Vorjahr auf 15 Prozent (-5 Prozent-Punkte). Dennoch sagen die Top-Werber Crossmedia eine große Zukunft voraus: Die großen Spender sehen in Crossmedia-Ansätzen viele Vorteile und gehen daher davon aus, dass der crossmediale Ansatz in Zukunft stark zunehmen wird. Durch die „Verzahnung" der Medien entstehen Synergieeffekte. Cross-Media erzeugt höhere Awareness und Wiedererkennungswerte. Darüber hinaus kann effizienter Identifikation mit dem Unternehmen geschaffen werden. Die Hemmschwelle des Empfängers, auf ein Angebot zu reagieren, wird somit verringert. Innerhalb des Cross-Media-Einsatzes wird außerdem ein Trend von klassischen Medien hin zu Dialogmarketingmedien prognostiziert, da diese zielgenauer sind. Der Effekt von Crossmedia auf die absolute Höhe der Werbebudgets ist allerdings nur schwer abzuschätzen: Ob der Einsatz von kombinierten Kampagnen zusätzliche Impulse für die Werbewirtschaft schafft oder es doch eher zu Substitutionseffekten bei der Verteilung von Budgets kommt, muss die Zukunft zeigen.

Durch die „Verzahnung" der Medien entstehen Synergieeffekte.

Viele Unternehmen praktizieren nach Ansicht der Top-Werbetreibenden bereits heute eine integrierte Kommunikation, bei der – in Abhängigkeit von der jeweiligen

Kampagnenaufgabe – sowohl klassische Medien als auch Dialogmarketingmedien zum Einsatz kommen. Auch wenn klassische Werbung in vielen Unternehmen ihre führende Rolle eingebüßt hat, ist sie doch sehr wichtig für die „breite" Kommunikation und wird für den Bekanntheits- und Imageaufbau weiter genutzt. Die Dialogmarketingmaßnahmen hingegen greifen die Inhalte/Elemente der klassischen Werbung auf.

Auch eine zunehmende „Vernetzung" von Medien wird immer relevanter. Beispielsweise erfolgt über eine erste Information oder einen Teaser eine Weiterleitung zu anderen Medien, auf denen ausführlichere Informationen zur Verfügung stehen. Durch die Ergänzung von beispielsweise klassischer Werbung durch den Follow-up mit Dialogmarketingelementen lassen sich somit deutlich mehr Informationen transportieren.

> Vernetzung von Medien: Über eine erste Information oder einen Teaser Weiterleitung zu anderen Medien, auf denen ausführlichere Informationen zur Verfügung stehen

Trends und Ausblick

Die Zukunft der Werbung wird von zwei großen Trends geprägt: Erstens die Verlagerung von klassischen Medien hin zum Dialogmarketing, und zweitens innerhalb der Dialogmarketingmedien die Entwicklung von Offline zu Online.

Trend 1: Von Klassik zu Dialogmarketing

Die Ampeln stehen daher auf Grün: Der positive Trend des Dialogmarketing wird sich auch in Zukunft fortsetzen. Die bisherigen Erfolge klassischer Werbung werden aufgrund hoher Streuverluste zunehmend in Frage gestellt. Rezipienten werden in ihrem Medienkonsum immer selektiver, die Erreichbarkeit von Zielgruppen auf klassischem Wege sinkt. Wir leben in einer „Überinformationsgesellschaft". Dialogmarketing stellt dabei eine wichtige Kommunikationslösung dar.

Dialogmarketing besitzt gegenüber den Klassikmedien viele Vorteile: die direkte Kommunikationsmöglichkeit mit dem Kunden, eine hohe Erreichbarkeit der Zielgruppen bei geringen Streuverlusten, hohe Flexibilität und Personalisierbarkeit der Kundenansprache. Diese Eigenschaften werden im Kontext einer zunehmenden Marktfragmentierung und gleichzeitigen Kommunikationsdichte in der „Mediengesellschaft" immer wichtiger. Hinzu kommt eine vergleichsweise genaue und schnelle Messbarkeit des Erfolgs von Kampagnen. Bereits unmittelbar nach der Versendung lassen sich Effekte auf Kundenzahlen oder Abverkäufe feststellen. Kostenkontrolle ist von besonderer Relevanz in Zeiten enger werdender Budgets.

Bleibt es bei diesen Entwicklungen, so werden Dialogmarketingmedien weiter an Bedeutung gewinnen. Wenn es dem Gesamtwerbemarkt nicht gelingt, seine allgemeinen Wachstumsschwächen zu beseitigen, baut Dialogmarketing auf Kosten der Klassikmedien seine dominierende Position weiter aus.

Trend 2: Von Offline zu Online

Es kommt Bewegung ins Dialogmarketing: Wachstumsimpulse sind insbesondere von den Online-Medien zu erwarten. Vor allem Bannerwerbung und E-Mail-Marketing versprechen positive Impulse für den Gesamtmarkt. Der digitale Bereich

(E-Mail, Mobile Ad, Web Messaging, Webcast) wird mit hoher Wahrscheinlichkeit exponentiell steigen. Die Gründe hierfür liegen in den geringen Kosten, der extrem kurzen Umsetzungsdauer von Maßnahmen, der wachsenden Reichweite in allen Bevölkerungsgruppen sowie den zunehmend besseren Möglichkeiten der Zielgruppenselektion.

Die elektronische Zukunft öffnet bereits jetzt interessante Perspektiven: Mit zunehmender Diffusion digitaler Medien entstehen „Räume", in denen sich die Menschen in ihrem Alltag aufhalten und miteinander kommunizieren. Internetforen und Communities werden für Werbetreibende wichtiger, da über diese Wege eine genaue Zielgruppenansprache möglich ist. Trotz der Vorteile digitaler Medien werden aber Papier-Medien auch in Zukunft ihre große Bedeutung beibehalten. Klassische Werbesendungen spielen weiterhin eine wichtige Rolle im Konzert der Dialogmarketing-Instrumente. Die Vorteile liegen hierfür auf der Hand: Zuverlässig qualifizierte Adress-Datenbanken ermöglichen eine Aussteuerung von spitz selektierten Zielgruppen und damit ein präzises Targeting. Haptik und aufwändige Gestaltung von Werbebriefen signalisieren dem Empfänger eine hohe Wertigkeit, sowohl seiner Person als auch der transportierten Informationen. Komplexe Sachverhalte, Dienstleistungen und Produkte lassen sich ausgezeichnet abbilden.

Trotz der Vorteile digitaler Medien werden aber Papier-Medien auch in Zukunft ihre große Bedeutung beibehalten

Diese Trends verlaufen jedoch nicht in allen Unternehmen einheitlich. Je nach Historie und Branchenanforderungen finden die Entwicklungen in unterschiedlichem Tempo statt. Wichtigster Treiber für die Verschiebungen zwischen den Medien beziehungsweise den Werbemitteln ist der steigende Wettbewerbsdruck, dem die Werbetreibenden ausgesetzt sind – und damit verbunden immer knapper werdende Werbebudgets.

Ausblick: Mit dem Kunden auf Augenhöhe

Wohin wird sich das Dialogmarketing in Zukunft entwickeln? Richtungweisend sind Zukunftsbilder, in denen sich Anbieter und Kunden auf Augenhöhe, als Partner verbinden: „Kunden werden genau formulieren, in welcher Form, zu welchem Zeitpunkt und zu welchen Themen sie dialogbereit sind. Und sie werden entscheiden, auf welchem Kanal, zu welchem Zeitpunkt sie selbst die Kommunikation aktiv aufnehmen und entsprechende Antworten haben möchten. In diesem Sinne wird der Kunde mehr und mehr zum wahren König." [4]

Literatur

[1] Dialog Marketing Monitor 2007 www.deutschepost.de.

[2] Bundesnetzagentur, Bonn 2007.

[3] Bundesverband Digitale Wirtschaft, BVDW Trendbarometer 2006.

[4] Anne Stahl-Weiß: Spotlight Direktmarketing. – 2003.

MULTIKANAL-DIALOG

Synergien zwischen
klassischer Werbung
und Dialogmarketing 71

On- und Offline-
Dialogmarketing kombinieren 77

Multichannel-Zielgruppen-
Marketing 83

Sechs erfolgreiche
crossmediale Kampagnen 88

Im zweiten Kapitel wird auf die Wechselwirkungen zwischen den verschiedenen Kommunikationskanälen eingegangen. Je konsistenter auf unterschiedlichen Kanälen parallel kommuniziert wird, desto höher sind die Responseraten im Dialogmarketing. Sicher spielt der Online-Kanal hier eine wichtige Rolle. Trotzdem wird dieser Kanal im gesamten Buch nur marginal behandelt, da hier auf das sehr erfolgreiche Buch „Leitfaden Online Marketing" verwiesen werden kann.

Detlef Burow beschreibt zunächst einmal, wie klassische Werbung die Direktansprache unterstützt. Crossmediale Kampagnenplanung schafft eine bessere Ausnutzung der möglichen Synergieeffekte zwischen den Medienkanälen. Das heißt, dass es mehr Werbung mit gleichem Budget gibt. Das Dilemma besteht in der Praxis jedoch darin, die gleichen Zielgruppen anzusprechen: Im Idealfall soll all jenen, die abends den TV-Werbespot gesehen haben, am nächsten Tag ein Werbebrief ins Haus flattern. Burow beschreibt ein Produkt, das in diese Richtung abzielt.

Marion Meinert setzt sich mit den Synergien zwischen Online- und Offline-Medien auseinander. Suchmaschinen eignen sich zur Anbahnung des Kundendialogs. Die Qualität dieses Dialogs lässt sich jedoch entscheidend verbessern, wenn dieser sowohl online wie auch offline stattfindet. Die richtige Kombination entscheidet über den Erfolg. So gibt es zum Beispiel Printmailings, die durch Online-Dialogmöglichkeiten ergänzt werden. Wichtig für werbetreibende Unternehmen ist es, die Präferenzen ihrer Nutzer zu kennen. Nicht jeder mag angerufen oder mit E-Mails traktiert werden. An zwei Beispielen erläutert Meinert exemplarisch, wie erfolgreiche crossmediale Kommunikation aussehen kann.

Arnold Steinke und Klaus Schober erläutern, wie sich mit dem crossmedialen Ansatz Zielgruppen definieren lassen. Wichtig dabei ist, dass die Kundendatenbank ständig lernt. Bei neu hinzugekommenen Interessenten wird sorgfältig ausgewertet, über welchen Kanal und mit welcher Maßnahme der Kontakt gewonnen wurde. Online-Portale bieten heute vielfältige Möglichkeiten, neue Zielgruppen anzusprechen. Besonders zielgruppenspezifische Online-Communities oder soziale Netzwerke werden hier in Zukunft eine tragende Rolle spielen.

Manfred Dorfer schreibt vor dem Hintergrund langjähriger Agenturerfahrung. So erstreckt sich eine erfolgreiche Kampagne per se über mehrere Medien. Der wichtigste Erfolgsfaktor ist neben der Kenntnis der wichtigsten Dialogmarketingregeln der intelligente Verstoß gegen ebendiese. Er beschreibt die sechs erfolgreichsten crossmedialen Kampagnen, die seine Agentur entworfen und begleitet hat. Eine der brillantesten und portosparendsten Ideen war es, eine halbe Million Hipp-Päckchen nicht auszuliefern, sondern von den Müttern selbst bei der Post abholen zu lassen. Die ohnehin schon niedrigen Kosten wurden weiter reduziert, indem Werbepartner eingebunden wurden.

Torsten Schwarz

2

MULTIKANAL-DIALOG

Der Wettbewerb wird immer schnelllebiger, die Mediennutzung steht ganz im Zeichen des multimedialen Zeitalters und wird immer komplexer. Für Werbetreibende und ihre Produkte wird es zunehmend schwieriger, im Markt wahrgenommen zu werden und sich langfristig sicher im Portfolio des Verbrauchers zu platzieren.

„Crossmedialer Dialog" und „integrierte Kommunikation" sind die Schlagworte, die heutzutage für erfolgreiche Kampagnen stehen. Denn crossmediale Kampagnenplanung schafft eine bessere Ausnutzung der möglichen Synergieeffekte zwischen den Medienkanälen.

Die systematische Integration von Direct Mail in den klassischen Mediamix kann die Effizienz des Werbemitteleinsatzes bei gleich bleibendem Budgeteinsatz deutlich steigern.

Mehr Werbung bei gleichem Budget

Was kann das eine, was das andere nicht kann?

Während klassische Medien wie TV und Print den Vorteil besitzen, schnell und flexibel Reichweiten aufbauen zu können, Marken zu emotionalisieren und in der Breite zu positionieren, setzt Dialogmarketing Handlungsimpulse, liefert Informationen, bietet Interaktionsmöglichkeiten und animiert zum Kauf.

Damit die Stärken beider Mediengattungen optimal zur Geltung gelangen können, muss die Dialogmaßnahme das mit den klassischen Medien aufgebaute Kommunikationskapital aufgreifen und mit Hilfe einer entsprechenden Aktionsmechanik in absatzrelevante Zielgrößen umwandeln. Die Maßnahmen müssen inhaltlich, zeitlich und zielgruppenspezifisch abgestimmt sein.

Dialog und Klassik kombinieren

Wie bekommt man beides unter einen Hut?

Die Zielgruppe sollte im Rahmen der Klassikkampagne bereits mindestens zwei- bis dreimal erreicht worden sein, bevor sie das Mailing erhält, damit sicher gestellt ist, dass die Werbebotschaft erinnert wird. Abgestimmte Kreationen mit analogen Gestaltungselementen liefern einen hohen Wiedererkennungswert. Grundlegend ist, dass beide Mediagattungen dieselbe Zielgruppe treffen. Das ist eine notwendige, wenngleich nicht hinreichende Voraussetzung, damit Synergieeffekte entstehen können.

www.marketing-boerse.de/Experten/details/Detlef-Burow

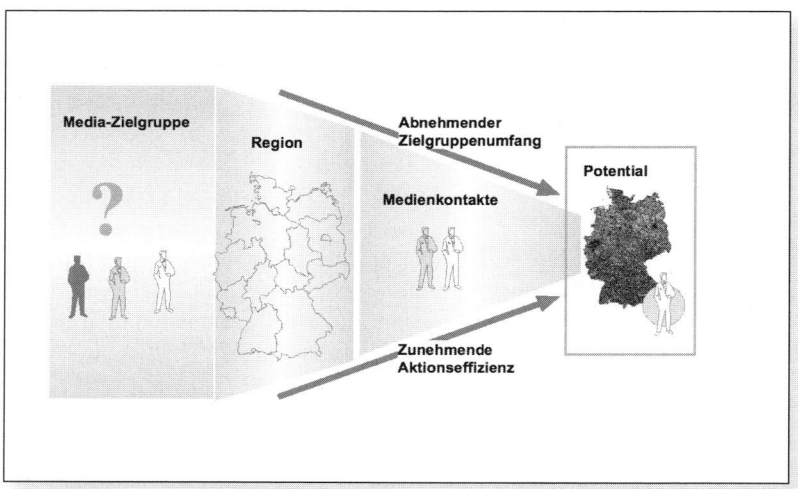

Abb. 1: Crossmediale Planung von Dialogmarketing

Schnittmenge der Personen mit Kontakt zur Klassik-kampagne und der Mailing-empfänger

Mit dem MediaMail Planner steht ein professionelles Planungstool zur Verfügung, um diese Abstimmung systematisch durchführen zu können. Dieses Software Tool bietet dem Anwender erstmals die Möglichkeit, in kürzester Zeit auf der Basis der Mediazielgruppe beziehungsweise des Mediaplans Adresspotentiale zu selektieren. Kernstück ist eine integrierte Datenbank, auf die das Tool zugreift. Diese Datenbank besteht aus zwei Datenbeständen: Die Markt-Media-Studie „Typologie der Wünsche" (TdW) von Burda Community Networks und die Microdialog-Datenbank der Deutschen Post. Durchgeführt wurde die Datenintegration vom Fraunhofer Institut.

Die „Typologie der Wünsche" ist eine der aktuellsten und umfassensten Markt-Media-Studien Deutschlands, die einmal jährlich erscheint. Sie analysiert seit 33 Jahren Einstellung sowie Konsum- und Mediennutzungsverhalten der gesamten Deutschen Bevölkerung ab 14 Jahren. Sie bietet Informationen zu 1.800 Marken, 400 Produktbereichen und einer breiten Medienpalette auf der Basis von rund 20.000 Fällen. Die Studie dient unter anderem dazu, Zielgruppen nach soziodemografischen und psychografischen Merkmalen zu beschreiben.

Die Microdialog-Datenbank der Deutschen Post verfügt über 37 Millionen Adressen privater Konsumenten. Mehr als eine Milliarde mikrogeografischer Informationen beinhalten neben soziodemografischen Faktoren unter anderem auch Kriterien zum Konsumverhalten, zum Wohnumfeld und PKW-Besitz. Die Adressen zeichnen sich durch eine hohe Marktabdeckung aus und werden regelmäßig auf Richtigkeit und Zustellbarkeit überprüft. Damit können nahezu alle bewerbbaren Haushalte in Deutschland erreicht werden.

Durch die Verknüpfung beider Datenbestände liegen alle Informationen der TdW auf Adressebene vor. Da auch das Mediennutzungsverhalten dokumentiert ist, kann der Planer nach Eingabe des Mediaplans Adressen anhand ihrer Kontakthäufigkeiten mit den klassischen Medien selektieren.

Planung einer integrierten Dialogmaßnahme in vier Schritten

Im Wesentlichen vollzieht sich der Planungsprozess in vier Schritten. Auch komplexe Selektionen sind innerhalb von fünf Minuten abgeschlossen. Das Ergebnis ist eine Liste von Adressen, Gebäuden beziehungsweise Postleitzahlgebieten, die den Selektionskriterien entsprechen und direkt für die postalische Ansprache zur Verfügung stehen.

Schritt 1 – Zielgruppe
Die Zielgruppe wird auf der Grundlage der Microdialog-Datenbank und den Informationen aus der TdW definiert. Alle Informationen lassen sich mit „und"-beziehungsweise „oder"-Verknüpfungen zu einer Vielzahl von Zielgruppendefinitionen beliebig miteinander kombinieren.

Schritt 2 – Region
Zur regionalen Aussteuerung der Aktion können auf Basis von administrativen Grenzen, Nielsengebieten und Postleitzahlen Zielregionen bestimmt werden. Zur Definition von speziellen Einzugsgebieten können Dateien mit entsprechenden Geokoordinaten geladen werden.

Schritt 3 – Mediaplan
Ausgehend von den Schaltungsfrequenzen in TV, Print und Radio werden Kontaktklassen gebildet. Durch die Definition eines Kontaktkorridors werden Adresspotenziale selektiert.

Schritt 4 – Mailingplan
Zur zielgenauen Ansprache stehen drei Aussendungsformen zur Verfügung: Persönlich adressiert, Haushalte eines Gebäudes, alle Haushalte in einem Zustellbezirk. Ausgehend von der Zielgruppendichte und den jeweiligen Kosten lässt sich anhand der TKPs der optimale Mix berechnen.

Ein Beispiel aus der Praxis

Im Folgenden wird die Planung einer Dialogmarketingmaßnahme für ein Pflegeprodukt zur Steigerung des Abverkaufs parallel zur Markenkampagne beschrieben.

Schritt 1
Zielgruppe der Kampagne waren Frauen im Alter von über 50 Jahren, die bereits Produkte aus der Pflegeserie gekauft hatten. Zur Selektion wurden Daten aus der Microdialog-Datenbank (Alter) und der TdW (Kauf eines Produktes aus der Pflegeserie) herangezogen. Für die teil- sowie unadressiert optimierte Zustellung wurden Haushalte auf Microzellenebene selektiert. Die zugrundeliegenden Adressinformationen liegen dabei aus Datenschutzgründen als Durchschnittswert aus circa 6,6 Haushalten vor. Die nachträglich durchgeführte Marktforschung zeigte, dass der Anteil der über 50-Jährigen unter den selektierten Haushalten mit 68 Prozent deutlich über dem in der Grundgesamtheit lag, welcher 50 Prozent beträgt. Noch deutlicher ist der Unterschied beim Käuferanteil, der mit 43 Prozent zu 28 Prozent mehr als 1,5 mal so hoch ist.

Wer ist
Produktkäufer?

73

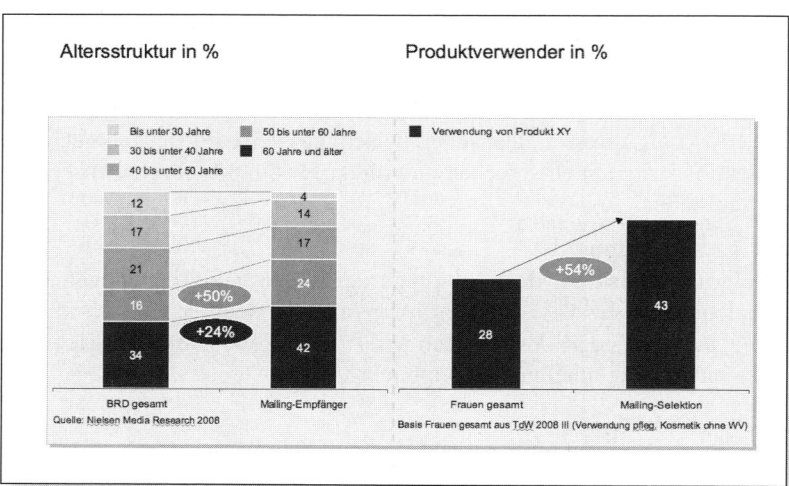

Abb. 2: Zielgruppe – Produktverwender und über 50jährige

Schritt 2

Wer wohnt in der Nähe der Parfümerie?

Zur regionalen Aussteuerung der Aktion wurden Einzugsgebiete der Distributionsschwerpunkte im Umkreis von Filialen einer Parfümeriekette herangezogen.

Schritt 3

Die Klassikkampagne sollte sich über ein Halbjahr mit über hundert Anzeigenschaltungen in Zeitschriften und über tausend Schaltungen im TV erstrecken. Die Dialogaktion wurde zeitlich versetzt zur Klassikkampagne geplant. Damit sollte *Voraussichtlich mindestens sechsmal Kontakt mit der Klassikkampagne* gewährleistet sein, dass bereits ausreichend Kontakte vorliegen. Selektiert wurden 1,5 Millionen Haushalte aus der bereits beschriebenen Zielgruppe, die bis zum Start der Dialogmaßnahme voraussichtlich mindestens sechsmal den TV-Spot oder die Printanzeigen gesehen haben. Ausgehend von der Zielgruppendichte im Zustellbezirk wurden entweder alle Haushalte des Bezirks oder Haushalte bestimmter Gebäude angeschrieben.

Den Erfolg messen

Sowohl Responsequoten als auch Marktforschungsdaten zeigen den Erfolg der integrierten Strategie. Ein wichtiger Schritt hin zum intermedialen Vergleich ist dabei das Nielsen DM-Panel. Es basiert auf 10.000 Haushalten und dokumentiert alle Dialogmarketingkampagnen in der gängigen Nielsensystematik. Dadurch erhält man bis auf Produktebene einen umfassenden Überblick über alle wöchentlichen Werbeaufwendungen der klassischen Medien und der Dialogaktivitäten. Außerdem wird im Rahmen des DM-Panels dokumentiert, ob das jeweilige Mailing gelesen wurde, ob Interesse am Angebot besteht und ob der Empfänger reagieren wird. Damit stehen Leistungskennziffern für jede Kampagne zur Verfügung, die ein standardisiertes Tracking ermöglichen.

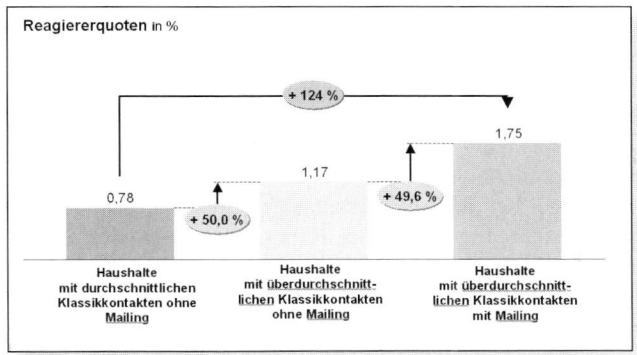

Abb. 3: Die Reagiererquoten nach Klassik- und DM-Einsatz

Beispiel – Erfolgsmessung integrierter Kampagnen

Die folgenden Responsequoten beziehen sich auf eine integrierte Dialogmarketing-aktion aus dem FMCG-Bereich. Dialogmarketing wurde in diesem Fall als Ergänzung zur Markenkampagne eingesetzt. Sowohl in den klassischen Medien als auch im Mailing und am POS wurde eine Aktionsmechanik ausgelobt, die zu den dargestellten Responsequoten führte (Abb. 3).

Die mittlere Gruppe ist im Vorfeld zur Kampagne nach den zu erwartenden Klassikkontakten selektiert worden und erhielt – im Unterschied zur dritten Gruppe, die ebenso selektiert wurde – kein Mailing. Deutlich wird, dass die positive Wirkung der Klassikkampagne auf den Response durch das Mailing noch einmal deutlich gesteigert werden konnte. Marktforschungsergebnisse zeigten auch eine beträchtliche Synergie zwischen POS und Mailing.

Das zweite Beispiel zeigt Leistungskennziffern aus dem DM-Panel für eine inte-grierte Aktion eines Automobilherstellers (Abb. 4). Zum Vergleich stehen Werte aus dem Vorjahr zur Verfügung als die gleichen Medien nur unabgestimmt eingesetzt wurden.

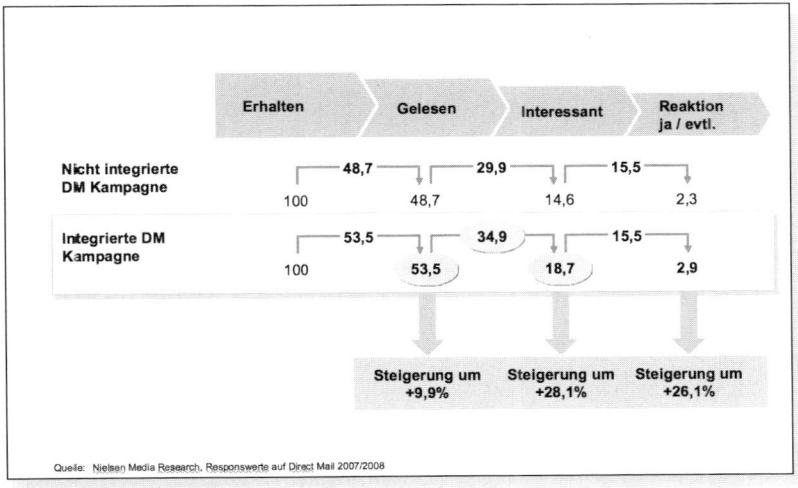

Abb. 4: Kampagnenvergleich eines Automobilherstellers, Angaben in Prozent

Das dargestellte Stufenmodell mit den entsprechenden Transferraten gibt Aufschluss über die Wirkungsweise der integrierten Kampagnen auf das Rezipieren des Mailings. In Bezug auf die integrierte Kampagne zeigen beispielsweise 18,7 Prozent Interesse an dem erhaltenen Mailing. Bezogen auf diejenigen, die es gelesen haben, entspricht dies einem Wert von 34,9 Prozent. Bei integrierten Kampagnen dürfte die aufgebaute Bekanntheit und Sympathie beim Empfänger dazu führen, dass das Mailing öfter gelesen und interessanter gefunden wird, was den dargestellten Ergebnissen entspricht. Je weiter man in diesem Modell nach rechts geht, desto stärken dürften Angebot und Gestaltung des Mailings Einfluß nehmen.

Totgesagte leben länger. Das ist beim klassischen Medium Brief nicht anders. Trotz Web-2.0-Hype und digitaler Begeisterung bleibt das klassische Direct Mailing immer noch das wichtigste Kommunikationsmedium in der Dialogmarketing-Branche. Von den zweiunddreißig Milliarden Euro, die 2006 in Deutschland für Direktmarketing ausgegeben wurden, entfielen 45 Prozent auf Werbesendungen.

Bleibt also alles beim Alten? Findet Dialogmarketing 2.0 nur in den Köpfen einiger IT-Visionäre statt? Ganz im Gegenteil, nichts bleibt wie es war. Vodcast, Podcast, Blog, Vlog, E-Mail, E-Newsletter, Video-Games, Mobile Entertainment und Internet spielen eine immer größere Rolle im täglichen Leben und Informationsverhalten der Verbraucher. Selbst wenn ein bestimmtes Mediennutzungsverhalten wie das regelmäßige Downloaden von Vodcasts (Videoclips im Internet) laut ARD/ZDF-Online-Studie 2007 noch fast ausschließlich eine Domäne der unter Dreißigjährigen ist, so wird diese Generation Vodcasts in zwanzig Jahren noch genauso selbstverständlich nutzen wie die heutigen Senioren die Fernbedienung ihres TV-Geräts bedienen. Für das Dialogmarketing entsteht damit ein weiteres, interessantes Medium.

Deutlicher Trend zur cross-medialen Kommunikation

Laut OVK Online-Vermarkterkreis wurden in 2007 rund drei Milliarden Euro für Online-Werbung ausgegeben. Hier haben sich besonders das Online-Display-Marketing (zum Beispiel Banner-Werbung) und das Suchmaschinen-Marketing als Online-Werbeformen mit den höchsten Umsatzanteilen herauskristallisiert. Sie dienen vor allem der **Anbahnung des Kunden-Dialogs**; Qualität und Dauer dieses Dialogs lassen sich – so die Erkenntnisse der werbungtreibenden Industrie – jedoch entscheidend verbessern, wenn dieser nicht nur online, sondern auch offline fortgesetzt wird. So hat beispielsweise ein U.S.-amerikanischer Versender festgestellt, dass der Lifetime-Value eines Kunden, der ausschließlich online betreut wird, um fünfzehn bis zwanzig Prozent geringer ist, als der eines Kunden, der auch regelmäßig Kataloge und Direct Mailings erhält.

Online-Kunden bleiben länger, wenn sie auch Printmailings erhalten

Wer die Verbraucher mit seiner Werbebotschaft nachhaltig erreichen möchte, sollte demzufolge stärker als bisher verschiedene Kanälen bedienen können. Denn Zielgruppen lassen sich zumeist nicht nur anhand des genutzten technischen Mediums, sondern in erster Linie auch anhand des kommunizierten Inhaltes definieren. **Cross-Media** oder **integrierte Kommunikation** sind gefordert.

Allerdings setzen bisher nur rund ein Viertel der bundesdeutschen Unternehmen bei ihren Dialog-Kampagnen mehr als ein Medium ein, wie der Direkt Marketing Monitor feststellt. Die Kombination von Print-Anzeigen mit dem Internet ist dabei besonders beliebt. Deutlich auf dem Vormarsch sind aber auch **Kampagnen mit Internet-Part und voll adressierten Werbesendungen**.

Bedenklich ist indessen, dass der Direkt Marketing Monitor ein leichtes Absinken der Zahl der Cross-Media-Kampagnen in Deutschland vermeldet. Ein Grund für diesen Trend könnte im bedauerlichen Fehlen von genügend aussagekräftigen Daten über die Wirksamkeit cross-medialer Dialog-Kampagnen liegen. Methodisch ist es schwierig, die Effekte einzelner Medien mit der Durchschlagkraft einer Kombi-Kampagne zu vergleichen. Macht Eins plus Eins hier wirklich Drei, wie es Robert Perl von der Nürnberger Agentur Icon Brand Navigation (heute: Icon Added Value) im Jahr 2003 als Ergebnis einer Feldstudie über integrierte Kommunikation und Dialogmarketing feststellte? Oder ergibt es doch nur 1,85, weil die Zielgruppen sich überschneiden?

In der Studie von Icon Brand Navigation wurden vier Werbekampagnen mit klassischer Werbung und Direktmarketing-Part – unter anderem für Jacobs Krönung und Hamburg Mannheimer Versicherung – durch über sechstausend Interviews in verschiedenen Stadien der Kampagne getestet. Demnach erreichten weder klassische Werbung noch Direct Mailings allein so gute Werte bei den abgefragten Kriterien für Markenbekanntheit und Markenerfolg wie in der Kombination. **Klassik und Dialog haben zudem unterschiedliche Stärken**: Die klassische Werbung mit TV-Spots und Print-Anzeigen konnte auf emotionaler Ebene punkten. Mailings erzielten vor allem bei Werbeerinnerung und Weiterempfehlung des beworbenen Produktes hohe Werte.

Was erwarten die Verbraucher von den einzelnen Dialog-Medien, welcher Medien-mix verspricht bei welchen Zielgruppen Erfolg? Medien als Werbeträger werden grundsätzlich unterschiedlich beurteilt. Während TV, Radio und Plakaten allgemein ein recht hoher Unterhaltungswert beigemessen wird, gelten unaufgeforderte Werbebotschaften per Telefon, Handy, Fax aber auch E-Mail vielen Menschen in Deutschland als eher lästig. Adressierte Werbebriefe, Beilagen, Anzeigen und das Internet werden dagegen von vielen Menschen grundsätzlich erst einmal als informativ eingeschätzt.

Für viele Konsumenten scheint es wichtig zu sein, dass sie selbst bestimmen können, ob und wann sie die Werbung nutzen. Während der Umgang mit Mailings problemlos ist, muss ein Telefonanruf sofort beantwortet werden. Bis zu sechzig Prozent der werblichen Anrufe wurden laut GfK 2004 als störend empfunden. Der Einsatz des Telefons in einer Dialog-Kampagne will darum wohl überlegt sein. Bei Werbebriefen liegt die so genannte Trash-Rate – also der Anteil der Briefe die ungeöffnet im Papierkorb landen – je nach Branche etwa zwischen acht und dreißig Prozent. Verschiedene Untersuchungen (auch aus den USA und Kanada) zeigen, dass die meisten Konsumenten es vorziehen, per Brief angesprochen zu werden. Von einer Minderheit werden E-Mail oder Telefon präferiert, andere Kommunikationswege wie SMS, Fax oder gar persönliche Vertreterbesuche sind unerwünscht.

Direct Mailing als Bestandteil der Cross-Media-Kommunikation

Lange Zeit wurde vermutet, dass das klassische Direct Mailing vor allem mit der E-Mail konkurriert. Die digitale Version des Briefes kann insbesondere mit drei Eigenschaften punkten: Sie ist schneller, billiger und die Response lässt sich leichter messen. Gleichwohl zeigt sich bei einem Vergleich von physischen und elektronischen Mailings, dass die klassische Variante nicht substituierbar ist. In einer Studie dazu hat das Siegfried Vögele Institut 2005 durch eine Reihe von Gruppendiskussionen und Einzelinterviews herausgearbeitet, welche Charakteristika die Verbraucher den beiden Mailing-Varianten zusprechen. Das Resultat: Beide Formen haben ihre Stärken und die **Entscheidung für den Einsatz hängt im Wesentlichen von den zu transportierenden Inhalten ab**.

Das Verschicken eines Briefes drückt nach dem Empfinden der meisten Empfänger immer noch eine besondere Wertschätzung aus. E-Mails sind hingegen ideal, wenn es um eine schnelle Informationsübermittlung geht (zum Beispiel den Kunden über einen Sonderverkauf zu informieren). Wenn jedoch kein grundsätzliches Interesse am angebotenen Produkt oder Thema besteht, werden beide Werbeformen als lästig empfunden. Bei E-Mails schwingt zusätzlich – vor allem wenn der Absender unbekannt ist – noch die Angst vor Viren oder ähnlichem mit.

Brief ist seriös, E-Mail ist schnell

Seriosität ist für den Erfolg beider Mail-Versionen entscheidend. Daher sollte der Absender immer gleich erkennbar sein. Auch durch die Tonalität des Schreibens vermittelt sich Seriosität. Für physische Mailings ist zudem eine ansprechende Gestaltung wichtig. Damit drückt sich die Wertigkeit der Sendung aus. Diese entscheidet darüber, ob der Brief überhaupt geöffnet wird.

Zudem hat das Siegfried Vögele Institut zusammen mit dem Marktforschungsinstitut TNS Emnid eine vergleichende Medienanalyse mit anderen gängigen Formen des Dialogmarketings vorgenommen: Adressierte und nicht-adressierte Werbesendungen, Zeitungs- und Zeitschriftenanzeigen mit Response-Möglichkeit, E-Mail-Newsletter, Fernseh-Werbespots mit Response-Möglichkeit sowie Radio-Werbespots mit Response-Möglichkeit wurden verglichen. Das Resultat überraschte die Experten wenig, denn persönlich adressierte Mailings riefen am häufigsten eine Reaktion der Empfänger hervor.

Brief bringt den höchsten Response

Gleiches gilt in abgeschwächter Form ebenfalls für nicht persönlich adressierte Werbesendungen. Als besonders positiv werden sie vor allem von preisbewussten Verbrauchern angesehen, die mit ihrer Hilfe Angebotsvergleiche anstellen. Radio und vor allem TV sind zwar relativ auffällig, aufgrund ihres flüchtigen Charakters als Response-Medium aber eher schlecht geeignet. Print-Anzeigen werden weithin als angenehm und vor allem am wenigsten als störend angesehen.

Interessant sind die Ergebnisse in Bezug auf **E-Mails**. Sie sind **das Dialog-Medium, das am stärksten polarisiert**. Während große Gruppen der Bevölkerung dem Medium nach wie vor mit einem gewissen Argwohn begegnen, ist dies bei der Gruppe der in der Studie sogenannten „Innovativen High Potentials" anders. Hier sind E-Mails das beliebteste Dialog-Medium mit der höchsten Response-Wahrscheinlichkeit, das zudem bei der Vorbereitung von Kaufentscheidungen genutzt wird.

E-Mail polarisiert

Insgesamt lässt sich konstatieren, dass Verbraucher den unterschiedlichen Dialog-Medien auch unterschiedliche Eigenschaften zusprechen. Entsprechend der Botschaft sollte daher das passende Medium ausgewählt werden. Über alle Gruppen hinweg versprechen adressiert Werbebriefe die höchste Response-Wahrscheinlichkeit.

Erfolgreiche cross-mediale Kommunikation – Zwei Beispiele

Natürlich entscheidet bei cross-medialen Kampagnen nicht der Einsatz möglichst vieler Medien über den Erfolg, sondern vor allem die **intelligente Kombination der verschiedenen Kommunikationswege**. Dies belegt ein Beispiel aus den USA: Der Papierhersteller Boise Cascade bot vor einigen Jahren auf seiner Website einen auf Farben basierenden Persönlichkeitstest als Werbemittel für seine Produkte an. Beworben wurde der Internet-Test vor allem mit Flyern, die dem Katalog des Unternehmens beigelegt wurden. Der Erfolg war erstaunlich: Der Verkauf der im Flyer beworbenen Produkte stieg um circa 16 Prozent. Das Online-Magazin von Boise Cascade verzeichnete im Monat der Kampagne sogar einen Anstieg der Visits um 250 Prozent.

Eine andere clevere Kombination von Direct Mail, Internet und Telefon hat sich der Messe-Display-Hersteller Expo Display Service zusammen mit dem Invacon Telefonmarketing entwickelt. Grundlage der Kampagne bildete ein klassisches Aktions-Mailing, in dem die Empfänger aufgefordert wurden, sich auf der Unternehmens-Website einen Gutschein herunterzuladen. War der Kunde interessiert und ging auf die Website – ganz gleich ob er tatsächlich den Gutschein downloaden wollte oder sich nur über die Produkte informierte – wurde er kurz danach von einem Call-Center-Agent angerufen. Unter Verweis auf die kürzlich versandte Direct Mail wurde ein Außendienst-Termin angeboten. Während die Response-Raten eines vergleichbaren Business-to-Business-Mailings normalerweise nicht über fünf Prozent liegen, vereinbarten in diesem Fall eindrucksvolle 35 Prozent der Mailing-Empfänger einen Termin mit den Außendienstmitarbeitern.

Gutschein auf der Website downloaden

Zwei Faktoren erklären den Erfolg der Aktion: Zum einen wurde im richtigen Moment noch einmal telefonisch nachgefasst. Zum anderen wurden zusätzlich Interessenten erreicht, die von sich aus den Gutschein gar nicht eingelöst hätten, sondern sich einfach nur auf der Website informieren wollten. Möglich wurde der schnelle Anruf durch individualisierte Websites, die nicht nur eine persönliche Anrede enthielten, sondern beim Anklicken auch eine Meldung in das Call-Center gaben. Auf dem Monitor des Call-Center-Agents tauchten im selben Moment die Kontaktdaten sowie weitere vorhandene Angaben aus der Kundendatenbank auf. Technisch ist diese Lösung mit so genannten individualisierten Undersites im Web und der real-time-Benachrichtigung der Call-Center-Mitarbeiter nicht einmal besonders anspruchsvoll – nur auf die Idee muss man erst einmal kommen.

Zunehmende Dialogorientierung im Handel

Vor allem im Handel weiß man um die Bedeutung der **Interaktion verschiedener Kommunikationskanäle**. Multi-Channel-Vertrieb bezeichnet den Absatz über verschiedene Vertriebswege wie Ladengeschäft, Katalog und Internet. Im souveränen Umgang mit den verschiedenen Kaufmöglichkeiten zeigt sich, dass es den mündigen Verbraucher tatsächlich und immer mehr gibt. Otto-Normalverbraucher kauft heute im Ladengeschäft und morgen bestellt er per Internet oder Telefon, so wie es ihm gerade passt. Oft informiert er sich über die Produkte in einem Absatz-Kanal, zum tatsächlichen Kauf nutzt er aber einen ganz anderen. Vor allem in den USA nutzen viele klassische und große Versender ihren Katalog, den sie noch immer und – jenseits aller Erfolge ihrer E-Shops – sogar verstärkt versenden.

Kunden wechseln ständig den Kanal

Diese Kaufanbahnungs-Effekte hat das Kölner E-Commerce-Center Handel (ECC) in seiner Studie „Multi-Channel-Effekte im Handel" im Jahr 2004 untersucht. Demnach werden etwa 27 Prozent aller Käufe im stationären Handel im Internet vorbereitet. Neun Prozent der Käufer informieren sich dabei vorher auf der Website des Händlers, bei dem sie später kaufen. Bezogen auf den Umsatz liegt dieser Kaufanbahnungsgrad sogar bei knapp fünfzehn Prozent. Umgekehrt nutzen 23 Prozent der Internet-Shopper das Ladengeschäft, um sich vorab zu informieren. Hier gehen allerdings nur drei Prozent in das Geschäft des E-Commerce-Anbieters, bei dem sie hinterher kaufen.

Die enge **Verzahnung von Katalog, Internet und stationärem Handel** führt nun nicht nur dazu, dass Laden-Betreiber wie auch klassische Versandhändler in das World Wide Web drängen. Auch umgekehrt setzen reine Online-Anbieter wie eBay inzwischen auch Direct Mailings zur Kundenbindung ein. Als weiteres Beispiel lässt sich der auf hochwertige Unterhaltungselektronik spezialisierte Anbieter Cyberport aus Dresden anführen. Im Jahr 1998 ursprünglich als reiner E-Commerce-Betreiber gestartet, verschickt er heute hochwertige Print-Kataloge. Außerdem bietet er einen telefonischen Beratungs- und Bestell-Service und hat inzwischen sogar zwei stationäre Geschäfte in Berlin und Dresden eröffnet.

Onlineshop versendet Print-katalog

Trotz all dem wird bei Cyberport zumeist über das Internet bestellt. Die neuen Kontaktwege bedienen vor allem andere Bedürfnisse der Kunden. Im Ladengeschäft können sie sich die Ware ansehen, sie anfassen, sich persönlich beraten lassen und dann zuhause entscheiden, ob gekauft wird. Den etwa 300-seitigen Katalog bringt Cyberport einmal pro Jahr heraus und versendet ihn hauptsächlich an die Stammkunden.

Der Katalog ist langfristig präsent, während das E-Mail mit dem Hinweis auf besondere Preisaktionen kurzfristig wahrgenommen wird. Das haptische Vergnügen, einen gut gestalteten Katalog in der Hand zu halten, die Seiten umzublättern, ist für viele Kunden nach Einschätzung von Cyberport ein wichtiger Aspekt. Ergänzend zum Katalog werden auch Flyer mit Themen wie etwa Neuerscheinungen zur CeBIT versandt. Per E-Mail-Newsletter wird für die digitale Zielgruppe auch ein E-Flyer verschickt, der vor allem für schnelle, aktuelle Informationen sorgt.

Die Vorliebe für ein bestimmtes Kommunikationsmedium bleibt bei vielen Menschen gleich. Unternehmen, die möglichst alle potenziellen Kunden ansprechen wollen, müssen folglich die gängigen Kanäle auch im Dialogmarketing abdecken, wenn sie ihre gesamte Zielgruppe erreichen wollen. Doch noch etwas spricht für eine cross-mediale Herangehensweise: Die Mediennutzung der Menschen hängt auch von ihrer aktuellen Alltagssituation ab.

Fujitsu-Siemens hat daraus für sein Corporate Publishing den Schluss gezogen, verstärkt Vodcasts zu nutzen. Manche IT-Entscheider sind so oft unterwegs, dass es logistisch schwierig wird, sie per Post zu erreichen. Für sie sollen die im Internet downloadbaren Vodcasts kurz und prägnant relevante Themen auf den Punkt bringen – wann die Filme gesehen werden, kann der Nutzer jeweils selbst entscheiden. Die Videos knüpfen dabei an eine gängige Rezeptionsgewohnheit der IT-Manager an: die Projektpräsentation mit Power-Point, bei denen Sie die wichtigsten Informationen leicht verständlich serviert bekommen. Trotzdem ist auch für Fujitsu-Siemens das Print-Magazin der Dreh- und Angelpunkt des Corporate Publishing. Denn für viele Nutzer bleibt das haptische Erleben wichtig, und ein Magazin ist ein oft willkommener Lesestoff im Flugzeug.

Seriös, wertig, glaubwürdig – das wichtigste Medium für das Dialogmarketing ist und bleibt das Direct Mailing. Kein anderes Dialog-Medium wird **zielgruppen-übergreifend so akzeptiert**, kein anderes verspricht insgesamt so nachhaltige Responseraten.

Durch die neuen Internet-basierten Werbeformen ist das Dialogmarketing vielfältiger geworden und das bedeutet Herausforderung und Chance gleichermaßen: Die Herausforderung, den Kunden mit der richtigen Information zum passenden Zeitpunkt über das gerade favorisierte Kommunikationsmedium zu erreichen und die Chance, damit nicht nur den **share of market**, sondern vor allem den **share of wallet beim Kunden** zu erhöhen.

Literatur

Marketing Leadership Council: Increasing the Effectiveness of Direct Mail Campaigns. – April 2004.

Siegfried Vögele Institut: Studie: Analyse von Medien im Dialogmarketing. – Bestellbar unter www.sv-institut.de, Königstein, 2005.

Siegfried Vögele Institut: Studie: INSIGHT 12: Online-/Offline-Kommunikation. – Kostenloser Download unter www.sv-institut.de, Königstein, 2006.

Schwarz T. (Hrsg): Leitfaden Online-Marketing. – marketing-BÖRSE, Waghäusel, September, 2007.

Eine der ersten, auffälligsten und gleichzeitig erfolgreichsten Long-Lead-Kampagnen in Deutschland war im Herbst 2007 die Einführung des neuen Tiguan von VW. Der Erfolg des zum „Allrad-Auto des Jahres 2008" gewählten Tiguans startete mit einer crossmedialen Werbekampagne. Beispielhaft und richtungsweisend für alle Branchen war die über einen Zeitraum von mehr als sechs Monaten angelegte Interessentenqualifizierung: In 56 Ländern gleichzeitig wurde eine Multichannel-Marketing-Kampagne durchgeführt, die es ermöglichte, potenzielle Käufer vorzuqualifizieren.

Dabei kam dem crossmedialen Marketing-Mix eine entscheidende Rolle zu: Zunächst wurden über klassische Medien aufmerksamkeitsstarke Werbeanstöße geschaltet. Darüber wurden die Auto-Interessierten in Europa, Asien und den USA auf eigens entwickelte Web-Plattformen gelenkt. Dort musste sich registrieren, wer detailliertere Informationen über den Tiguan wünschte. Alle eingehenden Kontakte (über alle Kanäle) wurden mit Hilfe des Multichannel-Marketing-Tools analysiert. Datengrundlage waren die von den Interessenten während der Long-Lead-Kampagne selbst mitgeteilten Wünsche und Präferenzen in Verbindung mit internen und externen Daten. So konnten während der über sechs Monate dauernden Long-Lead-Kampagne die echten Interessenten profiliert und herausgefiltert werden.

Klassik bringt Reichweite – Web bringt Qualifizierung

Multichannel: Mehr als Parallelisierung

Die Zukunft der Kommunikation gehört solchen hoch professionell gesteuerten crossmedialen Kampagnen, die sich sehr genau an der Zielgruppe orientieren. Der Erfolg solcher Kampagnen hängt davon ab, inwieweit die Unternehmen ihre Zielgruppe mit präzisen Informationen vorqualifizieren. Mit **sukzessiv lernenden Kommunikationssystemen** können Unternehmen ihre Kunden und Interessenten in höchstem Maße zielgruppengerecht gewinnen und binden. Eine neue Art der Interessenten-, Lead- und Käufergewinnung, die für alle Branchen anwendbar ist – unabhängig davon, ob bereits ausgeprägte Kundendatenbanken verfügbar sind.

Lernende Systeme

Erfolgreiche Werbekampagnen werden zukünftig den **direkten Kontakt über alle Kommunikationskanäle** als integralen Bestandteil haben. Frühere Kommunikationskampagnen bestanden aus Ankündigungs-Mailings, Katalog und Nachfass-Mailing. Richtig gut war, wer zusätzlich bei Kunden auch noch einen zeitnahen telefonischen Nachfass schaffte. Als tolle Agenturleistung galt, wenn Kampagnen – Print, TV, Funk und Außenwerbung – zeitgleich wirkten und sich gar konzeptionell verzahnten.

www.marketing-boerse.de/Experten/details/Arnold-Steinke
www.marketing-boerse.de/Experten/details/Klaus-Schober

Heute besteht jedoch eine ganz andere inhaltliche Qualität in der Begriffswelt des Multichannel-Marketing: Es ist nicht nur der strategische Ansatz, potenzielle Käufer auf mehreren verschiedenen Wegen zu erreichen, sondern ihnen gleichzeitig eine funktionierende Rückkommunikation zu ermöglichen. Neue, schnelle Medien wie SMS/MMS und E-Mail machen aus der „One-way"-Direktmarketing-Kampagne eine **„Dialog"-Multichannel-Kampagne**. Die Reaktionsmöglichkeit ist nicht nur Konzeptionsbestandteil, sondern das tragende Element der Kampagne zur Informationsgewinnung von und über potenzielle Käufer.

Response-möglichkeit ist tragendes Element einer Kampagne

Crossmedial ist optimal – Dialog vorausgesetzt

Häufig wird das Direktmarketing mit dem Dialogmarketing gleich gesetzt. Ist aber „direkt" und „Dialog" synonym zu verwenden? Per Definition umfasst die Direkt-kommunikation sämtliche Kommunikationsmaßnahmen, die eine individuelle Ansprache der Konsumenten vorsehen oder durch ein Response-Angebot einen direkten persönlichen Kontakt mit dem Kunden herstellen können.[1] „Dialog" impliziert jedoch mehr: Dass der potenzielle Kunde nicht nur direkt angesprochen, sondern **zum Gespräch veranlasst** wird. Ein Gespräch kommt jedoch nur dann zustande, wenn die Themen das Gegenüber interessieren und es einen Mehrwert davon hat. Dies zeigt, wie wichtig es ist, Informationen über den potenziellen Kunden selbst, seine Interessen, Bedürfnisse und Wünsche zu sammeln, zu bewerten und effektiv für den Dialog zu nutzen.

Informationen für den Dialog nutzen

Kam das Direktmarketing in der One-to-one-Verkaufskommunikation schon dicht an das Verkaufsgespräch heran, so ist die neue Form der systematischen Nutzung von Rückinformationen bereits ein echter Dialog. Auch private Gespräche sind am interessantesten, wenn nicht Small Talk, sondern persönliche Einstellungen ausgetauscht werden. Mit präzisen Rückinformationen lässt sich Kommunikation bedürfnis- und bedarfsgerecht individualisieren und wirtschaftlich optimieren.

Insbesondere durch das Internet haben sich eine Reihe crossmedialer Re-Aktions-möglichkeiten entwickelt. Dadurch hat der potenzielle Kunde immer mehr Einfluss darauf, wie, wann und wo er kommunizieren will und wie viel er von sich preisgeben möchte. Tatsache ist, dass Kunden sehr viele Informationen zurück übermitteln, wenn sie dafür individuelle, zu ihren Bedürfnissen genau passfähige Angebote erhalten. Der Trend geht also auch von Kundenseite hin zur Preisgabe von Mehrwertinformationen.

Im einfachsten Fall registriert sich der interessierte Website-Besucher, übermittelt dabei seine Interessen und eröffnet somit den direkten Dialog. Er gibt Feedback, beantwortet Fragen und profiliert sich sukzessive selbst. Diese vom potenziellen Käufer selbst übermittelten Informationen umfassen seine tatsächlichen Interessen und Vorlieben. Daher sind sie eine ideale Grundlage für Segmentierung und Scoring für eine optimale zielgruppenspezifische Folgebearbeitung.

Über die postalische Adresse können diesem potenziellen Kunden weitere Qualifizierungsmerkmale von externen Data-Providern beziehungsweise Infor-mationsdienstleistern zugeordnet werden, so zum Beispiel Alter, Wohnumfeld-

Informationen oder Typologie-Merkmale, die eine weitere Differenzierung und Segmentierung ermöglichen. Für zielgruppenverantwortliche Manager entsteht eine neue Anforderungsdimension: Kundenwünsche, Interessen und Meinungen in Scoremodellen zu berücksichtigen. Durch die Verknüpfung der kundenseitig gegebenen Informationen mit externen Daten lässt sich die direkte Kundenkommunikation viel individueller und bedarfsorientierter ausrichten.

Berücksichtigung von Kundenwünschen in Scoremodellen

Leads – potenzielle Neukunden mit Mehrwert

Analysen und Scoringmodelle werden schon lange zur Profilierung passfähiger Zielgruppen für die Neukundengewinnung genutzt. Heute spricht man von Leads und versteht darunter ebenfalls die vorqualifizierten Interessenten, die sich aber zusätzlich durch aktive Nutzung von Responsekanälen und Mitteilung ihrer Interessen selbst zum „Lead" qualifizieren.

Um potenzielle Interessenten und Käufer auf das eigene Angebot aufmerksam zu machen und vom Kauf zu überzeugen, bedarf es auch weiterhin gezielter Marketingstrategien. Die einfachste Vorgehensweise ist dabei, durch **Online-Gewinnspiele** oder **Umfrageportale** Interessenten zu einer Registrierung nebst Einräumung von **„Opt-ins"** für die Folgekommunikation zu gewinnen. Gleichzeitig werden durch weitere Fragestellungen konkrete Interessen abgefragt. Die zusätzliche Nutzung externer Daten ermöglicht eine weitere Qualifizierung der Leads. Gut konzipierte Lead-Gewinnungs-Kampagnen nutzen die kompletten Möglichkeiten der Multichannel-Kommunikation: Sie identifizieren die potenziellen Käufer und Kunden und binden sie langfristig über einen persönlichen, individuellen Dialog.

Online-Portale optimal zur Leadgenerierung

Internet und E-Mail-Kommunikation ermöglichen heute auch jenen Konzernen den direkten Kundendialog, die Massenmärkte bedienen. Vor nicht allzu langer Zeit war eine individuelle Kommunikation mit den Kunden für manche Marke gar nicht finanzierbar. Diese vom Internet angestoßene Revolution in der Kundenkommunikation gilt für nahezu alle Branchen: Heute kann beispielsweise auch ein Schokoladenhersteller eine eigene Community aufbauen und seine registrierten **„Heavy User"** per Forenbeitrag über neue Sorten informieren. Er kann per E-Mail-Newsletter seine Kunden fragen, welche Schokolade ihnen am besten schmeckt oder welche Sorte sie im Portfolio vermissen. Dabei gewinnen nicht nur die Unternehmen wertvolles Wissen über die Wünsche und Einstellungen ihrer Kunden, auch die Kunden selbst fühlen sich durch ihre persönliche Wahrnehmung stärker an Unternehmen und Marken gebunden.

Der Kunde tritt aus der Anonymität heraus und vermittelt seine Meinung, gibt Feedback und wird mittelfristig immer mehr zum **Mitgestalter des Ganzen**. Das Wissen über Wünsche und Profil der Zielgruppe ermöglicht den Unternehmen zweierlei: Einerseits Leads zu gewinnen und zu binden, andererseits gezielt **Markenbindung und Markenbildung** zu betreiben. Die darin liegenden Chancen für Marken werden teilweise gar nicht beachtet oder noch unterschätzt. Diese neue Nähe zum Kunden stellt die werbetreibenden Unternehmen vor große Herausforderungen, denn der Kundendialog muss deutlich professionalisiert werden.

Der Kunde definiert die Regeln

Ebenso wie der Kunde heute den Kanal wählt, über den er mit einem Unternehmen kommunizieren will, wird er auch wählen, ob er überhaupt mit ihm kommunizieren will. Der Kunde wird immer mehr selbst bestimmen, was er will und was nicht – und künftig die Regeln der Kommunikation definieren. Informationen wird er über sich erteilen, wenn er sich einen Vorteil davon verspricht. Für werbungtreibende Unternehmen heißt das: Erkennbare Vorteile bieten, um überhaupt Informationen zu erhalten. Zusätzlich müssen sie diese Informationen so auswerten und mit externen Daten qualifizieren, dass ein partnerschaftlicher und für beide Seiten **werthaltiger Dialog** entsteht.

Ohne Vorteile kein Dialog

Der moderne Kundendialog wird sich deshalb immer mehr in einen offenen, transparenten und ehrlichen Dialog entwickeln. Wer seine Kunden nicht ernst nimmt, schlechte Qualität liefert oder unrealistische Marketingversprechen gibt, zieht heute schnell den „breitenwirksamen Zorn" der Web-Gemeinde auf sich. Werden Kunden nicht ernst genommen, wissen sie sich zu wehren: Über **Foren, Blogs, Chats und Web-Plattformen** tauschen sie sich ungeniert, unkontrollierbar und nicht immer positiv über Marken und Hersteller aus.

Ein Beispiel, wie Kunden im Web ausgesprochen ungehalten werden können, zeigte sich Anfang 2008: Ein Sturm der Entrüstung erhob sich gegen die Social Networking-Plattformen Facebook und StudiVZ sowie das Business-Netzwerk Xing. Der Grund: Die Plattform-Betreiber wollten die **Profile ihrer User** für zielgerichtete Werbung ungefragt vermarkten. Insbesondere auf den ersten beiden Plattformen geben viele Menschen zahlreiche private Informationen über sich preis. Da war die Entrüstung der Nutzer so groß, dass schließlich auch Tagesschau und renommierte Zeitungen darüber berichteten – die Plattform-Betreiber revidierten vorerst ihr Vorhaben. Das zeigt: Die Kunden wissen erstens sehr genau, was sie wollen, zweitens, was sie nicht wollen und drittens wissen sie, sich zu wehren.

Andererseits akzeptieren Kunden aber gerne Mehrwerte, auch wenn diese datengestützt und individuell gesteuert werden. Das von Amazon betriebene **„Collaborative Filtering"** wird von den Käufern beispielsweise hochgeschätzt. Das Collaborative Filtering arbeitet mit ausgefeilten Algorithmen und ist ein databasegestütztes Empfehlungssystem. Amazon weist Kunden auf passfähige Ergänzungsprodukte hin, abgeleitet aus Interessensverknüpfungen anderer Käufer und Interessenten. Und so heißt es bei jeder Amazon-Suche „Kunden, die diesen Artikel gekauft haben, kauften auch …". Dieses Empfehlungssystem funktioniert immer besser, je mehr Daten es enthält. Daran nehmen die Millionen Amazon-Kunden keinen Anstoß, im Gegenteil: Sie beweisen durch ihre Käufe, dass die Grundannahme des Collaborative Filtering zutrifft.

Verbraucher schätzen Werbung immer dann, wenn sie auf ihre Bedürfnisse zugeschnitten ist. Dies zeigt auch der Siegeszug des **Suchmaschinen-Marketings**. Wer bei Google nach Hotels auf Madeira sucht, klickt auf die Ergebnisse in der Trefferliste. Er klickt aber auch auf die in der rechten Spalte platzierten AdWords-Anzeigen mit Hotelangeboten auf Madeira.

Der Erfolg von Amazon und AdWords beruht auf einer **uralten Direktmarketing-Weisheit**: Sie bieten der richtigen Person zum richtigen Zeitpunkt über den richtigen Kanal das richtige Angebot. Voraussetzung dafür: intelligente Datensysteme.

Der richtigen Person zum richtigen Zeitpunkt über den richtigen Kanal das richtige Angebot

Zielgruppen-Marketing „local-based" und „time-based"

Zukünftig wird das Multichannel-Zielgruppen-Marketing viel stärker „mobile"-orientiert sein. Relevante Services sind stark vom räumlichen Umfeld des Nutzers geprägt. Das Handy ist Internet, das Handy ist TV, es ist der persönliche Guide für Information und Kommunikation. Dies eröffnet für die datengestützte, qualifizierte Dialogkommunikation völlig neue Perspektiven. Das mobile Internet wird die Basis für „location-based"-Services und gleichzeitig „just-in-time"-Services. Es wird zur wichtigsten Plattform im crossmedialen Dialog mit den Kunden.

In einigen asiatischen Ländern ist die Zielgruppenansprache via **Bluetooth-Marketing, Mobile Tagging** oder **mobilen TV-Spots** längst an der Tagesordnung. Auch bei uns wird das Internet mobil werden und mit ihm die Kundenkommunikation. Pioniere zeigen, was abseits des „gewohnten" Mobile Marketing heute schon geht: Das Staatstheater Darmstadt beispielsweise setzt auf Mobile Tagging. Dafür werden so genannte QR-Codes auf die Theaterplakate gedruckt. Wer ein internetfähiges und mit einem entsprechenden Reader ausgestattetes Handy besitzt, kommt in einen besonderen Genuss: Durch Abfotografieren des Codes erscheint auf dem Display binnen Sekunden eine eigens entwickelte mobile Internetseite. Auf dieser Seite stehen dann Informationen und Videosequenzen aus der aktuellen Inszenierung bereit. Die kostenlos generierbaren Codes lassen sich überall aufbringen – vom Papierplakat über Schaufenster bis hin zur Haut.

Die Informationsbeschaffung und Informationsnutzung berücksichtigt zukünftig nicht nur bestehende Interessen und **Profile**, sondern kombiniert diese mit **zwei weiteren Dimensionen: Ort und Zeit**. Multichannel-Zielgruppen-Marketing erfordert schon heute eine völlig neue Einordnung und Nutzung der Dialogkommunikation. Die größte Herausforderung ist jedoch eine andere. Die Unternehmen müssen die sich verändernde Kundenmacht erkennen und die neuen Kommunikationstechnologien beherrschen – dann werden diese neuen Technologien zu eklatanten Zukunftschancen.

Neue Dimensionen im Dialogmarketing: Ort und Zeit

Literatur

*[1] Meffert H.: Marketing – Grundlagen marktorientierter Unternehmensführung. –
1372 S., ISBN: 3-409-69015-8, Gabler, 1998.*

*Dossier Neue Technologie von Vera Hermes: Nur eine Frage der Zeit. –
In: Absatzwirtschaft – Zeitschrift für Marketing, S. 26-39, 3/2008.*

*Hammel H., Sassenberg T., Scholz H.: Bluetooth Leitfaden. – www.bt-leitfaden.de,
1. Aufl., November 2007.*

Artikel „Meine Daten gehören mir". – In: direkt marketing, S. 38-39, 04/2008.

Alle Welt spricht von **Dialogmarketing**. Vor allem die junge Marketing-Garde setzt verstärkt auf dieses Instrument. Sie finden den Kundendialog spannend. Besonders im Wechselspiel von on- und offline. Schon erstaunlicher sind die neuen Fans unter den Etablierten. Gemeint sind die, die noch vor Jahren nicht im Traum an einen Dialog mit ihren Kunden dachten. Also die alte Garde der „Klassiker", die die Nase rümpften, wenn jemand ernsthaft dieses Instrument in ihren Marketing-Plänen forderte. Was man teilweise verstehen konnte. Man musste sich nur die **„Hit and Run"-Methoden der Direkt Dinosaurier** wie Versender, Kreditvermittler und „Readers Digests dieser Welt" vor Augen führen.

Doch wird vieles im Dialogmarketing von heute nicht den eigenen Ansprüchen gerecht. Woran liegt das? **Dialog-Marketing krankt häufig an „Mechanitis". Off- und online.** Vieles riecht nur nach Strategie, wirkt durchschaubar. Nach den Absichten des Absenders.

Viele Marketing-Entscheider vertrauen blind auf solche Mechaniken und erwarten Wunderdinge von ihnen. Theoretisch liegt man mit diesen Mechaniken oft auch richtig, aber nicht zwangsläufig auch in der Praxis.

Das Problem: Man investiert in eine **teure Infrastruktur** (zum Beispiel in Software für Customer Relationship Management (CRM), Backbones) und füllt das Innenleben der **Kunden-Kommunikation mit „Frankenstein-Content".** Dialog aus der Konserve, mal schleimig devot dann wieder unangenehm pushy. Manchmal auch beleidigend. Eben artifiziell. **Mechaniken allein sind noch längst kein Erfolgsgarant**, auch wenn die Softwareanbieter von CRM es so ihren Kunden schmackhaft machen (wollen). Was viel zu **vielen Dialog–Kampagnen** fehlt, ist **Empathie**. Also die Grundvoraussetzung für einen Kundendialog. Die Bereitschaft, nicht sich selbst in den Vordergrund zu stellen, sondern die Wünsche und Bedürfnisse des Empfängers.

Kundendialog braucht Empathie

Regeln, deren Vor- und Nachteile

Regeln haben im Dialogmarketing durchaus ihre **Berechtigung**. Im Unterschied zur klassischen Werbung gibt es hier einige „garantierte" Erfolgsregeln, besonders im Adress- oder Database-Management. **Diese zu kennen** und sie richtig einsetzen zu können, **ist** eine **Pflicht**, um hier erfolgreich zu sein. Doch die **Kür ist, intelligent gegen die Regeln zu verstoßen**. Nicht gegen alle, aber gegen einige.

Anders als Klassik hat Dialogmarketing einige Erfolgsregeln

Vorsicht! „Sichere" Erfolgsregeln können sich tot laufen. Sie bewirken dann nicht nur wenig, manchmal wirken sie sogar kontraproduktiv. Besonders dann,

www.marketing-boerse.de/Experten/details/Manfred-Dorfer

wenn langfristige Markenziele der kurzfristigen Erfolgsgier geopfert werden. Mit einer falschen Ansprache und ohne Empathie. Diese **Gefahr** besteht vor allem dann, **wenn** die **Technokraten** von der Software-Seite **oder Hardliner des Dinosaurier-Direktmarketing das Sagen haben**.

Herausforderung einer Dialogagentur ist es, ihre Kunden mit immer neuen Ideen zu überraschen und vor kreativen Ideen zu sprühen. Hier finden Sie sechs Beispiele erfolgreicher Kampagnen. Allen gemeinsam ist, dass über mehrere Kanäle oder Medien kommuniziert wird. Auch wird gegen Regeln verstoßen. Es gibt im Dialogmarketing viele Regeln. Diese zu kennen, ist die beste Versicherung gegenüber Flops. Doch wirklich erfolgreiche Kampagnen zeichnen sich oft dadurch aus, dass intelligent dagegen verstoßen wird.

---

1. Hipp Märchenteller: 560.000 auf einen Streich

Situation Was kann ein **Hersteller von Babynahrung** in einem stagnierenden Markt tun, um mehr Produkte zu verkaufen? Richtig. Er **erschließt neue Zielgruppen**. **Mit Hipp-Märchenteller**, Fertigmenüs für Drei- und Vierjährige, ging man genau diesen Weg. Im Briefing gefordert war ein umfassendes Sampling-Mailing an die Hipp-Datei, an 560.000 Adressen von Müttern, deren Kinder inzwischen drei oder vier Jahre alt waren.

Aufgabe **Produkteinführung** exklusiv über Direktmarketing.

Probleme ➤ Extrem **hohe Portokosten**
(ein Produktmuster zu verschicken, kostete allein 2,40 Euro).
➤ **Veraltete Adressen**
(circa vierzig Prozent waren nach drei oder vier Jahren nicht mehr aktuell)
➤ Das **Werbemüll-Problem**
bei unangeforderten Päckchen (wo doch Hipp für Biokost steht).
➤ Hohe **Sampling-Kosten**
(rund zwei Euro pro Päckchen)

Lösung Eine hundertprozentige Bemusterung hätte alleine 1,3 Millionen Euro an Porto gekostet. Meine Agentur ging einen völlig neuen Weg: **Holen statt Bringen**.

Konkret verschickte man ein **Info-Gutschein-Mailing** an die 560.000 Haushalte (auf regional rollierender Basis) und lobte ein **persönliches Probepaket zur Abholung** bei der Post aus. So, wie man es vom Telefonbuch her kennt – allerdings **auf Basis** einer **Computerliste**, so dass pro Postamt immer genügend Päckchen vorlagen (im Verhältnis zu den Adressen).

Außerdem brachte die Agentur noch **Kooperationspartner wie P&G und Playschool** mit ein, die ebenfalls Produktproben beipackten und sich **an den Werbekosten beteiligten**.

Ergebnis 64 Prozent aller Mütter nahmen das Hipp-Angebot wahr und holten ihr Päckchen ab. Dieses System hatte für Hipp sieben entscheidende **Vorteile**:

➤ **Automatische Selektion**.
Jede Mutter, die das Päckchen holt, ist auch interessiert. Und: intensiver Werbekontakt.
Man hat das Päckchen ja schließlich selbst abgeholt.
➤ **Drastische Portokosten-Senkung**.
Von uns mit der Post verhandelt. Statt 2,40 nur 0,28 Euro p. Paket.
➤ Erhöhte **Attraktivität durch Kooperationspartner**
(ein Paket stellte einen Handelswert von fünf Euro dar).
➤ **Marktführerschaft** aus dem Stand heraus durch diese Aktion.
➤ Deutscher **Dialogmarketing Preis** in Gold.

2. Hipp & Penaten: Der jüngste Club der Welt war geboren

Situation Junge Eltern (vor allem junge Mütter, und hier besonders Erstgebärende) haben eines gemeinsam: Ihr **Leben** hat sich **über Nacht total verändert**. Das **Baby** hat ihnen eine völlig **neue Wirklichkeit** beschert – mit allen Höhen und Tiefen. Vor allem aber: mit viel **Unwissen, Informationsbedarf und Kontaktbedürfnis**. Und das alles in einer hoch emotionalen Phase.

Aufgabe Erhöhung der **Bekanntheit und Markenpräsenz von Hipp und von Penaten** bei **werdenden und jungen Müttern** sowie Anspruch auf **Spitzenposition im „share of wallet"** (also die individuellen Marktanteile der beiden Marken bei den Clubmitgliedern). Außerdem galt es, die **Loyalitätsrate** nachweislich zu **steigern** und die Marken im Top of mind zu halten.

Strategie **Hipp** stand für **beste Baby-Nahrung. Penaten** für **beste Baby-Pflege**. Also beste Voraussetzungen für **strategische Allianz**. Gewissermaßen eine Hochzeit von zwei Unternehmen, die sich an dieselbe Zielgruppe wenden, aber nicht im Wettbewerb miteinander liegen, sondern sich beim Verbraucher optimal ergänzen können. Meine **Agentur war** der „**Heiratsvermittler**", denn beide Unternehmen waren sich vorher fremd. Diese Kooperation war die **strategische Plattform für** den **ersten Babyclub der Welt**. Ein Club, der jungen Müttern mit Rat und Tat zur Seite steht.

Lösung Für einen **einmaligen Club-Beitrag von 15 Euro** erhielten die Mütter ein Leistungsbündel an Informationen, praktischer Hilfe, emotionaler Unterstützung und materiellem Gegenwert. Der Club begleitete die Eltern die ersten 18 Lebensmonate. Die originären Club-Leistungen waren:

➤ **Sechs Club-Zeitschriften** (vier mal pro Jahr). Eine **Zeitschrift, die** mit dem Baby **mitwuchs**. Denn das „Baby" (beziehungsweise die Mutter) erhielt nach der Geburt eine Zeitschrift, in der alles Relevante über Neugeborene zu lesen war. Heft zwei erfolgte in der dreizehnten Woche mit Infos für dreizehn Wochen alte Babies. Dieses Vorgehen sorgte für eine **permanente Aktualität** und ermöglichte es, die Hefte ein Jahr vorzuproduzieren.
➤ **Baby-Album** („Das bin ich") von Künstlerin gestaltet.
➤ **Baby-Hotline** (Tag & Nacht Bereitschaft. Für alle Fälle, verantwortlich war eine Hebamme).
➤ **Hipp- und Penaten-Proben** (immer auf das Lebensalter des Mitglieds-Baby ausgerichtet).
➤ **Club-Sekretariat** (Hotline für alle Belange und Mitglieder-Austausch).
➤ **Zusätzliche Club-Leistungen durch innovative Kooperationen.**
   Zwei mal Euro 7,50 Einkaufsgutschein durch Baby Walz (wer diesen einlöste, für den war die Mitgliedschaft kostenfrei. Und Baby Walz generierte für fünfzehn Euro einen neuen Kunden, was im Versandhaus-Geschäft einen sensationell günstigen Wert darstellte).
➤ Baby-**Bücher zum Sonderpreis** durch Bertelsmann.
➤ Gratis NUK-**Schnuller**.
➤ Angebot von **Familienferien in babygerechten Hotels** in Deutschland und Österreich.
➤ **Baby-Spielzeug**-Produktproben **von Lego**.
➤ Club-Editionen von **Baby-Möbeln zum Sonderpreis** (über MoniCasa).
➤ **Club-Pager** zum Sonderpreis für Überwachung des schlafenden Babies.
➤ **Geschenk von Lurchi** (Salamander).

Der Baby Club entwickelte sich schnell zum **wahrscheinlich erfolgreichsten Kundenclub in Deutschland. Jedes Jahr wurden über 130.000 neue Mitglieder gewonnen. Jedes 5. Neugeborene wurde Club-Mitglied.** Das Smarteste dabei: Die **Eltern finanzierten** über den Club-Beitrag die **Werbung für sich selbst** (mit). Aber das Wichtigste: Die teilnehmenden **Marken profitierten nachweislich** von dieser CRM-Maßnahme und konnten dadurch ihre **Marktanteile deutlich ausbauen.** Signifikante Kundenbindung der Hipp- und Penaten-Produkte zu Lasten des Wettbewerbs im Baby Club: Sowohl Hipp als auch Penaten avancierten zu souveränen Marktführern (vor fünf Jahren jeweils Nummer zwei). Hipp eroberte einen Marktanteil von 43 Prozent bei einem Werbeinvestitionsanteil von 32 Prozent (bei Alete war dies genau umgekehrt). **Laut Claus Hipp** war der **Babyclub das effektivste Marketing-Tool des Unternehmens** und ein ganz entscheidender USP (w&v-Interview Juni 2001). Der Baby Club förderte auch die **Dialogbereitschaft:** Pro Jahr 25.000 Anrufe im Sekretariat, 8.000 Anrufe bei der Hebamme, 20.000 Anrufe bei Hotlines, 5.000 Briefe und Postkarten der Mitglieder sowie 19.000 Fotos im Club-Fotowettbewerb (denn für jede Mutter ist das eigene das schönste Baby).

3. BioNorm: So nehmen Übergewichtige mehr bioNorm ab

Situation Über **1 Million Deutsche** leiden an **Übergewicht**. Sie machen beim Abnehmen so ziemlich alles falsch. Das **Hauptproblem** dabei: Die meisten Menschen werden **nach** einer **erfolgreichen Kur schnell rückfällig** und nehmen dabei doppelt zu. Die Schuld geben sie dann dem Diätprodukt (Jojo-Effekt).

Aufgabe **Konservierung des Erfolgs einer Diätkur** und gleichzeitig **langfristige Markenbindung**. Im Rahmen eines **Relaunches** sollte ein umfangreiches **Betreuungsprogramm** an die Marke bioNorm gekoppelt werden.

Lösung Ein **kombiniertes Handels-, Interessentengewinnungs- und Kundenbindungsprogramm**. Ein Programm, das erstmals ein Merck-Produkt an die Apotheker auf dem **Direktweg** einführte. Der **Außendienst** wurde damit nicht belastet und war dennoch **involviert**. In dem er eine **Videokassette** moderierte. Immer **individuell auf** seine **Apotheker-Kunden**. So erhielten die Kölner Apotheken ein Video von ihrem Kölner ADM, die Berliner von dem Berliner Salesman und so weiter. Der Hauptteil war immer identisch, also der Teil, wo auf das Produkt eingegangen wird. Hier wurde eine Geschichte erzählt von einer „Moni Rank" und einem „Michael Schlank". Das Paar hatte vor zwanzig Jahren geheiratet und bei der Hochzeit wurde zu dem Schlager getanzt: Wir wollen niemals auseinander gehen… Um dieses Versprechen einzuhalten, fanden sie zu BioNorm. (Apotheker haben Nachtdienst und sind so auch für Videokassetten empfänglich).

Die Apotheker erhielten eine **Produkt-Box für den Thekenverkauf** mit hundert Produkten zugeschickt. Darin waren auch **Flyer für Verbraucher**. Diese konnten sich hier einen **computerisierten, individuellen Diätplan** kostenlos abfordern. Das Programm dachte an alle Involvierten:
➤ An den **Apotheker**, indem es ihm **Kunden zuführte**.
➤ An den **Endverbraucher**, indem er einen außergewöhnlichen Service
   (ein individuelles, **persönliches Diätprogramm**) erhielt.
➤ An den **Außendienst**, indem das Programm ihn **unterstützte**.
   Es entkräftete das Vorurteil Jobkiller Direktvertrieb und machte den **Gegner zum Verbündeten**. Es war ja der ADM persönlich, der sich per Video an seine Kunden wendete.

Ergebnis Dieses Individual-Marketing-Programm arbeitete bestens. Bei allen Zielgruppen. Über die Kampagnen-Direktmarketing-Idee in den Apotheken wurden **über Nacht mehr als siebzig Prozent Distribution** aufgebaut. Das ist ein absoluter Merck-Rekord. Tausende Endverbraucher nahmen teil an der Computer-Diätberatung (pers. Ernährungsplan) – mit **völlig individuellen** Ergebnissen, so dass kein Plan mit einem anderen identisch war. Ausgezeichnet mit Deutschen **Dialogmarketing-Preis in Gold**.

4. Cathay Pacific: Year of the CAT

Situation **Hongkong** ist **für Cathay Pacific** eine **Mono-Destination**. Eine Destination, die tagtäglich mit einer 747/400 angeflogen wird. Das bedeutet ein Potenzial von 450 Passagieren pro Tag. Oder etwa 150.000 pro Jahr. Da es bei weitem nicht so viele deutsche Business-Traveller nach Hongkong gab, mussten andere Quellen erschlossen werden: deutsche Hongkong-Touristen.

Aufgabe Signifikante Erhöhung der **Sitzplatzauslastung** nach Hongkong durch mehr deutsche Hongkong-Touristen (denn jeder zusätzliche Fluggast geht voll in den Profit der Airline).

Lösung Das Ziel war der Weg. **Hongkong** wurde **als SuperCity** positioniert. Über ein intelligentes Dialog-marketing-Programm. Ein **interaktives Werbesystem**, das nicht nur alle relevanten Zielgruppen mit den jeweils besten Argumenten umwarb. Es produzierte auch unter den drei Zielgruppen **Consumers, Agents und Tour Operators** überraschende synergetische Effekte. Ein Programm, das den Reiseveranstaltern und Reisebüros Kunden zuführte.

Ergebnis **Alle relevanten Veranstalter** beteiligten sich, nahezu **jedes zweite Reisebüro machte mit**. Mit dieser Kampagne kam Hongkong in aller Expedienten-Mund. Das CAT-System arbeitete bestens. Bei allen Zielgruppen. Die Kampagne half, die Cathay Pacific-Auslastung von Frankfurt nach Hongkong über **eine ganze Saison** entscheidend zu steigern (**+124 Prozent**). Ausgezeichnet mit dem **Deutschen und Europäischen Verkaufsförderungspreis, jeweils in Gold**.

5. Opel Vorstand: Den Kunden zur Chefsache erklärt

Situation Mehr als alle anderen deutschen Automarken **verlor Opel** in der jüngsten Vergangenheit **an Terrain**. Die Medien berichten permanent über Opel und meist war das nicht sehr positiv. Diese **Negativ-Presse verunsicherte** die **Kunden** von Opel, wie an den permanent sinkenden Verkaufszahlen immer deutlicher wurde. Ein schneller **Turnaround war gefordert**. Um diese Wendung zum Positiven zu schaffen, wurde mit **Carl Peter Forster** ein erfahrener und erfolgreicher Top-Manager als neuer Lenker von Opel geholt.

Aufgabe Zuallererst galt es, verlorenes **Vertrauen bei den Kunden** wieder zu gewinnen. Um dies zu erreichen, sollte eine Maßnahme entwickelt und durchgeführt werden, die frischen **positiven Wind in das Stimmungstief** bei den Opel-Kunden bringt.

Lösung Mit einem **persönlichen Brief** stellte sich der **Vorstandsvorsitzende Carl Peter Forster** dem **Dialog mit den Kunden**. Das heißt, an alle Opel-Kunden ging ein Mailing, in dem der neue Opel-Chef offen über die Probleme der Vergangenheit und über die Maßnahmen der Zukunft sprach, um diese Situation zu verbessern. Ein **hochwertiges Image-Mailing**, das nicht nur die neue Opel-Philosophie „frisches Denken für bessere Autos", sondern auch die neue, verstärkte Opel-Kundenorientierung eindrucksvoll dokumentierte. Nach dem Motto: Der Dialog mit Ihnen ist uns sehr wichtig, damit wir Sie noch besser kennen lernen und so unser **Versprechen** einhalten können, **Ihr persönliches Auto** zu bauen.

Ergebnis Die Kooperations-Initiative wurde von den Opel-Kunden und -Händlern äußerst positiv aufgenommen. Eine weit **zweistellige Responserate** spricht für sich. Aber nicht nur das, auch das **qualitative Feedback** war sehr überzeugend. Das zeigten viele individuelle Aussagen. Loyale Opel-Kunden versicherten, sich auch weiterhin zu dieser Marke zu bekennen. Und sie gaben so **deutliche Kaufsignale** ab. Dieses Mailing war gleichzeitig der Kick-off für die partnerschaftliche Neuorientierung bei Opel.

6. AVD: Starthilfe für einen Automobilclub

Situation Die Ausgangslage für den **AvD**, den **Automobilclub von Deutschland** und uns als neue Agentur war alles andere als einfach. Denn während alle anderen Automobilclubs sich über ein Wachstum freuen konnten, musste der AvD auch dieses Jahr wiederum ein empfindliches Minus verkraften.

Aufgabe **Umkehr des Negativtrends** in eine signifikant positive Richtung.

Lösung **Zuerst** musste der AvD als **Produkt attraktiver** gemacht werden. Hier war auch **Marketing-Basisarbeit** in enger Kooperation mit dem AvD–Management erforderlich. Basisarbeit, wie zum Beispiel die Entwicklung **innovativer Serviceleistungen** und unkonventioneller **strategischer Allianzen** mit anderen Agentur-Kunden aus unserem Portfolio:

➤ mit der **R+V Versicherung**, mit der gemeinsame Produkte entwickelt wurden.
So bekamen die Volksbanken AvD-Agenturstatus. Sie konnten Mitgliedschaften verkaufen und sich damit neue Kundenkreise erschließen. Und der AvD **vervielfachte** seine **Vertriebstellen** in kurzer Zeit um ein Mehrfaches.
➤ mit **Volvo**, das dem AvD eine neue Pannenflotte zur Verfügung stellte.
Damit war Volvo der Exklusiv-Lieferant des AvD und jede Volvo-Werkstatt präferierte Pannenhelfer. Und der AvD erhielt kostenlos eine **neue**, professionelle **Pannenflotte**, die die bisherigen alten AvD Pannenfahrzeuge ersetzten. Damit war auch die Gefahr gebannt, selbst auf der Strecke zu bleiben.
➤ **mit Nokia-Autotelefon**.
Mit dem Kauf eines Nokia-Autotelefons wurde der Kunde auch gleichzeitig AvD-Mitglied.

Parallel dazu wurde ein komplexes **Dialogmarketing-Programm implementiert**.

Ergebnis Der Erfolg war gewaltig: Innerhalb eines Jahres wurde die **Mitglieder-Basis mehr als verdreifacht**, die **Freundschaftswerbung** konnte gar **versechzigfacht** werden. Der AvD erlebte nach dieser Kampagne das mit Abstand **erfolgreichste Jahr seiner 100-jährigen Geschichte**. Auch diese Kampagne wurde mit einem **Deutschen Dialogmarketing Preis in Gold** gekürt.

ZIELGRUPPEN

Zielgruppen modellieren
durch richtige Adressauswahl · · · · · 95

Mass Customization
im Direktmarketing · · · · · · · · · · 101

Geomarketing – eine neue
Dimension im Direktmarketing · · · · · 109

Dieses Kapitel widmet sich dem wichtigsten Aspekt des Dialogmarketing. Das ist die Frage, an wen sich ein Unternehmen mit seiner Direktansprache eigentlich richten möchte. Wer Männern Röcke andrehen will oder Senioren ein Einrad verkaufen möchte, kann sich das Geld für das Mailing sparen. Wer aber mit seiner Kommunikation das Herz der Zielgruppe trifft, braucht sich über mangelnde Response keine Gedanken machen. Alles steht und fällt also mit der Auswahl der richtigen Kontaktdaten.

Rudolf Jahns erläutert zunächst, welche Adressen es gibt und worauf bei der Auswahl zu achten ist. Er erklärt, was Basis-, Profil- und Aktionsdaten sind. Auch geht er darauf ein, warum es so wichtig ist, auch die Reaktionsdaten präzise zu erfassen, um aus den eigenen Aktionen zu lernen. Datensätze können auch extern angereichert werden, wenn ein paar Datenschutz-Aspekte beachtet werden. Am Beispiel eines Autohändlers erläutert er den Umgang mit Scorekarten. Dieser Händler hat durch die richtige Zielgruppenauswahl bei gleichem Mitteleinsatz doppelt so viele Interessenten gewonnen, wie bei seiner Premieren-aktion im Vorjahr.

Holger Kuhfuß widmet sich dem Thema Mass Customization. Was früher nur in teurer Handarbeit möglich war, kann dank gesunkener Prozesskosten heute für jedermann angeboten werden: jedem seine Maßanfertigung. Kuhfuß beschreibt, wie der Kunde dabei eingebunden werden kann. Diese Kundenbeteiligung ist der interessanteste Aspekt, den das Dialogmarketing in den letzten Jahren bereichert hat. Die Meinung des Kunden zählt und dieser belohnt das Unternehmen im Gegenzug mit erhöhter Aufmerksamkeit.

Christian Huldi beleuchtet die Rolle, die der Standort des Empfängers spielt. So wie Nord-lichter schwer mit Weißwurst zu locken sind, denkt der Bayer bei „Pinkel" sicher nicht an Essen. Aber nicht nur regionale Unterschiede, sondern auch das Herunterbrechen auf Straßenzüge kann für des Direktmarketing wichtig sein. „Sag mir wo Du wohnst und ich sage Dir, wer Du bist" hat auch im Marketing eine Bedeutung. Ortsbezogene Daten aus Geoinformationssystemen sind eine wichtige Bereicherung bei der Zielgruppenauswahl.

Torsten Schwarz

3

ZIELGRUPPEN

Wer glaubt heute noch an den Mailshot nach dem Gießkannenprinzip? Inzwischen hat sich die Erkenntnis durchgesetzt, dass hier mehr Feingefühl gefragt ist. Varianten ein und desselben Mailings nach Einkaufsverhalten, Interessenlage, Kundenwert und Kundenpräferenzen sind fast schon an der Tagesordnung. Und doch: der Erfolg erhöht sich oft nicht im erwarteten Verhältnis zum Aufwand. Welchen Aufwand sollte man also treiben, um die richtige Adressauswahl zu treffen?

> **Ein schlecht gestaltetes Mailing an die** richtige **Adresse....**
> **ist erfolgreicher als das bestgestaltete Mailing an die** falsche **Adresse.**

Welcher Aufwand lohnt sich bei der Auswahl von Zielgruppen?

Nun, Sie wissen, an wen Sie sich wenden wollen: Business-to-Consumer, Business-to-Business, an Kunden, an Interessenten oder an Prospects, also es geht um „New Business". Vernachlässigen wir hier mal Kunden und Interessenten. Diese Adressbestände sind meist weitgehend aktuell und in Ordnung. Aber bei **„New Business"**, also der Neukundengewinnung? Über 15.000 Privatpersonen wechseln täglich ihren Wohnsitz und auch fast 700 Firmen pro Tag haben eine neue Adresse. Hinzu kommen Neueintragungen, Führungswechsel, Änderungen des Firmennamens und Firmenlöschungen. Hier auf dem Laufenden zu bleiben, ist nicht einfach, aber machbar. Denn es gibt Dienstleister, die sich genau auf diesen Bedarf der Wirtschaft eingerichtet haben. Dazu gehören Unternehmen wie die Deutsche Post, Axciom, Schober, Bertelsmann und andere.

Adressen sind mehr als Anschriften

Wenn man sich zunächst einmal selbst auf die Suche nach „Adressen" macht, so ist festzuhalten, dass mit diesem Begriff **nicht nur die Postadresse** gemeint ist. Als Adresse wird im Dialogmarketing immer der **gesamte Datensatz des Kunden/** Prospects bezeichnet.

Die Basisdaten

Den Kern dieses Datensatzes bilden die Grund- oder Basisdaten. Sie halten die wesentlichen Parameter fest, die den Kunden und seine Erreichbarkeit benennen.

Basisdaten
sichern die
Erreichbarkeit

Adressdaten Business-to-Business	Adressdaten Endkonsumenten
➤ Firmenname, Anschrift	
➤ Internet-Adresse	➤ Anrede, Titel
➤ Telefon, Telefax, E-Mail	➤ Name, Anschrift, Telefon
➤ Betreuende Geschäftsstelle	➤ E-Mail-Adresse
➤ Kundennummer	➤ Betreuende Geschäftsstelle
➤ Anrede	➤ Kundennummer
➤ Name und Titel des Entscheidungsträgers	➤ ....
➤ Telefon (Durchwahl), Telefax, E-Mail	➤ ....
➤ Position im Unternehmen	➤ ....

Abb. 1: Die Grunddaten jeder Adresse sind von jedem Unternehmen individuell festzulegen, sollten sich aber auf die Erreichbarkeit beschränken.

Die Profildaten

Profildaten
selektieren
Zielgruppen

Zu den vorgenannten Grunddaten kommen in dem jeweiligen Datensatz die Profildaten, die die **Kunden näher beschreiben**. Sie sind die Hauptansatzpunkte für das Selektieren und Segmentieren, Clustern oder auch Modeling, kurz: für das Eingrenzen auf die erfolgversprechendsten Potenziale.

Profildaten Business-to-Business	Profildaten Endkonsumenten
➤ Gründungsdatum des Unternehmens	➤ Alter, Geburtsdatum
➤ Unternehmensgröße (Umsatz, Mitarbeiter)	➤ Familienstand, Haushaltsgröße
➤ Zweigniederlassungen	➤ Ausbildung, Beruf, Einkommen
➤ Besitzverhältnisse, Beteiligungen	➤ Hobbies, Interessen,
➤ Finanzdaten, Bonität	Einstellungen
➤ Branche, Produkte	➤ Life-Style und Regio-Typ
➤ Struktur der Buying Center	➤ Zahlungsverhalten, Bonität

Abb. 2: Die Profildaten geben Aufschluss über das Potenzial und mögliche Präferenzen des Kunden oder Prospects.

Die Aktionsdaten

Eine weitere wichtige Ebene sind die Aktionsdaten. Sie sind auf Grund der verschiedenen durchgeführten Maßnahmen generiert, das heißt sie zeigen **Art, Umfang und Zeitpunkt der jeweiligen Aktion**, die durchgeführt wurde, um den Umworbenen zu einer Reaktion zu veranlassen. Es ist sinnvoll, sich nur auf die Daten zu beschränken, die uns helfen, relevante Ergebnisse bei den Analysen zu erreichen.

Platz für
zusätzliche
Aktionsdaten
reservieren

Es ist hier genauso ratsam – wie bei allen Daten-Items – zunächst vielleicht ein paar Datenfelder mehr vorzusehen, sie im Laufe der Zeit aber immer mehr nach Relevanz zu verdichten. Solche Aktionsdaten in einer Business-to-Business- oder Endkonsumenten-Datei können sein:

Die Aktionsdaten
➤ Art und Zeitpunkt des Erstkontaktes.
➤ Intensität der Kontakte (Kennziffer).
➤ Umfang und Wert der Aktion.
➤ Häufigkeit und Zeitpunkte der Kontakte.
➤ Inhalt der Aktionen.
➤ Zuständige Kundenbetreuer (Intern CC/Extern AD)

Abb. 3: Für alle Daten gilt: Beschränkung auf das, was relevant ist.

Die Reaktionsdaten

Inzwischen haben wir also in unserer Datenbank eine ganze Menge Felder eingerichtet. Im Laufe der Zeit werden diese sich füllen und uns große Dienste bei der **Kunden- und Potenzialdefinition** sowie der **Differenzierung** leisten. Aber wir fügen noch eine vierte Dimension hinzu: die Reaktionsdaten. Sie geben uns Aufschluss darüber, welche Aktion bei welchem Kunden was und mit welcher (bei Verkauf: monetären) Wirkung ausgelöst hat. Durch den Vergleich von Aktions- und Reaktionsdaten haben wir ganz **wichtige Aussagen über den Erfolg der Aktion**. Dieser Teil der Datenbank für Business-to-Business und Endkonsumenten sollte die Felder in Abb. 4 enthalten:

Reaktionsdaten verraten, welche Aktion erfolgreich war

Die Reaktionsdaten
➤ Zeitpunkte und Arten der Reaktion.
➤ Deckungsbeitrag des Kunden.
➤ Umsatzhöhe und Umsatzstruktur.
➤ Dauer der Kundenbeziehung.
➤ Kundenklassifizierung (ABC, RFMC, Scoring nach Umsatz und Loyalty).
➤ Beschwerden und Retouren.

Abb. 4: Die Reaktionsdaten geben ein genaues Bild
über Aktualität und „Temperatur" der Beziehung.

Sind auch diese Felder gefüllt, haben wir eine ideale Voraussetzung für erfolgreiches **Database-Marketing/CRM**. Wir sind also mit der Zeit immer besser in der Lage, unsere Kunden und Prospects mit den richtigen Inhalten zur richtigen Zeit über den richtigen Kanal mit dem richtigen Preis anzusprechen.

Den ersten Datentopf füllen

Aber noch stehen wir ja am Anfang und müssen erst mal den „ersten Datentopf" mit den Adressdaten füllen. Und da ist zu unterscheiden, ob das Unternehmen neu auf dem Markt ist, also bei Null anfängt oder es sich um ein Unternehmen handelt, das schon länger am Markt ist. Denn so ein Unternehmen hat ja in den verschiedenen Unternehmensbereichen wie Buchhaltung, Kundendienst, Beschwerdestelle,

Außendienst oder noch andere Stellen, die über Kunden- und Interessentendaten verfügen.

Außendienst und Vertrieb einbinden

Außendienst
verfügt über
wertvolles Wissen

Gerade der Außendienst beziehungsweise der Vertrieb sollte auch zu einem **Brainstorming** bei dem Aufstellen der Adressdatei hinzugezogen werden. Auf der einen Seite ist seine Erfahrung und Markteinschätzung für die Datenentwicklung zur Profilerstellung sehr wichtig. Auf der anderen Seite lernt er so von Anfang an **Database-Marketing** als wichtiges Tool zur Unterstützung seiner Arbeit kennen und schätzen. Manches Database-Projekt ist einfach daran gescheitert, dass Vertriebsmitarbeiter den Eindruck gewannen, ihre Arbeit soll jetzt von E-Mails, Mailings und Callcentern übernommen werden.

Das erste Profiling

Sind nun also alle vorhandenen Kunden- und Potenzialadressen erfasst, kann ein erstes Profiling erfolgen. Am besten nimmt man dazu **statistische Daten** der Branche, der Region oder des Landes – also des Marktes –, in dem man aktiv ist, zum Vergleich, indem man sie indexiert. Die Marktdaten erhalten für alle Parameter den Wert hundert und nun werden unsere Daten damit abgeglichen. Das Ergebnis dieses Abgleichs zeigt uns die Abweichungen vom Durchschnitt des Marktes – wo wir stärker und wo wir schwächer sind.

Hieraus können wir die Strategie entwickeln, welche Zielgruppen wir ansprechen wollen: zum Beispiel älter oder jünger, mehr oder weniger wohlhabend, lokal, regional oder national, TV-affin oder nicht TV-affin, normale oder überdurchschnittliche Bildung. Wir können die Zielgruppen so genau eingrenzen, dass es durchaus zu unterschiedlichen kreativen Ansprachen in unseren Mailings, Calls oder in der E-Communication kommen kann. Und per **Response** wissen wir wiederum sehr schnell, was wie bei welcher Zielgruppe gewirkt hat.

Datensätze extern anreichern

Was aber, wenn wir zwar Anschriften aber darüber hinaus kaum oder gar keine Daten haben? Mit den Anschriften haben wir schon eine ganze Menge. Denn mit Hilfe von Spezialisten oder den entsprechenden Programmen lässt sich die Kundenverteilung geografisch sichtbar machen und analysieren. Wir erkennen, wie und wo unsere Kunden verteilt sind, die Gebietsstrukturen und gegebenenfalls Streuverluste unseres **Medieneinsatzes**. Mit Hilfe dieser Analyse-Programme können wir auch unsere Anschriften mit Haushaltsmerkmalen anreichern. Wir erfahren plötzlich viel mehr über jede einzelne Adresse. Wir können relevante Merkmale für Indizierung und Abgleich festlegen und daraufhin Gebiete/Adress-Typen für diese **Neukundengewinnung** ermitteln.

Axciom spricht von Regiotypologien, Geo-Clustern, Altersgruppen-Dominanz-Analysen (Lebensphasen) und Bebauungstyp-Dominanz-Analysen. Mit all diesen Merkmalen oder Teilen davon können wir also unsere Adressen anreichern, auswerten und neu modellieren. Allein neunzehn Geo-Cluster mit jeweils zwölf verschiedenen Parametern von Bildung, Beruf über Familienstand, Mediennutzung bis zum Freizeitverhalten liefern uns schon sehr viele Informationen.

Hohe Trefferquote, aber nicht 1:1

Nun darf man sich das aber nicht so vorstellen, dass dieses Modellieren uns am Ende hundert Prozent 1:1-Adressen nach unserer Vorgabe liefert. Da sei der Datenschutz vor. Dieses Profiling der Adressen fasst die Angaben vieler unterschiedlicher Institutionen vom Kfz-Bundesamt über die Post bis zum Versandhandel zusammen und da die Daten nicht bis auf den einzelnen Haushalt heruntergebrochen werden dürfen, bekommen wir von den **Adressdienstleistern** Datenpakete. Diese Datenpakete sind in ihrer Zusammensetzung so strukturiert, dass sie deutlich überdurchschnittlich die gewünschten Adressen enthalten. Das muss an dieser Stelle gesagt werden, damit die Erwartungen nicht zu hoch gehen und nachher enttäuscht werden. Für den Anfang sind diese Ergebnisse aber schon ganz gut.

Daten müssen anonymisiert sein

So funktioniert es: Neuwagen-Premiere mit Profil

Ein praktisches Beispiel: Ein Autohändler plante eine Premieren-Aktion für die Einführung eines neuen Modells für das Frühjahr. Bereits im davor liegenden Herbst begann er damit, die Interessenten-Daten für dieses Modell zu sammeln. Als er über seine Verkäufer, seine Telefonzentrale, die Werkstatt und das Internet einige hundert Adressen zusammen hatte, konnte er ein ziemlich klares Profil erkennen. Die nebenstehende Scorekarte (Abb. 5) macht das deutlich.

Beispiel einer Scorekarte „Automobil"

➤ Familien und junge Familien (134)
➤ mit erhöhtem sozialen Status (122)
➤ mit hoher beruflicher Qualifikation (130)
➤ mit mittlerem bis leicht gehobenem Einkommen (128)
➤ mit leicht überdurchschnittlicher Kaufkraft (124)
➤ Ein/Zweifamilienhäuser am Stadtrand/Speckgürtel (128)
➤ Hoher Anteil im Milieu der Postmateriellen (178)
➤ Höherer Anteil des Milieus Moderne Performer (133)
➤ Überdurchschnittliches Interesse an Kunst und Kultur
➤ Wenig TV-Konsum
➤ Hohe Nutzung Internet

Abb. 5: Indexierte Parameter von Interessenten für bestimmtes Neuwagen-Modell (Durchschnitt gleich hundert).

Als diese Analyse vorlag, mietete der Händler sich in seinem Umfeld nur Adressen, auf die diese Kriterien zutrafen. Der **Besuchs-/Response-Erfolg** gab seiner Vorgehensweise recht. Der Besuch seiner Premierenfeier war mehr als doppelt so hoch als bei vergangenen Aktionen, obwohl er bei den üblichen Werbemitteln den Einsatz nicht verändert hatte.

Gute Daten sind Schlüssel zum Erfolg

Wir sollten uns also viel Mühe geben, um unsere Zielgruppe so genau wie möglich zu beschreiben. Dann sind die Daten, die wir auf Grund dieser Beschreibung erhalten, für unseren Erfolg viel wertvoller. Und Sie werden es erleben, mit jedem neuen Datenfeld, das Sie bei einem Kunden füllen können, wächst die Kenntnis über ihn. Sie können noch individueller mit ihm kommunizieren, über seinen **präferierten Kanal** und die von ihm bevorzugten Themen. Sie können ihm genau das anbieten, was ihn am meisten interessiert. Kundenkenntnis führt zu Kundenentwicklung führt zu Kundentreue.

Endkonsumenten		Business-to-Business	
eigene Generierung	Fremdbezug	eigene Generierung	Fremdbezug

➤ Garantienutzer
➤ Servicenutzer
➤ Beschwerdebriefe
➤ Außendienst
➤ Kundendienst
➤ MGM,
  Freundschaftswerbung
➤ Werbung in
  klassischen Medien *
➤ Mailings
➤ E-Mailings
➤ Preisausschreiben
➤ Promotionsaktionen
	➤ Adressverlage
	➤ Listbroker
	➤ Telefon/
	  Adressbücher
	➤ Öffentl. Institu-
	  tionen/Ämter
	➤ Geo-Datenbank
	  Segmentation
		➤ Lieferantenkarteien
		➤ Besucherlisten
		➤ Tagungs-/Seminar-
		  teilnehmerlisten
		➤ Verbandsmitglieder
		➤ Messestandbesucher
		➤ Außendienst
		➤ Kundendienst
		➤ MGM,
		  Freundschaftswerbung
		➤ Werbung mit RE
		  in Fachmedien
		➤ Mailings
		➤ E-Mailings
		➤ Buchhaltung
		➤ Newsletter
			➤ Adressverlage
			➤ Listbroker
			➤ Telefon/
			  Adressbücher
			➤ Öffentl. Institu-
			  tionen/Ämter
			➤ Handelsregister
			➤ Grundbuch
			➤ Vereinsregister
			➤ Bezugsquellen-
			  nachweise
			➤ Redaktions-
			  beiträge
			➤ Datenbanken
			➤ Fachverlage

* *zum Beispiel Couponanzeigen/-beilage, TV-Spot mit Tel.-Nr.*			

Abb. 6: Adressquellen (online und offline)

Literatur

Dallmer H.: Handbuch Direct Marketing. – Gabler Verlag, 2002.

Holland H.: Dialogmarketing: Planung, Medien und Zielgruppen. – Hanser Wirtschaft, 2002.

MASS CUSTOMIZATION IM DIREKTMARKETING

HOLGER KUHFUß

Wer eine Städtetour durch Deutschland unternimmt, wird begeistert sein von den individuellen Eigenheiten, die jede deutsche Großstadt aufweist. Weniger Euphorie kommt dagegen bei einer zunehmenden Zahl von Konsumenten auf, wenn sie durch deutsche Fußgängerzonen und Einkaufszentren bummeln. Filialisten wie Saturn, H&M, Mango, Orsay, Mediamarkt oder Douglas haben die Fußgängerzonen der Großstädte fest im Griff. Man findet überall dieselben Geschäfte mit einem nahezu identischen Angebot und demselben Marktauftritt.

Dabei wächst der Wunsch nach Individualität bei den meisten Konsumenten unaufhaltsam. Und genau hier schlägt die Stunde eines Marketingtrends, der sich zunehmend im Marketingmix etabliert: **Mass Customization, die individuelle Massenfertigung**. Ziel dabei ist es, die Fertigung und den Vertrieb individueller Produkte mit der Effizienz vergleichbarer Massenprodukte zu vereinbaren. Die gleichen Kunden, die bisher ein Standardprodukt gekauft haben, haben nun die Möglichkeit, sich für eine individuelle Lösung zu entscheiden.

Von der Massen- zur Variantenproduktion.

Einer der Vorreiter der klassischen Massenproduktion war vor über hundert Jahren Henry Ford. Er gründete den Automobilhersteller **Ford Motor Company** und perfektionierte konsequent die **Fließbandtechnik** im Automobilbau. Ford erklärte damals: „Sie können jede Farbe haben, solange es Schwarz ist." [1] Da sich jedoch die Wettbewerbsbedingungen im Laufe der Zeit änderten, erschloss sich eine neue Form der Produktion, die sogenannte maßgeschneiderte Massenproduktion, die ihren Fokus auf individuelle Kundenwünsche setzte. So entstanden in vielen Branchen im Laufe der Jahrzehnte ausufernde Sortimente mit unzähligen Produktvarianten. Dieser Hang zur immer stärkeren Kundenorientierung führt noch heute in vielen Unternehmen zu stark steigenden Kosten und extremer Komplexität – ein Dilemma, dem entgegenzuwirken sehr schwierig ist.

Je mehr Varianten, desto teurer

Entsprechend ist heute eine zweigleisige Wettbewerbsstrategie erforderlich. Um dauerhaft im Markt zu bestehen, müssen erfolgreiche Unternehmen an beiden Seiten der klassischen Wettbewerbsstrategien (Differenzierung und Kostenführerschaft) ansetzen und deren Potentiale miteinander kombinieren. [2]

Mass Customization – der Kunde wirkt mit.

Produktvarianten in Hülle und Fülle bieten also noch keinen Ausweg aus der Misere, immer individuellere Produkte bei möglichst geringen Kosten anbieten zu müssen. Beim Mass Customization, also der kundenindividuellen Massenproduktion, wird das Prinzip eines Maßschneiders mit modernen Fertigungs- und Informationstechnologien verbunden und so effizient und erschwinglich gemacht. Der Maßanzug zum Preis eines Anzugs von der Stange, gefertigt unter Berücksichtigung der besonderen Wünsche des Kunden. Was **Mass Customization attraktiv** macht, ist die Aussicht, **drei** wichtige **Unternehmensziele** gleichzeitig im Auge zu behalten: **Qualität, Kosten und Kundenorientierung**.

Maßanzüge in Serie herstellen

Der entscheidende Faktor ist dabei die **Beteiligung des Kunden**. Er redet mit, gestaltet mit und wird mitunter fast schon zum Mitarbeiter des Unternehmens. Und das ist eine ganz besondere Herausforderung für das Direktmarketing. Als eines der prägnantesten Beispiele gilt das US-Unternehmen Threadless. Der im Jahr 2000 gegründete Bekleidungsspezialist bietet nichts anderes als bedruckte T-Shirts an, die von den Kunden selbst gestaltet werden. Damit nicht genug: Die Kunden unterstützen bei weiteren Aufgaben wie Werbung der Katalogproduktion (Reichwald/Piller 2006, S. 2).

Und auch in Deutschland schießen Unternehmen wie Threadless wie Pilze aus dem Boden. Einige Anbieter (vergleiche Abb. 1-2) setzen dabei auf die vollständige Interaktion mit den Kunden (zum Beispiel in Form von Blogs). Dreh- und Angelpunkt ist vor allem das Internet, das als ein Treiber des Themas gilt.

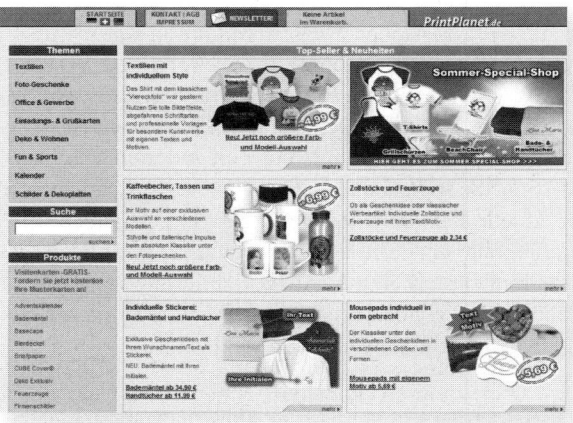

Abb. 1: Bei Printplanet findet der Kunde für fast jeden Gegenstand das entsprechende Motiv, das er sich aufdrucken lassen kann [3].

Inzwischen macht Mass Customization vor kaum einer Branche halt. Egal, ob Mode- oder Möbelindustrie, Uhrenhersteller oder Reiseunternehmen – das Konzept der individuellen Massenproduktion hat Zulauf.

*Abb. 2: In einem eigenen Blog werden bei Spreadshirt
die ausgefallensten Motive vorgestellt [4].*

Bemz möbelt IKEA auf

Das Unternehmen Bemz ermöglicht seinen Kunden, vor langer Zeit gekaufte
IKEA-Sessel oder Sofas mit einem schönen, neuen Bezug von Bemz zu versehen
und so ein Massenprodukt ganz dem persönlichen Stil und Geschmack anzupassen.
Springwise.com, eines der größten Internet-Portale für die weltweite Suche nach
den meistversprechenden Geschäftsideen und -konzepten, hat Bemz zur besten
Geschäftsidee für den Heim- und Hausbedarf 2006 ausgezeichnet. Die Produkte
sind ausschließlich übers Internet zu bestellen und jeder Bezug wird erst nach der
Bestellung gefertigt. Der Preis ist nicht höher als beim örtlichen Schneider. Bemz ist
dabei ein eigenständiges Unternehmen und unabhängig von IKEA. Dennoch entsteht
eine Win-Win Situation: die IKEA-Sessel und -Sofas bleiben länger interessant und
IKEA kann sich ganz auf die Massenfertigung konzentrieren. [5]

*Möbel neu
überziehen*

Bei MINI gibt es Design aufs Dach.

Der Kleinwagen MINI aus dem Hause BMW hat sich längst als echter Trendsetter
im modernen Marketing einen Namen gemacht. Der letzte Coup und ein fulminantes
Beispiel für Mass Customization ist das individualisierte Dach. So kann jeder MINI-
Fahrer seinem Fahrzeug seinen ganz persönlichen Design-Stempel aufdrücken. Über
das Internet bestellt man einfach eines von unzähligen grafischen Elementen oder
seinen eigenen Entwurf für das Fahrzeugdach. Und wer beim Ein- und Aussteigen
individuelle Akzente setzen will, ordert die Einstiegsleisten mit dem beleuchtetem
Schriftzug seines Namens. [6]

*Den eigenen
Namen auf dem
Autodach*

Möbel nach Maß.

Die Düsseldorfer Firma masstisch GmbH & Co.KG ist Marktführer für maß-
gefertigte Massivholztische und -bänke, Holzbetten, Holzregale und Maßcouchen.
Alles wird individuell auf Maß gefertigt. Hier kann jeder seine Traummöbel im
Internet zusammenstellen, online auswählen aus verschiedenen Maßen und Hölzern
– und mit der Maus über die Verarbeitung und Ausführung entscheiden. [7]

Um all diese Beispiele erfolgreich zu betreiben, müssen die Unternehmen die kritischen Erfolgspositionen (KEP) des Mass Customizing kennen und einsetzen. Im Folgenden werden die fünf wesentlichen KEP dargestellt.

Wie viel Individualität will der Kunde?

Dass Kunden nicht mehr nur an Standardlösungen interessiert sind und oft auch ausgefallene Wünsche formulieren, liegt vor allem an den nahezu unbegrenzten Informationsmöglichkeiten des Internet. Der Sportartikel-Hersteller adidas hat zur Jahrtausendwende mit „mi adidas" den Einstieg in die individuelle Massenproduktion vollzogen. Hier kann jeder seinen **individuellen Sportschuh** anfertigen lassen, der nicht nur die optische Gestaltung (Farbe, Schriftzüge) zur Wahl stellt, sondern auch Fußlänge und -breite oder den persönlichen Laufstil einbezieht. Völlig grenzenlos darf die Gestaltungsfreiheit des Kunden allerdings nicht sein. Das Resümee der Verantwortlichen (Berger 2005) bei adidas lautet: „Der Kunde braucht Vorgaben, komplett designen will er seinen Schuh nicht". Wichtig ist es also, den Kunden nicht zu überfordern. „Wer die Wahl hat, hat die Qual" – dieser Effekt sollte bei individualisierter Massenproduktion nicht eintreten.

Individualität darf den Kunden nicht überfordern

Mass Customization muss begeistern

Die wichtigste Frage, die sich Unternehmen vor der Einführung eines Mass Customization Systems stellen sollten, ist: Fühlt sich der Kunde, wenn er mitreden und mitgestalten kann, einem Unternehmen stärker verbunden? Denn schließlich ist Mass Customization ein Instrument, das in erster Linie die Bindung des Kunden an ein Unternehmen verstärken soll. Langfristig und damit nachhaltig gelingt das nur, wenn beim Kunden **echte Begeisterung** ausgelöst wird. Entscheidend ist damit nicht das bloße Angebot an den Kunden, das Produkt oder die Dienstleistung mit zu gestalten. Das Ergebnis muss hinsichtlich Qualität, Ausführung und Design mehr als zufrieden stellend sein – damit der Kunde mit positiver Überraschung und damit mit Begeisterung reagiert.

Voraussetzung dafür, dass sich Begeisterung durch die Implementierung eines Mass Customization Konzepts immer wieder neu entfachen lässt, ist, dass die **Kommunikation zum Kunden** aufrechterhalten wird. Ein Unternehmen wie adidas, dessen Schnittstelle zum Kunden bisher die Händler waren, sammelte durch die Einführung von „mi adidas" völlig neue Erfahrungen. Die Fokussierung auf den Endkunden hat bei der Herzogenauracher Sportartikelfirma ein bisher unbekanntes Bedürfnis geweckt: Die Kommunikation mit den Kunden zu pflegen und auszubauen (Berger 2005). Dadurch entsteht ein **Informationskreislauf**, der den Sportartikel-Experten neben anderen Informationen auch ein Gefühl dafür gibt, was wirklich nötig ist, um den Kunden zu begeistern – und damit dauerhaft an sich zu binden. Und das war und ist schon immer eine zentrale Herausforderung im Direktmarketing gewesen.

Der direkte Dialog ist der größte Nutzen

Auf die entscheidende Frage aber gibt es keine pauschale Antwort: Wie weit soll die Integration des Kunden in das Unternehmen gehen? Diese Frage muss jedes Unternehmen für sich beantworten.

Voraussetzungen schaffen zur unternehmensinternen Umsetzung

Mass Customiziation zieht weitreichende Veränderungen in **Fertigung, Material-fluss, Logistik** und **Kundenkommunikation** nach sich. Statt beispielsweise wie bisher eine bestimmte Menge an Schuhen herzustellen, muss für jeden Kunden ein individueller Schuh produziert werden. Das bedeutet viele verschiedene **Auftragsdurchläufe** anstatt eines einzigen. Um die wachsende Menge an Informationen verarbeiten zu können, sind ausgefeilte IT-Systeme und Produktions-techniken nötig.

Als Schlüssel zur Mass Customization gilt dabei die **Modularisierung** der Produkte. Sprich: der Kunde kann nur bestimmte Elemente des Produkts verändern. Entscheidend ist, wann er die Möglichkeit zur Mitwirkung erhält. Nach Piller ist „die Festlegung des optimalen Punktes der Kundeninteraktion" eine der „wichtigsten Aufgaben bei der Einrichtung eines Mass Customization Systems" (Reichwald/Piller 2006, S. 210). Denn daraus ergibt sich der „optimale Vorfertigungsgrad" (Reichwald/ Piller 2006. S. 210). Grundsätzlich sind zwei Möglichkeiten denkbar (Abb. 3). Alternative 1: Die einzelnen Module eines Produkts werden **auftragsneutral** erstellt, auf Lager gelegt und später individuell bearbeitet. Alternative 2: Es wird ein bestimmter (relativ hoher) Anteil auftragsneutraler Arbeitsgänge festgelegt. Die Vorproduktion kommt jedoch erst in Gang, wenn der Kunde einen Auftrag erteilt. Dadurch können im Vergleich zu Alternative 1 Zwischenlagerkosten und **Bestands-risiko** verringert werden (Reichwald/Piller 2006, S. 212)

> Die Modularisierung der Produkte ist der Schlüssel der Mass Customization

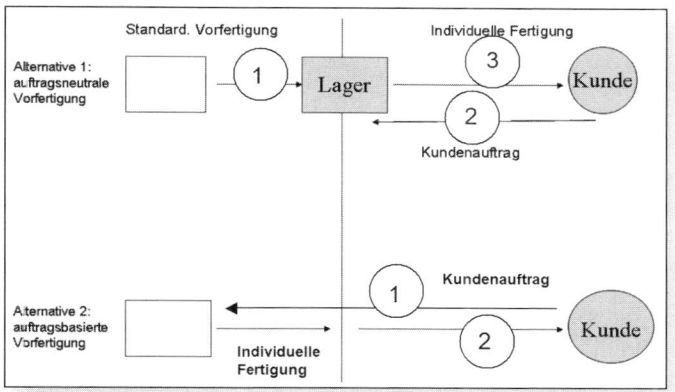

Abb. 3: Auftragsneutrale und kundenbasierte Vorfertigung
(Kreutzer, Kuhfuß, Hartmann 2007, S. 120)

Im Gegensatz zu Produkten von der Stange löst ein individuell gefertigtes Produkt beim Kunden aufgrund der höheren Freiheitsgrade in der Gestaltung ein größeres Maß an Unsicherheit aus. Das trifft laut Reichwald/Piller (2006) auf alle drei Phasen des Kaufentscheidungsprozesses zu, also Vorkauf-, Kauf- und Nachkaufphase. In der Vorkaufphase etwa ist der Kunde schon allein dadurch irritiert, dass nur ein Versprechen (Beschreibung der Leistung) und kein fertiges Produkt geboten/gezeigt werden kann. In der Kaufphase wiederum, in der ein Kunde an der Erstellung der Leistung mitwirkt, kann eine Vielzahl an Optionen und Informationen zur Unsicherheit des Kunden führen (Reichwald/Piller 2006, S. 238).

> Individuell gefertigte Produkte können den Kunden auch verunsichern

Welche Phasen die Kundeninteraktion in einem Mass Customization System im Einzelnen durchläuft, haben Reichwald/Piller an Hand eigener empirischer Forschungen untersucht. Das daraus entwickelte Interaktionsmodell betrachtet den Mass Customization Prozess ausschließlich aus der Sicht des Kunden (Abb. 4)

Wissen über Kundenwünsche zählt

Zu den „Vorarbeiten" beim Aufbau eines Mass Customization gehört neben der Anpassung von Produktion, Organisation und Logistik, auch das Wissen über die Wünsche des Kunden.

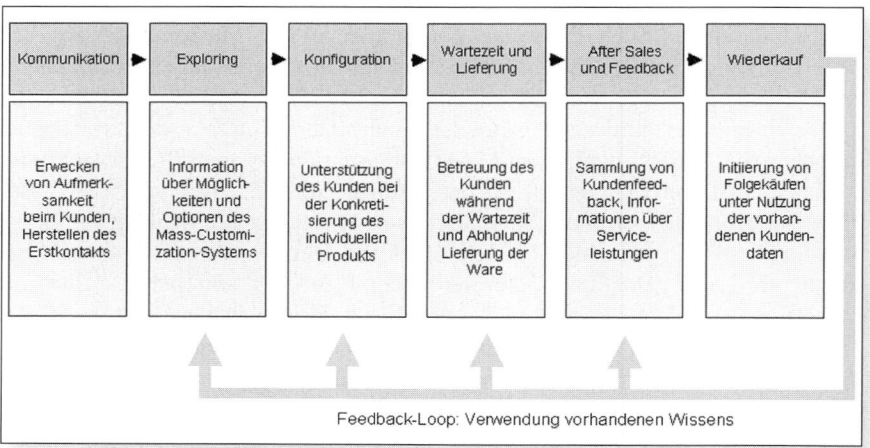

Abb. 4: Phasen der Kundeninteraktion bei Mass Customization
(Reichwald/Piller 2006, S. 239)

Die Kosten- und Nutzenbilanz muss stimmen

Ein maßgeschneiderter Anzug zum Preis eines Anzuges von der Stange? Aus Sicht des Kunden ist das vielleicht wünschenswert. Umfragen belegen jedoch, dass die meisten Konsumenten bereit sind, für ein individuell hergestelltes Produkt mehr zu bezahlen.

Verglichen mit der traditionellen Massenproduktion fallen bei einem individuell gefertigten Produkt nicht nur höhere Produktionskosten an. Als entscheidender, oft allerdings unterschätzter Faktor, gelten die **Kosten**, die aus der erhöhten **Interaktion** mit dem Kunden entstehen (Reichwald/Piller 2006, S. 216). Mit der Einführung eines Mass Customization Systems wird der Kunde über Konfigurationsmodule an der Entstehung seines Produktes beteiligt. Diese Module sind jedoch keine Einbahnstraße. Der Kunde wird beraten, er fragt nach, formuliert neue Wünsche und soll auch darauf eine kompetente Antwort bekommen. Außerdem ist, um die beschriebenen Unsicherheiten aufzufangen, ein hohes Maß an vertrauensbildenden Maßnahmen nötig. Nach Reichwald/Piller sind diese zusammen mit einer „differenzierten Kommunikationspolitik die wesentlichen Kostentreiber" von Mass Customization (Reichwald/Piller 2006, S. 220).

Der positive Effekt von Mass Customization gegenüber der reinen Massenproduktion ist ein geringeres Risiko, auf Ladenhütern sitzen zu bleiben. Auch auf die

Kundenbindung kann sich Mass Customization positiv auswirken. Bedingt durch die Interaktion des Kunden steigt die **Kontaktfrequenz** und damit auch die Chance, den Kunden enger an sich zu binden. Da im Verlauf der Kundenbeziehung eine Fülle von Daten gesammelt werden, lässt sich der Kontakt in Richtung Kunde weiter ausbauen und dabei auch für **Cross- und Up-Selling-Angebote** nutzen (Hartmann, Kreutzer, Kuhfuß 2004, S. 59)

Mass Customization im Rahmen von Direktmarketing etablieren

Ist Mass Customization eine ernst zu nehmende Option, um Direktmarketing noch stärker in einem Unternehmen zu implementieren? Wenn es gelingt, den Kunden durch ein solches Angebot zu begeistern, dann heißt die Antwort „ja". Derzeit stehen die Chancen dafür gut, weil Mass Customization Systeme in vielen Branchen (noch) eher die Ausnahme als die Regel sind. Der Kunde muss vom Nutzen eines solchen Angebots meist nicht überzeugt werden. Er ist vielfach schon auf der Suche nach einer auf seine speziellen Bedürfnisse zugeschnittenen Lösung. Doch die findet er eben **nur beim Maßschneider oder Handwerker** – zu einem vergleichsweise hohen Preis. Mass Customization dagegen zielt auf diejenigen ab, die heute Massenware kaufen aber an individuellen Lösungen interessiert sind (Reichwald/Piller 2006, S. 202).

Eine Option für das Direktmarketing

Abgesehen von einem **Imagegewinn** in Dimensionen wie „zukunftsorientiert" und „kundennah" liegt der eigentliche Nutzen für die Unternehmen in der konsequenten Ausschöpfung der vom Kunden gelieferten **Informationen**. „Die Kunden wollen gefragt werden", haben die Verantwortlichen bei adidas nach Einführung ihres Mass Customization Systems festgestellt (Berger 2005). Eine Marke erlebbar machen, neue Informationen über das Produkt sammeln, die **Beziehung zum Kunden** mit Leben füllen, all das lässt sich mit Mass Customization erreichen. Angesichts der fortschreitenden Individualisierung der Konsumgesellschaft ein Instrument, das seine Zukunft noch vor sich hat.

Literatur

[1] www.wikipedia.org

[2] www.oscar.de/newsletter/nl_masscustom_prinzipien.php

[3] www.printplanet.de

[4] www.spreadshirt.net

[5] www.bemz.com

[6] http://www.mini.de/de/de/roof_designer/index.jsp?refType=teaserStandard&refPage= /de/de/general/homepage/content.jsp

[7] www.mosstisch.de

Berger Ch.: Das mi adidas-und-ich-Projekt, Erfolgreiche Kundenintegration bei Adidas. – 31. Münchener Marketing Symposium, LMU München, 8. Juli 2005.

Hartmann W., Kreutzer R., Kuhfuß H.: Kundenclubs & More, Innovative Konzepte zur Kundenbindung. – S. 59, Wiesbaden, 1. Aufl., 2004.

Kreutzer R., Kuhfuß H., Hartmann W.: Marketing Excellence, Sieben Schlüssel zur Profilierung Ihrer Marketing Performance. – S. 120, Wiesbaden, 1. Aufl., 2007.

Piller F.: Fünf Jahre Mass-Customization News, Der Stand des Konzepts, Newsletter. – März 2002, (http://www.mass-customization.de/news/news02_01.htm). Reichwald R., Piller F.: Interaktive Wertschöpfung. – Wiesbaden, Mai 2006. www.oscar.de/newsletter/nl_masscustom_prinzipien.php

CHECKLIST

Vorteile Mass Customization:

➤ Individuelle Produkte erzielen in Fertigung und Vertrieb die Effizienz vergleichbarer Massenprodukte.

➤ Individuelle Produkte zum Preis eines Produktes von der Stange, gefertigt unter Berücksichtigung der besonderen Wünsche des Kunden.

➤ Drei wichtige Unternehmensziele bleiben gleichzeitig im Fokus: Qualität, Kosten und Kundenorientierung.

➤ Geringeres Risiko, auf Ladenhütern sitzen zu bleiben.

➤ Verstärkte Kundenbindung durch die Interaktion des Kunden und damit mehr Kontaktfrequenz.

➤ Zahlreiche Daten des Kunden bieten erstklassige Cross- und Up-Selling-Potenziale und damit eine Verstärkung bereits bestehender CRM-Maßnahmen oder sogar den Einstieg in CRM.

➤ Imagegewinn in Dimensionen wie „zukunftsorientiert" und „kundennah".

➤ Idealer Einstieg und Ausbau von Direktmarketing-Strategien.

Nachteile Mass Customization:

➤ Der Kunde darf sich nicht überfordert fühlen. Der „Wer die Wahl hat, hat die Qual" Effekt sollte nicht eintreten.

➤ Es genügt nicht das bloße Angebot an den Kunden, das Produkt oder die Dienstleistung mit zu gestalten. Das Ergebnis muss hinsichtlich Qualität, Ausführung und Design mehr als zufrieden stellend sein – es muss begeistern.

➤ Die Kommunikation zum Kunden muss ständig aufrechterhalten werden.

➤ Mass Customiziation zieht weitreichende Veränderungen in Fertigung, Materialfluss, Logistik und Kundenkommunikation nach sich.

➤ Um die wachsende Menge an Informationen verarbeiten zu können, sind ausgefeilte IT-Systeme und Produktionstechniken nötig, was gegebenenfalls mit zusätzlichen Kosten verbunden ist.

➤ Ein individuell gefertigtes Produkt löst beim Kunden aufgrund der höheren Freiheitsgrade in der Gestaltung oft Unsicherheit aus. Es sind viele vertrauensbildende Maßnahmen notwendig.

GEOMARKETING – EINE NEUE DIMENSION IM DIREKTMARKETING

CHRISTIAN HULDI

Eine der ältesten (Binsen-) Wahrheiten im Direktmarketing besagt, dass die Ansprache der richtigen Adressen (Zielgruppen) der wichtigste Erfolgsfaktor schlechthin ist. Als ein spannender Ansatz mit viel Potenzial erweist sich dabei das Geomarketing. Dabei „sagen Bilder nicht nur mehr als eintausend Worte" – vielmehr ermöglicht die geografische Markt- und Performanceanalyse ungeahnte neue Möglichkeiten. Setzt die Marketing- und Unternehmensstrategie auf „Geo", winken schnell steigende Renditen und wachsende Erträge. Insbesondere wenn **kartografische Merkmale** mit den Unternehmens- und Marktdaten verbunden werden, eröffnen sich neue und interessante Perspektiven. Denn die (Direkt-)Marketing-, Vertriebs- und Unternehmensleitung erkennt so **Optimierungspotenziale in der Marktbearbeitung** auf einen Blick.

Geodaten eröffnen neue Chancen im Direktmarketing

Mehr als virtuelle Stecknadelkarten

Als „frühzeitliche" Methode des Geomarketings kennt man die Stecknadelkarte an der Wand, auf der die Standorte der Kunden und/oder der Konkurrenten abgesteckt wurden. In einer ganz anderen Liga spielt heute das moderne Geomarketing. Zwar geht es immer noch um die **Visualisierung von Marktgegebenheiten** mittels Karten, doch hinter einfachen Karten stecken heute mannigfaltige Zusatzinformationen, wie zum Beispiel **Kaufkraftklassen** und Altersverteilungen.

Mehr als Stecknadeln auf der Karte

Auf diese Weise lassen sich mittels Karten nicht nur geografische Gegebenheiten grafisch darstellen. Geomarketing veranschaulicht die Fakten und hilft die richtigen Entscheidungen zu treffen. Dabei werden unternehmenseigene Daten mit Bevölkerungs-, Wirtschafts- und räumlichen Daten auf Basis eines geografischen Informationssystems (**GIS**) verknüpft. So vereint man punktgenau auf einen Blick komplexe wirtschaftliche und sozioökonomische Zusammenhänge in leicht verständlicher Kartendarstellung.

Beispielsweise stellen die Abfrage- und Visualisierungsmöglichkeiten die regionale Verteilung von Kunden oder Nicht-Kunden anschaulich dar. Auf dieser Basis lässt sich auch das **Marktpotenzial im gewünschten Verkaufsgebiet** ersehen, beispielsweise, wie ist die Erreichbarkeit der eigenen Filialen und/oder wie verhalten sich Fußgängerströme. Selbstverständlich lässt sich auch feststellen, wo mögliche neue vielversprechende Standorte gesucht werden sollen.

Geomarketing als Basis strategischer Entscheide

Geomarketing hilft der Geschäfts-, Marketing- und Vertriebsleitung bei folgenden zwei strategischen Fragestellungen:

Standort-Bewertung: Hier steht die Frage im Zentrum, wo großes Zielgruppen-Potenzial brach liegt. Die sogenannte **Penetrations-Karte** zeigt die unternehmenseigenen Stärken und Schwächen und schafft damit die Voraussetzungen für eine erfolgreichere Marktbearbeitung mittels direkter Ansprache: gezeigt wird der Gap zwischen der Unternehmensperformance und dem Markt-Potenzial.

Standort-Analyse: Wo sind heute Point of Sales (POS) erfolgreich? Im Gegensatz zur Penetrations-Karte geht die Analyse von den unternehmenseigenen Standort-Bedürfnissen aus. Optimale Standorte werden lokalisiert. Die Karte visualisiert **Standort-Potenziale** und bietet Vergleichswerte von bestehenden POS. Neben Unternehmens- und Zielgruppendaten wird hier auch die Konkurrenzsituation abgebildet.

Praxis-Beispiel 1: Business-to-Business

Die Mustermetall AG betreibt schweizweit an 15 Standorten Verkaufsläden (POS). Diese Abholmärkte für Industrie und Gewerbe sind historisch entstanden und decken jeweils eine größere Region ab. Untersucht wurden die bestehenden Standorte und zwar mit dem Ziel, konkrete Marktbearbeitungs-Maßnahmen zur besseren Potenzial-Abschöpfung mittels gezielten (Direkt-)Marketingaktionen zu eruieren.

Abb. 1 zeigt auf, in welcher Region die Mustermetall AG welche **Marktdurch-dringung** hat und wo sich entsprechende (Direkt-)Marketingmaßnahmen lohnen. Ausgehend von den bestehenden Kunden lassen sich für jede Region punktgenau diejenigen Adressen hinzumieten, welche die gleichen Merkmale (wie die bestehenden Kunden) aufweisen. Denkbar sind weiter Mailings, welche pro POS verschickt werden – und zwar an potenzielle Kunden im Umkreis von fünf, zehn oder fünfzehn Minuten Anfahrtszeit (auf Wunsch sogar mit dem individuellen Anfahrtsweg im Mailing abgedruckt, ausgehend von der Adresse des potenziellen Kunden).

Punktgenau neue Adressen hinzumieten

Praxis-Beispiel 2: Business-to-Consumer

Die ABC-Bank will in allen größeren Städten der Schweiz Beratungszentren einrichten. Diese sollen an zentralen Fußgängerzonen liegen, weil diese stark frequentiert sind. Die Aufgabenstellung besteht in diesem Fall also darin, optimale Straßenabschnitte zu bestimmen.

Abb. 2 zeigt, dass, bis auf einzelne Straßenzüge genau, Vorschläge für optimale **Standorte** ermittelt werden können. Speziell ist, dass dabei verschiedenste Kriterien berücksichtigt werden, wie Parkplätze, Besucherströme, Locations mit viel Traffic (zum Beispiel Bankomaten) und selbstverständlich auch die POS von Mitbewerbern.

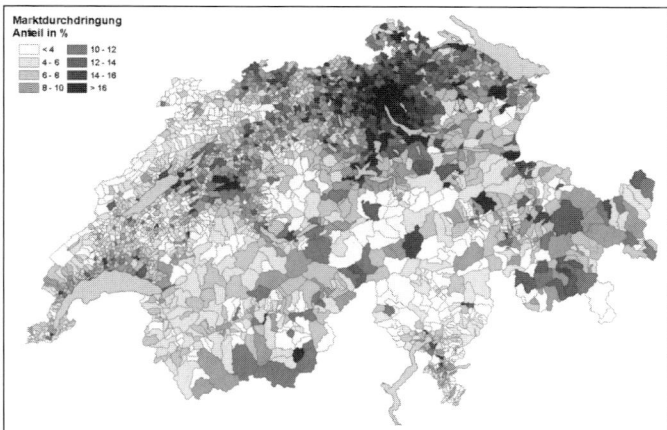

Abb. 1: Beispiel Marktdurchdringung nach unterschiedlichen Regionen der Schweiz [1]

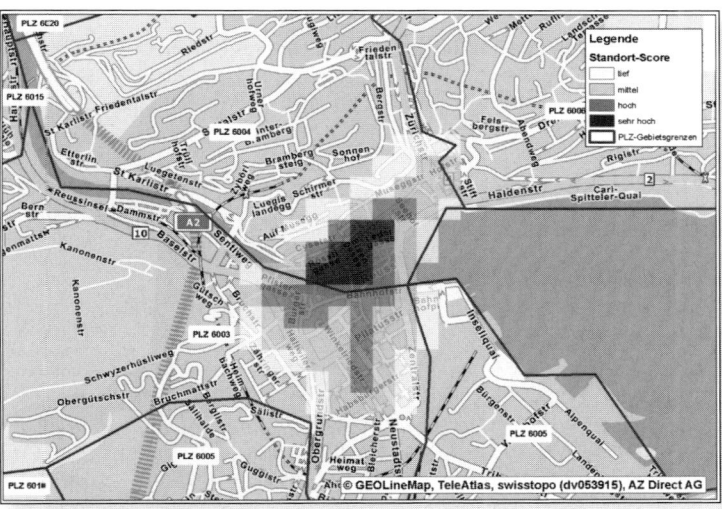

Abb. 2: Beispiel Analyse möglicher neuer Standorte [2]

Klassisch oder virtuell? Weder noch.

Interessant ist, dass Geomarketing bezüglich Einsatzmöglichkeiten und Flexibilität praktisch keine Grenzen kennt. Dies zeigen obige beiden Beispiele, aber auch die zahlreichen Praxiserfahrungen. Festzustellen ist, dass mit der steigenden Verbreitung von **Customer Relationship Management (CRM)** und der damit einhergehenden Nachfrage nach Transparenz und Datenauswertungen aber auch Direktmarketing das Geomarketing rasant an Bedeutung zunimmt. Dies hängt vor allem auch mit folgenden Vorteilen zusammen:

➤ Reduktion der Komplexität durch **aussagekräftige Karten** statt Zahlenberge.

➤ **Zeitgewinn** bei komplexen (Direkt-)Marketing-Fragestellungen auf allen Ebenen (strategisch und operativ).

➤ **Unabhängigkeit** von eigenen Daten (wobei gut gepflegte eigene Kundendaten sicherlich von Vorteil – jedoch kein Muss – sind).

➤ **Erweiterung des Betrachtungsraumes**: von den eigenen Kunden zum gesamten Markt

Aufdecken von Potenzialen

➤ **Markttransparenz** und Aufdecken von verborgenen Potenzialen.

➤ **Hohe Flexibilität** und Benutzerfreundlichkeit bei den modernen Geomarketing Tools.

➤ Finden von **neuen Handlungsfeldern** und Reservepotenzialen, die mittels Direktmarketing gezielt angegangen werden können.

➤ Sicherung des **strategisch-nachhaltigen Erfolges**.

➤ Wahrnehmen von **Veränderungen im Verkaufsgebiet** über die Zeit.

Literatur

[1] Vector 2000, Swisstopo, AZ Direct (Schweiz) AG.

[2] GEOLineMap, TeleAtlas, Swisstopo (DV063915), AZ Direct (Schweiz) AG.

Belz C., Bieger T.: Customer Value. Kundenvorteile schaffen Unternehmensvorteile. – Redline Wirtschaft, Frankfurt, 2004.

Brasch C.-M., Köder K., Rapp, R.: Praxishandbuch Kundenmanagement. – Wiley-VCH Verlag, Weinheim, 2007.

Farris P. W. et al.: Marketing messbar machen. Die 50 wichtigsten Methoden aus dem Marketing, die jeder Manager kennen sollte. – Pearson Business, München, 2007.

Huldi C., Kuhfuss H.: Ratgeber Database-Marketing, Die Database im (Direkt-) Marketing. Vom notwendigen Übel zum Erfolgsinstrument. – Verlag A+O des Wissens, Zürich und Hamburg, 2000.

Preissner A.: Marketing- und Vertriebssteuerung. Planung und Kontrolle mit Kennzahlen und Balanced Scorecard. – Carl Hanser Verlag, München, Wien, 2. Aufl., 2002.

Reichheld F., Seidensticker F-J.: Die ultimative Frage: Mit dem Net Promoter Score zu loyalen Kunden und profitablem Wachstum. – Carl Hanser Verlag, 2006.

Stadelmann M., Wolter S., Troesch M.: Customer Relationship Management. – Verlag Industrielle Organisation, Zürich, 2008.

Swiss Post International: AddressGuide. Privat- und Firmenadressen aus 22 Ländern. – Ausgabe 2007-2008. Vgl. auch: www.swisspost.com/addressguide .

WERBE-WIRKUNG

Grundlagen
der Werbewahrnehmung   115

Neuromarketing   121

Erkenntnisse
der Gehirnforschung in
der Praxis anwenden   131

Neue Anwendungsgebiete
der Blickverlaufsforschung   141

Tests im Dialogmarketing   148

Fragt man nach neuen Forschungsergebnissen im Dialogmarketing, fällt schnell der Begriff „Neuromarketing". Die Erforschung von Funktionsbereichen im Gehirn bringt auch Erkenntnisgewinne zur Werbewirkung. Auf der ständigen Jagd nach neuen Wegen, Menschen durch Werbung zu manipulieren, werden jedoch keine revolutionär neuen Fährten sichtbar. Vielmehr bestätigt sich vieles, was alte Werbeprofis schon immer als Bauchgefühl mit sich getragen haben.

Thorsten Schäfer beleuchtet zunächst einmal die Grundlagen der Werbewahrnehmung. Das Dilemma der Werber: Der Mensch nimmt nur das wahr, was er wahrnehmen will. Und er wird in der ganzen Werbeflut immer resistenter gegen Tricks. Da hilft es nur bedingt weiter, wenn man weiß, dass rund vor eckig und warme Farben eher als kalte wahrgenommen werden. Ein Leser sucht seinen Nutzen. Und wenn Hyperlinks auf Webseiten eben blau sind, kann der Mensch das lernen – und klickt blaue Links eher an als rote. Trotzdem sind die vielen in dem Beitrag aufgezählten Regeln natürlich Grundwissen eines Dialogmarketers.

Christian Holst beschreibt, was das Forschungsgebiet „Neuromarketing" uns nun Neues gebracht hat. So kann die klassische AIDA-Formel zu den Akten gelegt werden. Auch ist es nun wissenschaftlich bewiesen, dass Menschen lieber aus dem Bauch heraus handeln als rational-abwägend. Wichtig ist nur, dass es beide Bereiche gibt und das der Kopf durchaus auch den Bauch steuern kann. Also verzichten Sie nicht auf gute Argumente, wenn Sie etwas verkaufen wollen. Holst gibt wertvolle Tipps dazu.

Claus Mayer gleicht als „alter Hase" die neuen Erkenntnisse mit seiner langjährigen Erfahrung ab. Er betont, wie wichtig es ist, Kernaussagen schnell zu erfassen und was man dafür tun kann. Er erläutert, wie man einen „weiterführenden Beschäftigungswunsch" im Gehirn des Empfängers von Direktwerbung erzeugt.

Laura Lamieri zeigt, wozu Werbetreibende eine Augenkamera einsetzen können. Damit lässt sich detailliert untersuchen, was jemandem gefällt und woran der Blick „hängen bleibt". Diese Technik lässt sich sowohl für Mailings oder Flyer wie auch beim Einrichten von Ladengeschäften nutzen.

Markus Schöberl rät, lieber den Erfolg zu testen, als endlos das Werbemittel zu analysieren. Dazu kann man beispielsweise zwei Varianten eines Mailings mit einer ausreichenden Stichprobe gegeneinander laufen lassen. Danach ist klar, welches Mailing erforlgreicher ist, wenn man ein paar Regeln beachtet. Welche das sind, beschreibt Schöberl in seinem Beitrag.

Torsten Schwarz

4

WERBEWIRKUNG

Die Umwelt bietet einer Person eine Vielfalt von Informationen an. Ein Mensch hat aber nur zu einem Bruchteil dieser Informationen tatsächlich Kontakt. In anderen Worten: Im Marketing muss das Medium erst einmal die **Zielgruppe** tatsächlich erreichen. Hinsichtlich seiner Werbewirkung muss es also zunächst den **„Medienfilter" überwinden**. Nur ein Teil dieser potenziell wahrnehmbaren Informationen werden von den Sinnesorganen aufgenommen, dort für eine sehr kurze Zeit zwischengespeichert und physiologisch verarbeitet. Zu diesem Zeitpunkt wird die Information aber noch nicht wahrgenommen.

Werbung muss erst einmal den Wahrnehmungsfilter überwinden

Wiederum nur wenige dieser kurz zwischengespeicherten Informationen verlassen den Ultrakurzzeitspeicher und kommen in den Arbeits- oder **Kurzzeitspeicher**. Diesen Sprung schaffen vor allem **Informationen**, die **gestalterisch besonders prägnant** sind beziehungsweise die in einem besonders engen Zusammenhang zum Wissen, zu den Gefühlen und zu den Motiven einer Zielperson stehen.

Emotionales bleibt eher hängen

Wie nimmt nun die ausgewählte Zielgruppe das Werbemittel wahr?

Das menschliche Auge kann beim Aufnehmen von Informationen nicht alles gleichzeitig anschauen und aufnehmen. Die **Wahrnehmung** ist vielmehr **selektiv**: Manche Elemente des Mailings werden länger, andere kürzer fixiert. Ein Teil dieser selektierten Elemente verlässt den Ultrakurzzeitspeicher und wird nun im Kurzzeitspeicher verarbeitet – und zwar im idealen Fall in **analoger Reihenfolge zum Verkaufsgespräch** (vergleiche Beitrag Vögele in diesem Buch).

Wie vorher bereits kurz beschrieben, werden diejenigen Informationen am ehesten beachtet, die gestalterisch besonders prägnant sind, und solche, die in einem besonders engen Zusammenhang zum Wissen, zu den Gefühlen und zu den Motiven einer Zielperson stehen. Themen und Gegenstände, die werblich besonders betont werden sollen, sollten vom Hintergrund möglichst stark kontrastiert werden. Headlines, Bilder, Hervorhebungen wie Fettdruck, Unterstreichungen sollten sich also generell sehr stark **vom Hintergrund abheben**. Unruhige Hintergründe können dabei die Lesbarkeit und die Wirkung von Headlines massiv einschränken.

Geschlossene, regelmäßige und einfache Formen wie Kreis, Quadrat oder Rechteck werden generell als prägnanter wahrgenommen als andersartige Formen. Die meisten Bilder, aber auch eingerahmte Texte oder runde Qualitätssiegel werden daher in der Regel frühzeitig vom Leser registriert.

Prägnante Formen und Farben

Leuchtende, warme Farben wie Rot, Orange, oder Gelb fallen schneller auf als gedeckte Farben und können vorsichtig und gezielt als spezielle Hervorhebungen eingesetzt werden.

Nach Aussagen verschiedener Experten beginnt der **Blickverlauf** in der Regel bei den größten Bildern und geht dann zu den Headlines und anderen Hervorhebungen. Voraussetzung ist hierfür stets eine **starke Kontrastierung** des Bildes, der Headlines zum jeweiligen Hintergrund (siehe oben).

Der Leser-Nutzen als zentrales Element

Das prägnante Element, das zuerst beachtet wird, muss auch inhaltlich bedeutsame Informationen liefern – also den bereits mehrfach aufgeführten **Leser-Nutzen in den Vordergrund** stellen oder mindestens andeuten. Für den Gestalter stellt sich also die Frage, wie er herausfinden kann, was für die Zielgruppe inhaltlich bedeutsam ist. Denn die Antwort auf diese Frage gibt ihm wertvolle Hinweise für die Wahl seiner Bilder, Headlines und Texte.

Leser fragen: „Was bringt mir das?"

Eine geeignete Möglichkeit, solche Inhalte zu erfassen, sind marktpsychologische Untersuchungen. Diese sind häufig sehr teuer oder für eine einzelne Mailing-Aktion wirtschaftlich unrentabel. Eine günstige Alternative ist die Sammlunng aller möglichen **Leserfragen**, die bei einem bestimmten Angebot entstehen können.

Berücksichtigung „stummer" Leserfragen

Der Gestalter entwickelt im Anschluss Antworten auf diese Fragen, zum Beispiel als Bild oder Headline. Diese Antworten sollten, wenn irgendwie möglich, von der Zielgruppe positiv bewertet werden (Neumann, 2000, S. 70ff.). Anschließend werden die verschiedenen Antworten in eine optisch und formal prägnante Form gebracht. Denn nur dann haben die Antworten die Chance auf eine Verwertung im Kurzzeitspeicher der Zielperson, wo diese auch bewertet werden.

Welche Fragen könnte ein Leser stellen?

Diese Bewertung der Informationen geschieht sehr rasch. „Die Entscheidung **„positiv" oder „negativ"** fällt innerhalb von 200 msec, nachdem wir mit einem Menschen, einem Objekt, einem Geruch oder auch einem Ton konfrontiert werden" (Bargh 1997). Dies ist vergleichbar mit der Dauer, in welcher das menschliche Auge einen bestimmten Punkt anschaut (**Fixation**). Pro Sekunde kommt es folglich zu circa fünf Augenhaltepunkten. Das sind je nach Umfeld, Schriftgröße und Bekanntheit der Wörter drei bis fünf Silben. Um eine Briefzeile zu lesen, muss das Auge also durchschnittlich etwa fünf Mal für mindestens 200 msec anhalten.

Nur eine Fünftel-Sekunde

Erfassung von Blickverläufen

Fixationen werden mit Hilfe von Blickregistrierungsgeräten aufgezeichnet. Vögele hat viele seiner Erkenntnisse mithilfe einer **„Augenkamera"** gewonnen. Die Wirkungsweise der „Augenkamera" kann in Kapitel 4 nachgelesen werden.

Bei Mailings lässt sich nun ein weit verbreitetes **Blickverhaltens-Muster** feststellen, das man am besten mit den Worten „der erste Eindruck ist entscheidend" umschreibt. Genauso wie beim Verarbeiten anderer Erst-Informationen, sind beim Flirt die ersten dreißig Sekunden (Doermer-Tramitz 1990) ausschlaggebend. Dabei werden nur einige wenige Informationen aufgenommen und bereits hier fällt die Entscheidung über Zu- oder Abwendung.

Beim Flirt entscheiden 30 Sekunden

Der erste Eindruck ist entscheidend

Für das Öffnen, Entfalten und Überfliegen eines Mailings stellen etwa die ersten zwanzig Sekunden eine wichtige Grenze dar: Ab hier sind alle Seiten dieses einfachen Mailings (zwanzig Gramm) ein erstes Mal angeschaut. Der **„erste Eindruck"** hat sich spätestens hier gebildet, und zwar in der Regel aufgrund gesehener Bilder, Grafiken und Headlines. Text wird erst gelesen, wenn der erste Eindruck zum Lesen motiviert.

Generell sind **zwanzig Sekunden** wenig Zeit, um Vorteile zu erkennen. Allerdings sind zwanzig Sekunden circa das Zehnfache der Zeit, die der Mensch für die durchschnittliche Beachtung einer klassischen Anzeige aufbringt. Während dieser zwanzig Sekunden hält das Auge **fünfzig- bis einhundertmal** an. Alle diese Fixationen enthalten Chancen und Gefahren für das Weiterlesen. Eine negative Prädisposition führt dazu, dass auch nachfolgende positive Informationen subjektiv falsch verstanden werden. Leicht zu testen ist dieses Phänomen beispielsweise, wenn man negative Headlines über positive Textblöcke setzt.

Fixationen steuern das Weiterlesen

Gestaltungsregeln für dialogische Werbemittel

Das Wissen um die Aufnahme und Verarbeitung werblicher Information ist eine der Grundlagen für die Beurteilung und die Entwicklung von **dialogischen Werbemitteln**: Der Gestalter muss wissen, in welcher Reihenfolge welche Elemente entdeckt, betrachtet und gelesen werden. Mit diesen Grundregeln über das **Leseverhalten** kann er ein solches Werbe-Mittel analog zum persönlichen Verkaufsgespräch gestalten (siehe Kapitel 1 in diesem Buch). Um dies zu leisten, braucht der Gestalter konkretere Regeln, die aufzeigen, welche Elemente in welcher Reihenfolge betrachtet werden:

Beherrscht man diese **Regeln**, so kann man zumindest grob den **Blickverlauf** auf einem Printwerbemittel vorhersagen, und zwar für die maximal ersten zwanzig Sekunden in einem Mailing. Auf der Basis von Blickverlaufs-Untersuchungen wurde die folgende Liste für das Beurteilen und Gestalten von Mailings zusammengestellt.

Sie zeigt auf, wie der Blick des Lesers verlaufen könnte, wenn er die Wahl zwischen dem jeweiligen Gegensatz-Paar hätte. Alle diese Aussagen sind kombinatorisch.

**Einfache Über-
schriften werden
eher gelesen**

Die Reihenfolge der Headlines

➤ Große Headlines vor kleinen.

➤ Kurze Headlines vor langen.

➤ Einzeilige Headlines vor mehrzeiligen.

➤ Positive Schrift (schwarz auf weiß) vor negativer.

➤ Groß-klein-Schreibweise vor Versalien.

➤ Unterstrichene Textstellen vor nicht unterstrichenen.

➤ Kurze Wörter in den Headlines vor langen.

➤ Einfache Wörter in den Headlines vor komplizierten Fachwörtern.

(Vögele/Bidmon 2002, S. 451)

**Klare Regeln für
Bilder**

Die Reihenfolge der Bilder

➤ Große Bilder vor kleinen Bildern.

➤ Farbige Bilder vor schwarz-weiß.

➤ Warme Farbtöne vor kalten Farbtönen.

➤ Grelle oder sehr dunkle Farbtöne vor mittleren.

➤ Bild-Sequenzen vor Einzelbildern.

➤ Menschen vor Produkten.

➤ Kinder vor Erwachsenen.

➤ Viele Menschen vor wenigen Menschen.

➤ Aktion vor Ruhe.

➤ Porträt vor Ganz-Aufnahmen.

➤ Auge vor Porträt.

➤ Tiere vor Pflanzen.

➤ Senkrechte Flächen vor waagrechten Flächen.

➤ Diagonale Flächen vor senkrechten Flächen.

➤ Kreisflächen vor rechteckigen Flächen.

(Vögele/Bidmon 2002, S. 450)

Das Leseverhalten ist unbelehrbar

Man sollte den gestalterischen Faktor allerdings nicht überbewerten. Die Gestaltung eines Mailings ist nicht die größte Erfolgsursache für die Reaktion. Das richtige Produkt, die Angebotsform, die richtige Zielgruppe, das Ziel – das alles sind größere **Erfolgs-Voraussetzungen** für die endgültige Reaktion.

Allerdings ist die Gestaltung entscheidend für das Leseverhalten. Denn auch wenn die restlichen Voraussetzungen erfüllt sind, nutzt dies wenig, wenn die Botschaft zum Produkt durch eine irritierende Gestaltung dem Leser verborgen bleibt. Denn im Zeitalter der **Informationsüberflutung** hat kaum jemand mehr die Zeit, über den eigentlichen Sinn einer unverständlichen Werbe-Information lange nachzudenken.

Zieht man ein Resümee aus dem bisher Gesagten, so bedeutet dies zusammenfassend für die Werbe-Praxis:

Der Empfänger von Mailings, Response-Anzeigen, Werbe-E-Mails und allen anderen Dialogmarketing-Medien sucht vor seiner Reaktion ständig Vorteile und Antworten auf seine Fragen. Seine Augen folgen dabei aber einer **„unbelehrbaren"** **Spur**. Dieser Blickverlauf muss identisch sein mit der Reihenfolge der **gesuchten Vorteile und Antworten**. Der sicherste erste Blickpunkt sind ein Bild, ein Foto oder bildähnliche Elemente. Der zweite sind deutliche Headlines. Der dritte sind Hervorhebungen in Textstellen. Dieses Wissen bringt zwei Chancen: erstens für das Beurteilen bisheriger dialogischer Werbemittel, zweitens für das Gestalten neuer Dialog-Werbemittel.

Leser sucht sich seine Vorteile

Vorgehen zum Beurteilen von Mailings

Das Vorgehen zum Beurteilen bisheriger Mailings ist recht simpel. Zuerst werden die vermutlichen **zehn Blickpunkte** pro Seite gekennzeichnet. Ein Blickpunkt hat die maximale Größe eines 2-Euro-Stückes. Dann werden die Blickpunkte nach der jetzt bekannten Reihenfolge nummeriert. Danach werden alle Punkte mit einer Linie verbunden. Nun notiert man den Informationsgehalt dieser Punkte in der gefundenen Reihenfolge. Für Bilder formuliert man deren Inhalt, für Headlines notiert man die bis zu drei wichtigsten Wörter. Nun wird jede **Kurz-Information** mit einem „ja" oder „nein" bewertet. Jetzt sollten die positiven Fixationen entlang der Blickverlaufslinie immer überwiegen. Das ist die Chance für das Überschreiten der **Leseschwelle** und der erst danach folgenden **Reaktionsschwelle**.

Die Leseschwelle überschreiten

Ähnlich verfährt man auch beim Entwickeln und Gestalten neuer Dialog-Werbemittel. Zuerst legt man den Soll-Dialog fest. Danach verteilt man diese Vorteile als Haltepunkte in der richtigen Reihenfolge auf der Prospektseite und belegt diese Haltepunkte mit Bild-Elementen und Headlines. Das ergibt den Kurz-Dialog. Der Rest sind Textblöcke. Sie werden erst gelesen, wenn die ersten **Fixationen** den Empfänger zum Weiterlesen motivieren können.

Vom Leser zum Reagierer

Werbetreibende Unternehmen, die Reagierer suchen, brauchen zunächst Leser. Der Mensch liest Werbung aber nur, wenn er **Vorteile** ahnt. Aber er sucht nicht lange. Deshalb müssen die Vorteile in den Bildern und **in zuerst fixierten Headlines** erscheinen. Ist beim Empfänger die Entscheidung gefallen, sich intensiver mit dem Werbemittel zu beschäftigen, tritt nun die Gestaltung des Textes in den Vordergrund. Zwei Faktoren sollten hier beachtet werden:

➤ Ein gut verständlicher Text erleichtert die schnelle Aufnahme der werblichen Information.

➤ Die werblichen Informationen führen den Leser idealerweise in Richtung der erwünschten Reaktionen.

Der Text soll durch eine spezifische Aktivierung des Lesers diesen schließlich in die letzte „Phase", die Reaktion (Response) führen. Denn erst nach dem Lesen wird reagiert.

Ohne Vorteile keine Reaktion

In Anbetracht der genannten Tatsachen wird deutlich, dass **Dialogmarketing** für nahezu jede Branche ein **wirkungsvolles Werbeinstrument** darstellt. Vorausgesetzt, das Produkt bietet dem Leser tatsächlich die von ihm gesuchten Vorteile.

Literatur

Bargh J. A.: The automaticity of everyday life. – In: Wyer Jr. R. S. (Hrsg.): The automaticity of everyday life: Advances in social cognition (Vol. 10, pp. 1-61), Mahwah, 1997.

Dallmer H. (Hrsg.): Handbuch des Direct-Marketing & More. – Wiesbaden, 8. völlig überarb. Aufl., 2002.

Doermer-Tramitz C.: Auf den ersten Blick: über die ersten dreißig Sekunden einer Begegnung von Mann und Frau. – Opladen, 1990.

Holland H.: Direktmarketing. – 2. Aufl., München, 2004.

Vögele S.: Dialogmethode. Das Verkaufsgespräch per Brief und Antwortkarte. – Landsberg am Lech, 2002.

Vögele S.: 99 Erfolgsregeln für Direktmarketing. – Landsberg am Lech, 1997.

Vögele S., Bidmon K.: Psychologische Aspekte der Dialogmethode. – In: Dallmer H. (Hrsg.): Handbuch des Direct-Marketing & More. – Wiesbaden, S. 436-457, 8. völlig überarb. Aufl., 2002.

NEUROMARKETING
CHRISTIAN HOLST

Seit einigen Jahren hat sich mit dem Neuromarketing eine neue internationale Teildisziplin der Wirtschaftswissenschaft etabliert – mit eigenen Fachzeitschriften, Kongressen und Forschungszentren. Die Zahl der wissenschaftlichen Aufsätze zu diesem Thema ist mittlerweile fast unüberschaubar geworden, die Zahl der Internetverweise auf „Neuromarketing" oder „Neuroökonomie" in Google ist seit 2005 explosionsartig gestiegen (Kenning 2007). Was ist diese neue Teildisziplin und was kann sie für das Direktmarketing leisten?

Definition

Als Forschungsfeld ist das Feld des Neuromarketings beziehungsweise der Neuroökonomie noch vergleichsweise jung: erst seit den 1990er Jahren hat es sich einerseits aus den Neurowissenschaften, andererseits aus der Ökonomie entwickelt. Während die Wirtschaftswissenschaften mit ihren Verhaltensmodellen die theoretischen und praktischen Problemstellungen liefern, untersuchen Neurowissenschaften die Funktionsweise des Gehirns und wie dieses menschliches Verhalten steuert. Aus dieser „natürlichen Affinität" (Zak 2004) zwischen Neurowissenschaft und Ökonomie ergibt sich das Forschungsfeld der Neuroökonomie.

Das Neuromarketing ist dabei ein **Teilgebiet der Neuroökonomie**, welches sich mit der Analyse ökonomisch relevanten Verhaltens aus Konsumentensicht beschäftigt und sich dabei neurowissenschaftlicher Methoden bedient. Hierbei werden die klassischen Fragestellungen des Konsumentenverhaltens mit neuro-wissenschaftlicher Forschung verknüpft. Absatzpolitische Maßnahmen – wie Werbewirkung, Preisgestaltung, Platzierung – werden hinsichtlich ihrer neuronalen Wirkung untersucht und Erkenntnisse darüber gewonnen, wie das menschliche Gehirn funktioniert, entscheidet und das Verhalten steuert. Mit der Fokussierung auf das menschliche Gehirn als Ort der Kaufentscheidung wird erhofft, die bislang ungeöffnete Black Box, die bislang zwischen Marketingstimulus und beobachtbarer Reaktion des Konsumenten liegt, aufzubrechen.

Das menschliche Gehirn als Ort der Kaufent-scheidung

Methoden

Eine grundlegende Bedingung für die Entwicklung des Forschungsfeldes der Neuroökonomie und des Neuromarketings ist überhaupt die technische Verfügbarkeit von Methoden, die den Blick „ins Gehirn" ermöglichen. Allen anderen voran steht hier die funktionelle **Magnetresonanztomografie (fMRT)**, ein Verfahren, das zwar als Magnetresonanztomographie seit den fünfziger Jahren (vor allem in der chemischen) Grundlagenforschung bekannt ist, dessen aktueller Durchbruch aber erst mit der Entdeckung des **BOLD-Effekts** im Jahr 1990 begann. Mithilfe dieses

www.marketing-boerse.de/Experten/details/Christian-Holst

Effekts (Blood Oxygen Level Dependent Contrast) werden unterschiedliche Sauer-stoffkonzentrationen im Blut gemessen – und da Hirnregionen, die stimuliert werden, mehr sauerstoffreiches Blut benötigen, kann man diese mit einer entsprechenden Technik „orten". Funktionelle Magnetresonanztomografie liefert also keine Informationen darüber, was gedacht wird, sondern lediglich, dass ein bestimmter Teil des Gehirns aktiv ist.

Aktive Bereiche des Gehirns leuchten auf

Eine publikumsstarke Aufmerksamkeit erreicht diese Forschung durch das **„Neuro-Imaging"**, also die bildliche Darstellung eines Gehirns, in dem verschiedene Areale „aufleuchten", das heißt farbig hinterlegt sind. Bilder dieser Art finden sich mittlerweile in fast jedem Bericht zum Neuromarketing, weisen sie doch eine hohe Prägnanz auf und lassen scheinbar intuitiv erkennen, was (oder zumindest wie) gedacht wird. Tatsächlich zeigen diese Aufnahmen jedoch ein mittels komplexer statistischer Verfahren errechnetes Bild, das um das allgegenwärtige „Hintergrundsrauschen" bereinigt und in der Regel aus den Daten mehrerer gescannter Versuchsteilnehmer zusammengesetzt wurde.

Welche Areale haben welche Aufgaben?

Damit aus diesen lokalisierten Hirnregionen aber auch inhaltlich sinnvolle Schlüsse gezogen werden können, muss bekannt sein, welche Hirnregionen welche Aufgaben haben. Hier greifen die Neurowissenschaften auf ihren seit langem erarbeiteten Wissensstand zurück, der sich vor allem aus der Beschäftigung mit Hirnverletzungen ergeben hat. Wurden also Patienten behandelt, bei denen durch eine Hirnverletzung bestimmte motorische oder kognitive Fähigkeiten beeinträchtigt waren, so konnte daraus geschlossen werden, dass diese Regionen für die Ausübung solcher Fähigkeiten verantwortlich waren (vergleiche dazu Damasio 1997). Die in der Öffentlichkeit bekannteste **„Kartografie"** des Gehirns geht dabei auf den deutschen Forscher Korbinian Brodmann zurück, der 1909 die Großhirnrinde in 52 Areale unterteilte.

Dieser kursorische Überblick über die zugrunde liegenden methodischen Verfahren mag zeigen, dass hinter den bildhaft eingängigen Scans der aktiven Hirnregionen tatsächlich hochkomplexe Verfahren liegen, in deren Verlauf durch die Forscher eine Vielzahl von Entscheidungen zu treffen und Parameter zu justieren waren. Von daher muss an dieser Stelle vor einer zu einfachen und laienhaften Interpretation dieser Scans gewarnt werden – solche Abbildungen können in der Regel nur illustrativen und keinen analytischen Zweck haben.

Neuromarketing verknüpft Wirtschaftswissenschaft mit Psychologie

Charakteristisch für das Neuromarketing ist die Verknüpfung von Wirtschaftswissenschaften, Psychologie und Neurowissenschaften. Dies liegt auf der Hand, wenn man sich vor Augen führt, dass die menschliche Informationsverarbeitung in diesen drei Forschungsbereichen im Mittelpunkt des Interesses steht. Durch die Erforschung der Hirnfunktionen lässt sich eine Brücke zwischen den drei Disziplinen bilden, denn schließlich wird das menschliche Verhalten durch das Gehirn gesteuert. Die beiden erst genannten Disziplinen leisten hierbei den theoretischen Beitrag und helfen den Neurowissenschaften bei der Interpretation empirischer Lösungsansätze.

Für das Marketing – und speziell für das Dialogmarketing – ergeben sich dabei aus diesem Forschungsfeld eine Reihe neuer Perspektiven:

Das klassische **AIDA-Modell** (Attention, Interest, Desire, Action), welches den Kaufprozess als eine nacheinander ablaufende Reihe von Schritten darstellte, dürfte in Zukunft nur noch heuristischen, aber keinen erklärenden Wert mehr haben. Tatsächlich zeigt sich, dass (Kauf-)Entscheidungen sehr schnell, spontan und häufig auch parallel getroffen werden, ohne dass alle Stufen durchlaufen werden.

AIDA hat ausgedient

Ebenso wird auch das lange herrschende Modell des rational kalkulierenden, seinen Nutzen und Kosten abwägenden homo oeconomicus der Vergangenheit angehören. Menschen unterliegen systematischen Verzerrungen, wenn sie Entscheidungen treffen: sie sind risiko-freudig oder risiko-avers, sie bewerten einen möglichen Verlust stärker als einen potenziellen Gewinn, sie wählen – bei gleichen Gewinnchancen – allein durch eine negative oder positive Formulierung des Problems unterschiedliche Alternativen (Kahnemann 2003). Selten treffen sie Entscheidungen so, wie man es bei nüchterner Überlegung vorhersagen würde.

Menschen entscheiden selten rational

Stattdessen sind die Bedeutung von Intuition und Emotion für Entscheidungsprozesse in das Zentrum der Aufmerksamkeit gerückt. **„Bauchentscheidungen"** erlauben es uns, unter Zeitdruck sehr schnell und meistens auch angemessen zu handeln. Dies sind Urteile, die rasch im Bewusstsein auftauchen, deren tiefere Beweggründe uns nicht bewusst sind, die aber stark genug sind, um danach zu handeln (Gigerenzer 2007, S. 25, Gladwell 2007). **Emotionen** sind eine zentrale Größe im Prozess der Informationsverarbeitung: sie begleiten alle Kognitionen, tauchen zeitlich vor den Kognitionen auf und werden schneller verarbeitet (Zajonc 1980, Damasio 1997). Emotionen liefern uns eine erste Einschätzung, ob etwas „passt": Es reicht nicht aus zu wissen, was wir tun müssen, wir müssen es auch „fühlen" (Camerer, Loewenstein, Prelec 2005).

Emotionen leiten Wissen

Aus diesen neueren Erkenntnissen hat sich auch ein neues Modell entwickelt, wie Informationsverarbeitung und Entscheidungsfindung ablaufen kann: Anstatt einer (einem Computer gleichen) sequenziellen Informationsverarbeitung geht man nunmehr von zwei unterschiedlichen, einander ergänzenden Systemen aus: Einem System, welches mittels Intuition Entscheidungen fällt („System 1" oder „Autopilot"), und einem nach wie vor „rationalen" System, das logisches Denken leistet („System 2" oder „Pilot") (Kahnemann 2003; Camerer, Loewenstein, Prelec 2005; Scheier, Held 2006). Während der **„Autopilot"** schnell, automatisch, mühelos, parallel arbeitend und assoziativ Probleme löst, ist der **„Pilot"** langsam, seriell, kontrolliert, aufwändig und regelbestimmt. Der „Autopilot" steuert uns durch die normalen alltäglichen Routinen, lässt uns schnell und effizient entscheiden und gibt sich auch mit einer plausibel erscheinenden Antwort zufrieden. Der „Pilot" setzt ein, wenn wir nachdenken, Zeit haben und es ganz genau wissen müssen. Ein gravierender Unterschied zwischen diesen beiden Systemen ist, dass der „Autopilot" nur sehr langsam lernt: ihm etwas Neues beizubringen, dauert lange und ist aufwändig, wenn er es aber einmal verinnerlicht hat, funktioniert es ohne Nachzudenken. Der „Pilot" hingegen ist sehr flexibel, er kann sich gut auf neue Situationen einstellen und neue Programme lernen – er hinterfragt und analysiert sie aber.

Autopilot Bauch und Pilot Kopf ergänzen sich

Werbemittelforschung mittels Hirnforschung

Gesichter versus Logos – Ein Wahrnehmungs-Experiment

Wie beschrieben können mit Hilfe der bildgebenden Verfahren die Aktivitäten und Interaktionen der Gehirnstrukturen erfasst werden. In definierten experimentellen Situationen lassen sich dadurch Rückschlüsse darauf ziehen, ob und wie ein Ereignis

➤ gelernt oder vergessen wird,
➤ mit oder ohne Aufmerksamkeit verarbeitet wird,
➤ Emotionen auslöst,
➤ mit einem bestimmten Kontext assoziiert wird und
➤ Planungs- sowie Handlungsprozesse auslöst.

Testimonials und Logos von Marken erfüllen im Dialogmarketing wichtige Aufgaben. Besonders beliebt in der Dialogmarketing-Praxis ist die Werbung mit Prominenten aus der Unterhaltungsbranche, der Politik oder dem Geschäftsleben. Bekannte Persönlichkeiten haben für die Werbetreibenden Aufmerksamkeits-, Erinnerungs-, Bewertungs-, Vertrauens- und Markierungsfunktion. Es sollen besonders effektiv die positiven Merkmalsausprägungen des Prominenten für die Werbebotschaft genutzt und dadurch ein erfolgreicher Transferprozess zur Botschaft hergestellt werden. Die Auswahl geeigneter Prominenter schärft die Persönlichkeit einer Marke. Im günstigsten Fall erfolgt ein Imagetransfer vom Prominenten zum Produkt. Äquivalente Aussagen lassen sich auch für Firmenlogos treffen. Dabei nimmt ein **Logo** innerhalb des Orientierungsrahmens der Corporate Identity eines Unternehmens eine wichtige Stellung ein und unterstützt den Auftritt eines Unternehmens in Form eines grafischen Symbols.

Logos und Marken sind Leuchttürme

Erfolgsfaktoren sind demnach insbesondere Bekanntheit und Vertrautheit, Sympathie und Image des Prominenten oder des Logos in der Werbung. Die Übermittlung einer Werbebotschaft mittels Testimonials und Logos zur Erzielung nachhaltiger Effekte sollte zur erfolgreichen Speicherung im Gedächtnis des Konsumenten führen. Aus zahlreichen Studien ist bekannt, dass emotionale Erregung mit verbessertem langfristigem und bewusstem Abruf aus dem Gedächtnis assoziiert ist. Emotionale Ereignisse werden besser erinnert als neutrale. Die entscheidende Hirnstruktur für emotionale Prozesse im Gehirn ist der Mandelkern. Daher sollten Stimuli, die Aktivität insbesondere im Mandelkern hervorrufen, zu einer erfolgreichen Gedächtnisformation für die Werbebotschaft führen. Darüber hinaus ist für eine nachhaltige Gedächtnisbildung die Tiefe der semantischen Verarbeitung während der Speicherung ins Gedächtnissystem ausschlaggebend.

Mit Hilfe der **fMRT** kann nun die neuronale Reaktion auf die Stimuli „Logos und Testimonials" am Menschen beobachtet werden. Die Gründe der Erfolgswirkung können so objektiv ermittelt werden. In der vorliegenden Studie wurden daher bekannte und unbekannte Gesichter als Äquivalent für Testimonials sowie bekannte und unbekannte Logos der Werbung daraufhin untersucht, welche dieser Stimuli am wirkungsvollsten die Gehirnareale aktivieren, die eine erfolgreiche Speicherung ins Gedächtnissystem ermöglichen.

Untersuchungsdesign und Ablauf

Das Experiment wurde mit sechs Männern und sechs Frauen im Alter zwischen 21 und 48 Jahren durchgeführt Die Datenerhebungen wurden mittels fMRT durchgeführt. Von jedem Probanden wurden 576 Gehirn-Scans erzeugt und analysiert.

Zur Lokalisation der spezifischen Gehirnaktivitäten wurde von jedem Probanden vor dem funktionellen Durchgang eine **anatomische Aufnahme des Gehirns** durchgeführt. Die Daten der fMRT aller Probanden wurden dann um die irrelevanten Aktivierungsdaten, wie zum Beispiel Daten aufgrund von Kopfbewegungen, mathematisch geglättet.

Das Reizmaterial setzte sich aus Fotos von jeweils über 70 „bekannten" und „unbekannten" Gesichtern sowie aus Fotos von jeweils über 70 „bekannten" und „unbekannten" Logos zusammen. In einem zwei-faktoriellen Design wurden die Faktoren „bekannte" versus „unbekannte" Stimuli und „Gesichter" versus „Logos" auf ihre spezifische Hirnaktivierung hin überprüft. Die Fotos der Gesichter waren schwarz-weiß Darstellungen mit Blickkontakt. Die Fotos der bekannten Gesichter stellten derzeit in Deutschland sehr bekannte Persönlichkeiten aus Fernsehen und Politik dar. Die Fotos der unbekannten Gesichter wurden so ausgewählt, dass sie bezüglich Helligkeit, Alter und Geschlecht den Fotos der bekannten Personen entsprachen. Bei den Fotos der Logos wurden sowohl Bild-Logos als auch Text-Logos (Markennamen) eingesetzt.

In Blöcken wurden den Probanden die vier experimentellen Bedingungen „bekannte Gesichter", „unbekannte Gesichter", „bekannte Logos" und „unbekannte Logos" dargeboten. Zusätzlich wurde ein Fixationskreuz zwischen den Fotoblöcken als Kontrollbedingung für die Reizung durch die Logos und ein so genanntes „scrambled face" (= „verschwommenes Gesicht") als Kontrollbedingung für die Reizung durch die Gesichter eingesetzt.

Das Experiment bestand aus **12 Durchgängen**. In jedem Durchgang wurde jede der 6 Versuchsbedingungen in einer zufällig bestimmten Reihenfolge gezeigt, wobei jeder Aufgabenblock 25 Sekunden dauerte und 6 Stimuli umfasste. Zwischen den Blöcken gab es keine Pause. Die Probanden gaben zudem beim Betrachten der Stimuli ein Attraktivitätsurteil für jedes Gesicht beziehungsweise Logo ab. Die Urteile der Probanden wurden durch Tastendruck auf einer Vierer-Skala (sehr unattraktiv, unattraktiv, attraktiv, sehr attraktiv) abgegeben. Bei der Darbietung der „scrambled faces" und des Fixationskreuzes betätigten die Probanden eine beliebige Taste der Vierer-Skala. Nach der Untersuchung mittels fMRT mussten die Probanden erneut die verwendeten Gesichter und Logos daraufhin beurteilen, wie bekannt sie ihnen waren.

Ergebnisse der Studie: Gesichter stehen für Emotionen

➤ Sowohl bekannte als auch unbekannte Gesichter aktivieren Regionen, die für die visuelle Gesichter-Erkennung zuständig sind.
➤ Es entsteht außerdem eine Aktivierung in Emotions-assoziierten Arealen des rechten Mandelkerns.

➤ Beim Betrachten bekannter Gesichter wurden zusätzlich Gedächtnis-
   assoziierte Regionen (Hippocampus) sowie Sprach-Areale aktiviert.
➤ Bekannte Gesichter wurden insgesamt sympathischer beurteilt als unbekannte.

Man kann daher davon ausgehen, dass der Einsatz von Testimonials in der
werblichen Kommunikation erfolgreich ist. Werbung, die bekannte Persönlichkeiten
einsetzt, hat damit einen wirkungsvolleren und länger andauernden Einfluss auf
das Verhalten und die Entscheidungsfindung des Verbrauchers. Die nachhaltige
Engrammbildung wird mit Hilfe von Gesichtern begünstigt.

Logos stehen für Sprache

➤ Grafisch dargestellte Logos aktivieren – ähnlich wie Wörter –
   überwiegend Areale für Sprache und Semantik.
➤ Bei Logos findet eine aufwändigere visuelle Verarbeitung statt.
➤ Logos – ob bekannte oder unbekannte – führen zu keiner spezifischen
   Aktivierung von Emotions- oder Gedächtnis-assoziierten Gehirn-Arealen.
➤ Die vorrangige Aktivierung von Sprach-Arealen anstelle von
   Emotions-assoziierten Arealen bei Logos muss nicht unbedingt negativ sein.
   Dies hängt davon ab, was ein Unternehmen mit seiner Werbung
   vermitteln möchte.

Wirkung von Haupt- und Themenkatalogen

Im Rahmen einer weiteren, im Februar 2006 vom Siegfried Vögele Institut
durchgeführten Studie lag der Untersuchungsschwerpunkt auf der Wirkung von
Haupt- und Themenkatalogen, der Wirkung von visuellen und auditiven Reizen
sowie von Rabatt-Symbolen im Dialogmarketing. Hierbei wurde folgenden
Fragestellungen nachgegangen:

➤ Wie stark wird das Gehirn durch Haupt- und Themenkataloge aktiviert?
➤ Wie wirken visuell und/oder akustisch übermittelte Botschaften
   auf das Gehirn?
➤ Wie stark wird das Gehirn durch Rabatte und Preissteigerungen aktiviert?

Sind Kaufentscheidungen davon abhängig, ob Produkte aus derselben Produktkategorie (Themenkatalog) oder unterschiedlichen Kategorien (Hauptkatalog) zur
Auswahl stehen?

Diese Frage sollte durch die Messung der Hirnaktivierung bei der Betrachtung von
Haupt- und Themenkatalogen beantwortet werden. Den Probanden im **Kernspin-
Tomografen** wurden mithilfe einer Spezialbrille verschiedene Produktabbildungen
in Folge gezeigt. Im ersten Teil des Versuchs gehörten die abgebildeten Produkte
einer Produktkategorie an. In einer zweiten Untersuchung wurden Produkte
verschiedener Kategorien präsentiert.

Die Untersuchung brachte folgende Erkenntnisse:

➤ Bei der Wahl eines Produkts aus einer Serie von Produkten
   derselben Produktkategorie zeigen sich signifikante Mehraktivierungen.

im Gehirn. Die folgenden Abbildungen zeigen diese im visuellen Bereich der Objekt-Erkennung und in der sprachlich dominanten Hemisphäre.

➤ Dies bedeutet, dass die Auswahl aus Produkten derselben Kategorie mehr Zeit erfordert und stärkere kognitive Prozesse (Wahrnehmung, Abwägung, Entscheidung) auslöst.

Hieraus lassen sich die folgenden Empfehlungen ableiten:

➤ Sind schnelle Kaufentscheidungen gewünscht, sollten Produkte unterschiedlicher Produktkategorien im Katalog kombiniert werden.

Schnellere Entscheidung bei verschiedenen Produkten

➤ Soll vor der Kaufentscheidung eine ausführliche Beschäftigung mit dem abgebildeten Produkt im Werbemittel erreicht werden, ist eine Kombination von Produkten der gleichen Kategorie empfehlenswert.

Wirkung von visuellen und auditiven Reizen

Mit diesem Experiment sollte der Grad der Gedächtnis-Bildung bei Medien mit unterschiedlichen Sinnesreizen gemessen werden. Die Frage war: Üben visuelle, akustische oder visuell-akustische Botschaften unterschiedlich starken Einfluss auf die Gedächtnis-Funktionen aus?

Im **Kernspin-Tomografen** wurden hierzu die Probanden über eine Spezialbrille mit visuellen Reizen konfrontiert (zum Beispiel Werbeanzeige). Über ein Kopfhörer-System wurden ihnen gleichzeitig akustische Reize zugeführt (zum Beispiel gesprochener Slogan).

Ergebnis: Je nach angesprochenem Sinnesorgan werden Informationen unterschiedlich eingeprägt. Fokussierte Informationen werden besser erinnert als nicht fokussierte. Aber es zeigen sich Besonderheiten für jedes einzelne Medium: Eine optische Darbietung der Informationen ist vorteilhaft für beabsichtigtes Lernen (fokussierte Informationen). Die akustische Präsentation von Informationen dagegen fördert eher das nicht beabsichtigte Lernen (Informationen, die nicht im Fokus der Aufmerksamkeit stehen).

Die Ergebnisse der Kernspin-Tomografie lassen außerdem zwei Annahmen zu:

➤ Bei gleichzeitigem visuellem und auditivem Reiz (zum Beispiel Vorlesen des abgedruckten Slogans), ist keine höhere Gedächtnis-Leistung zu erwarten. Probanden konzentrieren sich auf die visuellen Reize. Identische auditive Informationen blenden sie aus.

➤ Komplementäre Präsentationen von visuellen Reizen (zum Beispiel Duschgel) und passender auditiver Untermalung (zum Beispiel Meeres-rauschen) können die Informations-Verarbeitung dagegen positiv beeinflussen.

Hieraus lässt sich ableiten:

Visuelle Medien erhöhen die Auseinander-setzung

➤ Visuelle Medien (zum Beispiel Direct Mailings, Print Anzeigen oder Internet) sind besonders geeignet, wenn eine bewusste Auseinandersetzung mit den Inhalten stattfinden soll. Diese Auseinandersetzung wird mit zielgerichtetem, individuellem Dialogmarketing erreicht.

➤ Auditive Medien (zum Beispiel Radio) empfehlen sich, wenn Informationen unbewusst im Hintergrund aufgenommen werden sollen. Eine zielgerichtete Kommunikation steht hierbei nicht im Vordergrund.

Wirkung von Rabatt-Symbolen

Gemessen werden sollte die Wirkung von Rabatt-Symbolen auf die Kaufentscheidung. Tragen Rabatt-Symbole in Werbemitteln dazu bei, den Kaufentscheidungs-Prozess zu beschleunigen?

Als **Stimuli** wurden

➤ wertvolle und einfache Produkte
➤ mit zu hohen, zu niedrigen und normalen Preisen
➤ mit und ohne Rabatt-Symbol beim normalen Preis

verwendet. Auch bei diesem Experiment wurden den Probanden im Kernspin-Tomografen nacheinander Abbildungen der oben genannten Stimuli mittels Spezialbrille präsentiert. Als Ergebnis zeigte sich bei dieser Untersuchung:

Bei Rabatt schwindet die Vorsicht

➤ Bei allen Probanden aktivieren Rabatt-Symbole das Belohnungs-Zentrum im Gehirn. Doch nur für einen Teil der Gruppe suggeriert das Rabatt-Symbol ein optimales Preis-Leistungs-Verhältnis. In diesem Fall hemmt das Rabatt-Symbol die interne Kontroll-Instanz für Verhalten, das heißt der Preis wird nicht mehr hinterfragt.

➤ Bei rabattierten wertvollen Produkten zeigen die Probanden ein vorsichtigereres Kaufverhalten. Dieses Verhalten spiegelt die intensive Informations-Verarbeitung bei wertvollen Produkten im Gehirn wider. Die Produkte werden eher im Langzeit-Gedächtnis gespeichert. Die interne Kontroll-Instanz wird durch Rabatt-Symbole nicht außer Kraft gesetzt.

Die Untersuchung zeigt: Rabatt-Symbole „bewegen" etwas im Gehirn, sie aktivieren das Belohnungs-Zentrum. Verbraucher-Analysen und Zielgruppen-Selektion helfen, diejenigen Konsumenten zu identifizieren, bei denen Rabatt-Symbole positiv auf die Kaufentscheidung wirken. Durch gezielte Ansprache dieser Konsumenten werden Rabatt-Symbole zu einem effizienten Marketing-Instrument.

Fazit und Perspektiven

Neurophysiologische Werbewahrnehmungs- und Wirkungsforschung im Dialogmarketing kann neue Möglichkeiten für die Kommunikationsforschung eröffnen und der angewandten Marktforschung nachhaltig nutzen. Die psychologischen Konzepte können hierdurch validiert werden. Etablierte Dialogmarketingtheorien – etwa die Siegfried Vögele Dialogmethode – werden durch den Abgleich mit der Gehirnphysiologie empirisch auf eine überzeugende Basis gestellt. Die neurologisch gestützte Werbewirkungs-Forschung stellt für das Siegfried Vögele Institut eine wertvolle qualitative Erweiterung der apparativen Wirkungs-Forschung durch die Augenkamera dar.

Neurophysiologische Werbewahrnehmungs- und Wirkungsforschung zielt darauf ab, anhand der ermittelten zeitlichen und räumlichen Aktivitätsmuster von Hirnregionen Aufschluss darüber zu geben, welche mentalen Prozesse bei der Informationsverarbeitung beteiligt sind. Dies wird ermöglicht, da psychologische Konzepte sich im Gehirn in bestimmten raum-zeitlichen Aktivierungsmustern abbilden. Folgende Fragestellungen können zum Beispiel mittels moderner bildgebender Verfahren beantwortet werden:

➤ Wie sollte ein Reiz beschaffen sein, damit er Hirnareale aktiviert, die für die Gedächtnisbildung oder für Emotionen relevant sind?
➤ Gehen bestimmten Verhaltensweisen des Konsumenten spezifische Gehirnprozesse voraus, welche ein Vorhersagen des späteren Verhaltens ermöglichen?
➤ Welche Reizeigenschaften begünstigen auf zukünftiges Konsumentenverhalten gerichtete Gehirnprozesse?

Welcher Reiz bewirkt welches Verhalten?

Zur Zeit befindet sich dieses Forschungsfeld noch weitgehend im Bereich der **Grundlagenforschung**. Bestehendes Wissen der Hirnforschung wird überprüft, validiert und ergänzt. So lassen sich die grundlegenden neuronalen Prozesse, die zum Verständnis der Informationsverarbeitung notwendig sind, besser und genauer beschreiben. Dies gilt im Wesentlichen auch für das Marketing: Auch hier stehen bislang bekannte Konzepte auf dem Prüfstand – wie zum Beispiel die Frage, inwieweit Marken tatsächlich als „Persönlichkeiten" gesehen werden dürfen (Yoon et al. 2006), wie Kaufentscheidungen vorhergesagt werden können (Knutson et al. 2007) oder wie Emotionen mit Marken in Verbindung stehen (Esch et al. 2008). Diese Überprüfung hat – wie beschrieben – zum Beispiel zu einer Neubewertung der Rolle von Emotionen im Entscheidungsprozess geführt. In Zukunft werden mit diesen Verfahren sicherlich auch marketing-relevante Konzepte wie Wünsche und Belohnungen oder Loyalität und Abwendung stärker in das Zentrum der Forschung rücken.

Aus den Erkenntnissen dieser spannenden, aber auch aufwändigen, Forschung einen Pradigmen-Wechsel für das Marketing abzuleiten, ist allerdings maßlos übertrieben. Auch in Zukunft wird es für die praktische Arbeit um **Product, Price, Place, Promotion** gehen, den „buy button" wird auch diese Forschung nicht finden. Die Erwartungshaltungen, die mit dieser neuen Methode einhergegangen waren, werden sicherlich auf ein vernünftiges Maß heruntergeschraubt werden müssen (vergleiche W&V 2008). Auch werden die etablierten bisherigen Forschungsmethoden – zum Beispiel Befragung, Beobachtung und Konsumerpanels – durch diese Forschung nicht obsolet. Neurophysiologische Wahrnehmungsforschung ist stattdessen eine sinnvolle Ergänzung dieser Methoden dort, wo es um Bewusstseinsinhalte geht, die mit den bekannten Methoden nicht oder nicht hinreichend gut erfasst werden können. Wenn Konsumenten zu ihren Gedanken und Gefühlen wenig Zugang haben oder diese nicht verbalisieren können und daher klassische Interviewkonzepte der Marktforschung das Konsumentenverhalten nicht hinreichend ergründen können, dann kann die neurophysiologische Forschung zu einem besseren Verständnis des menschlichen Erlebens und Verhaltens beitragen. Die Erkenntnisse über das Gehirn können wichtige Ansatzpunkte für die Umsetzung und Optimierung von Dialogmarketing-Maßnahmen liefern. Hier werden weitere Studien und Projekte in naher Zukunft neue Erkenntnisse hervorbringen und die wissenschaftliche Diskussion im Dialogmarketing nachhaltig befruchten.

Literatur

Camerer C., Loewenstein G., Prelec D.: Neuroeconomics: How Neuroscience Can Inform Economics. – In: Journal of Economic Literature, Vol. 43, (March), S. 9-64, 2005.

Damasio A. R.: Descartes' Irrtum. Fühlen, Denken und das menschliche Gehirn. – List, Berlin, 1997.

Esch F.-R. et al.: Wirkung von Markenemotionen: Neuromarketing als neuer verhaltenswissenschaftlicher Zugang. – In: Marketing (ZfP), Vol. 30, H. 2, S. 109-127, 2008.

Gigerenzer G.: Bauchentscheidungen. Die Intelligenz des Unbewussten und die Macht der Intuition. – Bertelsmann, München, 2007.

Gladwell M.: Blink! Die Macht des Moments. – Piper, München, 2007.

Kahnemann D.: Maps of Bounded Rationality: Psychology for Behavioral Economics. – In: American Economic Review, Vol. 93, H. 5, S. 1449-1475, 2003.

Kenning P.: Neuromarketing – Vom Hype zur Realität. Eine Standortbestimmung aus der Perspektive der Marketingwissenschaft. – In: Häusel H.-G. (Hrsg.): Neuromarketing. Erkenntnisse der Hirnforschung für Markenführung, Werbung und Verkauf. – S. 17-31, Haufe, München, 2007.

Kenning P., Plassmann H., Ahlert D.: Consumer Neuroscience – Implikationen neurowissenschaftlicher Forschung für das Marketing. – In: Marketing (ZfP), Vol. 29, H. 1, S. 55-67, 2007.

Knutson B. et al.: Neural Predictors of Purchases. – In: Neuron, Vol. 54 (January), S. 147-156, 2007.

Scheier Ch., Held D.: Wie Werbung wirkt. Erkenntnisse des Neuromarketing. – Haufe, München, 2006.

Weis S. et al.: Warum sind Prominente in der Werbung so wirkungsvoll? Eine funktionelle MRT-Studie. – In: NeuroPsychoEconomics, Vol. 1, H. 1, S. 7-17, 2006.

W&V (2008): Die Erwartungshaltung ist dramatisch überzogen. Interview mit Hans-Willi Schroiff. – W&V, H. 3, S. 34-35, 2008.

Yoon C. et al.: A Functional Magnetic Resonance Imaging Study of Neural Dissociations between Brand and Person Judgements. – In: Journal of Consumer Research, Vol. 33 (June), S. 31-40, 2006.

Zajonc R. B.: Feeling and Thinking: Preferences need no Inferences. – In: American Psychologist, Vol. 35, H. 2, S. 151-175, 1980.

Zak P. J.: Neuroeconomics. – In: Philosophical Transactions of the Royal Society, London (B), Vol. 359, H. 1451, S. 1737-1748, 2004.

ERKENNTNISSE DER GEHIRNFORSCHUNG IN DER PRAXIS ANWENDEN

CLAUS MAYER

4

Gehirnforscher haben in den vergangenen zehn Jahren Forschungsergebnisse aus dem Bereich der Kommunikation in Fachreferaten, Fachzeitschriften und Büchern publiziert. Viele dieser Ergebnisse weisen auf teils **dramatische Änderungen** hin, wie Kommunikation im Kopf stattfindet, wie Werbung tatsächlich wirkt und verarbeitet wird. Von Marketing- und Werbefachleuten, von Konzeptionisten, Textern und Grafikern werden diese neuen Erkenntnisse zur Wahrnehmung von Werbung bisher aber nur teilweise angenommen.

Neue Erkenntnisse werden nur teilweise angenommen

„Alte" Erfahrungen zur Werbewirkung richtig mit Neuem verbinden

Diese Verweigerung ist unverständlich. Neueste Erkenntnisse zeigen viele Irrtümer der bisherigen Werbewirkungs-„Regeln" auf. Zum Beispiel „Die alte AIDA auf den Müll" [1]. Und: neue Erkenntnisse bestätigen und stützen auch vier wichtige Grundlagen erfolgreicher Dialog-Kommunikation.

Erstens: Die **Entscheidung**, ob überhaupt, und wenn ja, mit welchen Signalen und Bedeutungen Werbung im Gehirn des Betrachters ankommt, wird weitgehend unbewusst getroffen und bewusstes Nachdenken erfolgt erst danach – auf Basis einer schon unbewusst getroffenen Vorentscheidung [2].

Zweitens: Die **Beachtungszeiten** von Werbung liegen im unteren einstelligen Sekundenbereich. In dieser kurzen Kontaktzeit wird die Entscheidung getroffen sich ausführlicher und länger mit den angebotenen werblichen Inhalten zu befassen.

Drittens: Die **Beachtungsbereiche** beim Aufnehmen von Werbung sind vom Rezipienten nicht beeinflussbar. Sie weichen aber deutlich von den subjektiven Einschätzungen ab, was, wie lange und in welcher Abfolge betrachtet wird.

Viertens: Nach wie vor zeigen aber auch die über viele Jahre bewährten **Praxiserfahrungen** Wirkung, wenn sie richtig angewendet werden. Das macht der Vergleich dieser Erfahrungen mit dem neuen Wissen der Gehirnforschung zur Wirkung von Werbung deutlich.

Praxiswissen mit theoretischen Entdeckungen verbinden

Die meisten der neuen, wegweisenden Erkenntnisse werden in ihrer Anwendbarkeit für die praktische Arbeit eindeutig bestätigt: Durch unzähligen Response-Messungen und -Analysen. Durch das umfangreiche Material aus Blickverlaufs-Aufnahmen und -Analysen, aus Kurzzeit-Belichtungen [3] und aus sogenannten Attention-Tracking Verfahren [4].

www.marketing-boerse.de/Experten/details/Claus-Mayer

Was bei klassischer Werbung greift, hilft auch dem Dialogmarketing

Die aktuellen wissenschaftlichen Erkenntnisse wie Werbung wirkt, basieren vielfach auf Untersuchungen klassischer Werbeträger und klassischer Werbemittel. Sie können jedoch ohne Abstriche auf alle **Dialog-Werbemittel** übertragen werden. Das zeigt sich besonders deutlich, wenn Testergebnisse von Dialog-Werbemitteln mit den wissenschaftlichen Erkenntnissen verglichen werden. Im Testlabor der gkk DialogGroup in Frankfurt, hat der Autor seit 2004 eine Vielzahl solcher Vergleiche durchgeführt. Einen erschwerenden Faktor gibt es allerdings: Dialog-Kommunikation muss fast immer erheblich mehr Informationen pro Betrachtungsfläche als die klassische Werbung transportieren. Dieser Umstand bedingt, die Ergebnisse aus Gehirnforschung und Praxis noch stringenter anzuwenden.

Dialog-werbemittel transportieren mehr Informationen als klassische Werbung

Alle Medien und Werbemittel profitieren vom aktuellen Wissen

Wahrnehmungsvorgänge beginnen unabhängig von Werbemedien und Werbemitteln immer in gleicher Weise. Die Erkenntnisse für die optimale Wirkung von Werbung gelten deshalb für alle **Kommunikationskanäle** und für alle Formen der Werbung in diesen Kanälen. Also in gleicher Weise für aus dem Briefkasten entnommene personalisierte Mailings wie für Response-Anzeigen und -Beilagen in Zeitungen oder Zeitschriften. Ebenso für Prospekte in Warensendungen und für Take-one-Boxes mit Response-Postkarten. Und natürlich für Internetseiten sowie für Großflächen, die über einen abgebildeten Semacode [5] Interaktion und den Dialog per Handy auslösen sollen.

Die wichtigsten Erkenntnisse als Basis für die Praxis

Zum besseren Verständnis der Anwendung der Ergebnisse in der **Praxis** sind nachfolgend die in diesem Zusammenhang wichtigen Erkenntnisse nochmals kurz aufgeführt. Entscheidend ist, das die Rezipienten

➤ die Signale [6] blitzschnell erfassen können,
➤ die Bedeutung der Signale verstehen und diese positiv bewerten,
➤ eine Belohnung in den Signalen erkennen,
➤ die räumliche Betrachtungs-Abfolge der wesentlichen Signale leicht nachvollziehen können,
➤ die weiterführende Beschäftigung mit den Details der Werbung schrittweise, das heißt in gehirngerechten [7] Bild/Text-Einheiten vornehmen können.

Klasse statt Masse – weniger Informationen und mehr Wirkung

Das Problem der Werbemittel in der Dialog-Kommunikation ist die Fülle an Informationen pro Betrachtungsfläche. Also das Informationsangebot auf der Anzeigen-Fläche, auf dem Anschreiben, auf der Prospekt-Titelseite und den Prospekt-Innenseiten, auf der Bildschirmfläche. Nur mit einer **Beschränkung** auf wichtige Schlüsselelemente ist eine gehirngerechte Positionierung und Gewichtung dieser Signale zu erreichen. Das gilt besonders für vorher erwähnte Betrachtungsflächen, die den ersten Kontakt mit dem Rezipienten herstellen. Da nur äußerst wenig Zeit für diesen ersten Kontakt „vom Gehirn bereitgestellt" wird, muss diese Beschränkung zwingend und konsequent erfüllt werden.

Beschränkung auf Schlüsselelemente

Bild- und Text-Aussagen präzise auf die Zielgruppen ausrichten

Wer nur wenige Informationen pro Wirkungsfläche geben kann, ist gefordert, in diese wenigen Informationen die für die Zielpersonen entscheidenden Fakten zu packen. Dabei hilft die Erkenntnis, dass das Gehirn die Augen, unbeeinflussbar, in Bruchteilen von Sekunden auf folgende **Elemente** lenkt:

➤ Bild(er),
➤ persönliche Daten, wie zum Beispiel den eigenen Namen oder Namen, die dem Rezipienten bekannt oder geläufig sind,
➤ Firmen-Logos,
➤ Headlines,
➤ Störer und auffällige oder gelernte Symbole,
➤ dominante grafische Elemente und Farbflächen.

Genaue Kenntnisse über die Zielpersonen sind wichtige Grundlagen

Festzulegen, welche dieser Gestaltungsbereiche die „entscheidenden Fakten" für den Beginn der Wahrnehmung transportieren sollen, ist eine wichtige Aufgabe vor jeder Umsetzung. **Grundlage** hierfür sind genaue Kenntnisse über die Zielpersonen. Diese reichen vom Wissen, welche Produktkenntnisse die Personen haben bis zu ihren Fähigkeiten, Wortbedeutungen richtig zu verstehen [8].

Je umfangreicher die Kenntnisse, desto präziser gelingt die Ausrichtung der Bildmotive, vor allem des so genannten Keyvisuals [9] und des Wordings [10] von Überschriften auf die Erwartungen.

Keyvisuals und Wording auf die Zielgruppe ausrichten

Überschrift-Funktion in diesem Sinne haben auch Textzeilen, die zwar keine besondere Schriftgröße aufweisen, aber eine räumlich wichtige Position beim Beginn der Wahrnehmung einnehmen. Dazu zählen Texte auf Umschlägen, die „Betreff"-Zeilen und das „PS" in Anschreiben (von Mailings), die Überschriften auf Websites und Einstiegszeilen in E-Mails.

Nur schnelles Erkennen garantiert verwertbare Wahrnehmung

Für den Beginn des Wahrnehmungsvorganges ist die ungeteilte **Aufmerksamkeit** des Rezipienten erforderlich. Die ausgewählten Signale und Gestaltungselemente bekommen diese Aufmerksamkeit jedoch nur, wenn sie äußerst schnell erkannt und aufgenommen werden können. Gutes „Erkennen" kann am besten durch eine räumlich isolierte, beziehungsweise klar abgesetzte Anordnung dieser

Klar abgesetzte
Anordnung der
Gestaltungs-
elemente

Gestaltungselemente erreicht werden. Das heißt, jedes Signal [6] wird auf der verfügbaren Betrachtungsfläche in einem optischen Freiraum platziert. Dabei ist zu beachten: Im natürlichen **Blickverlauf** wird das Auge vom Gehirn zunächst von oben nach unten gelenkt. Aber verschiedene Gestaltungs-Elemente beeinflussen den Blickverlauf stark:

➤ die Blickrichtungen abgebildeter Personen
➤ perspektivische Formen von Gegenständen in Abbildungen
➤ grafische Linien
➤ Farbverläufe und andere grafische Elemente,
➤ optisch auffällig verlaufende Texte.

Dies kann andererseits genutzt werden, um die Reihenfolge der Wahrnehmungspunkte für den Rezipienten zu „programmieren" [11].

Auf optische Kontraste und wenige Fixationen achten

Grafische Umsetzungen werden gerne mit sich überschneidenden Elementen angelegt. Zum Beispiel die Headline in der Abbildung, die Abbildungen als Hintergrund über die gesamte Betrachtungsfläche. Oder Überschneidungen von Abbildungen. Hier ist besonders auf gute **Kontraste** zu achten. Jedes Signal muss – durch Farb-, Form- oder Inhaltskontrast entsprechend gestaltet und platziert – für sich alleine eindeutig und gut erkennbar bleiben [12].

Dieses Umsetzungskonzept funktioniert jedoch nur, wenn auch die Gesamtmenge der abgebildeten Einzelelemente vom Rezipienten mit zehn bis fünfzehn **Fixationen** [13] erfasst werden kann. Mehr Zeit bleibt in der Regel für den ersten Orientierungs-Kontakt nicht [14].

Den Andockflächen ausreichend Raum geben

In der Praxis hat sich bewährt, dem Werbemittelbereich, der den Dialog mit der Zielgruppe „eröffnen" soll, ausreichend Raum zu geben. Diese **Andockflächen** [15] müssen den Augen bei den ersten Orientierungs-Kontakten das Erkennen und Aufnehmen der wichtigen Signale so leicht wie irgend möglich machen:

Bei **Response-Anzeigen** muss mindestens ein Drittel der Gesamtfläche für Keyvisual, Headline und maximal zwei weitere Elemente (zum Beispiel Subline, Logo, Störer) eingesetzt werden. Das gilt für doppelseitige und einseitige Formate; ebenso aber für alle kleineren Anzeigen bis etwa eine Viertel-Seite Zeitschriftenformat und eine Achtel-Seite Zeitungsformat. Noch kleinere Formate sind erfahrungsgemäß als Dialog-Anzeigen (mit Response-Funktion!) nicht geeignet.

Reduktion der
Inhalte und
Vergrößerung der
Andockflächen

Dieses Raumkonzept ist in der Praxis nicht einfach zu realisieren. Response-Anzeigen müssen außer dem Response-Element meist noch umfangreiche Detail-Informationen geben. Die Erfahrung zeigt jedoch: eine deutliche Reduktion der Anzeigen-Inhalte zugunsten größerer Andockflächen ist in jedem Fall die responsestärkere Lösung.

Bei Response-**Print-Beilagen** [16] müssen vier Fünftel der Titelseite den Signalen für die ersten Orientierungs-Kontakte gegeben werden. Das gilt für alle Formate zwischen DIN A3 und etwa DIN A6. Auf dieser Fläche sollten nicht mehr als drei bis fünf Signale (entsprechend den oben erwähnten zehn bis fünfzehn Fixationen) platziert sein. Das verbleibende Rest-Fünftel kann, als separater optischer Raum, für ergänzende Informationen genutzt werden. Diese werden jedoch meist erst später, also nach den Orientierungs-Kontakten, wahrgenommen.

Für **(Mailing-)Prospekte** ist im Prinzip das gleiche Titelseiten-Flächen-Konzept wie bei Print-Beilagen anzuwenden. Obwohl hier die Wahrnehmung durch die voran gegangene Beachtung des Umschlages sowie des Anschreibens bereits positiv aktiviert sein kann.

In vielen Fällen wird der durch Format und Farbigkeit meist attraktivere Prospekt vor dem – oft leseunfreundlichen – Anschreiben wahrgenommen.

Das Konzept mit wenigen, aber für den Rezipienten wesentlichen Signalen, hat sich bei **allen Print-Werbemitteln** bestens bewährt. Dabei gilt: Die Andockfläche muss ausreichend groß sein. Und umso mehr Flächenanteil bekommen, je stärker das Umfeld des Werbemittels, beziehungsweise die Distributions-Situation, die Wahrnehmung erschweren oder stören könnten [17].

Besondere Aufmerksamkeit muss dem **Anschreiben** gewidmet werden. Als persönlichster Teil eines Mailings, durch den Namen des Rezipienten und eventuell weiterer persönlicher Merkmale, ist eine hohe Andockbereitschaft in der Regel gegeben. Und: die Aufnahme des eigenen Namens aus der Anschrift oder der Anrede ins Gehirn erfolgt besonders schnell und löst eine verstärkte Gehirn-Aktivität aus.

Wichtigstes Signal für den Beginn der Kommunikation ist im Anschreiben zunächst die Gesamt-Optik: Sympathisch? Freundlich? Wenig Lesearbeit? Bekannt – unbekannt? Schon nach diesen Signalen kann unbewusst über „weitermachen" oder „weglegen" entschieden sein. Es folgen in der Wahrnehmung **auffällige Elemente**. Allerdings nicht zwingend in der Reihenfolge der folgenden Aufzählung:

➤ Die Adresse,
➤ der Briefkopf, zum Beispiel mit einem Personenfoto,
➤ das Firmenlogo,
➤ die einzeilige(!) „Betreff"-Zeile mit der starken Wirkung einer Überschrift,
➤ die Unterschrift,
➤ das idealerweise einzeilige(!) „PS".

Die Möglichkeiten in elektronischen Medien – zum Beispiel im **Web** – Signale zu setzen, sind ungleich vielfältiger als im Print-Bereich. Das breite Präsentations-spektrum aus Bild, Text, Animation, Video und Ton sowie uneingeschränkten grafischen Gestaltungsformen, Navigationsmöglichkeiten und Hierarchien ist aber „gefährlich". Gefährlich, weil zu viel Vielfalt in der Darstellung schnell zu Irritation und Unübersichtlichkeit führt. Da sich der Nutzer im Web aber sehr schnell zurechtfinden will, braucht er zunächst einfache Strukturen nach denen er sich orientieren und nach denen er vorgehen kann.

Vergleichende **Praxis-Tests** von Web Sites [18] im Testlabor der gkk DialogGroup haben gezeigt: Erstens: Auf den Home- und Landing-Pages der ersten Hierarchie ist **Übersichtlichkeit** mit wenigen, aber Nutzer gerechten Signalen oberstes Gebot. Und mit Sicherheit die bessere Lösung. Hier punkten besonders die Klarheit der Navigation und der verwendeten Begriffe. Analog kann auch eine wichtige Print-Erfahrung auf das Web-Format übertragen werden: Weniger Informationen und weniger Bewegtes und weniger Animation bringen im Effekt mehr Wahrnehmungs-Erfolg.

Zweitens: Es gelten – von einigen technisch bedingten Abweichungen abgesehen – die gleichen Regeln wie im Print. Das gilt für die Wirkung von Abbildungen und für typografische Lösungen. Das gilt für Farben, für das Wording und ebenso für das Verstehen von Wortbedeutungen. Allerdings müssen die **Regeln** noch stringenter angewendet werden. Bis zu 25 Prozent langsameres Lesen [19], breite, querformatige Seitenflächen, Scroll-Erfordernisse und durch das Medium bedingte Wiedergabe-Einschränkungen erleichtern nicht gerade die Aufnahme.

Online wird ein Viertel langsamer gelesen

Zusammenfassung und Praxis-Tipps

Schnelles Erkennen und leichtes Aufnehmen von Bild-, Text- und Bewegt-Informationen sind die Voraussetzungen für eine erfolgreiche Dialog-Kommunikation und damit dem Response-Erfolg. Denn nur das Erkennen und Aufnehmen ermöglichen es dem Rezipienten

➤ die Bedeutung von Signalen zu bewerten,
➤ Belohnungen in den Signalen aufzuspüren,
➤ und so einen weiterführenden Beschäftigungswunsch im Gehirn auszulösen.

Wie Bedeutungen im Gehirn entstehen und wie Belohnungen wirken, lesen Sie am besten in den Büchern von Scheier/Held [1] [2].

Viele der folgenden Praxis-Tipps sind seit Jahren bekannt, werden immer wieder publiziert. Neu ist: Gehirnforschung, Blickverlaufs-Analysen und anderen Wahrnehmungs-Verfahren untermauern die Wirksamkeit dieser Praxiserfahrungen. Vielleicht verhilft ihnen dieser Umstand demnächst zu mehr Akzeptanz und stärkeren Berücksichtigung in der **Dialog-Praxis**.

Die vorrangig von den Augen erfassten **Signal**e sind:
➤ Bilder.
➤ Headlines – auch „Betreff"-Zeilen und das „PS" in Anschreiben.
➤ Name / Vorname / persönliche Daten.
➤ Optische Hervorhebungen: Formen, Farbflächen, Symbole.
➤ Briefköpfe [20].
➤ Logos [20].
➤ Bildunterschriften.
➤ Handschrift und handschriftliche Textteile [21].

Im ersten Orientierungs-Kontakt, mit einer **Dauer** von Sekunden [14], werden nur drei bis fünf Signale wahrgenommen. Entscheidend für das **Erkennen** der Signale im Orientierungs-Kontakt ist die Größe der Andockfläche [15] in der sie platziert sind:

➤ mindestens ein Drittel der Gesamtfläche bei Response-Anzeigen.
➤ etwa vier Fünftel der Fläche von Titelseiten bei Response-Beilagen, Mailing-Prospekten, Verteil-Prospekten, Flyern, Handzetteln.
➤ Bei anderen Response-Print-Werbemitteln muss die Andockfläche umso mehr Flächenanteil bekommen, je stärker das Umfeld des Werbemittels, beziehungsweise die Distributions-Situation, die Wahrnehmung erschweren oder stören könnten [17].

Bilder, speziell in Andock-Bereichen, müssen eine klare Aussage übermitteln und in ihrer Bedeutung eindeutig sein für den Rezipienten.

Am wichtigsten ist das zweifelsfreie Verstehen

Das **Wording** in Headlines, also die Bedeutung jedes Wortes, muss mit hundert Prozent verstanden werden. Das gilt auch für die Wortwahl in den „Betreff"-Zeilen und dem „PS" in Anschreiben. Entscheidend für das Verstehen ist der Wissensstand des Rezipienten. Nicht der des Texters! [22].

Der **Blickverlauf** in den Andock-Flächen kann durch eine entsprechende Ausrichtung bildhafter oder grafischer Elemente beeinflusst [10] [11] werden. Der Wahrnehmungs-Ablauf für den Rezipienten kann auf diese Weise „vorprogrammiert" werden.

Die Hintergrund-**Gestaltung** beeinflusst das Erkennen und das Aufnehmen von Signalen erheblich. Vermieden werden sollten:

➤ kontrastarme Überschneidungen wichtiger Signale.
➤ helle Headline-Schriften über Abbildungen.
➤ in Abbildungen hinein oder aus Abbildungen heraus laufende Headlines.
➤ kontrastarme Headline-Schriften auf variierendem Farb-Hintergrund und auf gesoftetem Bild-Hintergrund.
➤ ein Wechsel der Schriftfarbe oder der Schrifttype innerhalb der Headline.

Headlines werden am besten erkannt (Lesbarkeit), wenn sie einzeilig sind, aus ein- und zweisilbigen, und nicht aus mehr als circa zehn Wörtern bestehen [22].

Headline-**Schriften** sollten in einer Schrift-Type gesetzt sein

➤ mit genügend Buchstabenabstand (Laufweite).
➤ deutlichem Unterschied zwischen Ober- und Mittellänge.
➤ genügend Wortabstand.
➤ bei mehreren Zeilen, mit gutem optischen Zeilenabstand.

Bei normaler Headline-Typografie besteht kein Unterschied in der Lesbarkeit zwischen Serifenschriften und serifenlosen Schriften.

Die **Farbe** der Headline muss sich deutlich vom Hintergrund abheben. Helle Headlines auf sehr dunklem, gleichmäßigem Grund (negative Schrift), unterstrichene Headlines und Headlines mit Umrandung des ganzen Satzes sind besonders gut lesbar.

Bildung und Wissen des Empfängers berücksichtigen

Headlines werden am sichersten aufgenommen (Verständlichkeit), wenn sie Bildungsgrad und **Wissenstand** des Rezipienten (bezogen auf den Textinhalt) berücksichtigen [23].

Ordnung ist in den mit vielen Informationen gefüllten Dialog-Werbemitteln einer der wichtigsten Wirkfaktoren um eine schnelle Wahrnehmung zu gewährleisten. Zahlreiche bewährte Gliederungs- und Ordnungs-Werkzeuge können diese Ordnung optisch signalisieren. Dies ist besonders in den Andock-Bereichen wichtig, aber auch für alle in der Orientierungsphase in die Wahrnehmung mit einbezogenen Flächen.

Perspektivische Darstellungen ziehen die Augen besonders an und fördern ein schnelles Erkennen. Produkte/Gegenstände deshalb plastisch abbilden mit Tiefe und Schatten. Perspektive nicht mit über der Abbildung liegenden „fliegenden Etiketten" (Störer) verdecken!

Überfüllung – auch „geordneter" Flächen – hemmt massiv die Lust zur weiteren Beschäftigung. Überfüllung wird in vielen Fällen schon in der Orientierungsphase als negatives Erlebnis (unbewusst) bewertet. Grundsatz: Weniger Informationen erzielen im Endeffekt eine bessere Wahrnehmung und mehr Wirkung beim Rezipienten!

Das Lesen soll eine Freude sein

Leselust kann die Beschäftigung mit Werbung deutlich verbessern. Selbst interessante Inhalte werden aber gar nicht oder nur teilweise gelesen, wenn die gewählte Schrift

➤ zu klein für das Lesevermögen der Zielgruppe ist [24].
➤ eng laufend ist (Narrow Versionen).
➤ zu fett ist (Buchstabenabstand „verwischt").
➤ farbig ist, ohne ausreichenden Kontrast zum Untergrund.
➤ negativ gedruckt ist.

Eine Kombination dieser negativen Einflüsse führt in der Regel zur Lese-Verweigerung.

Praxis-Tipps:

➤ Textspalten anlegen + Spalten mit vertikalen Linien trennen
➤ 40 bis maximal 60 Anschläge pro Zeile sind optimal lesbar
➤ keine zu schmalen Spalten (= weniger als 25 Zeichen)
➤ Textspalten durch Absätze untergliedern
➤ 5 bis maximal 15 Zeilen pro Absatz
➤ Absätze mit (einzeiligen) Zwischenüberschriften versehen

Wichtiges deutlich und gezielt hervorheben, aber sehr sparsam einsetzen:

➤ Störer, Pfeile, Formen, Rahmen, Markierungen
➤ Farb-Unterlegungen, Bulletpoints, Unterstreichungen
➤ farbige Schrift.

Literatur

[1] unter anderem in Scheier Ch., Held D.: Was Marken erfolgreich macht. – S. 169, ISBN 978-3-448-08610-2, Haufe, 2007.

[2] Scheier Ch., Held D.: Wie Werbung wirkt. – ISBN 3-448-7251-6, Haufe, 2006.

[3] Bei sogenannten Kurzzeit-Belichtungen werden Werbemittel für Bruchteile von Sekunden den Probanden gezeigt und anschließend wird abgefragt, was wahrgenommen wurde.

[4] Als Attention Tracking (™Media Analyzer) werden Verfahren bezeichnet, die es ermöglichen, mit bestimmten technischen Systemen, Aufmerksamkeits-Messungen an Werbemitteln online durchzuführen.

[5] Ein Semacode beinhaltet eine grafische Darstellung von Daten, die mittels entsprechender Software-Programme in Bild- und Text-Informationen umgewandelt und lesbar gemacht werden können.

[6] Unter Signale werden hier bestimmte Schlüssel-Elemente der Werbung verstanden: Bilder, Headlines, auffällig markierte Texte, Farben, Logos, Störer, farbige oder Bild-Hintergründe.

[7] Das Wort „gehirngerecht“ steht für eine visuelle Umsetzung, die leicht erfasst werden kann und deshalb schnell ins Gehirn gelangt. Der Ausdruck stammt aus V. F. Birkenbiehl, Stroh im Kopf, 43. Auflage, ISBN 3-478-08393-1, S.12, Gabal, 2004, mit Urheberrechtsvermerk ®.

[8] Scheier Ch., Held D.: Was Marken erfolgreich macht. – ISBN 978-3-448-08610-2, Haufe, 2007.

[9] Bezeichnung für das Hauptbildmotiv.

[10] Bezeichnung für eine bestimmte, auf die Zielgruppe abgestimmte Wortwahl in einer Überschrift oder in einem Text.

[11] Blickverlaufstests haben bewiesen: die Reihenfolge der von den Rezipienten aus der Zielgruppe wahrgenommenen Signale kann mit einer Sicherheit von etwa 85 Prozent vorgegeben werden.

[12] Blickverlaufstest haben gezeigt: die Reihenfolge der von den Personen aus der Zielgruppe wahrgenommenen Signale kann hier nur mit einer Sicherheit von unter siebzig Prozent vorbestimmt werden.

[13] Als Fixation wird die Standphase der Augen beim Aufnehmen von Bild oder Schrift bezeichnet. Sie dauert etwa ein Zehntel bis drei Zehntel Sekunden. Nur in dieser Standphase kann das Auge Informationen aufnehmen. Dabei wird nur der scharfe Wahrnehmungsbereich, in der Größe etwa einer Zwei-Euro-Münze im normalen Leseabstand, vom Gehirn verarbeitet. Der subjektiv noch wahrgenommene periphere Bereich wird nicht verarbeitet. Die Bewegungen der Augen von Standphase zu Standphase bezeichnet man als Sakaden.

[14] Forschung (Kröber-Riehl 1993, Ceyp 2003) und Praxis (TestLab der gkk DialogGroup 2007) haben folgende Richtzeiten für den ersten Orientierungskontakt ermittelt: einseitige Anzeige circa zwei Sekunden; sechsseitige Zeitschriften-Beilage fünf bis zehn Sekunden; DIN A4 Anschreiben bis circa zwei Sekunden; Mailing Umschlag ab circa zwei Sekunden.

[15] Wahrnehmungsvorgänge zwischen Rezipienten und Werbemittel sind nur möglich, wenn die Augen mindestens Sekundenbruchteile auf einem Signal verharren (siehe auch [13]). Dieser Vorgang wird hier als Andocken bezeichnet.

[16] Beilagen (mit Response-Funktion!) in Zeitungen, Zeitschriften, Warensendungen, Take-One-Boxes.

[17] Beispiele: Ausgelegte Handzettel oder Flyer, die nur im Vorbeigehen gesehen werden, Take-One-Boxes zum Herausnehmen von Prospekten, Schaufensterplakate.

[18] ©gkk DialogGroup/gkk Testlab, durchgeführt vom Autor für verschiedene Kunden aus den Branchen Telekommunikation, Automobil, Verlag, Versicherung in den Jahren 2005-2008.

[19] Manhartsberger M., Musil S., Web Usability. – ISBN 3-89842-187-2, Galileo Press GmbH, 2002 und andere.

[20] Allerdings eingeschränkt; abhängig von der Platzierung, der Größe und dem Bekanntheitsgrad beim Rezipienten.

[21] Nur bei sehr geringem Umfang und guter Lesbarkeit gegeben.

[22] Einfachheit, Kürze und Prägnanz sind wichtige Kriterien für die Verständlichkeit von Texten gemäß dem Modell zur Messung der Verständlichkeit von Langer, Schulz von Thun, Tausch (2002).

[23] Deutscher Direktmarketing Verband, Tagungsband zum 2. wissenschaftlichen interdisziplinären Kongress für Dialogmarketing, ISBN 978-3-9811531-2-5, 2007/2008.

[24] Je weniger Übung die Zielgruppe mit Lesen hat, desto größer sollte die Schrift sein, desto wichtiger werden der Buchstaben-Abstand und genügender Durchschuss (Zeilenabstand). Die Mindestgröße für ungeübte Leser beträgt zwölf Punkt. Für geübte Leser sind schon zehn Punkt Schriften gut lesbar. Bedingung ist aber eine Zeilenbreite von nicht mehr als sechzig Anschlägen.

Seit mehr als 100 Jahren versuchen Wissenschaftler, dem Wahrnehmungs- und Kaufverhalten des Menschen auf die Spur zu kommen. Als Hilfe hierzu dienten schon damals **apparative Verfahren**. Eines dieser Verfahren ist die Augenkamera, die bereits seit vielen Jahrzehnten Werbe- und Marketing-Profis fasziniert.

Anwendungsgebiete der Augenkamera für Werbetreibende

Mit Hilfe von Augenkamera-Systemen können grundsätzlich **alle visuellen Werbemittel** untersucht werden. Hierzu gehören

➤ Mailings

➤ Kataloge

➤ Prospekte

➤ Anzeigen

➤ Internetseiten

➤ TV-Spots

➤ Werbe-Videos

➤ Werbe-CD-ROMs

➤ Plakate

➤ POS-Werbung

Wie funktioniert die Augenkamera?

Die Augenkamera zeichnet die Bewegungen des Auges auf. Dazu wird das Auge mit infrarotem Licht (**IR-Lichtquelle**) beleuchtet, das die Testperson nicht wahrnimmt, und mit einer Schwarzweiß-Videokamera aufgezeichnet. Durch die Spiegelung des Infrarotlichts entsteht auf der Augenoberfläche ein Reflex, der je nach Stellung des Auges eine bestimmte Position hat (**Cornea-Reflex**). Als Referenz hierzu dient die Reflexion aus der Pupillenmitte. Nun hat man zwei Reflexe, die je nach Stellung des Auges in einem bestimmten Abstand und Winkel zueinander liegen. Das System wird nun mittels einiger Referenzpunkte auf dem Werbemittel **kalibriert**. Hierbei erfolgt ein Abgleich auf die Krümmung der Augenoberfläche und eine Synchronisation der Lage des Auges mit dem aktuellen Blick auf die Vorlage. Dabei wird das Signal der Schwarzweiß-Kamera (Auge) zu einem Computer geschickt, der daraus einen Cursor generiert. Über einen weiteren Eingang erhält der Computer das sogenannte **Stimulussignal** der entsprechenden Vorlage. Beide Signale (Stimulus und Cursor) werden im Computer „übereinander" gelegt (**Overlay-Funktion**). Damit ist es möglich, den Blick des Betrachters auf der Vorlage über einen Cursor sichtbar zu machen.

Das Auge als Cursor

Nutzen der Augenkamera für werbetreibende Unternehmen

Mit einem Augenkamera-Test können sich Unternehmen davon überzeugen, **wie die Zielgruppe deren Werbung wahrnimmt**. Die Augenkamera verfolgt dabei den Blickverlauf der Testperson auf dem Werbemittel und zeichnet ihn auf. So kann überprüft werden,

➤ wie lange die Zielgruppe Ihre Werbemittel betrachtet,

➤ welche Elemente beachtet und welche übersehen werden,

➤ wie intensiv und wie häufig einzelne Gestaltungs-Elemente beachtet werden,

➤ in welcher Reihenfolge die Elemente gesehen werden und

➤ wie die Zielgruppe mit den Werbemitteln umgeht (Handling).

Auf diese Weise können werbetreibende Unternehmen **wichtige Schlüsse** ziehen, zum Beispiel:

➤ wie die Vorteile Ihres Angebotes besser vermittelt werden können,

➤ welche Gestaltungs-Varianten mehr Erfolg versprechen und

➤ wie das Werbemittel erfolgreicher gestaltet und weiterentwickelt werden kann.

Augenkamera mit Befragung kombinieren

Für die Augenkamera-Untersuchung sollten Probanden aus der Zielgruppe des Werbemittels gewählt werden. Es empfiehlt sich weiterhin, die Augenkamera-Messung durch Methoden der Befragung zu ergänzen. Eine derartige **kombinierte Analyse** erfasst sowohl die Wahrnehmung der Probanden als auch die Wirkung der Werbung. Hierbei registriert die Augenkamera die **Wahrnehmung** des Werbemittels sowie das **Handling** über den Blickverlauf. Die Befragung ermittelt ergänzend **Einstellungen, Erinnerungen und Bewertungen** der Probanden.

Umsetzung in der Praxis

Auf den folgenden Seiten soll die praktische Umsetzung eines solchen Untersuchungs-ansatzes an **drei verschiedenen Case-Studies** verdeutlicht werden:

Case-Study 1: Kombinierter Untersuchungsansatz

Fünf Briefe vergleichen

Im Dezember 2005 beauftragte ein großer Versicherungs-Dienstleister das Siegfried Vögele Institut (SVI), insgesamt fünf Schriftstücke zu untersuchen. Diese bestanden im einzelnen jeweils aus Kuvert, Anschreiben, Formular zum Ausfüllen und passenden Erläuterungen. Der Versicherer wollte durch die Untersuchung einerseits allgemeine Erkenntnisse zu Wahrnehmung und Wirkung der Schriftstücke gewinnen. Andererseits sollten Filter und Verstärker in Text und Gestaltung identifiziert und Optimierungs-Ansätze aufgezeigt werden. Eine zentrale Frage in Bezug auf die vorliegenden Schriftstücke war: Wie gelingt die **Verknüpfung von Wahrnehmung und Handling**?

Die Studie

Mithilfe eines **ganzheitlichen Studiendesigns** sollten auch Antworten auf diejenigen Fragen möglich sein, die bei „konventionellen" Befragungsmethoden oftmals offen bleiben. Im vorliegenden Fall betrifft dies insbesondere die Untersuchung des Formulars als einen wichtigen Bestandteil des Schriftstücks.

Üblicherweise schließt sich an einen klassischen Augenkamera-Test eine persönliche Befragung an, die die Bereiche **Recall, Recognition** sowie **Likes** und **Dislikes** abdeckt. Der praktische Umgang mit dem Formular, der tatsächliche Prozess der Auseinandersetzung, wird damit nur unzureichend untersucht. In der beschriebenen Studie wurde daher ein kombiniertes Untersuchungsdesign aus Augenkamera, Befragung und ergänzender Beobachtung mit so genanntem postaktionalem **Lautes Denken** „Lautem Denken" gewählt. Die Untersuchung wurde im Nachgang durch eine separate Telefonbefragung ergänzt.

Vorgehen

Zu Beginn der Studie wurden zunächst Verständlichkeit der Schriftstücke und Aufmerksamkeits-Leistung von fünf Probanden mit der Augenkamera getestet. Der **Blickverlauf** wurde **beim Erstkontakt** mit den Schriftstücken sowie bei dessen späterer Bearbeitung des Formulars aufgezeichnet. Nach der ersten Aufzeichnung des Blickverlaufs beim Erstkontakt erfolgte eine Kurz-Befragung der Testperson. Hier wurden die „klassischen", bereits genannten Bereiche von Erinnerung und Beurteilung des Schriftstücks abgefragt. Anschließend erfolgte eine **zweite Blickaufzeichnung**, bei der das Formular einem „Praxis-Test" unterzogen wurde. Hierbei kam eine **Rollenspiel-Technik** zum Einsatz: Ein Mitarbeiter des SVI stellt sich als Bekannter/Verwandter der Testperson vor. Dieser hat Post von seiner Versicherung bekommen und fühlt sich damit überfordert. Er/Sie bittet daher den Probanden um Hilfe, sich die entsprechende Post ebenfalls anzusehen und bei der anschließenden Bearbeitung zu helfen, beziehungsweise das Ausfüllen zu übernehmen. Die dazu nötigen persönlichen Angaben zum Ausfüllen erhält die Testperson von dem SVI-Mitarbeiter anhand vorher festgelegter Daten („Dummy-Identität"). Mittels der beschriebenen Technik versucht man, Verständnisschwierigkeiten im Formular aufzugreifen, um gezielte Optimierungsvorschläge einzubringen. Während des Ausfüllprozesses wird der Blickverlauf weiterhin aufgezeichnet, um genau zu verfolgen, wie intensiv sich der Proband mit einzelnen Fragen auseinandersetzt und ob er zum Beispiel beigefügte Erläuterungen liest. Anschließend wurde der Testperson das gefilmte Material vorgeführt, um gezielt auf spezielle Punkte, die offensichtlich die größten Hürden darstellten, eingehen zu können. Hierbei **„kommentierte"** die Testperson die ihm/ihr vorgeführte Aufzeichnung, unter anderem den Umgang mit dem Mailing sowie das Ausfüllen des Formulars, gelenkt durch einen geschulten Mitarbeiter mittels spezieller Gesprächstechniken.

So zeigte sich zum Beispiel, dass Formulare, die in der ersten Befragung als leicht **Hürden beim** verständlich eingestuft wurden, Hürden aufweisen, die erst durch den Praxistest **Formular-** (tatsächliches Ausfüllen des Formulars) zutage treten. Dies kann in der Realität **ausfüllen** dazu führen, dass seitens der Versicherungsnehmer Reaktanzen bezüglich der Formulare entstehen. Diese können im schlimmsten Falle zur Verweigerung des

Ausfüllens und damit zu erhöhter Korrespondenz und auch höheren Kosten für das Unternehmen führen.

Im nächsten Untersuchungs-Schritt mussten insgesamt fünfzig Empfänger der Schreiben diese zusätzlich ausführlich **bewerten**. Dies erfolgte über eine **Telefonbefragung**. Hierdurch sollten ausführliche Erkenntnisse über die reale Empfangs- und Bearbeitungssituation gewonnen werden.

Die Ergebnisse

Die Ergebnisse aus der Augenkamera-Aufzeichung, den beiden Befragungen und dem „Praxis-Test" unter Anwendung des Rollenspiels mit „Dummy-Identität" führte zu überraschenden Ergebnissen. Dem Unternehmen konnten umfangreiche Optimierungs-Empfehlungen gegeben werden. So evaluierten die Probanden im Rahmen der Befragung die Schreiben laut eigener Einschätzung und Wahrnehmung als leicht verständlich. Die ergänzende Beobachtung, in welcher die Probanden ein Formular selbstständig bearbeiten mussten, zeigte allerdings etwas anderes. Hier stießen die Probanden teils auf erhebliche Schwierigkeiten und Hürden, die ihnen im Rahmen der vorherigen Befragung gar nicht bewusst waren. Diese äußerten sich vor allem in **Verständnisproblemen** und in **Leserfragen**, die das Formular nicht ausreichend klären konnte. Derartige Hürden bergen die potenzielle Gefahr in sich, dass **Reaktanzen**, schließlich eine Wahrnehmungsverweigerung beim Leser aufgebaut werden. Die gravierendste Folge: Eine nähere Beschäftigung mit dem Formular findet nicht mehr statt.

Das SVI half dem Versicherungsunternehmen dabei, Barrieren für die Zukunft zu minimieren. Hierzu wurden die **Formulare für ein einfacheres Handling** optimiert.

Die Untersuchung zeigt weiterhin deutlich: Eine Kombination und **sinnvolle Orchestrierung verschiedener Testverfahren** gibt Antworten auf Fragen, die mit „konventionellen", einstufigen Testdesigns offen bleiben würden. Diese besteht beispielsweise aus Befragung, apparativen Verfahren (Augenkameratest) und einer detaillierten Handlungsüberprüfung. Durch den breiten Untersuchungsansatz können wesentlich detailliertere – und damit **validere und verlässlichere** – **Testergebnisse** geliefert werden. Dies bedeutet für das Unternehmen: Wirkungsvolle Handlungsempfehlungen für effektivere und effizientere Kommunikations-Maßnahmen.

Case Study 2: Ein Store Check mit der Augenkamera

Im Auftrag einer großen Handelsgruppe setzte das SVI die Augenkamera erstmals in einem Großmarkt ein, um die **Werbewirkung der Point-of-Sale-Gestaltung** zu untersuchen.

Im Zuge einer Modernisierung wurde dort ein farbliches und grafisches **Orientierungs-System** eingeführt, das die einzelnen Abteilungen voneinander abgrenzt. Weitere Informations-Möglichkeiten an den Regalköpfen sowie Banner und Stopper an den einzelnen Regalen kamen hinzu. Parallel zu diesen PoS-Maßnahmen versendet der Handelskonzern alle 14 Tage als Direktmailing ein Hausprospekt. Die grafische Umsetzung des **Prospekts** enthält hervorgehobene Abbildungen und

Preisangaben sowie sonstige Akzentuierungen, die bestimmte Waren prominent platzieren. So soll der Bedarf des Kunden geweckt werden.

Die Aufgaben-Stellung bestand darin, nach Eröffnung des modernisierten Groß-marktes zu ermitteln, **wie sich Kunden am neu gestalteten Point of Sale (PoS) zurechtfinden**. Wird das Orientierungs-System genutzt? Wie nimmt der Kunde die beworbene Ware aus dem Prospekt wahr? Wird sie überhaupt gefunden? Außerdem soll untersucht werden, **ob** die **Prospekt-Gestaltung die gewünschte Wirkung erzielt**.

Wie finden sich Käufer im Laden zurecht?

Die Studie

Als Lösungs-Ansatz entwickelte die Dialog Forschung des SVI zusammen mit dem Auftraggeber ein Untersuchungs-Design für den Großmarkt. Dabei wurde mithilfe einer **mobilen Augenkamera** der Blickverlauf von Testkunden während des Aufenthalts im Ladengeschäft aufgezeichnet. Auf diese Weise konnten Stärken und Schwächen des neuen Orientierungs-Systems aufgedeckt werden. Die Forscher sind auf die Messung der Wahrnehmungs-Leistung von Dialog-Medien spezialisiert. Anhand der Analyse-Ergebnisse formulieren die Experten konkrete Optimierungs-Empfehlungen. Ein Augenkamera-Test war zuvor bereits erfolgreich zur **Optimierung des Prospekts** durchgeführt worden.

Vorgehen

Eine wesentliche Herausforderung bestand darin, die Untersuchung während der regulären Öffnungszeiten durchzuführen, ohne die Abläufe im Markt zu behindern. Die **Tests** mussten also in **Echtzeit** durchgeführt werden. Die zehn Probanden waren zuvor anhand von typischen Zielgruppen-Merkmalen ausgewählt worden. Sie erhielten bestimmte Aufgaben, etwa die Suche nach einem speziellen Wein, der im Prospekt beworben wurde, oder das Auffinden von Informationen zu einem im Markt angebotenen Artikel. Mittels Aufzeichnungs-Geräten, mobiler Stromversorgung und vor Ort installierten Computern konnten die Blickverläufe beim Lösen der Aufgaben kontinuierlich aufgezeichnet werden. Nach der **Einkaufs-Tour** wurden alle Probanden zusätzlich zu ihren persönlichen Eindrücken befragt.

Die Ergebnisse

Die Auswertung von sechs Stunden Blickverlaufs-Aufzeichnung und circa vierhundert Seiten Befragungs-Protokoll lieferte unter anderem Aufschluss darüber, welche **optischen Hilfsmittel im Markt** die Suche nach Artikeln aus dem Prospekt erleichtern. Ebenso konnte ermittelt werden, wie viele Personen alle genannten Artikel gefunden hatten. Im Untersuchungs-Bericht wurden sowohl die Stärken als auch die **Optimierungs-Potenziale** des neuen Orientierungs-Systems beschrieben.

Orientierungs-system hilft, neue Produkte schneller zu finden

Für die Gestaltung des Point of Sale bedeutet das beispielsweise:

➤ Wiedereinführung bestimmter Formen der Preis-Ausschilderung.

➤ Optimierung der Dekoration.

➤ Einsatz zusätzlicher Informations-Elemente.

Case-Study 3: Layouttest einer Tageszeitung

Wer eine Zeitung macht, kommuniziert jeden Morgen mit seinen Lesern. Doch ob es ein Dialog oder eher ein Monolog wird, entscheidet sich daran, ob die zu ermittelnden Botschaften der Autoren auch tatsächlich den Leser erreichen. Damit sich der Leser für eine bestimmte Zeitung entscheidet, müssen neben dem Inhalt auch der **Aufbau und** die **Übersichtlichkeit** des Mediums stimmen. Deswegen müssen dem Leser einer Zeitung stets ausreichend **Orientierungshilfen** offeriert werden. Anhand deren sollte der Leser die Vielzahl der gebotenen Informationen leicht auswählen und sich einen **schnellen Überblick** verschaffen können, wo er welche Information findet.

Die betreffende Zeitung verfolgt ihr einheitliches Grund-Layout bereits seit 1997. Sie erscheint mit einer Gesamtauflage von 220.000 Exemplaren in zwölf regionalen Haupt- und sieben Unterausgaben im Norden von Rheinland-Pfalz. Das Verlagshaus mit Sitz in Rheinland-Pfalz arbeitet kontinuierlich daran, die **Leser-Blatt-Beziehung** zu **stärken**. Ein Kriterium für die Akzeptanz der Leser ist ein gelungenes Layout. Vom Aufbau der Zeitung und der Übersichtlichkeit der Seiten hängt es ab, wie gut sich die Leser in ihrer Tageszeitung zurechtfinden. Um zu überprüfen, ob das 1997 entwickelte Layout der Zeitung die Vermittlung der redaktionellen Botschaften optimal unterstützt, nutzte der Verlag als einer der ersten der Branche den Augenkamera-Test des SVI. Die Methode ist in der Werbemittelforschung schon lange gängige Praxis und eignet sich auch zur Überprüfung der Wirksamkeit von Zeitungslayouts. Allerdings wird sie im Verlagswesen bisher noch selten eingesetzt.

Leser lieben eine übersichtliche Zeitung

Die Studie

Für die SVI-Studie wurde der Blickverlauf von fünfzehn Probanden beim Lesen der zu testenden Zeitung aufgenommen. Als Probanden dienten zehn Abonnenten und fünf Nicht-Abonnenten im Alter von 18 bis 60 Jahren und aus den verschiedensten Berufszweigen und Funktionen (zum Beispiel Schüler, Mathematiker, Hausfrau).

Vorgehen

Im Rahmen des Untersuchungsaufbaus wurden die Testpersonen gebeten, die Tageszeitung so zu lesen, wie sie es auch im Alltag tun würden. Währenddessen wurde der **Blickverlauf** der Probanden aufgezeichnet. Anschließend stellte man ihnen in einer persönlichen Befragung **fünf gezielte Aufgaben**, die wertvolle Hinweise zum Verständnis der Zeitung liefern sollten. Diese waren im Einzelnen:

➤ Wo steht das Wetter?

➤ Wo stehen die Leserbriefe?

➤ Wo gibt es rasche Informationen über die wichtigsten Lokalthemen?

➤ Wo steht der Kommentar zum Titelthema?

➤ Die Zeitung anrufen – wo steht die Nummer?

Bei der Bearbeitung der gestellten Aufgaben wurde der Blickverlauf weiterhin aufgezeichnet.

Anschließend wurde über zwanzig Stunden Aufzeichnungsmaterial der fünfzehn Probanden eingehend analysiert.

Die Ergebnisse

Die Kombination aus **Augenkamera-Test, Aufgabenbearbeitung und Befragungen** brachte wichtige Erkenntnisse für die betreffende Zeitung.

Ein zentrales Resultat der Studie: Für die Lesequote sind **Schlüsselwörter**, die sofort zu erfassen sind, wichtiger als farbige Bilder und ausgeklügelte Formulierungen. Denn Zeitungsleser suchen die Seiten schnell und sprunghaft nach Schlüsselworten ab, wie der Augenkamera-Test dokumentierte. Fanden die Probanden keine interessanten Schlüsselwörter, legten sie die Zeitung bald beiseite. Wenn sie den Einstieg ins Lesen aber einmal gefunden hatten, beschäftigten sie sich intensiv mit den Artikeln. Entsprach ein Thema ihren **Interessen**, lasen die Testpersonen auch lange Artikel ohne Bilder. Zwar konnte nachgewiesen werden, dass Bilder die Auseinandersetzung der Leser mit dem Text unterstützen, doch die **Verweildauer des Auges auf Fotos** und Logos war eher kurz. Dies überraschte die Blattmacher und SVI-Experten gleichermaßen, da sie von der Annahme ausgingen, Bilder weckten grundsätzlich die größte Aufmerksamkeit. Die **Bildunterschriften** hatten für die Leser dagegen einen wesentlich höheren Stellenwert als vermutet. Passten die Erläuterungen nicht recht zum Foto, sank die Lesequote. Seltener als die Redaktion erwartet hatte, nutzten die Leser auffällig platzierte Anreißer und **Info-Kästen**.

Worte besser als Bilder

Die Blickverlaufaufzeichnungen bestätigten, dass die Leser gut auf das **Farbleitsystem** der Zeitung reagieren. So wie die farbigen Gestaltungselemente auf den Lokalseiten immer blau und im Sportteil rot sind, wurde allen Ressorts eine bestimmte Farbe zugeordnet. Jedoch steuerten die wenigsten Probanden die Seitenköpfe, Rubrikenzeilen und Verweise auf weitere Artikel an, die ebenfalls der Orientierung dienen. So haben die meisten Versuchspersonen die Zeitung aufs Geratewohl durchblättert, als sie die fünf Test-Themen in der Ausgabe suchten. Deshalb will die Zeitung die **Navigationshilfen** weiter **verbessern**. Außerdem sollen bestimmte Informationen künftig Tag für Tag an der gleichen Stelle behandelt werden. Denn was nicht täglich erscheint und am **gleichen Platz** steht, wird von den Lesern nicht als regelmäßiges Informationsangebot wahrgenommen, so eine weitere Erkenntnis der Studie.

Farbleitsystem hilft

Literatur

Block A.: Die Blickregistrierung als psycho-physiologische Untersuchungsmethode. – Hamburg, 2002.

Duchowski, A. T.: Eye-Tracking Methodology: theory and practice. – London, 2003.

Vögele, S.: Dialogmethode: das Verkaufsgespräch per Brief und Antwortkarte. – Landsberg/Lech, 2002.

Vögele S.: 99 Erfolgsregeln des Direktmarketing. – Landsberg am Lech, 2003.

TESTS IM DIALOGMARKETING
MARKUS SCHÖBERL

Testen statt tasten

Testen! Testen! Testen! [1] formuliert Professor Vögele eine Art kategorischen Imperativ für das Dialogmarketing. Und prägnanter könnte man die zentrale Rolle, die das Instrument Test für jede erfolgreiche Direktmarketingstrategie spielt, nicht formulieren. Denn nur mit einem Test kann die wichtigste Frage, die an jede Werbemaßnahme zu stellen ist, fundiert und direkt beantwortet werden: die Frage nämlich, ob und wie gut die Werbemaßnahme wirkt.

So einfach diese Frage ist, so wenig wird sie von der klassischen **Werbewirkungs-forschung** beantwortet. Wie die meisten marktforscherischen Ansätze ist auch die Werbewirkungsforschung eine Erforschung von Indikatoren. Denn das zu untersuchende Phänomen (die Wirkung der Werbung) lässt sich mit Marktforschungs-Methoden nicht direkt messen. Stattdessen misst Werbewirkungsforschung Indikatoren, also indirekte Anzeichen für Werbewirkung (Wiedererkennungswerte, Blickverläufe, Kaufabsichten). Es wird zum Beispiel gemessen, ob sich ein Befragter an eine Werbung erinnert, ob sie ihm auffällt und gefällt oder auch, ob er sagt „Ja, Produkt XY würde ich kaufen, nachdem ich diese Werbung gesehen habe". Damit ist aber immer noch die Frage offen, ob er das tatsächlich in die Tat umsetzt, wenn sein Geldbeutel betroffen ist. Zwischen Absichtserklärungen gegenüber einem Marktforscher und realen Handlungen besteht ein großer Unterschied. Die genannten Antworten sind darum nur Indikatoren. Der Kauf selber aber ist die relevante Messgröße. [2]

Absichts-erklärung ist noch keine Response

Und genau an dieser Stelle kommt das Instrument Test ins Spiel. Denn „in einem Test wird eine Werbeaktion in einer kleinen Gruppe, einer Stichprobe, durchgeführt mit dem Ziel, die Testergebnisse auf die große Gruppe, aus der die Stichprobe stammt, übertragen zu können." Ein Test ist „eine Versuchsanordnung für Werbeaktionen in kleinem Rahmen mit dem Ziel, deren Eignung für einen späteren Full Run zu beurteilen." [3] Im besten Fall ist ein Test eine verkleinerte Form der zu prüfenden Werbemaßnahme. Eine verkleinerte aber nichtsdestotrotz ganz reale Werbeaktion. Und das Ergebnis der verkleinerten Maßnahme kann dann fundiert auf den späteren **Full Run** hochgerechnet werden.

Mit Stichproben testen

Ein typischer Test besteht beispielsweise in der Aussendung von 10.000 Mailings an eine **repräsentative Stichprobe** aus einer Adressdatei mit insgesamt einer Million Adressen. Für die Empfänger der 10.000 Testmailings ist nicht zu erkennen, dass sie Bestandteil eines Tests sind. Darum werden sie auf das Mailing genau so reagieren, wie auch die 990.000 verbleibenden Adressen aus der Gesamtdatei reagieren würden, wären sie auch angeschrieben worden. Und darum kann man im

www.marketing-boerse.de/Experten/details/Markus-Schoeberl

Umkehrschluss sehr leicht folgern, wie diese 990.000 Adressen reagieren werden, wenn man ihnen das gleiche Mailing im Rahmen eines Full Run zusendet.

Jede andere Form, das zu testende Mailing auf seine Wirksamkeit zu untersuchen, ist auf Indikatoren angewiesen. Man kann den Blickverlauf beim Lesen des Mailings mit Hilfe einer Augenkamera untersuchen oder eine Gruppendiskussion zu den Mailinginhalten durchführen. Auch eine Befragung potentieller Empfänger des Mailings, welche Reaktionen bei ihnen durch das Werbemittel ausgelöst würden, ist denkbar. Das alles sind Verfahren um wertvolle Anhaltspunkte für die Einschätzung der möglichen Wirkung des Mailings zu gewinnen. Aber eben nur Anhaltspunkte, Indikatoren. Auf dieser Basis verbleiben erhebliche Unsicherheiten über die tatsächliche Wirkung. Diese Verfahren ähneln einem Tasten im Dunkeln. Nicht so ein Test: dieser ist immer eine ganz reale Maßnahme mit ganz realen Ergebnissen.

Warum Tests so wichtig sind

Jedem Marketingmanager steht nur ein **begrenztes Budget** zur Verfügung. Für ein erfolgreiches **Marketingmanagement** ist es darum von zentraler Bedeutung, die verfügbaren Mittel bestmöglich einzusetzen. Aus vielen und oft ganz unterschiedlichen Werbeansätzen gilt es darum, mit größtmöglicher Sicherheit diejenigen auszuwählen, die die besten Ergebnisse erwarten lassen.

Jede Werbemaßnahme beruht zunächst nur auf **Annahmen** über die damit erreichbare Wirkung. Und es besteht eine erhebliche **Unsicherheit** in Bezug auf diese Annahmen. Es wäre ausgesprochen fahrlässig, die Entscheidung über die Verwendung des **Marketingbudgets**, die so genannte **Mittelallokation**, ausschließlich auf Pläne und Annahmen zu stützen. Es ist im Gegenteil die Aufgabe jedes sorgfältigen Marketingmanagers, die bestehende Unsicherheit so weit wie möglich zu reduzieren. Und ein Test ist für Dialogmarketingmaßnahmen immer die bestmögliche und sicherste Form dieser Prüfung.

Das gilt nicht nur für neue Ideen und Werbeansätze. Nahezu jede Fragestellung, jede Idee, jede Variation einer im Grundsatz bereits erfolgreich eingesetzten Aktion kann getestet werden. Und weil das Bessere der Feind des Guten ist, ist die stete Suche nach dem erfolgreichsten Ansatz eine zentrale Verpflichtung des Dialogmarketing-Managements. Es besteht geradezu eine professionelle Pflicht, permanent nach neuen Testfragestellungen zu suchen, daraus die Erfolg versprechendsten auszuwählen und diese zu testen. Tests sind damit eine Art Forschungs- und Entwicklungslabor des **Dialogmarketing-Managements**.

Das gilt um so mehr, je einfacher in bestehende Werbekampagnen ohne nennenswerte Zusatzkosten Testansätze integriert werden können. Es wäre geradezu fahrlässig, ein Mailing in hoher Auflage nur an Adressen aus bereits erprobten Adresslisten zu versenden, solange es weitere in Frage kommende Adresslisten gibt, die noch nicht getestet wurden. Ein testweiser Einsatz alternativer Adresslisten ist bei einer großen **Mailing-Aussendung** meistens schon zu reinen Grenzkosten möglich. Ein anderes Beispiel: vielfach werden erfolgreiche Werbemittel über Jahre hinweg

Testansätze ohne Zusatzkosten

149

ohne nennenswerte Veränderungen eingesetzt. Dabei sollte man sich immer die Frage stellen, ob es außer einem erfolgreichen Werbeansatz nicht noch einen noch erfolgreicheren geben könnte. Die Mehrkosten in die Entwicklung alternativer Ideen und deren Test neben der Standard-Variante sind häufig eine sehr rentable Investition.

Was kann man testen?

Mit einem Test kann man die zentralen Fragen im Dialogmarketing beantworten, die sich auf den **Erfolg einer Werbeaktion** oder einer Werbeidee beziehen:

➤ Ist meine geplante Werbeaktion Erfolg versprechend?

➤ Wie viel Erfolg wird sie mir bringen?

➤ Ist die geplante Aktion oder die neue Idee erfolgreicher
  oder weniger erfolgreich als verfügbare Alternativen?

In den meisten Fällen ist ein Test nicht optimal geeignet, um ,**Warum-Fragen**' zu beantworten. Hier ist tatsächlich die klassische Markt- und Werbewirkungsforschung im Vorteil. Warum eine Maßnahme erfolgreich oder eben nicht erfolgreich ist, steht allerdings in den meisten Fällen auch gar nicht im Vordergrund des Interesses des erfolgreichen Marketingmanagers. Hier ist er in jedem Fall auf Vermutungen und Interpretationen angewiesen. Viel mehr steht im Fokus seines Interesses die bloße Feststellung, ob eine Aktion erfolgreich oder nicht erfolgreich ist. Diese Frage beantwortet ein Test zuverlässig und mit größtmöglicher Sicherheit.

Vereinfachend lassen sich im Dialogmarketing vier **Testfelder** ausmachen:

Zielgruppentests, Streutests
Alle Tests, mit denen die Verteilung der Werbemittel und Werbekontakte geprüft werden soll. Darunter fallen Tests unterschiedlicher Adresslisten ebenso wie der Vergleich von Printwerbeträgern, Internetplattformen und Selektionskriterien (Scorings).

Angebotstests
Angebotstests sind alle Tests, die sich auf den ökonomischen Kern, das materielle Substrat des Angebotes beziehen. Das sind oft, aber keineswegs ausschließlich, Preistests. Weitere mögliche Ansätze für Fragestellungen in Angebotstests sind unterschiedliche Kündigungsfristen, Widerrufs- und Rücksenderechte, mehr oder weniger umfangreiche Kundenserviceversprechungen und so weiter.

Timingtests
Immer wieder wird dem Timing einer Werbeaktion eine erhebliche Bedeutung für den Aktionserfolg zugeschrieben. Ganz unmittelbar einleuchtend (und darum auch überhaupt nicht testenswert) ist die Annahme, dass Weihnachtsgeschenke am besten in der Vorweihnachtszeit angeboten werden. Schon weniger offensichtlich ist aber die Frage, ob ein Katalog mit Sommerbekleidung besser *im* Sommer oder noch *vor dem* Sommer im Markt platziert werden kann. Und gar nicht auf der Hand liegt die

Sommerkatalog im Sommer oder davor versenden?

Antwort auf die Frage, ob ein Mailing größere Erfolgsaussichten hat, wenn es den Kunden kurz vor oder kurz nach dem Wochenende erreicht. Solche Fragestellungen beantworten Timingtests.

Werbemitteltests/Kreativtests

Diese Tests betreffen die Frage, welches Werbemittel für das jeweilige Werbeziel geeignet ist. Hier geht es um die Gestaltung der Werbung, um die Kreation und um das kommunikative Konzept. Recht weit verbreitet im Dialogmarketing ist die Behauptung, dass diese Testansätze die am wenigsten interessanten Ergebnisse bringen. Dahinter steht die Überzeugung, dass nach der Optimierung der „wichtigsten" **Einflussfaktoren** (Zielgruppe, Angebot und Timing) nicht mehr viel Spielraum für weitere Ergebnisverbesserungen durch die Optimierung der Werbemittel verbleibt. Für diese Annahme gibt es aber keinerlei empirische Evidenz [4].

Was sollte man testen

Auch wenn der kategorische Imperativ „Testen! Testen! Testen!" lautet, so ist es doch keineswegs beliebig, was man testet. Testen erfordert erheblichen Ressourceneinsatz – in jedem Fall mehr, als eine vergleichbare Aktion ohne Testhintergrund erfordern würde. Es ist darum sehr wichtig, sich unter vielen denkbaren **Testfragestellungen** für diejenigen zu entscheiden, die mit größtmöglicher Wahrscheinlichkeit für die spätere Aktionssteuerung relevant sind.

Eine erste Voraussetzung für jeden sinnvollen Test im Direktmarketing ist darum die Definition der **„Anschlussoption"**. Ein Test kann nur dann sinnvoll sein, wenn schon vor der Testdurchführung klar geregelt ist, welche Folge die unterschiedlichen Ergebnisse eines Tests für die spätere Marketingsteuerung haben. Gar nicht so selten fällt die Entscheidung „dann testen wir das eben" spontan. Und erst im Nachhinein stellt sich heraus, dass aus dem Testergebnis keine Konsequenzen folgen. So wird etwa bisweilen nicht bedacht, dass komplexe Prozesse, die man für kleine Testmengen problemlos steuern kann, im Falle eines Full Run nicht mehr zu bewältigen wären. Oder es wird ein Timingtest im Hinblick auf ein bestimmtes Ereignis konzipiert. Dabei wird dann übersehen, dass für einen möglichen Full Run dieser Termin verstrichen und damit gar nicht mehr relevant wäre. Hier werden Marketingbudgets verschwendet.

Eine zentrale Regel für erfolgreiches Testmanagement lautet: „Test the big things" [5]. Für **Randoptimierungen** sind Tests nicht das geeignete Instrument. Zwar erlaubt die Methode des Testens theoretisch eine nahezu beliebige Genauigkeit, mit der Ergebnisse noch auf Nachkommastellenniveau gemessen werden können. In der Praxis des Dialogmarketings aber sind so viele Kompromisse notwendig, dass diese Genauigkeit so gut wie nicht erreicht wird (mehr dazu weiter unten). Nur deutlichen **Testeffekten** ist wirklich zu vertrauen. Vor allem aber: Wer Randoptimierungen testet, bringt damit zum Ausdruck, dass er große Verbesserungen an den von ihm verantworteten Maßnahmen nicht für möglich hält. Wer könnte das schon für sich beanspruchen?

Test the big things

Als fruchtbarste Testfragestellungen haben sich die so genannten **Kontrasttests** erwiesen. Bei einem Kontrasttest werden zwei oder mehr Testgruppen miteinander verglichen. Im klassischen Fall führt man für eine dieser Gruppen – die Kontrollgruppe – eine Standardmaßnahme durch. Für die andere(n) Gruppe(n) führt man neue Testansätze durch, die daraufhin geprüft werden, ob sie erfolgreicher sind, als die Maßnahme in der Kontrastgruppe. In einem Listtest wird beispielsweise einerseits die bisherige Hauptzielgruppe angemailt (Kontrollgruppe), andererseits eine oder mehrere neue Adresslisten (Testgruppen). In einem Preistest wird der Kontrastgruppe das eigene Produkt zum Standardpreis angeboten, der Testgruppe zum höheren oder niedrigeren Testpreis.

Der große Vorteil des Kontrastgruppendesigns liegt nun darin, dass man sich vor ungewollten Timing-Effekten schützen kann. Denn es ist zwar nie sichergestellt, dass ein Testergebnis in seinem genauen quantitativen Ausmaß auf den Full Run übertragen werden kann. Aber durch das **Kontrasttestdesign** weiß man, dass der Abstand zwischen Test- und Kontrastgruppe im Full Run genau so groß ist wie im Testlauf. So kann man beispielsweise zwar eine exakte Responsequote nicht direkt vom Test auf den Full Run hochrechnen. Aber eines kann man mit großer Sicherheit vorhersagen: dass die erfolgreichere Gruppe im Test auch im Full Run bessere Ergebnisse erbringen wird.

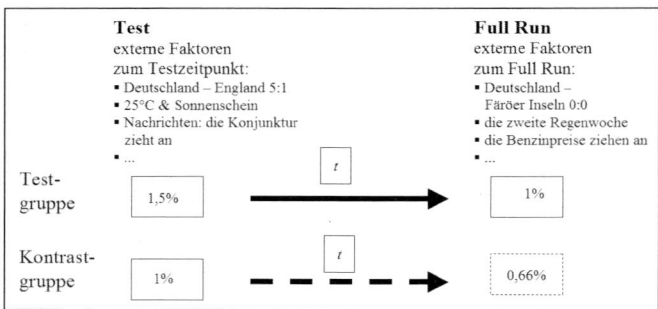

Abb.1: Timingeffekte im Kontrasttestdesign [6]

Worauf man beim Testen achten muss

Saubere Stichprobe der Grund- gesamtheit bilden

Die zentrale Herausforderung für jeden Test ist die Bildung der **Testgruppen**. Um einen **Rückschluss** vom Testergebnis auf den Full Run zu ermöglichen, muss gewährleistet sein, dass die Testgruppen eine saubere Stichprobe der Grundgesamtheit darstellen. Das heißt, die Testgruppen müssen repräsentativ für die Grundgesamtheit sein. Der einzige Weg, um **Repräsentativität** zu gewährleisten, führt über ein **Zufallsauswahlverfahren**. Nur wenn ausschließlich der Zufall darüber entscheidet, ob ein möglicher Werbekontakt schon im Rahmen einer der Testgruppen stattfindet (statt erst später im Full Run), ist die Repräsentativität gewährleistet. Die weit verbreitete Auffassung, Repräsentativität wäre herzustellen über eine aktive Erfüllung gewisser Quoten, ist falsch. Die Bildung von Stichproben nach dem **Quotenverfahren** ist in jedem Fall nur eine Notlösung.

Die **Testgruppenbildung** ist bei einem Test per Mailing oder E-Mailing sehr einfach und sauber durchführbar. Um beispielsweise aus einer Million Adressen eine Stichprobe von 10.000 Adressen zu ermitteln, selektiert man schlicht jede hundertste Adresse aus der Datei. Ein grober Fehler hingegen wäre es, einfach die ersten 10.000 Adressen aus dieser Datei einzusetzen. Jede Adressdatei ist in irgendeiner Weise sortiert – sehr oft nach dem Datum der Aufnahme der Adresse in die Datei. Und dieses Sortierkriterium kann leicht dazu führen, dass Adressen „von oben" ganz andere Merkmale aufweisen, als Adressen, die in der Datei sehr weit unten stehen.

Vorsicht vor Vorsortierungen!

Eine ungleich größere Herausforderung besteht in der Testgruppenbildung für nicht adressierte Werbemaßnahmen. Hier sind praktisch für jeden Werbeweg ganz eigene Herausforderungen zu meistern, die eine intensive Auseinandersetzung mit diesem Thema erforderlich machen. [7] Aus diesem Grund können das klassische Mailing und mit Einschränkungen auch das E-Mailing als Königswege zur Durchführung von Tests angesehen werden. Freilich sind auf diesen Wegen auch nur solche Testfragen zu beantworten, die nicht für andere Werbewege spezifisch sind.

Im Vergleich zur Problematik der Stichprobenbildung häufig überschätzt wird die Bedeutung des Risikos eines reinen **Zufallsergebnisses**. Es gibt ohnehin zu wenige Lehrtexte zum Thema Tests im Dialogmarketing. Und darin spielt die Frage der **statistischen Signifikanz** eine viel zu große Rolle (Holland: vier von neun Seiten [8], Lux: zwei von elf Seiten [9], Knauff: vier von neun Seiten [10]). Mit Hilfe von Signifikanzbetrachtungen kann, so die Theorie, das statistische **Fehlerrisiko** eines Tests quantifiziert werden. Die dahinter stehende Mathematik erschreckt viele Direktmarketer und beeindruckt eventuell über Gebühr. Denn die Genauigkeit, die ein **Signifikanzmaß** suggeriert, wenn Fehlerwahrscheinlichkeiten oder sogar Vertrauensintervalle angegeben werden, ist fast immer nur scheinbar. In der Praxis dürfte so gut wie kein Test die formalen Anforderungen an eine gültige Signifikanzbetrachtung erfüllen. Und darüber hinaus gibt es noch das weite Feld der möglichen Fehler in der Testdurchführung, auf das weiter unten näher eingegangen wird.

Ein Signifikanztest rundet ein Testergebnis ab. Er kann letzte Unsicherheiten minimieren. Mehr nicht. Wer diesen Schritt gehen möchte, dem sei für einfache Fragestellungen an dieser Stelle die Signifikanzprüfung auf www.tests-im-direktmarketing.de empfohlen.

Im Groben kommt man mit einfachen **Daumenregeln** und einem gesunden Maß Menschenverstand schon recht weit, wenn man das Risiko eines rein zufälligen Testergebnisses in den Griff bekommen möchte:

Bei der Signifikanz kann auch der Menschenverstand helfen

➤ Wenn man einen großen Testeffekt vorfindet, dann ist dieser auch bei kleineren Stichproben meistens nicht zufällig.

➤ Umgekehrt müssen die Testgruppen umso größer sein, je kleiner der Testeffekt ausfällt, den man untersucht.

➤ Bei Mailingtests hat sich eine Mindestgröße von 10.000 Adressen je Testgruppe gut bewährt. Darauf basierende Ergebnisse sind meist als statistisch verlässlich einzuschätzen.

➤ Mindestens fünfzig bis hundert Reagierer sollte jede Testgruppe aufweisen, um darauf aufbauende Schlussfolgerungen zu ziehen.

Diese Regeln können einen Signifikanztest natürlich nicht wirklich ersetzen. Zu einer professionellen **Testdurchführung** gehört eine Signifikanzprüfung immer dazu. Aber viel wichtiger als diese Prüfung ist die Vermeidung der zahlreichen anderen **Fehlerquellen** im Prozess einer Testdurchführung.

Der Teufel im Detail

Denn genau so wie jeder andere komplexe Prozess, bei dem unterschiedliche Abteilungen und mehrere Dienstleister zusammenarbeiten müssen, können sich in **Testprozesse** Fehler einschleichen. Bei einem Test ist das allerdings besonders problematisch und zwar aus zwei Gründen.

Erstens gibt es eine ganze Reihe Fehlerquellen, die zwar Testergebnisse verfälschen, ja sogar ins Gegenteil verkehren können, die aber als Fehler ohne genaueste Prüfung gar nicht auffallen. Ein amerikanischer Forscher kam im Rahmen einer Praxisstudie sogar zu der radikalen Einschätzung, zwei Drittel aller Testergebnisse seien als fehlerhaft einzuschätzen [11]. Auch wenn das arg zugespitzt erscheint: in einer aktuellen Befragung von Direktmarketing-Praktikern wird die Quote fehlerhafter Tests immerhin noch im Bereich zwischen 34 und 44 Prozent angesiedelt. [12]

Ein Drittel aller Tests sind fehlerhaft

Und zweitens hat ein Test eine erhebliche **Hebelwirkung**. Ein Testergebnis wird häufig zur Grundlage genommen, um einen Full Run in zehnfacher, ja hundertfacher Größenordnung zu planen. Wie fatal, wenn das Testergebnis aufgrund eines Fehlers im Testprozess gar nicht korrekt ist.

Um das Risiko eines fehlerhaften Tests zu minimieren, empfiehlt es sich, den jeweiligen Testprozess an seinen neuralgischen Punkten genau unter die Lupe zu nehmen. Hier seien exemplarisch die drei vielleicht häufigsten **Fehlerquellen** benannt:

1. Werbecodes

Die Erfassung von **Responses** auf Dialogmarketingmaßnahmen erfolgt üblicherweise in Verbindung mit einem Werbecode. Über diesen Werbecode kann die Bestellung der ursprünglichen Werbeaktion zugeordnet werden. Das ist die Grundlage für die meisten Erfolgsmessungen im Dialogmarketing. Eine sehr häufige Fehlerquelle bei Tests besteht nun darin, Werbecodes zu vertauschen. Das kann im eigenen Reporting passieren, aber genau so gut bereits in der Druckerei oder im Lettershop. Vergewissern Sie sich unbedingt und in jedem Testszenario anhand von **Echtmustern** davon, dass die Codes wie geplant vergeben worden sind. Andernfalls werden Sie die Ergebnisse der Testvariante der Kontrollgruppe zuordnen und vice versa.

Werbecodes korrekt erfassen

Prüfen Sie auch die korrekte Erfassung der Werbecodes in Ihrem **Fulfillment–Prozess**. Werden zuverlässig die tatsächlichen Codes je Bestellkarte erfasst? Oder haben sich dort eventuell Nachlässigkeiten eingeschlichen? In Erfassungsmasken werden verfügbare Werbecodes oft in einer bestimmten Reihenfolge angezeigt. Kann es sein, dass Codes, die sich weiter oben in der Liste befinden, systematisch häufiger ausgewählt werden, als Codes, die weiter unten stehen?

2. Testgruppenbildung/Randomisierung/Mischung

Dass die korrekte Bildung der Testgruppen methodisch eine große Herausforderung ist, wurde weiter oben schon erwähnt. Die Umsetzung der gewählten Methode ist noch einmal eine große Klippe. Noch im einfachsten Fall, der Bildung von Testgruppen in einem abgeschlossenen Adressbestand, geschehen Fehler. So passiert es zum Beispiel häufig, dass für die Bestimmung der Testgruppen kein wirkliches Zufallsverfahren gewählt wird. Stattdessen werden die ersten 10.000 Adressen einer Liste gegen die folgenden oder die letzten 10.000 Adressen getestet. Der Statistiker spricht in solchen Fällen von einem **Klumpenrisiko**, das Folge einer derartigen Testgruppenbildung ist. Noch deutlich problematischer ist die Testgruppenbildung bei nicht adressierten Werbemaßnahmen. Erfolgt die Schaltung der gegeneinander zu testenden Bannermotive auf einer Website tatsächlich konsequent in der Reihenfolge a-b-a-b-a-b? Mischt der Drucker die Beilagenvarianten konsequent? Verteilt die Haushaltswerbefirma wirklich abwechselnd mal das Test- und anschließend das Kontrastwerbemittel?

Klumpenrisiko: Testgruppe ist anders als der Rest

3. Fehler im Kontrasttestdesign

Der vielleicht häufigste Fehler wird meist schon in der **Testkonzeption** begangen. Bei einem Test darf sich in den Testgruppen immer nur das zu testende Merkmal unterscheiden. Wollen sie zum Beispiel einen Listtest durchführen, müssen sie in den verschiedenen Adresslisten das gleiche Werbemittel einsetzen. Um einen Angebotstest durchzuführen, müssen sie darauf achten, im Werbemittel tatsächlich nur das Angebot zu variieren und nicht auch die begleitende Kommunikation. Also nicht etwa in der Variante mit dem niedrigen Test-Preis einen großen „günstig!"-Störer platzieren und in der Hochpreisvariante den Preis möglichst verstecken. Ein weiterer typischer Fehler im Kontrasttestdesign besteht darin, die gegeneinander zu testenden Aktionen nicht zeitgleich zu testen. Wenn beispielsweise zwei verschiedene **Lettershops** jeweils eine eigene Mailingvariante produzieren, dann benötigt man eine höchst professionelle **Teststeuerung** um sicherzustellen, dass beide Mailingvarianten am genau gleichen Tag bei der Post aufgeliefert werden. Aber selbst wenn das gelingt, so könnte die Auflieferung in zwei verschiedenen Postverteilzentren immer noch zu einer unterschiedlichen Zustellgeschwindigkeit führen.

Vergleichs-gruppen wirklich zeitgleich versenden

Diese und weitere Fehlerquellen auszuschließen ist die hohe Schule des **Test-managements**. Und weil das oft genug nicht gelingt, gibt es eine ganz wichtige Empfehlung: hinterfragen Sie alle ihre Ergebnisse. Und haben Sie den Mut, unplausible Ergebnisse anzuzweifeln und gegebenenfalls durch einen **Retest** zu validieren. Zweifeln Sie besonders an fremden Testergebnissen bei denen Sie keine Informationen über den **Testaufbau** und das **Qualitätsmanagement** in der Testdurchführung haben. Ein Experte für Tests im Mailingbereich empfiehlt: „Don't trust other mailers' test results. (...) ...the tests may not have been valid (even) for that organization!" [13]. Und für Ihre eigenen Tests gilt: Prüfen Sie den Prozess.

Bestehen Sie auf Echtmustern. Streuen Sie Kontrolladressen ein. Prüfen Sie die Einhaltung von Verabredungen bei Dienstleistern und auch Kollegen. Denn Testen! Testen! Testen! ist nur dann eine erfolgreiche Strategie, wenn gleichzeitig das Test-Qualitätsmanagement seinem eigenen kategorischen Imperativ folgt: Kontrolle! Kontrolle! Kontrolle!

Literatur

[1] Vögele S.: 99 Erfolgsregeln für Direktmarketing. – Redline Wirtschaft, Frankfurt a. Main, S. 233, 5. Aufl. 2003.

[2] Schöberl M.: Rot oder Blau? Wie Tests Marketing-Entscheidungen unterstützen. – In: Research & Results, S.38-39, 4/2006.

[3] Schöberl M.: Tests im Direktmarketing. – Redline Wirtschaft, Frankfurt a. Main, S. 25ff, 2004.

[4] Schöberl M.: Tatsächlich nur die zweite Nachkommastelle?! Über Thesen und Fakten: was bestimmt den Erfolg einer Direktwerbeaktion. – In: Direktmarketing, S. 14-17, 9/2005.

[5] Stone B., Jacobs R.: Successful Direct Marketing Methods. – Chicago et al. (McGRaw-Hill) S. 477, 2001.

[6] Schöberl M.: Tests im Direktmarketing. – Redline Wirtschaft, Frankfurt a. Main, S. 47, 2004.

[7] Schöberl M.: Tests im Direktmarketing. – Redline Wirtschaft, Frankfurt a. Main, S. 133-187, 2004.

[8] Holland H.: Direktmarketing. – Vahlen, München, S. 51-60, 2. Aufl., o.J.

[9] Lux D.: Tests im Direct Marketing am Beispiel Time Life. – In: Dallmer H. (Hrsg.): Handbuch Direct Marketing. – Gabler, Wiesbaden, S. 565-577, 7. Aufl., 1997.

[10] Knauff D.: Testverfahren im Direct Marketing. – In: Dallmer H. (Hrsg.): Handbuch Direct Marketing. – Gabler, Wiesbaden, S. 581-590, 6. Aufl. 1991.

[11] Blair K.C.: „Shoddy Targeting" and the Disparity between Test and Rollout Response Rates. – In: Journal of Marketing Vol 5, Nr 2, S. 31–33, 1991.

[12] www.tests-im-direktmarketing.de

[13] Warwick M.: Testing, testing 1,2,3. Raise more money with direct mail tests. – Jossey-Bass , San Francisco, S. 231, 2003.

SCHRIFTLICHER DIALOG

5

Wie Texte wirken   159

Erfolgreich Werbebriefe texten   169

Was Internettexte vom
Dialogmarketing lernen können   181

B2C-Kataloge texten
und gestalten   187

B2B-Kataloge:
Nachschlagewerke
oder Verkäufer?   200

Das dialogisierte Magazin   206

Mailing-, Flyer- und
Katalogtexte optimieren   218

Kundendialog findet im Dialogmarketing heute überwiegend schriftlich statt. Wer weiß, wie gute Texte aussehen, ist hier im Vorteil. Dabei gelten schon von Medium zu Medium unterschiedliche Regeln.

Stefan Gottschling widmet sich zunächst einmal der generellen Wirkung von Texten. Wie funktioniert Lesen und wie werden Inhalte erkannt? Er beschreibt, wie man die Wirkung eines Textes verbessern kann und wie man „die Sache auf den Punkt bringt".

Michael Büchner geht konkret den Werbebrief an. Welche Elemente sind wichtig? Wie macht man den Leser neugierig? Wie wird echtes Interesse geweckt? Vom richtigen Einstieg bis zum Angebot gibt er konkrete Tipps für Werbebrieftexter.

Detlef Krause beschreibt den Unterschied zwischen dem Lesen am Monitor und dem Lesen auf Papier. Für Internettexte gelten eigene Regeln. So muss zum Beispiel auch Rücksicht auf Suchmaschinen genommen werden, die diese Texte ebenfalls lesen sollen.

Gerhard Kirchner bündelt als alter Hase des Versandhandels all sein Wissen über Versandkataloge. Der Erfahrungsschatz ist gewaltig. In Katalogen gibt es genau definierte Bereiche, die ganz unterschiedlich wirken. Welche Hotspots verkaufen am besten? Wie ist der Augenpfad bei welcher Blätterart? Was sind die bewährtesten Handlungsauslöser? Worauf kommt es bei Abbildungen an? Die wertvollen Tipps reichen bis zu konkreten Formulierungsvorschlägen.

Thomas Wehlmann hat sich der Aufgabe verschrieben, aus den langweiligen Produktlisten von Investitionsgüterherstellern professionelle Verkaufskataloge zu machen. Dabei gelten im seriösen B2B-Umfeld natürlich andere Regeln als in der marktschreierischen B2C-Umgebung.

Thomas Kramer und Ralf Kreutzer holen die Kundenzeitung aus ihrem Dornröschenschlaf. Immer mehr Markenhersteller entdecken den Kundendialog über ein Magazin. Die Autoren nennen es das „dialogisierte" Magazin. In der Tat steckt in dieser Form der direkten Adressierung von Verbrauchern ein großes Potenzial, das sich dank neuer Techniken auch rechnet.

Hans-Peter Förster stellt ein neuartiges Werkzeug vor, mit dem sich Texte automatisch analysieren lassen. Nicht nur formale Aspekte guter Texte werden geprüft, sondern auch emotionale: Welche Tonalität hat mein Text? Entspricht er der üblichen Sprache unseres Unternehmens? Entspricht diese Sprache auch wirklich der Zielgruppe?

Torsten Schwarz

5

SCHRIFTLICHER DIALOG

Warum lesen wir Texte? Was geschieht beim Lesen? Und wie kann man die Wirkung eines Textes ganz einfach verbessern? Wer sich fragt, wie Texte wirken, stößt schnell auf verblüffende Erkenntnisse und auf ganz praktische Regeln. Wer sie kennt, bekommt Werkzeuge, die Texte und Konzepte deutlich verbessern. Und ganz nebenbei eine Menge Hintergrundwissen für die oft ermüdende Diskussion hinter dem Satz „aber mir gefällt das besser". Denn Texten ist mehr als Schreiben. Es ist Schreiben mit viel Wissen um Verkaufstechnik, Psychologie und die Wirkungsweise unseres Gehirns.

Warum Texte gelesen werden

Die Welt, in der wir werben, ist schnell und voller Informationen. In allen Lebensbereichen herrscht ein Überangebot von Informationen und wir nehmen nur einen Bruchteil davon zur Kenntnis. Bereits Ende der 80er Jahre sprach der Werbewirkungsforscher Prof. Werner Kroeber-Riehl von einer Informations-Überlastung von 98 Prozent. Gerade einmal zwei Prozent der angebotenen Informationen können wir beim ersten Kontakt bewusst verarbeiten, hieß es da. Heute liefert die moderne Gehirnforschung neue Daten. Und die lassen die erwähnten zwei Prozent sehr optimistisch wirken.

Warum wir überhaupt Informationen „aufnehmen"

Gerade im Dialogmarketing ist es wichtig, möglichst schnell eine **Informationskette** mit dem Ziel „Reaktion" aufzubauen. „Dialoge" sind hier **zielorientiert** und führen sehr stark. Schon in der ersten Begegnung mit einem Medium entscheiden wenige Augenblicke, ob Botschaften eine weitere Beschäftigung „wert" sind. Bilder, Grafiken, Headlines und klare Strukturen aktivieren noch vor dem Text. Dabei muss mindestens einer der folgenden guten Gründe in Bild und Text erkennbar sein, sonst landet Werbung im Papierkorb oder wird weggeklickt.

> Ist der Text eine weitere Beschäftigung wert?

Was einfach auszuwerten ist, kommt zuerst: Unser Gehirn hat die Tendenz, sich zunächst mit Informationen zu beschäftigen, die einfach zu erfassen sind. Deshalb werden **Bilder vor Text** angeschaut, deshalb lesen wir kurze Absätze vor langen. Dialogmarketing braucht in Konzept und Text eine Struktur, die signalisiert „dieser Text ist einfach auszuwerten".

Wir lesen, wenn wir lesen müssen. Angst und Druck sind starke Motive, sich mit Informationen zu beschäftigen. Sie wirken, wenn das Finanzamt schreibt, Gerichtspost ins Haus flattert oder eine betriebliche Mitteilung die eigene Karriere betrifft. Solche Post lesen wir – ohne über stilistische Merkmale zu diskutieren. **Druck ist auch ein starker Motivator für Werbeleser.** Wenn er von außen

„gesetzt" wird. Zum Beispiel durch Naturkatastrophen, Gesetzesänderungen oder sonstige unaufhaltsame Ereignisse. Denken Sie an Abgeltungssteuer oder Euro-Umstellung.

Was wir kennen, interessiert uns mehr. Entdecken wir Bekanntes in einer Information, sind wir eher geneigt, uns mit dieser Information zu beschäftigen. Haben Sie sich zum Beispiel für den Kauf eines bestimmten Automodells entschieden, fallen Ihnen plötzlich Anzeigen, Bilder, Testberichte dazu in allen Zeitschriften auf – auch wenn Sie vorher der Meinung waren, hier stehe nichts über „Ihr Modell". Dieses Phänomen nennt man selektive Wahrnehmung.

In der Werbung macht man sich dieses Wissen zu Nutze: Welche bekannten Dinge, Schlüsselwörter, Gemeinsamkeiten finden Sie, wenn Sie an Ihre Zielgruppe denken? Diese Punkte eignen sich hervorragend, um einen Leser an die Hand zu nehmen und in den Text zu führen. Auch bekannte Klänge, die an Sprichwörter oder Songtitel erinnern, erhalten hohe Aufmerksamkeit. Grundsätzlich gilt: Je genauer sich ein Texter, Konzeptioner oder Grafiker in die Zielperson einfühlen kann, desto größer sind die Chancen „etwas Bekanntes" für den Leser zu platzieren.

Wir sind auf der Suche nach Vorteilen. Erkennt ein Leser schnell Vorteile für sich, steigt sein Interesse. Übrigens ist ein auf den Leser bezogener Vorteil ein Nutzen. Nutzen sind die magischen Momente, der Punkt an dem „Verkaufen" anfängt. Achten Sie also darauf, **Produktmerkmale in Nutzen zu verwandeln**. Wenn ein Verkäufer sein Fahrrad als „superleicht" anpreist, ist das noch kein konkreter Nutzen. Nutzen für den Leser wären Aussagen wie „das können Sie ganz einfach mit einer Hand auf den Dachgepäckträger heben", „damit fahren Sie Steigungen leichter hoch". Das Muster: Übersetzen Sie Produktmerkmale in Nutzen mit der einfachen Formel „das bedeutet für Sie …".

Formulieren Sie den Nutzen

Wer Neugier erzeugt, erhält Aufmerksamkeit. Ein weiterer Grund, warum wir uns mit Informationen beschäftigen: Die Neugier. In der Werbung nutzt man sie durch Rubbelbilder oder Stanzungen, die eine Botschaft in Teilen vermitteln. Im Text geht es um **Headlines, starke Teaser, aktivierende Anschreiber**. Oft wird hier nur die halbe Wahrheit verraten, aber so viel Spannung erzeugt, dass der nächste Klick oder ein „Weiterlesen" garantiert erfolgt. Wichtig: Eine Lösung muß für den Leser im Dialogmarketing problemlos erreichbar sein. Nur dann funktioniert sie noch, die **Führung zur Reaktion**. Ist ein „Rätsel" zu schwierig oder zu kompliziert, wird aus Lust schnell Frust. Und das heißt dann wegwerfen oder wegklicken.

Was beim Lesen geschieht

Lesen ist ein komplexer Vorgang, der sich in drei Stufen gliedert. Auf jeder Stufe des Lesevorgangs laufen Prozesse im Gehirn Ihres Lesers ab. Kennt man als Texter diese Prozesse, kann man Sie „gestalten":

Stufe 1: Das Erkennen von Wörtern
Stufe 2: Das Verstehen von Sätzen und Satzfolgen
Stufe 3: Der Einbau des Gelesenen in das Vorwissen

Stufe des Lesevorgangs	Geistige Prozesse	Gestaltungsansatz
Erkennen von Wörtern	Visuelles Entziffern Umkodierung in Lautsprache Aktivierung von Begriffen	Leserlichkeit durch drucktechnische Beeinflussung von Text und Textanordnung
Verstehen von Sätzen und Satzfolgen	Grammatikalische Struktur / Satzbau erkennen, Aufteilung in Sinn-Einheiten Herstellung inhaltlicher Bezüge, „roter Faden" Anknüpfung an eigenes Wissen, eigene Worte, Abruf von „geistigen Bildern"	Verständlichkeit durch sprachliche und stilistische Gestaltung
Einbau in das Vorwissen, „zu Eigen machen"	Verarbeitung durch Assoziationen, Verknüpfungen, Einfälle beim Lesen Verarbeitung zur Zusammenfassung des Wesentlichen	Aktivierung durch Stil, Wortwahl, Beispiele, rhetorische Mittel und klare Textstruktur

Abb. 1: Lesen ist ein dreistufiger Vorgang. Jede Stufe bietet Chancen, die Aufnahme von Textinformation für den Leser zu vereinfachen (Gottschling 2008a, entwickelt in Anknüpfung an das Schema „lernorientiertes Lesen") [1].

Stufe 1: Das Erkennen von Wörtern

Zunächst einmal lesen wir anders als man denkt. Denn ein geübter Leser entziffert selten Buchstabe für Buchstabe. Das ist nur bei unbekannten Wörtern üblich. Das Auge bewegt sich beim Lesen nicht kontinuierlich über die Zeilen, sondern es springt von Haltepunkt zu Haltepunkt. Dabei dauern solche **„Fixationen"** gerade einmal circa 200 bis 500 Millisekunden und entsprechen im normalem Leseabstand etwa einem Kreis von zwei bis drei cm Durchmesser.

Bei geübten Lesern oder beim Lesen eines einfachen Textes „springt" das Auge nun gleichmäßig über die Zeile. Für ungeübte Leser beziehungsweise bei schwierigen Texten sind mehr Fixationen und zahlreiche Rücksprünge zur Vergewisserung erforderlich. Augenhaltepunkte überlappen sich und dauern länger.

Außerhalb des Fixationsbereichs nimmt das Auge Strukturen, Farben und grobe Merkmale der Schrift wahr, die auf die unscharfe Randzone der Netzhaut fallen. Diese Informationen reichen jedoch aus, um eine **vorbewusste Entscheidung** über das nächste Sprungziel der Augen zu treffen. Dabei sind Großbuchstaben, Ober- und Unterlängen, Wortzwischenräume und Wortlängen wichtige Anhaltspunkte.

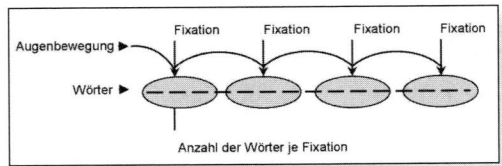

*Abb 2: Fixationen eines geübten Lesers oder das Lesen eines einfachen Textes:
Das Auge „springt" zügig über die Zeile.*

Um Wörter zu erkennen, sind nun drei Dinge nötig. Ein Leser muss zunächst visuell entziffern, was da steht. Das betrifft vor allem die Schrift. So „geht" die altdeutsche Druckschrift sicher nur noch älteren Lesern mühelos „in den Kopf". Die eigene Handschrift liest oft nur der Schreiber ohne Schwierigkeiten. Deshalb wählen wir Schriften, die einfach zu entziffern sind.

Lesbare Schrift

Neben dem visuellen Entziffern kodieren wir Wörter in Lautsprache zurück. Hier geht es um das sogenannte **innere Hören**. Deshalb bewegen Menschen die Lippen beim Lesen. Ein Phänomen, das Sie täglich in Bussen oder Straßenbahnen beobachten können. Spannend: Einige Begriffe müssen nicht mehr dekodiert werden, denn sie werden wie Bilder gespeichert und wirken deutlich schneller.

Um ein Wort zu entschlüsseln, fehlt noch ein weiterer Schritt: Die Zeichen auf Papier oder Bildschirm muss das Gehirn des Lesers als Buchstaben erkennen. Durch richtige Zuordnung der Symbole entsteht ein Wort im Kopf und dieses Wort ruft nun im Idealfall ein Bild aus dem Bildspeicher ab.

Stufe 2: Das Verstehen von Sätzen und Satzfolgen

Die Kernfrage: Erkennen und behalten wir den roten Faden eines Textes? Je länger und komplizierter ein Satz, desto schwieriger ist das. Denn ein Werbeleser wird kaum die Geduld aufbringen, Schachtelsätze über mehrere Zeilen zu lesen. Und darüber lange grübeln, was Sie ihm über Ihre Produkte denn nun eigentlich mitteilen wollen, wird er auch nicht. Schließlich – und das ist der dritte geistige Prozess beim Verstehen von Sätzen und Satzfolgen – sollte sich ein Wort mit dem vorhandenen Wissen des Lesers verbinden. Das geschieht nur, wenn wir es kennen. Lesen Sie „Rasenmäher", wird das Bild eines Rasenmähers aus Ihrem Gehirn abgerufen. Lesen Sie „Hrrdlbrmpft", sehen Sie nichts.

Stufe 3: Der Einbau des Gelesenen in das Vorwissen.

Dies geschieht durch Assoziationen, durch Verknüpfungen und durch Einfälle beim Lesen. Für den Text ist es hier besonders wichtig, durch Sprachstil, Sprachbilder und Wortwahl die richtigen Assoziationen im Gehirn eines Lesers abzurufen. Doch das ist nur möglich, wenn ich als Texter über meine Zielgruppe informiert bin – und wenn ich weiß, wie und wo Wörter im Gehirn wirken.

Während man noch vor wenigen Jahren davon ausging, dass Sprache ausschließlich eine Funktion der linken Großhirnhälfte sei, hat die moderne Gehirnforschung mit diesen Theorien aufgeräumt. Wörter werden an unterschiedlichen Stellen im Gehirn verarbeitet und gespeichert. Und diese feinen Unterschiede sind ganz entscheidend, wenn wir fragen, ob ein Text wirkt oder eben nicht. [2]

Rangfolge 1: Da Emotionen im Gehirn Vorfahrt haben, sind **bildhafte und emotionale Wörter** und Wendungen besonders stark. Denn in der Folge muss ja unter Umständen schnelles Handeln ausgelöst werden.

Emotion spricht an

Rangfolge 2: Auch mit weniger Emotion erreichen wir noch eine starke Aktivierung, wenn ein Wort nicht nur das Bild- sondern **auch das Bewegungsgehirn** anspricht.

Rangfolge 3: Weniger Emotion, keine Bewegung, aber **noch bildhaft**.

Rangfolge 4: Abstrakte Begriffe.

Überlegen Sie einmal: Welche Wendung hat mehr Brisanz. Wenn einer „den Stier bei den Hörnern packt" oder in „medias res geht"?

Abstraktes wirkt schlechter

Textverständlichkeit: Was die Forschung sagt ...

Auch die Wissenschaft beschäftigt sich immer wieder mit den eben genannten drei Phasen. Und das schon lange. Seit den zwanziger Jahren gibt es Verständlichkeits- und Lesbarkeitsforschung, die zwei große Ansätze verfolgt:

1. Die Orientierung an auszählbaren Textmerkmalen und ihre weitere „Verarbeitung" in Verständlichkeitsformeln. Zudem gibt es weitere Formeln, die Einzelaspekte der Sprache untersuchen: Zum Beispiel die Frage nach Abstraktheit oder persönlicher Wirkung eines Textes.

2. Kriterienkataloge, die eine Zielgruppeneinschätzung wiedergeben.

Die folgende Tabelle folgt dem ersten Ansatz. Zu Grunde liegt hier der so genannte Reading Ease oder **Verständlichkeits-Index** eines Herrn Flesch aus dem Jahr 1948, entwickelt für die englische Sprache. Das Verfahren: Man nehme eine Textstichprobe von 100 Wörtern, zähle Satz- und Wortlängen und setze die Durchschnittszahlen in folgende Formel ein: $RE = 206,835 - 0,846 \, wl - 1,015 \, sl$. Dabei steht wl für die Anzahl der Silben pro hundert Wörter, sl steht für die durchschnittliche Anzahl der Wörter pro Satz.

Satz- und Wortlängen zählen

Das Ergebnis ist eine Indexzahl. Und die finden Sie mit den zugeordneten Texten in der folgenden Tabelle. Für die deutsche Sprache anwendbar machte A. Mihm den Index in den siebziger Jahren. Er verschob jedoch wegen der größeren durchschnittlichen Wortlänge im Deutschen die Reading Ease-Scores (linke Spalte).

In den USA werden solche Formeln tatsächlich genutzt. So teilt man Kongressrednern oft einen geforderten Reading Ease mit, um zu verhindern, dass eine Präsentation in unverständliches Kauderwelsch abgleitet.

Dem Ansatz Nr. 2 „Einschätzung eines Textes durch eine Zielgruppe" folgt zum Beispiel das **Hamburger Modell der Verständlichkeitsforschung**. Hier haben die Psychologen Langer, Schulz von Thun und Tausch zunächst eine Liste von Eigenschaften angelegt, die sich zur Beschreibung und Einschätzung von Texten eignen. Diese Liste wurde zu polaren Skalen verarbeitet, die vier „Dimensionen der Verständlichkeit" genauer beschreiben. Experten beurteilen nun verschiedene Texte hinsichtlich dieser Merkmale. Wichtig ist hier: Es handelt sich um Eindrucks-

Eigenschaften leicht lesbarer Texte

Merkmale. Sie werden also nicht objektiv ausgezählt, sondern intuitiv bei der Lektüre erfasst.

Die Dimensionen der Textverständlichkeit

Einfachheit	–	Kompliziertheit
Gliederung/ Ordnung	–	Ungegliedertheit/ Zusammenhanglosigkeit
Kürze/ Prägnanz	–	Weitschweifigkeit
Zusätzliche Stimulanz	–	Keine zusätzliche Stimulanz

Reading Ease für deutsche Texte	Entsprechender RE-Score für englische Texte	Charakteristik	Typischer Text	Mittlere Wortlänge	Mittlere Satzlänge
-20 bis +10	0 – 30	Sehr schwer	Wissenschaftliche Abhandlung	Über 2,20	Über 30
10 bis 30	30 – 50	Schwierig	Fachliteratur	1,90	25
30 bis 40	50 – 60	Anspruchsvoll	Sachbuch, Roman (zum Beispiel Thomas Mann „Buddenbrooks")	1,78	21
40 bis 50	60 – 70	Normal	Roman (zum Beispiel Max Frisch „Stiller")	1,70	17
50 bis 60	70 – 80	Einfach	Unterhaltungsliteratur (zum Beispiel „Karl May")	1,62	14
60 bis 70	80 – 90	Leicht	Heftchenroman	1,54	11
70 bis 80	90 – 100	Sehr leicht	Comics	Unter 1,45	Unter 9

Abb. 3: Der Verständlichkeits-Index nach Flesch (Groeben, S. 179 [3])

Wie man die Wirkung eines Textes verbessert

Aus den eben erwähnten Ansätzen lassen sich nun ganz pragmatische Anforderungen an einen gelungenen Text destillieren. So macht der Verständlichkeitsindex von Flesch die Wirkung unterschiedlicher Satz- und Wortlängen sofort sichtbar. Deshalb fasst der folgende Abschnitt dieses Kapitels Anforderungen an Dialogmarketing-Texte in einer ganz praktischen Anleitung zusammen.

1. Gehen Sie strukturiert ans Schreiben heran

„Gut Ding will Weile haben". Auch wenn der Druck sehr groß ist. Für Texter liegt hier eine tiefere Wahrheit. Denn Texten ist ein Prozess. Ein Weg vom **Rohtext zum Reintext**. Rohtext nennt man den ersten, noch „unbehauenen" Textentwurf. Reintext ist das druckreife Ergebnis. Nur wenige Menschen können „aus dem Stand" druckreif schreiben. Wer nun sofort versucht, perfekt zu schreiben, verlangt etwas von sich, das fast unmöglich ist. Die Folge: Man blockiert sich selbst. Machen Sie es also wie die Profis. Im ersten Rohtext geht es darum, Ihr Thema inhaltlich zu fassen, nicht um Perfektion. Er sollte beinhalten, was Sie sagen wollen. Erst dann kümmern Sie sich um die Optimierung. Also: erst kommt der Inhalt, dann die Form.

Erst der Inhalt dann die Form

2. Schaffen Sie klare Textstrukturen

Was steht wo? Wie sorge ich dafür, dass Leser sofort erfassen, wo wichtige Punkte zur Sprache kommen? Hier geht es um die Struktur Ihres Textes. Das Hamburger Modell der Verständlichkeit fragt beispielsweise: Wann ist ein Text gegliedert, wann wirkt er ungegliedert? Jakob Nielsen, Usability-Guru für das Web, wird gern zitiert mit der Aussage: Die Benutzerfreundlichkeit einer Website lässt sich allein durch Umgestaltung des Textes um bis zu 160 Prozent steigern. Einen wesentlichen Anteil daran haben klare Textstrukturen. Aber auch die Schaffung von Orientierung durch Fettdruck, Zusammenfassungen, Bulletpoints, Hervorhebungen, Tabellen und Gliederungen gehören dazu.

Nützlich, wenn man vorher überlegt hat, wie man seinen Text portioniert. Sorgen Sie vorab für eine **klare Struktur** und helfen Sie Ihrem Leser viele **Einzelinformationen** richtig einzuordnen. Arbeiten Sie mit Headline-Text-Strukturen und sorgen Sie für klare Absätze. Daumenregel für die Absatzlänge: sieben bis zwölf Zeilen. Und schaffen Sie **klare Prioritäten**. Was ist der wichtigste Vorteil im Verkaufstext? Das wichtigste Thema? Was steht in Headlines, auf der Titelseite des Prospekts, im Betreff Ihres E-Mail-Newsletters?

3. Achten Sie auf Satzbau und Satzlänge

Kontrollieren Sie Ihre Sätze. Ist ein Satz zu lang oder zu verschachtelt, dann teilen Sie ihn. Die sogenannte Obergrenze für gesprochene Texte liegt bei vierzehn Wörtern pro Satz. Wer Werbetexte, Telefonskripten, Drehbücher oder für das Internet schreibt, tut gut daran, sich an dieser Grenze zu orientieren. Ein guter deutscher Satz hat vierzehn bis zwanzig Wörter. Und das sollte die Zielgröße für Ihre Dialogmarketing-Texte sein. Was noch hilft, um in dieser Zielgröße zu bleiben: Kontrollieren Sie jedes Komma! Schachtelsätze und eingeschobene Nebensätze demonstrieren oft eher die Entwicklung der Gedanken des Schreibers beim Schreiben als **klare Aussagen**. Also setzen Sie ihn rechtzeitig, den Punkt – jagen Sie überflüssige Nebensätze und befreien Sie eingeschachtelte Gedanken aus ihren Schachteln. Haben sie eigene Sätze verdient? Wenn ja, bitte sehr. Wenn nein: Streichen Sie sie ersatzlos. Noch zwei nützliche Regeln: Ein Gedanke pro Satz. Ein Thema pro Absatz.

Ein guter Satz hat 14-20 Wörter

4. Wortlängen: Schreiben Sie für das Auge des Lesers

Am schnellsten versteht man ein- und zweisilbige Wörter. Deshalb finden sich diese auch vorwiegend in der Headline. Und: Kurze Vorteilswörter erkennen wir wie ein Bild. Entfernen Sie also alle Wortmonster aus Ihren Texten. Etwa fünf bis sechs Silben können wir bei einer Schriftgröße von zwölf Punkt mit einem Augenhaltepunkt aufnehmen. Und sechs Silben sind eine pragmatische Oberlänge für Ihre Wörter im Dialogmarketing. Klar ist: Allein kurze Sätze zu schreiben reicht nicht. Verständlich schreiben heißt immer auch Wörter kürzen. Die Verständlichkeitsformeln nach Flesch empfehlen als durchschnittliche Wortlänge zwei Silben. Und wenn ein Wort einmal länger ist: Dann entscheiden Sie, ob es

Maximal sechs Silben pro Wort

bleiben muss. Das ist oft bei Produktnamen oder Fachbegriffen der Fall. Wenn Ihr Text darauf verzichten kann: Umschreiben Sie diese Begriffe mit Hilfe des Genitivs („Oberfläche des Tapeziertischs") oder trennen Sie sie durch den Bindestrich („Tapeziertisch-Oberfläche"). Kontrollieren Sie Ihre Wörter auch auf schnelle Erfassbarkeit – vor allem die langen und mehrsilbigen. Der „Eröffnungsgutschein" ist zwar ein sehr beliebtes Werbegeschenk – im Text versteckt, kann Ihr Leser aber sehr leicht darüber stolpern. Also: Trennen Sie solche vielköpfigen Wort-Ungeheuer. Machen Sie aus dem „Eröffnungsgutschein" einen „Eröffnungs-Gutschein" oder gleich den „Gutschein zur Eröffnung". Bedenken Sie: Für Sie ist es nur ein Bindestrich („–"), für Ihren Leser aber ist es eine wichtige Stütze fürs Auge.

5. Schreiben Sie im Verbalstil und hüten Sie sich vor Hilfsverben

„Nach dieser langjährigen, nicht immer einfachen, jedoch immer überraschenden und ergebnisorientierten Zusammenarbeit möchte ich Ihnen heute als Ergebnis unserer mehrtägigen spannenden und anregenden Klausurtagung in Augsburg ..." Na was? … die Kündigung überreichen? … eine Belobigung aussprechen? Nach 26 Wörtern erfährt der Leser immer noch nicht, was da kommt. Der Grund: Ohne Verb wissen wir nicht, was geschieht. Und das ist im Beispielsatz bislang noch nicht aufgetaucht. Dafür sorgt übrigens das kleine Wort „möchten". In der Sprache der Grammatik ein „modales Hilfsverb".

Können, müssen, möchten, dürfen, wollen, sollen, oder würden sind Hilfsverben. Und die verbannen den lebendigen Teil Ihres Satzes – das Verb – ans Satzende. Vor allem, wenn Sie in der Werbung über ein Produkt sprechen, sind Hilfsverben tabu. Sagen Sie **klar und deutlich**, was Ihr Produkt kann. Sagen Sie, was es leistet und nicht, was es leisten könnte. Sagen Sie „ich meine", nicht „ich würde meinen". Anstatt „können Sie bestellen" „bestellen Sie", und anstatt „möchte ich Ihnen schicken" schreiben Sie „schicke ich Ihnen heute". Die Ausnahme: Sie „müssen" nicht auf alle Hilfsverben verzichten. Erlaubt sind sie, um besonders höflich zu sein (darf ich bitten!) oder um eine Aussage zu relativieren. Die generelle Regel heißt jedoch: **Schreiben Sie aktiv im Verbalstil – oder noch einfacher: Starke Verben nach vorn!**

6. Mode-, Fremdwörter und Abkürzungen „adios"

Machen Sie sich beim Schreiben von Werbetexten stets bewusst: Ihr Leser muss Sie verstehen, es soll eine Reaktion stattfinden. Deshalb Vorsicht mit allen Fach- und Fremdwörtern. Meiden Sie möglichst den firmeninternen Sprachgebrauch bei der Beschreibung von Produkten. Erklären Sie die Vorteile für den Leser lieber in einfacher, klarer Sprache. **Vorsicht auch bei Modewörtern.** Sie sind modischen Trends unterworfen, werden nicht von allen Lesern verstanden oder noch schlimmer: werden falsch verstanden.

7. Schreiben Sie bildhaft: Die richtige Wortwahl

Am einprägsamsten sind Texte, die uns helfen, Bilder aus unserem Gehirn abzurufen. Wenn Ihr Text es schafft, Ihr Produkt wie im Film vor dem Auge des Lesers zu präsentieren, haben Sie ein Meisterstück vollbracht. Schreiben Sie also aktiv (Tatform) und setzen Sie bildhafte Verben ein. Allein für das Wörtchen „gehen" kennen wir zahlreiche Synonyme, die helfen, Stimmungen auszudrücken. Erzeugen Sie durch Ihre Sprache Bilder für den Leser: „taumeln, schlendern, stolzieren" – jedes Verb löst andere Assoziationen aus.

Adjektive oder Eigenschaftswörter helfen uns, Dinge genau zu beschreiben und voneinander abzugrenzen. Sehr konkret sind die Adjektive, die unsere fünf Sinne ersetzen: „Rot", „sauer", „rau" aktivieren Bilder und Empfindungen. Nötig sind Adjektive bei einer Wertung: sehenswerte Filme, wertvolle Geschenke. Aber beachten Sie: Oft lassen sich Adjektiv + Substantiv durch ein treffenderes Substantiv ersetzen: starker Wind = Sturm, großer Hund = Dogge.

Ein besonderer Weg, das Kino im Kopf Ihrer Leser zu aktivieren, sind **Metaphern** oder bildhafte Übertragungen. Zwei Begriffe oder Themen werden miteinander verbunden und lassen neue Bedeutungen entstehen. Der Wolkenkratzer, das Luftschiff, aber auch der Hafen der Ehe. Metaphern und Sprachbilder leisten im Werbetext wichtige Aufgaben: Unbekanntes kann so in einen bekannten Rahmen gesetzt werden und eröffnet neue Möglichkeiten für den Text. Denn ist eine Übertragung erst einmal geschafft, kann Ihr Text „im Bild bleiben". So kann man im Hafen der Ehe einlaufen, vor Anker gehen, auf eine alte Fregatte treffen oder Pech haben und sich mit einem Kriegsschiff einlassen.

Kino im Kopf

8. Bringen Sie eine Sache „auf den Punkt"

Schreiben Sie stets **so konkret wie möglich**. Leicht, schwer, groß, klein kann alles Mögliche bedeuten. „20 Gramm, zwei Meter lang" sind Angaben, die Ihren Lesern wesentlich mehr verraten. Auch Formulierungen wie „in Kürze", „in wenigen Tagen" ersetzen Sie – wenn möglich – durch konkrete Angaben. „Ihr Angebot in zwei Stunden", „schon am nächsten Tag" ist klipp und klar. Doch denken Sie daran: Einmal gegebene Versprechen müssen Sie einhalten. Denn ein Kunde, den man schon bei der Lieferung verärgert, ist ein potenzieller Remittent. Was besonders fordert: das Texten von Anzeigen für Google Awords. 25-35-35 Zeichen. Da ist Ihr Textmaß. Und da muss Ihr Leser nicht nur gute Gründe für den Klick entdecken, er braucht sie auch noch in klarer, schneller Sprache. Eine der besten Übungen um „auf den Punkt zu kommen".

9. Schreiben Sie persönlich und beziehen Sie Ihren Text auf den Leser

Warum die Personalisierung im Dialogmarketing so wichtig ist, wissen Sie längst. Doch kann Ihr Text durch den richtigen Einsatz von Pronomen noch persönlicher werden. Nutzen Sie deshalb immer wieder die Wörter „Sie", „Ihnen", „Ihr". Leider findet man noch immer Werbetexte, die mit „wir" beginnen. „Wir haben entwickelt", „wir bieten heute", „ist es uns gelungen". Egal, ob Ihr Produkt in zwei oder fünf Jahren entwickelt wurde: Es muss dem Leser Vorteile bieten.

Sie-Ansprache statt Wir

10. Halten Sie mediale Unterschiede im Kopf

Für welches Medium schreiben Sie? Ein klarer und präziser deutscher Satz bleibt ein klarer Satz in allen Medien. Wer stets langatmig, Kauderwelsch oder unintelligentes Denglisch schreibt, wird das wohl in allen Medien tun. Eines ist aber klar: Natürlich muss ich mich als Texter auf formale Anforderungen und unterschiedliche Tonalitäten einstellen und einlassen. Wer Anzeigen textet, muss die Mediadaten kennen. Im E-Mail-Marketing muss klar sein, was spamfiltertauglich ist und was nicht. Im Internetportal gehört alle Kraft in den Teaser. Wer ihn textet, muss wissen, welche „Teasertypen" es gibt und wie man Sie schreibt. Der Werbebrief wiederum hat ebenfalls einen klaren Aufbau. Das Wissen um Textformen und formale Anforderungen ist eine wesentliche Voraussetzung eines gelungenen Textes.

Und was Sie in diese Formen „hineinladen", wie viel Background, literarische Zitate, wie gekonnt Sie mit Sprachbildern jonglieren, aus Texten ein Lesefest machen, Ihren Wunschkunden immer tiefer in den Text verwickeln. Das ist das Stück Talent, Belesenheit, Weltoffenheit und Witz, das jeder Texter haben muss. Und den Drang, echte Gespräche zu führen.

Literatur

[1] Die Pädagogik gibt viele Impulse für das Dialogmarketing. Das Schema zum Lesevorgang, das hier zu Grunde liegt, stammt aus einem Buch über Lerntexte: Ballstaed S.-P.: Lerntexte und Teilnehmerunterlagen. – Band 2 der Reihe „Mit den Augen lernen". Beltz Verlag, Weinheim und Basel, 1991.

[2] Zum Thema „Gehirn" möchte ich Sie ausdrücklich auf zwei Bücher im folgenden Literaturverzeichnis aufmerksam machen, die ausführlich darstellen, was hier für den Bereich der Sprache verkürzt wiedergegeben wird; Häusel H.G.: Brain Script; Scheier Ch., Held D.: Wie Werbung wirkt.

[3] Ein Klassiker, unter anderem zur erwähnten Verständlichkeitsformel: Groeben N.: Leserpsychologie: Textverständnis-Textverständlichkeit. Münster: Aschendorf 1982

Gottschling S.: Stark texten, mehr verkaufen. Kunden finden, Kunden binden mit Mailing, Web & Co. – Gabler Verlag, Wiesbaden, 3. überarb. u. erw. Aufl., 2008a.

Gottschling S.: Lexikon der Wortwelten. Das So-geht´s-Buch für bildhaftes Schreiben. – SGV Verlag, Augsburg, 2008b.

Gottschling S.: Werbebriefe einfach machen!. Das So-geht's-Buch für verkaufsstarke Briefe. – SGV Verlag, Augsburg, 2007.

Gottschling S.: Texten zum Hören. Textwerkstatt – das Hörprogramm. – 2 Audio-CDs, Textakademie/SGV Verlag, Augsburg, 2007.

Gottschling S.: Einfach besser texten. – Gabal Verlag, Offenbach, 2006.

Gottschling S.: Was uns in den Kopf will und was nicht oder Was Ihr Text tun kann, damit er schneller ankommt. – In: Winter J. (Hrsg): Handbuch Werbetext. – Deutscher Fachverlag, Frankfurt/Main, 2004.

Gottschling S.: Die Texterfibel für das Direktmarketing. – Textakademie, Augsburg, 2002.

Gottschling, Rechenauer: Direktmarketing. – Manz Verlag, München, 1994.

Groeben N.: Leserpsychologie: Textverständnis – Textverständlichkeit. – Aschendorf, Münster, 1982.

Häusel H.-G.: Brainscript. Warum Kunden kaufen! – Rudolf Haufe Verlag, Planegg bei München, 2005.

Langer I., Schulz von Thun F.; Tausch, Reinhard: Sich verständlich ausdrücken. – Ernst Reinhard Verlag, München, Basel, 1990.

Reiners L.: Stilfibel. Der sichere Weg zum guten Deutsch. – Deutscher Taschenbuch Verlag, München, 29. Aufl., 1998.

Scheier Ch., Held D.: Wie Werbung wirkt. Erkenntnisse des Neuromarketing. – Rudolf Haufe Verlag, Planegg bei München, 2006.

Schneider W.: Deutsch für Kenner. – Gruner + Jahr, Hamburg, 1988/3.

ERFOLGREICHE WERBEBRIEFE TEXTEN

MICHAEL BRÜCKNER

5

Als Verfasser eines **verkaufsstarken Mailings** sind Sie idealerweise Boulevard-Journalist, Psychologe, Verkäufer und Animateur in Personalunion. Denn um sich die Aufmerksamkeit Ihrer (potenziellen) Kunden zu sichern, die Tag für Tag mit einer Flut von Werbung überschwemmt werden, ist es unverzichtbar, wirklich alle Register zu ziehen. Sie müssen mit einer **überzeugenden und Neugier weckenden Überschrift** aus der Masse hervorstechen. Psychologisch geschickt gilt es anschließend, das kurze, oft nur wenige Sekunden währende Interesse des Lesers, zu binden. Mit **verkäuferischem Talent** muss der Leser anschließend von Ihrem Produkt oder Ihrer Dienstleistung überzeugt werden. Und als Animateur müssen Sie aus dem Interessenten einen Kunden machen – sprich: Er muss die letzte Hürde überwinden und bestellen.

Nun sind bekanntlich Multitalente, die all diese Fähigkeiten in sich vereinen, naturgemäß selten. Aber um einen erfolgreichen Werbebrief zu texten, brauchen Sie eben nur ein Quäntchen von all diesen Talenten. Ohnehin sind die Schnittmengen groß: Ein guter Verkäufer ist immer auch Psychologe und Animateur. Und ein Journalist, der diesen Beruf nicht unbedingt als blauäugiger Weltverbesser ergriffen hat, ist sich darüber im Klaren, dass er ebenfalls etwas verkauft – nämlich Informationen. Er muss sie darüber hinaus gut verkaufen, denn alles, was man über das Tagesgeschehen aus Politik, Wirtschaft, Gesellschaft, Sport und Kultur wissen sollte, erfährt man im Rundfunk, Fernsehen und im Internet.

Auf den nachfolgenden Seiten sagen wir Ihnen ganz konkret, mit welchen einfachen Praxistricks und Formulierungen Sie aus Ihrem Werbebrief ein Erfolgsmailing machen. Wählen Sie immer die **Sprache Ihrer Kunden**. Lassen Sie sich weder von Marketing-Bedenkenträgern noch von Germanisten davon abhalten, locker und salopp zu texten. Schreiben Sie entspannt. Quälen Sie sich nicht mit alter oder neuer Rechtschreibung (der fertige Entwurf sollte ohnehin noch einmal professionell korrigiert werden), sondern stellen Sie sich einfach vor, Sie möchten einen Freund, einen Kollegen oder Ihre Ehefrau/Ihren Ehemann von einem Produkt überzeugen. Wie würden Sie in diesem Fall formulieren? Und genau so formulieren Sie Ihren Werbebrief. Sie wollen nicht den Pulitzer-Preis und legen auch keinen Wert darauf, ins literarische Quartett aufgenommen zu werden. Sie wollen im Grunde nur eines: verkaufen! Ob ein Werbebrief gut oder schlecht ist, das entscheidet nicht der Marketingleiter, die Agenturchefin oder der Geschäftsführer. Das entscheiden die Kunden ganz allein. Wenn Ihre Kunden zugreifen, sind Sie als Texter unschlagbar.

Schreiben Sie entspannt

www.marketing-boerse.de/Experten/details/Michael-Brueckner

Doch werden wir konkret. Ein Werbebrief besteht aus:

➤ der Headline,

➤ der Ansprache,

➤ dem Einstieg,

➤ dem Angebot,

➤ dem „Verstärker",

➤ dem Schlussappell,

➤ und eventuell aus dem PS.

Nehmen wir diese Inhaltselemente etwas genauer unter die Lupe.

Macht und Magie der Headlines

Sogar viele Redakteure quälen sich oft mit Überschriften und verbringen mehr Zeit mit der Suche nach einer griffigen Headline als mit dem gesamten Fließtext. Andere machen sich das Leben leicht und texten einen 08/15-Titel. Als Verfasser eines Werbebriefes sollten Sie in der Formulierung einer **spritzigen Headline** nicht ein notwendiges Übel, sondern eine Herausforderung der besonderen Art sehen. Tatsächlich entscheidet die Headline mit darüber, ob der Empfänger Ihre Botschaft überhaupt liest oder ob er Ihr Mailing gleich dem nächstgelegenen Papierkorb überlässt.

Der Grund für diese herausragende Bedeutung einer guten Headline liegt nahe. Denken Sie einfach an Ihre tägliche Zeitungslektüre. Kaum jemand hat wirklich Zeit, die Zeitung von der ersten bis zur letzten Seite zu lesen. Sie müssen mithin **selektiv** vorgehen: Sie suchen gezielt jene Beiträge heraus, die Sie interessieren. Sie überfliegen daher die betreffende Seite – und bleiben an den Headlines und den Bildern hängen. Ihr Blick wird sozusagen „eingefangen". In der zweiten Phase schauen Sie sich den ausgewählten Artikel etwas genauer an: Sie lesen vermutlich den Vorspann, vielleicht auch die ersten Sätze und entscheiden erst dann, ob Sie dem Zeitungsbeitrag einen Teil Ihrer knappen Zeit widmen.

Überschriften wie die Bildzeitung

Headlines können eine unglaubliche Wirkung auf den Leser haben – vor allem dann, wenn sie mit ebenso spannenden oder originellen Fotos kombiniert werden. Boulevardzeitungen wie „Bild" oder „Express" sind nachgerade existenziell auf die Macht der Headlines angewiesen, denn diese Blätter verfügen bekanntlich über keinen festen Abonnentenstamm. Sie sind somit gezwungen, sich Tag für Tag das Interesse ihrer Leser mit stark emotionalen Headlines zu sichern – und das im zunehmenden Wettbewerb mit elektronischen Medien.

Setzen wir diesen Exkurs in den Journalismus noch einen Augenblick fort, denn er führt uns geradewegs zu einer wichtigen Erkenntnis, die Sie bei der Erstellung von Werbebriefen unbedingt beachten sollten. Wann animieren Headlines zum Lesen, welche **bewährten Strategien** lassen sich einsetzen, um Aufmerksamkeit zu erzielen? Die Praxis zeigt, dass vor allem drei Wege zum Ziel führen.

170

Eine Headline muss **neugierig machen**. Sie muss beim flüchtigen Leser den Eindruck erwecken, mit dem Kauf der betreffenden Zeitung oder nach Lektüre des Beitrags hinter die Kulissen von Politik, Wirtschaft oder Show-Geschäft blicken zu können.

Beispiele hierfür:

„Rücktritt: Die wahren Gründe"
„Enthüllt: Das Doppelleben von XY"
„Ausgetrickst: Wie Millionäre den Fiskus beschummeln"
„Geheimplan: XY Manager bereiten Mammutfusion vor"

Neugierig machen

In der Headline muss die **Gemütsverfassung** des (potenziellen) Lesers zum Ausdruck kommen. Er erkennt, dass er mit seiner Meinung nicht allein steht, sondern einen mächtigen „Verbündeten" hat – eben die Zeitung. Der Leser möchte sich bestätigt sehen und ist stolz, wenn die Redaktion seine Meinung teilt. Hierzu wiederum ein paar fiktive Beispiele:

„Schämt Euch: Blamable 0:5-Niederlage des ..."
„Steuer-Terror: 2,50 Euro für den Liter Sprit"
„40 Grad! Petrus dreh' die Heizung ab"

Die Aufmerksamkeit des Lesers lässt sich schließlich auch dadurch einfangen, dass ihm ganz **konkrete Vorteile** versprochen werden: zum Beispiel Karriere, mehr Geld, mehr Luxus. Schauen wir uns auch hier ein Paar Beispiele an:

„Euro-Kollaps: 5 Tipps, wie Sie Ihr Geld retten"
„Karriere-Tipps aus dem Nähkästchen des Headhunters"
„Die 66 heißesten Sommer-Flirts"

Vorteile versprechen

Wenden wir uns wieder den Werbebriefen zu. Der kurze Ausflug ins Zeitungsmilieu hat uns eine wichtige Erkenntnis gebracht: **Eine gute Headline muss Gefühle ansprechen.** Ein langweiliger oder nichts sagender Slogan kann die Wirkung Ihres ganzen Mailings zunichte machen. Investieren Sie daher viel Zeit in die Entwicklung einer Headline und schrecken Sie nicht vor umgangssprachlichen Formulierungen zurück.

Die häufigsten Fehler beim Headline-Texten

Vermeiden Sie lange Headlines ebenso wie **lange Wörter**. Verdichten Sie Ihre Formulierung. Der Leser muss die Headline sowohl optisch als auch inhaltlich auf den ersten Blick erfassen. Die Wörter sollten maximal dreisilbig sein – noch besser ist es, wenn Sie mit zweisilbigen auskommen.

Streichen Sie konsequent alle **negativen Wörter** oder Formulierungen aus Ihrer Headline. Dazu gehören zum Beispiel „Probleme", „Schwierigkeiten", „Krankheit", „verlieren", „Abschied", „Schmerzen", „Nachteil", aber auch „müssen", „keine Wahl haben".

Setzen Sie auch Wörter mit der **Vorsilbe „un-"** auf die Tabuliste. Schreiben Sie etwa nicht „unproblematisch", sondern „einfach", nicht „unschwer", sondern „leicht".

Überfordern Sie den Leser nicht. Er wird nur für Sekundenbruchteile über die Headline schauen und – wenn Sie Glück haben – seinen Blick über den Brief schweifen lassen. Kunstvolle oder doppeldeutige Formulierungen sind in dieser Zeit kaum zu verstehen. Alliterationen (zum Beispiel „Kenner kaufen Kaiser-Küchen") mögen als Werbeslogans auf Plakaten oder in Anzeigen recht eingängig sein, als Headline für ein Mailing erscheinen sie problematisch. Der sprachliche Witz wird in der Regel erst beim zweiten Hinsehen deutlich, zudem klingt manche Alliteration ein wenig an den Haaren herbeigezogen.

Vermeiden Sie Fremdwörter oder abgegriffene Formulierungen. Vielleicht erinnern Sie sich noch an die Esso-Werbung aus den sechziger Jahren. Die darin enthaltene Formulierung – „Es gibt viel zu tun, packen wir's an" – wurde in den Jahren danach bei jeder passenden und unpassenden Gelegenheit wiederholt. So etwas wirkt abgedroschen. Auch die kühne und unbewiesene Behauptung, wonach Geiz geil sei, kann kein Mensch mehr hören. Ihre Headline sollte **frisch und griffig** getextet werden.

So wecken Sie gezielt das Leser-Interesse

Was für das Texten einer kreativen Zeitungsschlagzeile gilt, lässt sich gleichermaßen auch auf aufmerksamkeitsstarke Mailing-Headlines übertragen: Es gibt mehrere Möglichkeiten, die Aufmerksamkeit und das Interesse des Lesers zu erreichen. Folgende **praxiserprobte Strategien** möchten wir Ihnen empfehlen:

1. Stellen Sie plakativ den ganz konkreten Vorteil des Kunden heraus.
2. Wecken Sie die Neugier des Empfängers Ihres Werbebriefs.
3. Verfahren Sie nach der **„How to ..."-Methode** (Beispiele: „Wie Sie Ihr Kapital in drei Jahren verdoppeln", „Wie Sie in einer Woche drei Kilo abnehmen").
4. Kündigen Sie Neues, Sensationelles, Revolutionäres, „Bisher noch nicht Dagewesenes" an.
5. Gehen Sie zielgruppenspezifisch vor, appellieren Sie an das Wir-Gefühl (Beispiele: „Manager aufgepasst: ...", „Wie Sie als Arzt ganz gezielt Steuern sparen").

Schauen wir uns die Strategien nun etwas genauer an:

Kundennutzen konkret nennen

Zu 1: Die meisten Zeitgenossen reagieren aufmerksam, wenn es um ihren eigenen Vorteil, um ihren ganz persönlichen Nutzen geht. Das ist nicht nur legitim, sondern entspricht wirtschaftlichem Denken. Diese Chance sollten Sie nutzen. Heben Sie in der Headline Ihres Mailings den Kundennutzen ganz klar hervor. Der Leser muss auf den ersten Blick erkennen, wo sein Vorteil liegt. Aber: Versprechen Sie nicht mehr, als Sie auch tatsächlich halten können. Wecken Sie beim Leser große Hoffnungen, die sofort enttäuscht werden, wenn er Ihr Angebot etwas genauer unter die Lupe nimmt, so haben Sie bereits verloren.

Als besonders aufmerksamkeitsstark erweisen sich Headlines, die finanzielle, berufliche oder gesundheitliche Vorteile verheißen. Sollte Ihr Produkt oder Ihre

Dienstleistung in eine dieser Kategorien fallen, so zögern Sie nicht, diesen Aspekt in Ihre Überschrift zu nehmen.

Zu 2: Es gibt Bücher, die liest man in einer Nacht durch. Es gibt Filme, die muss man sich einfach bis zum Ende anschauen, selbst wenn es schon weit nach Mitternacht ist und am nächsten Morgen um sechs Uhr der Wecker surrt. Was ist es, das uns derart fesselt? Wie schaffen es Autoren, so wirkungsvolle Spannungsbögen aufzubauen? Die Antwort ist recht einfach: In vielen Fällen wird die Neugier der Leser beziehungsweise Zuschauer aktiviert. Wie endet der Fall, wie kommt der Held aus dieser vertrackten Situation heraus, kann die Katastrophe in letzter Minute verhindert werden? Diese und andere Fragen beschäftigen uns, wühlen uns auf. Jeder Zeitgenosse ist neugierig – der eine mehr, der andere weniger. Wie auch immer, Sie sollten beim Verfassen Ihrer Werbebriefe ebenfalls auf diesen Faktor setzen. Zum Beispiel in Ihrer Headline.

Zu 3: Die so genannten **„How to ..."-Slogans** erfreuen sich nicht nur in den USA großer Beliebtheit. Auch in Deutschland folgt man mehr und mehr dieser Masche. Unzählige Büchertitel arbeiten zum Beispiel nach dieser Methode. Sicher sind Ihnen die einschlägigen Ratgebertitel schon begegnet: „Wie Sie in fünf Jahren zum Millionär werden", „Wie Sie am erfolgreichsten Krampfadern bekämpfen", „Wie Sie am billigsten telefonieren", „Wie Sie am schnellsten Ihre(n) Partner(in) loswerden". Der Vorteil solcher „How to ..."-Slogans liegt darin, dass sie den Eindruck einer einfachen Handhabung suggerieren. Sie sprechen in erster Linie Laien an, die sich mit der betreffenden Thematik bisher noch nicht befasst haben und sich schnelle und einfach nachvollziehbare Lösungen erhoffen. Die „How to ..."-Strategie bei der Formulierung einer Headline mag weder neu noch besonders originell erscheinen – aufmerksamkeitsstark ist sie aber nach wie vor. Und deshalb nachfolgend wiederum einige Beispiele.

So funktioniert es

Zu 4: Sicher ist Ihnen auch schon aufgefallen, wie häufig in der Werbesprache das Wort „neu" auftaucht – und zwar in allen Variationen und Zusammensetzungen. Tatsächlich erregt dieses Signalwort hohe Aufmerksamkeit, schließlich sind die meisten Menschen in des Wortes wahrstem Sinne „neu"-gierig. Sie wollen auf der Höhe der Zeit sein und versprechen sich von allem Neuen Vorteile oder zumindest Fortschritte. Der Spruch, wonach neue Besen angeblich besonders gut kehren, kommt nicht von ungefähr. Die Betonung des Neuen in einem werbenden Text hat allerdings ihre Tücken: Wer ein auf dem Markt bereits bekanntes Produkt nur mit einigen Neuerungen versieht und dies in der Werbung herausstellt, muss sich zwangsläufig die Frage gefallen lassen, von welcher Qualität das Erzeugnis oder die Dienstleistung vor dieser „Neuerung" gewesen sein mag. Daher wird der Vorteil des Neuen in der Regel mit einem „noch" kombiniert. Sie kennen diese Slogans: „Neu – jetzt noch mehr Waschkraft", „Neu – jetzt noch weniger Kalorien", „Neu – jetzt noch preiswerter einkaufen".

Noch neuer

Doch nicht nur Neuigkeiten binden das Interesse der Leser und fangen ihre Aufmerksamkeit ein, auch Revolutionäres, „Noch-nie-Dagewesenes", Einmaliges, Sensationelles und „Alles-in-den-Schatten-Stellendes". Das mag marktschreierisch klingen, doch zeigt die Praxis, dass **falsche Bescheidenheit** in einer werblichen Aussage beim potenziellen Kunden nicht ankommt. Wichtig ist jedoch, dass Sie

Ihr Wort halten, also wirklich ein neues, überraschendes und tatsächlich besseres Angebot machen können.

Zu 5: Schließlich zu einer weiteren Form des Headline-Textens, die sich besonders dann empfiehlt, wenn sich Ihr Mailing an eine ganz bestimmte Zielgruppe richtet. Sie sprechen eine gesellschaftliche Gruppe oder Mitglieder eines Berufstandes an. Der Vorteil: Sie schaffen mit Ihrer Formulierung beim Leser ein unterschwelliges **Wir-Gefühl**. Der Empfänger Ihres Werbebriefes versteht sofort, dass es hier ganz klar um seine eigenen Interessen geht. Nicht irgendwelche potenziellen Kunden werden angesprochen, sondern ein ganz spezifischer Personenkreis.

Die Ansprache Ihrer potenziellen Kunden

Der eigene Name

Die Wirkung eines Mailings erhöht sich mit dem Grad seiner Personalisierung. Wenn der Leser direkt mit seinem Namen angesprochen wird, schenkt er dem betreffenden Werbebrief höhere Aufmerksamkeit. Ein „Guten Tag, Herr Eitelmann" erzielt natürlich eine bessere Wirkung als ein anonymes „Sehr geehrte Damen und Herren". Der Effekt wird weiter verstärkt, wenn der Name im Text des Briefes nochmals auftaucht. All dies ist technisch heute selbst mit einfachen Computer-Programmen machbar. Die Zeiten, in denen der Name des Adressaten dilettantisch in einen Blankobrief eingedruckt wurde – meist verschoben und mit einer anderen Schrift –, sind vorüber. Glücklicherweise, wie wir hinzufügen möchten, denn diese dilettantische Art entlarvte mit einem Blick die Massenaussendung. Der Empfänger wusste, dass er nur einer unter Tausenden ist.

Praxistipp: Wann immer möglich, sollten Sie Ihr **Mailing personalisieren**. Das ist zwar mit zusätzlicher Arbeit verbunden, unter dem Strich zahlt sich diese Investition jedoch aus. Schon aus diesem Grund sollten Sie die von Ihnen bereits gesammelten Dateien Ihrer früheren Kunden und Interessenten systematisch pflegen und aktualisieren. Denn je persönlicher das Mailing, desto größer die Erfolgsaussichten. Wenden Sie sich mit Ihrem Werbebrief an ein Unternehmen, so sollten Sie – sofern dies mit vertretbarem Aufwand machbar ist – mit einem kurzen Anruf klären, wer innerhalb des Hauses zuständig ist. Nichts wirkt peinlicher als ein personalisiertes Mailing an den „Einkaufsleiter Meyer", der schon vor Jahren zur Konkurrenz oder in den Ruhestand wechselte.

In der Praxis jedoch ist es nicht immer möglich, den Empfänger eines Werbebriefes direkt anzusprechen. Gerade kleinen und mittelständischen Unternehmen fehlt es oft an Zeit und mitunter auch an den finanziellen Mitteln, um eine ganz gezielte Namens-Recherche zu betreiben. Oder aber, sie lassen das Mailing als Massendrucksache an alle Haushalte in ihrer Gemeinde austeilen. Auch in diesem Fall wäre es ein gigantischer und extrem teurer Aufwand, alle Bürger mit Namen anzusprechen.

Ein Ausweg kann darin bestehen, den Werbebrief **„halbpersonalisiert"** zu verfassen. In diesem Fall sprechen Sie den Empfänger als Mitglied einer bestimmten Zielgruppe an. Wird – wie erwähnt – das Mailing allen Bürgerinnen und Bürgern einer Stadt oder Gemeinde zugestellt, dann ist die „Halbpersonalisierung" relativ einfach zu erreichen:

„Liebe Münchnerinnen und Münchner"
„Hallo, liebe Nachbarn"
„Liebe Neubürger von XY Hausen"
„Liebe Bewohner des XY-Viertels"

Richtet sich Ihr Mailing an eine bestimmte Berufsgruppe, so fällt die Anrede ebenfalls nicht schwer:

Auch Halbperso-
nalisierung kann
eine gute Lösung
sein

„Sehr geehrter Architekt, sehr geehrte Architektin",
„Sehr geehrter Herr Rechtsanwalt, Frau Rechtsanwältin"
„Lieber Makler, liebe Maklerin"
„Sehr geehrter Herr Geschäftsführer, Frau Geschäftsführerin"

Gehört der Unterzeichner des Mailings derselben Berufsgruppe an wie der Empfänger (Handwerker schreibt Handwerker, Jurist schreibt Juristen), dann macht die Ansprache „Sehr geehrter Herr Kollege" beziehungsweise „Sehr geehrte Kollegin" Sinn.

Der optimale Einstieg

Der erste Satz entscheidet. Das gilt für beinahe jeden Text – erst recht aber für Ihren Werbebrief. Ein langweiliger oder komplizierter Einstieg trägt kaum dazu bei, das Interesse des Lesers zu wecken und ihn in den weiteren Text gleichsam hineinzuziehen. Ganz egal, welche Kniffe der Formulierungskunst Sie anwenden, in jedem Fall sollten Sie den **Empfänger des Mailings direkt ansprechen**. Alles, was Sie über Ihr Unternehmen zu sagen haben, ist zunächst zweitrangig. Der Leser ist durch die Headline und eventuell durch die Ansprache neugierig geworden und entscheidet nun, ob es sich lohnt, den Brief wirklich intensiver zu lesen. Diese Entscheidung fällt er in Sekundenbruchteilen. Ein wichtiges Entscheidungskriterium stellt dabei der Einstieg dar, bisweilen auch **„Approach"** genannt, also Annäherung, was den Kern der Sache eigentlich genauer trifft. Denn tatsächlich müssen Sie sich Ihrem potenziellen Kunden behutsam annähern – ähnlich wie bei jedem guten Verkaufsgespräch. Den Leser interessiert zunächst nicht, was für „tolle Hechte" hinter Ihrem Unternehmen stecken. Er möchte vielmehr erfahren, welche ganz persönlichen Vorteile er haben könnte, wenn er sich für Ihr Produkt oder Ihre Dienstleistung entscheidet.

Leser abholen

Sie müssen daher einen Einstieg wählen, der den Kunden regelrecht in einer ihm bekannten Lebenssituation abholt. Es gilt, bestimmte Situationen zu schildern, die dem Leser mehr als bekannt sind. Sie können natürlich auch eine rhetorische Frage stellen, das heißt eine Frage, die keiner Antwort bedarf. Auf jeden Fall kommt es darauf an, dass der Leser geistig ein uneingeschränktes „Ja, genau so ist es" hinter Ihre Einleitung setzt. Mit dieser Technik sollen zwei Effekte erreicht werden:

Der Leser erkennt, dass Sie sich mit seinen Problemen auseinandersetzen und „mitfühlen" können.

Gleichzeitig hofft er auf eine Lösung dieses Problems oder die Erfüllung seiner Wünsche.

Das Mailing eines Finanzdienstleisters an einen einkommensstarken Empfängerkreis wird zum Beispiel die hohe steuerliche Belastung dieser Klientel aufgreifen („Haben Sie auch manchmal das Gefühl, nur noch für den Fiskus zu arbeiten?"). Ein neuer Handwerksbetrieb wiederum greift vielleicht die ärgerlichen Alltagssorgen seiner potenziellen Kunden auf („Sie kennen das Problem: Ausgerechnet am Tag vor dem Start in den Urlaub streikt Ihr Auto ...").

Eine weitere Technik besteht darin, beim Kunden ein bestimmtes Problembewusstsein zu schärfen, das noch nicht oder nicht in ausreichendem Maße vorhanden ist. Diese Methode wird mit besonderer Vorliebe von Versicherungen oder Versicherungsvertretern gewählt. In kurzen Sätzen werden **Worst-case-Szenarien** gezeichnet, die das Sicherheitsbedürfnis der Leser aktivieren sollen. Die Lösung wird ihm dann gleich im nächsten Absatz präsentiert: Mit dem Abschluss dieser oder jener Versicherung hat er vorgesorgt – und kann ruhig schlafen.

Doch grau ist alle Theorie. Schauen wir uns daher an einem konkreten Beispiel an, wie diese Technik funktioniert. Der Autor dieses Kapitels stand vor der Aufgabe, für eine große deutsche Versicherung einen zweiseitigen Werbebrief zum Thema „Elektronikversicherung" schreiben zu müssen. Er wählte den folgenden Einstieg:

> Risiken sind immer dann am gefährlichsten, wenn sie als solche noch nicht erkannt wurden.
>
> Stellen Sie sich vor,
>
> ➤ ein durch Kurzschluss ausgelöster Brand zerstört Ihre gesamte EDV-Anlage.
>
> ➤ nach einem Bedienungsfehler versagt die elektronischen Steuerung einer Produktionsmaschine.
>
> ➤ durch eine Ungeschicklichkeit sickert Wasser in Ihr Kassensystem – die Reparatur ist kostspielig.
>
> ➤ Einbrecher stehlen Ihre neuesten PCs und beschädigen noch dazu Ihre Telefonanlage.
>
> Aber auch Blitzschlag, Explosionen, Brand, Sabotagen und vorsätzlich herbeigeführte Schäden können Ihre elektronischen Geräte zerstören oder zumindest längere Zeit außer Betrieb setzen.
>
> Die Konsequenzen sind unkalkulierbar. Und das macht sie so gefährlich. Mit dem Abschluss einer Elektronikversicherung wirken Sie derlei unüberschaubaren Risiken entgegen.

Angst wirkt

Dass die Einleitung im konkreten Fall etwas länger als gewöhnlich ausfiel, hing mit der Thematik zusammen. Was es heißt, plötzlich krank zu werden und nicht ausreichend versichert zu sein, was es bedeutet, im Alter mit einer schmalen Rente leben zu müssen und auf die Unterstützung von Kindern oder Verwandten angewiesen zu sein, das kann sich jeder vorstellen. Doch welcher mittelständische

Unternehmer beschäftigt sich ernsthaft mit der Frage, welche schwerwiegenden Folgen die falsche Bedienung eines komplexen Kassensystems haben kann ...?

Appell zum Zugreifen: Das Angebot

Nun, nachdem Sie Ihre Leser durch einen dramaturgisch geschickten Einstieg auf Ihre Seite gezogen haben, ist es Zeit, in eigener Sache zu argumentieren. Im Klartext: Jetzt gilt es, die Stärken Ihres Produkts oder Ihrer Dienstleistung geschickt zu inszenieren. Das schaffen Sie freilich nicht, indem Sie nüchtern und sachlich Ihr Angebot vorstellen. Aus Ihrem Leser wird vielmehr nur dann ein Kunde, wenn es Ihnen gelingt, Bilder in seinem Kopf entstehen zu lassen. Und Bilder erzeugen Sie nur mit einer bildhaften Sprache.

Ein einfaches Beispiel: „Mit unserem ... können Sie Geld sparen" – das klingt nüchtern und ernüchternd, obwohl Geld zu sparen an und für sich ja ein erstrebenswerter Zustand ist. In einem Werbebrief würde die Formulierung zum Beispiel so lauten: „Sparen Sie ab sofort bares Geld – mit unserem ..."

Jetzt oder nie

Ist Ihnen schon einmal aufgefallen, wie oft die Formel „bares Geld" in werblichen Texten auftaucht (und zwar nicht nur in Mailings, sondern auch in Anzeigen und TV-Spots)? Nüchtern betrachtet ist diese Formulierung natürlich blanker Unsinn. Denn wenn Sie dank des neuen „Heizkostensenkungs-Computers" monatlich 25 Euro einsparen, dann wird eben weniger abgebucht. Gleiches gilt, wenn Sie Ihre private Krankenversicherung wechseln und die Prämien sinken. Selbstverständlich sparen Sie Geld, und wenn Sie zu Ihrer Bank gehen und sich den ersparten Betrag auszahlen lassen, dann verfügen Sie in der Tat über „bares Geld". An jedem Geldautomaten wird „unbares Geld" (also Geld, das auf Ihrem Konto steht) zu „barem Geld". Damit explizit zu werben ist daher – rein sprachlich betrachtet – mehr als fragwürdig.

Warum fristet aber eine dermaßen unsinnige Formulierung ein so hartnäckiges Dasein? Ganz einfach, die Wortkombination „bares Geld" lässt **im Kopf des Lesers Bilder entstehen**. Er sieht förmlich die Geldscheine, die er – „bar" – in seinen Händen hält, am besten gleich bündelweise. Einer Banknote wohnt eben immer noch mehr Faszinationskraft inne als einem Scheck oder einem Kontoauszug. Wer zum Beispiel in einem Werbeprospekt einen geldwerten Vorteil von 500 Euro visualisieren möchte, wird nicht etwa einen Kontoauszug abbilden, auf dem die Buchung „Gutschrift 500 Euro" erscheint, sondern er wird natürlich einen Geldschein abbilden.

Sparen Sie in Ihren Erfolgsmailings nicht mit Worten, um die Vorteile des Kunden transparent zu machen. Verzichten Sie andererseits auf abgegriffene Vokabeln wie zum Beispiel „preiswert", „formschön", „modern", „langlebig". Generell gilt: Die Vorteile des Kunden müssen **auf einen Blick zu erfassen** sein. Diesen Effekt erreichen Sie zum Beispiel mit Wörtern wie „reicher", „gesünder", „zufriedener", aber auch mit den Versprechen „Gewinne machen", „anderen eine Nasenlänge voraus sein". Doch nehmen wir an dieser Stelle zwei konkrete Beispiele unter die Lupe, um deutlicher zu machen, wie Sie Ihre Verkaufsargumente geschickt

Vorteil erfassen

inszenieren können. Zunächst zu einem Mailing, das ein Finanzdienstleister an seine Kunden verschickte. Im „Angebotsteil" des Briefes heißt es unter anderem:

> Derzeit lohnt ein Immobilien-Investment ganz besonders: Die Zinsen sind immer noch günstig. Ihr Vorteil: bequeme, überschaubare Finanzierungskonditionen. Und auch die Objektpreise sind gesunken. Ihr Vorteil: Sie stellen die Weichen für eine langfristige Wertsteigerung Ihrer Wohnung oder Ihres Hauses.

In diesem Text wird besonders markant hervorgehoben, wo die Vorteile für die potenziellen Kunden liegen. Er profitiert also gleich zweimal: zum einen vom niedrigen Zinsniveau und zum anderen von den günstigen Objektpreisen.

Zum zweiten Beispiel: Ein Getränkemarkt wirbt mit seinem Party-Service. Im Angebotsteil heißt es:

> Profitieren Sie von unserer Erfahrung. Sparen Sie Nerven und Zeit. Wir garantieren Ihnen die optimale Organisation Ihrer Feier. Unser Party-Service ganz in Ihrer Nähe liefert, was Sie für ein wirklich gelungenes Fest brauchen. Prompt und garantiert zuverlässig. Getränke, Gläser, Zapfanlage, Lichterketten, Stehtische und Festzelte – alles aus einer Hand.

Auch in diesem Fall wird sofort deutlich, wo der Vorteil des Kunden liegt: Er bekommt für seine Party alles frei Haus geliefert und muss sich um nichts kümmern. Die Praxis zeigt, dass Verbraucher besonders positiv reagieren, wenn Sie sich von dem betreffenden Produkt oder der Dienstleistung einen der nachfolgenden Vorteile versprechen:

Geld & Gewinn (mögliche Signale hierfür: Sparen, mehr Geld verdienen, mehr Leistung für Ihr Geld, Top-Renditen, finanziell erfolgreich, finanziell unabhängig, eigenes Vermögen aufbauen, Steuern sparen.)

Die geheimen Motivatoren

Sicherheit (mögliche Signale hierfür: auf der sicheren Seite sein, Risiken kalkulierbar machen, keine Risiken eingehen, ruhig schlafen können, nichts dem Zufall überlassen, Fels in der Brandung.)

Bequemlichkeit (mögliche Signale hierfür: ganz einfach, bequem, alles aus einer Hand, Wir kümmern uns drum, Sparen Sie Ihre kostbare Zeit, Wir sind rund um die Uhr für Sie da.)

Beruf und Gesundheit (mögliche Signale hierfür: erfolgreich, Karriere machen, Steigen Sie auf, Zufriedenheit, Glück, gesundes Leben, endlich schmerzfrei, mehr Lebensqualität, gesund bis ins hohe Alter, Schützen Sie sich vor ..., Durchsetzungskraft, erfolgreiches Auftreten.)

Eitelkeit (mögliche Signale hierfür: der Weg zu Ihrer Traumfigur, jugendliches Aussehen, dynamisch, sportlich, attraktiv, „nur für Sie", individuell, exklusiv, maßgeschneidert.)

Kaufappell verstärken: Am Ende nochmal alles geben

Diesen Effekt können Sie in jedem Kaufhaus beobachten: Der Kunde betrachtet eine bestimmte Ware, berührt sie, wägt ab – kaufen oder nicht kaufen, das ist in diesem Moment die Frage. Der Kunde befindet sich in einem Zwiespalt der Gefühle. Er würde den Artikel sicher gern kaufen. Er gefällt ihm, und eigentlich hat er lange Zeit gerade danach gesucht. Aber Qualität hat nun einmal ihren Preis. Bei einem Kauf müsste der Kunde tief in die Tasche greifen – und das, obwohl in diesem Monat ohnehin mehrere finanzielle Belastungen zu verkraften waren. Soll er also das Konto weiter überziehen? Lieber nicht – obwohl, so eine Gelegenheit bietet sich bestimmt so schnell nicht wieder. Und billiger wird das Objekt seiner Begierde gewiss nicht. Weshalb nicht gleich zugreifen? Nächsten Monat zahlt der Arbeitgeber ja ohnehin Urlaubsgeld.

Jetzt oder nie

Solche Gedanken schießen dem potenziellen Kunden durch den Kopf. Ein guter Verkäufer wird versuchen, die positiven Aspekte in den Vordergrund zu rücken und alles, was dagegen spricht, zumindest zu relativieren.

Ein Werbebrief ist letztlich ein geschriebenes Verkaufsgespräch. Sie müssen daher ebenfalls versuchen, durch geschickte Formulierungen die Kaufimpulse zu verstärken und dem „schlechten Gewissen" des Käufers entgegenzuwirken. Nicht von ungefähr spricht man in diesem Zusammenhang von einem „Verstärker", der in der zweiten Hälfte des Briefes, gleich nach dem konkreten Angebot und der Darstellung der jeweiligen Vorteile, erscheinen sollte.

Schlussappell: Zur konkreten Aktion auffordern

Nehmen wir an, Ihnen ist es dank eines perfekten Werbebriefes gelungen, das Interesse Ihres Kunden zu wecken. Er ist durchaus geneigt, Ihr Angebot anzunehmen oder sich zumindest eingehender informieren zu lassen. Doch was nun?

Nur die wenigsten werden sich die Mühe machen, im Briefkopf Ihre Telefonnummer zu suchen und sich anschließend mehrfach weiterverbinden zu lassen, bis endlich die kompetente Person am Telefon ist. Das heißt, Sie müssen Ihrem Kunden ganz konkret den **nächsten Schritt vorschlagen**. Er will wissen, was nun zu tun ist: Wer ist mein Ansprechpartner? Wer beantwortet meine Fragen? Welche Verpflichtungen entstehen mir, wenn ich mein Interesse erkennen lasse? Werde ich den Verkäufer wieder los, oder wird er mich künftig immer wieder nerven?

Und vor allen Dingen: Was kostet es mich, wenn ich auf dieses Angebot reagieren möchte – muss ich Porto oder Telefongebühren investieren? Diese und viele andere Fragen stellt sich Ihr potenzieller Kunde in diesem Augenblick. Findet er in Ihrem Werbebrief nicht unmittelbar eine passende Antwort, haben Sie eine einmalige Chance vertan, aus einem Interessenten einen tatsächlichen Kunden zu machen.

Aus dem Schlussappell muss eindeutig hervorgehen, was nun zu tun ist. Soll der Kunde eine Antwortkarte zurückschicken, soll er mailen, eine Hotline anrufen (natürlich zu einem verbilligten Tarif), soll er Ihnen faxen? Sagen Sie's ihm – so einfach wie möglich. Und nehmen Sie Ihrem Kunden die Angst, er könnte

Was soll ich tun?

irgendwelche Verpflichtungen eingehen, wenn er auf Ihr Angebot reagiert. Teilen Sie Ihrem Kunden zum Beispiel mit, die Anfrage sei absolut unverbindlich. Bei Bestellungen sollten Sie das mögliche Rückgabe- oder Umtauschrecht betonen. Beim Kunden entsteht dadurch das beruhigende Gefühl, sich ein „Hintertürchen" offen gehalten zu haben.

Grüßen Sie möglichst individuell

Die meisten Briefe enden mit der Standardformulierung: „Mit freundlichen Grüßen". Das mag zwar stereotyp klingen, aber in der üblichen geschäflichen Korrespondenz ist dagegen nichts einzuwenden. In einem Werbebrief sollten Sie auf diese Allerwelts-Formel verzichten, denn sie spricht nicht gerade für Einfallsreichtum. Versuchen Sie auch bei einem scheinbar nebensächlichen Detail von der Norm abzuweichen – eben anders zu sein als die üblichen Briefe, die der Empfänger Tag für Tag in seinem Postkasten findet. Geben Sie Ihrer Grußformel eine besondere, eine überraschende Note, ohne freilich plump-vertraulich zu wirken. Zur Auswahl stehen gleich mehrere Möglichkeiten – suchen Sie sich einfach das Passende aus.

Von der Norm abweichen, ohne plump zu sein

Das PS – wirklich unverzichtbar?

Das **PS am Fuß des Werbebriefes** galt lange Zeit als unverzichtbar. Den Textern wurde ins Stammbuch geschrieben, besondere Sorgfalt und Kreativität bei der Formulierung dieser scheinbaren Nebensächlichkeit walten zu lassen. Kein Werbebrief ohne PS lautete folglich die Devise.

Tatsächlich werden die Headline und das PS beim ersten Überfliegen des Briefes durch den Empfänger zuerst zur Kenntnis genommen. Macht beides neugierig, glaubt der Leser, einen konkreten Vorteil zu erkennen, so wird er sich auch den eigentlichen Text näher anschauen. Sie sehen, ein gutes PS kann sich als **„Eyecatcher"** erweisen, an dem der flüchtige Blick des Lesers hängen bleibt.

Genau darin besteht aber auch die Gefahr. Ein schwaches, einfallsloses PS, das dem Leser keinen Nutzen verheißt, macht Ihren Werbebrief uninteressant. Weil sich längst herumgesprochen hat, wie wichtig das PS unter einem Mailing-Text sei, erscheinen derlei Zusätze auch dann, wenn es an und für sich gar nichts mehr zu sagen – beziehungsweise zu schreiben – gibt. Dann klingt das PS wie an den Haaren herbeigezogen, müde, verkrampft und unprofessionell.

Literatur

Brückner M.: Werbebriefe leicht gemacht. – Redline Wirtschaft, München, 4. Aufl., 2007.
Brückner M., Reinert, R.: Auf den Punkt gebracht. – Expert-Verlag, Renningen, 2007.
Gottschling S.: Werbebriefe einfach machen. – SG-Verlag, Augsburg, 2007.
Forster H.-P.: Texten wie ein Profi. – FAZ-Verlag, Frankfurt, 2007.
Kracht W. M.: Alles, was einfach ist, ist gut. – BOD-Verlag, Hamburg, 2003.

Die Zeiten, in denen eine **Internetpräsenz** kaum mehr als eine elektronische Visitenkarte war, sind lange vorbei. Dennoch betrachten viele Unternehmen ihre Webseiten immer noch als statisches Instrument zur Selbstdarstellung. Dabei bietet Ihnen das Internet, richtig eingesetzt, exzellente Möglichkeiten, um den Dialog mit Ihren potenziellen Kunden zu suchen, um neue Kunden zu gewinnen und an Ihr Unternehmen zu binden.

Die Dialogfunktion des Internets wird vielfach unterschätzt

Eine wesentliche Rolle bei diesem **Kundendialog** spielen Ihre **Internettexte**. Diese werden auf den meisten Webseiten geradezu stiefmütterlich behandelt. Doch im Internet sagt ein Bild NICHT mehr als tausend Worte!

Nicht Bilder sondern Texte

Insbesondere Internetseiten, die etwas verkaufen müssen, sei es ein Produkt oder einen Service, müssen nach allen Regeln des Dialogmarketings getextet werden. Da genügt es nicht, Ihr Angebot zu zeigen und daneben, übertrieben gesprochen, einfach nur einen Preis zu nennen.

Sie müssen den Verkaufsdialog aktiv starten

Nehmen Sie Ihren **Internetbesucher** an die Hand und führen Sie ihn zielsicher zur gewünschten Reaktion: zur Bestellung, zur Infoanforderung oder was immer Ziel Ihrer Internetseiten ist.

Zum Ziel führen

Ihr größter Vorteil gegenüber klassischen Werbebriefen

Der Kunde sucht Sie, statt Sie den Kunden! Die meisten Internetsurfer haben einen klaren Informationswunsch. Sie möchten beispielsweise wissen, wie das Reisewetter auf Mallorca ist, wo man einen Austauschkühler für sein Auto bekommt oder welche Software am besten zur Datensicherung geeignet ist.

Das heißt, bieten Sie auf Ihren **Internetseiten** Hilfreiches zum gesuchten Thema, landen Ihre Besucher mit wohlwollendem Interesse auf Ihren Webseiten. Ja, sie sind direkt neugierig, zu erfahren, was Sie mitzuteilen und zu bieten haben.

Im Internet ist Ihnen die Aufmerksamkeit Ihrer Leser sicher!

Das erzeugt bei Ihren Internetbesuchern jedoch eine hohe Erwartungshaltung. Bietet die angeklickte Internetseite nämlich nicht auf Anhieb die gewünschten Informationen, wird auch schon weitergeklickt – zur Konkurrenz.

www.marketing-boerse.de/Experten/details/Detlef-Krause

Diese kurze Aufmerksamkeitsspanne müssen Sie nutzen. Richten Sie Ihre Internettexte deshalb nicht darauf aus, was Sie gerne mitteilen möchten, sondern, was der potenzielle Kunde gerne erfahren möchte.

Daran denken: Sie texten für drei Zielgruppen gleichzeitig

Die erste Zielgruppe sind Sie selbst. Sie möchten Ihr Angebot natürlich im besten Licht darstellen. Doch übertreiben Sie es nicht damit. Zu viel Selbstverliebtheit (Wir sind ..., wir können ..., wir machen ...) schlägt Ihre Internetbesucher schnell in die Flucht.

Die zweite, wesentlich wichtigere Zielgruppe sind die Kunden, die Sie gewinnen möchten. Diese Besucher möchten keine Abbildungen von Firmengebäuden sehen und lächelnde Mitarbeiter mit Telefonhörern am Ohr. Nein, sie wollen handfeste Informationen. Am besten exakt zu dem Schlüsselbegriff (**Keyword**), den sie bei einer der Suchmaschinen eingegeben haben.

Und **die dritte Zielgruppe**, ohne die Ihr Webauftritt im Internet verloren ist, sind die **Suchmaschinen**. Kommt der entsprechenden Suchbegriff in Ihrem Internettext häufiger vor, haben Sie wesentlich bessere Chancen, bei den Ergebnisseiten auch weiter vorne gelistet zu werden.

Auch Suchmaschinen wollen Ihre Texte lesen

Tipp: Verwenden Sie in Ihren Internettexten immer den gleichen Suchbegriff und keine Synonyme. Wenn es um „Broschüre drucken" geht, nutzen Sie exakt diese Formulierung. Und nicht etwa den Plural „Broschüren drucken". Verzichten Sie auch auf Alternativen wie „Prospekte drucken" oder „Informationen drucken".

Was wollen Ihre Besucher?

Bevor Sie darangehen, Ihre Internetseiten zu überarbeiten oder eine ganz neue Website ins Netz zu stellen, überlegen Sie, was Ihre Internetbesucher interessiert. Sie suchen die Lösung eines drängenden Problems. Zum Beispiel: „Wie schütze ich meinen PC vor Viren? Welche Möglichkeiten der Dachsanierung gibt es? Oder wie funktioniert ein Hybridmotor und rechnet sich die Anschaffung für mich?" Wenn Sie in Ihren Internettexten auf solche Kundenfragen eingehen, starten Sie automatisch den **Kundendialog**. Doch bitte stets mit einem klaren Ziel.

Wozu möchten Sie Ihren Internetbesucher bewegen?

Soll er einen Prospekt anfordern? Soll er Ihre Hotline anrufen? Soll er einen Beratungstermin vereinbaren? Das müssen Sie als Erstes klären! Und bauen Sie erst dann, im zweiten Schritt, Ihre Internettexte um dieses Ziel herum auf.

Ein konkretes Ziel Ihrer **Webpräsenz** könnte zum Beispiel lauten: Mehr Abonnenten für Ihren kostenlosen **Newsletter** zu gewinnen. Hintergrund: Viele Besucher sind zum ersten Mal auf Ihren Internetseiten und es ist fraglich, ob sie jemals wiederkommen werden.

Ziel: Adressen gewinnen

Indem Sie über das Lockangebot „Gratis-Newsletter" die E-Mail-Adresse Ihrer Erstbesucher gewinnen, können Sie dort immer wieder anklopfen – ohne dass man Ihre Internetseiten erneut besuchen muss.

Ein anderes Ziel könnte sein, mehr **Leads**, mehr heiße **Kundenkontakte**, für Ihren Vertrieb zu gewinnen. Beispielsweise indem Sie auf Ihren Internetseiten anbieten, Interessenten per Post oder E-Mail spezielle Informationen zukommen zu lassen. Die darüber gewonnenen Adressen ermöglichen Ihnen dann eine **Vorqualifizierung** für Ihre Vertriebsaktivitäten.

Texten Sie zielgruppenspezifisch

Bei Werbebriefen wissen Sie durch die **Adressenselektion** ungefähr, wer Ihr Mailing lesen wird (zum Beispiel Hausbesitzer mit Garten). Bei Ihren Internetbesuchern hingegen tappen Sie zunächst im Dunkeln.

Berücksichtigen Sie bei Ihren Internettexten daher unterschiedliche **Besucher-szenarien**. Vereinfacht gesagt gibt es drei Besuchergruppen:

1. Internetsurfer, die sich nur mal umschauen wollen.

2. Interessenten, die eine spezielle Frage haben, aber fachlich Laien sind.

3. Experten, die die Fachausdrücke Ihrer Branche kennen und tiefe, fundierte Informationen suchen.

Drei
Besuchertypen

Tipp: Da Sie im Internet praktisch keine Seitenbeschränkungen haben, wie etwa bei einer gedruckten Broschüre, seien Sie spendabel: Geben Sie jeder Zielgruppe eigene Internettexte.

Beispiel: ultraleichte Reisekoffer via Internet verkaufen

Ihr Alukoffer „T 2323" wiegt bei gleichem Stauraum rund zwei Kilo weniger als herkömmliche Reisekoffer. Jetzt könnten Sie auf Ihren Internetseiten einfach schreiben: „Der Koffer, der Ihnen das Reisen leichter macht."

Wesentlich geschickter: Überlegen Sie, für welche Zielgruppen ist Ihr Koffer besonders interessant? Und stimmen Sie die Texte Ihrer Zielgruppen-Internetseiten exakt darauf ab. Etwa so:

Zielgruppe eins: Sportler, die häufig Fernreisen unternehmen und dabei ihre Sportausrüstung gerne mitnehmen. Durch das geringere Koffergewicht können sie mehr einpacken, ohne teure Übergepäckzuschläge zahlen zu müssen.

Zielgruppe zwei: Senioren. Der leichte Koffer schont den Rücken, lässt sich einfacher in der Kofferablage verstauen und ermöglicht so viel entspannteres Reisen.

Texten Sie in der Sprache Ihrer Zielgruppe

Vor allem im Hinblick auf die **Suchmaschinenoptimierung** gibt es einen zweiten wichtigen Punkt zu beachten: Benutzen Sie bei Ihren Internettexten exakt die Worte, unter denen Ihre Zielgruppe suchen wird. Dies wird sicher nicht „Alukoffer T 2323" sein, sondern vielleicht „leichter Reisekoffer" oder „Koffer für Senioren". Das Praktische daran: Sie erreichen eine erstklassige Zielgruppenselektion.

Möchten Sie in erster Linie Fachleute ansprechen, nutzen Sie deren typische Fachbegriffe. Dies gilt vor allem im **Business-to-Business**-Bereich. Richtet sich Ihr Angebot hingegen an Endkunden (**Business-to-Consumer**) verwenden Sie lieber umgangssprachliche Suchbegriffe.

Was sind die Suchworte?

Bei einem Schneeräumdienst suchen professionelle Nutzer wie Hausverwaltungen oder Firmen eher unter dem Fachbegriff „Winterdienst". Privathaushalte werden dagegen wahrscheinlich „Schnee räumen" oder „Gehwegräumung" als Suchbegriffe verwenden.

Optimieren Sie Ihre Texte entsprechend! Sprechen Sie auf Ihrer „Winterdienst-Seite" die Sprache der Profis und nennen Sie die speziellen Verkaufsargumente, die für Hausverwaltungen relevant sind. Auf Ihrer „Schneeräumen-Seite" konzentrieren Sie sich dann ausschließlich auf Ihre Vorteile aus Sicht der Privatkundschaft.

Machen Sie Ihre Internetseiten nicht zur Einbahnstraße

Bedenken Sie: Jeder Besucher Ihrer Internetseiten tritt bewusst oder unbewusst in einen direkten Dialog mit Ihnen. Durch das Klicken auf Ihre Links sagt er Ihnen, was ihn besonders interessiert. Ihre Aufgabe ist es, Ihrem Besucher hinter diesen Links die richtigen Antworten zu liefern.

Je stärker sich Ihr Internetbesucher auf der richtigen „Fährte" wähnt, desto stärker wächst auch sein Vertrauen in Ihre Informationen und sein Wohlwollen für Ihr Unternehmen.

Verkaufsstarke Texte nehmen den Kundendialog vorweg

Überlegen Sie, was möchte der Besucher auf Ihren Internetseiten wohl gerne erfahren? Und nehmen Sie ihn gezielt an die Hand, um ihn – sanft aber bestimmt – zu den gewünschten Informationen und Ihrer angestrebten Reaktion zu lenken. Am besten:

Lassen Sie Ihre Besucher sich selbst für Ihr Angebot qualifizieren

Auch dies ist eine wunderbare Dialogfunktion des Internets: Durch das Anklicken spezieller Links qualifiziert sich Ihr Besucher praktisch von selbst zu einem potenziellen Kunden. Klick für Klick wird er tiefer in Ihre Webseiten gezogen.

Gestalten Sie Ihren Webauftritt wie einen großen Trichter

Am Anfang steht das große breite Interesse, das Sie mit Ihrem Produkt oder Service abdecken, die große Trichteröffnung. Schritt für Schritt, Klick für Klick leiten Sie Ihren Interessenten dann dorthin, wo Sie ihn haben möchten: Wo Sie das für seine Wünsche (Klicks) beste oder maßgeschneiderte Angebot haben.

Um bei dem Kofferbeispiel zu bleiben: Unterteilen Sie Ihre Besucher in:

➤ professionelle Anwender, zum Beispiel Handwerker, die robuste Koffer für ihre Arbeitsausrüstung brauchen,

➤ Geschäftsreisende, die elegantes Reisegepäck suchen, und

➤ Gelegenheitsreisende, die für ihre Ferien einfach nur praktisches, leichtes Urlaubsgepäck möchten.

Nach dieser grundsätzlichen **Zielgruppendifferenzierung** gehen Sie an die Feinjustierung. Zum Beispiel, welche Preisvorstellungen hat Ihr Internetbesucher? Welche Koffermaterialien bevorzugt er (Aluminium, Kunststoff, Leder)? Oder gibt es spezielle Designwünsche?

Fordern Sie auf zur Aktion!

Der „**Call to Action**", Ihre **Handlungsaufforderung**, darf auf keiner Internetseite fehlen. Auch hier haben Ihre Internettexte sehr viel mit dem Dialogmarketing gemeinsam: Vertrauen Sie nicht darauf, dass Ihr Kunde schon von selbst auf die Idee kommen wird, Sie sofort zu kontaktieren. Fordern Sie ihn explizit dazu auf!

Im Internet muss deutlich zur Handlung aufgefordert werden

Machen Sie es Ihren Internetbesuchern leicht, Ja! zu sagen

Hierfür haben Sie gleich mehrere, im Dialogmarketing bestens bewährte Möglichkeiten:

➤ Bieten Sie Ihrem Internetbesucher wertvolle Informationen, die er bei Ihnen gratis abfordern kann. Zum Beispiel einen Ratgeber oder ähnliches.

➤ Locken Sie mit einem **Köder**. Besonders bewährt haben sich im Internet E-Books: mehrseitige Anleitungen oder Abhandlungen zu einem speziellen Thema. Im PDF-Format gespeichert können diese E-Books bequem per E-Mail als Anhang verschickt oder von Ihrer Internetseite herunter-geladen werden. So sparen Sie das zeitraubende und kostspielige Handling. Achten Sie jedoch darauf, dass Ihre E-Books keine getarnten Werbebroschüren sind, sondern substanzielle Informationen bieten.

➤ Laden Sie ein, Ihren Newsletter zu abonnieren. Newsletter sind ausgezeichnete Hilfsmittel, um aus Erstkontakten langfristige Kunden-beziehungen zu machen. Unter zwei Voraussetzungen: Sie bieten erstens lesenswerte „News" und zweitens: Ihr Newsletter erscheint regelmäßig. Durch diese Verlässlichkeit bauen Sie zusätzliches Vertrauen in Ihr Unternehmen auf.

Was Sie auf keinen Fall machen sollten:

Lassen Sie Ihre Internetbesucher sich nicht selbst bedienen! Auf vielen Unternehmensseiten werden Informationen frank und frei zum beliebigen Herunterladen angeboten. Dies ist ein echter **Dialogkiller**!

Sie berauben sich dadurch erstens der Möglichkeit, den potenziellen Kunden erneut zu kontaktieren, um ihm die gewünschten Informationen zu übermitteln. (Jeder gute Verkäufer weiß, wie wichtig wiederholte Kundenkontakte sind!)

Die Kontakt-adresse sollte nicht fehlen

Und zweitens fehlt Ihnen dann die Kontaktadresse, um nachzufassen. So könnten Sie beispielsweise als Nächstes auf weitere, speziell für diesen Kunden interessante Vorteile Ihres Angebotes hinweisen. Oder mit weiteren Informationen etwaige Kaufhemmnisse aus dem Weg räumen.

Nutzen Sie Autoresponder für Ihren Kundendialog

Autoresponder sind automatische E-Mail-Beantworter. Mit den richtigen Verkaufstexten versehen erweisen sich solche Autoresponder als wahre **Kontaktturbos** für Ihr Dialogmarketing. Ohne Ihr Zutun halten sie automatisch Verbindung zu allen Ihren potenziellen Kunden. Ihr Interessent fordert dazu über ein E-Mail-Feld auf Ihrer Internetseite die gewünschte Information an: „Ja, senden Sie mir Ihren Report gratis an folgende E-Mail-Adresse!" Und wenig später schon liegen die angeforderten Unterlagen in seiner Mailbox.

Sie schlagen damit gleich zwei Fliegen mit einer Klappe:

1. Sie demonstrieren eindrucksvoll, wie schnell Sie reagieren. Wenn Sie Ihren Autorespondertext geschickt formulieren, werden die wenigsten erkennen, dass eine „Maschine" antwortet.

2. Was aber noch entscheidender ist: Sie haben gleichzeitig die Adresse eines neuen, potenziellen Kunden gewonnen. Bei Selbstbedienung auf Ihren Webseiten hätten Sie diese Kontaktadresse nie erfahren!

Noch effizienter: Kundengewinnung per Autopilot

Automatisches Nachfassen

Setzen Sie einen **Follow-up-Autoresponder** ein. Diese Systeme schicken nicht nur eine einfache Antwortmail, sie fassen auch in gewissen Zeitabständen immer wieder nach. So könnten Sie etwa drei Tage nach dem Erstkontakt nachfragen, ob der Empfänger noch weitere Informationswünsche hat. Oder weisen Sie darauf hin, dass für den Empfänger unter einem speziellen Link jetzt spezielle Information verfügbar sind.

So können Sie potenzielle Kunden immer wieder mit neuen Kaufanstößen versorgen. Wenn Sie möchten über Monate und Jahre hinweg. Zeitdauer und Intensität dieses automatischen Kundendialogs bestimmten Sie.

Wichtig beim Einsatz eines Autorespondersystems: Sie müssen vom Empfänger die Zustimmung haben, ihm Mails zusenden zu dürfen. Bewährt hat sich dabei das **Double-Opt-in-Verfahren**. Hierbei muss der Empfänger seinen Informationswunsch noch einmal ausdrücklich bestätigen.

Literatur

Gottschling S.: Stark texten, mehr verkaufen: Kunden finden, Kunden binden mit Mailing, Web & Co. – Gabler, 2007.

Redish J.: Letting Go of the Words. – Morgan Kaufmann, 2007.

Eisenberg B., Eisenberg J., Davis L. T.: Persuasive Online Copywriting: How to Take Your Words to the Bank. – Wizard Academy Press, 2002.

Krause D.: PowerTexting für Internet. – www.internettexten.de

Yudkin M.: Poor Richard's Web Site Marketing Makeover: Improve Your Message and Turn Visitors Into Buyers. – Top Floor Publishing, 2002.

B2C-KATALOGE
TEXTEN UND GESTALTEN
GERHARD KIRCHNER

Ihre Kataloge sind Ihre wichtigsten Verkäufer oder sollen zu Ihren wichtigsten Verkäufern werden. Und damit ist schon alles klar: Sie sind geradezu verpflichtet, Ihre wichtigsten Verkäufer optimal zu gestalten und zu texten. Dazu gehört, dass Sie jedes denkbare Mittel und Element bewusst einsetzen, um die verkäuferische Durchschlagskraft Ihres Katalogs zu erhöhen.

Als was würden Sie Ihren Katalog bezeichnen?

Gehört er zu den ökonomisch genutzten Katalogen, geht es also um ein **Universalverzeichnis** oder um einen **Spezialkatalog**? Verkauft er für ein Industrieunternehmen, für den Handel oder für ein Dienstleistungsunternehmen? Ist er typisch für einen **Impulskauf-Katalog** oder für einen **Plankauf-Katalog**? Siehe Abb. 1.

Wird er versendet oder hat ihn ein Außendienstmann bei seinen Besuchen unter dem Arm? Liegt er als **Print-Katalog** oder als **Online**- oder **TV-Katalog** vor? Gehört er vielleicht zu den **Einzelbesteller**- oder **Sammelbesteller-Katalogen**? Und: Richtet er sich eher an private Verbraucher und Verwender, gehört er also zu den B2C-(Business-to-Consumer) Katalogen oder muss er gewerbliche Verbraucher und Verwender erreichen? Dann würde man ihn B2B-(Business-to-Business) Katalog nennen.

Warum diese Details überhaupt? Weil von der richtigen Zuordnung in Richtung Haupt-**Zielgruppen** ganz erheblich die „passende Gestaltung" abhängt. Katalog ist also nicht gleich Katalog. Vergleichen Sie einen Einzelbesteller-Katalog mit einem Sammelbesteller-Katalog. Letzterer kann es sich leisten, großzügiger – ohne Platzverschwendung – als beim Einzelbesteller-Katalog gestaltet zu sein. Warum? Weil er mehr Umsatz pro Seite bringt. Oder vergleichen Sie Impulskauf-Kataloge mit Plankauf-Katalogen. Bei letzteren geht es darum, innerhalb einer **Katalogstrecke** mit möglichst wenig Schritten – ähnlich wie Klicks – direkt zum gewünschten beziehungsweise geeignetsten Produkt zu gelangen. Anders beim Impulskauf-Katalog: Er wartet darauf, durchblättert zu werden. Produktvariationen beim Plankauf-Katalog stehen also beieinander (und müssen erklärt werden), Produktvariationen im Impulskauf-Katalog dagegen werden bewusst getrennt.

Kataloge sind je nach Zweck ganz unterschiedlich gestaltet

Erkenntnis also: Programm und Hauptzielgruppen bestimmen das Gesicht des Katalogs. Wenn sie das Kundenprofil Ihrer rentierlichsten Kundengruppe darstellen. Und dazu das **Katalogprofil**, das **Angebotsprofil** und das **Handlungsauslöserprofil** nach identischen Kriterien stellen, dann müssen sich diese Profile nahezu deckungsgleich zu dem Kundenprofil verhalten. Gegenläufige Profile, siehe dazu auch Abb. 2, deuten auf Fehler und auf für Sie schwierige Zeiten hin.

Kunden- und Katalogprofil sollen übereinstimmen

www.marketing-boerse.de/Experten/details/Gerhard-Kirchner

Katalog-Arten / Unterscheidung nach:

➤ Zweck: ökonomisch gegen außerökonomisch
➤ Aufgabe: Universal- gegen Teilverzeichnisse
➤ Aussendern: Industrie, Handel, Dienstleistungsunternehmen
➤ Empfängern: B2C = private Verbraucher/Verwender
                    B2B = gewerbliche Verbraucher/Verwender
➤ Benutzung: Einzelbesteller-K gegen Sammelbesteller-K
                    Impulskauf- gegen Plankauf-Katalog
➤ Vertrieb: Versandkataloge, Take-one-Kataloge,
                    Mitnehm-Kataloge, Anschluss-Kauf-Kataloge
➤ „Träger":   Print-Katalog gegen Non-Print-Katalog

Abb. 1: Kataloge gibt es in vielerlei Form. Ihr Katalog muss
zu Ihrer Kundschaft und Ihrem Angebot passen.

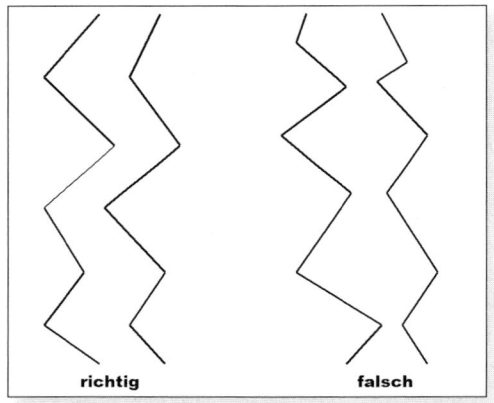

Abb. 2: Links Deckungsgleichheit von Katalog-Erscheinungs-Profil
mit Angebots- und Zielpersonen-Profil, rechts passt nichts.

Intelligentes Katalogbriefing macht den Erfolg

Bevor Sie sich mit Gestaltungs- und Text-Details befassen, müssen Sie sich ehrlich einige Fragen beantworten.

Was genau ist Ihre „Geschichte", Ihre Verkaufsstrategie, Ihr USP?

Wenn Sie auf die Titelseite Ihres Katalogs schauen, müsste Ihnen die „Quintessenz" Ihrer Strategie und Ihrem Kunden förmlich ins Gesicht springen. Ob Sie nun von **Nutzenversprechen**, von einer **„tagline"**, von einem „mission **statement"** – wie die Amerikaner das nennen – der **„unique selling"** und der **„unique service proposition"** sprechen (der **Alleinstellung** im Verkauf und beim Service durch einen einzigartigen Vorteil, den nur Ihr Katalog bietet, der des Wettbewerbers aber nicht oder nicht in dem Maße wie Sie), ist eher nachrangig. Entscheidend ist, dass Ihre Aussage glaubhaft, vertrauenerweckend und kaufauslösend wirkt.

Einzigartiger Katalog

188

Mit welchen zwei bis drei Zielgruppen verdienen Sie Geld?

Voraussetzung dazu: Ein intelligentes **Database-Management**. Das bestimmt nicht nur die Produktions- beziehungsweise Einkaufspolitik, sondern eben auch das Erscheinungsbild des Katalogs.

Wie erreichen Sie Alleinstellung?

Sie meiden überbesetzte Anbieter-Sektionen, Sie suchen möglichst den „weißen Fleck", Sie brauchen unbedingt eine eigene **Katalog-Persönlichkeit**. Hilfreich können sein: Eine **Personalisierung** des **Package** oder des Katalogs, ein höherer **Beratungswert**, eine Verbesserung des Gebrauchswertes, gekonntes **Führen** (durch die Produktmanager) in Form einer **Gut-besser-am besten-Technik**. Aber auch ein zwingenderes Führen der Augen durch den Layouter gehört dazu. Spezielle Katalog-Typen, ich nenne unter anderem den **Wende-Katalog**, das **Journal-Format**, den **Mini-Katalog**, die **Überkopf-Darstellung** und ausgefallene Präsentationstechnik können Ihnen einen Vorsprung gegenüber den Mitbewerbern verschaffen. In den USA gibt es zum Beispiel gezeichnete (Kult)Kataloge.

Achten Sie auf Übersicht und Überblickbarkeit

Wegen der **Informations-Überflutung**, bis zu 2.500-3.000 pro Tag, werden nur zwei bis drei Prozent aller Informationen aus einem Katalog beim **Schnelldurchgang** oder Durchlauf von Kunden registriert. Das entspricht rund zehn Fixationen pro Seite/Doppelseite.

Hodgson [1] empfiehlt „ten products per spread", also um die zehn Artikel pro Doppelseite, Drescher [2] spricht bildhaft von „geht runter wie Öl" bei bis zu fünf Artikeln pro Seite. Und von „Sand im Getriebe" bei sieben und mehr Produkten – als Anhaltspunkt. Siehe auch Abb. 3, die bildhaft zeigt, dass bei **Überforderung Kaufverweigerung** droht.

3-5 Artikel pro Seite

Technische Daten effektiv und effizient?

Die Planung umfasst sämtliche Daten hinsichtlich Katalog und Katalog-Package. Für den Katalog also sowohl Format, Umfang und **Auflage**, Gewicht, buchbinderische Verarbeitung und **Druck**. Beim Package geht es um die Verpackungsart (Papier, Karton, Folie, „nackt") und deren Gestaltung sowie um Art und Anzahl der **Stuffer**, wie die Beilagen bei den Katalogmachern genannt werden.

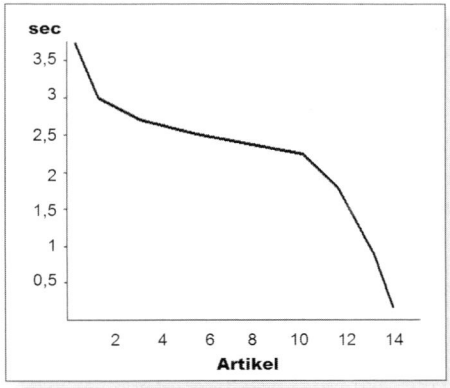

Abb. 3: Wer zu viel auf die Seite pfropft, der wird (mit Missachtung) bestraft.

189

Der Katalog-Titel

Der Katalog-Titel ist in erster Linie **Katalog-Öffner**. Um das Ziel zu erreichen, braucht es eine Titelseite mit Stimmung, Dramatik und Motivation, möglichst mit schneller **Sortiments-Identifikation**. Der Nutzen versprechende **Blickfang** sollte möglichst großflächig die Titelseite dominieren, damit er sofort identifizierbar ist. Nutzen verspricht er, indem die Produktabbildung durch eine Ware-im-Gebrauch-Darstellung sich selbst erklärt, das bringt rund 60 Prozent von 100 Prozent erreichbarer Verkaufswirkung. Die Nutzen versprechende **Schlagzeile** verstärkt mit **emotionaler Schubkraft** das Erfolgsversprechen. Gut für rund dreißig Prozent mehr Wirkung. Die **„Kennung"**, also Firmenname, Logo und Signet nennt Roß und Reiter gleich auf der ersten Seite, trägt aber nur 10 Prozent an Wirkung bei.

Bei kleinen und mittelgroßen Katalogen empfiehlt es sich, sofort auf dem Titel einen **Knüller** anzubieten, im Idealfall mit der Warenbeschreibung – oder wenigstens mit einem Verweis. Der Titel ist nämlich laut Dick Hodgson [1] die bestverkaufende Seite des gesamten Katalogs, ein so genannter **Hot Spot**, siehe dazu Abb. 4.

Hot Spots verkaufen am besten

Erkenntnis: Titeln heißt weglassen, Konzentration auf einen dominierenden Blickfang. So genannte „Gruppen-Aufnahmen" und „Kurz-Inhaltsverzeichnisse" bringen weniger Wirkung und Rendite.

Dick's Hot Spot-Seiten-Theorie

➤ Titelseite
➤ Rücktitel
➤ Seiten 2-3
➤ Seiten 4-5
➤ Letzte Inhaltsseite/3. Umschlagsseite
➤ Mittelseiten-Insert
➤ Übrige Inserts
➤ Stopperseiten
➤ Einleitungsseiten

Abb. 4: Hot Spot-Seiten bringen beste Renditen.

Layout der Innenseiten

Pro Doppelseite muss möglichst viel „Werbe- sprich **Verkaufsfläche**" von den Augen des Betrachters abgetastet werden. Klar. Und Spannung im Sinne von Erlebniskurve zwischen Höhen und Tiefen sollte eingebaut werden. Das heißt: Höhen werden systematisch produziert, und zwar

1. von Einkäufern und Produktmanagern, also **Exklusiv-Angebote, Sonderangebote, Trend-Artikel** beispielsweise,
2. von den Layoutern durch vergrößerte Abbildungen,
   Wechsel im Farbhintergrund und andere „Betonungen".

Wie viel **Produkte oder Dienstleistungen haben Sie pro Seite/Doppelseite** vorgesehen? Da gibt es oft Grabenkämpfe zwischen **Produktmanagement** (Planumsatz) und Katalogmachern (Katalogüberblickbarkeit). Wie Abb. 3 zeigt, lässt bei einer Überfüllung das Interesse schlagartig nach. Vorsicht ist also geboten.

Wie sieht es beim **Bestimmen des Verhältnisses Abbildungen zu Texten** aus? Ich möchte das inzwischen als „Gesetz" bezeichnen, nach dem in einem modernen Katalog, Ersatzteilkataloge vielleicht ausgenommen, der Abbildungsteil überwiegen sollte. In den USA, aber auch bei Kroeber-Riel [3] läuft das unter dem Stichwort **„imagery"**. 2:1 für den Abbildungsteil einer Seite/Doppelseite scheint mir erstrebenswert.

Augenpfad und Blickfolge dominieren bei Kataloggestaltungsfragen. Die Platzierung der Knüller wird in fast allen Ländern einheitlich gesehen, Dick Hodgson [1], Jack Schmid [4], Lois Boyle [5] in den USA, André Delbeq in Frankreich zeigen alle eine Doppelseite mit einem spitzwinkligen Dreieck bis an die Außenkante der linken Seite, das dann rechts unten aus der Gegenseite heraus läuft, siehe Abb. 5. Bei mir sind es gleich drei Elipsenbögen, Abb. 6, je nach Betrachtungsweise. Und zwar gilt **Augenpfad** Nr. 1 beim Blättern von vorn nach hinten, Nr. 2 beim Blättern von hinten nach vorn (rund dreißig Prozent aller Betrachter!) und Nr. 3, wenn der Katalog auf dem Couch- oder Schreibtisch liegt. Die Bögen sind im Übrigen in Wirklichkeit wildgezackte Augenbewegungen.

Der Augenpfad hängt von der Blätterrichtung ab

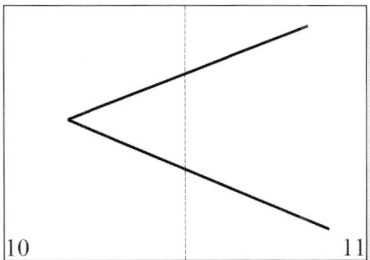

Abb. 5: Augenpfad bei einer Doppelseite, weltweit anerkannt.

Was sagt Ihnen **„structural motion"**, ein fast unübersetzbarer Ausdruck aus den USA? Dieses „Flippern" der Augen durch die Stellung der Produkte soll die Augen des Betrachters immer wieder zurück in Richtung Bund – und möglichst gleich in Richtung Warenbeschreibung führen. Bei Modekatalogen spricht man gern von **Panoramablick**.

Die **Blickrichtung** geht vom Model zum Produkt. Erstens müssen Sie sowieso für Menschen-Abbildungen im Katalog sorgen. Zweitens sollten dann aber auch – wenn möglich – die Augen des Models auf das Produkt gerichtet sein, weil dann die Augen des Betrachters automatisch dem Blick des Models folgen.

Aus Abb. 7 wird deutlich: Die Warenbeschreibung innerhalb der Produktabbildung hat die höchste Durchschlagskraft. Etwas schwächer wirkt der Text direkt neben oder unter der Produktabbildung, eine Folge des **habituellen Leseverhaltens**, das von links nach rechts unten verläuft. Deutlich weniger Wirkung erzielt die

Beschreibung direkt in die Produktabbildung

Warenbeschreibung links neben (!) oder über (!) der Abbildung, noch schwächer wirkt nur noch die Suche über Ordnungsnummer zu dem Text im **Textblock**.

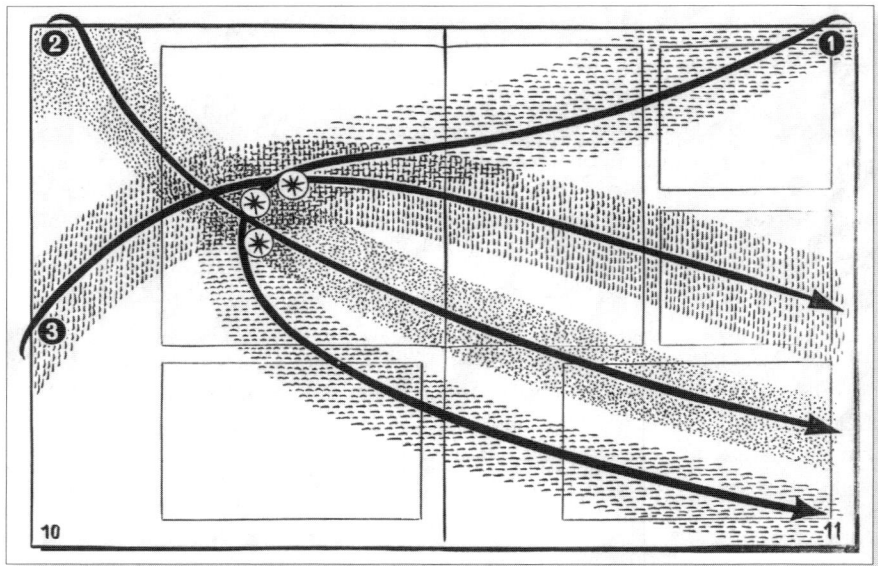

Abb. 6: Drei Augenpfade, Nr. 1, wenn vorwärts geblättert wird, Nr. 2, wenn rückwärts geblättert wird, Nr. 3, wenn der Katalog ruhig da liegt.

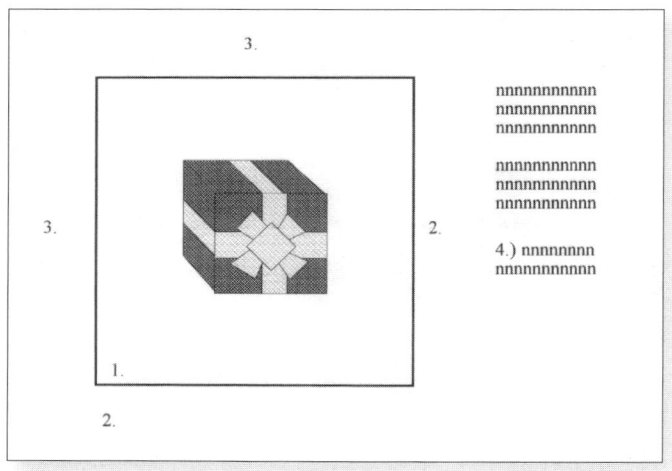

Abb. 7: Blickfolge Produkt zu Warenbeschreibung: Am besten innerhalb der Aufnahme (1), etwas weniger Wirkung haben die Positionen (2) rechts neben der Abbildung und unter der Abbildung, ungünstiger sind links neben der Abbildung und oberhalb der Abbildung (3), „Verluste" auch bei (4), bei der Warenbeschreibung „weitweg" mitten in einem Textblock.

Wo positionieren Sie Ihre **Schlagzeilen**? Abgesehen von ihren drei Gesetzen „möglichst nur eine Zeile, möglichst nur drei bis vier Wörter, möglichst dick und fett" hat sich die Positionierung verändert. Heute wissen wir dank der Gehirnforscher,

1. dass die **Subl**ine, die Schlagzeile unter der Fixations-Abbildung,
   besser ankommt als die (überholte) Kopfzeile, die **Headline**,

2. dass die **Inline**, also die Schlagzeile in der Abbildung
   – zum Teil quer über das abgebildete Produkt oder das Stimmungsfoto
   hinweg – noch besser ankommt.

Nachfolgend gibt es Antworten auf die üblichen FAQ's im Katalog-Geschäft: Sind **Texthintergründe lesbar?** Speziell bei der Brotschrift, also bei den Warenbeschreibungen, bitte nur weiße oder leichtgetönte Hintergründe wählen. Negativschriften, Schrift auf texturierten und strukturierten Hintergründen sollten tabu für Sie sein.

Soll man den **Preis direkt am Produkt positionieren?** Eher nicht, weil ein Preis immer erst durch die Warenbeschreibung erklärt werden muss. Ausnahmen sind **Discount-Angebote** und **Schnäppchenpreise**.

Sind **Fangwörter = interesting points** bewusst eingesetzt? **Fangwörter** im Sinne von **Verkaufswörtern** direkt am Produkt lenken die Aufmerksamkeit auf die ausgezeichnete Ware. „**Eye-catcher**", also Aufmerksamkeitshascher, und „interesting points" sorgen zusätzlich für die Verlängerung der Betrachtungszeit.

Eye-Catcher verlängern die Betrachtungszeit

Freigestellt montiert oder Milieu-Abbildungen im Raster? Produkt-Abbildungen in Form von Milieu-Fotos wirken deutlich dreidimensional, freigestellte Abbildungen gelegentlich zweidimensional, also eher „wie an die Wand geklatscht".

Angeschnitten/abfallend oder Außenblenden (weiß oder farbig)? Angeschnittene Seiten lassen die Abbildungen und damit auch die Produkte größer und wuchtiger erscheinen.

Inserts – ja oder nein? Inserts, eingeheftet oder eingeklebt, erhöhen die Umsätze und/oder die Service-Kompetenz des Anbieters. Bei den durch den Rücken drahtgehefteten Katalogen empfiehlt sich das **Mittelseiten-Insert**, bei **gelumbeckten Katalogen**, also bei klebegebundenen Katalogen, Inserts in Abständen von rund hundert Seiten. Das sind **mechanische Stopper**, die Seite davor und die Seite dahinter gehören zu den **Hot Spot**-Seiten.

Die Auftaktseite(n)

Es steht ein ganzer Werkzeugkasten zur Verfügung, um die Spannung des aktiven und des potenziellen Kunden zu erhalten.

Lesenswerte Einleitung/Begrüßung: Auch wenn dem Katalog ein Begleitbrief beigefügt wird (eventuell sogar personalisiert) gehört in den Katalog an den Anfang eine Begrüßung – auch sie kann personalisiert sein (es gibt eine Menge Tests hinsichtlich personalisierten Katalogen/Packages: Selbst unter Berücksichtigung der höheren Kosten schlägt der personalisierte Katalog den normalen (Massen)-

Katalog). Sie kann reduziert werden auf ein Memo oder auf einen visitenkarten-ähnlichen Minibrief.

Begrüßung vom
Chef mit Foto
und Unterschrift

Von einer Bezugsperson geschrieben und unterschrieben. Also am besten vom Chef selbst. Gut kommen Passbild und tintenblaue Unterschrift an.

Eine gestraffte (einleitende) Vorteilsstrategie erklärt, was der Leser verpasst, wenn er nicht weiter sucht/blättert.

Übersichtliches Inhalts-/Produktgruppen-Verzeichnis. Den Index suchen Ihre Kunden hinten, vorn wollen sie ein informatives Produktgruppenverzeichnis, ergänzt um farbige Piktogramme („imagery" und Sortiments-Identifikation).

Platz muss bleiben für ein **Auftaktangebot**, entweder ein Knüller, ein neuer Artikel, auf den man setzt oder bei einem mehrseitigen Auftaktangebot die Produkt-Stars aus verschiedenen Programmen.

Die Abschluss-Seite(n)

Kataloge sollen verkaufen, also geht es um den Griff nach dem Bestellschein, nach der Bestellkarte, nach dem Telefon, nach dem Computer. Die Abschluss-Seite vermittelt alle Informationen und Hilfen. Die (abschließende) **Vorteilsstrategie** sagt dem Kunden, warum er sich vertrauensvoll an den Absender wenden kann, sie vermittelt Kompetenz und Katalogglaubwürdigkeit.

Das **Handlungsauslöser-Programm** wird abschließend nochmals vorgestellt. Aus dem Gesamt-Programm, 1975 aus zwei Listen von Dick Hodgson und Jim Kobs zusammengestellt, suchen die Katalogmacher einzelne Handlungsauslöser oder ein Handlungsauslöser-Mix heraus, das zur Kundenstruktur und dem Katalog-Angebot passt. Bei B2C-Katalogen hat sich beispielsweise ein Mix aus **Gastgeschenk, Kauf-auf-Probe-Angebot, Gewinnspiel** und **Garantien** bewährt, sozusagen die Top 4 dort. Bei B2B-Katalogen dominieren eher Gastgeschenk, **Wettbewerb, Garantien, Referenzen**, siehe auch Abb. 8.

Die Auflistung der wichtigsten **Service-Vorteile** zielt auf den doppelten Allein-stellungs-Anspruch, also „unique selling proposition" und „unique service proposition".

Das Thema **Verstärker, Testimonials, Produkt-Autorität und Katalogglaub-würdigkeit** sollte unangreifbar belegt werden. Durch **Kundendankschreiben** (B2C) oder **Referenzen** (B2B), durch **Experten- und Autoritäts-Gutachten**.

Die Bestell-Anleitung halte ich für ein Muss. Der Kunde will wissen, wie er seine Bestellung aufgeben kann, der Anbieter muss dem Kunden deshalb alle möglichen Bestellwege (je mehr Bestellwege, desto höhere Bestellwahrscheinlichkeit!) aufzeichnen und dem Kunden die Auswahl überlassen.

Zahlungs- und Lieferweise sollten positiv formuliert sein. Das dürfte für B2C-Kataloge kein Problem darstellen, da finden sich viele freundlich lautende Formulierungen, was bei B2B Anbietern oftmals stringenter gesehen wird mit entsprechenden Formulierungen, die bis zur Kaufbehinderung gehen.

Die wichtigsten Handlungsauslöser
(action-getter – Incentives – Anreizmechanismen)

1. Gastgeschenk-Angebote = free-gift-Angebote
Für unverbindliche Ansichtssendung, für einen Auftrag,
als Stammkundengeschenk/ Treueprämie

2. Free-, Frei-, Gratis-, Kostenlos-Angebote
Free trial = Kauf-auf-Probe-Angebot, kostenloser AD-Besuch,
kostenlose Vorführung, kostenlose Beratung, kostenloser Service

3. Zeit- und Mengenbeschränkungen
Subskription, nur solange der Vorrat reicht, Limit (ein Satz),
beschränkte Auflage

4. Preisausschreiben/ Sweepstake/ Gewinnspiel/ Wettbewerb

5. Club- und Commodity-Angebote
Positive bzw. negative Optionen sowie Mischformen

6. Sonderangebote/ Schnäppchen
Einführungsangebot, Händler-Einkaufspreis, Vorsaison-Rabatt,
Auslauf-Rabatt, Mengen-Rabatt, Staffelpreis-Angebot, Setpreis

7. Muster- und Proben-Angebote
Kostenloses Muster, Muster gegen Schutzgebühr,
Jedem-sein-Muster-Angebot, kostenlose Unterrichtsprobe u. ä.

8. Spezielle Zahlungsbedingungen
Off. Rechnung, Teilzahlung, Kreditkarten-Akzeptanz, Valuta

9. Testimonials/ Fürsprache
Kundendankschreiben, Referenzen, Autoritäts- = Experten-Gutachten,
Prominentenwerbung

10. Garantie-Angebote
Umtausch- und Rückgabe-Recht, verlängerte Garantie,
doppeltes Geld zurück, garantiertes Rückkauf-Angebot

11. Sonstiges
Yes-No-Angebot, Publisher´s letter, Marken/Token, Gebietsschutz-
Angebot, Katalog-Subskriptions-Angebot, Gadgets und Grimmicks

Handlungs-anreize schaffen

Abb. 8: Die wichtigsten Handlungsauslöser, sowohl für B2C- wie auch für B2B-Kataloge.

Die Rückseite gleich Rücktitel

Rückseite gleich Rück-Titel formuliere ich gern, um darauf aufmerksam zu machen, dass die Rückseite gleich nach der Titelseite angeschaut wird. Das erreicht man mit dem Aufbau der Rückseite durch die Schlüssel-Elemente großflächiger **Blickfang**, textlichem **Nutzenversprechen** plus **Kennung**, also Firmenname und den wichtigsten **Kommunikationsangaben**.

Die Rückseite ist dann normalerweise die zweitbeste Verkaufsseite, weil sie mit einem dominierenden Produktangebot wie ein echter **Hot Spot** wirkt. Sie wird

Rückseite ist zweitbeste Verkaufsseite

sogar zur besten Verkaufsseite, wenn die Rückseite gleichzeitig als Anschriftenseite vorgesehen wird.

Was ist zum **Rücken** zu sagen? Zwei Regeln geben die Gestaltung bei gelumbeckten Katalogen (klebegebundenen Katalogen) vor: Schrift so groß wie möglich und so werblich-aussagefähig wie möglich.

Wirksame = verkäuferische Abbildungen

Fixiert werden bekanntlich beim Betrachten eines Katalogs immer zuerst die Abbildungen. Die beiden wichtigsten „Gesetze" hat Siegfried Vögele folgendermaßen formuliert:

➤ Bild schlägt Text und
➤ größeres Bild schlägt kleinere Bilder.

Das war auch schon beim Thema Augenpfad Ausgangspunkt der Überlegungen. Bilder sind schnelle Schüsse ins Gehirn, und zwar in die rechte Gehirnhälfte, wenn man einmal bei dieser groben Betrachtungsweise bleibt, sie lösen „Kino" im Kopf aus. Das ist unter „gehirngerechtes", weil wirksameres **Verkaufen** zu verstehen.

Die wichtigsten Werbewirkungs-Regeln

➤ Bild schlägt Text.	➤ Große Headline/Schlagzeile vor kleineren.
➤ Großes Bild vor kleineren Bildern.	➤ Handschrift vor Druckschriften.
➤ Farbiges Bild vor schwarz-weißem Bild.	➤ Betonte Textstellen vor nicht betonten.
➤ Warme Farbtöne vor kalten Farbtönen.	➤ Kurze Wörter oder Zeilen vor langen.
➤ Mensch vor Produkt.	➤ Ziffern vor langen Wörtern.
➤ Kind vor Erwachsenen.	➤ Kurze Absätze vor langen Absätzen.
➤ „action" vor Ruhe.	➤ Gerahmte Textblöcke vor nichtgerahmten.
➤ Portrait vor Ganz-Aufnahme.	➤ Senkrechte Flächen vor waagrechten.
➤ Augen vor Portrait.	➤ Diagonale Flächen vor senkrechten.
	➤ Kreisflächen vor rechteckigen Flächen.

Abb. 9: Liste der wichtigsten Gestaltungsregeln (Vögele 1984).

Eine dominierende Abbildung pro Doppelseite sollten sich Katalogmacher zur Regel machen. Auf diese Weise sorgt die erste schnelle **Fixation** dafür, dass die Augen der Betrachter auf dieser Doppelseite „kleben" bleiben.

Möglichst viel Einzelaufnahmen sind anzuraten. Ausnahmen: Gruppen-Modeaufnahme und Einrichtungsgarnituren beispielsweise.

Produkte plastisch ausleuchten

Produkte plastisch auszuleuchten, lautet ein Rat an Katalogfotografen, die Erhaltung der Schlagschatten am Produkt ein anderer und kontrastreiches Fotografieren (damit die Konturen schnell erfassbar sind) ein weiterer Rat: Möglichst also **Hell/Dunkel-**

oder **Dunkel/Hell-Kontrast**. **Farbe-an-sich-Kontrast** ist zu meiden, kritisch also Weiß in Weiß, Ton in Ton und Vollfarbig in Vollfarbig.

Und schließlich geht es noch um die **Fond-Gestaltung**: Ungeeignete oder störende Hintergründe schlichtweg vermeiden, weil oft verkaufshindernd.

Verkaufswert der Aufnahmen erhöhen, das zentrale Thema. Grob gesehen gibt es vier Möglichkeiten, ein Produkt oder eine Dienstleistung anzubieten:

1. die reine **Sachaufnahme**,
2. die **Sachaufnahme mit dem passenden Requisit**,
3. die **Ware-im-Gebrauch-Aufnahme** und
4. die **Problem-gelöst-Aufnahme**.

Verkäuferisch vertretbar sind eigentlich nur die Ware-im-Gebrauch-Aufnahme (der Schneckenzaun, der sichtlich die Schnecken abhält) und die Problem-gelöst-Aufnahme (der Läufer, der den Schmutz der Straße an der Wohnungstür „verschwinden" lässt).

Ware-im-Gebrauch- und Problem-gelöst-Aufnahmen verkaufen am besten

Wichtigste typografische Gesetzmäßigkeiten

Hier geht es in erster Linie um schnellere und bessere **Lesbarkeit** und um die Schrift mit der passenden **Anmutung**.

Was ist mit Ihrem **Schriftgrad**? Speziell für **Animier-** und **Beratungstexte** sowie Warenbeschreibungen quälen sich die Betrachter durch **Augenpulver-Schriften** und zusätzlich noch durch ermüdende ellenlange **Satzbreiten**. Die **Schriftsetzer** sind sich eigentlich einig, dass 10-Punkt-Schriften als ideal zu bezeichnen wären. Sie lassen auch mit sich reden bei 9-Punkt-Schriften, weil die von einer 10-Punkt-Schrift kaum zu unterscheiden sind. Die Katalogmacher können bei solchen Forderungen nur hohnlachen und setzen oftmals weiter in 6-Punkt.

9- bis 10-Punkt-Schrift

Die **Satzbreite** wird meist durch die Raster-Einteilung vorgegeben, nicht zu breit und nicht zu schmal, möglichst zwischen 35 und 70 Anschlägen. Gestritten wird auch über **Block- oder Flattersatz**. Katalogmacher sind oft für Blocksatz, weil so schön ordentlich, Experten plädieren dagegen wegen der sinnvolleren Anordnung und der leichteren Lesbarkeit für Flattersatz.

Texthintergründe sind zu beachten. Am besten für die Lesbarkeit ist Papierweiß und leichte Tonhintergründe, keine dunkelfarbigen oder schwarzen Hintergründe (Negativ-Schriften) also. Keine **Versalien** bitte, also **Blockschriften**, weil sie das Lesen verlangsamen, keine 90-Grad-Verkantungen, also **gestürzte Schriften**.

Und schließlich: Passen **Schriftcharakter** zum Produkt-Programm und zum **Image**? Ein Anmutungsthema also. Meist gebrauchte Schriften im Kataloggeschäft sind **Groteskschriften** und **Antiquaschriften**. Wenn es um die Anmutung geht, passen Groteskschriften eher zu technischen Produkten, Antiquaschriften eher zu modischen Sortimenten. Und nicht vergessen: Antiquaschriften sind schneller lesbar, weil die Augen durch die **Serifen** „auf Linie" gehalten werden.

Die wichtigsten Text-Empfehlungen

Nutzenversprechen führt zum Erfolgsversprechen: Durch den gesamten Katalog vom Slogan auf der Titelseite (tagline oder mission statement) über Begrüßungstext, Schlagzeilen, Animier- und Beratungstexte bis hin zu den Warenbeschreibungen und Kurz-Verkaufshinweisen an den Produkten selbst zieht sich ein **roter Faden**, der Nutzen verspricht.

Der Tenor: Du bist beim richtigen Anbieter, Du findest hier die geeignetsten Produkte. So wird Nutzenversprechen zum Erfolgsversprechen.

Erfüllung der Wünsche haben sich die Katalogtexter aufs Panier geschrieben, während sie die gute Vorarbeit der Grafiker und Fotografen vollenden, den Abschluss. Und: **Emotionen** durch die richtige Wortwahl gehört dazu. Kroeber-Riel, der hier schon erwähnt wurde, schrieb seinerzeit zwei Merksätze nieder, hier sinngemäß wiedergegeben:

1. Werbung ohne Auslösen von Emotionen bleibt wirkungslos und
2. Je stärker die Emotionen, desto mehr Erfolg.

Emotional statt sachlich

Immer wieder stößt man bei Diskussionen über dieses Thema auf Formulierungen wie „unsere Katalogmacher haben Anweisung, bei uns im Katalog sachlich und seriös zu schreiben". Das ist weitgehend Unsinn. Emotionen lösen Reaktionen aus.

Die wichtigsten Vorteile Ihres Hauses „rüberbringen". Unternehmer, denen ich in Gesprächen auf Kongressen und Seminare vorwerfe, sie seien „Weltmeister im Verstecken Ihrer Vorteile", reagieren oft pikiert. Aber es sollte als ein eigenes Programm gelten, die wichtigsten Argumente vorn bei der einleitenden Vorteilsstrategie (Warum soll ich weiterblättern?) und hinten bei der abschließenden Vorteilsstrategie (Warum soll ich jetzt bei euch bestellen?) systematisch aufzulisten.

Mit Beschreibungen mehr verkaufen, sagt sich so leichthin. Aber in den Werbeabteilungen der Unternehmen muss hart daran gearbeitet werden, Vorgaben vom Lieferanten und vom Produktmanager und Erkenntnisse aus Tests in ein funktionierendes Briefing-Konzept zu bringen.

In Abb. 10 finden Sie ein Gerüst für den Ablauf einer Warenbeschreibung, während eines Direct Marketing Symposiums in Montreux entstanden. Das könnte vielleicht als Vorlage bei der Erstellung einer B2C-Warenbeschreibung dienen. Die Crux: Nicht immer bleibt genügend Platz für den ganzen Ablauf, dann muss eben an den werblichen Formulierungen **„Fazit/Resümee/Einsdrauf"** gekürzt werden.

Sortimente werden nicht immer bedarfsgerecht zusammengestellt, dann kann man mit **Cross Selling** gleich zwei Fliegen mit einer Klappe schlagen: Erstens erhöht sich dann der Auftragswert und zweitens kann dem Kunden passendes Accessoire empfohlen werden.

Warenbeschreibungs-Element	Formulierungs-Vorschlag
Aufhänger/ Produktschlagzeile	Stopp, hier kommt die Rettung für überlastete und überbeanspruchte Füße
USP/ Nutzerversprechen	Endlich keine müden Füße mehr, keine brennenden Sohlen abends, keine schmerzenden Muskeln
Der beschreibende Satz	Wenn sie den ganzen Tag auf den Beinen sein müssen, kommt jetzt das große Ausatmen. Denn jetzt gibt's RITA, den neuen Komfort-Schuh.
Die Aufzählung/Die Fakten	Schnürmodell, la Ausstattung mit geschmeidigem, feinperforierten Glattleder, ganzem Lederfutter, bewährtem Fußbett und echter Lederdeckbrandsohle. Umschließt den Fuß perfekt, gibt Halt, entlastet Gelenke und Bandscheibe. Tadellos die Passform durch verschiedene Weiten und vernünftige Leisten. Eine Wohltat für die Füße die Spezialsohle mit Luftpolstern (als „Stoßdämpfer" sozusagen) und eingearbeiteten Weichpolstern über die ganze Sohle.
Fazit/ Resümee	Alles in allem: Jetzt können Sie spürbar etwas für Ihre Füße und für Ihr Wohlbefinden tun.
Bestell-Daten	Bestell-Nr. 73420 RITA Weiten B und C (bitte bei Bestellung angeben), Farben: dunkelbraun, dunkelblau, schwarz Größen 3-8½ EUR 95,-

Abb. 10: Ablauf einer B2C-Warenbeschreibung

Literatur

[1] Hodgson R. D.: Seminarunterlage – How to Produce Successful Catalogs. – Fachverlag Gerardi, Der Versandhausberater, 1994.

[2] Drescher U. H.: Strategisches Katalog-Marketing. – 262 S., Verlag Moderne Industrie, Landsberg/Lech, 1992.

[3] Kroeber-Riel W.: Bildkommunikation, Imagery-Strategien für die Werbung. – 361 S. Verlag Franz Vahlen, München, 1993.

[4] Schmid J.: Seminarunterlage – Von den US-Katalogern lernen, Versandhausberater – Seminar, FID-Verlag, Bonn, 1997.

[5] Boyle L.: Seminarunterlage DMMA-Catalog-Conference San Francisco, Wie man die Katalog-Seite auf maximale Wirkung trimmt. –

Kroeber-Riel W., Weinberg P.: Konsumentenverhalten. – 825 S., Franz Vahlen Verlag, München, 2003.

Muldon K.: Handbuch Katalogmarketing, Idee, Umsetzung – Erfolgskontrolle. – 351 S., Verlag Moderne Industrie, Landsberg/Lech, 1997.

Kirchner G.: Prospekt- und Katalog-Optimierung – In Gestaltung und Text. – 304 S., Verlag Moderne Industrie, Landsberg/Lech, 1988.

Vögele S.: Dialogmethode: Das Verkaufsgespräch per Brief und Antwortkarte. – mi, Landsberg/Lech, 1984.

5

B2B-KATALOGE: NACHSCHLAGE-WERKE ODER VERKÄUFER?

THOMAS WEHLMANN

Klassische B2B-Kataloge (Business-to-Business) fristeten über Jahrzehnte ein eher bescheidenes Dasein. Viele Unternehmen aus Industrie und Handel schenkten dem Katalog keine hohe Beachtung. Die Katalogerstellung wurde oft nur als zwingendes Muss gesehen. Immer wieder wurden Kataloge unter Zeitdruck und ohne weitere Emotion und Motivation aktualisiert. So entstanden über Jahre hinweg **langweilige, vergleichbare**, zu **Nachschlagewerken** verdammte Publikationen. Diese liefern bis heute sachlich beschreibende Produktinformationen und Preise, bieten aber keinen echten Mehrwert. In den letzten Jahren hat sich ein Wandel vollzogen. Unternehmen wurden durch die wachsende Zahl von Datenbank-Anbietern und Katalog-Agenturen sensibilisiert. Man ist bereit, in Kataloge zu investieren und damit das eigene Image sowie das der Produkte zu fördern. In zunehmendem Maße wird in verkaufsfördernde Kommunikation über Produktkataloge investiert.

Katalog-Analyse als Grundlage neuer Katalogkonzepte

Zu Beginn einer Neukonzeption sollten Sie sich unbedingt durch eine neutrale Instanz (idealerweise durch einen Katalogspezialisten) eine **Katalog-Analyse** erstellen lassen. Diese verschafft Ihnen Transparenz und liefert ein **objektives Stärken-/Schwächen-Profil** zu Ihrem Katalog. Sie erhalten konkrete Hinweise, was Sie wie und wo verändern sollten oder wo Sie mit Ihrem Katalog bereits gut positioniert sind. Eine Katalog-Analyse sollte sich im Kern mit folgenden Fragen beschäftigen: Wie werden Kunden durch den Katalog geführt? Wie gut sind die Produktseiten strukturiert? Wie verkaufsfördernd werden die Produkte inszeniert? Die Katalog-Analyse ist die Basis zur Einleitung eines Veränderungsprozesses.

Stärken und Schwächen des Katalogs analysieren

Ziel sollte sein, sich mit dem Katalog am Markt deutlich von den vielen Mitbewerber-Katalogen zu differenzieren. Der **Katalog** muss neben Ihrem Vertrieb zum **eigenständigen Verkäufer** entwickelt werden.

Über die Zielgruppenbefragung an die Kundenbedürfnisse

Das Katalogkonzept orientiert sich oft an den Wünschen der Geschäftsleitung. **Richten Sie sich** stattdessen **nach den Wünschen und Bedürfnissen Ihrer Kunden und Zielgruppen**. Treten Sie vor einer Neukonzeption in den Dialog mit den Anwendern Ihres Kataloges. Ihre Kunden und potenzielle Zielgruppen sind Profis im Umgang mit Katalogen. Diese Fachleute liefern Ihnen wichtige Impulse, was Sie wo verändern sollten oder was Ihre Mitbewerber vielleicht besser umsetzen. Die Befragung Ihrer Kunden, in Anlehnung an die Ergebnisse der Katalog-Analyse, schafft Bestätigung und somit Vertrauen für den Veränderungsprozess. Aus den externen Impulsen schaffen Sie neue Sichtweisen und stellen sicher, dass der Katalog nicht nur im eigenen Dunstkreis entwickelt wird. Idealerweise nutzen Sie für die Präsentation einen **externen Moderator**, der vorbehaltlos alle Meinungen sammelt und qualifiziert. Nur wenn Sie rechtzeitig zum Projektstart alle Entscheider für sich und den Veränderungsprozess gewonnen haben, werden Sie im weiteren Verlauf des Projektes auch auf die Unterstützung aller zählen können. Definieren Sie aus den Ergebnissen der Diskussion ein **klar umrissenes Anforderungsprofil**, aus dem heraus Sie in die Umsetzung gehen können.

Analyse-ergebnisse im Workshop präzisieren

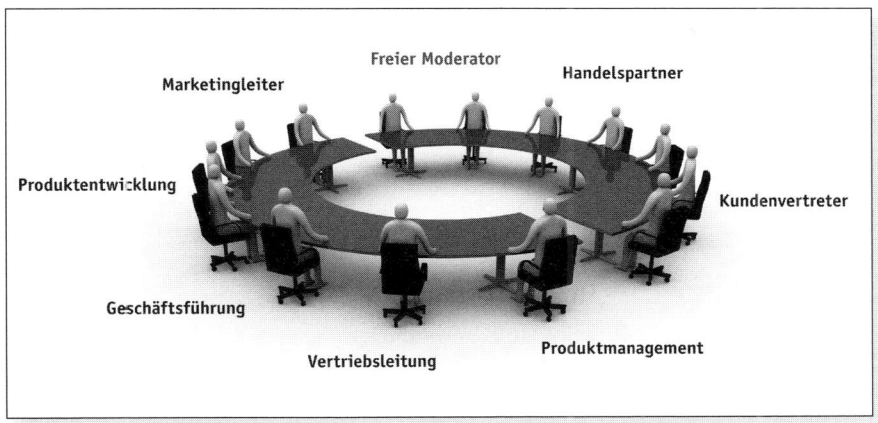

Abb. 1: Workshoprunde für die Katalog-Analyse

Ausschließlich technikgetriebene Sachstandsbeschreibungen

Eingangs war die Rede von vergleichbaren, emotionslosen Nachschlagewerken, denen jede Differenzierung zum Mitbewerber fehlt. Um das entscheidend zu verändern, muss die Sichtweise in den Unternehmen von der technikgetriebenen Sachstandsbeschreibung, hin zu einer **lösungs- und nutzenorientierten Betrachtung** gelenkt werden. Der Kundennutzen muss – wie in den Produktpräsentationen der Vertriebsmitarbeiter – in den Fokus der Kommunikation gerückt werden. Viele Unternehmen haben über Jahre hinweg die Sachmerkmale verdrängt, auf die sie während der Produktentwicklung noch so stolz waren. Sie sind von Plagiaten überrannt worden, haben den Blick fürs Wesentliche verloren und sich oftmals nur der Preisproblematik gewidmet. Der Blick auf den spezifischen **Kundennutzen**, der zum Zeitpunkt der Produktentwicklung noch klar formuliert war, ging schlichtweg verloren. Entwickeln Sie die Produktkommunikation in die Nischen, in denen Ihre Produkte, gemessen an den Wünschen und Bedürfnissen der jeweiligen Zielgruppen, echten Nutzen und Mehrwert bieten. Nur so schaffen Sie die **erforderliche Differenzierung** zu den vielen vergleichbaren am Markt befindlichen Anbietern und deren Produkten.

Von anderen Katalogen differenzieren statt kopieren

Mit der richtigen Bildsprache zur Differenzierung

Entwickeln Sie basierend auf dieser lösungsorientierten Betrachtung zu den Aussagen des Produktmanagements eine passende, aussagestarke und damit **beweisführende Bildsprache**. Ergänzen Sie die Aussagen im Text zu den Alleinstellungsmerkmalen der Produkte mit entsprechendem Bildmaterial. Bilder prägen sich stärker ein als der gelesene Text und stehen für die Beweisführung der formulierten Aussagen.

Produktbeschreibungen auf Produktseiten sollten unbedingt stichpunktartig mit Gliederungspunkten vorgenommen werden. Hierbei ist darauf zu achten, dass **differente Merkmale** der Produkte innerhalb einer Produktgruppe **deutlich heraus-gestellt** werden. Nur so können Kunden die Produkte, die sie suchen, innerhalb Ihres Kataloges schnell und sicher vergleichen. Häufig sind am Markt Kataloge zu finden, in denen die Produktbeschreibungen nahezu prosaisch formuliert werden. In solchen Fällen sind Kunden gezwungen, die technisch entscheidenden Parameter wie „Rosinen" aus den Texten zu picken. So ist ein Vergleich zum nebenstehenden Text kaum möglich. In der Praxis ist dieser Dialog sehr mühsam und fehleranfällig, da man nicht sicherstellen kann, dass wirklich alle entscheidenden Parameter verglichen werden. Das schafft auf der Entscheidungsebene vermeidbare Unsicherheiten. Gerade im B2B-Bereich müssen Produktinformationen schnell gefunden werden und leicht qualifizierbar sein. Dazu sollte man auch eine **„einfache" und „eindeutige" Sprache** wählen und unnötige Fachbegrifflichkeiten vermeiden.

Mit klaren Strukturen zur hohen Akzeptanz

Zu Beginn eines Katalogprojektes sollte man sich über die Gliederung der Inhalte verständigen. Konkret geht es darum, Produkt-Hauptgruppen, Produkt-Gruppen und Produkte für den Katalog zu definieren. Die Produkt-Hauptgruppen folgen idealerweise bereits einer **anwendungsorientierten Sicht**. Beispielsweise könnte man Elektrowerkzeuge nach Anwendungen, wie „Sägen", „Bohren", „Schleifen", „Hobeln" gliedern. Diesen Produkt-Hauptgruppen werden dann die entsprechenden Produkt-Gruppen mit ihren Produkten zugeordnet. In dem Strukturkonzept sollte man das Inhaltsverzeichnis vom Produkt-Gruppen-Verzeichnis trennen. Kunden sollten über das Inhaltsverzeichnis, das nach Möglichkeit zum Katalogeinstieg auf der ersten Katalogseite abgebildet ist, einen ersten Überblick über das Gesamtprogramm des Kataloges erhalten. Produkt-Gruppen-Gliederungen müssen durch grafische Unterstützung gestärkt werden. Über diese erweiterte Bildsprache lassen sich weitere Navigationselemente ableiten, die die Suche im Katalog für den Anwender erleichtern. Das Inhaltsverzeichnis sollte eine Liste aller Produkt-Hauptgruppen mit den entsprechenden Produkt-Gruppen beinhalten.

Verkaufskataloge brauchen Kaufanreize

Der „ideale Verkaufskatalog" sollte die Produkt-Gruppen mit einer sogenannten **Produkt-Gruppen-Vorschaltseite** einleiten. Hier hat man die Gelegenheit, die Alleinstellungsmerkmale anwendungsbezogen zu inszenieren. Aus diesen Vorschaltseiten muss an den entsprechenden Anwendungsinszenierungen direkt einen Seitenverweis auf die Produktseiten erfolgen. Auf diesen Seiten hat man bereits die Möglichkeit der Differenzierung über einen auf den Kundennutzen fokussierten Produkt-Gruppen-Einstieg. Das Layoutkonzept für die Produktseiten sollte nach Möglichkeit einem starren Raster folgen. Leser sollten sich vor dem Hintergrund der schnellen Produktqualifizierung nicht auf jeder Seite neu orientieren müssen. Produktabbildung, beschreibende Texte, Varianten- und Artikel-Tabellen sollten immer an der gleichen Stelle zu finden sein. So schaffen Sie Sicherheiten und ermöglichen Kataloganwendern den direkten Vergleich zu benachbarten, eventuell höherwertigen Produkten. Das eröffnet Ihnen die Chance, innerhalb der Produktgruppe nach „oben" zu verkaufen. Denn der Mehrwert der Produkte wird über solche Strukturen viel besser wahrgenommen.

Informationen immer an der gleichen Stelle finden

Kataloge brauchen eine klare Benutzerführung

Neben einem klaren Struktur- und Layoutkonzept sind Benutzerführungselemente wichtige Instrumente zur besseren Orientierung im Katalog. Dazu gehören neben dem Inhaltsverzeichnis und dem Produktgruppenverzeichnis ein Register oder Farbleitsystem sowie der sogenannte **„lebende Kolumnentitel"**. Der Kolumnentitel ist immer in der Kopfleiste eines Kataloges positioniert und bildet die Produkt-Hauptgruppe, Produkt-Gruppe und Produkte ab. Untersuchungen über das Blickverlaufsverhalten bei Probanden unterschiedlicher Branchen bestätigen immer wieder, dass die Fixationspunkte strengen Lesegewohnheiten folgen. So lässt sich immer wieder beobachten, dass die **erste Fixation** auf der rechten oberen Ecke einer Seite landet (also an der Positionierung des Kolumnentitels). Oder da, wo für gewöhnlich das Firmen-Logo platziert wird. Danach sucht der Nutzer förmlich seine zweite Bestätigung im Register und der Seitenzahl. Spielen Sie also nicht mit den **Lesegewohnheiten** und vermeiden Sie das Platzieren der Seitenzahl durch kreative Varianten an ungewohnten Plätzen. Es ist immer wieder zu beobachten, dass viele Kataloge mit schlecht lesbaren Register-Reitern oder überzogenen Farbleitsystemen arbeiten. Mehr als 3-4 Farben sollte man zur Strukturierung eines Kataloges nicht einsetzen. Zusätzliche Farbcodierungen verwirren und sind auch nicht „lernbar" im Sinne einer konkreten Produkt-Gruppen-Zuweisung. Register sollten nach Möglichkeit mit einer Produkt-Gruppen-Bildsprache besetzt sein. Das können fokussierte Details aus den Produkt-Gruppen-Bildern oder auch Piktogramme sein. Texte lassen sich in Register-Reitern erfahrungsgemäß nur schwer lesbar abbilden.

Kreative Spielereien verwirren

Ergänzend zum Inhaltsverzeichnis sollte ein Katalog über ein „Indexverzeichnis" verfügen. Hiermit ist eine alphanumerische Auflistung der Artikel gemeint. Ergänzend zum Indexverzeichnis bietet sich noch ein „Stichwortverzeichnis" mit Synonymen zu Produkten und Produkt-Gruppen an. So ermöglichen Sie Anwendern sehr konkret nach Produkten oder Artikelnummern zu suchen, ohne sich über das Inhaltsverzeichnis und das Produkt-Gruppen-Verzeichnis hangeln zu müssen.

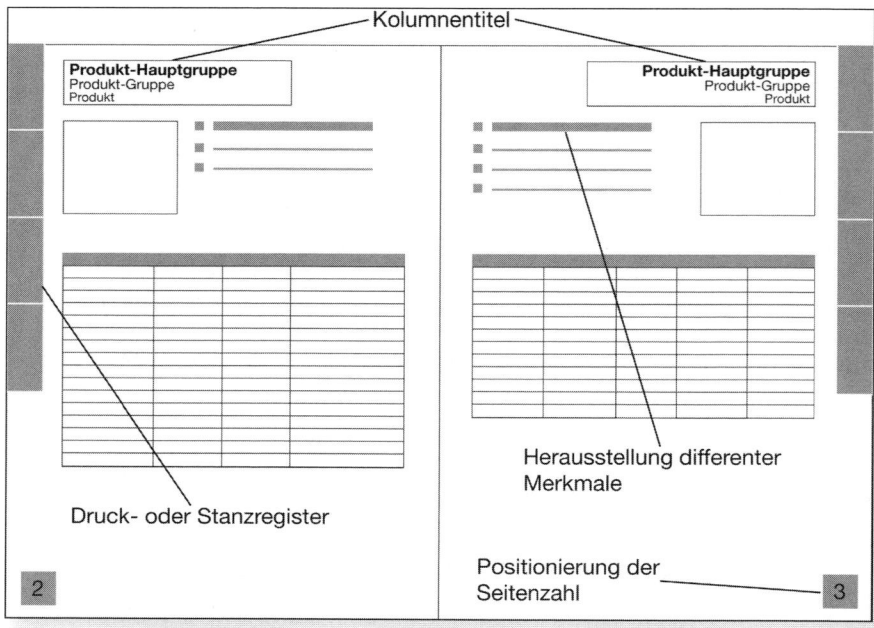

Abb. 2: Grafische Darstellung einiger Benutzerführungs-Elemente

Es gibt keine „zweite Chance" für den ersten Eindruck

Präsentieren Sie Ihr Unternehmen über den Katalog so, wie Sie es von Ihrem besten Vertriebs-Mitarbeiter erwarten würden. **Schaffen Sie Vertrauen.** Und zeigen Sie jedem, der in den Katalog schaut, wer sich hinter dem Unternehmen verbirgt und wo die Kompetenzen liegen. Integrieren Sie vertrauensbildende Elemente wie eine kurze Katalogeinleitung über eine Unternehmensvorstellung. Viele Unternehmen investieren in die Erstellung von Imagebroschüren und glauben damit eine nachhaltige Präsenz geschaffen zu haben. Dem ist aber nicht so. Oft wandern diese Broschüren nach Zustellung oder persönlicher Überreichung in den Papierkorb, statt archiviert zu werden. Auszüge aus der Imagebroschüre sollten in den Katalogvorspann aufgenommen werden. Hier haben Kunden oder potenzielle Interessenten immer wieder die Gelegenheit, sich über das Unternehmen, seine Positionierung im Markt sowie dessen Stärken zu informieren. Viele Kunden, die nicht im ständigen Dialog mit ihren Lieferanten stehen, wissen häufig gar nicht, was sie neben den Standard-Bestellungen noch alles über sie beziehen könnten. Für Neukunden liefern diese Seiten wichtige Informationen, die sich wie beim Vertriebsgespräch vertrauensbildend auswirken sollten.

Vertrauen schaffen

Steigern Sie die Macht des ersten Eindrucks über **individuelle Verpackungslösungen**. Weg von den klassisch neutralen, grauen Versandkartons hin zu andersartigen Individualverpackungen. Über ergänzende partielle Umschlagveredelungen steigern Sie den ersten Eindruck. So verleiten Sie den Katalognutzer mit mehr Sinnen wahrzunehmen. Neben dem visuellen Eindruck verstärken Sie die Sinne durch die haptische Wahrnehmung. Man beobachtet förmlich, wie die Betrachter solcher Kataloge den Umschlag „erfühlen".

Fazit

In jedem Fall sollten Sie die Chance nutzen, wenn Sie an ein Katalog-Neukonzept gehen, die Impulse aus diesen Seiten umzusetzen. Sie werden sicherlich nicht im ersten Zug den „Ideal-Katalog" formulieren, dass schaffen auch wir als Profis nicht immer. Allzu oft schränken die **fehlenden internen Ressourcen** im Unternehmen oder aber das nicht ausreichende Projektbudget das Katalogkonzept oder die Gestaltung ein. Aber starten Sie den Veränderungsprozess. Schaffen Sie sich eine gute Ausgangssituation, sich so schnell wie möglich von Ihren Mitbewerben zu differenzieren. Zum Schluss noch „10 Gebote" für einen wirklich erfolgreichen Verkaufskatalog. Viel Erfolg bei der Umsetzung Ihrer Visionen.

Zehn Gebote für Ihren Verkaufskatalog

1. Definieren Sie klare Zielgruppen für Ihren Katalog.

2. Treten Sie in den Dialog mit Ihrer Zielgruppe und fragen Sie nach Wünschen und Bedürfnissen an einen neuen Katalog.

3. Präsentieren Sie Ihr Unternehmen mit dem Katalog so, wie Sie es von Ihrem besten Außendienst erwarten.

4. Geben Sie im Katalog Antworten auf Fragen Ihrer Kunden.

5. Helfen Sie Katalognutzern bei der Suche nach Informationen.

6. Schaffen Sie klare Strukturen und Vergleichbarkeit.

7. Nutzen und Vorteile der Produkte müssen klar formuliert werden.

8. Differenzieren Sie sich auch über zielgruppenorientierte Innovationen und kommunizieren Sie diese entsprechend.

9. Behauptungen im Text sollten durch die „richtige" Bildsprache verstärkt werden.

10. Entwickeln Sie den Katalog kontinuierlich weiter.

Literatur

Friedrich K., Seiwert L. J.: Das 1x1 der Erfolgsstrategie. – ISBN 3-478-81153-8, MVG, 2000.

Pilsl K.: Die Naturkonforme Strategie. – ISBN 3-935760-00-0, Verlag Gute Nachricht, 2005.

Hirschmann W. R.: Das Frequenz-System. – ISBN 3-926258-18-7, Schmidt Verlag, 1998.

von Pierer H., von Oetinger B.: Wie kommt das Neue in die Welt? – ISBN 3-446-19127-5, Carl Hauser Verlag, 1999.

5 DAS DIALOGISIERTE MAGAZIN

THOMAS KRAMER, RALF T. KREUTZER

Immer mehr Kommunikationsmanager entdecken das **klassische Kundenmagazin (Corporate Publishing)**. Dieses wird im Rahmen des Dialogmarketings zunehmend interaktiv eingesetzt. Das klassische Kundenmagazin ist traditionell als Hochglanzzeitschrift oder im typischen Zeitungsformat aufbereitet und wird medienübergreifend von vielen Unternehmen auch digital ins Internet verlängert.

Die Aufmerk-samkeit des Kunden gewinnen und länger halten

Der Grund für den Boom des Kundenmagazins: Es ermöglicht, die Aufmerksamkeit des Kunden zu erzielen und ihn möglichst lange in der emotionalen, durchaus auch werblichen Welt des sendenden Unternehmens zu halten. Die heute erreichten durchschnittlichen „Verweilzeiten" von etwa zwanzig Sekunden beim Mailing, eine Sekunde beim Plakat, 1 – 1,5 Sekunden bei Werbebannern oder 1 – 5 Sekunden bei Anzeigen sind nicht die Werte, die zu einem nachhaltigen Image- und Markenaufbau beitragen können [1].

Aus diesen Gründen ist das **Kundenmagazin im Aufwind**, wobei sich dieses – entgegen seinem Namen – im Rahmen der Interessentengewinnung in zunehmendem Maße auch an Nicht-Kunden wendet. Auch externe Kooperations- und Leistungspartner sowie die eigenen Mitarbeiter werden im Zuge eines Marketings nach innen als weitere Zielgruppen erschlossen [2; 3].

Für die externen Zielgruppen – Partner, Interessenten und Kunden – stellt sich in besonderem Maße die Frage: Wie kann die Aufmerksamkeit des Lesers möglichst lange bei einem Kundenmagazin gehalten werden, um die Chance eines umfassenden Eintauchens in die (werbliche) Welt des Absenders zu erreichen? Der zentrale Erfolgsfaktor hierfür heißt: **Dialog**.

Dialog soll zur Auseinander-setzung anregen

Die Herausforderung besteht darin, durch ein Kundenmagazin eine Vielzahl von Dialogmöglichkeiten anzubieten, um den Leser aus seiner Passivität herauszuführen und zur aktiven Nutzung des Lesestoffs anzuregen. Hierfür verwenden wir im Folgenden den Begriff **dialogisiertes Magazin**. Durch den Wegfall des Wortes „Kunden" soll gleichzeitig deutlich werden, dass an einen Einsatz eines solchen Magazins auch über die enge Zielgruppe „Kunden" hinaus gedacht wird.

Eine aktuelle Umfrage des Europäischen Instituts für Corporate Publishing zeigt, dass in Deutschland, Österreich und der Schweiz derzeit über 15.000 Corporate Publishing-Produkte existieren [4]. 97 Prozent der Unternehmen mit mehr als 250 Mitarbeitern sind mit mehr oder weniger dialogisierten Lektüren dabei. Im letzten Jahr wuchs dieser Markt um 18 Prozent. Diese Entwicklung hält an, weil immer mehr Unternehmen im Rahmen des Corporate Publishing auch digitale Medien einsetzen und damit zur Präsenz von entsprechenden Publikationen in der Online- und Offline-Welt gleichermaßen beitragen. „Das Barometer (zeigt) auf Wachstum", jedoch gilt auch: „Nachholbedarf gibt es noch in Sachen Wirkungsmessung" [5].

www.marketing-boerse.de/Experten/details/Thomas-Kramer
www.marketing-boerse.de/Experten/details/Ralf-T-Kreutzer

So bekennen sich die verantwortlichen Herausgeber der Magazine in einer Studie dazu, dass für sie der **Dialog mit den Kunden** „geringe Zielprioritäten" besitze. Und selbst wenn dieser Aspekt doch von Bedeutung ist, wird die Zielerreichung als „nur unbefriedigend" bewertet [6]. Der Grundtenor dieser Studie lautet „Das Ziel, mehr über seine Kunden zu erfahren, ist noch gering, CRM ist offensichtlich noch am Anfang" [7]. Damit tut sich hier ein spannendes Aufgabenfeld auf, das im Zuge einer Weiterentwicklung der Dialoge mit zentralen Zielgruppen aktiver angegangen werden sollte.

Welche Erfolge mit einer entsprechenden Ausrichtung von Magazinen erzielt werden können, zeigen die Beispiele **Kraft Foods** und **Procter & Gamble**. Beide Unternehmen erzielen durch ihre dialogorientierten Magazine („Bei uns zu Hause" bei Kraft Foods und „For me" bei Procter & Gamble) herausragende Verkaufserfolge. „For me" tritt dabei als Online-Magazin auf und wird flankiert von einem Offline-Magazin, das dreimal im Jahr in einer Auflage von drei Millionen an Haushalte versandt wird [8]. Das ebenfalls kostenlose Kraft-Magazin erscheint vier Mal im Jahr und richtet sich primär an Heavy User. Beide Unternehmen wollen das Investment in diesem Bereich ausbauen – wie auch zwanzig Prozent der vom Europäischen Institut für Corporate Publishing befragten Unternehmen [9].

Markenartikler verkaufen direkt

Bei der Ausgestaltung der Kommunikation sollen auch die aktuellen Erkenntnisse des **Neuro-Marketing** für die Verarbeitung von Informationen im menschlichen Gehirn berücksichtigt werden. Danach müssen wir zwischen dem impliziten und dem expliziten System unterscheiden [10]. Das **implizite System** (quasi der **Autopilot**) verarbeitet hohe Informationsmengen parallel, hoch effizient und dabei unbewusst.

Das **explizite System** (der **Pilot**) kann dagegen nur etwa vierzig bis fünfzig Bits pro Sekunde verarbeiten, was in etwa einem Satz oder fünf bis sechs Zahlen entspricht. Die Informationsverarbeitung erfolgt hier schrittweise, es werden Kosten-Nutzen-Analysen angestellt oder die Zukunft geplant; genauso werden rationale Abwägungen (Preis versus Qualität) vorgenommen.

Die **Konsequenz für die Kommunikation** heißt: Wir müssen stärker Botschaften auf das implizite System ausrichten, um einen umfassenderen Einfluss auf die Bewertungen der Zielpersonen zu erhalten. Es wird daher noch wichtiger, die Werbebotschaften im Magazin durch die richtige Tonality, einen hohen Informations- und Unterhaltungswert, durch die beste und schnellste Präsentationstechnik leicht verständlich zu transportieren. Dies ist dann die Basis, um durch ein hohes Maß an Involvement und Awareness die Einladung zur Interaktion auszusprechen.

Werbebotschaften unbewusst transportieren

Leistungsfelder des dialogisierten Magazins

Das dialogisierte Magazin mit seiner Vielfalt an Themen, der Möglichkeit, diverse Zielgruppen unterschiedlichste Botschaften zu präsentieren, ist im **Closed-Loop des Dialogmarketings** ein bisher unterschätztes Medium (vergleiche Abb. 1). Die Ursache hierfür liegt darin, dass viele Magazine als Monolog-Medium ausgelegt sind und nicht auf Interaktionen mit dem Leser abzielen. Der Erfolg eines Magazins kann dann auch nur über Leserstudien erfolgen, die in der Regel nur in größeren zeitlichen Abständen durchgeführt werden.

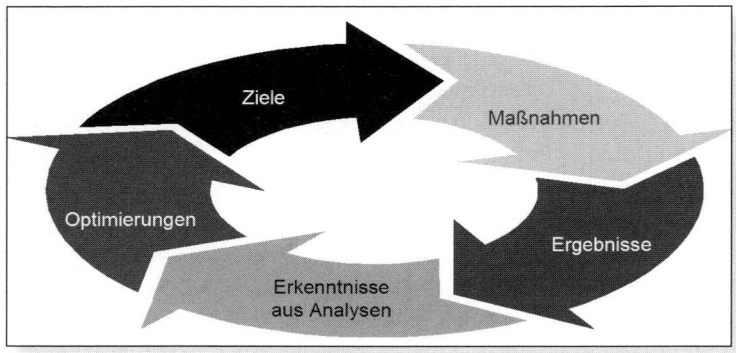

Abb. 1: Closed-Loop im Dialogmarketing [11]

Werden dem Leser konkrete Interaktionsangebote unterbreitet – die natürlich auf dessen spezifische Interessen ausgerichtet sind – wird eine **intensivere Beschäftigung mit dem Medium** erreicht. Eine in England durchgeführte Studie von Millward Brown [12] zeigt, dass eine entsprechende Ausgestaltung der Magazine dazu führt, dass 39 Prozent der Empfänger mehr als die Hälfte des Magazins lesen und 35 Prozent der Empfänger mehr als dreißig Minuten im Magazin verweilen. Die durchschnittliche Lesedauer bei allen Magazinen – seien sie als Monolog- oder Dialog-Medium ausgestaltet – liegt dagegen bei zwölf Minuten. Sind die Angebote für den Leser wichtig, dann wird das Magazin **länger aufbewahrt**. Fünfzig Prozent der Empfänger heben das Magazin länger als zwei Wochen auf.

Rückkanäle für den Dialog anbieten

Verschiedene Interaktionsmöglichkeiten bei mehreren Themen bieten Abwechslung und laden dazu ein, sich mit den Angeboten **umfassender zu beschäftigen**. Hierzu trägt auch bei, wenn unterschiedliche Teilzielgruppen durch spezielle Seiten differenziert angesprochen und jeweils geeignete „Rückkanäle" angeboten werden (Postkarte, E-Mail, SMS, Call).

Orientiert an den Interessen des Kunden und seinen erteilten Permissions können die Initial- wie auch die abgerufenen Informationen über die jeweils präferierten Kanäle zur Zielperson gebracht werden (unter anderem Post, POS, Internet, SMS). Auf diese Weise wird das vielfach geforderte Multi-Channel-Management umfassend umgesetzt; hierdurch kann man die **Responsequote nachhaltig steigern**. Hierzu können mehrere kanalübergreifende Responseangebote integriert werden, ohne dass dies mit der Gefahr einer Überfrachtung für den Leser einhergehen muss.

Der gezielte Einsatz des Digitaldrucks ermöglicht es, über das Magazin – basierend auf Vorinformationen über den Empfänger – individualisierte Angebote und Informationen zu unterbreiten, die sich an den spezifischen Kaufgewohnheiten oder Interessenslagen orientieren. Hierdurch kann ein **höheres Involvement** der Leser erreicht werden.

Das dialogisierte Magazin bietet im Vergleich mit anderen Werbemitteln lange Beschäftigung mit dem Inhalt (hinsichtlich Lese- und Aufbewahrungszeit). Mehrere integrierte Angebote und die Erhöhung der Aktivierungsfrequenz erhöhen die realisierbare Trefferquote deutlich. Eigene Studien zeigen, dass es beispielsweise bei dem von Kraft Foods herausgegebenen Magazin „Bei uns zu Hause" gelingt, mit strategisch gewählten, spezifischen Themen den Aktivierungsgrad (zum Beispiel Ausschneiden von Artikeln) auszubauen und durch unterschiedlichste Kochrezepte den Abverkauf der einzusetzenden Produkte zu erhöhen. Das Magazin ist somit das **Herzstück des Kraft-CRM-Programms** mit dem Ziel, dass der „Share of Basket" bei den wertvollsten Kunden gesteigert, die Loyalty und Advocacy (Befürwortung) erhöht und Kaufanreize geschaffen werden" [13].

Positionierung des dialogisierten Magazins

Bei der Ausgestaltung des dialogisierten Magazins muss der Herausgeber die **Gretchenfrage** beantworten: Soll das Magazin primär auf das Image einzahlen, oder wird ganz bewusst erwartet, dass vom Magazin zentrale Verkaufsimpulse ausgehen? Zur Beantwortung dieser Frage ist bedeutsam, dass in vielen Unternehmen Kunden- und Mitarbeiter-Magazine nicht dem Marketing, sondern der Unternehmens- kommunikation (sprich der PR) zu- beziehungsweise untergeordnet sind. Die Leiter dieser Bereiche zeichnen sich in der Regel durch zwei Eigenschaften aus: Sie sind meistens Journalisten und gleichzeitig eng am oder sogar im Vorstand angesiedelt. Damit müssen sie oder glauben sie häufig, ganz bestimmten ethischen Grundsätzen Folge leisten zu müssen.

So heißt es im **Pressekodex des Deutschen Presserats** unter Ziffer 7: „Die Verantwortung der Presse gegenüber der Öffentlichkeit gebietet, dass redaktionelle Veröffentlichungen nicht durch private oder durch geschäftliche Interessen Dritter oder durch persönliche wirtschaftliche Interessen... beeinflusst werden. ... Man achte auf eine klare Trennung zwischen redaktionellem Text und Veröffentlichungen zu werblichen Zwecken".

Objektiver Journalismus versus subjektives Marketing

Dieses wichtige, eherne **journalistische Gesetz** wird sehr oft auf Kundenmagazine projiziert. Deshalb dienen diese Magazine häufig primär dem Imagetransfer – und eben nicht dem gezielten Abverkauf, der Kundenbindung oder der Gewinnung von Interessenten. Zusätzlich haben konventionelle Kundenmagazine eine wichtige – nur selten thematisierte – Aufgabe. Sie müssen in hohem Maße auch der Selbstdarstellung des Vorstandes, der Inhaber und der Entscheider dienen. Diese Funktion erfüllen sie häufig in direktem Widerspruch zu den Interessen der Leser, die nicht immer und überall die gleichen Personen in PR-wirksamer Pose präsentiert sehen wollen.

Damit wird das Spannungsfeld nachvollziehbarer, welches die FCP-Studie heraus- gearbeitet hat: „Die journalistische Leistung hat hohe Zielpriorität, da man die eigene subjektive Meinung als Bewertungskriterium akzeptiert, ist man auch mit der Zielerreichung zufrieden". Hier heißt es aber auch: „Von einer Integration des Magazins in Database-Management oder qualitativen Kundenprofilen ist man weit entfernt." Und dies, obwohl in den untersuchten Unternehmen bereits eine Vielzahl von CRM-Instrumenten eingesetzt werden [14].

„Storytelling on Strategy" – die Basis für einen Dialog

Die redaktionellen Inhalte eines Magazins müssen selbstverständlich in Text und Editorial Design journalistisch perfekt auf- und ausgearbeitet werden. Die Beiträge müssen unterhalten und involvieren, den Leser in die Welt des Heftes zwingen und dort binden. Ein guter Journalist nimmt die Haltung und Perspektive des Lesers ein, ohne mit ihm gemein zu werden. Das ist die Basis, gleichsam das **redaktionelle Handwerk**.

Jetzt kommen allerdings die zusätzlichen Anforderungen des Marketings hinzu: **Der Inhalt muss mit den Werten und dem Versprechen der Marke oder einer Vielzahl verschiedener Marken korrespondieren.** Die Informationen müssen dem realen oder potentiellen Kunden, der das Magazin liest, einen Mehrwert bringen, den er dann bewusst oder unbewusst mit dem Absender verbindet. Erst wenn dies überzeugend und durchgängig gelingt, sind Magazin und die dort präsentierten Geschichten „on Strategy".

Da heute unter einem Prozent der täglich über die verschiedensten Medien kommunizierten Informationen wahrgenommen werden [15], sehen sich Agenturen und Hersteller gleichsam gezwungen, noch genauer herauszufinden, welche Motive die heutige „Prosumenten" antreiben. Wie wählen diese für sie relevante Informationen aus? In welchem Ausmaß beeinflussen diese Entscheidungen von Konsumenten, die nicht nur zunehmend selbstbewusst, sondern vielfach auch besser informiert sind? Lediglich Botschaften, die diesen Anforderungen Rechnung tragen, haben die Chance, den extrem **dichten Informationsfilter** zu durchdringen [16].

Die Auswahl der zu erzählenden Geschichten, die Inhalte, die Korrespondenz zum Leser zu finden, das ist die Kunst des Magazin-Herausgebers. Der **Königsweg** dabei ist, den Leser und Konsumenten bei der Entwicklung und Gestaltung dialogisierter Magazine einzubeziehen. Dabei gilt es, die Ideen des **User-generated-Content**, der häufig primär mit den Entwicklungen im Web 2.0 diskutiert wird, auch in die **On- und Offline-Welt der Magazine** zu übertragen. Ein Beispiel dafür liefert als klassisches Magazin Neon, das sehr konsequent ihre Leser crossmedial in den Online- und Offline-Auftritt einbindet und damit anstrebt, die Trennung zwischen Redaktion und Leser sukzessive zu überwinden [17].

Den Leser in die Auswahl der Inhalte einbeziehen

Dabei gilt es, die wichtige Grundregel, die nicht nur für Magazine verbindlich ist, zu berücksichtigen [16]: „**Man solle wieder den Zielgruppen zuhören**, anstatt diese wie bisher anzuschreien."

Deshalb darf die Ausgestaltung eines dialogisierten Magazins nicht auf der Ebene der **emotionalen Ansprache** stehen bleiben. Es geht vielmehr darum, **konkrete Belohnungspunkte** in das Konzept zu integrieren, um den Leser für seine „Mitarbeit" konsequent zu belohnen. Auf diese Weise kann die Aufmerksamkeit der Leser systematisch aufgebaut und über die Zeit auch gehalten werden.

Diese Erkenntnis hat zentrale Auswirkungen auf die Gestaltung eines dialogisierten Magazins. Artikel, die die oben genannten Wirkungen erzielen sollen, können und dürfen keine Resteverwertung aus journalistischer Massenproduktion von Verlagen sein. Sie müssen vielmehr strategisch durchdachte, auf die Leser und die marketingspezifischen Anforderungen gleichermaßen abgestimmte Geschichten sein, um beim Leser etwas bewirken zu können. Und genau das ist es, was hinter der Forderung steht: **„Storytelling on Strategy"**.

„Storytelling on Strategy vereint zielgruppengerechte **Must-Read-Themen** mit den **Erkenntnissen aus der modernen Rezeptionsforschung**. Die Nutzer vertrauen und mögen diese Medien, weil sie auf ihre echten Bedürfnisse eingehen". [18]

Mittlerweile reagieren die Magazinproduzenten auf die neuen Anforderungen: Die veraltete strikte Trennung Journalismus versus Marketing wird aufgehoben und die Bereiche Journalismus, Marketing, Dialogmarketing sowie Digital werden unter dem Medien-Dach **„strategischer Content-Lieferant"** zusammengefasst.

Journalismus und Marketing ziehen an einem Strang

Ausgestaltung des dialogisierten Magazins

Der **Magazintitel** ist die Eröffnung des Dialoges. Er signalisiert auf einen Blick, welche Themen dem Leser offeriert werden. Wichtig ist auch die **Nennung des Absenders**, damit gleich deutlich wird, wer das Gespräch eröffnet und die Informationen anbietet.

Es ist wiederum eine Frage der Strategie, wie klar und deutlich man dem Leser signalisiert, dass das Magazin eine **Marketing-Plattform** darstellt und damit ein auf wirtschaftliche Ziele ausgerichtetes Magazin ist. Denn man kann auch den journalistischen **Informations- und Unterhaltungswert** in den Vordergrund rücken, der dann von einer Marke „nur" präsentiert wird. Die Marke wäre dann primär der Absender, ohne dabei zu dominieren.

Aber nicht nur der Name des Magazins zeugt von der Absicht des Herausgebers. Wer spricht wirklich mit dem Kunden? Wessen Gesicht wird realiter gezeigt? Ist es ein fiktiver Kundenbetreuer? Der Chefredakteur? Der Marketingleiter? Der Vertriebschef? Der Geschäftsführer? Der Vorstand? Die **Person und Funktion des Absenders** müssen wichtige Voraussetzungen erfüllen: Der Leser muss diese sympathisch finden und sich mit ihr identifizieren können. Gleichzeitig muss sie zu der Marke und den Produkten passen, Kompetenz und Glaubwürdigkeit ausstrahlen, sozial auf Augenhöhe sein und so dem Leser den Eindruck vermitteln, dass hier ein furchtloser, aber trotzdem spannender Dialog mit Mehrwert eröffnet werden soll. Es ist also eine **strategische Entscheidung**, wer das Angebot zur Interaktion glaubhaft ausspricht und für die Leserschaft längerfristig versinnbildlicht.

Ausgestaltung der Inhalte

Bereits in den siebziger Jahren wagte sich das Dialogmarketing an das journalistische Magazin heran. Schamhaft wurde damals die Koproduktion **Magalog** genannt – eine Mischung aus Magazin und Katalog. Nach einem kurzen Hoch versank der Magalog in die verdiente Bedeutungslosigkeit. Wenn heute Werber und Journalisten konstruktiv zusammen arbeiten, wenn Marketing und Redaktion kooperieren und

Den Magalog gab es bereits in den Siebzigern

das Dialogmarketing seinen interaktiven Input liefert, dann kann ein **dialogisiertes, verkaufsorientiertes Magazin** entstehen.

Personalisierung und Individualisierung

Die Ausgestaltung eines dialogisierten Magazins beginnt mit dessen **Personalisierung** im Sinne des Aufdrucks der jeweiligen Empfängeradresse sowie einer persönlichen Anrede. Die heute verfügbare Digitaldruck-Technik ermöglicht darüber hinaus in vielen Bereichen eine weiterführende **Individualisierung** des Magazins. Dank dieser kann nicht nur der Name des Empfängers auf das Titelbild projiziert werden, sondern dieser auch in vielen weiteren Facetten des Magazins aufgegriffen werden (Abb. 2). Die Bandbereite reicht hier bis zur Verarbeitung eines persönlichen Produktes, beispielsweise das Autos des Lesers, wobei das richtige Modell in der passenden Farbe gezeigt wird. Oder es wird das betreuende Team vor Ort abgebildet.

Abb. 2: Varianten und konkrete Ausgestaltung der Personalisierung beim Magazin Direkt Marketing 2008.

Inhaltliche segmentsspezifische Ausgestaltung

Ebenfalls mit Hilfe neuer Drucktechniken lassen sich auf Basis einer gut geführten Kundendatenbank, die Informationen über relevante Bedürfnissegmente liefert, zusätzlich **zielgruppenspezifische Seiten** entwickeln. Die zugrunde liegenden Segmentierungen können etwa auf die Informationen zum Alter, zum Kaufverhalten, zu Serviceerwartungen sowie den Interessen und Hobbys des Adressaten aufsetzen und hierdurch ein akzeptanzförderndes "Mehr an Individualität" liefern. Zusätzlich können lokale und regionale Individualisierung durch die visuelle Zuspielung von Ansprechpartnern oder von Geschäften im regionalen Umfeld des Lesers erfolgen, die einen unmittelbaren Mehrwert schaffen. Ein Beispiel hierzu liefert das Magazin

Regionale Komponenten einstreuen

212

des Kundenbindungsprogramms BSW – Der BonusClub. Hier werden die Partner, bei denen BSW-Mitglieder attraktive Preisvorteile erhalten können, orientiert an der Adresse des jeweiligen Mitglieds, präsentiert.

Verkaufsfördernde Aufbereitung

Zwei gegensätzliche Strategien zur **Verkaufsförderung** durch ein dialogisiertes Magazin finden sich im Food-Bereich. **Procter & Gamble** beispielsweise nutzt seine schon angesprochene Online-und Offline-Zeitschrift „For me" gezielt dazu, um via Couponing unter andere neue Produkte zu launchen oder aber Rabattierungen über Coupons kontrolliert zu kommunizieren. Es ist damit ein Medium, um Neukunden zu gewinnen, Kunden durch Produkt- und Preisvorteile zu belohnen und in Summe den Abverkauf gezielt zu steigern. Über das Einlösen der codierten Coupons erhält das Unternehmen gleichzeitig wichtige Daten zum Kaufverhalten und damit zur Produktakzeptanz in der angesprochenen Personengruppe.

Der Konkurrent **Kraft Foods** setzt dagegen mehr auf die leisen Töne und schafft Kaufanreize eher indirekt durch die Kommunikation von Rezepten im Magazin. Diese werden – natürlich auf Basis von hauseigenen Produkten – in Verbindung mit unkonventionellen Serviceangeboten im Magazin und auf der Internetseite präsentiert. Das Magazin von Kraft Foods ist damit primär darauf ausgerichtet, im Kaufverhalten der Leser ein Up- und Cross-Selling und gleichzeitig die Kundenbindung inbesondere der Heavy User zu erreichen. Dieses Ziel setzt jedoch voraus, dass auf Basis der Kundendaten die Best Clients für eine intensive Betreuung herausgefiltert werden können.

Einsatz von Key Visuals und Multi-Channel-Ausrichtung

Eindeutige, auffallende, möglichst kreative **Wort-Bild-Marken**, die zum Dialog auffordern, müssen im Sinne von immer wiederkehrenden **Key Visuals** fester Bestandteil des Magazin-Layouts sein. Diese sollen nicht nur eine positive emotionale Hinstimmung zum Magazin auslösen, sondern gleichzeitig erkennen lassen, dass der Leser durch eigenes Tun wertige Vorteile erzielen kann.

Auch hier gilt – wie bei allen Responsemitteln des Dialogmarketings: einfaches Handling und maximale Vorbereitung der Responseträger (etwa durch die Personalisierung von Antwortkarten) erhöhen die Reagiererquote.

In jedem Magazin müssen zusätzlich alle wesentlichen **Kommunikationskanäle** progressiv für eine Interaktion mit den Kunden angeboten werden. Diese reichen von der Telefonnummer über die Postkarte, den Coupon bis zum E-Mail. Fax oder SMS und andere Spielarten des Mobile Marketings sind je nach Produkt und Zielgruppen zu ergänzen.

Progressive Multi-Channel-Kommunikation heißt, dem Kunden immer wieder die Möglichkeit zu geben, sein bevorzugtes Medium zu wählen. Es gilt, ihn bei der

Gesprächseröffnung und während der Interaktion zu fragen, welchen Kanal für ihn der bequemste, effizienteste, beste ist.

Dies haben vor allem die großen Unternehmen schon realisiert: 79 Prozent von der Medienfabrik Gütersloh und der Hochschule der Medien Stuttgart befragten 72 Dax-Unternehmen (Dax, M-Dax, S-Dax, Tec-Dax) setzen neben den klassischen Printmedien bereits digitale Instrumente ein, wenn sie mit Kunden und Aktionären sprechen [19]. Interessant ist nicht nur diese recht hohe Zahl, sondern die Begründung für den Einsatz von E-Mags (elektronische Magazine), Podcasts und anderen elektronischen Dialogmedien: Geringe Kosten und eine individuellere Zielgruppenansprache werden von 57 Prozent der Befragten als Hauptmotiv genannt.

Achtzig Prozent kommunizieren auch digital

Fast jedes zweite Unternehmen verspricht sich von den digitalen Medien eine höhere Interaktion mit den Kunden. 35 Prozent schätzen diese Werkzeuge, weil sie eine bessere Erfolgskontrolle der Corporate Publishing-Aktivitäten ermöglichen. Knapp ein Fünftel nutzt diese, weil sie mit weniger Aufwand verbunden sind und es gleichzeitig erlauben, mehr Informationen über die Kunden zu sammeln. 74 Prozent der Dax-Unternehmen setzen Kundenmagazine in Printform ein, ebenfalls 74 Prozent setzen mittlerweile auf E-Magazines – im Vergleich zu vierzig Prozent, die gedruckte Newsletter einsetzen. E-Magazine und E-Journals werden dagegen erst von 28 Prozent der Unternehmen verwendet.

Emotionalisierung durch Gesprächsangebote

Studien – vor allem aus dem Umfeld des Web 2.0 – zeigen, dass Kunden und Interessenten prinzipiell daran interessiert sind, ihre Meinung zu äußern [20]. Da sich Kunden durch die vielfältigen Angebote im Internet wie auch durch spezifische Fernsehevents (etwa „Deutschland sucht den Superstar") immer mehr daran gewöhnen, mit entscheiden zu können oder in das Geschehen eingebunden zu werden, wirkt sich diese Lernerfahrung auch in anderen Feldern aus. Auch wenn immer nur ein kleiner Teil der Zielgruppen tatsächlich re- oder agiert, bedeutet bereits das Angebot dazu alleine ein wichtiges emotionales Plus.

Eine übergreifende Erkenntnis des Beschwerdemanagements ist, dass ein Kunde dann verloren ist, wenn er stillschweigend resigniert. Das Angebot vielfältiger Kontaktmöglichkeiten im Rahmen eines dialogisierten Magazins ist folglich auch ein interessanter Ansatz, um auf diese Weise „Frust" der Kunden frühzeitig abzuschöpfen – und diese durch eine exzellente Betreuung häufig zu den loyalsten Kunden zu entwickeln [21].

Darüber hinaus können durch die geführten Dialoge systematisch weitere **Customer Insights** gewonnen werden, die für die Kommunikation, die Produkt- und Preisgestaltung sowie für neue Einsatzbereiche der Produkte wichtige Erkenntnisse liefern können. Wichtige Voraussetzung hierfür ist jedoch, dass diese Informationen aus dem Customer Care Center auch tatsächlich an die relevanten Unternehmensbereiche weitergeleitet werden [22].

Gewinnung weiterer Informationen

Darüber hinaus kann die Plattform eines dialogisierten Magazins systematisch dazu genutzt werden, um weitere **Profilinformationen** über den Kunden zu erhalten. Für die weitere Individualisierung in der Ansprache sowie für die Bewertung des Potentials eines Kunden sind Informationen etwa über die Haushaltsgröße, die Anzahl der Kinder, die jeweiligen Geburtsdaten, Vorlieben bei Hobbys und ähnliches von großer Bedeutung. Solche Informationen können regelmäßig durch **Fragebogenaktionen** gewonnen werden, bei denen kleine Incentives ausgelobt werden. Auf diese Weise wird die Kundendatenbank sukzessiv mit Informationen angefüllt. Bei „For me" von Procter & Gamble werden zentrale Informationen bereits bei der **Registrierung durch den Kunden** abgerufen. Die Abfrage bezieht sich dabei nicht nur auf die Haushaltsgröße, sondern zielt auch auf das Geburtsdatum, die Berufstätigkeit und ähnliches ab. Ohne deren Beantwortung ist eine Mitwirkung bei „For me" nicht möglich.

Privilegierung in der Betreuung

Ein guter Kunde verdient es, bevorzugt behandelt zu werden. In welchen Feldern entsprechende Zusatzservices geschaffen werden können, zeigt Abb. 3. Hier wird deutlich, dass Services in Abhängigkeit vom Verkaufsprozess als Pre-Sales-, Sales- oder After-Sales-Services ausgestaltet werden können. Zusätzlich können diese unmittelbar am Produkt ansetzen oder personenbezogen sein, jeweils mit oder ohne Produktbezug. Auch wenn die Kundenmagazine hier im Bereich After-Sales-Services angesiedelt sind, können diese wiederum als umfassendes Kommunikationsinstrument genutzt werden, um über Services in den anderen Bereichen zu informieren oder selbst Gutscheine und ähnliches als Träger zum Kunden zu transportieren. Hier wird die Qualität eines **dialogisierten Magazins als zentrales Medium im Dialogmarketing** nochmals deutlich.

Die bereitzustellenden Services können ein Mehr an Informationen bieten, beispielsweise über eine passwortgeschützte Seite oder ein besonderes edel gestaltetes Magazin, eine exklusiven Einladung zu Events, konkrete Vorteile wie Gutscheine, Rabattierungen, kostenlose Parkplatznutzung (etwa über Coupons umgesetzt). Es kann auch eine attraktive Kundenkarte angeboten, spezielle Einkaufszeiten ermöglicht oder schlicht Gewinnspiele präsentiert werden. Insbesondere das Internet ermöglicht viele Varianten solcher zusätzlichen Leistungen.

So kann beispielsweise der Leser des Kraft Food-Magazins „Bei uns zu Hause" im Internet nicht nur Dekorationsideen für eine festliche Tafel, sondern auch personalisierte Tisch- und Einladungskarten abrufen, wozu er natürlich wieder die Namen und Adressen der geladenen Gäste einreicht.

Ein besonderer Service kann auch darin gesehen werden, dass das Magazin in seiner On- und Offline-Ausgabe den Lesern **Raum zur Selbstdarstellung** bietet. Dies kann über die Integration von Leserbriefen, die Möglichkeit zur Veröffentlichung von Fotos bei Produktverwendung oder durch die Einrichtung spezifischer Blogs erfolgen. Außerdem können themenorientierte Foren für die interessierten Kunden

Mehr Service bieten

geschaffen werden, in denen diese diskutieren und sich informieren können [23]. Durch eine regelmäßige Berichterstattung im Magazin kann die Frequenz der Nutzung im Internet dauerhaft gesichert werden.

		Pre-Sales-Services	Sales-Services	After-Sales-Services
Produktbezogene Services		Kostenlose, zeitlich befristete Produktüberlassung (zum Beispiel Probefahrt, Probeabonnement); Sampling	Einpackservice	Lieferservice Kundendienst Wartung
Personenbezogene Services	Mit Produktbezug	Produktvorführung am POS oder zu Hause, ausführliche Beratung, Referenzbesuche bei bestehenden Anwendern	Finanzierungsleistungen (unter anderem Ratenzahlung, Null Prozent-Finanzierung)	Kostenlose/ -pflichtige Schulungen
	Ohne Produktbezug	Einladung zu Events, Informationsservice	Warten in einer VIP-Lounge, Geschenke, Zugaben	Kundenmagazine, Kundenbindungsprogramme

Abb. 3: Matrix zur Entwicklung von Serviceleistungen [24].

Fazit und Ausblick: Unterhaltung wörtlich genommen

Für die individualisierte Kommunikation kann das dialogisierte Magazin die unverzichtbare Plattform darstellen. Hier sind zentrale Inhalte segmentübergreifend zu präsentieren und durch individualisierte Elemente auf die einzelnen Cluster auszurichten. Zielgruppenadäquate Themen, Artikel, Serviceleistungen im Magazin können den Leser auf alters-, interessens-, lifestyle-, berufs- oder bildungsspezifische Landingpages verweisen, auf denen weiterführende Informationen präsentiert werden. Dabei gilt:

Das Magazin wird durch intelligente Dialogisierung die zentrale kommunikative Plattform im CRM, die im Internet zielgruppenspezifisch und insbesondere auch interaktiv verlängert wird.

Literatur

[1] Kreutzer R.: Praxisorientiertes Marketing, Grundlagen, Instrumente, Fallbeispiele. – Wiesbaden, S. 49, 2. Aufl., 2008.

[2] Zum internen Marketing vergleiche vertiefend Kreutzer R.: Praxisorientiertes Marketing, Grundlagen, Instrumente, Fallbeispiele. – Wiesbaden, S. 301-319, 2. Aufl., 2008.

[3] Kreutzer R.: Praxisorientiertes Dialog-Marketing, Konzepte, Instrumente, Fallbeispiele. – Wiesbaden, 2008.

[4] Europäisches Institut für Corporate Publishing, Basisstudie Corporate Publishing, München, 2008.

[5] Neises B.: Defizite im Mittelstand. – In: Horizont, S. 29, 19/2008.

[6] Corporate Publishing, Zielsetzungen, Erfolgs- und Wirkungskontrolle von Kundenzeitschriften. – München, S. 29, 2001.

[7] Corporate Publishing, Zielsetzungen, Erfolgs- und Wirkungskontrolle von Kundenzeitschriften. – München, S. 29, 2001.

[8] Bell M.: Weg ins Ungewisse. – In: w&v Innovation, S.11, 2/2008.

[9] Europäisches Institut für Corporate Publishing, Basisstudie Corporate Publishing, München, 2008.

[10] Scheier C. (2008): Neuromarketing – über den Mehrwert der Hirnforschung für das Marketing. – In: Kreutzer R., Merkle W. (Hrsg.): Die neue Macht des Marketing. – Wiesbaden, S. 307f., 2008.

[11] Kreutzer R.: Praxisorientiertes Dialog-Marketing, Konzepte, Instrumente, Fallbeispiele. – Wiesbaden, 2008.

[12] Brown M.: APA Advantage Study. – 2005.

[13] Europäisches Institut für Corporate Publishing, Basisstudie Corporate Publishing, München, S. 218, 2008.

[14] Corporate Publishing, Zielsetzungen, Erfolgs- und Wirkungskontrolle von Kundenzeitschriften, München, S. 33, 2001.

[15] Kreutzer R.: Praxisorientiertes Marketing, Grundlagen, Instrumente, Fallbeispiele. – Wiesbaden, S. 49, 2. Aufl., 2008.

[16] Peymani B.: Abgesang auf die Aida-Formel. – In: BVM: Konvergenz und Kommunikation, 43. Kongress der Deutschen Marktforschung. – Sonderpublikation, Horizont, S. 6, 6/2008.

[17] Kreutzer R. (2007): Schlüssel 2: Der entfremdete Kunde – Kaum einer hat oder will heute noch Kundenkontakt. – In: Kreutzer R., Kuhfuß H., Hartmann W.: Marketing Excellence – Sieben Schlüssel zur Profilierung Ihrer Marketing Performance. – Wiesbaden, S. 88f., 2008.

[18] Kircher L.: Corporate Publishing. – Vortrag im Rahmen des Kongresses „Zeitung online 2008", Potsdam, 2008.

[19] Schneider G.: Neue Wege zu den Kunden. – In: Horizont, S. 41, 16/2008.

[20] Kreutzer R., Merkle W.: Web 2.0 – Welche Potenziale gilt es zu heben? – In: Kreutzer R., Merkle W. (Hrsg.): Die neue Macht des Marketing. – Wiesbaden, S. 149-183, 2008.

[21] Kuhfuß H. (2007): Schlüssel 7: Kundenbindung – Wie viel Bindung braucht der Kunde. – In: Kreutzer R., Kuhfuß H., Hartmann W.: Marketing Excellence – Sieben Schlüssel zur Profilierung Ihrer Marketing Performance. – Wiesbaden, S. 175-202, 2008.

[22] Kreutzer R. (2007): Schlüssel 2: Der entfremdete Kunde – Kaum einer hat oder will heute noch Kundenkontakt. –In: Kreutzer R., Kuhfuß H., Hartmann W.: Marketing Excellence – Sieben Schlüssel zur Profilierung Ihrer Marketing Performance. – Wiesbaden, S. 77f., 2008.

[23] Kreutzer R.: Praxisorientiertes Marketing, Grundlagen, Instrumente, Fallbeispiele. – Wiesbaden, 2. Aufl., S. 157, 2008, in Anlehnung an Hansen U.,Hennig-Thurau T., Schrader U.: Produktpolitik. – Stuttgart, S. 167, 3. Aufl., 2001.

[24] Kreutzer R., Merkle W.: Web 2.0 – Welche Potenziale gilt es zu heben? – In: Kreutzer R., Merkle W. (Hrsg.): Die neue Macht des Marketing. – Wiesbaden, S. 149-183, 2008.

Erfolg im Dialogmarketing hängt davon ab, wie professionell sich ein Unternehmen präsentiert. Laut Wirtschaftswoche werden in der schriftlichen Kommunikation allein durch falsche Wortwahl Milliarden in den Sand gesetzt.

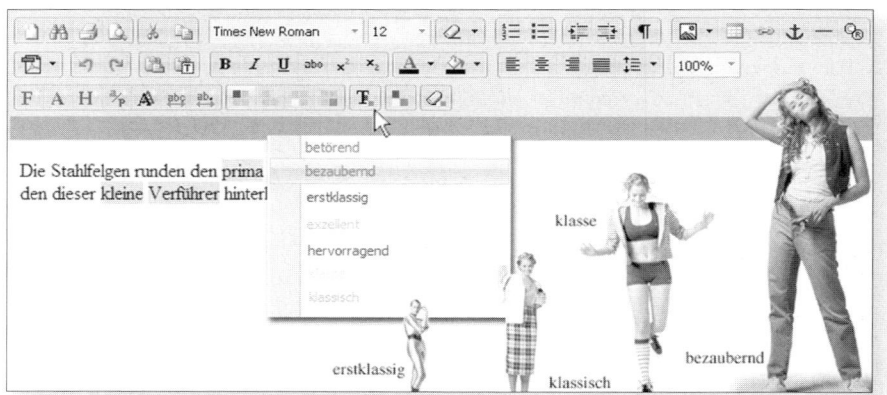

Abb. 1: Online Editor „CW Manager"

Wer **negative Botschaften** wie „keine Tarif-Änderung" statt positiver Argumente wie „die Tarife bleiben" kommuniziert oder passiven Stil wie „zur Bestellung bitten wir um Aktivierung Ihrer Registrierung" pflegt, reduziert die Rücklauf-Quote. Exzellente Produkte setzen erstklassige Texte voraus. Hohle Phrasen wie „wir sind kundenorientiert" oder „selbstverständlich stehen wir Ihnen bei Fragen zur Verfügung" schädigen das Image des Absenders und sorgen für Desinteresse beim Empfänger. Wie kann man sich vor derartigen Flops schützen und die Text-Qualität im Dialogmarketing sicher stellen? Wie lässt sich eine Kundenkommunikation realisieren, die einerseits zur Firmenphilosophie passt und anderseits auch die angepeilten Zielgruppen überzeugt?

CI-Check für die schriftliche Kommunikation

Die auf Integrierte Kommunikation spezialisierte Münchener Agentur, Keysselitz Deutschland GmbH, packt das Übel an der Wurzel. Man kann dort die Schriftsprache des Unternehmens per CI-Check analysieren lassen. Aus den Ergebnissen werden Empfehlungen für ein markenkonformes, zielgruppenrelevantes Sprachklima entwickelt. Das Konzept für eine durchgängige Unternehmenssprache, Corporate Wording, bildet dann die Grundlage für künftige Einzelmaßnahmen – wie zum Beispiel im Dialogmarketing. Dabei kommt die Methode der **4-Farben-Sprache** zum Einsatz. Mit ihr werden Wörter den typischen Grundfunktionen per Farbcode zugeordnet. Blau steht für Informations-, Grün für Garantie-, Gelb für Erlebnis- und Rot für Kontaktfunktion.

www.marketing-boerse.de/Experten/details/Hans-Peter-Foerster

Wording Farbe	Sprachfunktion/ Kommunikations- Ziel	Inhalte	Sprachklima	Wortwahl- Beispiele	Typologische Zielgruppen erreichen	Typologische Grundziele spiegeln
Blau	Information/ rationalisieren	Zahlen Daten Fakten	kurz nüchtern exakt	100%ig erstklassig einzigartig	Perfektionisten	Stärke Leistung Selbstbewusstsein
Grün	Garantie/ festhalten	Nachweise Traditionen Ordnung	sachlich strukturiert traditionell	bewährt original zuverlässig	Konservative	Stetigkeit Einordnung Ehrgefühl
Gelb	Erlebnis/ erweitern	Vision Idee Begeisterung	aufgeschlossen heiter visuell	beflügelt fetzig ideenreich	Impulsive	Ideen Wandel Freiheit
Rot	Kontakt/ anregen	Sympathien Emotion Herz	emotional bis aggressiv	attraktiv liebevoll seidenweich	Emotionale	Stimulation Einklang Behagen

Abb. 2: Die Methode der 4-Farben-Sprache

Die für Dialogmarketing verantwortlichen Mitarbeiter oder auch externe Dienstleister müssen Zugriff auf diese Guidelines haben und Sie sollten künftig alle Textentwürfe für Flyer, Mailings oder Produktbeschreibungen auf Einhalten der Vorgaben überprüfen können. Welche Hilfsmittel bieten sich dazu an?

Die Lösung wurde beim Ludwigsburger Experten für Online Editing Solutions, Pintexx GmbH, gefunden. Herzstück des „CW Managers" ist ein Online-Editor. Frisch verfasste Texte oder bereits vorhandene werden mit wenigen Mausklicks auf den Prüfstand gestellt: **Ist der Inhalt aktiv, positiv und frei von Floskeln?** Entspricht alles den Richtlinien? Stimmt der Sprachklima-Mix? Die letzte Frage wird visuell beantwortet: Wörter werden farbig markiert und ein Balken-Diagramm zeigt das Ergebnis.

Schreibe mir, aber im richtigen Farben-Mix

Im Dialogmarketing stellt sich die Frage: **Welcher Grundtypus** soll erreicht werden? Perfektionisten, Konservative, Impulsive oder Emotionale? „Blaue" Empfänger, die Rationalisten, bevorzugen Zahlen, Daten und Fakten. Sie sollten darum mit betont rationalen „blauen" Botschaften angesprochen werden. Anders bei den „Roten", den Emotionalen. Hier gilt es, mit sympathischen Worten die Seele des Lesers zu streicheln.

Rationale Charaktere brauchen Zahlen

Gibt man dem CW Editor den angestrebten Zielfarben-Mix vor, zum Beispiel Gelb und Rot, markiert er „blaue" und „grüne" Wörter und schlägt – wann immer möglich – „rote" und „gelbe" Synonyme vor.

Firmen, die für effizientes Dialogmarketing ihre Kunden-Adressdatei mit Zielgruppenmodellen räumlich nutzbar machen, sind denjenigen voraus, die lediglich nach soziodemografischen Daten selektieren. Durch die Kombination der Methode

Tonalität der Mailingtexte auf die Zielgruppe abstimmen

der 4-Farben-Sprache mit Daten der Marktforschung und dem Micromarketing werden Adressaten gezielter angesprochen. Differenzierte Mailing-Texte haben den Vorteil, dass die **auf die Zielgruppen ausgerichteten Inhalte** eine relevantere Aussagekraft haben. Eine Voraussetzung für geringere Streuverluste.

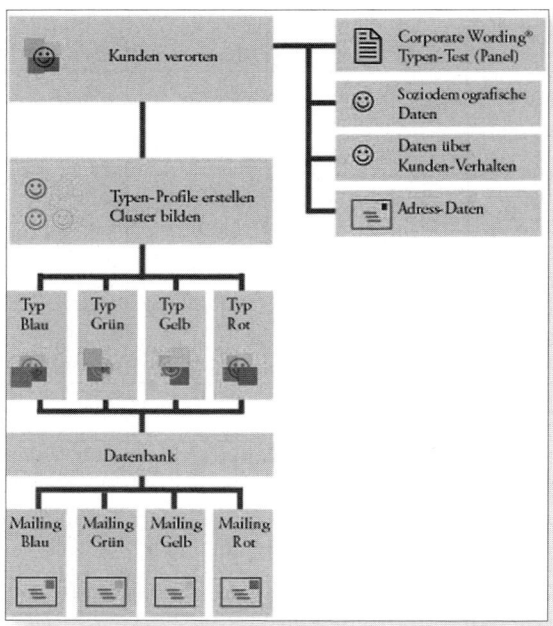

Abb. 3: Aussendung nach Milieusegment

Der CW Manager kann um ein Modul für Dialogmarketing erweitert werden. Das hat zwei Vorteile: Erstens kann mit Hilfe einer dafür entwickelten „Wörter-Datenbank der Lebenswelten" der CW Editor Mailingtexte prüfen und informieren, welche Milieus am meisten angesprochen werden. Zweitens kann der User für seine geplante Aussendung das angepeilte Milieusegment vorgeben. Das Online-Programm ermittelt dann, ob Wörter durch zielgruppenaffine Alternativen ausgetauscht werden können. Die hier vorgestellten Software-Lösungen verfolgen drei gemeinsame Ziele: Die Text-Qualität sicherstellen, die Arbeit erleichtern und die Effizienz steigern.

Literatur

Förster H.-P.: Texten wie ein Profi. – ISBN 3-927282-90-1, F.A.Z. Buch, 2007.
Förster H.-P.: Corporate Wording®. – ISBN 3-934191-38-X, F.A.Z. Buch, 2001.
Die Standard-Version für individualisiertes Dialog-Marketing kann unter www.online-editor.wording.de ausprobiert werden

Corporate Wording ist eine registrierte Wortmarke von Hans-Peter Förster.

DRUCK UND VERSAND

Druck und Herstellung
von Werbemitteln 223

Leistungen rund
um den Lettershop 246

Portooptimierung und
Umschlaggestaltung 254

Der größte Budgetposten im Dialogmarketing entfällt auf die Produktion und den Versand von Printmailings, Werbeflyern und Katalogen. Entsprechend wichtig ist es für Direktmarketer, hier ein paar Grundkenntnisse zu haben.

Karl Giesriegl erläutert alle Aspekte des Drucks von Werbemitteln. Was genau ist die Druckvorstufe und was kann man heute dank EDV selbst machen? Wo sind die Kernkompetenzen der Grafikstudios und was machen die Druckereien? Welche Prozesse gibt es und wo sind die Schnittstellen. Worauf muss ich achten, damit das Druckergebnis meinen Ansprüchen entspricht? Datenformate und Layoutprogramme werden erläutert. Eine Checkliste für die Bildkontrolle wird erklärt. Offset- und Digitaldruck werden verglichen. Und auch bei Papiersorten, Schneiden und Binden erläutert Giesriegl, praxisnah, worauf es ankommt.

Wolfgang Hartmann beschreibt, was ein Lettershop alles leisten sollte. Die einzelnen Arbeitsprozesse werden skizziert und das Projektmanagement erläutert. Sehr ausführlich wird der Umgang mit Dialogmarketing-Plattformen beschrieben. Hartmann verrät, worauf es beim Responsemanagement wirklich ankommt.

Jürgen Hofmann sagt, was bei der Portooptimierung wichtig ist. Eine Reihe von Maßnahmen dienen dazu, den Versendern das Leben leichter zu machen und was dabei gespart wird, fließt auch zurück an den Kunden. Dabei geht es aber nicht nur um Mengen, Gewichte und Vorsortierungen, sondern auch um das Vermeiden von Adressdubletten. Auch bei der Umschlaggestaltung gibt es heute mehr Freiraum, um die Response zu steigern.

Torsten Schwarz

6

DRUCK UND VERSAND

Selten wurde eine Branche so durchgerüttelt wie das grafische Gewerbe im letzten viertel Jahrhundert. Die Setzer, heute modern bezeichnet als Druckformenhersteller, hatten innerhalb weniger Jahre die jahrhundertealte Technik der **beweglichen Lettern**, die auf die Erfindung **Johannes Gutenbergs** zurückging, mit der modernsten Computertechnik ausgetauscht.

Das blieb auch ökonomisch nicht ohne Folgen. In den sechziger und siebziger Jahren waren es riesige **Fotosatzanlagen** (nicht selten im Wert von zwei bis drei Einfamilienhäusern), die den mittelalterlichen Bleisatz ablösten. In den achtziger Jahren konnte plötzlich jeder in der Druckformenherstellung mitmischen, der sich eine Tastatur, einen Bildschirm und einen Rechner leisten konnte. Kleine oder mittelständische Unternehmen fanden entweder eine Nische oder blieben auf der Strecke. Die Großen fusionierten zu immer größeren Kolossen, während sich daneben in den neunziger Jahren eine Vielzahl von kleinen **Grafikstudios** etablierte. Heute hat sich die Branche einigermaßen erholt. Es wird mehr gedruckt als je zuvor. Das können auch die neuen Medien nicht ändern, nein, sie sind sogar, wenn man das **PDF** als Beispiel nimmt, wesentlicher Bestandteil der neuen Technologie, die das grafische Gewerbe ausmacht.

Von diesen Techniken ist in diesem Artikel die Rede. Weiter soll darauf eingegangen werden, wie weit Sie selbst mit Ihren eigenen Fähigkeiten in der Produktion von Druck- und Werbemitteln mitwirken können.

Mögliche Wege der Produktion

Viele Druckereien bieten sämtliche Leistungen von der Konzeption bis zur Endfertigung an. Vielfach verfügen diese Universalisten selbst noch über alle notwendigen Abteilungen – **Druckvorstufe, Druck, Weiterverarbeitung** – unter einem Dach. Freilich: Das wird immer seltener. Viele Arbeiten, besonders in der Druckvorstufe, werden heute zumeist von den Gestaltern oder gar den Auftraggebern selbst durchgeführt. Anders verhält es sich bei Druck und Weiterverarbeitung, da ist der **Einsatz von speziellen, und demzufolge teuren Maschinen** notwendig, sodass diese Arbeitschritte in der Hand der Spezialisten bleiben.

Druckvorstufe liegt heute meist bei Gestaltern

Grundsätzlich bestehen für Sie als Auftraggeber viele zweckmäßige Möglichkeiten zur Produktion von Druckprodukten. Hier ein paar Varianten:

➤ Sie kaufen von der Gestaltung über die Druckvorstufe, Druck, Papier bis zur Endfertigung alles selbst ein.

Gestaltung vom
Designer und
Druck von der
Druckerei

➤ Sie **teilen den Auftrag auf**: Die Gestaltung und die Druckvorstufe wird von einem Auftragnehmer, etwa einem Grafikstudio, durchgeführt, der liefert eine PDF- beziehungsweise Satzdatei an eine von Ihnen beauftragte Druckerei.

➤ Sie **übergeben alles an eine Druckerei**. Diese produziert entweder selbst oder lässt bestimmte Arbeiten außer Haus erstellen – was Ihnen einerlei sein kann, Ihr Ansprechpartner ist die Druckerei.

➤ Sie überlassen neben dem grafischen Entwurf auch die restliche Abwicklung einer **Werbe- und Marketingagentur**.

➤ Sie machen, weil Sie ein Computerprofi und Designer sind, **Gestaltung und Druckvorstufe selbst** und gehen mit der fertigen Datei in die Druckerei, die den Rest erledigt.

➤ Sie lieben die völlige Unabhängigkeit und drucken eine Kleinauflage der selbst gestalteten und erstellten digitalen Vorlage **am eigenen Farbkopierer**.

Und so weiter. Sicherlich fallen Ihnen noch andere Varianten, Abkürzungen, Sonderwege ein. Was wirtschaftlich am sinnvollsten ist, lässt sich ad hoc nicht sagen. Wenn Sie selbst jeden Arbeitsschritt gesondert an einen Auftragnehmer vergeben und zusätzlich auch noch den Bedruckstoff selbst besorgen, werden Sie sich den Bearbeitungsaufschlag ersparen, den Ihnen die Druckerei wahrscheinlich, Producer und Werbeagentur ganz sicher verrechnen. Andererseits werden so viele Probleme auftauchen, die Nerven, Zeit und Geld kosten, dass es fraglich ist, ob dieser Weg wirklich der beste ist.

Was passiert in der Druckerei?

Man unterscheidet grob drei Bereiche im grafischen Gewerbe:

Druckvorstufe, das sind die Grafiker oder Setzer, früher waren das Menschen die vor riesigen Kästen standen und kleine Bleiklötzchen aneinander gereiht haben. Heute wird das alles am Computer erledigt – vieles davon können Sie, wenn Sie wollen, selbst in die Hand nehmen und damit Kosten sparen.

Druckvorstufe,
Druck und
Weiter-
verarbeitung

Druck, aus der grafischen Idee wird Materie, die „schwarze Kunst". Vom Farbkopierer bis zur tonnenschweren Druckmaschine, das Prinzip ist das gleiche, der Bedruckstoff, zumeist Papier, wird mit Farbe versehen.

Weiterverarbeitung oder Endfertigung. Kein Produkt verlässt die Druckerei so, wie es aus der Druckmaschine kommt – zumeist wird es geschnitten, manchmal gefaltet (gefalzt), geheftet oder gelocht.

Druckvorstufe

Bevor Ihre Ideen in einer Druckmaschine landen, müssen der Text und das Bildmaterial soweit aufbereitet werden, dass ein fehlerfreier Druck starten kann.

Korrekt korrigieren

Sie müssen jeden Text **sorgfältig korrigieren**, bevor er zum Grafiker oder in die Druckerei wandert. Nachdem der seine Arbeit getan hat, sind zwar weitere Korrekturdurchgänge notwendig, aber der Text sollte stilistisch und orthografisch bereits weitgehend perfekt sein, wenn die Produktion beginnt. Denn Textkorrekturen, die im Produktionsstadium durchgeführt werden, kommen teuer, kosten Zeit und Nerven.

Textkorrekturen im Produktionsstadium sind teuer

Bei wichtigen Texten ist es empfehlenswert, einen **Profilektor oder -korrektor** zu engagieren, bevor Sie in die Druckvorstufe gehen. Ist Ihnen das zu umständlich, wenden Sie sich an Kollegen, Freunde, Verwandte.

Spätestens für die Korrektur des Layoutabzuges sollten Sie die wichtigsten genormten **Korrekturregeln** beherrschen. Dadurch haben Sie die Gewähr, dass Ihre Korrekturwünsche auch tatsächlich verstanden und beherzigt werden. Prägen Sie sich vor allem die Hauptregel ein: Jedes im Text angebrachte **Korrekturzeichen ist am Rand zu wiederholen**. Neben das jeweils eindeutig zuordenbare Korrekturzeichen ist die erforderliche Änderung zu schreiben – außer das Zeichen spricht für sich selbst. Eine Auflistung der wichtigsten Korrekturzeichen finden Sie etwa im Duden.

Bildvorlagen

Bildvorlagen, oder auch Reproduktionsvorlagen, lassen sich in folgende Kategorien einteilen:

Schwarzweiß – Farbe: Die Reproduktion und drucktechnische Verarbeitung von schwarzweißen Vorlagen ist viel einfacher und kostengünstiger als die von farbigen.

Strich/Vollton – Halbton: Strichvorlagen haben nur zwei Tonwerte und keine Zwischentöne; Halbtonvorlagen hingegen haben kontinuierlich verlaufende Tonwertabstufungen von schwarz bis hellgrau oder auch entsprechende Farbwertabstufungen. Diese müssen für den weiteren Produktionsvorgang „aufgerastert" werden. Das heißt, das Bild wird in winzigkleine Rasterpunkte von verschiedener Größe zerlegt. Haben Sie eine Lupe und eine Zeitung?

Gedruckte Vorlagen: Problematisch ist vor allem die Verarbeitung von gedruckten, und damit zumeist bereits gerasterten Vorlagen. Dabei kann es zur Bildung eines so genannten **Moirés** kommen, eines unschönen Musters, das entsteht, wenn zwei unterschiedliche feine Strukturen (wie es Raster nun einmal sind) übereinander gelegt werden.

Vorsicht bei Abbildungen, die bereits schon einmal gedruckt wurden

Auf die richtige Auflösung kommt es an

Für die Bildverarbeitung am Computer gilt es vor allem, die **richtige Auflösung** zu finden. Und die ist bei Strichvorlagen und Halbtonvorlagen grundsätzlich anders. Mit welchem Gerät auch immer Sie Ihre Originale digitalisieren (Digitalkamera oder Scanner), die Bilddaten werden dabei nicht komplett übertragen, sondern es werden vielmehr die einzelnen **Bildpunkte (Pixel)** in einem Muster definiert.

Bei Schwarzweißbildern erhält man eine geringere Datenmenge, da nur schwarze Pixel zu berechnen sind, die sich von der weißen Unterlage abheben. Sofern Sie mit Ihrem eigenen Flachbettscanner eine Strichvorlage einscannen, sollte das **Endergebnis** (!) zumindest mit **600 dpi** (besser 1200 dpi, ganz super: 2400 dpi) aufgelöst sein, da sonst kleine **Sägezähnchen** an den Rändern sichtbar werden.

Ein als Computerdatei abgespeichertes Halbtonbild ist wesentlich größer als ein abgespeichertes Strichbild. Die Halbton-Bilddatei enthält nicht nur Angaben über die Stellung der Pixel auf dem Hintergrund, sondern zusätzlich ist der Tonwert des Pixels festgelegt. Sollten Sie ein Bildbearbeitungsprogramm installiert haben (zum Beispiel Adobe Photoshop), können Sie bei starker Vergrößerung die einzelnen Pixel erkennen. Bilder (Graustufen und Farbbilder) sollten in der fertigen Vergrößerung zumindest **300 dpi** haben.

Bilder sollten Auflösung von 300 dpi haben

Farbreproduktion

Farbige Vorlagen kann man im Druck wiedergeben, indem man sie in die Grundfarben zerlegt:

➤ **Cyan** (ein grünlicher Blauton, übliche Abkürzung C);
➤ **Magenta** (Purpurrot, übliche Abkürzung M);
➤ **Gelb** (übliche Abkürzung Y für Yellow).
➤ **Schwarz** (übliche Abkürzung K für Key, Schlüssel) kommt als vierte Farbe dazu, um die Kontraste hervorzuheben und die Tiefenwirkung des Bildes zu verstärken; daher auch Tiefe genannt.

Durch die Mischung der drei Grundfarben Cyan, Magenta und Gelb lassen sich fast alle Farbtöne erzielen. Allerdings gibt es einige Töne, die nicht oder nur unvollkommen mit Skalenfarben erreicht werden; Gold und Silber sind mittels Grundfarben überhaupt nicht erzielbar, und müssen als **Sonderfarbe** gedruckt werden.

Der Fachmann spricht bei allen hellen Farbtönen (gegen Weiß hin) von den **Lichtern**, bei allen dunklen Tönen (gegen Schwarz hin) von den **Tiefen**.

Die neben- und übereinander gedruckten farbigen Rasterpunkte vermischen sich bei normalem Leseabstand im Auge des Betrachters zu verschiedenen Farbtönen. Schauen Sie sich einmal ein Großflächenplakat aus unmittelbarer Nähe an: Das Sujet wird sich in unterschiedlich große gelbe, rote, blaue und schwarze Punkte auflösen. Die Bildwirkung entsteht erst bei Betrachtung aus einiger Entfernung.

RGB und CMYK

Die moderne Reproduktionstechnologie basiert auf beiden Systemen der Farbzusammensetzung, der additiven und der subtraktiven. In der additiven Farbmischung erhöhen die einzelnen Farben die Helligkeit, bei der subtraktiven Farbmischung wird durch das Zumischen der einzelnen Farben die Helligkeit abgebaut. Einem rein additiven oder rein subtraktiven Farbaufbau begegnen wir im Druckprozess nur selten. Im mehrfarbigen Rasterdruck erhalten wir sowohl eine **additive als auch eine subtraktive Farbmischung**.

Additive und subtraktive Farbmischung

An Ihrem Computermonitor erhalten Sie eine nahezu ideale Farbwirkung nach dem Prinzip der additiven Farbmischung durch die Kombination der **RGB-Farben** (Rot, Grün, Blau). Bevor die Datei drucktechnisch weiterverarbeitet wird, muss sie also durch einen **CMYK-Filter** (Cyan, Magenta, Yellow und Key/Schwarz) umgewandelt werden. Am Bildschirm wirken die Farben durch die spezifische Beleuchtungsumgebung ganz anders als im Druck. Zur Farbkontrolle wäre es notwendig, einen **farbtonwertrichtigen Ausdruck** zu erstellen. Leider kann der eigene Tintenstrahldrucker diese Aufgabe nicht meistern. Das heißt, er wird das eingelegte Papier zwar farbig bedrucken, aber nicht in den korrekten Farbtönen (siehe unten: Proof-Verfahren). Bestimmen Sie die Farbwerte also nie nach der Bildschirmdarstellung, sondern verwenden Sie unterstützend genormte **Farbskalenbücher**. Damit können Sie zumindest beurteilen, wie die von Ihnen liebevoll gewählte Farbe auf dem Papier wirkt. Sonst werden Sie im Druck Ihre rotgrünblauen Wunder erleben!

Farbskalenbücher sind verlässlicher als Tintenstrahldrucker

Elektronische Bildverarbeitung

Der Begriff „**Scanner**" war noch vor wenigen Jahren außerhalb von Fachkreisen völlig unbekannt. Heute findet man in jeder besser ausgestatteten Büroumgebung einen Scanner. Die Einsatzmöglichkeiten sind vielfältig, sie umfassen etwa die digitale Archivierung von Dokumenten, das Einlesen von vorhandenen Texten (OCR) oder die Digitalisierung von Fotos. Im Scanner bewegen sich Sensoren und Lichtquelle zeilenweise über das Bild hinweg und geben die einzelnen Farbwerte an lichtempfindliche CCD-Elemente (ladungsgekoppelte Halbleiterelemente) weiter. Die allerbesten **Flachbettscanner** erreichen nicht die Auflösung und den Dichteumfang von professionellen **Trommelscannern**. Die wahren Vorteile der Flachbettscanner liegen in ihrer Produktivität. Die Anschaffungskosten sind wesentlich geringer als die von Trommelscannern, und der **Workflow** ist der heutigen Computergeneration angepasst. Ein weiterer wesentlicher Vorteil des Flachbettscanners ist die Bearbeitungsmöglichkeit von Vorlagen verschiedener Dicke, da sie nicht auf eine Glaswalze aufgespannt, sondern einfach auf eine Glasplatte gelegt werden müssen. Damit können auch wertvolle Originalvorlagen digitalisiert werden. Der einfache Flachbettscanner, der häufig im Office-Bereich zu finden ist, ist für eine Bildbearbeitung im Farbbereich eventuell nicht ausreichend. Da hapert es an der **Farbtiefe**, das heißt, der Scanner kann nicht den gesamten Tonwertbereich eines Farbbildes in Pixel umrechnen – Sie erhalten ein Ergebnis, das etwas flau wirkt. (Für schwarzweiße Abbildungen genügt ein solcher Scanner durchaus.)

Flachbettscanner macht Farbbilder flau

Wenn Sie Texte verwenden möchten, die bereits in gedruckter oder getippter Form, aber leider auf keiner Datei vorliegen, dann müssen Sie den Text nicht nochmals abtippen, sondern Sie können ihn mit Hilfe des Scanners „einlesen". Der Fachausdruck heißt **OCR** (**Optical Character Recognition**; auf Deutsch: optische Zeichenerkennung). Voraussetzung dafür sind ein Scanner und die entsprechende OCR-Software (zum Beispiel Omnipage, Textbridge, Adobe Capture). Ein handelsübliches Office-Gerät, das es bereits um einhundert Euro zu kaufen gibt, reicht völlig. Dankenswerterweise werden die meisten Geräte in Kombination mit einer brauchbaren OCR-Software verkauft – achten Sie auf den Verpackungstext!

Text einlesen mit OCR-Software

Was früher der
Fotolithograf
gemacht hat,
wird heute
am Computer
erledigt

Seitdem die **Reproduktionsfotografie** ihren digitalen Paradigmenwechsel erfahren hat, werden Bildbearbeitungsprogramme auch im professionellen Bereich genützt. Als Quasi-Standard hat sich **Adobe Photoshop** etabliert. Photoshop verfügt, wie auch andere vergleichbare Programme (Corel Photo-Paint, PhotoFiltre, Irfanview), über eine Importfunktion für verschiedene Dateiformate und hat außerdem eine direkte Schnittstelle zum Scanner, um die Bilder bequem zu importieren. Hier ein Überblick über wichtige Arbeiten, die früher von Fotolithografen und heute auf dem Computer gemacht werden:

➤ **Retusche** von diversen Fehlern der Vorlage (zum Beispiel Brüche, Risse, Verschmutzungen);

➤ **Entfernung von störenden Elementen**, wie Strommasten im Landschaftsbild und umgekehrt: ein quadratisches Bild wird durch Hinzufügen von blauem Himmel hochformatig;

➤ **Behebung von Qualitätsmängeln** der Vorlage (zum Beispiel zu wenig Kontrast, blasse Farben, fehlende Tiefen- und Lichterzeichnung);

➤ **Freistellen** von einzelnen Bildpartien;

➤ **Zusammenkopieren** von Bildern und Texten;

➤ **Einziehen von Hintergründen** und Flächen aller Art.

Proof-Verfahren

Bevor das fertig layoutierte Printprodukt zum Drucker geht, muss ein **letzter Check** durchgeführt werden. Im Schwarzweiß-Bereich ist ein derartiges Korrekturverfahren mit relativ simplen Mitteln zu bewerkstelligen. Mit dem Layoutprogramm wird ein Laserdruck erstellt und dem Auftraggeber vorgelegt. Im Farbbereich gestaltet sich diese Aufgabe sehr viel schwieriger. Denn um eine realistische Wiedergabe der Farben zu erreichen (Farbverbindlichkeit), sollten alle Komponenten für den späteren Auflagendruck berücksichtigt werden: Druckmaschine, Auflagenpapier und Druckfarbe.

Andruck bei
Farbdrucken ist
aufwändig

Andruck: Auf einer – zumeist kleineren – Offsetmaschine werden unter ähnlichen Bedingungen (gleiche Farben, gleiches Papier) wie im späteren Fortdruck Probedrucke hergestellt. Das Ganze ist teuer und zeitaufwändig.

Herkömmlicher Analog-Proof: Nur mehr vereinzelt, wenn überhaupt, finden sich analoge Andruckersatzverfahren – Cromalin, Matchprint, Color Art.

Digital-Proof: Unter der Bezeichnung Digital-Proof finden sich verschiedene Drucksysteme für ein filmloses Proof-Verfahren. In den meisten Fällen sind sie nicht nur wohlfeiler, sondern auch wesentlich schneller anzufertigen.

Beinahe die Hälfte aller Digital-Proofs wird heute auf **Inkjet-Druckern** hergestellt. Diese Tintenstrahldrucker haben mit dem Gerät, das Sie vielleicht selbst besitzen, nicht nur den Namen, sondern auch die Technologie gemeinsam – prinzipiell! Die Qualitätsstandards der Profigeräte sind jedoch weitaus höher.

Farblaserdrucker arbeiten wie Fotokopierer mit einem elektrofotografischen Verfahren. Belichtete Stellen nehmen auf einer Fotoleiterplatte den feinpulvrigen Toner auf und übertragen ihn auf Papier. Abweichungen in der Farbwiedergabe erlauben es nur sehr bedingt, farbverbindliche Proofs zu erstellen. Deshalb werden

Farblaserdrucker vornehmlich für Layout-Proofs eingesetzt, um Schriftbild und Gestaltung zu überprüfen – für professionellen Farbproof kann man den Farblaserdrucker nicht brauchen.

Im **Thermosublimationsprinter** werden Folien verwendet, die mit Farbpigmenten beschichtet sind. Diese verdampfen durch Hitzeeinwirkung und dringen in das an der Folie vorbeigezogene Spezialpapier ein. Dabei wird jeder Farbpunkt einzeln vom Computer gesteuert, der somit genau bestimmt, mit welcher Farbe das Papier an welcher Stelle in welcher Intensität bedruckt wird.

Datenformate

Von den Druckereien gerne gesehen ist, wenn Sie Ihre Bilddatei im richtigen Format abspeichern, das heißt im **TIFF- oder EPS-Format**, da sie den gesamten Pixelbestand verlustfrei speichern. Abhängig von der Auflösung kommen bei einem postkartengroßen Farbbild gut und gerne acht bis zehn Megabyte zusammen.

JPEG wird dort verwendet, **um große Datenmengen zu reduzieren** (wie sie digitalisierte Fotos nun einmal bieten) – entweder wenn Datenträger eine begrenzte Kapazität haben (zum Beispiel in Digitalkameras) oder wenn große Datenmengen über Datenleitungen verschickt werden müssen. Letzteres hat dazu geführt, dass JPEG im Internet zum Bildmedium schlechthin geworden ist. In der Druckbranche werden Sie mit JPEG also in zweierlei Hinsicht konfrontiert sein:

> Beim Komprimieren von JPG entstehen Qualitätsverluste

➤ Wenn Sie **Bilder aus der eigenen Digitalkamera** für ein Druckwerk vorsehen, müssen Sie die Bilder mit einem Bildbearbeitungsprogramm in TIFF oder EPS konvertieren.

➤ Wenn Sie Ihre **Daten via Fernleitung übermitteln**, sollten Sie diese komprimieren. JPEG ist dafür eine geeignete Methode. Ihr Partner in der Druckvorbereitung übernimmt dann die Konvertierung von JPEG in TIFF/EPS – und verrechnet Ihnen für die anfallenden Computerstunden entsprechende Kosten.

Im Internet sind Qualitätsverluste mitunter verschmerzbar, nicht aber im Printbereich. Man sollte also vorsichtig in der Auswahl der **Kompressionsstufe** sein, wenn man Bilddaten – aus welchen Gründen auch immer – verkleinert übermitteln muss.

Layoutprogramme

In einem Layout- (früher: Desktop-Publishing-)Programm wird einem Text seine Form gegeben, und er wird mit Bildern und Grafiken kombiniert. Die Profis verwenden **Quark XPress oder Adobe Indesign**, die sowohl für den Mac als auch für den PC vorliegen. Geringere Verbreitung haben Adobe Framemaker, Corel Ventura oder Ragtime.

Bilder und Texte werden mittels Filter aus einem Bildbearbeitungsprogramm (etwa Adobe Photoshop) und einem Textverarbeitungsprogramm, wie etwa Microsoft Word importiert. Dann kann die eigentlich kreative Arbeit des Setzers beginnen: **das Layout**. Der Satzspiegel, Schriftarten, Schriftgrößen und sonstige Gestaltungselemente, aber auch die Positionierung und Größe der Grafiken sind zu

> Der Setzer gestaltet das Layout

definieren. Es ist günstig, diese Layouteinstellungen vorab festzulegen – und dabei zu bleiben. Dem importierten Text werden **verschiedene Stilformate** zugewiesen – die unterschiedlichen Textelemente, wie Haupttext (Fließtext, Standardtext), Überschriften, Bildunterschriften und andere, werden mit Formatierungsmerkmalen versehen und betitelt. Damit kann das Erscheinungsbild schnell und unkompliziert verändert werden. Wenn Sie etwa eine bestimmte Seitenanzahl erreichen wollen, können Sie in einem einzigen Vorgang die Schriftgröße oder -art dem gewünschten Umfang anpassen.

Es kann sinnvoll sein, im Text **Notizen an den Grafiker** anzubringen – etwa, wo eine Abbildung platziert werden soll oder wie groß Sie sich eine bestimmte Tabelle wünschen. Gestalten Sie diese Notizen so deutlich und abgehoben vom übrigen Text (größere, fette Schrift, irgendwelche auffälligen Symbole, Farbunterlegung), dass der Grafiker bei der Layout-Arbeit gleichsam darüber stolpern muss.

Wollen Sie den Text mit Abbildungen aller Art kombinieren, müssen Sie den notwendigen Platz dafür bereitstellen. Grafiken oder Bilder werden, wie die Texte, aus anderen Programmen importiert – auch dafür sind die nötigen Filter vorhanden. Es gibt ausgereifte Farbfunktionen, die eine Vierfarbseparation für den späteren Farbdruck ermöglichen.

Die Grafikmöglichkeiten von Layoutprogrammen beschränken sich auf das Erstellen von Linien, Kästchen und Kreisen und anderen geometrischen Formen. **Für komplexere Grafiken** muss man sich mit spezifischen Grafikprogrammen wie **Adobe Illustrator, Corel Draw oder Macromedia Freehand** behelfen.

PDF

Das **PDF (Portable Document Format)** verrichtet seine Dienste in der Druckvorstufe als Datenaustauschformat. Im Prinzip ist das PDF eine Postscript-Datei, die bereits von einem RIP interpretiert wurde und mit der höchst löblichen Funktion ausgestattet ist, den **Dateiinhalt am Bildschirm so darzustellen, wie er im Ausgabegerät erscheint**. Mit der Einschränkung, dass durch den verschiedenen Farbaufbau von Bildschirm und Druck keine Aussagen über die Farbwirkung getroffen werden können (siehe oben RGB versus CMYK). Der größte Vorteil von PDF ist, dass es portable, also austauschbar ist. Jeder, der sich von der Website der Firma Adobe (gratis!) den **Acrobat Reader** herunterlädt und auf seinem Computer installiert, hat die Möglichkeit, eine PDF-Datei so zu betrachten, wie sie vom Grafiker erstellt wurde. Das geht unabhängig davon, ob der Betrachter über die vom Grafiker verwendeten Programme verfügt oder nicht.

Acrobat-Distiller steuert Größe und Qualität der PDF-Datei

Der gängigste und sicherste Weg, ein PDF zu erzeugen, ist die Erstellung einer **Postscript-Datei** mittels Layoutprogramm, indem beim Druck ein postscriptfähiger Drucker angewählt wird. Die damit erstellte (sehr große) Datei wird mit dem Acrobat Distiller von Adobe in ein PDF konvertiert. Damit lassen sich Größe und Qualität der PDF-Datei optimal steuern.

Ein mögliches Procedere verläuft in mehreren Schritten. Zunächst erstellt der Grafiker ein Layout. Das fertige Layout konvertiert er mittels der Exportfunktion des Acrobat Distiller ins PDF-Format. Dabei werden alle Texte, die dazugehörigen

Schriften, Grafiken und Bilder in einer einzigen Datei gespeichert. Gibt der Grafiker auch noch eine niedrigere Bildauflösung von 72 dpi an, reduziert sich die Datenmenge bis auf ein Zehntel des Originaldokuments.

Diese komprimierte PDF-Datei schickt er als Attachment über E-Mail zum Kunden, der mit Acrobat Reader das Dokument auf seinem Computer betrachten kann. Ist der Kunde damit zufrieden, bereitet der Grafiker das Dokument für die Druckerei vor. Er exportiert das Originaldokument ein weiteres Mal in ein PDF-Format, stellt jetzt aber die Bildauflösung für Farb- und Schwarzweißbilder auf 300 dpi und die der Strichaufnahmen auf 600 dpi, bettet alle verwendeten Schriftfonts ins Dokument ein, speichert die Datei und übermittelt sie nach einer letzten Überprüfung der Druckerei.

Druckvorlagen selbst erstellen

Sie übergeben die Bild- und Textunterlagen an einen **Grafiker**, der die Gestaltung übernimmt und die Weiterverarbeitung in der Druckvorstufe selbst durchführt beziehungsweise zumindest steuert. Ein vernünftiger Weg.

Sie gestalten und layouten selbst am PC und überlassen die professionelle Nachbearbeitung, das Einbauen von Bildern in professioneller Qualität den Fachleuten. Sie haben, weil Sie über die nötige Hard- und Software verfügen, **selbst die Bilder eingescannt und eine PDF erzeugt**. Mit einem Wort: Sie kennen sich aus!

Also, wiesc eigentlich nicht? So haben Sie alles in einer Hand, bewahren leichter den Überblick und verhindern Reibungsverluste. Am Anfang werden Sie allerdings Ihre blauen Wunder erleben! Probleme werden auftauchen, die Sie niemals für möglich gehalten hätten. Die nötigen Programme sollten Sie tatsächlich aus dem Effeff beherrschen. Rezepte gibt es keine. Zwei Grundregeln aber sollten Sie beachten:

Sprechen Sie, bevor Sie mit der Arbeit beginnen, mit den **Printexperten** – das ist immerhin ein guter Anfang. Versuchen Sie, **nicht zu kompliziert** zu arbeiten; bleiben Sie bei den Programmen, die Sie wirklich beherrschen. Sollten Sie exotische Software benutzen – die nicht schlechter sein muss als die geläufigen Programme –, nehmen Sie Kontakt mit denen auf, die damit weiterarbeiten müssen.

Was Sie auf gar keinen Fall machen dürfen: Sie schreiben ein Buch (das dürfen Sie selbstverständlich). Passend zum Buch möchten Sie wunderschöne Aufnahmen abbilden, die Sie mit Ihrer Digitalkamera gemacht haben. Sie dürfen nicht, auch wenn es scheinbar gut funktioniert, ein gesamtes Layout in Microsoft Word (oder einem anderen Textverarbeitungsprogramm) machen, Das heißt den Text mit den Bildern kombinieren, das Ganze abspeichern und dem Grafiker oder der Druckerei schicken. Warum nicht, wenn's doch so einfach geht? Das Problem ist, dass **Microsoft Word kein Layoutprogramm** ist, auch wenn es so scheint. Kein Grafiker arbeitet damit. Word wird im professionellen Umfeld rein für die Texterstellung verwendet. Der Einbau von Bildern oder komplexeren Textgebilden macht die Word-Datei sehr unsicher, und es kommt beim Importieren in ein Layoutprogramm zu gröbsten Schwierigkeiten. Darüber hinaus verwendet Word

Word ist kein Layoutprogramm

die Bilddaten rein für die Bildschirm-Darstellung – für den professionellen Druck reicht die Qualität nicht aus.

Was tun? Schreiben Sie Ihren Text in Word, und **speichern Sie die Bilder extra auf einen Datenträger**, nachdem Sie genau markiert haben, wo die Bilder einzubauen sind. Tippen Sie etwa mit roter Farbe mitten in den Wordtext: Hier kommt das Bild landschaft1234567.jpg.

Die folgende Checkliste auf der nächsten Seite sollten Sie beachten, bevor Sie die Daten losschicken. Sie wird Ihnen helfen, Rückfragen und Ärger zu vermeiden.

Irgendwann reicht das eigene Können am Computer nicht mehr aus, oder Sie sind grundsätzlich nicht der Heimwerkertyp, dann brauchen Sie Profis. Sie sollten sich dennoch die Zeit nehmen, genau zu erklären, was Sie überhaupt wollen.

Machen Sie eine **Kurzbeschreibung** des Auftrages: Anzahl der Seiten, Seitengröße, wie viele Farben und welche. Klären Sie mit dem Layouter ab, wie (in welchem **Format**) die von Ihnen erfassten Daten auf Diskette gespeichert werden sollen. Übergeben Sie ein **Scribble**, eine **Skizze** oder ein PC-Layout, das Ihre allgemeinen und speziellen Gestaltungswünsche beinhaltet – so Sie solche haben. Sie können natürlich auch den Grafiker mit der Konzeption beauftragen und sich den Entwurf vorlegen lassen.

Etwaige **Spezialwünsche**, die die Bildvorlagen betreffen (zum Beispiel „Bild kontrastreicher" oder auch „Himmel in der Farbe kräftiger") sind möglichst schon vorher mitzuteilen und nicht erst in der Farbkorrektur.

Die Vorlagen müssen, wenn sie Fehler oder sonstige Inhalte aufweisen, die sie weghaben wollen, etwa das feuerrote Auto vor der mittelalterlichen Kirche, **retuschiert** werden. Wenn Ihre digitalen Fotos nicht genau dem entsprechen, was Sie später im Druck erwarten, sprechen Sie mit dem Druckpartner, manchmal haben die noch irgendeinen Trick drauf.

Ihr Druckvorstufen-Profi benötigt auf alle Fälle:

Den Text (hoffentlich schon korrekturgelesen und „abgesegnet"), muss nicht unbedingt ein Ausdruck sein, selbstverständlich können Sie den Text als Datei weitersenden;

Termine, wann er was bekommt und wann er was liefern soll. Möglicherweise wird er Ihnen zu verstehen geben, dass Ihre Wünsche unrealistisch sind und Angaben über die Zahl der benötigten **Korrekturabzüge.**

Unkoordinierte Vorgehensweise führt zu vielen teuren Korrektur-durchgängen

Das größte Problem ist nach aller Erfahrung, dass **Unterlagen meist nur unvollständig** oder gar nicht bearbeitet in Produktion gegeben werden und von Seiten des Auftraggebers insgesamt nur sehr vage Vorstellungen davon vorliegen, wie das Endprodukt aussehen soll. Aktivitäten in diese Richtung beginnen nicht selten erst dann, wenn ein erstes, mühsam erzieltes Ergebnis (sprich ein Korrekturabzug) des Grafikers vorliegt. Diese unkoordinierte Vorgangsweise führt zwangsläufig zu zahlreichen **kostspieligen Korrekturdurchgängen** und Terminverzögerungen. Diese werden dann auf die nachfolgenden Einheiten Druck, Endfertigung und Distribution abgewälzt, was dort wiederum unweigerlich zu Fehlern führt.

Checkliste Datenübertragung

❑ Angabe der verwendeten **Programme** und **Datenformate**.

❑ Layout: Quark XPress, Adobe Indesign.

❑ Bildbearbeitung: Adobe Illustrator, Macromedia Freehand,
Adobe Photoshop, Corel Draw.

❑ **Bilddaten**: TIFF, EPS, JPEG.

❑ **PDF**

❑ Farbmodi der Grafik- und Bilddateien (**RGB oder CMYK**).
Sind die Farbbilder im Vierfarbmodus (CMYK) abgespeichert?

❑ Sind Grafiken mit **Schmuckfarben** (zum Beispiel ein Logo im Corporate
Design) vorgesehen? Dann müssen Sie die entsprechenden Pantone- oder
HKS-Werte angeben.

❑ Gewünschte **Datenfernübertragung** (E-Mail, FTP-Server); gibt es
die Möglichkeit, die Daten über eine Datenleitung zu versenden?
Bei der Versendung per E-Mail wenden Sie sich an Ihren Druckpartner,
über welche Datenkapazitäten er verfügt.

❑ Kann Ihr Partner in der Druckerei Ihre festen **Datenträger** (CD, DVD,
USB-Stick) verwenden – normalerweise kann er das, Druckereien
sind Computeranwender der ersten Stunde.

❑ Die verwendeten **Schriftfonts** (Achtung Rechte: Schriftfonts
sind geschütztes Eigentum.)

❑ Ausdruck auf Papier zur Kontrolle, oder eine PDF-Datei in geringer
Auflösung zur Kontrolle, oder sogar eine PDF-Datei mit den
Einstellungen, die Ihr Druckpartner benötigt – oder die Sie von ihm
in Form von PDF-Joboptions erhalten haben. Vergessen Sie dabei
nicht die Schriften ins Dokument einzubetten.

❑ Welche **Rasterart** (konventioneller Raster, Effektraster,
frequenzmodulierter Raster) beziehungsweise Rasterweite/-größe
(Linien pro Zentimeter) wünschen Sie?

Alle von Ihnen gelieferten **Originalvorlagen bleiben natürlich Ihr Eigentum**
und sind nach Verarbeitung ohne Aufforderung an Sie zurückzugeben. Für
Beschädigungen ist der Auftragnehmer haftbar; ebenso dürfen ohne Einwilligung
des Auftraggebers keine Änderungen und Retuschen auf den Originalvorlagen
durchgeführt werden.

Qualitätskontrolle und Farbkorrektur

Wenn Sie überhaupt noch einen Andruck oder Proof von der Druckerei oder dem
Grafiker, der Ihre Daten weiterverarbeitet, erhalten, dann **kontrollieren Sie alles** so
genau wie möglich. Es dürfte das letzte Mal sein, dass Sie eingreifen können, bevor

die Daten vervielfältigt werden. Dabei ist vor allem die Korrektur der Tonwerte eine haarige Angelegenheit. Es ist, zumal für Laien, nicht immer ganz leicht, exakt zu definieren, in welche Richtung eine gewünschte Änderung gehen soll. Daher ist es ratsam, die Farbkorrektur gemeinsam mit dem **Reproprofi** vorzunehmen. Der kann Ihnen sagen, was reprotechnisch möglich ist und was eine bestimmte Korrektur in einem Bereich unter Umständen in einem anderen Bereich bewirken kann.

Lassen Sie aber auch den **Gesamteindruck** des reproduzierten Bildes auf sich wirken, ohne allzu sehr nach dem Original zu schielen. Vielleicht kann er trotz kleinerer Abweichungen durchaus ansprechend und in Ordnung sein. Bei sehr starken Mängeln ist ein weiterer Andruck beziehungsweise ein neuerliches Proof empfehlenswert.

Druck

Offsetdruck (Flachdruck)

Der Offsetdruck ist, wenngleich er in letzter Zeit leicht Marktanteile an den Digitaldruck verliert, nach wie vor **das dominierende Druckverfahren**. Im Offsetdruck kann man so ziemlich alle Drucksorten herstellen: Visitenkarten, Plakate, Prospekte, Bücher und Broschüren, aber auch Zeitungen und Zeitschriften in hohen Auflagen. Der Druckvorgang wird durch das physikalisch-chemische Verhalten von Wasser und Fett ermöglicht. Die beiden Substanzen sind nicht vermischbar und stoßen sich gegenseitig ab. Die druckenden Stellen auf der Druckform sind fetthaltig. Bei der Befeuchtung weisen diese Stellen das Wasser ab und nehmen im darauf folgenden Vorgang die Farbe auf. Diese wird zunächst auf ein weiches Gummituch und von dort auf das Papier übertragen (= indirektes

Offset ist das meistgenutzte Druckverfahren

Checkliste Bildkontrolle

❑ Passt die **Stellung** der Bilder?

❑ Passen **Bildausschnitt** und **Bildgröße**?

❑ Stimmen die **Farbe** der Schrift, des Hintergrundes und anderer Rasterflächen?

❑ Wie ist es um die **Passergenauigkeit** (Verschiebungen der einzelnen Farben untereinander) bestellt?

❑ Gibt es etwaige **Moirébildungen** (Störmuster)?

❑ Vergleichen Sie die **Farbtonwerte** von Andruck oder Proof genau mit denen des Originals.

❑ Vergleichen Sie **Kontraste** und **Detailschärfe**.

❑ Prüfen Sie, ob etwaige, bereits bei Vorlagenübergabe bekannt gegebene **Änderungswünsche** berücksichtigt wurden.

Druckverfahren). Dieses Gummituch ist notwendig, weil die harte Druckform auf die die zeichnenden Elemente kopiert wurden, sich nicht gleichflächig auf das Papier legen würde.

Es gibt **Bogenoffsetmaschinen,** wo Papier in Bogenform Stück für Stück durch die Druckmaschine transportiert und bedruckt wird, und **Rollenoffsetmaschinen**, das Papier durchläuft von einer Rolle in „endloser" Bahn die Maschine und wird bedruckt. Letzteres Verfahren eignet sich besonders für hohe Auflagen; deshalb stellt man damit Tageszeitungen, Zeitschriften, Magazine und Kataloge her, wobei in einem Durchlauf mehrere Farben gleichzeitig auf beide Seiten gedruckt werden. Die Leistung ist beträchtlich höher als beim Bogenoffsetdruck.

Digitaldruck

Im Prinzip arbeiten diese Digitaldruckgeräte wie Laserdrucker oder sonstige aus dem PC-Bereich bekannte Ausgabeeinheiten. Die Information wird auf einem Zwischenträger als latentes Ladungsbild gespeichert und dann mit Toner auf den Bedruckstoff übertragen.

Kann man den eigenen **Farbkopierer** als „Druckmaschine" verwenden? Wenn der Kopierer zusätzlich über die Möglichkeit zum Duplexdruck (Vorder- und Rückseite) verfügt und mit den entsprechenden Sortier- und Heftfunktionen versehen ist, sind auf diese Weise Kleinauflagen in durchaus akzeptabler Qualität zu produzieren. High-End-Geräte mit einer Druckleistung von dreißig bis vierzig-farbigen A4- oder zwanzig-farbigen A3-Seiten pro Minute haben aber ihren Preis, der erst einmal amortisiert werden muss. Die Kosten für Farbtoner, Bedruckmaterial und der Aufwand für die Wartung sind ebenfalls nicht zu unterschätzen.

Faustregel: Bei kleineren Auflagen mit nicht allzu hohen Qualitätsansprüchen: Digitaldruck, sonst Offsetdruck. Aber auch der Digitaldruck hat Vorteile:

Personalisierter/variabler Druck: Um potentielle Kunden möglichst effektiv anzusprechen und Streuverluste zu verringern, ist eine weitgehende persönliche Ansprache notwendig (One-to-One-Marketing). Der Digitaldruck in Kombination mit der entsprechenden speziellen Personalisierungs-Software erlaubt es, Mailings, Kataloge, Flyers, Prospekte oder Flugblätter nicht nur von der Anrede und vom Text, sondern auch vom Layout her auf den jeweiligen Empfänger maßzuschneidern.

Printing-on-Demand (PoD): Druck auf Abruf/Nachfrage ist eine weitere gepriesene Funktion, die durch den Digitaldruck möglich ist. Um nicht von hohen Produktions- und Lagerkosten aufgefressen zu werden, wäre es gut, von einem bestimmten Printprodukt nur die jeweils aktuell benötigte Menge zu erzeugen. Bisher war das aus Kostengründen nicht sinnvoll, denn konventioneller Druck rechnet sich erst ab einer Auflagenhöhe im Bereich von mehreren tausend Exemplaren. Angenommen, Sie haben einen schön gestalteten, farbigen, 160 Seiten starken Katalog Ihrer Produkte, von dem Sie jeden Monat rund zweihundert Stück an Neukunden und Interessenten verschicken, übers Jahr also immerhin fast zweieinhalbtausend Exemplare. Natürlich kommt es laufend zu Änderungen bei den Preisen und in der Produktpalette. Jetzt können Sie – wenn Sie den passenden

Auch Digitaldruck hat Vorteile

235

Digitaldruck-Dienstleister gefunden haben – monatlich nachdrucken und laufend Aktualisierungen vornehmen.

Large Format Printing

Sie benötigen für eine Messe einen **Riesenposter** als Eyecatcher? Eine Schautafel, die Sie vor einem Geschäft platzieren wollen? Große, farblich wirksame Fotoabzüge für eine Kunstausstellung? – Solche und ähnliche überformatige Drucke in kleinen Auflagen (häufig als Unikate) werden von **Inkjet-Druckern** (auch Plotter Großformatplotter/-drucker oder Large Format Printer genannt) realisiert.

Bereits vor der Produktion müssen Sie wissen, ob Sie den Large Format Print **innen oder außen** einsetzen wollen – je nach Einsatzort sind unterschiedliche Farben und Bedruckmaterialien zu verwenden. Ein Qualitätskriterium, auf das Sie unbedingt achten sollten, ist die so genannte **Licht- oder Farbechtheit**. Es ist nämlich mehr als ärgerlich, wenn eine teuer hergestellte Farbtafel in kürzester Zeit immer blass und blässer wird.

Weitere Druckverfahren

Es gibt noch weitere Druckverfahren, die für spezielle Drucksachen angewendet werden, manche davon haben nur noch historische Bedeutung:

Hochdruck: Als gewerbliches Druckverfahren liegt der einst dominierende Hochdruck (Buchdruck) in den letzten Zügen. Dass in den meisten Druckereien noch der eine oder andere Tiegel oder Zylinder selbstbewusst seinen Platz einnimmt, hängt damit zusammen, dass Papier bisweilen gestanzt, gerillt oder auch geprägt wird. Für derartige Sonderarbeiten lassen sich die alten Hochdruckmaschinen gut und zweckmäßig einsetzen. Das Prinzip des Hochdrucks kennt man aus dem Kindergarten, dort ist es unter dem Terminus technicus „Kartoffeldruck" geläufig.

Flexodruck: ebenfalls ein Hochdruckverfahren. Die Druckform (auch Klischee genannt) besteht aus flexiblem Material (Gummi oder Fotopolymere), das auf einem zylindrischen Träger aufgeklebt wird. Es können sehr hohe Geschwindigkeiten erreicht und Massenauflagen kostengünstig hergestellt werden. Haupteinsatzgebiet ist das Bedrucken von Verpackungsmaterialien, Tapeten, Tragetaschen und Ähnlichem.

Siebdruck: Zur Erzielung satter, kräftiger, deckender Farbflächen und zum Bedrucken unebener Gegenstände und spezieller Materialien (wie etwa Metall, Kunststoff, Textilien) ist der Siebdruck unschlagbar.

Tiefdruck: Ein sehr altes Druckverfahren (Kupferstich), das heute einen Marktanteil von rund zehn bis fünfzehn Prozent hat. Das Druckprinzip ist im Vergleich zum Offsetdruck bestechend einfach, die Herstellung der Druckformen umso aufwändiger. Deshalb ist der Tiefdruck sinnvoll und kostengünstig nur für hohe Auflagen und Massendrucksachen einsetzbar.

Tiefdruck kann für Massen-drucksachen interessant sein

Der Druckvorgang

Die Daten, die aus der Druckvorstufe kommen, müssen in der Druckerei noch in einer Reihe von Schritten verarbeitet und aufbereitet werden, bis der Auflagendruck starten kann. Wir vollziehen hier den typischen Ablauf in einer Druckerei nach, die mit Bogenoffsetmaschinen arbeitet.

Für gewöhnlich druckt man nicht bloß Einzelseiten, sondern es werden **mehrere Seiten auf dem Druckbogen** nach einem bestimmten Schema so verteilt, dass sie nach dem Bedrucken und Falzen des Bogens in der richtigen Reihenfolge stehen. Weiter legt man fest, ob und zu wie viel Nutzen gedruckt werden soll. In der Etikettenproduktion beispielsweise werden mehrere Duplikate desselben Films nebeneinander auf eine Form montiert, sodass mit dem Druck eines Bogens bereits eine größere Anzahl vorliegt. Der **Nutzendruck** ist sinnvoll, wenn kleinformatige Druckwerke in hoher Auflage herzustellen sind; auf diese Art kann man die Fortdruckkosten senken.

Der aus der Druckvorstufe kommende Daten-File wird am Computer mit Hilfe einer speziellen Software zunächst stellungsrichtig ausgeschossen. Dann wird direkt auf eine **Druckplatte** (Computer-to-Plate) oder direkt auf eine **Druckform** in der Maschine (Computer-to-Press) belichtet. Auf der Druckplatte (eine mit lichtempfindlichem Material beschichtete Kunststoffplatte oder Aluminiumplatte) bleiben die Stellen, die nicht belichtet werden, wasserabweisend, was für den Wasser-Farbe-Vorgang im Offsetdruck notwendig ist. Die neueste Druckplattengeneration braucht keine Entwicklungsmaschinen mehr. Die belichtete Schicht wird direkt beim Belichten abgesaugt, der minimale restliche Feinstaub wird in der Druckmaschine über das Feuchtwerk von der Druckplatte entfernt.

Nachdem die Druckplatte in der Maschine fixiert ist, wird die Papieran- und -auslage eingerichtet. In ersten Probeläufen ohne Druck kontrolliert der Drucker den einwandfreien Bogentransport. Die **Druckfarben** werden in die Farbkästen der einzelnen Farbwerke eingefüllt, und das Zusammenspiel der Farben muss genau abgestimmt werden. Eine Hilfe für den Drucker sind die **Skalenandrucke** mit den Farbprüfstreifen, die aus der Druckvorstufe geliefert worden sind. Bei modernen Offsetmaschinen wird die Farbgebung bereits durch einen Rechner gesteuert, ebenso die Registerhaltigkeit und Passergenauigkeit und die Farbabstimmung.

Nach dem Imprimatur der **Probedrucke** startet der Druck der gesamten Auflage. Ständige Kontrollen der ausgelegten Druckbogen dienen zur sofortigen Korrektur bei **Farbschwankungen und Passerschwierigkeiten**. Die bei der Montage angebrachten Teststreifen und Passerzeichen ermöglichen dem Drucker die Durchführung von **objektiven Messungen**. Ein Problem aller Druckverfahren, nicht nur des Bogenoffsetdrucks, ist das möglichst rasche und vollständige Eindringen der Druckfarbe in den Bedruckstoff (Wegschlagen). Eine Reihe von Qualitätsmängeln beim fertigen Druckprodukt lassen sich auf ungenügendes **Trocknen** der Farbe zurückführen.

Farbdruck und Druckfarbe

Im Prinzip passiert beim Mehrfarbendruck nichts anderes als beim Druck von nur einer Farbe. Die einzelnen Farbauszüge, die durch **Farbseparation** in der Druckvorstufe entstanden sind, werden übereinander auf das Papier gedruckt.

Vier-, Fünf- und Achtfarbenmaschine

Bei einer **Vierfarbenmaschine** befindet sich in den vier Farbwerken jeweils eine der vier Skalenfarben (CMYK). Die Druckbogen werden in einem Arbeitsgang durch die Maschine befördert und in jedem Farbwerk mit der entsprechenden Farbe bedruckt (Nass-in-Nass-Druck). Anschließend werden die vier Platten gewechselt, der Bogenstapel umgedreht, und die Rückseite (Widerseite) kommt an die Reihe. Eine **Fünffarbenmaschine** könnte die vierfarbig bedruckte Seite noch zusätzlich mit Drucklack versehen. Auf einer **Achtfarbenmaschine** lässt sich die Vorder- und Rückseite eines Bogens in einem Druckdurchgang jeweils vierfarbig bedrucken.

Angenommen, Sie haben einen Farbton zu bestimmen, der im Zweifarbendruck als Schmuckfarbe zu Schwarz eingesetzt werden soll – etwa ein freundliches Hellgrün, mit dem Sie bestimmte Textstellen unterlegen wollen. Im CMYK-Druck würden Sie diesen Ton einfach mittels Skala bestimmen: 40 C + 70 Y. Da Sie nur zweifarbig drucken, müssen Sie den Farbfächer zurate ziehen, der Ihnen die ganze verfügbare Farbpalette zeigt, eine Unmenge an Nuancen. Pantone ist dabei ein internationaler Farbenstandard von bereits gemischten Körperfarben, die der Drucker vom Farblieferanten fix und fertig beziehen kann. Farbfächer erhalten Sie von Druckereien, Druckfarbenherstellern oder im Fachhandel.

Sonderarbeiten

Stauchen und Rillen: Stärkere Papiere oder Kartons lassen sich zumeist nur schwer geradlinig falzen. Deshalb wird im Hochdruckverfahren (ohne Farbe) mit einer Messinglinie eine Rille in den Bedruckstoff gepresst, sodass ein späteres Falzen oder Brechen ohne Probleme zu bewerkstelligen ist.

Perforieren: Perforiert wird in der Hochdruckmaschine, indem man mit einer scharfen Stahllinie in bestimmten Abständen eine Trennstelle einstanzt. Dadurch wird das spätere Herausreißen zum Beispiel eines Blattes, einer Karte oder eines Kupons erleichtert.

Nummerieren: Gutscheine, Eintrittskarten, Lieferscheine oder Rechnungen benötigen manchmal fortlaufende Nummern. Diese können mittels eines Nummerierwerks – auf speziellen kleineren Offsetmaschinen gemeinsam mit dem Fortdruck, auf Tiegel oder Zylinder in einem separaten Durchgang – aufgedruckt werden.

Durch Lackieren erscheinen Farben strahlender

Lackieren: Um die Farben strahlender und tiefer erscheinen zu lassen, gibt es die Möglichkeit, entweder Teile oder die ganze Fläche hochwertiger Druckprodukte mit einer Lackschicht zu überziehen. Gleichzeitig wird das Produkt damit vor mechanischen Einflüssen (Abrieb) und vor Feuchtigkeit und Nässe geschützt sowie die Weiterverarbeitung begünstigt.

Cellophanieren: (Folienkaschieren, Laminieren) Eine weitere Steigerung der Farbwirkung und Widerstandsfähigkeit lässt sich durch das Aufbringen einer transparenten, hochglänzenden oder matten, glatten oder strukturierten Kunststofffolie erzielen. Buchumschläge, Werbetafeln, Aufsteller, Preislisten oder Postkarten werden auf diese Art gegen Beschädigung, Abnützung und Feuchtigkeit geschützt.

Prägen: Prägen bedeutet, auf dem Bedruckstoff, der mittels einer Patrize gegen eine Matrize gepresst wird, ein Relief zu erzeugen.

Stanzen: Aus Papier herausgestanzt werden alle denkbaren geradlinigen, runden und unregelmäßigen Konturen. Die dazu notwendigen Stanzformen sind meist so spezifisch, dass sie jeweils extra hergestellt werden müssen, was je nach Schwierigkeitsgrad einiges kostet.

Papier

Papier ist der Bedruckstoff. Zwar werden auch andere Materialien bedruckt (zum Beispiel Kunststoff, Textilien, Blech, Glas, Porzellan), aber zum überwiegenden Teil läuft doch Papier, Karton, Pappe als Bogen oder von der Rolle durch die Druckmaschinen. Papier muss sorgfältig ausgewählt und in das gestalterische Gesamtkonzept von Anfang an integriert werden.

Papierqualitäten

Holzhaltiges Papier ist verhältnismäßig preisgünstig und wird überwiegend aus Holzschliff hergestellt. Derartiges Papier vergilbt relativ rasch, wird spröde und zerfällt. Legen Sie doch Ihre Tageszeitung einige Tage aufs Fensterbrett! Für Drucksorten, die etwas hermachen und längere Zeit halten sollen, ist holzhaltiges Papier nicht zu empfehlen.

Holzfreies Papier besteht aus Zellstoff (oder aus textilen Rohstoffen), vergilbt nicht, ist wesentlich hochwertiger, haltbarer und naturgemäß auch teurer als holzhaltiges Papier. Für Drucksorten, die nicht nur unmittelbar für den Tag gemacht sind – also etwa Bücher, Magazine, Broschüren, Berichte, Urkunden.

Naturpapier: Nicht gestrichene Sorten führen den schönen Namen Naturpapier. Maschinenglattes Papier hat eine leicht raue Oberfläche; satiniertes Papier hingegen ist etwas glatter, es wurde gleichsam gebügelt.

Gestrichenes Papier: Sollen die Rasterabbildungen aber wirkliche Brillanz und satte Tiefen haben, ist der Einsatz von gestrichenen Papieren (Kunstdruckpapieren) nach wie vor unumgänglich.

Recyclingpapier: Reines Recyclingpapier ist relativ selten; in zunehmendem Ausmaß werden aufbereitete Altstoffe aber zur Beimengung verwendet. Ein weiteres wichtiges Qualitätskriterium für umweltfreundliches Papier ist die chlorfreie Bleiche des Zellstoffs.

Umweltpapier ist chlorfrei gebleicht

Gewichte und Formate

Das **Papiergewicht** wird auf ein Quadratmeter bezogen („flächenbezogene Masse") und in **Gramm pro Quadratmeter** (g/m^2) ausgedrückt. Grundsätzlich können

---

Checkliste Druck – Preisanfrage und Auftragserteilung

❑ Beschnittenes geschlossenes **Endformat**: Üblicherweise gibt man zuerst die Breite, dann die Höhe an. Um jeden Irrtum auszuschließen, ist eine exakte Bezeichnung (zum Beispiel „14,5 cm breit, 21 cm hoch") ratsam.

❑ **Auflagenhöhe.**

❑ Etwaige **Mutationen** sind anzuführen.

❑ **Umfang in Seiten**: Innenteil, Umschlag.

❑ **Anzahl der Farben**: 1-C = einfarbig; 2-C = zweifarbig; 4-C = vierfarbig.

❑ **Einseitig/beidseitig** bedruckt.

❑ **Abfallend/nicht abfallend** bedruckt.

❑ **Skalenfarben/Sonderfarben.**

❑ Eventuell Angaben, wie viele Seiten Text, wie viele Bilder und Volltonflächen enthalten.

Einige Beispiele für die Beschreibung der Druckausführung:

❑ 1/1-fbg. schwarz abfallend = beidseitig einfarbig schwarz abfallend bedruckt.

❑ 4/1-fbg. (Skala), nicht abfallend = eine Seite vierfarbig, die andere Seite einfarbig mit Skalenfarben nicht abfallend bedruckt.

❑ 2/0-fbg. (Sonderfarben) abfallend = eine Seite zweifarbig abfallend mit Sonderfarben, die andere Seite unbedruckt.

❑ **Veredelung** und **Sonderarbeiten** Innenteil

❑ Lackieren, Stanzen, Prägen, Nummerieren.

❑ Möglichst detaillierte Ausführungen über die Art und den Umfang (vollflächig, partiell) der Lackierung, den gewünschten Lack; die Größe der Stanzung/Prägung sind notwendig.

Sie davon ausgehen, dass der Preis mit zunehmender Grammatur steigt. Wenn Sie Prospekte, Flugblätter, Flyer, Folder oder andere Drucksorten mit der Post verschicken wollen, müssen Sie um jedes Gramm kämpfen, um in eine günstigere Tarifklasse zu kommen. Beachten Sie:

➤ Je nach **Farbdeckung** des Druckes kann sich das Gewicht erhöhen;
➤ durch hohe **Luftfeuchtigkeit** kann Papier ebenfalls schwerer werden;
➤ zu **dünnes Papier** kann Mängel im Druck (Farbdurchschlag) bewirken.

Grammatur

bis etwa 50 g/m^2	Dünndruckpapiere
etwa 60 bis etwa 90 g/m^2	leichte und normale (mittlere) Papiere
etwa 100 bis etwa 140 g/m^2	schwere Papiere
ab etwa 150 g/m^2	Karton
ab etwa 500 bis 600 g/m^2	Pappe

Leichte und normale Papiere wiegen 60-90 Gramm pro Quadratmeter

Formate

Lobenswerterweise sind Papierformate genormt. Am gebräuchlichsten ist die **A-Reihe**, die für Drucksachen, für den Bürobedarf und Schreibpapiere entwickelt wurde. Das Format A0 (841 × 1189 mm) hat die Fläche eines Quadratmeters zur Basis. A1 ist die Hälfte von A0, A2 die Hälfte von A1 und so weiter. DIN-A4 (210 × 297 mm) bedeutet, dass der Ausgangsbogen A0 viermal in der Mitte gefaltet wurde. Dieses Format wird bekanntlich hauptsächlich für Briefe und Schreibblöcke verwendet. Das Format A6 (105 × 148 mm) bezeichnet man auch als „Postkartenformat". Aus der **DIN-Formatreihe C** ergeben sich die Formate für Kuverts, Taschen und Hüllen; sie ist auf die A-Reihe abgestimmt. Postkarten oder zweimal im Kreuzbruch gefalzte A4-Briefe passen bequem in C6-Kuverts, dem Standardformat für Briefhüllen; zweimal parallelgefalzte A4-Bogen finden in C5/6-Kuverts Platz (auch DIN-lang genannt); einmal kreuzbruchgefalzte A4-Blätter in C5-Kuverts und ungefalzte Blätter in C4-Kuverts (auch Taschen genannt).

Wichtige Grundbegriffe

Laufrichtung: Die Laufrichtung, die durch die Ausrichtung der Fasern nach der Längsrichtung des Siebes in der Papiermaschine entsteht, ist für den Druck und die buchbinderische Weiterverarbeitung von entscheidender Bedeutung; daher will sie mit Bedacht – und in Absprache mit Drucker und Buchbinder – gewählt sein.

➤ **Schmalbahn** (SB) bedeutet Laufrichtung parallel
zur längeren Seite des Bogens;
➤ **Breitbahn** (BB) bedeutet Laufrichtung parallel zur kürzeren Seite des Bogens.

Volumen: Mit Volumen wird das Verhältnis von Papierdicke zu Papiergewicht bezeichnet. Wenn etwas dünn geratene Werke (vor allem Bücher und Broschüren) optisch mehr sein sollen, als sie sind, ist die Verwendung von voluminösem oder auftragendem Papier anzuraten. Werkdruckpapier, das bevorzugt in der Bücherproduktion Verwendung findet, wird gerne auf diese Art aufgeblasen.

Werkdruckpapier erscheint besonders dick, ohne mehr zu wiegen

Opazität: Nicht durchscheinendes Papier (das heißt, Schrift und Bilder schlagen nicht auf die Rückseite durch) wird als opak bezeichnet; es ist von guter Opazität.

Leimung: Leimstoffe werden dem Faserbrei zugegeben, um eine höhere Festigkeit des Fasergeflechts und der Füllstoffe zu erreichen; Papier mit einem hohen Leimgrad ist zäh und hart, die Farbe bleibt an der Oberfläche und dringt kaum ein.

Haltbarkeit: (Alterungsbeständigkeit) Ein saurer pH-Wert der bei der Papierleimung zugesetzten Stoffe wirkt sich ungünstig auf die Haltbarkeit aus – die Säuren zerstören nämlich im Laufe der Zeit die Fasern.

Farbe beziehungsweise **Weißgrad**: Leider gibt es nach wie vor Verlagsmanager, die es beim Papier mit dem „Weißen Riesen" halten. Papier hat für sie so weiß zu sein, dass es weißer nicht mehr geht! Aber gerade bei Drucksorten, in denen der Text dominiert, ist die Verwendung von bläulich-weißen, mit optischen Aufhellern versehenen Papieren keineswegs ratsam: Der **Schwarz-Weiß-Kontrast ist zu groß**, unser **Auge ermüdet rascher**, als wenn die Schrift auf leicht getöntes, gelblich-weißes Papier gedruckt ist. Die ganz feinen Verlage, die die ganz feinen Bücher machen, würden niemals plebejisch-hochweißes Papier verwenden.

> Bei allzu strahlend-weißem Papier ermüden die Augen schneller

Was ist beim Papier besonders zu beachten?

Preis: Die Herstellung von Drucksorten ist nach wie vor ein teurer Spaß, und der Preis des Bedruckstoffs ist nicht die einzige, aber eine wesentliche Größe. Denken Sie in der Konzeptionsphase bei der Wahl des Endformats auch daran, ob es sich sinnvoll (ohne großen Abfall) aus einem Normrohbogen herausschneiden lässt.

Gegenstand und Zweck: Für Printprodukte muss man je nach Zweck und Gebrauch die unterschiedlichsten Papiersorten verwenden. Soll nur Text oder sollen Bilder in hoher Qualität gedruckt werden? Welche Anforderungen an das Papier haben Drucker und Buchbinder? Vor allem aber sollten Sie den Endbenutzer und seine Ansprüche an das Druckprodukt im Auge haben.

Gewünschte Anmutung: Was wollen Sie erreichen? Wen wollen Sie ansprechen? Welchen Eindruck wollen Sie erwecken? Mit Druckwerken, auch wenn sie nicht unmittelbar für die Werbung bestimmt sind, treten Sie an die Öffentlichkeit und präsentieren sich. Selbst wenn die meisten Menschen wenig von Papier verstehen – ob es sich um eine billige oder teure Sorte handelt, das erkennt jeder instinktiv.

Notwendige Haltbarkeit: Für ein Flugblatt, das – bestenfalls – einmal kurz gelesen und dann weggeworfen wird, kann, ja soll billiges holzhaltiges Papier verwendet werden. Ihre Firmen- und Erfolgsgeschichte, mit der Sie sich auch noch den kommenden Geschlechtern präsentieren wollen, sollten Sie hingegen auf alterungsbeständiges, holz- und säurefreies Papier drucken.

Weiterverarbeitung

Kein Druckprodukt verlässt die Druckerei so, wie es aus der Druckmaschine kommt. Eine gewisse Weiterverarbeitung, und wenn sie nur im Verpacken für die Lieferung an den Endabnehmer besteht, ist unumgänglich. Zumeist aber braucht es **eine ganze Reihe von oft komplizierten Arbeitsvorgängen** bis der Auftraggeber in Händen hält, was er bestellt und nun zu bezahlen hat. Allgemein wird die Weiterverarbeitungsabteilung, über die selbst die kleinste Druckerei verfügt, als **Buchbinderei** bezeichnet.

> Alles nach dem Druck wird als Buchbinderei bezeichnet

242

Schneiden

Die Schneidemaschine ist gleichsam **das Kernstück der Endfertigung**. Selbst die kleinste Druckerei kann auf ein derartiges Gerät nicht verzichten. Tatsächlich gibt es kaum ein Druckerzeugnis, das nicht vor dem lieferfertigen Verpacken auf das gewünschte Endformat beschnitten werden muss. Wichtig ist es, bereits in der Vorstufe bei der Bestimmung des Druckbogenformats auf den **Beschnittrand** Rücksicht zu nehmen. Bei **abfallenden** Linien, Flächen oder Bildern muss dieser etwa **2 bis 3 mm über das gewünschte Endformat** hinausgehen, damit das Messer beim Beschneiden fest aufsetzen kann.

Falzen

Ebenfalls eine ganz zentrale Buchbindearbeit. Alles, was über den reinen Akzidenzbereich hinausgeht – also Bücher, Broschüren, Zeitschriften, Zeitungen, Prospekte, im Grunde alle mehrseitigen Druckprodukte –, muss durch die Falzmaschine. Im Prinzip gibt es eigentlich nur zwei Falztypen, die miteinander kombinierbar sind:

➤ **Kreuzbruch** – Brüche jeweils im Winkel von 90 Grad zueinander;
➤ **Parallelbruch** – Brüche jeweils parallel zueinander.

Zusammentragen

Der Begriff spricht im Grunde für sich und ist rasch erklärt: Die gefalzten Bogen mehrlagiger Druckprodukte müssen für die nachfolgende Bindung in der richtigen Reihenfolge zusammengeführt (= zusammengetragen) werden.

Binden (Heften)

Die einzelnen gefalzten und zusammengetragenen Druckbogen werden nun **zu einer Einheit zusammengefügt**. So entstehen fertige Zeitschriften, Prospekte und Ähnliches, Kataloge und Broschüren, die mit einem weichen Umschlag versehen werden, oder gebundene Buchblöcke, die in die harte Buchdecke einzuhängen sind.

Klammerheftung: (Drahtheftung durch den Rücken): Die einzelnen Bogen werden ineinander gesteckt (Einsteckbroschur) und auf dem Sammelhefter mittels Drahtklammern verbunden.

Klebebindung: Die zusammengetragenen Bogen werden am Rücken aufgeschnitten beziehungsweise aufgefräst und durch Klebstoff zu einem Block verbunden. Durch die Fräsung oder eine ähnliche aufrauende Behandlung kann der Kleber leichter in die Papierfasern eindringen, wodurch sich die Haltbarkeit verbessert.

Abreißblöcke.

Fadenheftung: Die „klassische" Methode, gefaltete Druckbogen zu einem Ganzen zu verbinden. Das Fadenheften nach wie vor die teuerste, aber auch die haltbarste und schönste Bindeart, bei der alle Nachteile der anderen Methoden entfallen.

Fadenheftung
ist die haltbarste
Bindeart

Spiralheftung: Diese Effektbindungen (wegen des auffälligen Aussehens) sind besonders geeignet für Gebrauchsdrucksorten, die oft und intensiv benutzt werden und offen aufgeschlagen liegen bleiben müssen: Musterkataloge, Bauanleitungen, Schreibblöcke, Kalender.

Einbandarten

Hardcover: Der Buchblock ist fest in die Buchdecke „eingehängt" – die haltbarste und teuerste Bindeart, das klassische Buch. Die Buchdecke besteht aus Vorder- und Hinterdeckel (Pappe) und der weicheren Rückeneinlage (Schrenz), die durch den Überzug zusammengehalten werden. Für die Verbindung zwischen Bucheinband beziehungsweise -decke und Buchblock sorgt ein Doppelblatt aus zumeist besonders zähem, manchmal bedrucktem Spezialpapier – der Vorsatz. Verlage versehen Hardcovers häufig mit Schutzumschlägen, die weniger dem Schutz der Einbände als vielmehr Werbezwecken dienen.

Paperback: Auch Broschur oder **Broschüre**, kartonierter Einband, Taschenbuch, Softcover, Weichbroschur. Im Unterschied zum Hardcover gibt es keine harte Einbanddecke aus drei zusammenhängenden Teilen – dafür aber eine ganze Reihe unterschiedlicher Varianten. Die drei wichtigsten sind die Rückstichbroschüre, die Klappenbroschüre und die Schutzumschlag-Broschüre.

Weitere buchbinderische Arbeiten

Kaschieren, Aufziehen, Überziehen; Ankleben; Einlegen, Beilegen; Perforieren; Stauchen und Rillen; Stanzen; Lochen; Ösen; Eckabrundungen; Verpacken – im Grunde gelten die gleichen Faktoren, die bereits bei der Papierwahl angesprochen wurden und die Sie gegeneinander abwägen sollten:

Preis: Es macht auf der Endrechnung einen beträchtlichen Unterschied, ob Sie ein Werk klebebinden oder fadenheften, ob Sie es in Karton oder Leder binden.

Gegenstand und Zweck: Stellen Sie sich immer die Frage, wie der Endabnehmer das jeweilige Druckerzeugnis benutzen wird. Versuchen Sie es so zu gestalten, dass er es optimal verwenden kann und dass es dieser Verwendung auch standhält.

Gewünschte Anmutung: Luxuriös und auffällig oder sparsam und bescheiden? Vergessen Sie nicht, dass es dazwischen viele Abstufungen und feine Nuancen gibt.

Notwendige Haltbarkeit: Fadengeheftete Werke halten länger als klebegebundene, harte Einbände länger als weiche – aber wieso soll ein Benutzerhandbuch für einen Laserdrucker noch in den Bücherkästen unserer Urenkel stehen?

Bei komplizierten und kunstvollen Mailings und ähnlichen Aufträgen empfiehlt es sich, dem Sachbearbeiter der Buchbinderei/Druckerei einen **Dummy** (eine Musterattrappe, die im Regelfall der Grafiker herstellt) zur Preisberechnung vorzulegen.

Weiterverarbeitung – Preisanfrage und Auftragserteilung

➤ **Auflage**
➤ **Format** des geschlossenen beschnittenen Innenteils
➤ **Umfang** in Seiten und Bogen
➤ Welche **Bindung**
➤ Welche Einbandart

Versäumen Sie nicht, die **Lieferbedingungen** bereits bei der Preisanfrage und dann bei der Bestellung ganz exakt zu definieren. Es gibt zwar gewisse allgemein gültige Usancen. Gerade aber bei einem neuen Lieferanten sollten Sie genau sagen, was Sie wollen und wie Sie es wollen:

➤ Wer übernimmt den **Transport**?
➤ **Wer zahlt dafür** (Lieferung frei Haus oder auf Kosten des Empfängers/Auftraggebers)?
➤ **Wohin und wann** soll geliefert werden?

Vergessen Sie nicht die geplagte Umwelt und vermeiden Sie Müll, wo es nur geht.

Literatur

Vieles von dem was hier kurz „angerissen" wurde, hat eine, wie wir schon am Anfang gehört haben, jahrhundertealte Tradition, und deshalb auch eine ausgefeilte Technologie, die man in wenigen Seiten kaum beschreiben kann, dazu sind mehrere hundert Seiten starke Wälzer notwendig, von denen es nicht wenige gibt. Hier eine kleine Auswahl von weiterführenden Büchern:

Kipphan H. (Hrsg.): Handbuch der Printmedien. – 1264 S., Springer Verlag, Berlin, 2000; Wenn Ihr Wissenshunger unersättlich ist.

Küppers H.: Das Grundgesetz der Farbenlehre. – DuMont, 2002; Sie lieben Ihr Leben bunt.

Itten J.: Kunst der Farbe. – Seemann Verlag, 2003; Für den Grafiker ein Muss.

Schurr U.: DTP und PDF in der Druckvorstufe. – dpunkt Verlag, 2004.

Küppers H.: DuMonts Farbenatlas. – DuMont, 2003; Wenn Sie wissen wollen, wie das Rot am Bildschirm auf Papier gedruckt aussieht.

Walenski W.: PapierBuch. – Verlag Beruf + Schule, 1999; Alles zu Papier.

Giesriegl K.: Druckwerke und Werbemittel herstellen. – Linde Verlag, Wien, 4. Aufl., 2007. Wenn Sie sich mit dem vorliegenden Artikel nicht allzu schwer getan haben, dann dürfte Ihnen der Schreibstil dieses Autors liegen.

Über den gesamten Prozess des Dialogmarketings, in dem der Lettershop nur einen Teil und einen Kanal ausmacht, ist für die vollständige Ausschöpfung der technischen Möglichkeiten die vernetzte Zusammenarbeit aller am Prozess beteiligten zwingend notwendig. Dabei sind nicht nur die werbungtreibenden Unternehmen und ihre Kreativ- und Produktionsdienstleister gemeint, sondern auch die Partner, die vor- oder nachgelagerte Services anbieten und durchführen. Moderne Lettershop-Dienstleister haben sich deshalb spätestens seit dem Einzug der Multi-Kanal-Kommunikation zu Komplettanbietern verwandelt. Im Folgenden werden diese ergänzenden Leistungen näher beschrieben: Projektmanagement, Dialogmarketing-Plattformen, On-Demand-Digitaldruck und die Integration der Responseerfassung sind Themen, die rund um den Lettershop das Entstehen von System- und Lösungsanbietern gefördert haben.

Digitaldruck und Response-erfassung gehören dazu

Projektmanagement

Die Konkretisierung von Prozessen und Prozessketten findet in Form von Projekten statt. Nach der Projektdefinition und Festlegung des jeweiligen Projektziels wird eine **Projektorganisation** definiert, die die folgenden Aufgaben durchführen muss:

➤ Prüfung des Projektes auf Durchführbarkeit
➤ Projektstrukturierung und Erstellung eines Projektplans
➤ Projektorganisation
➤ Einrichtung und Koordination des Projektteams
➤ Ressourcenplanung (Personal, Arbeitsmittel)
➤ Budget- und Kostenbetreuung
➤ Überwachung der Meilensteine und Termine
➤ Konfliktbewältigung, Beschwerdemanagement
➤ Projektoptimierung(zum Beispiel Unterbreiten
   von produktionstechnischen Alternativvorschlägen)
➤ Betreuung der internen und externen Abläufe
➤ Kommunikationsschnittstelle zwischen den Projektbeteiligten
   (Informationsaustausch)
➤ Ansprechpartner für alle projektbezogenen Fragen und Anregungen

Im Rahmen eines umfassenden Projektmanagements sind Fachkonzepte zu prüfen, technische Konzepte für geplante Mailings zu erarbeiten und die groben Budgetpreise zu ermitteln. Für ein Follow-up sind die technischen Konzepte für die Responseelemente zu definieren. Änderungen von Produktionsterminen werden

www.marketing-boerse.de/Experten/details/Wolfgang-Hartmann

im Rahmen einer laufenden Aktualisierung von Terminplänen mit allen relevanten Produktionsbereichen abgestimmt.

Die Timings für die Auftragserteilung, die Adressanlieferung, die Druckunterlagenanlieferung, die Freigabetermine, die Druckabnahme, die Personalisierungs- und Kuvertierungsfreigabe und die Postauslieferungstermine sind ständig zu aktualisieren. Daneben müssen unter Umständen die Adressmengen, die Versionenzahl und die Bilddaten nachträglich geändert werden.

Anlieferung, Freigabetermine und Druckabnahme

Es sind technische Plots zu erstellen und die vergleichbaren Mailings zu bemustern. Die Datenanlieferungen von Agenturen müssen überwacht und die notwendigen Vorstufenarbeiten veranlasst werden.

Im Rahmen der **Qualitätssicherung** sind die Produktionsschnittstellen zu überwachen, stichprobenartige Prüfungen der laufenden Produktion in den relevanten Produktionsbereichen durchzuführen, die Dateneingänge zu überwachen und erkannte Auffälligkeiten zu berichten.

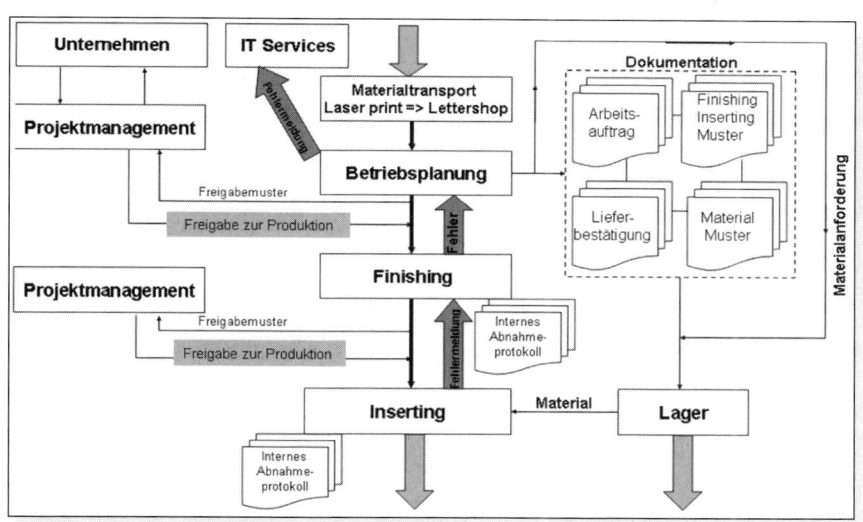

Abb. 1: Lettershop-Prozesse

Qualitätsmaßnahmen konkret sind zum Beispiel:
➤ Hinterlegung eines Rückstellbogens mit Datum und Uhrzeit
   von jeder Rolle im Endlosdruck,
➤ in der Verarbeitung, zum Beispiel Finishing, werden
   nach einem festgelegten Mengenziel Rückstellmuster
   gezogen, die mit Datum und Uhrzeit zu versehen sind,
➤ bei Änderungen in der Verarbeitung werden Verarbeitungsmuster
   durch die technische Arbeitsvorbereitung erstellt,
➤ nachdem die Druckdaten eingegangen sind, werden diese
   mit den relevanten Bereichen auf Richtigkeit geprüft,
➤ bei Änderungen im Druck oder Lasertext werden Freigaben eingeholt
   und dokumentiert.

Die Dialogmarketing-Plattform

Der moderne Lettershop bildet die Notwendigkeit der hohen **Individualisierung** bei Dialogmailings und den Einsatz von moderner Technologie durch das umfassendere Angebot von Dialogmarketing-Plattformen und den zukunftsweisenden **Vollfarb-Digitaldruck** ab.

Große Unternehmen mit dezentralen Strukturen nutzen Dialogmarketing-Plattformen

Hat sich ein Unternehmen mit dezentralen Vertriebsstrukturen entschieden, auch das Dialogmarketing zu dezentralisieren, und damit den Außenstellen, Filialen oder Agenturen mehr Freiraum zu geben, ohne dass der Zentrale die Transparenz über die Marktbearbeitung und die Qualitätssicherung verloren gehen, ist die online-gestützte Dialogmarketing-Plattform in Verbindung mit einer **Print-on-Demand Lösung** ein intelligenter Lösungsansatz.

Die Vorteile einer Dialogmarketing-Plattform sind vielfältig. Die Anwender bauen den Kontakt zu ihren Kunden und Interessenten selbst auf und das einheitliche Corporate Design des werbetreibenden Unternehmens wird zu jedem Zeitpunkt gewahrt, da es selbst die „Freiheitsgrade" der Anwender definiert.

Intelligente Plattformen sind in der Lage, die Kosten der Kommunikation verursachungsgerecht zu verteilen (von Vollsponsoring bis zur vollen Kostenübernahme durch den Anwender). Zentral gesteuerte Marketing-Kampagnen können bei Bedarf regionalisiert, zeitlich verteilt und/oder dezentral vom Anwender beeinflusst werden. Weiterhin können mehrstufige Kampagnen über verschiedene Kommunikationskanäle abgewickelt werden (beispielsweise Mailings und Call Center).

Es können verschiedene Mailingtypen aus der Dialogmarketing-Plattform bedient werden:
➤ Mailing-on-Demand von personalisierten Aussendungen: beispielsweise Anschreiben, Faxbeilagen, Flyer, Responsekarte, Antworthüllen.
➤ Print-on-Demand von individualisierten Materialien: Prospekte, die individuell für den Anwender gefertigt werden, Marketing-Toolbox für den Außendienst (Einladungen, Anzeigen (zur Weitergabe an Printmedien), individuelle Programmhefte, Handouts).
➤ Auslieferung von vorgefertigten und gelagerten Materialien, zum Beispiel Lagerung und Auslieferung von Materialien weiterer Druckdienstleister.
➤ Zugriff auf einen Werbemittelshop optional möglich: zum Beispiel Give aways, Geschenke.

Vom werbetreibenden Unternehmen werden auf einer **Online-Plattform** alle Dialogmaterialien elektronisch bereitgestellt. Der Nutzer/die Filiale, kann auf dieser Plattform die Materialien individualisieren, das heißt mit seiner Absenderadresse und seiner digitalen Unterschrift versehen. Daneben kann er die Versände an von ihm selbst erstellte Verteiler in Auftrag geben.

Empfänger erkennt nicht, dass der Brief maschinell erstellt ist

Die individuelle schriftliche Kommunikation lässt sich aufgrund der fortgeschrittenen Technik qualitativ so gut abbilden, dass der Empfänger nicht mehr erkennen kann, dass ein Brief maschinell erstellt wurde. Mit der Print-on-Demand Lösung können auch kleine Auflagen wirtschaftlich produziert werden. Ist die Dialogmarketing-Plattform multikanalfähig, können Dialogmarketingkampagnen auch über E-Mail, Fax, SMS oder MMS individuell abgewickelt werden.

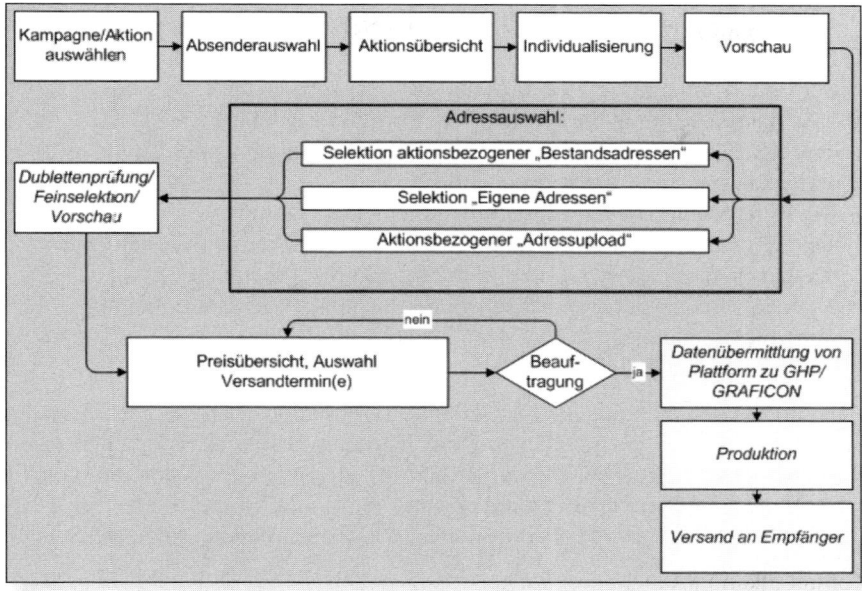

Abb. 2: Beispielworkflow (GHP) – Personalisierte Mailingaktion

On-Demand-Digitaldruck

Im Rahmen einer Dialogmarketing-Plattform ist der Print-on-Demand-Digitaldruck die zielführende Umsetzung im Kanal Print. Durch den hohen Individualisierungsgrad und die kostengünstige Abwicklung können auch **regelbasierte Aktionen** automatisch erstellt und verschickt werden. Dazu zählen zum Beispiel Geburtstagsgrüße, Glückwunschkarten, hochindividualisierte Direktangebote, Kündigerrückgewinnungsaktionen oder über mehrere Monate laufende Kommunikationsprogramme (Wiederanlagekonzepte für Ablaufleistungen bei Lebensversicherungen).

Die Präsentation der Leistungen über das Internet ist aus der Sicht des Kunden ein gutes Angebot, oft möchte er jedoch die dort gefundenen Informationen auch in schriftlicher Form vorliegen haben oder er bevorzugt generell gedruckte Unterlagen.

Durch die Technik des Digitaldrucks können die individuellen Berechnungen und Vorschläge auch in den Print übernommen werden, der in der klassischen Technologie primär feste Texte und Berechnungen enthielt.

Der Workflow kann wie folgt aufgesetzt werden:

➤ Interessenten geben Bestellungen für Informationen im World Wide Web ein und bestellen damit ihre gedruckten Unterlagen. Weitere Datensätze können selbst aus den internen Systemen des werbetreibenden Unternehmens erzeugt und hinzugefügt werden.

➤ Die Daten werden eventuell noch um weitere kundenspezifische Berechnungen ergänzt (zum Beispiel bei Finanzprodukten).

➤ Der Lettershop erhält diese Datensätze vom Auftraggeber in regelmäßigen Abständen, unter Umständen mehrfach täglich, über eine gesicherte Verbindung.

➤ Die Daten fließen in vorprogrammierte Druckworkflows ein, weitere grafische oder textliche Inhalte werden zugesteuert oder berechnet. Die Druckstücke werden im Vollfarb-Digitaldruck produziert.

➤ Nach entsprechender automatischer oder manueller Weiterverarbeitung werden die Sendungen je nach Menge und Anforderung taggleich postaufgeliefert.

Fotos personalisieren

Der Interessent erhält auf ihn abgestimmte Informationen und je nach Angaben im Internet werden entsprechende Berechnungen, Bilder oder Tabellen in die Printprospekte eingearbeitet. Zur Erhöhung der Werbewirksamkeit können ergänzende Verfahren zur **Personalisierung** in fotorealistische Bilder eingesetzt werden. Durch die Nutzung einer manuellen Weiterverarbeitung sind auch Sonderanfertigungen möglich.

Die Vorteile eines Web-to-Print-Digitaldrucks umfassen die Vermeidung von Lagerbeständen durch individuellen Print-on-Demand, hohe Flexibilität bei der Gestaltung der Workflows und der produzierten Unterlagen sowie eine **permanente Aktualisierungsmöglichkeit** für alle Dokumente und Werbematerialien.

Print-on-Demand-Lösungen sind besonders geeignet, wenn folgende Bedingungen zutreffen:

Aussendung gleicher oder relativ ähnlich aufgebauter, wiederkehrender Packages: Es wird zum Beispiel ein kundenindividuelles Package mit unterschiedlichen, teils hoch individualisierten, teils wiederkehrenden Inhalten (Beilagen) benötigt. Die Inhalte der Packages variieren je Kunde (sei es inhaltlich oder – in Grenzen – von der Materialzusammensetzung her).

Die **Inhalte** der Beilagen ändern sich ab und an: Die Inhalte der einzelnen Bestandteile werden über die Zeit hinweg aktualisiert (zum Bespiel neue Inhalte für Flyer und Broschüren, Tausch von Layout-Bausteinen, Testsiegeln).

Die **Einzelmengen** schwanken und sind nur bedingt planbar: Die Anzahl der Anfragen ist nicht planbar, allenfalls der Mengenrahmen ist grob bekannt.

Kunde soll zeitnah sein persönliches Package erhalten

Der **Postversand** muss tagesaktuell erfolgen: Der Kunde soll das Package zeitnah erhalten, damit eine möglichst hohe Responsequote erzielt wird.

Die **Schriftform** ist gewünscht oder sogar nötig: Die Aussendung als gedrucktes Package wird vom Marketing gewünscht. Eventuell ist die Schriftform sogar gesetzlich vorgeschrieben (Stichworte: Beratungsprotokoll, EU-Vermittlerrichtlinie, VVG-Reform).

Die **Datenübertragung** kann per FTP / sFTP / FTP-SSL, per WebService (zum Beispiel SOAP) oder per E-Mail-Datenübermittlung erfolgen. Wichtig ist, die Zugriffswege und Server abzusichern.

Die Dateien (wie etwa Angebote) werden in Form von PDF/TIF/EPS über FTP oder ähnliche Übertragungswege in die Systeme des werbetreibenden Unternehmens zurückgespielt, um eine Archivierung sicherzustellen.

Responsemanagement innerhalb einer Dialogmarketing-Aktion

Der Erfolg von Dialogmarketing-Aktionen lässt sich unter anderem daran ablesen, wie schnell und in welcher Zeit die angesprochenen Kunden reagieren. Bei einer hohen Responsequote bedarf die Bearbeitung dieser Rückläufer einer besonderen Sorgfalt und Zuverlässigkeit. Egal, ob es sich um strukturierte Formulare (Gewinnspielkarten, Anträge aller Art oder Kataloganforderungen) oder um unstrukturierte Belege (Aktenbestände oder Finanzbuchhaltungsbelege) handelt.

Leistungen, die im Rahmen von professionellen Responsemanagementlösungen angeboten werden, beinhalten unter anderem:
➤ Beratung bei der Gestaltung des Responseformulars hinsichtlich Auswertbarkeit (Farbigkeit, Rand- und Zeilenabstände, Feldgröße) und wirtschaftlicher Erfassung (kostengünstig und qualitativ hochwertig).
➤ Vorbereitung und Koordination der einzelnen Responsekanäle.
➤ Entwicklung einer Responsedatenbank.
➤ Posteingangsbearbeitung (maschinell und/oder manuell).
➤ Erfassung und Clearing, Abgleiche, sowie die Auswertung der Daten nach ausgewählten und abgesprochenen Kriterien.
➤ Reporting und Monitoring: Verlauf der Eingänge und Gegenüberstellung der einzelnen Bestandteile (offline oder online).
➤ Rücklauferfassung (zum Beispiel Anschriftenberichtigungskarten, unzustellbare Sendungen).
➤ Datenschutzgerechte Archivierung der Daten in physischer und digitaler Form und gegebenenfalls Vernichtung der Dokumente (§ 5 BDSG).

Rücklauferfassung trägt zur Datenqualität bei

Dokumentenmanagement und Archivierung

Bei der **Archivierung** von Daten und Dokumenten hat die Sicherheit oberste Priorität. Dies bedeutet, dass die Daten langfristig und dauerhaft verfügbar sowie **reproduktions- und revisionssicher** sein müssen. Moderne technische Ausstattung gewährleistet sowohl höchste Verarbeitungsqualität und bietet auch Aufbewahrungssicherheit, in dem die Verarbeitungen in sogenannten Hochsicherheitsbereichen erfolgen.

Prozessablauf

Auf Basis einer innovativen Direct-Connect-Technologie wird inzwischen eine perfekte Sendungsintegrität erreicht. Der gesamte Fertigungsprozess kann lückenlos protokolliert werden und die verarbeiteten Dokumente werden durch intelligente Lesesysteme ständig kontrolliert.

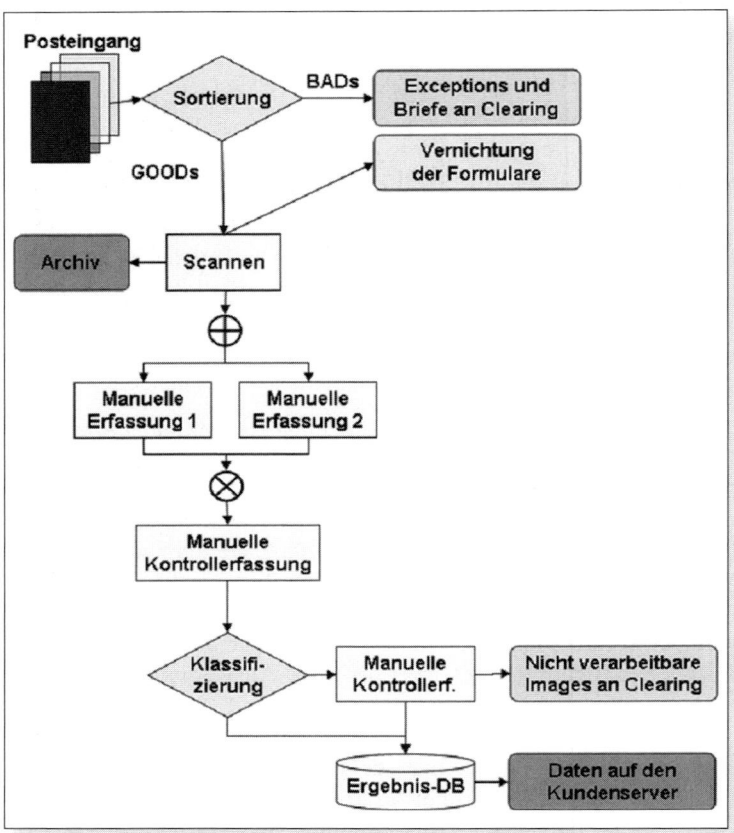

Abb. 4: Prozessablauf Responsemanagement

Die Produktion basiert auf einem mehrstufigen Modell, das aus der Posteingangs-bearbeitung und der Vorbereitung des Belegguts, dem Scanning, der Datenerfassung, der Exportgenerierung und der Archivierung besteht.

Entkuvertieren, Auffalten und Entklammern

In der **Posteingangsbearbeitung** werden die Sendungen für die spätere Verarbeitung vorbereitet. Entkuvertieren, Auffalten oder Entklammern sind hierbei Tätigkeiten, die durchgeführt werden müssen. In der Stufe Scanning werden die Sendungen vor Ort an Hochleistungsscannern verarbeitet. Die elektronischen Bilder (in der Regel Tiff-Dateien) sind Grundlage für die weitere Bearbeitung und werden direkt nach dem Scan-Vorgang in ein Rechenzentrum übertragen. Die Originale werden gemäß den Vorgaben gelagert, an den Kunden weitergeleitet oder vernichtet. Dies hat immer unter Berücksichtigung datenschutzrechtlicher Vorschriften zu geschehen.

Im Rahmen der Datenerfassung und damit der inhaltlichen Erschließung werden die Tiff-Dateien einem OCR-Verfahren unterzogen, bei dem die zumeist handschriftlichen Daten über ein spezielles Scan-Programm in digitaler Form erfasst werden. Hierbei wird so viel Information wie möglich bereits automatisch interpretiert. Anschließend findet die manuelle Erfassung aller als relevant vorgegebenen Informationen statt, die in einer **Datenbank** gespeichert werden. Beide Ergebnisse, sowohl die der OCR-Lesung, als auch die der manuellen Erfassung laufen zentral zusammen und werden komplett ausgewertet.

Definierte Exportroutinen stellen sicher, dass die Daten täglich aktuell in der spezifizierten Form an die IT-Systeme zur Weiterverarbeitung geliefert werden. Viele Unternehmen nutzen über die Standard-Dienstleistungen hinaus die Möglichkeit, ihre Bilddaten (Tiff-Dateien) in dedizierten optischen Archiven zu sichern und beauskunften zu lassen. Hierbei können die relevanten Daten des Kunden weltweit über das Internet verschickt und die verarbeiteten Dokumente recherchiert und in die Bearbeitung mit einbezogen werden. Weiterhin wird damit auch der **gesetzlichen Aufbewahrungspflicht** auf einfache und kostengünstige Art und Weise Rechnung getragen.

Literatur

www.ghp.de

Kreutzer R., Kuhfuß H., Hartmann W.: Marketing Excellence: Sieben Schlüssel zur Profilierung Ihrer Marketing Performance. – Gabler, Wiesbaden, 2007.

Mit Infobrief und Infopost stehen dem Kunden der Deutschen Post zwei **Versand-arten für Marketingmaßnahmen** zur Verfügung. Für kleinere Sendungen zwischen 50 bis 250 Stück eignet sich der **Infobrief**. Für größere Mengen ab 4.000 Stück ist der Versand als **Infopost** optimal.

Infobrief

Für Mengen ab 50 Stück gibt es den Infobrief

Diese Versandart ist die einfachste und im Vergleich zum Standardbrief **günstige Variante**, Sendungen mit der Deutschen Post zu verschicken. Vor allem für Klein-unternehmer ist diese Form, Informationen per Brief, Prospekt oder per Katalog zu verschicken, geeignet.

Preise für Infobrief [1]:

Sendungsart	Stückpreis in Euro
Infobrief / Katalog-Standard	0,35
Infobrief / Katalog-Kompakt	0,75
Infobrief / Katalog-Groß	1,35
Infobrief / Katalog-Maxi	1,80

Infopost

Ab 4000 Stück ist Infopost optimal

Mit der Infopost bietet die Deutsche Post die Möglichkeit, adressierte Werbe-sendungen und Kataloge in **großer Stückzahl** zu verschicken. Als Infopost können alle schriftlichen Mitteilungen und Unterlagen oder Datenträger wie beispielsweise CDs versandt werden. Kostenlose Proben, Produktmuster und Werbeartikel sowie Fremdbeilagen (Sendungsteile anderer Absender) können den Sendungen beigelegt werden. Verkaufswaren sind nicht zugelassen, ausgenommen davon sind Bücher, Broschüren, Zeitungen und Zeitschriften.

Um Briefe als Infopost zu verschicken, müssen die Sendungen einer Aussendung grundsätzlich alle den **gleichen Inhalt** haben. Diese Inhaltgleichheit bezieht sich auf die Beschaffenheit der Schriftstücke, die Inhalte der Sendungen, auf beiliegende Datenträger, Proben, Muster, Werbeartikel und Fremdbeilagen. Sie müssen ebenfalls in der Gestaltung der Umhüllung und im Format sowie in der Anzahl, den Werten und den verwendeten Postwertzeichen gleich sein. Die **Laufzeit** von Infopost beträgt **bis zu vier Werktage**. Werden die Sendungen zum Beispiel am Montag aufgegeben, erreichen sie spätestens Freitag ihren Empfänger.

www.marketing-boerse.de/Experten/details/Juergen-Hofmann

Preise für Infopost [1]:

Standard	0,25 Euro/Sendung
Kompakt bis 20 g von 20 g bis 50 g	0,28 Euro/Sendung 0,28 bis 0,39 Euro/Sendung
Groß bis 20 g von 20 g bis 100 g von 100 g bis 1.000 g	0,36 Euro/Sendung 0,36 bis 0,64 Euro/Sendung 0,64 bis 1,05 Euro/Sendung
Maxi bis 20 g von 20 g bis 100 g von 100 g bis 1.000 g	0,73 Euro/Sendung 0,73 bis 1,01 Euro/Sendung. 1,01 bis 1,42 Euro/Sendung

Zusatzentgelte für kreative Formen
Infopost-Kreativ
Aufschlag von 0,07 Euro pro Sendung

Infobrief-Kreativ
Aufschlag von 0,09 Euro pro Sendung

Kostenreduzierung durch Aufzahlung

Durch die sogenannte **Aufzahlung** können bereits **bei sehr geringen Sendungs-mengen** die günstigen Versandarten Infobrief/Infopost verwendet werden. Für 45 Briefe muss normalerweise ein Entgelt von 24,75 Euro bezahlt werden. Mit dem Infobrief kommt man bei derselben Briefanzahl auf 17,50 Euro. Wird die für das Infobrief-Porto notwendige Menge von fünfzig Briefen bei einer Aussendung nicht erreicht, kann durch Aufzahlen für die fehlenden Sendungen diese **günstige Versandform** dennoch genutzt werden.

Beispiel für Aufzahlung Infobrief [1]

	45 Standardbriefe	45 Infobriefe (Kataloge-Standard mit Aufzahlung für 5 Sendungen)
Entgelt	45 x 0,55 Euro = 24,75 Euro	45 x 0,35 Euro = 15,75 Euro
Aufzahlung	./.	5 x 0,35 Euro = 1,75 Euro
Kosten	24,75 Euro	17,50 Euro

Bei Einlieferungsmengen ab 4.000 bis 500.000 Sendungen können bei der Infopost erhebliche **Entgeltermäßigungen** erreicht werden. Voraussetzung dafür ist, dass der Kunde beim Sortieren und Packen der Sendungen behilflich ist. Die Behälter/

Bunde mit den Infopostsendungen müssen **zielgerichtet** (nach Leitregion oder bei Groß- und Maxisendungen auch auf Postleitzahl) **sortiert** werden.

Bund- und Behälterfertigung bei Infopost:
Voraussetzung für eine Entgeltermäßigung [1]:

Fertigung	Produkt	Menge < 25.000 Sendungen	Menge ≥ 25.000 Sendungen
Leitregionsbehälter	Standard- und Kompaktbrief	mind. bis zur Hälfte gefüllt oder Nettofüllgewicht mind. 2,5 kg	keine Mindestgrenzen
Leitregionsbehälter	Groß- und Maxibrief	mind. bis zur Hälfte gefüllt oder Nettofüllgewicht mind. 6 kg	keine Mindestgrenzen
Postleitzahlbehälter	Groß- und Maxibrief	mind. bis zur Hälfte gefüllt oder Nettofüllgewicht mind. 6 kg	mind. bis zur Hälfte gefüllt oder Nettofüllgewicht mind. 6 kg
Leitregionsbunde	Groß- und Maxibrief	mind. 5 Sendungen	keine Mindestgrenzen
Postleitzahlbunde	Groß- und Maxibrief	mind. 5 Sendungen	mind. 5 Sendungen

Entgeltermäßigungen für Infopost (in Prozent) [1]:

Einlieferungs-menge	Bund-Behälter-fertigung, Leitregion	Bund-Behälter-fertigung, PLZ*	Palettenfertigung, Leitzone	Palettenfertigung, Leitregion
ab 4.000	2 %	4 %	1 %	3 %
ab 25.000	3 %	5 %	2 %	4 %
ab 100.000	4 %	6 %	3 %	5 %
ab 250.000	5 %	7 %	4 %	6 %
ab 500.000	7%	8%	6%	7%

Infopost-Manager

Mit dem Infopost-Manager [2] bietet die Deutsche Post eine komfortable Software-lösung zur Versandvorbereitung von Infobrief und Infopost an.

Software für den Werbeversand am eigenen PC

Software importiert Adressen und gleicht diese ab

Um das Porto so niedrig wie möglich zu halten, errechnet der **Infopost-Manager** nach Vorgaben des Kunden **immer die niedrigsten Portokosten**. Mit der Software lassen sich alle Entgeltermäßigungen **für Infobrief und Infopost** ermitteln und somit können Rabattmargen bis **maximal fünfzehn Prozent** erreicht werden.

Adressen können mit sicherem Kopieren aus den üblichen Formaten wie Excel, Access, dBase oder txt-Dateien schnell und einfach in den Infopostmanager übernommen werden. Ein speziell fürs Merging entwickeltes Verfahren **führt Dateien** der unterschiedlichen Formate fehlerfrei und ohne großen Zeitaufwand **zusammen**.

Wer **fehlerhafte Anschriften** in seiner Kundendatei hat, kann durch den Info-post-Manager einen Abgleich herstellen. Hierfür bietet der Infopost-Manager zwei Möglichkeiten. Einen Abgleich gegen das große Straßenverzeichnis, mit allen Straßennamen für ganz Deutschland. Oder man greift auf das kleine

Straßenverzeichnis zurück, in dem die Straßen für alle Orte mit mehr als einer Postleitzahl hinterlegt sind. In beiden Fällen wird die **Anschrift kontrolliert** und wenn nötig **korrigiert**.

Anschriften korrigieren

Doppelte Adressen im Datenbestand sind **teuer** und wirken auf den Empfänger unprofessionell. Der Infopost-Manager arbeitet mit speziell entwickelten phonetischen Suchverfahren und Fuzzy-Technologie zur **Beseitigung solcher Doppelungen**. Selbst Buchstaben- und Wortdreher werden bei der Suche berücksichtigt. Ein Negativabgleich gegen die sogenannte Robinsonliste schließt eine Zustellung an solche Empfänger aus, die explizit keine Werbepost in ihrem Briefkasten wünschen.

Auch grafisch bietet das Programm viele nützliche Tools an. So kann der Kunde **Etiketten**, Briefe und Kuverts **individuell gestalten** und anschließend in der benötigten Reihenfolge ausdrucken. Laseretiketten und Endlosetiketten werden genauso problemlos bedruckt wie Briefumschläge oder Serienbriefe. Frankiervermerk, Stampit, Grafiken, Unterschriften und Barcodes lassen sich einfach in Serienbriefe integrieren. Alle Ausdrucke können am Bildschirm überprüft werden. Außerdem ist es möglich, Adressdateien zu exportieren und beliebigen Textverarbeitungen zur Verfügung zu stellen.

Wer seine Werbesendungen durch einen Lettershop bearbeiten lässt, kann seine Kundendaten für den Versand exportieren oder als Pack & Go Datei an den Lettershop übergeben.

Der Infopost-Manager kennt alle Postbestimmungen und bereitet das Mailing für eine lückenlose Einlieferung vor. **Alle Formulare und Listen**, die für den Versand von Infobrief und Infopost nötig sind, werden **automatisch** erstellt.

Für Lettershops ist im Infopost-Manager eine kleine Kundenverwaltung hinterlegt, die viele nützliche Funktionen bereitstellt.

Postwurfsendung – Werbung mit unadressierten Sendungen

Die Deutsche Post liefert Postwurfsendungen vom einzelnen Zustellbezirk bis in das ganze Bundesgebiet aus. Vor allem groß angelegte, bundesweite Werbeaktionen eignen sich für diese Versandart.

Zur Vorbereitung der Verteilung von Postwurfsendungen bietet die Deutsche Post Spezialsoftware [3] an. Mit diesem Programm lassen sich **Verteilgebiete** (Postleitzahlgebiete, Orte, Ortsteile) **zielgenau vom Computer aus selektieren**.

Beispiele für bundesweite Postwurfsendungen:
➤ alle Haushalte (bundesweit 34,7 Mio.)*
➤ Haushalte mit Tagespost (22,6 Mio.)* oder an
➤ Briefabholer (belegte Postfächer 0,6 Mio. / Mitbenutzer 0,4 Mio.)

*Die Zustellung an Werbeverweigerer ist ausgenommen.

257

Maße und Gewichte

Um die Werbeaktion per Postwurfsendung möglichst reibungslos durchzuführen, sollten Vorgaben zu Maßen, Gewichten und Beschriftung beachtet werden [4]:

Mindestmaße	Höchstmaße (C4)	Maximalgewicht	Menge ≥ 25.000 Sendungen
		Zuzustellende Postwurfsendung	Postwurfsendungen an Briefabholer (Postfach)
Länge 14 cm	Länge 32,5 cm	1000g	1.000 g
Breite 9 cm	Breite 23,0 cm		
	Dicke 5,0 cm		

Preise und Konditionen

Per Postwurfsendung können die **Sendungen „an alle Haushalte", „Haushalte mit Tagespost"** oder an **„Briefabholer"** versandt werden. Die Preise richten sich nach der Art des Versandes. Bei Postwurfsendungen an alle Haushalte und an alle Haushalte mit Tagespost unterscheidet die Deutsche Post zwischen drei Tarifzonen.

Tarifzone A: Ballungszentren, Ballungsräume und Großstädte.
Tarifzone B: Zwischenbereiche.
Tarifzone C: Landbereiche.

Postwurf-
sendungen gibt
es schon ab 256
Euro

Jede Postleitzahl ist einer Tarifzone zugeordnet. Kriterium für die Zuordnung zu den einzelnen Tarifzonen ist die Haushalts- und Bevölkerungsdichte. Der Mindestauftragswert bei Postwurfsendungen an alle Haushalte beträgt 255,65 Euro zuzüglich der gesetzlich gültigen Mehrwertsteuer. Detaillierte Preislisten finden sich im Internet [5].

Postwurfspezial – Werbung mit teiladressierten Sendungen

„Postwurfspezial Sendungen" sind **teiladressierte Werbemittel** und Prospekte [6]. Die Empfängeranschrift von Postwurf Spezialsendungen lautet zum Beispiel „An die Bewohner des Hauses, Musterstraße 1, 12345 Musterstadt". Mit Postwurfspezial kann für die Neukundengewinnung eine zielgruppenorientierte Ansprache auch ohne eigene Adressen realisiert werden. Zur Umsetzung solcher teiladressierten Werbeaussendungen teilt der Versender einem Vertriebsmitarbeiter der Deutschen Post die **gewünschten Selektionskriterien** seiner Zielgruppe mit. Solche Selektionskriterien können beispielsweise Gebäudedaten, Wohnsituation, Alter, Kaufkraft und Konsumschwerpunkte sein. Durch diese Kriterien werden die zu bewerbenden Haushalte im gewünschten **Verteilgebiet** bestimmt.

Adressselektion
nach Gebäude,
Alter und
Kaufkraft

Die Sendungen werden anschließend zielgenau an einzelne Häuser verteilt. Als Postwurfspezial können alle inhaltsgleichen Prospekte und Kataloge verteilt werden: offen, im Umschlag oder als Selfmailer.

Preislisten pro 1.000 Stück finden sich auf der Homepage [7] der Deutschen Post.

Beispiel 1:

Gartencenter Dehner	
Zielgruppe:	Hobbygärtner, Zoo- und Pflanzenfreunde
Selektion:	Ein-/Zweifamilienhäuser, Reihen-/Doppelhäuser mit Garten
Auflage:	rund 100.000 Stück pro Filialeröffnung
Ziel:	Traffic am Point of Sale zur Filialeröffnung erzeugen
Zeitraum:	seit 1998, laufend

Umschlaggestaltung responsestark

Postunternehmen geben ihren Kunden Standards bei der Umschlaggestaltung vor. In erster Linie sind diese Vorgaben der **automatisierten Sortiertechnik** geschuldet. Im Rahmen dieser Standards gibt es eine Reihe von Möglichkeiten im Hinblick auf die individuelle Gestaltung von Hüllen und Umschlägen.

Frankiervermerk mit Motiv

Seit Januar 2008 bietet die Deutsche Post neue Frankiervermerke für Briefsendungen an. Statt des alten Freimachungsvermerks „Entgelt bezahlt" kann nun in der Frankierzone, oben rechts auf dem Umschlag, eine „Frankierwelle" angebracht werden.

Neu ist zudem, dass der Kunde sich sein **eigenes, individuelles** Motiv (grafische Darstellung) gestalten darf, das rechts neben der Frankierwelle aufgedruckt wird.

Die Neuheiten bringen **viele Vorteile**: Das individuelle Motiv rechts neben der Frankierwelle bringt einen hohen Erkennungswert für den Kunden mit sich. Die Motive sind national und international verwendbar. Die Druckdateien und Druckvorlagen stehen in den benötigten Formaten zum **kostenlosen Download** [8] im Internet bereit.

Die eigene Briefmarke

Für kleinere Sendungen, beispielsweise von Kleinunternehmen oder Vereinen, eignet sich ein spezieller Handstempel. Bei Abgabe des alten „Entgelt bezahlt" Stempels erhalten die Kunden ihren **neuen Frankierwellen-Stempel** kostenlos in allen Post Filialen oder im Internet [9]. Neu ist zudem, dass mit dem neuen Frankiervermerk der Kunde die Einlieferungsstelle frei wählen kann.

Eigenes Kundenmotiv

Mit dem Kundenmotiv kann der Kunde sein eigenes Motiv in der Frankierzone, rechts neben der Frankierwelle aufdrucken. Damit erhält jeder Umschlag eine **individuelle Gestaltung** und einen **eigenen Charakter**,

Abb. 1: Beispiel für Kundenmotiv national (mit Frankiervermerk) [10]

Die Kundenmotive: Was ist denkbar, was machbar?

Die Motive sollen keine Briefmarke imitieren. Deshalb ist darauf zu achten, dass folgende Darstellungen nicht gewählt werden:

Das Motiv darf aber keine Briefmarke imitieren

➤ Personenporträts.
➤ Zahlen oder Beiträge, die mit Portowerten verwechselt werden könnten.
➤ Motive, die Elemente von Länderflaggen oder Länderangaben enthalten.

Machbar sind Motive und Farben, die sich im **Firmenlogo** der jeweiligen Unternehmen finden. Häufig finden auch die Darstellungen von Landschaften oder Gebäuden Verwendung.

Wegen der Lesbarkeit des Kundenmotivs darf der Frankiervermerk nicht negativ (heller Druck auf dunklem Untergrund) dargestellt sein. Bedingt durch den automatisierten Verarbeitungsprozess, darf das Kundenmotiv nicht gedreht, geneigt oder gespiegelt eingesetzt werden und er muss sich deutlich vom Hintergrund abheben. Des Weiteren dürfen keine Freisteller, unregelmäßige Formen oder Störer verwendet werden und auch nicht mehrere Motive zur Anwendung kommen.

Umschlaggestaltung portooptimiert

Aus Gründen **schnellerer Zuordnung, optimaler Transportmöglichkeiten** sowie geringem Kostenaufwand wird beim Massenversand zu einer standardisierten Umschlagsform geraten (Länge: 140 bis 235 mm, Breite: 90 bis 125 mm, Höhe: bis 5 mm). Ein solcher Brief erinnert auch am ehesten an einen Geschäftsbrief und

Standardumschläge sind am seriösesten

erreicht somit ein **Höchstmaß an Seriosität**.

Aber auch **kreative Formen** sind möglich, und führen zu einer verstärkten Aufmerksamkeit bei dem Empfänger. Man sollte allerdings darauf achten, dass Zacken, Ausbuchtungen und Anhängsel bei einer kreativen Gestaltung des Umschlags nicht erheblich von einer geschlossenen Grundfläche abweichen. Dieser Grundsatz dient einem **beschädigungsfreien Transport** solcher Sendungen. Zur Ermittlung der Porti wird eine Zuordnung zu den Deutsche-Post-Basisprodukten „Standard", „Kompakt", „Groß" oder „Maxi" mit Maß und Gewicht durchgeführt. Wer eine kreative Umschlagsform für seine Infopost wählt, muss die Sendungen vor Abgabe auf eine Leitregion vorsortiert haben.

Maschinenlesbarkeit

Zur maschinellen Bearbeitung der Sendungen setzen alle Postunternehmen elektronische Anschriftenleser ein, die für das Sortieren der Sendungen notwendige Anschriftenbestandteile einlesen. Aus diesem Grund müssen sich die Sendungen zur maschinellen Bearbeitung eignen und die **Anschriften elektronisch lesbar** sein. Auf jeder Sendung sollte die richtige Reihenfolge und Gliederung der Anschrift, die korrekte fünfstellige Postleitzahl, eine Schrifthöhe zwischen 2,5 mm und 4,7 mm sowie eine Schriftgröße von 10 bis 12 Punkten, aufgedruckt sein.

Anschriften müssen elektronisch lesbar sein

Grundsätzlich muss die Aufschrift parallel zu den langen Seiten in der Lesezone aufgebracht werden. Bei hochformatigen Groß- bzw. Maxibriefsendungen darf sie den Schmalseiten gleichgerichtet sein. Die Aufschrift muss unter Beachtung der Zoneneinteilung der Aufschriftseite lesegerecht (nicht „kopfgestellt" oder „gestürzt") positioniert sein. Grafische oder alphanumerische Darstellungen sowie sonstige Angaben sind im Umfeld der Aufschrift nicht zulässig.

Verpackungen für Werbesendungen

Alle deutschen Postunternehmen stellen bestimmte **Anforderungen an Briefhüllen**. Diese Verpackungen können aus Papier oder Plastikfolie sein und müssen die Codier- und Lesezone freihalten.

Infopost-Sendungen wie Zeitungen, gefaltete Schriftstücke oder Unterlagen können ohne Kuvert oder Folie verschickt werden. Vorausgesetzt, sie sind länger als 23,5 cm oder breiter als 12,5 cm und wiegen mehr als dreißig Gramm und wurden mindestens auf eine Leitregion oder eine fünfstellige Postleitzahl vorsortiert.

Die Anschrift muss im oberen Bereich der Sendung ausreichend groß, einfarbig, in einer hellen Fläche lesegerecht angebracht sein. Infopost-Sendungen ohne Umhüllung werden von der Deutschen Post nicht nach- und zurückgesandt. Bei Unklarheit, ob eine Sendung ohne Umhüllung versandt werden kann, sollte man dem Kundenberater vor Druck des Materials ein Muster vorlegen.

Angebote anderer Anbieter

Im Rahmen des **liberalisierten Postmarktes** gibt es mittlerweile zahlreiche Anbieter, die Angebote für die Werbewirtschaft entwickelt haben. So bietet die Pin-Group mit dem Infoletter und Infomail den werbetreibenden Unternehmen Produkte für den Versand von Massensendungen an [11]. Die **Lieferbestimmungen** zu Inhalt und zur Form der Sendungen sind mit denen der Deutschen Post vergleichbar.

Bei dem Unternehmen TNT Post werden alle Preise ausschließlich auf Anfrage [12] kalkuliert. Der Kunde hat nicht die Möglichkeit, sich vorab anhand einer Preisliste zu orientieren. Die einzelne Lösung und damit auch der Preis sind vom Gesamtvolumen, der Frequenz und dem Gewicht der Sendungen sowie von einem regionalen Fokus abhängig.

Die TNT-Post stellt ihren Kunden und auch deren Lettershops ebenfalls **kostenfreie Softwarelösungen** zur Verfügung. Nach einem Gespräch mit dem jeweiligen Serviceberater wird die Software an die Firmen-E-Mail des Kunden geschickt.

Gratis-Software zur Versand-optimierung Auch für kleinere oder einmalige Werbeaktionen wird ein kostenfreies web-basiertes Werkzeug angeboten. Für größere und häufiger anfallende Werbeaktionen bietet das Unternehmen direkte und IT-technische Integrationen für Lettershops an. Dieser Service vor allem von Großkunden aus dem Bereich Versandhandel und Telekommunikation genutzt.

Literatur

[1] *Deutsche Post AG 5/2008, Preisliste, http://www.deutschepost.de/dpag?xmlFile=1015499.*

[2] *Infopost-Manager, Software und Handbuch, 137 Euro; Infopost-Manager Professional Software und Handbuch, 404 Euro.*

[3] *http://www.deutschepost.de/dpag?check=yes&lang=de_DE&xmlFile=link1016058_5030.*

[4] *Deutsche Post AG 5/2008.*

[5] *http://www.deutschepost.de/dpag?tab=1&skin=hi&check=yes&lang=de_DE&xmlFile=link1015550_303.*

[6] *https://www.mailingfactory.de/postwurfspezial.html?ZS_SESSIONID=3fcf230f051943dd3751211370455235.*

[7] *http://www.deutschepost.de/dpag?tab=1&skin=hi&check=yes&lang=de_DE&xmlFile=link1015551_1084.*

[8] *www.deutschepost.de/frankiervermerk sowie http://www.deutschepost.de/dpag?tab=1&skin=hi&check=yes&lang=de_DE&xmlFile=link1011878_1011837.*

[9] *https://www.deutschepost.de/dpag/multiapps?lang=de_DE&xmlFile=link1011878_1012876&skin=hi&check=yes.*

[10] *Deutsche Post AG.*

[11] *Aktuelle Preisliste der Pin-Group, März: 2008; zu beziehen bei der: PIN Mail AG, Vertrieb, Alt-Moabit 9, 110559 Berlin.*

[12] *http://www.tntpost.de/Startseite/Kontakt/Telefonkontakte,72,1.html.*

TELEFON UND FAX

Erfolgreiches Telefonmarketing   265

Typgerechtes Telefonieren   277

Callcenter strategisch integrieren   284

Dialogmarketing per Fax   297

Der direkteste Dialog ist natürlich das Gespräch. So hat ja auch Siegfried Vögele seine Dialogmethode einem Verkäufergespräch nachempfunden. Da ein Außendienstbesuch teuer ist, sind die meisten Gespräche jedoch Telefonate.

Günter Greff erläutert zunächst einmal die Vorteile des Telefon gegenüber Außendienst (preiswerter) und gegenüber dem Mailing (effektiver). Er geht auch auf die rechtlichen Rahmenbedingungen ein. Dann aber widmet er sich dem wichtigen Thema Nachhaltigkeit und Markenaufbau. Keinem Unternehmen – und auch den Callcenter-Mitarbeitern nicht – ist geholfen, wenn sie nur versuchen, schnell etwas zu verkaufen. Ein Telefonat ist der Beginn einer Beziehung, an deren Ende der Verkaufsabschluss stehen kann aber nicht muss. Greff verrät, wie man mit Fragen ein Gespräch wunderbar lenken kann, ohne penetrant zu sein. Am Ende bringt er noch ein Reihe von Formulierungen, die Sie definitiv vermeiden sollten.

Gaby Graupner plädiert dafür, seinen eigenen Stil am Telefon zu finden. Jeder telefoniert anders und hat andere Stärken und Schwächen. Beim Telefonieren hört ein Gegenüber oft schon an feinen Zwischentönen, ob Sie sich wohl in Ihrer Haut fühlen oder nicht. Um sich die eigene Stimmung nicht vermiesen zu lassen, empfiehlt sie einige konkrete Verhaltensweisen. Eine Reihe von Mustertexten ergänzen ihren Beitrag.

Harald Henn erklärt, worauf bei Planung und Aufbau eines Callcenters zu achten ist. Er beschreibt den gesamten Prozess der Kundeninteraktion und welche Rolle dabei den verschiedenen Medien zukommt. Das ist deshalb so wichtig, weil ein Callcenter in den gesamten Prozess eingebunden sein muss. Dabei sollte auch darauf geachtet werden, dass Informationen über den jeweiligen Kundenwert an jedem Punkt der Kette Berücksichtigung finden. Auf Kanalkonflikte geht er ebenso ein, wie auf Kundenrückgewinnung oder Terminvereinbarung.

Elke Benevento beschreibt, wie Faxwerbung funktioniert. Trotz des weltweiten Siegeszugs der E-Mail gibt es eine ganze Reihe von Bereichen, wo ein Faxmailing weitaus effektiver ist als E-Mail. Gegenüber dem Brief wiederum hat das Fax den Vorteil des geringen Preises und der hohen Geschwindigkeit. Benevento erläutert, worauf bei einem guten Faxmailing geachtet werden sollte. Sie zählt die verschiedenen Anwendungsmöglichkeiten und deren Spezifika auf. Hilfreich ist auch die Checkliste für die Gestaltung von Faxmailings.

Torsten Schwarz

7

TELEFON UND FAX

Auch im Internet- und E-Mail-Zeitalter: Telefonmarketing ist das effektivste Instrument im modernen Dialogmarketingorchester. Warum? Das Telefongespräch bietet, neben dem (teuren) persönlichen Gespräch mit dem Kunden, die einmalige Chance, mit Interessenten und Kunden einen Dialog zu führen. Wobei wir bereits bei einem wichtigen Punkt für erfolgreiches Telefonmarketing sind: Ein Telefonmarketinggespräch sollte immer ein Dialog mit dem Gesprächspartner sein. Und dabei sollte der Gesprächsanteil des Interessenten oder Kunden immer größer sein, als der Gesprächsanteil des Verkäufers. Davon später mehr.

Telefon ist echter Dialog

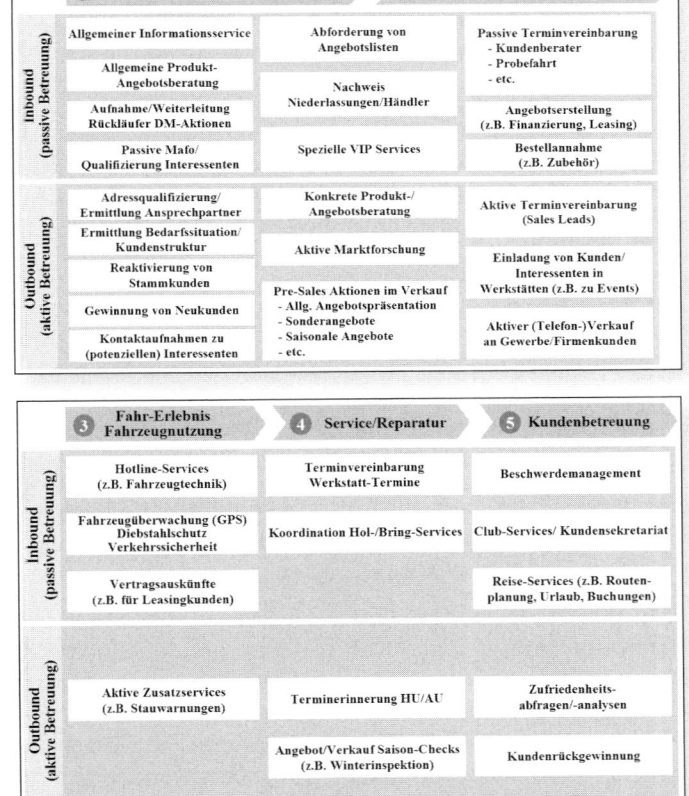

Abb. 1. und 2.: Von der Akquisevorbereitung, über den Verkauf, bis zur kontinuierlichen Kundenbetreuung: Aktives und passives Telefonmarketing, strategisch kombiniert mit anderen Mitteln des Dialogmarketings.

www.marketing-boerse.de/Experten/details/Guenter-Greff

In diesem Beitrag geht es um das aktive Telefonmarketing, also die direkte Ansprache via Telefon. Die Angelsachsen sagen „Outbound" dazu. Daneben gibt es folgerichtig „Inbound", das passive Telefonmarketing. Wie die ganze Palette des Telefonmarketing strategisch eingesetzt werden kann, zeigt das Beispiel aus der Automobilbranche eine Seite vorher.

Die Rechtssprechung – Was ist erlaubt und was nicht

So weit, so gut. Doch bevor wir starten, eine Anmerkung. Aktives Telefonmarketing, oft auch Telefonwerbung genannt, unterliegt in Deutschland gesetzlichen Regeln. Im privaten Bereich muss, insbesondere bei Erstanrufen, das Einverständnis des Angerufenen oder der Angerufenen vorliegen. Am besten natürlich in schriftlicher Form. Wenn kein schriftliches Einverständnis vorliegt, der Kunde sich über den Anruf aber nicht beschwert, ihn akzeptiert oder gar begrüßt, spricht man vom sogenannten konkludenten Einverständnis. Im B2B-Bereich ist die Ausgangssituation eine etwas andere. Damit wir jetzt hier keine Buchseiten mit Juristendeutsch vergeuden: Sprechen Sie im Zweifelsfall mit einem Fachanwalt, oder schauen Sie sich die Gesetzesvorlage bei www.Call-Center-Experts.de an. Und jetzt meine Empfehlungen für erfolgreiches Telefonmarketing:

Empfehlung Nr. 1: Machen Sie nie mehr einen Kaltanruf

Es ist richtig, ich fordere Sie tatsächlich auf, nie mehr einen **Kaltanruf** zu machen. Ich spreche über die Anrufe, über die sich Kunden und Interessenten beschweren, und die der Telefonmarketing- und Callcenterbranche bisher zu einem schlechten Image verholfen haben. Aber nicht nur das. Diese verdammten Anrufe sind auch Schuld daran, dass talentierte Telefonverkäufer, die sich wahrscheinlich zu exzellenten Kundengewinnern und Kundenbetreuern entwickelt hätten, zu Rowdies am Telefon geworden sind.

Natürlich ist es wichtig, dass neue Kunden per Telefon gewonnen werden. Aber es kommt auf das „Wie" an. Denn ich möchte, dass Ihre Bemühungen, per Telefon erste Kontakte mit neuen Kunden anzubahnen, von Ihrer Gesprächspartnerin oder Ihrem Gesprächspartner akzeptiert werden. Und nicht, wie so oft, gehasst werden. Darum denken Sie nie mehr in **„Kaltanrufen"** sondern in **„Kundenanwärmanrufen"**.

Finden Sie also vorsichtig heraus, ob Sie und Ihr Angebot am Telefon willkommen sind. Dann erreichen Sie das wichtige konkludente Einverständnis und die Sympathie der Gesprächspartnerin oder des Gesprächspartners.

Was Sie sagen, prägt Ihr Denken, und das wiederum beeinflusst Ihr Handeln. Jeder Mensch hasst **Kaltanrufe**, ganz gleich ob man diese Anrufe selbst durchführt oder solche Anrufe erhält. Darum dürfen Sie sich gar nicht erst in dieser seelischen Verfassung sehen. Das ist für eine Telefonmarketerin oder einen Telefonmarketer Selbstsabotage. Wenn Sie zum Telefonhörer greifen und sich selbst einreden: „Jetzt muss ich wieder einen **Kaltanruf** machen", programmieren Sie sich selbst einen unangenehmen und kühlen Empfang am Telefon. Das bringt Sie natürlich sofort in eine defensive Situation. Die Wörter, die Sie sprechen und die Stimmung, die Sie über die Telefonleitung verströmen, kommunizieren unterschwellig Ihre Einstellung an Ihren Ansprechpartner. Wenn Sie diesen Anruf für sich selbst als **Kaltanruf** verinnerlichen, dann denken Sie genau so und handeln entsprechend. Also: Statt **Kaltanrufe** machen Sie in Zukunft **Kundenanwärmanrufe**.

Verkaufsabschluss oder Beginn einer Kundenbeziehung

Viele Telefonverkäufer sprechen und denken in Verkaufsabschlüssen. Abschluss bedeutet normalerweise Aus, Ende. Denken Sie um in Kundenanwärmanrufe. Der erste Anruf ist ab sofort kein Abschluss sondern der Beginn einer neuen Freundschaft, der Beginn einer langen intensiven Kundenbeziehung.

Der Anruf soll Beginn einer Freundschaft sein

Das Nudelkocherverhalten

Eine der für mich nützlichsten Aussagen von Marketingguru Peter Drucker ist die eindeutige Differenzierung von Effizienz und Effektivität. Effizienz bedeutet, die Dinge richtig zu machen. Effektivität heißt, die richtigen Dinge zu tun. Effizienz und Effektivität richtig auszubalancieren ist auch eine der großen Herausforderungen in der Neukundengewinnung per Telefon.

Das Verrückte bei den meisten Aktivitäten zur Neukundengewinnung ist, dass sie beides sind: ineffizient und ineffektiv. Verkäufer arbeiten oft nach dem al dente Verfahren, das auch (angeblich) italienische Köche in der ganzen Welt anwenden: Sie werfen ein Kilo gekochte Nudeln (oder Interessenten) an die Wand und schauen, ob welche stecken bleiben. Wenn einige in der Wand stecken bleiben, heißt das: Die Nudeln sind al dente, oder wir haben neue Interessenten.

Wenn keine Nudel stecken bleibt, dann fangen wir eben wieder an neu zu kochen und schmeißen dann das nächste Kilo Nudeln an die Wand und hoffen jetzt, dass jetzt einige stecken bleiben. Und so geht es weiter und weiter und bedeutet, Sie verlieren bisherige Interessenten, rufen immer wieder aufs Neue irgendwelche Leute an.

Die meisten Telefonmarketer „betreuen" eine sehr große Anzahl von Interessenten. Sie verschicken Tonnen von teuren Prospekten, vereinbaren viele persönliche Termine und blockieren ihren Terminkalender mit unzähligen Wiederanruftermine. Die meisten dieser Aktionen führen zu Folgeaktionen, die oft völlig ineffizient sind. Nur wenige Interessenten sind dabei, bei denen es sich lohnt, weiter zu machen und bei dem es zu einem Auftrag kommen könnte.

Hyperaktivität ist nicht effizient

An dieser miserablen Situation sind die verantwortlichen Callcenter- und Verkaufsmanager meist beteiligt. „Neukundengewinnung ist wie Mathematik. Je mehr Anrufe du machst, desto mehr Interessenten bleiben hängen", hört man immer wieder. Im Callcenter sind das dann die sogenannten Nettokontakte, die gezählt werden. Wie qualifiziert die Gespräche und die Interessenten sind, ist oft unklar.

Dieses **„Nudelkocherverhalten"** am Telefon führt dann dazu, dass die Verkäufer und Telefonmarketer so mit Unsinn beschäftigt sind, dass sie die wenigen wichtigen Interessenten mit Kaufpotential nicht mehr erkennen.

Die Förderbandanalogie

Wenn ich Vorträge zu diesem Thema halte, erkläre ich dieses Konzept mit der **„Förderbandanalogie"**. Der Erfolg bei der Gewinnung von neuen Kunden liegt zunächst darin, dass möglichst viele echte Interessenten auf dieses Förderband steigen. Dazu muss der Telefonmarketer den Interessenten qualifizieren und dann überzeugen, den ersten Schritt zu tun, also auf das Förderband zu klettern. Und danach vor allem, ihn auch auf dem Förderband zu halten, um Bestandskunde zu werden. Denn Bestandskunden, die immer wieder kaufen, bringen den Profit und machen Spaß.

Abb. 3: Die Förderbandanalogie

Der erste Auftrag kostet Geld

Der am wenigsten profitable Auftrag ist wahrscheinlich der erste, den Sie mit einem neuen Kunden machen. Denn auf diesem ersten Auftrag liegen all die hohen Marketingkosten, die entstanden sind, um den Kunden auf das Förderband zu hieven. Und wenn dieser Kunde dann mit einem **Kaltanruf** „über den Tisch gezogen wurde" und nicht mehr kauft, dann ist das für beide eine unbefriedigende Situation. Dieser Kunde ist sauer und erzählt seinen Ärger im Durchschnitt 17 weiteren Personen (sagen die Statistiker). Und das Unternehmen zahlt die teuren Marketingkosten für den ersten Auftrag.

Nehmen wir mal an, Sie machen 9 NICHT erfolgreiche Telefonanrufe. Dann, Bingo, bei der Nr. 10 sind Sie erfolgreich. Nehmen wir an, der Umsatz bei diesem Auftrag beträgt 1.000 Euro und die Marge beträgt 20 Prozent, dann haben Sie 200 Euro verdient. Nehmen wir weiter an, Ihre Kosten, um einen Interessenten zu erreichen, betragen nur 50 Euro. Wahrscheinlich sind sie viel höher, wenn man alle Kosten, wie zum Beispiel Werbung, Raumkosten, Telefonanlage und Computer berücksichtigt. Dennoch, Sie könnten jetzt sagen: „Ich habe einen Auftrag gemacht für 1.000 Euro, 200 Euro verdient, und es hat nur 50 Euro gekostet den Kunden zu gewinnen. Das ist doch ganz gut".

Achtung! Warten Sie einen Moment! Was ist mit den 9 Interessenten, bei denen Sie ein „Nein" erhalten, bevor Sie das einzige „Ja" erhalten haben? Denn die Marketingkosten für jeden Kundenkontakt betragen 50 Euro. Sie haben also 500 Euro „verbraten" um 200 Euro Gewinn zu machen. Das bedeutet, Sie haben 300 Euro Verlust gemacht.

Langfristig denken Es ist also sehr wichtig, sich gerade um die Kunden zu kümmern und sie wieder anzurufen, die das erste Mal gekauft haben. Diese Anrufe sind dann auch meist motivierend. Denn der Kunde erzählt, wie zufrieden er ist, und/oder was man noch an der verkauften Dienstleistung oder am verkauften Produkt verbessern könne. Für den Telefonmarketer und den Außendienstmitarbeiter können diese Anrufe wie eine Revitalisierungskur wirken. Wenn die Chefs die Anregungen der Kunden dann ernst nehmen und entsprechend reagieren, dann kann das auch manch angestaubtes Unternehmen wieder revitalisieren.

Und der Telefonmarketer hat zusätzlich die Chance, diese weiterentwickelten Kunden als Empfehlerkunden zu nutzen und für die Neukundengewinnung einzusetzen.

Qualität und nicht Quantität

Leider gilt in vielen Unternehmen für die Neukundengewinnung immer noch: Quantität vor Qualität oder anders gesagt, je mehr Leads desto besser. Denn das ist leichter zu messen, auch für die Fachabteilungen, die „nach oben" berichten müssen. Ändern Sie das! Messen Sie nicht mehr die Quantität, sondern die Qualität der Ergebnisse! Das sind dann die Kunden, die auf dem Förderband bleiben.

➤ Löschen Sie das Wort „**Kaltanrufe**" aus Ihrem Vokabular und Ihren Gedanken, und ersetzen Sie es durch „**Kundenanwärmanrufe**".

➤ Konzentrieren Sie sich bei der Neukundengewinnung auf die Interessenten mit Potential, die lange auf dem Förderband bleiben.

➤ Prüfen Sie auch das Verhalten Ihrer Bestandskunden auf dem Förderband.

➤ Nutzen Sie die positiven Reaktionen Ihrer Kunden für Ihr Empfehlungsmarketing.

APE bedeutet **Analysieren-Personalisieren-Empfehlen**. Ihr Ziel ist dabei nicht nur der Termin oder der erste Auftrag. Das Ziel, das Sie beim „Anwärmanruf" des Interessenten haben, ist eine langjährige Kauf-Partnerschaft zu beginnen, oder auch eine eingeschlafene Kauf-Beziehung wieder zu beleben.

Empfehlung Nr. 2: Setzen Sie auf APE

Achtung, ich sage bewusst „Kaufen" und nicht „Verkaufen". Erfolgreiche Verkäufer schaffen es, dass sie nicht „verkaufen" müssen, sondern dass Kunden von Ihnen „kaufen", gerne kaufen. Deshalb empfehle ich Ihnen diese drei Schritte meines APE-Systems:

1. Analysieren
Starten Sie jedes Telefonverkaufsgespräch mit ein oder zwei offenen Fragen. Offene Fragen, auch „W"-Fragen genannt, öffnen den Interessenten und Kunden und er erzählt Ihnen über seine Bedürfnisse, Bedenken und die Art und Weise, wie er kommuniziert. Nach den offenen Fragen stellen Sie Alternativfragen um zu erfahren, was ihr Gesprächspartner wirklich will.

2. Personalisieren
Sie wissen jetzt, was Sie für ein sehr gutes Verkaufs-/ Beratungsgespräch am Telefon wissen müssen. Bringen Sie jetzt die Wünsche des Kunden in Einklang mit den Vorteilen Ihres Angebots. Wenn das noch nicht möglich ist, dann suchen Sie nach Möglichkeiten, oder wenden Sie sich den Interessenten zu, bei denen ihr Angebot

passt und dem Kunden Nutzen bringt. Denn nur wenn Wünsche des Kunden mit den Vorteilen Ihres Produktes zusammen passen, beginnt eine langjährige (Kauf)Partnerschaft.

3. Empfehlen

Stellen Sie fest, welche Vorteile aus ihrem Angebot dem Interessenten den besten Nutzen bieten. Und dann empfehlen Sie diese Ihrem Interessenten. Sprechen Sie ausdrücklich die Formulierung: „Nachdem, was Sie mir gesagt haben, empfehle ich Ihnen…". Diese Formulierung erinnert Sie an Ihre Funktion als Berater (und nicht als Telefonverkäufer) und zeigt dem Kunden, dass Sie seine Interessen wirklich ernst nehmen.

Hier ein Beispiel, wie APE in der Praxis funktioniert: „Wir bieten superschnelle DSL-Übertragungen und Telefondienste in einem Paket an. Das bedeutet, dass Sie mit hoher Geschwindigkeit im Internet surfen können. Wenn ein Telefongespräch eingeht, hören Sie einen Piepton und Sie können dann das Gespräch annehmen. Außerdem gibt es eine Anrufweiterschaltung. Sie können damit von ihrem Telefonanschluss alle eingehenden Anrufe auf jede Mobilfunk- und Festnetznummer in der Welt umleiten. Darf ich Sie als neuen Kunden begrüßen?"

Würden Sie jetzt unterschreiben? Wer möchte schon einen Piepton in seinem Ohr hören und wer braucht schon eine Rufumleitung in die weite Welt? Der Verkäufer zählte die Funktionen seines Produktes auf. Nur, niemand kauft Funktionen. Kunden kaufen den Nutzen, den ihnen Funktionen bieten.

A = Analysieren

Ein gutes Verkaufsgespräch am Telefon beginnt mit offenen Fragen und wird dann mit Alternativfragen weiter geführt. „Herr Nudelmann, was denken Sie, wie oft rufen Sie Kunden und Interessenten an, und sie sind nicht in ihrem Büro und der Anruf landet dann auf ihrem Anrufbeantworter?" „Wie oft sind Sie denn so in der Woche unterwegs?" Was meinen Sie, könnten Sie wichtige Anrufe verpassen, oder könnten Sie dadurch auch Kunden verlieren?" Diese Analyse dient dazu herauszufinden, was Ihr Kunde wirklich braucht.

Mit offenen Fragen herausfinden, was Kunden interessiert

P = Personalisieren

Nach der (Bedarfs)Analyse sollten Sie die Bedürfnisse des Kunden mit den Vorteilen ihres Produktes oder ihrer Dienstleistung in Übereinklang bringen.

„Herr Nudelmann, ein Vorteil der automatischen Anrufweiterleitung ist, dass Sie keinen wichtigen Anruf mehr verpassen, denn er landet auf Ihrem Handy oder in Ihrem Hotelzimmer." Untersuchungen haben auch gezeigt, dass Einbrecher oft anrufen um festzustellen, ob jemand zu Hause ist. Mit dieser Anrufweiterleitung denkt jeder Anrufer, dass Sie zu Hause sind…"

E = Empfehlen

Der Schlüssel zum Verkaufserfolg und zum Start einer langen Kaufbeziehung besteht darin, genau die Bedürfnisse und die Wünsche des Kunden zu treffen. Die **Analyse** zeigt Ihnen diese Bedürfnisse. **Personalisieren** bringt diese Wünsche und Bedürfnisse in Deckung mit den Vorteilen Ihres Angebotes. Je perfekter das klappt, umso einfacher ist es dann, dem Interessenten Ihre Lösung zur Erfüllung seiner Bedürfnisse und Wünsche zu **empfehlen**.

„Herr Nudelmann, nachdem was Sie mir gesagt haben, wie oft Sie beruflich unterwegs sind, **empfehle** ich Ihnen diesen Anrufweiterleitungsservice. Sie verpassen tatsächlich keinen wichtigen Anruf. Zusätzlich denken ungebetene Gäste, wie beispielsweise Einbrecher, das Büro ist immer besetzt…"

Je mehr Punkte Sie bei **A**, wie **Analyse** als Wünsche (Bedarf) bei der Gesprächspartnerin oder dem Gesprächspartner finden, die mit Merkmalen Ihres Angebotes übereinstimmen, umso sicherer kommen Sie zu einer langjährigen Käuferbeziehung.

Das Analysieren des Bedarfs und der Wünsche des Interessenten ist der wichtigste Schritt zum Aufbau einer langen Kundenbeziehung. Zu oft fragen mich meine Kunden, ob ich Ihnen nicht ein Verkaufsskript für Telefonmarketer oder Vertriebsmitarbeiter schreiben könnte. Sie stellen sich dann den Ablauf eines Verkaufsgespräches vor, also was der Verkäufer sagen soll. Solche Telefon- und Verkaufsskripts lehne ich grundsätzlich ab. Um eine Kundenbeziehung zu beginnen sollen die Verkäufer viel **fragen** und weniger **sagen**.

Die beste Art Fragen zu stellen

Im (Telefon)Verkauf gibt es drei Fragearten: Die **offene – oder „W"-Frage**, die **Alternativfrage** und die **geschlossene – oder „Ja" oder „Nein"-Frage**. Lassen Sie uns zuerst über die **geschlossene Frage** reden. Prüfen Sie sehr sorgfältig, ob Sie diese Frage in einem Verkaufsgespräch bevorzugt einsetzen. Wenn „Ja" ändern Sie das ganz schnell. **Geschlossene Fragen** bringen Ihnen kaum Informationen, ein richtiger Dialog entsteht auch nicht und oft denkt der Kunde, er wäre im Gerichtssaal bei einem Verhör.

Geschlossene Fragen sind wie ein Verhör

Die **Alternativfrage** wirkt sehr viel besser. Wenn Sie beispielsweise ein Wohnmobil verkaufen wollen, fragen Sie: „Nutzen Sie es eher für Wochenendreisen oder längere Urlaubsreisen oder vielleicht beides"? **Alternativfragen** helfen dem Gesprächspartner genaue Antworten zu geben, die Ihnen für die gute Beratung helfen. Dennoch eignen sich diese Fragen weniger direkt am Anfang des Verkaufsgespräches. Denn die Antworten sind immer noch relativ kurz und Sie erfahren wenig über die Art und Weise, wie Ihr Gesprächspartner kommuniziert.

Darum starten Sie mit einer **offenen – oder „W"-Frage**. „Erzählen Sie mir doch ein bisschen über ihre Reisen. Wohin fahren Sie denn vorwiegend hin mit Ihrem Wohnmobil?"

Jetzt genau zuhören. Sie erhalten ganz viele Informationen und erkennen, wie er kommuniziert, welche Wörter und Formulierungen er gerne benutzt, ob er schnell oder eher langsam spricht.

Nach den Fragen wissen Sie, ob Ihr Angebot zu den Wünschen und Bedürfnissen des Interessenten passt. Wenn nicht, dann sagen Sie es ruhig dem Interessenten. Oft ist dann Gelegenheit nach einer Empfehlung zu fragen. Denn der Interessent anerkennt Ehrlichkeit und ist dann oft gerne bereit, Ihnen potentielle Interessenten zu nennen, für die Ihr Angebot besser passt. **Sie sollten also immer nach einer Empfehlung fragen.**

Produktvorteile personalisieren

Wenn Sie tolle Übereinstimmungen finden, dann ist es Zeit zu personalisieren, dem **P** von **APE**. Bringen Sie einfach die Antworten ihres Gesprächspartners in Deckung mit den Vorteilen ihres Angebotes. Dies ist ein großer Unterschied zu dem Vorgehen vieler Verkäufer. Denn viele Verkäufer glauben, sie müssten alle 15 Vorteile aufzählen, die im Prospekt oder Katalog aufgeführt sind. Bei diesem Sprechtrommelfeuer meint man oft, dass der Verkäufer dem Kunden indirekt sagt: „Unterbrich mich ja nicht bis ich alle Produktvorteile aufgezählt habe…"

Dabei sind Produktvorteile nicht universell aufzuzählen. Denn jeder Interessent hat unterschiedliche Wünsche und Bedürfnisse. Und auf diese, ganz individuellen und einzigartigen Gegebenheiten, gilt es die Vorteile und den Nutzen Ihres Angebotes abzustimmen, eben zu **personalisieren**. Oft reichen ein oder zwei Vorteile, die ganz genau auf die Bedürfnisse des Interessenten passen, um den Auftrag oder den Termin zu erhalten. Vielleicht genügt ein einziges passendes und gutes Argument für den Beginn einer langjährigen Kaufbeziehung.

Sprechen Sie Ihre Empfehlung aus

Wenn Sie wissen, was der Kunde wirklich braucht, und wenn Sie diese Wünsche mit den Vorteilen Ihres Angebotes in Deckung gebracht haben, dann ist es Zeit Ihre **Empfehlung** auszusprechen, dem **E** von **APE**. Das Entscheidende: Sie müssen das Wort **„empfehlen"** auch aussprechen. Und wenn Sie sagen: **„Ich empfehle Ihnen…"**, dann ist entscheidend, dass Sie das empfehlen, was der Kunde tatsächlich braucht und von dem er den meisten Nutzen hat. Und das haben Sie ja durch **A = Analyse** und **P = Personalisierung** herausgefunden.

Den Ablauf eines Telefonverkaufsgespräches nach **APE** sehen Sie in Abb. 4.

Die Macht des ersten Eindrucks

Der potenzielle Kunde, Ihr Interessent, den Sie gerade anrufen, trifft in **Sekundenschnelle** sein Urteil über Sie. Er fällt sein Urteil nach der Art, wie Sie sprechen, nach Ihrer Wortwahl, nach dem Ton Ihrer Stimme, nach der Sprechgeschwindigkeit, nach dem Dialekt, zusammengefasst: Nach Ihrem „stimmlichen Image". Ihr „stimmliches Image" bewirkt, ob die Tür geöffnet oder zugeknallt wird. Ob Sie herzlich empfangen werden oder mit eisiger Miene.

Ablauf eines Telefonverkaufsgesprächs nach APE • Begrüßung

➤ Grund des Anrufs nennen („Aufhänger")

➤ Gesprächsbereitschaft feststellen

➤ A = Analysefragen stellen

➤ P = Punkte des Angebotes personalisieren

➤ E = Empfehlung aussprechen

➤ Vorwände und Einwände des Kunden beantworten

➤ Übereinstimmung erzielen und E = Empfehlung wiederholen

➤ Verkaufsabschluss

➤ Zusammenfassung des Gespräches und Verabschiedung

Gesprächsablauf
festlegen

Abb. 4: Ablauf eines Telefonverkaufsgespräches

Die ersten Momente des Telefongespräches sind die kritischsten und wichtigsten. Deshalb kann es wichtig sein, erste Telefonakquisegespräche „anzuwärmen", zum Beispiel durch eine E-Mail, so dass Ihr Name bereits beim Ansprechpartner bekannt ist, den Grund Ihres Anrufs kennen, oder dass Sie auf eine persönliche Empfehlung hin anrufen. Aber selbst dann kann ein einziger tonaler Ausrutscher das Ende der noch gar nicht entstandenen Geschäftsbeziehung bedeuten. Dieses Bilden und Gewinnen und Vertrauen in den ersten Gesprächsminuten, nein, Gesprächssekunden, ist ein schwieriger und komplizierter Prozess. Wenn das nicht gelingt, dann verlässt der potenzielle Kunde bereits das Förderband, bevor er es überhaupt betreten hat.

Im Gegensatz zu anderen „Sportarten" findet das **Finale** bei der telefonischen Erstkundengewinnung **direkt am Anfang des Gespräches** statt. Denn in diesen ersten Sekunden des Telefongespräches entscheidet sich sehr oft: „Ja" oder „Nein".

Das Finale ist
gleich am Anfang

Natürlich haben Sie Fakten und Informationen, die Sie gerne Ihrem Gesprächspartner mitteilen wollen. Als Allererstes müssen Sie jetzt eine emotionale Übereinstimmung mit Ihrem Partner am anderen Ende der Leitung erzielen. Er muss das Gefühl haben: Jawohl, wir sind auf der gleichen Wellenlänge. Ich fühle, wir vertrauen uns und wir könnten Freunde werden.

Es gibt viele Möglichkeiten diese Übereinstimmung zu erzielen. Hier sind ein paar davon. Manche mögen banal klingen, aber jeder kann für sich entscheiden, ob „Sie" oder „Er" das so macht oder machen möchte:

Ohne Übereinstimmung der Meinungen kommunizieren wir nicht richtig, da jeder seine eigene Meinung hat, und diese natürlich verteidigt. Das Erreichen einer Übereinstimmung mit der Interessentin oder dem Interessenten spielt eine wichtige Rolle für einen erfolgreichen Telefonmarketinganruf.

Nicht übertreiben
mit dem Namen

> ➤ Sprechen Sie Ihren Gesprächspartner während des Telefonats
> mit Namen an (allerdings nicht übertreiben).
> ➤ Erwähnen Sie gemeinsame Bekannte, Erfahrungen und Hintergründe.
> ➤ Fragen Sie nach, um die Meinung des Gesprächspartners zu erfahren.
> ➤ Tun Sie alles, um die Ziele und Wünsche des Gesprächspartners zu erfahren.
> ➤ Kommunizieren Sie so, dass klar wird: Ihre Ziele sind die gleichen wie die
> der Ansprechpartnerin/des Ansprechpartners. Und dieses Gespräch dient
> dazu, die gemeinsamen Ziele zu erreichen.

Es gibt zwei Hauptgründe mit einer positiven Sprache zu sprechen: Erstens, die
Menschen verstehen positive Sprache viel besser und sie prägt sich besser im
Gedächtnis ein. Vergleichen Sie selbst:
„Ich kann Ihnen den Laptop in 2 Wochen liefern", oder:
„Ich kann Ihnen den Laptop nicht vor Ablauf von 2 Wochen liefern".

Sie haben es gemerkt: Dieses einfache Beispiel zeigt, wie wichtig das positive
Formulieren und Sprechen ist und wie gefährlich Formulierungen, wie: „Ich kann
nicht…" Falls sich diese oder ähnliche Formulierung auch in Ihrem Wortschatz
befindet: Sofort eliminieren!

Sprechen Sie mit der Erwartung auf Erfolg in der Stimme

Sie stimmen wahrscheinlich auch zu, wenn ich sage: Wir klingen am Telefon so, wie
wir uns fühlen. Was halten Sie von dieser Aussage: Wir klingen nicht nur so, wie
wir uns fühlen – wir denken und fühlen und agieren auch so, wie wir klingen.

Ist Ihnen
Donnerstag oder
Freitag lieber?

Wenn Sie beispielsweise sagen: „Ich werde versuchen, Sie in den nächsten Tagen
noch mal anzurufen. Dann können wir über das Thema noch mal reden?" Was
meinen Sie, ist das die bestmögliche Formulierung? Ist das für den Telefonverkäufer
selbst die richtige Aufforderung zur Aktion? Wohl kaum! Natürlich besser: „Ich rufe
Sie Ende der Woche wieder an, dann können wir das Thema weiter besprechen. Ist
Donnerstagnachmittag 14.30 Uhr ok oder ist Ihnen der Freitagvormittag lieber?"

Telefonieren Sie mit einer präzisen Sprache

Chatten mit Freunden ist eine Sache. Kommunizieren mit Geschäftspartnern und
Interessenten eine andere. Denn die Zeit ist im Geschäftsleben, und auch oft im
Privatleben wertvoll und knapp – da kann man kein langatmiges Rumlamentieren
gebrauchen. Natürlich sollten Sie Zeit investieren, um emotionale Übereinstimmung
mit Ihrem Gesprächspartner zu erzielen. Wenn das geschehen ist, dann sollten Sie
Ihr Anliegen präzise vorbringen.

Positive Sprache öffnet Türen

Ihr Ziel ist es, direkt eine warme und angenehme Gesprächsatmosphäre zu schaffen. Dann öffnet sich der Gesprächspartner oder die Gesprächspartnerin, und Sie haben es einfacher über sein oder ihr Anliegen zu sprechen. Die eigene Sprache am Telefon zu verändern ist relativ einfach – allerdings bedarf es konsequenten Trainings.

Vermeiden Sie diese neun Wörter und Formulierungen

Jeden Tag, im Geschäftsleben und im Privatleben, sprechen wir unbeabsichtigt Formulierungen, die beim Gesprächspartner fatale Reaktionen auslösen können. Hier einige Beispiele:

„Ich muss….“ „Ich muss in meinem Terminkalender nachschauen, ob der Termin möglich ist“. Oder: „Ich muss bei den Kollegen in der Technik nachfragen, ob…“. „Müssen“ bedeutet immer Last und Mühe und das hört der Gesprächspartner dann auch so am Telefon. Sagen Sie besser: „Ich schaue gerade in meinem Terminkalender nach, damit wir sofort den Termin fest machen können…“ Und: Ich frage sofort bei den Kollegen nach…“

„Ich werde versuchen…“ Was heißt das „Ich werde versuchen?“ Erst mal gar nichts für den Gesprächspartner. Der will hören: „Ich erledige die Angelegenheit sofort für Sie…“

„Das ist ein Problem…“ Hier hört der Kunde: „Wir haben ein Problem mit Deiner Bestellung“, oder: „Der Zeitpunkt für die Präsentation ist ein wirkliches Problem“, oder: „Der Liefertermin ist in keinem Fall einzuhalten“. Selbst wenn es so wäre: Killen Sie das Wort Problem aus Ihrem Sprechwortschatz. Oft können Sie es durch das Wort „Herausforderung“ ersetzen. „Das ist jetzt eine Herausforderung, den Liefertermin einzuhalten…“.

„Ich bin nur…“ der Verkäufer und kein Techniker“. Wie furchtbar, sich so zu erniedrigen. Wenn Sie das so sagen, dann klingen Sie auch wie ein Würstchen. Wenn Sie das nicht möchten, sagen Sie: „Das ist eine wichtige Frage und ich möchte, dass Sie die absolut richtige Antwort erhalten. Ich bespreche mich mit der Kollegin Dr. Fröhlich aus der Technik und rufe Sie heute Nachmittag an. Ist zwischen 14.00 Uhr und 14.30 für Sie ok?

So klingen Sie wie ein Würstchen

„Ehrlich gesagt…“ Lügen Sie sonst? Streichen Sie diese Formulierung ersatzlos!

„Da kann ich Ihnen nicht zustimmen…“ „Sie haben Unrecht“ versteht jetzt der Gesprächspartner, oder: „Ihre Meinung ist falsch…“. Der Kommunikationskonflikt ist vorprogrammiert. Sagen Sie einfach: „Ich verstehe was Sie sagen. Gleichzeitig denke ich (geht mir durch den Kopf…)“

„Haben Sie noch Fragen…?“ (Sie Trottel!) Natürlich kommt es auch immer darauf an, WIE Sie es sagen. Aber auch das WAS ist hier verbesserungsfähig. Beispiel: „Herr Birnstiel, wir haben jetzt eine Entscheidung getroffen. Sind aus Ihrer Sicht noch Fragen offen?“.

„**Nein…**" Assoziiert: Sie haben Unrecht, das geht nicht, Sie haben nicht verstanden. Oft können Sie das Wort „Nein" durch das Wort „Ja" ersetzen. Beispiel:" Nein, das können wir so nicht machen…" oder: „Ja, das sollten wir gemeinsam überdenken…" Wenn der Kunde etwas sagt, was tatsächlich nicht richtig ist, vermeiden Sie das Wort „Nein". Wenn Sie stattdessen ein nachdenklich gesprochenes „Ja" sprechen (Stimme nach oben ziehen) spürt der Ansprechpartner: „Da gibt es noch eine zweite Meinung…".

Aber kann alles kaputt machen „**Aber…**" „Sie sehen heute toll aus Frau Rübsam, aber Ihre Frisur…" „Selbst ein Kompliment kann durch das Wort „aber" vollständig zerstört werden. Oft können Sie das Wort „aber" durch das Wort „und" ersetzen. Beispiel: „Danke für den Auftrag, aber den Liefertermin können wir nicht einhalten..". oder: „Danke für den Auftrag, und über den Liefertermin reden wir jetzt…".

Und nie vergessen: WAS Sie sagen, beeinflusst zu zwanzig Prozent, WIE Sie sprechen, beeinflusst zu achtzig Prozent. Damit können Sie sofort beginnen:

> ➤ Beginnen Sie mit den Gesprächspartnern in den ersten Sekunden Übereinstimmung und Vertrauen aufzubauen.
> ➤ Sprechen Sie immer in einer positiven Sprache.
> ➤ Bitten Sie Kollegen und Freunde Sie zu korrigieren, wenn Sie negative Wörter sprechen.
> ➤ Labern Sie nicht, kommen Sie auf den Punkt in der Kommunikation mit Interessenten und Kunden.
> ➤ Eliminieren Sie angewöhnte Killerwörter und Killerformulierungen aus Ihrem Sprechwortschatz.

„Ein Telefonmarketinggespräch ist immer so gut, wie das Gefühl, das es bei der angerufenen Person und beim Anrufer/bei der Anruferin hinterlässt, wenn der Hörer aufgelegt ist". Prüfen Sie, wie Sie sich nach einem Telefonat zur Kundengewinnung fühlen – und ändern Sie gegebenenfalls Ihr Gesprächsverhalten. Dazu zeichnen Sie einfach ab und zu Ihre Gespräche auf und hören Sie sie sich noch einmal an. Denn: Alle wissen, wie Sie sprechen – nur Sie meistens nicht.

Literatur

Krumm R., Geissler C.: Aktives Verkaufen am Telefon erfolgreich planen und umsetzen. – 286 S., ISBN 9783834900463, Gabler, 2. erw. Aufl., 2005.

Greff G.: Telefonverkauf mit noch mehr Power: Kunden gewinnen, betreuen und halten. – 264 S., ISBN 9783833441745, Books on Demand, 2006.

Backwinkel H., Sturtz P., Fischer J.: Telefonieren: Professionelle Gesprächstechniken. – 126 S., ISBN 9783448074536, Haufe, 2006.

Greff G.: „Nie mehr Kaltanrufe". – Serie in www.Call-Center-Experts.de.

Barth F.: Telefonieren mit Erfolg: Die Kunst des richtigen Telefonmarketing. – 124 S., ISBN 9783423508469, DTV-Beck, 2. überarb. u. aktualis. Aufl., 2005.

Fischer C.: Telefonsales. – 127 S., ISBN 9783897492882, Gabal-Verlag, 3. Aufl., 2006.

Saxer U.: Bei Anruf Erfolg. Das Telefon-Powertraining für Manager und Verkäufer . – 327 S., ISBN 9783636030108, Verlag Moderne Industrie, 3. aktual. u. erw. Aufl., 2004.

TYPGERECHTES TELEFONIEREN
GABY S. GRAUPNER

Für viele Menschen bedeutet **Telefonmarketing** einen harten Kampf mit dem Kunden am Telefon. Und nur ganz harte, kommunikativ starke Menschen sind dafür geeignet. Das stimmt nicht! Telefonmarketing ist eine Summe von vielen Faktoren und jeder kann es lernen. Vielleicht ist nicht jeder dazu geeignet, ein Michael Schumacher des Telefonmarketings zu werden, doch der Level „guter Autofahrer" ist mit der richtigen Technik und einigen Tipps immer zu erreichen.

Der rote Teppich

Telefonmarketing beginnt bereits beim Klingeln des Telefons und bei der darauffolgenden Meldung. Dazu schrieb die Süddeutsche Zeitung einmal unter dem Titel: König Kunde als deutscher Störfaktor: „Ist er (Person am Telefon) – aufgrund seiner übrigen Tätigkeiten – zeitlich überhaupt in der Lage, Kundenwünsche prompt zu erledigen, etwa das Telefon wirklich nur zweimal klingeln zu lassen?"

Nachdem wir nun beim zweiten Klingeln ans Telefon gehen, wie melden wir uns? Ist uns bewusst, dass unser Gegenüber circa drei bis fünf Sekunden braucht, um zu verstehen was er hört? Welche Auswirkungen hat dies auf unsere Meldung? Wir brauchen Füllwörter, die diese 3 bis 5 Sekunden überbrücken. Füllwörter sind zum Beispiel: „Mein Name ist…", „Sie sprechen mit…", Sie sind verbunden mit der Firma…" sowie die **Begrüßung** und der Vorname. Das zuletzt Gesprochene wird am besten verstanden. Je nachdem, was Ihnen wichtiger ist, sollte das der Firmenname oder der Name des Mitarbeiters sein. Ausführliche Beispiele erhalten Sie hier:

> Die Begrüßung dient dem miteinander warm werden

> ➤ „Guten Tag, Sie sprechen mit Susi Müller
> für das Unternehmen Meier und Co."
>
> ➤ „Guten Morgen, die Firma Meier und Co. Sie sprechen mit Susi Müller."

Wenn Sie die Schnelligkeit bei der **Anrufannahme** beachten und durch die Meldung einen roten Teppich ausrollen, dann kaufen Ihre Kunden gerne bei Ihnen.

Ihr Anrufbefürworter

Anrufbeantworter werden technisch immer versierter und dienen dazu, den Kontakt zwischen Ihnen und Ihrem Kunden aufrecht zu erhalten. Es ist nicht nur unhöflich, einen Anrufbeantworter nicht zu besprechen, sondern es ist auch deutlich zu ersehen, wer der „Übeltäter" war. Die moderne Technik macht es möglich. Im

www.marketing-boerse.de/Experten/details/Gaby-S-Graupner

Grunde seines Herzens ist der Mensch ein sehr neugieriges Wesen und er möchte wissen, was er versäumt hat, wenn die „rote Lampe" an seinem Anrufbeantworter blinkt. Anrufbeantworter nicht zu besprechen, ist daher extrem unhöflich. Damit der Anrufbeantworter zum Anrufbefürworter wird, gibt es einige Dinge zu beachten:

„Leider" gibt es nicht auf dem AB

Vermeiden Sie im Ansagetext das Wort **„leider"**. Dieses Wort löst eine „Nebelblockade" im Gehirn des Anrufers aus und veranlasst ihn meistens sofort wieder aufzulegen. Sie kennen diese Situation sicherlich selber, wenn Sie zum Beispiel in einer Arztpraxis anrufen und hören: „…Leider rufen Sie außerhalb unserer Sprechzeiten an. …" Dies führt bei Anrufern in 75 % der Fälle zum **Auflegen**. Anschließend greifen wir uns an den Kopf und ärgern uns, dass wir jetzt nicht wissen, wann die Praxis tatsächlich geöffnet hat. Die reflexartige Reaktion, den Hörer nach dem Wort „leider" aufzulegen, hat uns die Information der Öffnungszeiten vorenthalten.

Besser sind Texte, die dem Anrufer schnellstmöglich Informationen geben, wie er Sie am besten erreichen kann. Übrigens, wenn Sie nicht da sind, wenn der Anrufer Sie braucht, versüßen Sie ihm doch ihre Abwesenheit mit einem **Dankeschön**. Ein **Ansagebeispiel** dazu finden Sie im nachfolgenden Kasten:

> „Vielen Dank, dass Sie die Rufnummer der Firma Meier und Co gewählt haben. Sie erreichen uns werktäglich in der Zeit von 08.00 bis 18.00 Uhr. Gerne rufen wir Sie zurück. Bitte hinterlassen Sie dazu Ihren Namen, den Firmennamen, Ihre Rufnummer und gegebenenfalls den Grund Ihres Anrufes. Bis wir uns wieder hören, wünschen wir Ihnen eine erfolgreiche Zeit. Auf Wiederhören!"

Immer eine Nachricht hinterlassen

Wenn Sie bei Ihrem Telefonmarketing auf einen Anrufbeantworter treffen, hinterlassen Sie eine Nachricht. Auch bei der **Kaltakquise**! Bei jedem Versuch! Dabei ist es wichtig, dass Sie Ihre Nachricht als Alternative formulieren. Dann kann der Anrufer wählen und Sie erhalten ein Heimspiel. Beispiele dafür siehe Kasten. Auch wenn Sie Ihren Ansprechpartner bei der Kaltakquise mehrmals hintereinander nicht erreichen: immer eine **Nachricht** hinterlassen. In unserem **Call Center** haben wir die Erfahrung gemacht, dass **Ansprechpartner** sich als Erstes einmal entschuldigten, dass sie so lange nicht zu erreichen waren. Wenn Sie jetzt geschickt Ihr Produkt oder Ihre Dienstleistung vorstellen, kommt immer ein höfliches Gespräch zustande und nie ein empörtes „Brauchen wir nicht". Mit den drei Beispielen im folgenden Kasten haben wir über Jahre hinweg gute Erfahrungen gemacht.

Wenn Sie den Anrufbeantworter als Anrufbefürworter sehen und dabei Ihren Kunden mit Höflichkeit begegnen, kaufen Ihre Kunden gerne bei Ihnen am Telefon.

Der Call Button

Der **Call Button** wird auch **Call-me-back-Button** genannt. Hier gibt Ihr Kunde seine Telefonnummer in ein Formular auf der **Webseite** ein. Kurz darauf klingelt sein **Telefon** und Sie sind dran. Der verblüffte Kunde schließt von dieser Erfahrung auf die perfekte Leistung Ihrer tatsächlichen Produkte. Für den **Anrufer** ist dieser Service natürlich ohne Kosten.

> „Guten Tag, Sie hören Susi Müller von dem Unternehmen Meier und Co. Gerne melde ich mich wieder bei Ihnen. Bis dahin wünsche ich Ihnen eine erfolgreiche Zeit." Diese Variante macht neugierig, gibt dem Kunden aber keine Möglichkeit zu reagieren. Sie ist dann gut geeignet, wenn Sie selber schwer zu erreichen sind.
>
> „Guten Tag, Sie hören Susi Müller von dem Unternehmen Meier und Co. Gerne melde ich mich wieder bei Ihnen oder freue mich über Ihren Anruf. Sie erreichen mich mit der Nummer 089/1234567. Bis wir uns wieder hören, wünsche ich Ihnen eine gute Zeit." Die Erfahrung hat gezeigt, dass ca. 25 Prozent der angerufenen Kaltakquise-Kunden aus Neugierde zurückrufen. Ich habe es nie erlebt, dass ein Anrufer ungehalten war, als er feststellte, dass ich ihm unsere Produkte oder Dienstleistungen anbieten wollte. Er hat freiwillig angerufen und es wurde immer ein höfliches Gespräch.
>
> „Guten Tag, Sie hören Susi Müller von dem Unternehmen Meier und Co. Gerne melde ich mich wieder bei Ihnen oder freue mich über Ihren Anruf. Es geht um die Möglichkeit, Ihre Mitarbeiter durch Trainings weiterzubilden. Ihr Nutzen dabei ist, dass Ihre Mitarbeiter dadurch die neuesten Entwicklungen im Bereich Telefonmarketing kennen lernen und im eigenen Alltag erfolgreich umsetzen können. Sie erreichen mich mit der Nummer 089/1234567. Bis wir uns wieder hören, wünsche ich Ihnen eine gute Zeit." Diese Variante macht nur dann Sinn, wenn die Kontaktperson grundsätzliches Interesse an Ihren Produkten oder Dienstleistungen hat.

Neugierde wirkt

Durch die **sekundenschnelle Verbindung** mit Ihrem zukünftigen Kunden während er sich gerade Ihre Produkte und Dienstleistung auf Ihrer Internetseite ansieht, bestehen natürlich höchste **Verkaufschancen**. In diesem Moment kauft Ihr Kunde gerne bei Ihnen am Telefon.

Das Telefonmarketing

Nach dem Einstieg in ein **Akquisegespräch** am Telefon ist die erste Reaktion unseres Kunden die größte Herausforderung. Denn 60 Prozent der Deutschen antworten am Telefon auf die Frage, ob Sie etwas kaufen möchten mit „Nein" oft gefolgt von einem „Was ist das?" Dieses „Nein" kommt in unterschiedlichen Formulierungen, wie: **„kein Interesse", „kein Bedarf", „…**haben wir schon, brauchen wir nicht" manchmal auch als **„keine Zeit"** oder **„kein Geld"**, vor.

Wir kaufen nichts

Alle diese Äußerungen haben eins gemeinsam: Der Kunde versucht sich zu schützen und fährt erst einmal eine Wand hoch. Diese Wand gilt es aufzulösen, denn erst dann kann das wirkliche **Verkaufsgespräch** am Telefon stattfinden. Hinzu kommt, dass unsere Kunden sehr gelehrig sind. Sie haben nämlich gelernt, dass in 85 Prozent der Fälle der Verkäufer am Telefon mit einem „Nein" nicht umgehen kann und das Gespräch dadurch sehr schnell zu Ende ist. Doch es gibt eine **Schlüsseltechnik**, um diese Wand einzureißen und dann in den meisten Fällen, in ein gutes Verkaufsgespräch einzusteigen. Diese Schlüsseltechnik besteht aus 5 Zacken. Schlüsseltechnik bedeutet auch, dass jeder Zacken exakt angewendet werden muss, sonst funktioniert sie nicht. Ähnlich wie bei einem Haustürschlüssel, wenn Sie einen Zacken abbrechen, öffnet der Schlüssel die Tür nicht mehr.

Der **erste Zacken** ist die Reaktion des Telefonverkäufers auf das Nein seines Gesprächspartners.

Wenn unser Gesprächspartner mit einem „Nein" antwortet, spannt er sofort seinen Solarplexus an. Dies geschieht unbewusst, um sich vor dem „Gegenschlag" des Verkäufers zu schützen. Ähnlich wie Henry Maske, der, sobald er mit seiner Rechten zuschlägt, die Bauchmuskeln anspannt, um sich vor dem Gegenschlag seines Gegners zu schützen. Unser Gesprächspartner erwartet nun ein: „**Aber…**", „**Trotzdem**, wäre es interessant…", „Das können Sie doch noch gar nicht entscheiden, weil…" oder etwas Ähnliches.

Ja ist besser als nein

Besser ist es mit einem: „Gut, dass Sie das gleich sagen", „Schön, dass Sie so offen sind", oder „Ja, Sie haben Recht, dass ist ein wichtiger Punkt" zu antworten. Diese Reaktion bewirkt, dass die angespannten Bauchmuskeln zusammenfallen, dagegen kann der Gesprächspartner nichts machen, und das Folgende kann direkt bis ins Innere dringen.

Der **zweite Zacken** geht so: „Mal abgesehen davon, …"

Dritter Zacken: „… sind Sie bestimmt immer, immer daran interessiert, dass …" Bitte nutzen Sie die sechsfache Wirkung, indem Sie das Wort „immer" zweimal sagen.

Vierter Zacken: Hier kommt ein wichtiger Grund, warum der Kunde für das Produkt offen sein sollte. Beispiele siehe Kasten.

Fünfter Zacken: „Das ist doch auch in Ihrem Sinne, nicht wahr?" oder „Daran sind Sie doch immer interessiert, oder?" oder ähnliches.

Wie reagiert nun unser Gesprächspartner? Die Erfahrung hat gezeigt, dass es meistens zwei Arten von Reaktionen gibt:

So entwickelt sich ein längeres Gespräch

Entweder der Angerufene wiederholt seinen Vorwand, eventuell auch etwas heftiger oder er sagt: „Ja, aber… ." und kommt jetzt mit einem echten Einwand, der dann mit einer Einwandbehandlung zu parieren ist. Wenn wir den Einwand erfolgreich parieren können, entwickelt sich meist ein längeres Gespräch. An dessen Ende sind wir im Verkaufsprozess einen Schritt weiter oder wir haben die Möglichkeit, viele Fragen zu stellen, um mit diesem Wissen die nächsten Verkaufsschritte einzuleiten.

Unterscheiden Sie sich von den Massen der **Telefonverkäufer** durch professionelle Reaktionen auf das erste „Nein" Ihres Kunden. Ihre Kunden brauchen Ihre Hilfe, damit Sie gerne bei Ihnen am Telefon kaufen.

> **Antwort auf den Vorwand des Kunden: „Kein Interesse"**
>
> „Gut, dass Sie das gleich so offen sagen. Mal abgesehen davon, sind Sie bestimmt immer, immer daran interessiert herauszufinden, ob Sie bereits den neuesten und damit sichersten Stand der Technik gegen Trojaner und Hacker im Einsatz haben. Das ist doch auch in Ihrem Unternehmen wichtig, nicht wahr?"
>
> **Antwort auf den Vorwand des Kunden: „Kein Bedarf"**
>
> „Sie haben Recht, ein klar definierter Bedarf ist wichtig. Mal abgesehen davon, sind Sie bestimmt immer, immer daran interessiert, dass später Ihre Kosten für ein privates Pflegeheim, die durch die staatliche Pflegeversicherung nicht abgedeckt sind, übernommen werden. Das ist doch auch für Sie wichtig, stimmt's?"

Von der Telefonzentrale zum Profit-Center

Wenn Sie zu den Menschen gehören, denen es besonders schwer fällt, über das Telefon aktiv auf Ihre zukünftigen Kunden zuzugehen, kommt jetzt der Weg, den jeder von Ihnen nutzen kann. Wandeln Sie Ihre **Telefonzentrale**, also die reine Annahme von Gesprächen, in ein **Profit-Center** um, indem Sie das Angebot des Monats entwickeln.

Sie können es auch das Angebot der Woche, des Sommers, Winters, Frühlings oder Herbstes oder der Saison nennen. Ganz wie Sie wollen und wie es zu Ihrem Produkt- bzw. Dienstleistungsportfolio passt.

Jeder Anruf ist ein Verkaufschance

Beispiele dafür sind:

Frau Meier zum Abschluss: Nutzen Sie unser spezielles Frühjahrsangebot zur Fensterreinigung: Sie erhalten den Fensterfrühjahrsputz statt für 10 EUR pro Fenster für 8 EUR pro Fenster. Wann möchten Sie dieses Angebot nutzen?

Frau Huber, außerdem mache ich Sie gerne auf unser Angebot aufmerksam. Nutzen Sie im Mai unser Monatsangebot. Das Fotoalbum „Holz Ahorn" erhalten Sie statt für 8,99 EUR für nur 6,99 EUR. Wie viel Stück brauchen Sie?

Wenn nur 20 Prozent der Anrufer „Ja" sagen, erhöht es Ihren Umsatz, da ohne diesen Satz niemand „Ja" gesagt hätte. Wenn ein „Nein" kommt, ist nichts passiert, Sie können nichts verlieren, was Sie vorher noch nicht hatten. Als Reaktion auf das „Nein" empfiehlt sich: „Gern geschehen" oder „Nächsten Monat haben wir ein neues Angebot, wenn Sie wieder anrufen, sage ich Ihnen einfach Bescheid."

Täglich rufen Ihre Kunden bei Ihnen an, nutzen Sie diese Möglichkeiten Ihre Kunden über „Bonbons" zu informieren. Kurz, prägnant und charmant.

Die Reklamation – eine Reklam(e)A(k)tion

Auch bei den besten Produkten und den persönlichsten Dienstleistungen kommt es immer wieder mal zu Fehlern, Missverständnissen oder anderen **Reklamationen**.

Das ist Ihre Chance, dem Kunden zu zeigen, dass Sie ihn ernst nehmen und Ihnen seine Zufriedenheit wichtig ist.

Vermeiden Sie auf alle Fälle abwehrende, abwertende und rechtfertigende Äußerungen.

Abwehrende und **abwertende** Äußerungen sind:
„Das kann gar nicht sein", „Das haben wir noch nie gehabt", „Bisher hat sich keiner beschwert", und „In unserem Hause kommt so etwas nicht vor".

Rechtfertigende Äußerungen sind:
„Zur Zeit ist Urlaubszeit, da geht es nicht schneller", „Sie wissen ja, die Frühjahrsgrippe geht um, bei uns sind so viele ausgefallen", oder „Unser Zulieferer hat nicht geliefert".

Wenn Sie möchten, dass Ihre Kunden gerne am Telefon kaufen, entschuldigen Sie sich klar und deutlich, wenn der Fehler bei Ihnen liegt. Sollte die Fehlerursache nicht sofort ersichtlich sein, bedauern Sie wenigstens die Umstände, in denen Ihr Kunde gerade steckt.

Zeigen Sie Verständnis für die Probleme des Anrufers

> ➤ Der Fehler ist eindeutig bei uns – die Tickets wurden nicht zu den Reiseunterlagen gelegt.
> „Frau Huber, ich bitte um Entschuldigung für dieses Versäumnis. Gerne sende ich die Tickets heute per Express an Sie raus. An dieselbe Anschrift, wie bei den bereits erhaltenen Dokumenten?"
>
> ➤ Der Fehler ist nicht eindeutig bei uns – ein elektronisches Gerät funktioniert nicht
> „Frau Huber es tut mit leid, dass Sie jetzt diesen Aufwand haben. Ich kann verstehen, dass es Sie ganz nervös macht, mitten im Saisongeschäft. Am Montag kommt der Techniker und sorgt dafür, dass das Gerät wieder einwandfrei läuft."

Umfragen haben ergeben, dass Kunden umso treuer zu einem Lieferanten halten, desto professioneller und persönlicher er eine Reklamation bearbeitet. Die **Kundenloyalität** wird immer geringer, nutzen Sie Ihre Möglichkeiten. Ihre Kunden kaufen gerne bei Ihnen am Telefon, wenn Sie auch bei Problemen wie Kunden behandelt werden.

Der Tag danach

Nicht jeder Verkauf am Telefon wird mit einem Anruf erledigt. Meist zieht sich der **Verkaufsprozess** über mehrere Telefonate beziehungsweise über mehrere Schritte hin. Deshalb ist es so wichtig, alle Informationen nach einem Telefonat in einem System festzuhalten, in dem Sie jederzeit nachlesen können. Diese Informationen helfen Ihnen beim Einstieg in das nächste Telefonverkaufsgespräch. Hier gilt: „Wissen ist Macht!" von Francis Bacon. Je mehr Notizen Sie haben, desto größer ist die Chance, Ihren Kunden am Telefon zu gewinnen. Nutzen Sie dazu die gängigen

Wissen ist Macht

CRM Programme, welche am Markt zu günstigen Preisen erhältlich sind. Auch die berühmt berüchtigte Karteikarte ist besser als der Versuch, sich alles zu merken.

Definieren Sie am Ende Ihres Gespräches drei **Ziele** für das nächste Gespräch.

Drei Ziele sind so wichtig, damit Sie sofort zum zweiten oder auch dritten Ziel weitergehen können. Besonders, wenn sich am Anfang des Gespräches herausstellt, dass Ihr erstes Ziel jetzt und heute nicht erreichbar ist.

Drei Ziele in einem Telefonverkaufsgespräch sind beispielsweise:

1. Ich verkaufe mein Produkt oder vereinbare einen Verkaufstermin

2. Ich wecke das echte Interesse für meine Unterlagen

3. Ich sammle Information, Information und Informationen

Telefonmarketing ist der schnellste und in meinen Augen schönste Weg, um Kunden zu gewinnen. Es eignet sich für viele Produkte und Dienstleistungen. Und wer die Techniken, unabhängig von seiner persönlichen Art zu kommunizieren lernt, hat gute Chancen erfolgreich und sicher über die Straßen des Verkaufens am Telefon zu fahren.

Literatur

Walther G.: Phone Power – Das Telefon als effektives Erfolgsinstrument. – 247 S., ISBN 3430194865, Econ, 1994.

Fink K.-J.: Bei Anruf Termin – Telefonisch neue Kunden akquirieren. – 120 S., ISBN 3409114769, Gabler, 1999.

Graupner G. S.: E-Mail-Newsletter, Telefon- und Kommunikationstipps. – www.ddaft.de/ newsletter.

7

CALLCENTER STRATEGISCH INTEGRIEREN

HARALD HENN

Callcenter haben ein Jahrzehnt stürmischen Wachstums hinter sich. Die Anzahl der beschäftigten Mitarbeiter hat sich vervielfacht und die Unternehmen haben hohe Summen in Mitarbeiter, Standorte, Infrastruktur und Technologien investiert. Ehemalige „Telefonzentralen" haben sich zu großen Serviceorganisationen entwickelt, die heute das Gros der Kommunikation des Unternehmens mit Interessenten und Kunden abwickeln. Die rasante Entwicklung kann allerdings nicht den Blick dafür verstellen, dass Callcenter nach wie vor reaktiv und zum Teil isoliert auftreten. Sie sind kaum eingebunden in Marketing-, Vertriebs- und Servicekonzepte. Dialogmarketing und Customer Relationship Marketing benötigen Callcenter als eine tragende Säule im Kommunikations-Konzert. Callcenter der neuen Generation müssen in Abläufe und Prozesse des Unternehmens integriert sein. Sowohl von der Prozess-Seite wie auch in Bezug auf Technologie liegen große Herausforderungen vor den Verantwortlichen, diesen notwendigen Wandel erfolgreich zu gestalten.

Callcenter sind kaum eingebunden in Marketing-, Vertriebs- und Servicekonzepte

Die mangelnde Integration wurde lange Zeit von den Unternehmen toleriert. Der Nutzen der Callcenter bestand in der Vergangenheit primär darin, die Erreichbarkeit sicherzustellen. Einfache, in sich abgeschlossene Tätigkeiten und Prozesse wie Informations- und Serviceanfragen sollten mit dem Medium Telefon beantwortet werden. Kundenbedürfnisse wandeln sich; der Anspruch an die fachliche Kompetenz, den Service, die Beratung steigt. Verantwortlich für die aktuelle Entwicklung vom Callcenter hin zu einem Contact oder Communication Center sind vier Treiber.

Treiber 1: Multikanalkonzepte

Ein Haupttreiber für die Integration der Callcenter liegt im Anspruch der Kunden nicht nur über den Kanal Telefon sondern über alle verfügbaren Medien hinweg mit dem Unternehmen zu kommunizieren. **Multikanalkonzepte** erfordern gegenüber Kunden die Bereitstellung aller Medien wie auch den problemlosen Wechsel der Medien während einer Kundenbeziehung, eines Kauf- oder Serviceprozesses. Eine Anfrage, die auf Basis einer Internetanfrage an das Unternehmen gestellt wird, läuft im ersten Dialog über ein Callcenter. Gefolgt von einer E-Mail-Kommunikation und anschließender schriftlicher Bestellung (siehe Abb. 1). Alle Kundeninteraktionen müssen zukünftig nahtlos ineinander greifen, wenn sie den Kundenbedürfnissen gerecht werden wollen. Dabei ist es entscheidend, dass die gesamte Kommunikation des Kunden in der eigenen Organisation zentral gespeichert wird. Allen relevanten Abteilungen müssen die Informationen zur Verfügung stehen. Und sie müssen vor allem nachvollzogen werden können.

Web, E-Mail und Telefon zusammenführen

www.marketing-boerse.de/Experten/details/Harald-Henn

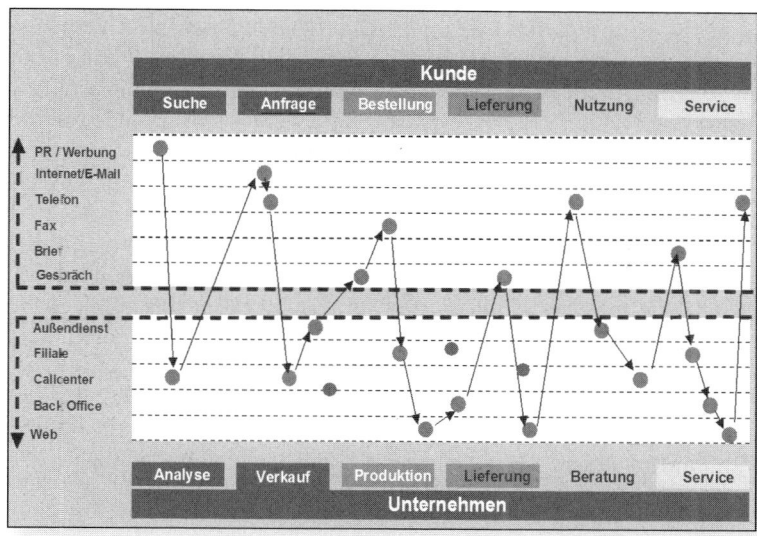

Abb. 1: Kundeninteraktionen müssen nahtlos ineinandergreifen.

Treiber 2: Mangelnde Abstimmung und Integration

Ein ausuferndes Angebot an Kommunikationskanälen und Angeboten hat nicht notwendigerweise zu mehr Kundenzufriedenheit oder mehr Effizienz in der Abwicklung der Kundenanfragen geführt. Internetanfragen sind im Callcenter nicht nachvollziehbar; die Ressourcenauslastung der einzelnen Kanäle ist mangelhaft abgestimmt. Kunden warten wochenlang auf eine Antwort einer E-Mail-Anfrage; Callcenter kämpfen mit Nachforschungsaufträgen von Kunden zu gesandten Briefen oder einem Fax. Mangelnde Abstimmung und Integration führt zu Kostensteigerungen und gleichzeitig leidet die Qualität in der Kundenkommunikation.

E-Mails werden wochenlang nicht beantwortet

Treiber 3: Kommunikation als Differenzierungsfaktor

Exzellenz in der Kommunikation mit Kunden entwickelt sich bei vergleichbaren Produkten und Dienstleistungen zu einem Vorteil im Wettbewerb. Die Messlatte wird von den Unternehmen jeden Tag höher gelegt. amazon beantwortet Bestellungen und Anfragen per E-Mail dank fortschrittlicher Software-Systeme und Verfahren sehr schnell. Und schraubt damit die Erwartung der Kunden an schnelle und kompetente Bearbeitung von E-Mail-Anfragen insgesamt im Markt – auch in völlig anderen Branchen – höher.

Treiber 4: Kostenoptimierung

Kostenoptimierung ist nach wie vor weit oben auf der Agenda der Unternehmen angesiedelt. Die Einführung zusätzlicher **Kommunikationskanäle** hat zu insgesamt

285

steigenden Kosten für den Service gegenüber Kunden und Interessenten geführt. Die Kontaktvolumina steigen generell – unabhängig vom gewählten Kanal – seit Jahren weiter an, sieht man von der Ausnahme Briefpost ab, die weitestgehend stagniert oder rückläufig ist. Service Level gegenüber allen Kunden in gleichem Maße zu gewährleisten, ist angesichts der Kostensituation nicht länger aufrecht zu erhalten. Hier greifen zunehmend **differenzierte Servicekonzepte**, die auf der Basis des Kundenwertes oder eines Scoring Verfahrens den Kunden je nach Wertigkeit unterschiedlich bedienen. An Stelle des Gießkannenprinzips rückt eine Bearbeitung, die sich am Kundenwert oder dem Potenzial des Kunden orientiert.

Bearbeitung orientiert sich am Kundenwert und am Potenzial des Kunden

In den Callcentern wächst damit die Notwendigkeit, ein präzises Bild des Kunden jederzeit aktuell zur Verfügung zu haben. Welche Voraussetzung für eine individuelle Betreuung des Kunden muss im Call Center demzufolge gegeben sein? Sowohl unter dem Aspekt der Kostenoptimierung als auch der individuellen Anpassung von Produkten und Dienstleistungen? Dem Mitarbeiter im Callcenter müssen relevante Informationen – etwa aus der Kundendatenbank – zeitnah und aktuell zur Verfügung stehen.

Welche Strategiefragen beantwortet werden müssen.

Eine Callcenter Strategie ist kein Selbstzweck. Sie leitet sich aus der übergeordneten Unternehmensstrategie – der Bearbeitung von Kundensegmenten und der **Kommunikationstrategie** – ab.

Der Weg zu einer erfolgreichen Integration des Callcenters in die Prozesse und Strukturen kann auf unterschiedliche Art und Weise erfolgen. Zwei Punkte sind entscheidend in der Beurteilung, wie man die Integration angehen sollte. Das strategische Ziel des Unternehmens ist zu formulieren, wie Kunden und Interessenten betreut werden sollen, ebenso die Ausgangslage des Unternehmens im Markt. Wie gut oder wie schlecht steht das Unternehmen aus Kunden- oder Kostensicht im Vergleich zu den Mitbewerbern dar. Wo gibt es Defizite im Dialogmarketing, die mit Hilfe eines Callcenters beseitigt werden können oder müssen. Als erster und wichtigster Parameter ist die strategische Zielsetzung des Unternehmens zur systematischen Marktbearbeitung zu analysieren. Ein- oder mehrstufiges Vertriebs-Modell, direkte und indirekte Konzepte, Rolle der Kanäle und Medien. Die Handlungsalternativen für die zukünftige Ausrichtung des Callcenters sind vielfältig. Jedes Konzept hat Vor- und Nachteile und bei der Suche nach der richtigen Lösung wird man feststellen, dass es richtige oder falsche Integrationskonzepte nicht gibt. Allenfalls stellt man in der Praxis gute und schlechte Implementierungsansätze fest. Welche Kriterien können den Verantwortlichen also helfen, eine für ihre strategische Zielrichtung gute Entscheidung zu treffen?

1. Customer Relationship Management

Da ist zunächst der Ansatz aus dem Customer Relationship Management, Kunden gemäß ihrem Wert für das Unternehmen differenziert zu betreuen. Kundenwert-Modelle und Scoring Verfahren bedingen auch immer die Entscheidung, welche Rolle die einzelnen Vertriebs-Kanäle und Medien in der Bearbeitung übernehmen sollen. Steuerungsparameter für die Entscheidung sind dabei unter anderem die Kosten in der Betreuung des Kunden oder Interessenten. Profitable, für das Unternehmen langfristig interessante Kunden, werden personalintensiver und aufwendiger als Kunden mit wenig Umsatz, Gewinn und Potential betreut. Callcenter liegen bei der Kostenbetrachtung im Mittelfeld. Sie sind deutlich kostengünstiger als der persönliche Kontakt über den Außendienst, können aber mit Self-Service-Angeboten über das Internet oder reinen Online-Angeboten kaum konkurrieren.

Diese Form der Umsetzung einer **Kundenwertstrategie** wird mittlerweile von vielen Unternehmen aus unterschiedlichen Branchen umgesetzt. Investitionsgüter-Hersteller, Mobilfunkanbieter, Softwareunternehmen sind typische Vertreter dieser Strategie. In der Kommunikation mit den Kunden oder Interessenten werden alle Medien (Brief, Fax, Telefon, Internet) und oft ein eigener Außendienst oder Handelsvertreter genutzt. Besonders wertvolle Kundensegmente werden verstärkt mit dem Außendienst bearbeitet, während C-Kunden vorwiegend über das Callcenter betreut werden (beispielhafte Darstellung in Abb. 2). Nicht in jedem Fall liegt jedoch eine wirkliche Integration des Callcenters in die Gesamtstruktur vor. Drei Faktoren sind bestimmend:

Wertvolle Kunden zum Außendienst und die anderen ins Callcenter

➤ Informationen zwischen den Prozessen für die unterschiedlichen Kundengruppen sind durchlässig.

➤ Kunden können ohne Brüche zwischen den Betreuungsformen – Callcenter, Außendienst, Self-Service – wechseln.

➤ Die zugrunde liegenden Daten stehen allen Beteiligten aktuell zur Verfügung.

Welche organisatorischen und technischen Voraussetzungen zu beachten sind, wird später noch ausführlich beschrieben.

Segment	Strategie		Betreuungskonzept		
	Aussendienst		**Call Center**	**Direktmarketing Events**	**Kosten-limit**
Kunden-segment 1	Starkunde Index: über 7.000 p.a. Anzahl Kunden: 2.782 Summe Index: 55.898.849	Ansatz: Beziehungs-Marketing Normstrategie: halten und belohnen	4 Besuche p.a.	Telefon-betreuung reaktiv	Einladung zu allen regionalen und überregionalen Events	1.500 € bis 800 €
Kunden-segment 2	Bindungskunden Index: 1.750 - 7.000 p.a. Anzahl Kunden: 5.837 Summe Index: 21.010.307	Ansatz: Beziehungs-Marketing Normstrategie: Kundenbindung	3 Besuche p.a.	Telefon-betreuung aktiv (2x p.a.)	Einladung zu 2 regionalen Events p.a.	800 € bis 400 €
Kunden-segment 3	Wachstumskunde Index: 1.750 - 750 p.a. Anzahl Kunden: 3.112 Summe Index: 3.784.252	Ansatz: Customer Lifetime Value-Marketing Normstrategie: selektives Investieren	1 Besuch p.a.	Telefon-betreuung aktiv (1x p.a.)	Einladung zu 1 regionalen und überregionalen Event p.a.	Max. 400 €
Kunden-segment 4	Potent. Wachstumskd. Index: 750 -300 p.a. Anzahl Kunden: 3.420 Summe Index: 1.092.835	Ansatz: Customized Marketing Normstrategie: abschopfen	Reaktive Besuche	Telefon-betreuung reaktiv	Keine Einladung	Max. 50 €

Abb. 2: Segment, Strategie, Betreuungskonzept

2. Komplexität der Produkte und Dienstleistungen

Die Komplexität der Produkte und Dienstleistungen ist ein weiterer Indikator für die Rolle des Callcenters. Bislang galt die Daumenregel, dass einfache, wenig erklärungsbedürftige Produkte sehr gut über das Callcenter beraten oder verkauft werden können. Erklärungsbedürftige und komplexe Produkte sind dagegen eher beim Außendienst oder den Vertriebspartnern anzusiedeln. Schwarz-weiß Entscheidungen – Produkt A wird ausschließlich über den Außendienst vertrieben, Produkt B über ein Callcenter – sind heute nicht länger valide. Diese häufig aus der Innensicht der Unternehmen getroffene Entscheidung, welches Produkt ausschließlich über welchen Kanal angeboten wird, akzeptieren die Kunden nicht in jedem Fall. Das Wechseln zwischen den Kanälen ist beim Kauf oder einem Servicewunsch des Kunden inzwischen weit verbreitet. Je nach Verfügbarkeit, Zweckmäßigkeit oder persönlichen Vorlieben wählen Kunden einen entsprechenden Kommunikationskanal aus. Und erwarten selbstverständlich, dass die Unternehmen den Wechsel jeweils perfekt mitspielen. Daten über den Kunden und zum Kauf, der Frage, der Beschwerde oder Kampagne müssen allen Kanälen zur Verfügung stehen. Der Kunde mit seinen gestiegenen Anforderungen an jederzeitige Verfügbarkeit des Unternehmens gibt in vielen Märkten die Taktgeschwindigkeit für die Integration von Callcentern vor.

Kunden-
ansprüche
steigen

Neben dem Blick in die Zukunft ist die Betrachtung des Status-Quo der Marktbearbeitung ein wichtiger Taktgeber für die Art und Weise, das Callcenter zukünftig zu gestalten. Oft ist die Datenbasis eines Unternehmens in einem mangelhaften Zustand. Die Datenbanksysteme zur Abspeicherung von Kundeninformationen sind nur rudimentär oder auf vielen unterschiedlichen nicht verknüpften Systemen vorhanden. Hier bleibt eine Umsetzung eines kundenwertgesteuerten Callcenter Konzeptes ein Wunschgebilde. Callcenter sind Organisationseinheiten, die nahezu in Echtzeit agieren. In einem Gespräch, einem Chat, liegen die relevanten Informationen entweder vor und können im Gespräch genutzt werden, oder das Callcenter kann seine Wirkung im Rahmen der Customer Relationship Management Strategie nicht entfalten. Ein weiterer, häufig vernachlässigter Punkt ist die gesamthafte Wahrnehmung der Callcenter Aktivitäten aus Kundensicht. Callcenter nehmen sowohl Anrufe entgegen – inbound – werden aber auch selbst aktiv und rufen Interessenten und Kunden an – outbound. Ein Kardinalfehler ist die isolierte Betrachtung dieser beiden Felder.

Der Einsatz von Callcentern im **outbound** hat in den letzten Jahren stark zugenommen. Besonders für Kampagnen zur Kundengewinnung werden Callcenter einzeln oder im Verbund mit anderen Maßnahmen wie Mailings oder Promotions stärker denn je genutzt. Ein wirklich effektives Callcenter-Konzept muss jedoch auch immer den Blick auf die bestehenden **inbound**-Aktivitäten und Prozesse haben. Wenn Unternehmen aufgrund von Kostensenkungsmaßnahmen ihre Erreichbarkeit oder Servicequalität verschlechtern, sinken die Erfolgsaussichten der Callcenter gestützten Kampagnen dramatisch. Besonders, wenn parallel mit dem Callcenter dieselben Kunden per outbound Aktionen angesprochen werden. Integrationskonzepte leben von der Optimierung des Gesamteindrucks, den ein Kunde bei jeder Interaktion erlebt. Höchstleistungen in einer Disziplin – outbound Kampagnen für Zusatzverkäufe oder Vertragsverlängerungen – werden schnell zunichte gemacht, wenn andere Kommunikationsdisziplinen versagen.

Inbound und
Outbound
koordinieren

Die Telekommunikationsbranche setzt Callcenter in der gesamten Prozesskette ein. Von der Kundengewinnung, Service-, Beschwerdemanagement, Zusatzverkäufe, Vertragsverlängerung, bis zu Stornoprophylaxe und Kündigerrückgewinnung. Häufig integriert mit E-Mail, Internet oder Direktmarketing-Instrumenten. Inbound und outbound Aufgaben werden je nach Zielsetzung eingesetzt. Bei outbound Kampagnen mit Bestandskunden ist das Gesamtbild des Kunden zur Erreichbarkeit, Kompetenz, Einhalten von Zusagen, Kulanz oder Freundlichkeit des Unternehmens mit entscheidend für die Akzeptanz vertrieblicher Angebote. Integrierte Callcenter sind immer nur so effektiv wie das schwächste Glied in der Kette.

Kulanz und Freundlichkeit entscheiden

Kanal- und Vertriebskonflikte bei der Integration meistern.

Eine erfolgreiche Integration der Callcenter hängt wesentlich von der Lösung der **Kanal- und Vertriebskonflikte** ab.

Callcenter sind in der Regel erst vor fünf bis zehn Jahren in den Unternehmen entstanden. Zunächst als Anhängsel der bestehenden Organisation, um die Erreichbarkeit zu verbessern. Reine Informations- oder Servicedienstleistungen zum Wohle der Kunden und Interessenten stellen für die klassischen Organisationseinheiten keine Bedrohung dar. Im Gegenteil. Marketing und Vertrieb profitieren von einer guten „telefonischen" Visitenkarte des Unternehmens. Mit der aktuellen Entwicklung, Callcenter mit neuen, zusätzlichen Aufgaben zu versehen und sie in die bestehenden Abläufe und Strukturen zu integrieren, verhält es sich jedoch völlig anders. Drei Kernfragen stehen bei dieser Entwicklung im Fokus:

Die telefonische Visitenkarte des Unternehmens

1. Welchem Vertriebskanal oder welcher Organisationseinheit gehört der Kunde?
2. Welche Kompetenzen haben die einzelnen Organisationseinheiten im Umgang mit dem Kunden?
3. Wie wird die Provision (Neukunden oder Bestandskunden) verteilt?

Die Bedeutung der Verteilung von Macht- und Kompetenzfragen wird niemanden ernsthaft überraschen, der mit dem Organismus eines Konzerns oder großen Unternehmens vertraut ist. Aus Kunden- oder Kostensicht ist eine Entscheidung rational, bestimmte Teilprozesse oder Kundensegmente in die Obhut eines Callcenters zu geben. Die Widerstände in der eigenen Organisation gegen die Abgabe von Macht, Kompetenzen und letztlich Einnahmen aus Provision sind nicht zu unterschätzen. Die Versicherungsbranche durchläuft diese Entwicklung seit einigen Jahren. Vorreiter für die Integration des Callcenters in Vertriebs- und Marketingkonzepte ist zweifelsohne die AXA Versicherung in Köln. Statt einen Konfrontationskurs mit dem Außendienst zu riskieren, setzte die AXA auf einen Stufenplan, bei dem das Callcenter zunächst einfache Aufgaben als Unterstützung für den Außendienst anbot. In enger Kooperation und Abstimmung wurde zum Beispiel der Bedarf des Kunden ermittelt und dem Außendienst mitgeteilt. Dieser entschied jeweils, ob er den Kontakt selbst wahrnehmen wollte, ob er den Kunden persönlich besuchte oder den Beratungsanlass eventuell auch ignorierte.

Der Außendienst fasste Vertrauen ins Callcenter und übertrug immer mehr und immer anspruchsvollere Aufgaben an diese Einheit. Anrufe zur Stornoprophylaxe, die sich aus einer Analyse der bisherigen Kündiger und einem Datamining Ansatz ergeben hatten, gehören dazu. Ebenso wie Nachfassanrufe zu einer Direktmarketing-Kampagne bis hin zu gezielten, dauerhaften Kampagnen zur Kündigerrückgewinnung oder der Terminvereinbarung. Vertrauen und vor allem Akzeptanz in die eigene Organisation spielt eine wesentliche Rolle in der erfolgreichen Integration der Callcenter. Das Drohgespenst, das Unternehmen wolle mit dem Callcenter einen Direktvertrieb als Konkurrenz zum bestehenden Außendienst aufbauen, schwingt fast immer mit. Nur eine behutsame, schrittweise Einführung eines integrierten Callcenters, wie im Falle AXA beschrieben, führt zur Akzeptanz und nutzt die Vorteile dieses Ansatzes.

Kündigerrück-gewinnung und Termin-vereinbarung

Ein Callcenter zu torpedieren und interne Konflikte auf dem Rücken des Kunden oder Interessenten auszutragen, ist häufig das Ergebnis einer zu ungeduldigen Vorgehensweise. Neben der Frage, welche Aktivitäten im Einzelfall das Callcenter, welche der Außendienst und welche in der Fachabteilung durchgeführt werden, ist die Frage der Provisionsverteilung zu klären. In der Praxis sind dabei eine Vielzahl von Modellen erprobt und umgesetzt worden. Von null Prozent Provision für das Callcenter – oder den einzelnen Mitarbeiter – bis zu einer nahezu gleichberechtigten Verprovisionierung sind alle Spielarten im Markt vertreten.

Die Frage, welches Modell im Sinne der erfolgreichen Marktbearbeitung bevorzugt werden sollte, hängt von der Unternehmenskultur ab und der Abwägung des möglichen Konfliktpotentials sowie der Durchsetzungsfähigkeit der Unternehmens-führung. Nicht selten entscheiden sich Unternehmen für eine Team- oder sogar Doppelprovisionierung. Also dem bewussten Inkaufnehmen höherer Gesamtkosten. Langfristig – und mit dem steigenden Selbstbewusstsein der Callcenter verknüpft – werden die Ausseinandersetzungen über Kundenzuordnungen und Aufteilungen von Provisionen an Schärfe zunehmen. Dafür sorgt schon alleine die Transparenz über Erfolge in der Marktbearbeitung, die durch die Callcenter und deren eingesetzte Systeme erzeugt wird. Je enger und turbulenter es auf den Märkten zugeht, desto härter wird zukünftig die Rolle der einzelne Organisationseinheiten und damit auch des Callcenters diskutiert werden. Nicht zuletzt die Strategie Callcenter als Proficenter ergebnisorientiert – statt rein kostenorientiert – zu führen, wird für zusätzliche betriebsinterne Verteilungskämpfe sorgen.

Rahmenbedingungen und Spielregeln

Die systematische Implementierung von Multikanalprozessen bildet das Rückgrat eines integrierten Callcenters.

Eine Integration von Callcentern umfasst zwei Hauptaufgabengebiete. Prozesse und die technische Plattform, um Multikanalfähigkeit, Datenzugriff zu Customer Relationship Management Systemen, den Workflow einer Aktivität zu gewährleisten. Fangen wir zunächst bei den Prozessen an. Zwei Fragen sind zu klären:

➤ Welche Prozesse sollen zukünftig integriert statt isoliert über ein Callcenter abgebildet werden?

➤ Wie tief soll die Integration in die Prozess- und Systemlandschaft erfolgen?

Wie eingangs bereits erwähnt, sind diese Fragen in der Strategie und der Beurteilung der Ausgangslage zu klären. In der Praxis kristallisiert sich der Ansatz der Kundenwertsteuerung heraus. Interessenten werden ja nach ihrer Wertigkeit über online-Angebote, Callcenter, den Außendienst oder Self-Service Plattformen bedient. Eine Kundenwertsteuerung bedeutet dabei nicht zwangsläufig, dass ein Kunde über den gesamten Gewinnungs- oder Betreuungsprozess hinweg nur über einen einzigen Kanal oder Medium hinweg betreut wird. Kundenwertsteuerung heißt den Prozess im ersten Schritt in seine einzelnen Aktivitäten zu zerlegen. Nachfolgend eine beispielhafte Aufzählung:

1. Bedarfsermittlung
2. Kunden identifizieren
3. Produktangebot darstellen
4. Unterlagen versenden
5. Angebot erstellen
6. Vertrag oder Verkauf abschließen
7. Willkommensanruf des Neukunden durchführen

Für das Callcenter ist im zweiten Schritt zu prüfen, inwieweit die fachliche Kompetenz gegeben ist, um den Kunden professionell und kompetent gegenüber zu treten. Für jede der oben aufgeführten Aktivitäten sind in aller Regel Zugriffe in Echtzeit auf unterschiedliche Anwendungen notwendig. Eine exemplarische Struktur und technische Integration wird später noch einmal beschrieben. Selbstverständlich gehören auch die entsprechenden Trainings- und Personalentwicklungskonzepte zu einem Integrationskonzept. Nicht immer ist eine Umsetzung jedoch sinnvoll. Überforderung der Callcenter Mitarbeiter ist heute schon ein wenig beachtetes aber häufig anzutreffendes Phänomen. Die Komplexität der Produkte, Prozesse, zu bedienenden Systeme und Vorschriften übersteigt die Fähigkeiten der Mitarbeiter.

Der Ursprungsgedanke der Callcenter lag in der Abwicklung einfacher, homogener Arbeitsvorgänge. Mit der Zeit sind mehr und mehr Prozesse auf Grund der Kostenvorteile gegenüber anderen Organisationseinheiten ins Callcenter verlagert worden. Ohne das dabei die grundlegende Struktur der Prozesse verändert worden ist. Ein Prozess, der im Ursprung für einen Sachbearbeiter konzipiert worden ist, kann nicht 1:1 in eine Callcenter Struktur übertragen werden. Die Abarbeitung eines Vorgangs für einen Sachbearbeiter kann nach vorher festgelegten Regeln erfolgen; sie kann sequentiell abgearbeitet werden. Kunden, die in einem Callcenter anrufen, sind durchaus sprunghaft in ihren Reaktionen oder Wünschen während des Gespräches. Sich auf einen Kunden individuell einzustellen, zuhören, den Prozess und die IT-Systeme gleichzeitig im Griff zu behalten, erfordert Flexibilität im Denken und in den Systemen. Je einfacher und fehlerfreier die Abläufe sind, desto höher die Chance, solche Prozesse im Callcenter abzuarbeiten.

Abwicklung einfacher, homogener Arbeitsvorgänge

Ein **Prozess-Redesign** ist häufig unumgänglich, wenn neue Prozesse im Callcenter integriert werden sollen. Viele der Prozesse fangen nicht im Call Center an und enden auch nicht dort. Wenn Callcenter ihre Aufgaben effizient erfüllen sollen, bedeutet dies auch immer einen Prozess des Überdenkens. Ein in Frage stellen der bisherigen Verantwortlichkeiten, Kompetenzen, Eskalationen und Abläufe in den

Eindeutige Vereinbarungen an den Schnittstellen

anderen Abteilungen. An den **Schnittstellen** und Übergabepunkten der Prozesse (siehe Abb. 3) sind eindeutige Vereinbarungen zu treffen:

1. Konsistenz in den Aussagen gegenüber den Kunden in allen Abteilungen.
2. Festlegung interner **Service-Level**, das heißt innerhalb welcher Zeitvorgaben und in welcher Qualität sind Vorgänge, die von der vorhergehenden Abteilung übernommen wurden, abzuarbeiten.
3. Einheitliche Darstellung des Unternehmens unabhängig vom Kanal oder Medium gegenüber den Kunden.
4. Festlegung der Soll-Prozess-Zeiten pro Organisationseinheit eines Prozesses.
5. Festlegung der Soll-Kosten pro Organisationseinheit eines Prozesses.
6. Sprachregelungen bei Übergabe an die nächste Organisationseinheit.
7. Interne Verrechnungssätze und Verrechnungspreise festlegen.
8. Qualitätsvorgaben pro betroffener Organisationseinheit im Prozess festlegen.
9. Erfolgskennziffern (quantitativ wie qualitativ) pro Prozessabschnitt und insgesamt festlegen.
10. Übergänge von einem Medium (Fax, Telefon, E-Mail) zu einem anderen Medium oder Kanal (Vertriebs-Außendienst, Self-Service Plattform) zeitnah und ohne Brüche sicherstellen.

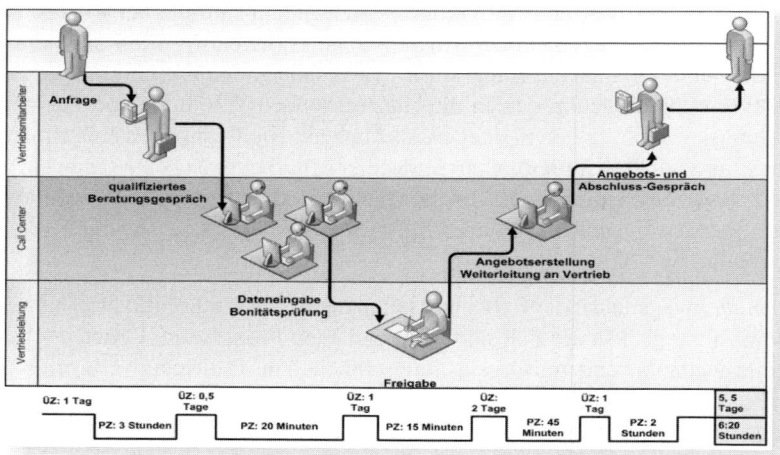

Abb. 3: Schnittstellen und Übergabepunkte im Prozess

Diese Vereinbarungen sollten immer mit zwei Zielsetzungen im Fokus erfolgen. Zum einen Werte für den Kunden zu schaffen, sprich alle Aktivitäten während eines Prozesses gleich in welchem Kanal oder von welchem Medium übernommen, müssen für den Kunden einen Nutzen darstellen. „Ist der Kunde bereit dafür zu bezahlen?" lautet die Kernfrage. Zum anderen jegliche Form von Verschwendung zu vermeiden. Der Begriff Verschwendung entstammt in diesem Zusammenhang dem **Lean Management** Prinzip von Toyota. Dabei werden sieben Formen der Verschwendung unterschieden:

1. Verschwendung durch **Überproduktion**
   Masse unqualifizierter Anfragen, zu viel Produktangebote

2. Verschwendung durch **Wartezeit**
   Servicewarteschlange, Angebotserstellung

3. Verschwendung durch **Transport**
   Doppelarbeit, zu viele Schnittstellen und -Übergaben

4. Verschwendung durch den **Arbeitsprozess**
   Mangelnde Leadqualifizierung

5. Verschwendung durch **hohe Bestände**
   Offene Vorgänge (zum Beispiel Beschwerden, Angebote)

6. Verschwendung durch **Bewegung**
   Zu viel Kontrolle, Mehrfach Dateneingabe

7. Verschwendung durch **Produktionsfehler**
   Bedarfserhebung, Lösungen bei Beschwerden, Produktangebot

Eine Strategie, Callcenter in Service-, Marketing- und Vertriebskonzepte zu integrieren, beschäftigt sich demnach auch mit Kapazitätsfragen. Ein Callcenter, welches Anfragen/Terminvereinbarungen für den Außendienst durch eine outbound Aktion generiert, darf nur genau die Menge produzieren, die vom Vertrieb abgearbeitet werden kann. Und nur genau zum gewünschten Zeitpunkt. Anfragen beispielsweise auf Halde zu produzieren, verärgert die Kunden und führt intern zu vermeidbaren Kosten. Integrierte Callcenter Konzepte erfordern folglich ein Höchstmaß an Planung und Abstimmung zwischen allen Beteiligten.

Zu viele Terminvereinbarungen schaffen Probleme

Technische Integration von Callcentern in der Automobilbranche

Aus dem **Geschäftsprozess** und der Rolle des Callcenters leiten sich die Anforderungen an die technische Umsetzung ab.

Am Beispiel Interessenten-Management in der Automobilbranche soll verdeutlicht werden, welche technischen Voraussetzungen geschaffen werden müssen, um ein integriertes Callcenter Konzept umzusetzen. In der Automobilbranche herrscht ein harter Mitbewerb. Ausgereifte Produkte auf einem hohen technischen Standard und zum Teil austauschbares Design stellen den Kunden vor die Qual der Wahl. Die Anreize zum Kauf eines Modells liegen teilweise bei einigen tausend Euros; besonders dann, wenn der Hersteller Kunden überzeugen möchte, die bisher ein anderes Fabrikat gefahren haben. Ein wesentliches Instrument in der Akquise ist dabei die Probefahrt. Sie hat maßgeblichen Einfluss auf die Kaufentscheidung. Entsprechend wird die Einladung zu einer Probefahrt im Internet Auftritt der Hersteller, in Fernsehspots, Direktmarketing-Aktionen oder in Anzeigen beworben. Die dabei generierten Interessentenanfragen für eine Probefahrt werden an die Händler übermittelt, die ihrerseits die Probefahrten durchführen und den Kunden vom Kauf überzeugen sollen. Die Automobilhersteller setzen in ihrer Ansprache auf alle verfügbaren Medien, um den Interessenten in der ersten Phase des Verkaufsprozesses zu begleiten. Die hohen Aufwendungen der Hersteller schlugen sich jedoch nicht in den entsprechenden Verkaufszahlen nieder. Ganz im Gegenteil. Zwei Studien im Jahr 2003 [1] belegten, dass mehr als 60 Prozent der Interessenten-

Interessentenanfragen für eine Probefahrt

Anfragen gar nicht oder nur mit einem erheblichen Zeitverzug bearbeitet wurden. Das Konzept der Hersteller, Interessenten über mehrere Medien und Kanäle zu generieren, an den Handel weiter zu leiten und dann den Verkauf abzuschließen, wies erhebliche Mängel auf.

Callcenter spielten neben allen anderen Maßnahmen nur eine Nebenrolle. Eingehende Anfragen wurden aufgenommen, der Interessent erhielt bei Bedarf schriftliches Informationsmaterial und die Anfrage wurde ebenfalls an den Handel – meist per Fax – weitergeleitet. Aus den Ergebnissen der Studie entwickelten fast alle Hersteller ein Konzept, in dem Callcenter eine zentrale Rolle im Prozess des Interessenten-Managements einnehmen (siehe Abb. 4). Eingehende Anfragen gleich über welches Medium werden heute zunächst im Callcenter gebündelt. Klassisch übernimmt im Callcenter eine **Automatische Anrufverteilung – ACD-Anlage** – die Verteilung der Anrufe; nicht jedoch die Verteilung der E-Mails oder Faxe. Integrierte Callcenter verfügen über eine ACD Anlage, die alle Medien im Eingang zentral verwaltet. Selbst die Briefpost kann eingescannt elektronisch an einem Callcenter-Arbeitsplatz gesichtet und bearbeitet werden.

Die Bündelung aller eingehenden Anfragen – Anruf, E-Mail, Fax – über eine zentrale ACD-Anlage ist heute technisch gesehen eine Standard-Lösung. Statt isolierter Fax-Server oder E-Mail-Server Lösungen sind heute ACD-Anlagen im Einsatz, die alle Medien integriert über eine Plattform abwickeln. Der erste Schritt zu einem integrierten Multikanal Management. Ein weiterer Schritt zur Integration des Callcenters ins Customer Relationship Management kann durch die Nutzung der im Anruf mit gegebenen Kundeninformationen bereits im Netz der Carrier erfolgen. Ist zu einer Telefonnummer ein Datensatz in der Kundendatenbank vorhanden, so kann diese Information zur Anreicherung des Datensatzes mit Bonitäts-, Wohnumfelddaten, zur Vervollständigung der Adressdaten verwandt werden. Dazu wird der Datensatz an Dienstleister wie infoscore, creditreform oder deltavista gesandt, die den Datensatz entsprechend anreichern und an das Callcenter zurücksenden [2].

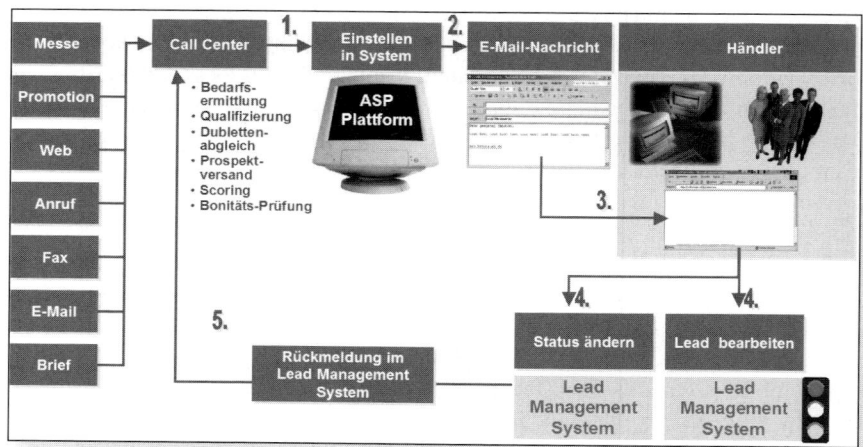

Abb. 4.: Beispiel Lead Management in der Automobil-Industrie

Die technische Verknüpfung der Telefoniedaten – Telefonnummer – mit den Informationen aus der Kundendatenbank geschieht mit Hilfe von **Computer Telefonie Integration** Software-Lösungen – **CTI-Software**. Die Verknüpfung selbst erfolgt nahezu in Echtzeit – performante Systeme vorausgesetzt.

Bevor der Kunde am Telefon begrüßt wird, sind seine Telefoniedaten mit den vorhandenen Daten aus der Datenbank verknüpft und dieser Datensatz durch einen externen Dienstleister angereichert.

Neben der Telefonnummer des Kunden wird auch die gewählte Rufnummer für ein intelligentes **Routing** im Callcenter nutzbar. Jede Kampagne, Anzeigenschaltung oder Fernsehspot kann mit einer entsprechenden Rufnummer ausgestattet werden, die dann den Anruf auf den jeweils geeigneten Mitarbeiter verteilt. Dazu werden in der ACD-Anlage Tabellen mit den **Kompetenzprofilen** der Mitarbeiter hinterlegt, die mit den Zielrufnummern einer Kampagne verknüpft sind. Aus einem anonymen Kunden mit unvollständigen Daten wird ein Kunde, auf den der Callcenter-Mitarbeiter individuell eingehen kann. Die angereicherten Daten können aber auch für weitere, spezielle Routing-Prozesse der Anrufer genutzt werden. Wir sprechen hier vom **kundenwertgestützten Routing** in Callcentern. Nachfolgend zwei Beispiele:

Intelligentes Routing

1. Anrufer mit einem hohen Kundenwert, werden zu speziell ausgebildeten Mitarbeitern durchgestellt.

2. Anrufer erhalten je nach ihrem Kundenwert/Bonität unterschiedliche Angebote, die am besten zu ihrem Profil passen

Die zentral erfassten Kundenanfragen werden heute in der Automobilbranche im Callcenter von den Mitarbeitern direkt in ein Interessentenmanagement System erfasst. Internet- oder Fax-Anfragen können per programmierten Schnittstellen direkt übertragen werden. Die Weiterleitung an den Händler erfolgt automatisch mit Hilfe eines **Workflow-Systems** auf Basis vorher hinterlegter Regeln. Workflow-Systeme transportieren nicht nur die Interessenten-Anfragen zu den Händlern sondern beinhalten auch **Eskalations- und Bearbeitungsregeln** für die Anfragen. Das Callcenter sorgt als Controlling Instanz für eine Bearbeitung der Anfragen durch die Händler innerhalb der vorher festgelegten Regeln. Eine Ampelregelung im Interessentenmanagement System zeigt alle Anfragen pro Händler, Region, die außerhalb der Toleranzgrenze liegen. Das Callcenter kann je nach Vereinbarung folgende Aktivitäten durchführen:

➤ Interessenten einem anderen Händler zuweisen.
➤ Den Händler auffordern, sich um die Kunden zu kümmern.
➤ Auf den Kunden zugehen und sich für den Zeitverzug entschuldigen.

Verantwortlich für die Einhaltung der Spielregeln des Prozesses ist das Callcenter. Die Interessentendatenbank ist zentral zugänglich. Ein abgestuftes Berechtigungskonzept stellt sicher, dass jeder Händler nur die Anfragen angezeigt erhält, die in seinem Verantwortungsbereich liegen. Die Statuspflege zu jeder Probefahrtanfrage:

> ➤ Beratung durchgeführt
> ➤ Prospekte übergeben
> ➤ Probefahrt verschoben
> ➤ Probefahrt durchgeführt
> ➤ Finanzierung angeboten
> ➤ Vertrag abgeschlossen
> ➤ Kunde hat sich für einen Mitbewerber entschieden

Status-
meldungen als
Ausgangspunkt
für Callcenter-
Aktivitäten

wird von den Vertriebsmitarbeitern der Händler vorgenommen. Sie stellt wiederum für das Callcenter den Ausgangspunkt für Folgeaktivitäten dar.

Pro Tag oder Woche generiert das System eine Liste aller durchgeführten Probefahrten der letzten Tage. Diese Liste wird genutzt, um im Rahmen einer outbound Aktion die Zufriedenheit der Kunden und Interessenten zu erfragen oder Schwachstellen im Prozess oder bei Händlern aufzudecken. An zentraler Stelle werden alle eingehenden Anfragen – unabhängig vom Medium – erfasst und an die Händler weitergeleitet. Im Prozess wirken Callcenter sowohl unterstützend durch eine Produktberatung, den Versand von Prospekten und Preislisten aber auch kontrollierend durch die Überwachung der Prozessvorgaben.

Literatur

[1] argonauten, Hamburg und TellSell Consulting, Frankfurt.

[2] Auf die besonderen Vorschriften des Datenschutzes und deren Beachtung soll in diesem Beitrag nicht weiter eingegangen werden.

Arikan A.: Multichannel Marketing. – 288 S., ISBN 9780470239599, Wiley, 2008.

Creveling C. M., Hambleton L., McCarthy B.: Six Sigma for Marketing Processes. – 269 S., ISBN 013199008X, Prentice Hall, 2006.

Ehrlich B. H.: Six Sigma and Lean Servicing. – 271 S., ISBN 1574443259, St. Lucie Press, 2002.

Liker J. K.: The Toyota Way. – 330 S., ISBN 0071392319, McGraw Hill, 2004.

Macfalane H.: The Leaky Funnel. – 217 S., ISBN 0975116320, Bookman Media, 2003.

Schweizer M., Rudolph T.: Wenn Käufer streiken. – 183 S., ISBN 3409126775, Gabler, 2004.

Webb M. J., Gorman T.: Sales and Marketing the Six Sigma Way. – 298 S., ISBN 1419521500, Kaplan Publishing, 2006.

Faxmailings scheinen für manche aus der Mode gekommen, denn Werbebriefe oder E-Mailings kommen schicker und bunter daher. Doch für viele Werbetreibende ist und bleibt Dialogmarketing per Fax ein Geheimtipp. Natürlich sind Faxmailings in der Regel nicht das einzige Marketing-Standbein, auf jeden Fall aber ein wirkungsvolles! Das hat gute Gründe: Faxmailings brauchen den Vergleich mit Briefen oder E-Mails keineswegs zu scheuen, erreichen sie doch regelmäßig **bessere Responsequoten**. Doch Werbeagenturen empfehlen Faxmailings oft zurückhaltend. Ein Fax beeindruckt nicht oberflächlich, sondern inhaltlich und hat einen bodenständigen Charakter. Deshalb passt es für manche nicht so gut in die Werbewelt des schönen Scheins. Vielleicht wirkt ein Fax deshalb zunächst nicht so attraktiv. Doch im Marketing gilt es für viele als **Geheimtipp** und leistet eine hervorragende Arbeit bei niedrigen Kosten. Besonders punkten kann das Faxmailing bei der Aufmerksamkeitsstärke des Empfängers, denn eines ist sicher: ein Fax wird gelesen.

Das Dialogmarketing per Fax profitiert gerade davon, dass es nicht im Übermaß ausgereizt wird. Wer Faxversand betreibt, macht dies in der Regel wohldosiert und überlegt, was dem Medium sehr gut bekommt. Das ist beim Brief- und E-Mailing anders: mancherorts ist es schon üblich, dass ankommende Post bereits außer Haus vorsortiert wird. Ein Großteil landet ungelesen im Müll. Oft hört man auch das Stöhnen über die unerträgliche E-Mail-Flut im eigenen Postfach. Deshalb ist bei E-Mail-Werbung das Ankommen oft fraglich. Virenschutzprogramme und Spamfilter lassen viele Mails gar nicht erst durch. Aus diesen Gründen sind sowohl bei Brief- als auch bei E-Mail-Werbung die Rücklaufzahlen zunehmend schlechter. Dazu kommt, dass Mails auch gern übersehen werden.

Faxe haben dagegen einen Sonderstatus in Unternehmen. Sie werden regelmäßig für wichtige, schnelle Korrespondenz genutzt. So erhält das Fax im Vergleich zu E-Mails und Briefen die **höchste Aufmerksamkeit** und wird garantiert gelesen. Ein Fax ist ehrlich und schnörkellos; seine Botschaft wird deshalb besser aufgenommen und auch vom Empfänger akzeptiert. Selbst ein Werbefax wird wenigstens überflogen. Dies trifft auf Werbe-E-Mails und Werbebriefe oft nicht zu, die sich durch Niedrigporto bereits vor dem Öffnen als Werbung präsentieren. Deshalb erzielt man mit einem Fax oft die besseren Ergebnisse – auch ohne Farbe oder besonders schickes Design.

Faxe werden für schnelle Korrespondenz genutzt und genießen hohe Aufmerksamkeit

Wie funktioniert Faxwerbung heute

Manche denken noch immer, dass man Faxe auch heute auf Papier ausdruckt und dann von Hand durchfaxt. Weit gefehlt, denn es gibt hervorragende technische Möglichkeiten, Faxe extrem schnell, clever und mit ganz vielen Spielarten für ein perfektes Dialogmarketing zu nutzen.

Für einen professionellen Faxversand benötigt man zunächst nur das eigentliche Werbefax in elektronischer Form. Zweite Voraussetzung ist der gewünschte Faxverteiler – zum Beispiel als Exceltabelle. Dieser enthält die Faxnummer und eventuelle Personalisierungsfelder. Ohne Vorlaufzeit für Druck, Kuvertierung und Postwege kann der Faxversand dann direkt an die gewünschte Anzahl Empfänger erfolgen. Die Praxis zeigt, dass auch beim Faxmarketing **personalisierte Werbefaxe** besonders erfolgreich sind. Sie enthalten dann die persönlichen Daten des Empfängers wie zum Beispiel Namen und Anrede der Empfänger. Werbebrief und Verteiler werden dafür miteinander verknüpft und dann vollautomatisch versendet.

Werbefax und Faxverteiler mit Faxnummer und Personalisierungsfeldern

Manche Unternehmen versenden ihre Faxmailings mit einer selbstgestrickten Soft-/Hardware-Lösung. Meist ist dann der Spielraum jedoch begrenzt, denn selten kann man so alle Möglichkeiten des Faxmarketings voll ausschöpfen. Auch lohnt es sich meist nicht, selbst in Hardware und Manpower zu investieren, da der Faxversand auch über einen professionellen Dienstleister sehr günstig sein kann. Dies trifft besonders zu, wenn man den **zeitlichen Aufwand** und die Kosten eines Briefmailings einem Faxmailing gegenüberstellt. Beim Versand eines Briefmailings entstehen schnell bis zu neunzig Prozent mehr Kosten. Sparen kann man auch bei der Gestaltung, denn für ein einfaches aber gut strukturiertes Faxmailing braucht man nicht unbedingt eine Agentur.

Für ein einfaches aber gut strukturiertes Faxmailing braucht man nicht unbedingt eine Agentur

---

Checkliste von Features, die der Faxversand bietet:

➤ Sehr schneller, unkomplizierter Versand von Faxmailings an einen kleinen oder sehr großen Verteiler.

➤ Versandprotokoll für die Auswertung und bequeme Datenpflege (gehört auch bei einem guten Faxdienstleister zum kostenlosen Service).

➤ Die Möglichkeit der Personalisierung mit allen gewünschten Daten, wie zum Beispiel der persönlichen Anrede des Empfängers.

➤ Für Pressemitteilungen und ähnlich eilige Faxe gibt es die Option eines Expressversands. Das garantiert eine schnellere Bearbeitung und eine kurzfristigere Umsetzung. Expressfaxe werden dem Empfänger vor allen anderen Faxen zugestellt.

➤ Dublettencheck, um Kosten zu sparen und doppelte Nummern aus dem Verteiler zu entfernen.

➤ Abgleich mit eigenen Sperrlisten, um bestimmte Nummern vom Versand auszuschließen.

Es gibt verschiedene gute Möglichkeiten, die dem Faxmarketing zur Verfügung stehen und wenig bekannt sind. Die folgenden Möglichkeiten sind bei einer eigenen Faxversandlösung inhouse schwierig zu realisieren, können aber zu einem besseren Erfolg beitragen. Selten kann eine eigenkonstruierte Versandlösung das Know-How eines Faxdienstleisters ersetzen. Auch weil der Marketingmix selten nur aus Faxaktionen besteht, lohnt sich das Outsourcen.

Möglichkeiten mit einem erfahrenen Faxdienstleister

➤ Bequeme Datenübertragung aller Versanddokumente und Verteilerdaten an den Dienstleister, der alles Weitere übernimmt.

➤ Vor dem eigentlichen Versand kann man ein Probefax anfordern, um die Qualität und alle Versanddaten zu prüfen.

➤ Manche Dienstleister bieten die Möglichkeit, ohne zusätzliche Hard- oder Software den Versand rund um die Uhr bequem vom eigenen PC selbst zu steuern und zu starten.

➤ Höchstmögliche Datensicherheit durch verschlüsselte Übertragung.

➤ Abgleich mit der Fax-Robinsonliste des BITKOM (Bundesverband Informationswirtschaft Telekommunikation und neue Medien e.V.) – hierdurch werden vorab Empfänger aussortiert, die keine Faxwerbung wünschen. Hier liegt ein großer Vorteil für Versender über Faxdienstleister, denn diese Liste ist nicht allgemein zugänglich und kostenpflichtig.

➤ Große Versandkapazität auch großer Mengen an Faxmailings.

➤ Notversorgungskonzepte und technische Backup-Prozesse, damit Leitungen überwacht werden und nicht ausfallen können.

➤ Eventuell qualitativ bessere Faxübertragung durch geprüfte/zertifizierte Versandsysteme.

➤ Einbindung des Faxversands in bestehende Systeme.

So funktioniert der erfolgreiche Einstieg ins Faxmarketing

Es gibt fragwürdige Berichte von Werbetreibenden, die ihre Erfahrungen mit Faxmarketing nach dem Prinzip „Learning by doing" sammelten. Sie probierten den Faxversand einfach aus, ohne sich vorher zu informieren. Die unbedarften Tester wunderten sich dann, weil Empfänger sich ärgerten oder sogar eine **Abmahnung** ins Haus flatterte. Diese Vorgehensweise ist natürlich nicht empfehlenswert. Bei der Planung von Faxmarketing sollte man strukturiert vorgehen. Dazu gehören zunächst konzeptionelle Gedanken für die Herangehensweise und die Recherche über die rechtliche Situation. Perfekt, wenn bereits ein Faxverteiler vorliegt, für den die Empfänger ihr Einverständnis erklärt haben.

Bei Faxmailings müssen die Empfänger vorher ihr Einverständnis erklärt haben

Geeignete Branchen für Faxmailings erkennen

Es ist wichtig, die Zielgruppe für geplante Faxmailings zu bestimmen. Es gibt auch Branchen, bei denen das Fax besser ankommt. Zum Beispiel erreichen

Reiseveranstalter ihre Reisebüros häufig wirkungsvoller per Fax als per Mail. Auch viele Handwerksbetriebe und Unternehmen des Hotel- und Gaststättengewerbes wollen lieber per Fax informiert werden. Und auch in Arztpraxen ist es besser um das Fax bestellt. Wo es besonders schnell gehen muss und niemand Zeit hat, sich ständig um eingehende E-Mails zu kümmern, hat das Fax bessere Chancen. Eine ganz **dringende Mitteilung**, wie zum Beispiel eine Rückrufaktion, wird in den meisten Fällen per Fax versendet, weil sie sonst zu spät wahrgenommen wird. Das Fax trotzt auch Krankheit oder Urlaub des Empfängers und bahnt sich seinen Weg. Natürlich gibt es noch weit mehr Branchen und Einsatzgebiete für Faxmarketing.

Kundenbindung und -gewinnung per Faxmailing

Sehr gut funktioniert Faxmarketing für die **Kundenbindung**. Kunden werden in Deutschland bekanntlich viel zu sehr vernachlässigt. Mit regelmäßigen Faxmailings kann man den eigenen Kunden Vorteile wie Sonderkonditionen bieten und über Neues informieren. Ob mit einem netten Gruß zum Festtag, einem Gewinnspiel oder exklusiven Angeboten nur für Kunden – das Fax ruft in Erinnerung und zeigt Service. Ohne großen Aufwand beweist man so seinem Kunden Wertschätzung. Auch Interessenten aus der eigenen Datenbank können per Faxmarketing oft sehr gut zu Kunden umgewandelt werden. Es empfiehlt sich, ständig die E-Mail- und Faxerlaubnis einzuholen, zum Beispiel über vorgeschaltete Briefmailings, die Homepage oder Gewinnspiele. Oft scheitert die gute Idee daran, dass man sich diese lohnenswerte Mühe nicht macht. Denn mit dieser Sammlung von Faxnummern können Interessenten und Geschäftspartner künftig auch viel günstiger und einfacher per Fax angesprochen werden. Häufig braucht es – vor allem im **Business to Business** – mehrere Kontakte, bevor sich ein Kunde entscheidet. Hierfür funktioniert das Fax hervorragend.

Festtagsgrüße, Gewinnspiel oder exklusive Angebote

Faxmailings für Filialen, Außenstellen und Partner

Faxmarketing wird auch sehr gern vom Handel als Marketinginstrument genutzt, um Filialen, Außenstellen und Partner über neue Preispakete, Angebote oder anderes zu informieren, oft sogar täglich. Der Vorteil auch hier: das eingehende Fax mit wichtigen Änderungen kommt sofort mit **Signalton** an, während eine E-Mail schnell untergehen kann. Außerdem kann per Fax sofort auf Veränderungen des Marktes reagiert und die Angebotspolitik angepasst werden. Die Initiierung eines vollautomatischen Faxmailings funktioniert genauso fix und einfach, wie das Absenden einer E-Mail. Nur kommt beim Fax auf jeden Fall „etwas dabei heraus" und zwar nicht nur aus dem Faxgerät des Empfängers.

Öffentlichkeitsarbeit per Faxmailing

Für Pressemitteilungen von Firmen und Presseagenturen ist der Faxversand eine sehr gute Möglichkeit, wichtige Informationen sofort und günstig zu verteilen. Denn per Fax lassen sich die Informationen direkt zu den gewünschten Medien bringen, ohne „erhobenen Zeigefinger" des Spam-Filters. Viele professionelle Dienstleister bieten für Pressemitteilungen einen besonders schnellen **Expressversand** an, der diese Faxe mit höchster Priorität vorgezogen ausliefert. Beim Versand von Pressemitteilungen ist die Gesetzeslage auch ein wenig gelockert. Hier ist nicht immer das Einverständnis des Empfängers erforderlich, da häufig ein Interesse des Verlags vermutet wird.

Faxmailings erhöhen den Wahrnehmungswert bestimmter Aktionen

Die Praxis zeigt, dass zum Beispiel für Terminankündigungen und zeitnahe Aktionen ein Faxmailing besser funktioniert. Die Anzahl der Rückmeldungen im Vergleich zu anderen Ansprachekanälen liegt hier erfahrungsgemäß höher. Deshalb wird in solchen Fällen häufig lieber gleich per Faxmailing informiert. Auch für **mehrstufige Werbung** sind Faxmailings ein interessantes Mittel. Wenn ein Empfänger ein Angebot erhalten hat, lohnt sich oft ein **Nachfassen per Fax**. Der Empfänger sieht, dass viel Mühe für ihn investiert wird. So kann man professionell per Fax beeindrucken. Die meisten Unternehmen fassen telefonisch nach. Per Fax ist das Nachfassen viel unaufdringlicher und erfrischend anders. Vielen Kontakten tut es zudem gut, wenn sie zu Anfang über verschiedene Kanäle angesprochen werden.

Per Fax ist das Nachfassen viel unaufdringlicher und erfrischend anders

Wichtig: Einverständnis der Empfänger einholen

Wer die bisherigen Schritte befolgt, kann noch nicht einfach mit Faxmailings loslegen. In Deutschland ist für einen Faxversand die Einwilligung des Adressaten erforderlich – dies seit einigen Jahren sogar bei bestehender Geschäftsbeziehung. Es gibt **verschiedene Möglichkeiten** für die Einholung dieser Einwilligung. Sie kann **schriftlich** und **mündlich** erfolgen. Da jedoch der Absender die Beweispflicht hat, sollte eine mündliche Einwilligungserklärung am besten schriftlich untermauert werden. Wurde zum Beispiel eine Einwilligung telefonisch erteilt, wird dies dem künftigen Faxempfänger am besten nochmals schriftlich mitgeteilt – mit Verweis auf das vorangegangene Gespräch. In ein rechtlich einwandfreies Faxmailing gehört auch immer die korrekte und vollständige Absenderadresse. Außerdem muss das Fax immer eine Möglichkeit der Abbestellung künftiger Werbefaxe enthalten.

Wie zuvor schon angesprochen, ist für ein erfolgreiches Faxmarketing das A und das O das ständige Einholen von Einverständniserklärungen. Dies lässt sich jedoch einfach bewerkstelligen, wenn man nur sich und die eigenen Mitarbeiter immer wieder darauf sensibilisiert. Die Einverständniserklärung kann bei jeder Gelegenheit erfolgen: im Response-Element von Briefmailings und Anzeigen, auf der Homepage und in Telefonaten. Eine gute Gelegenheit sind auch persönliche Kontakte, zum Beispiel auf Messen oder bei Besuchen von Interessenten. Die Erlaubnis wird besonders gerne gegeben, wenn der potenzielle Empfänger sich davon einen Nutzen verspricht. Bietet ein Faxnewsletter zum Beispiel kleine Preisvorteile oder eine bevorzugte Behandlung, geben viele die Zustimmung gerne. Auch ein kleines Incentive kann das Tüpfelchen auf dem „i" sein.

Besonderheiten der Planung und Durchführung von Faxmailings

Durch seine besondere Art des Versands und Empfangs, sollte man bestimmte Dinge beachten. Diese praktischen Tipps helfen, um aus jedem Faxmailing das Optimum herauszuholen.

Auswahl eines Faxdienstleisters:

Bei der Auswahl eines Dienstleisters ist es eine gute Idee, sich zuvor alle wichtigen und benötigten Versandoptionen zu überlegen. Es gibt dabei auch Faxdienstleister, die kundenfreundlich auf langfristige Vertragsbindungen verzichten. Das vereinfacht auch eine erste Testphase. Außerdem sollte man darauf achten, dass auch nur wirklich versandte Faxe berechnet werden. Manche Dienstleister machen hier keinen Unterschied und sind dadurch auf den zweiten Blick teurer.

CHECKLISTE Praktische Durchführung eines Faxmailings

Optische Gestaltung

➤ **Verzicht auf Farbe**
Für die Gestaltung der Faxe empfiehlt sich keine Farbe, da das Ergebnis beim Empfänger sowieso in Schwarz-Weiß ankommt. Farbiges Papier oder farbige Hintergründe führen zu Schatten und langen Übertragungsraten. Empfänger wünschen ein schnell ankommendes Fax, das gut lesbar ist und nicht zuviel Toner verbraucht.

➤ **Große Schriften**
Die Art der Übertragung setzt voraus, dass man gut leserliche Schriften verwendet. Am besten eignen sich serifenlose, klare und schnörkellose Schriften, wie zum Beispiel Arial. Schriftgrößen unter 9 pt werden unleserlich. Mit Schriften ab 10 pt kommen Botschaften am besten an.

➤ **Fotos**
Nicht jedes Foto eignet sich für den Faxversand. Vor allem Farbfotos können beim Ausdruck ganz anders herauskommen. Faxmailings wirken durch ihre Schlichtheit. Ist jedoch ein Foto unverzichtbar, empfiehlt sich das Abspeichern der Grafiken und Logos in Schwarz-Weiß ohne Graustufen. Ein helleres Bild im größeren Format wird schöner. Dabei kann ein hochauflösender Versand Ergebnisse stark optimieren. Die Qualität sollte man vorab im Probefax prüfen.

➤ **Graustufen**
Vorsicht bei Graustufen. Faxe lösen Dokumente anders auf als Drucker. Meist wird der Ausdruck als Schwarz-Weiß-Grafik schöner. Auch hier kann Hochauflösung im Ergebnis positiver wirken.

➤ **Auflösung**
Bei Grafiken empfiehlt sich eine Auflösung von 300 dpi. Eine extrem hohe Auflösung kann vom Empfängerfaxgerät nicht umgesetzt werden und verlängert nur die Übertragungszeit.

➤ **Weniger ist mehr**
Ein Fax besticht durch seinen bescheidenen Charme. Je einfacher gehalten, desto klarer die Aussage.

Inhaltlicher Charakter

Wichtige Aussagen gleich in die Überschrift
Die Überschrift ist die Eintrittskarte für die Lesebereitschaft und macht deutlich, um was es bei dem Faxmailing geht. Überschrift mit Bedacht wählen, um möglichst viel Aufmerksamkeit zu erhalten.

Direkt und knackig formulieren
Ein Fax funktioniert am besten, wenn man es auf den Punkt bringt. Besser kurze und einfache Sätze. Ein oder zwei Seiten genügen, um die Vorteile herauszustellen. Mehr will der Empfänger nicht haben.

Klare Gestaltung
Eine gute Aufteilung lohnt sich. Der Inhalt sollte nicht zu eng und nicht zu voll sein und sich am besten gefällig für das Auge darstellen.

Optimaler Zeitpunkt für den Versand

Expressversand für Eilmeldungen
Es ist oft lohnenswert, einen Expressversand einzurichten. Diese Möglichkeit ist sehr geschickt für eilige Mitteilungen. Faxe werden beim Expressversand allen anderen Faxen vorgezogen und priorisiert ausgeliefert.

Tagversand für höchste Aufmerksamkeit
Wenn das geplante Faxmailing die höchstmögliche Aufmerksamkeit auf sich ziehen soll, empfiehlt sich ein Tagversand. Der Tagversand ist auch die beste Lösung für Faxmailings an Zielgruppen, die aus kleineren Betrieben bestehen. Manche Betriebe schalten nachts das Faxgerät aus. Falls Faxgeräte nachts auf eine private Leitung umgestellt werden, kann sich der Empfänger empfindlich gestört fühlen.

Nachtversand für das beste Preis-Leistungs-Verhältnis
Wenn mittelständische und große Unternehmen die Faxmailings regelmäßig erwarten, eignet sich der zumeist kostengünstigere Nachtversand. Wenn nicht alle Faxe durchgegangen sind, kann am nächsten Tag auch eine preiswerte Nachsendung aller nicht erfolgreichen Faxe initiiert werden.

Wie bereits angesprochen, gleichen manche Faxversender auch für ihre Kunden kostenlos mit der Fax-Robinsonliste ab. Diese Liste ist nicht allgemein zugänglich und kostenpflichtig. Deshalb lohnt es sich, einen Versanddienstleister zu wählen, der den **Abgleich mit der Robinsonliste** bietet. Um in Einzelfällen besonders schöne Ergebnisse beim Faxmailing zu erhalten, kann ein **hochauflösender Versand** von Vorteil sein. Deshalb sollte ein guter Faxdienstleister auch die Möglichkeit der Hochauflösung im Portfolio haben. Sehr wichtig ist natürlich auch die **Erreichbarkeit** des Faxversenders.

Hochauflösender Versand

Praktische Anwendungsbeispiele für Faxmailings auf einen Blick

Um gleich ein paar konkrete Ideen zu veranschaulichen, hier einige Beispiele, die per Faxmailing praktisch oft sehr gut funktionieren:

Faxmailings für Kunden und Interessenten

➤ mit exklusiven Sonderangeboten und „Bonbons", um Kunden zu verwöhnen.
➤ mit Festtagsgrüßen und einer Mitteilung über die Öffnungszeiten an Feiertagen.
➤ mit neuen Produktinformationen.
➤ mit einer Einladung zu Veranstaltungen, Messen oder dem Tag der offenen Tür.
➤ mit einer Erinnerung an das bevorstehende Seminar, das bereits gebucht ist.

Faxmailings des Handels an Filialen, Außenstellen und Vertriebspartner

➤ mit wöchentlich bis täglich wechselnden Angebotspaketen.
➤ mit Ankündigungen für neue Preisstrukturen.
➤ mit Schnäppchenangeboten für Reisepakete an Reisebüros.
➤ mit Aufstellungen von Verkaufsargumenten für bessere Kundenberatung.
➤ mit Verträgen für die Endkunden.

Faxmailings als Pressemitteilung

➤ mit Presseinformationen über neue Errungenschaften, Personalveränderungen, neue Produkte und Erfolge.

Faxmailings zur Frequenzerhöhung der Marketingmaßnahmen

➤ mit Follow-Ups per Fax.
➤ mit zusätzlichen Mailings für die kurzfristige Erhöhung des Abverkaufs.
➤ mit zusätzlichen Kundenbindungsmaßnahmen.

Raffinesse in die Werbung bringen

Wer nach diesen Tipps vorgeht und Faxmarketing in den eigenen Maßnahmenkatalog integriert, bringt mehr Raffinesse in seine werblichen Aktivitäten. Für den Beginn kann auch einfach die Frequenz bestehender Werbeaktivitäten erhöht werden. Das macht einen ersten Response- und Kostenvergleich möglich. Da Faxmarketing nicht so ausgereizt und zudem günstig und schnell zu realisieren ist, lohnt sich dies auf jeden Fall. Wer gute Erfolge hat, kann das Faxmarketing dann kontinuierlich ausbauen und für bestimmte Bereiche dann fest einplanen. Zumindest für die Kundenbindung sollte Faxmarketing in keinem Unternehmen fehlen. Für viele Unternehmen ist Faxmarketing jedenfalls eine **unentdeckte Perle**, die man leicht zum Schimmern bringen kann.

Für viele Unternehmen ist Faxmarketing eine unentdeckte Perle

Literatur

Altmann H. C.: Mut zu neuen Kunden: Wie Sie sofort neue Kunden gewinnen – mit Telefon, Fax, Handy, SMS, E-Mail, Briefen, Multiplikatoren, Veranstaltungen, Empfehlungen und Kaltbesuchen! – Redline Wirtschaftsverlag, Juni 2006.

CRM

Grundlagen und
rechtliche Aspekte von
Kundendatenbanken 307

Datenpflege ist Kundenpflege 321

Kundenbindungsprogramme 332

Kundenmanagement
nach Kundenwert 347

Marketing Intelligence –
Komplexität beherrschen 354

Wieviel Dialog will der Kunde? 360

Aufbau und Pflege von Kundenbeziehungen sind wichtige Faktoren, die zum Unternehmenswert wesentlich beitragen.

Jörg Link und Alexander Gary beschreiben den Aufbau einer Kundendatenbank. Welche Daten dürfen überhaupt gespeichert werden, welche müssen gespeichert werden? Was sind personenbezogene Daten und wo handelt es sich um anonymisierte oder pseudonymisierte Daten?

Carsten Kraus verrät alles über Adressdubletten und sonstige Probleme, die man mit schlecht gepflegten Daten haben kann. Die Mehrkosten sind beachtlich. Dabei gibt es eine Reihe bewährter Verfahren, Datensätze zu „säubern", die in dem Beitrag beschrieben werden.

Ralf T. Kreutzer erläutert die Zusammenhänge zwischen Kundenzufriedenheit und Kundenbindung. Er beschreibt die Stellschrauben und Wirkungsmechanismen erfolgreicher Kundenbindungsprogramme.

Georg Blum schreibt über den Trend, den Kundenwert stärker in den Fokus des Unternehmensinteresses zu rücken. Zu viel Werbung kann dazu führen, dass der Kundenwert sinkt, weil Reaktanzen auftreten. Blum erläutert, wie sich sinnvoll Kundensegmente bilden lassen, anstatt alle Kunden gleichermaßen wie mit der Gießkanne mit Werbung zu beglücken.

Dieter Brändli entwickelt ein Modell, wie sich die zunehmende Komplexität der Marketingprozesse beherrschen lässt. Er legt dar, wie sich Investitionen in die Kundenbeziehung durchaus rechnen können.

Anne Schüller geht dem Thema Dialog auf den Grund: Will ein Unternehmen wirklich den Dialog? Wie viel Dialog und in welcher Richtung ist erwünscht? Sie plädiert dafür, öfter auch einmal Fragen zu stellen und auf die Antworten zu hören, als immer nur Monologe zu halten.

Torsten Schwarz

Im Customer Relationship Management (CRM) geht es um die gezielte computergestützte Pflege von Kundenbeziehungen. Auf der Grundlage von Kunden-erfassungs- und -bewertungsmodellen sowie Instrumenten wie Data Warehousing, Online Analytical Processing (OLAP) und Data Mining wird versucht, Kunden entsprechend ihrer Investitionswürdigkeit an das Unternehmen zu binden. Um dieses Ziel zu erreichen, werden möglichst viele personenbezogene Daten benötigt. Diese werden in einer Kundendatenbank zusammengeführt und bilden die Grundlage für ein umfassendes Kundenmodell beziehungsweise Kundenprofil. Dabei muss die Verwendung von personenbezogenen Daten im Rahmen des CRM unter Beachtung der datenschutzrechtlichen Regelungen erfolgen. Hier stellt insbesondere die Einwilligung des Kunden ein sicheres Mittel für die rechtmäßige Verwendung personenbezogener Daten dar. Im Permission-Marketing ist die Einwilligung des Kunden durch Schaffung von Vertrauen eine wesentliche Voraussetzung für den erfolgreichen Dialog mit dem Kunden.

Einwilligung des Kunden ist wesentliche Voraussetzung für den erfolgreichen Dialog mit dem Kunden

Das CRM-Integrationsmodell

Wie bereits erwähnt, liegt das Ziel des CRM in der Herstellung, Aufrechterhaltung und Nutzung erfolgreicher Beziehungen zum einzelnen Kunden. [1]

Kundenorientierte Informationssysteme
Hier existieren durch die Kundenorientierten Informationssysteme – Database Marketing (DBM), Computer Aided Selling (CAS), Online-Marketing (OM) – zahlreiche Möglichkeiten, Kundenwünsche individueller, wirkungsvoller, schneller und kostengünstiger zu erfassen, zu bearbeiten und dadurch den Kunden langfristig zu binden. [2] Die besondere Rolle der Kundenorientierten Informationssysteme (KIS) im CRM liegt darin, dass sie eine möglichst **interaktive** Beziehung zum Kunden ermöglichen beziehungsweise unterstützen, indem der Informations-austausch mit dem Kunden **beschleunigt** und **rationalisiert** wird (zum Beispiel über die Außendienst-Notebooks im Rahmen des CAS oder die Internet-Zugänge im Rahmen des OM) oder indem dieser Dialog mit dem Kunden **individualisiert** wird (zum Beispiel über die Kundendatenbanken im Rahmen des DBM). [3]

Interaktive Beziehung und der Informations-austausch mit dem Kunden werden beschleunigt und rationalisiert

Der Front-Office Bereich
Zusammen mit den konventionellen Kommunikationskanälen bilden die KIS den so genannten Front Office-Bereich, das heißt die Summe aller Touchpoints, mit denen das Unternehmen den Kunden einen Dialog anbietet (siehe Abb. 1). [4]

www.marketing-boerse.de/Experten/details/Joerg-Link
www.marketing-boerse.de/Experten/details/Alexander-Gary

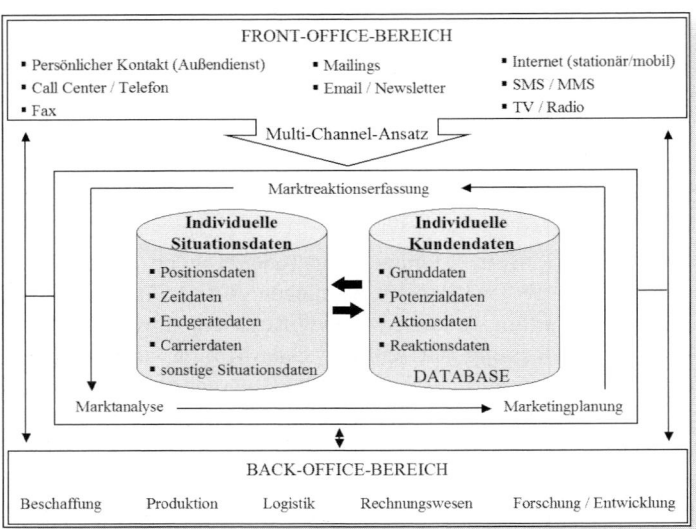

Abb. 1: Integriertes situationsorientiertes CRM-System (Link/Seidl 2008)

Im Front Office-Bereich soll im CRM der so genannte Multi-Channel Ansatz realisiert werden. Er soll es dem Kunden ermöglichen, sich mit dem Unternehmen in Verbindung zu setzen, wann immer und über welchen Kommunikationskanal auch immer er dies gerade möchte. Es müssen vom Unternehmen daher zunächst alle Touchpoints bedacht und eingerichtet werden, die aus Sicht der Zielgruppe relevant sein könnten. Unter dem Aspekt der Transaktionskostenadäquanz muss dafür gesorgt werden, dass der Dialog mit dem Kunden immer genau dort aufgenommen und weitergeführt werden kann, wo er beim letzten Mal geendet hat. [5]

Alle Touchpoints bedenken, die aus Sicht der Zielgruppe relevant sein könnten

Kundendatenbank

Dies bedingt, dass zum Beispiel alle Gesprächsinhalte jeweils während und nach dem Kontakt auf der Kunden- beziehungsweise Situationsdatenbank abgespeichert werden. Dadurch stehen die benötigten Informationen dem nächsten Mitarbeiter des Unternehmens, den der Kunde erreicht, quasi auf Knopfdruck zur Verfügung. Voraussetzung hierfür ist einmal das Vorhandensein einer **Kundendatenbank** (und gegebenenfalls einer dazu in Ergänzung stehenden Situationsdatenbank) als zentrale **Integrationsplattform** für die Gesamtheit der Kundenorientierten Informationssysteme und der übrigen Touchpoints (Front-Office-Bereich). Wichtig ist aber auch die Integration zwischen Front- und Back-Office-Bereich, damit eine rasche und fehlerlose Datenübermittlung stattfinden kann. Diese bietet dem Kunden eine hohe **Auskunftsbereitschaft** des Unternehmens über alle Bereiche hinweg sowohl während des Verkaufsgespräches als auch während der Auftragsabwicklung und stellt überdies **Schnelligkeit** und **Kostengünstigkeit** der Abwicklungsprozesse sicher.

Situationsdatenbank

Mit Hilfe einer **Situationsdatenbank** können im Mobile Commerce [6] einzelne Situationsdaten kundenspezifisch erfasst, gespeichert und analysiert werden. Aus diesen einzelnen Situationsdaten lassen sich im Zeitablauf **Situationsprofile** der Kunden gewinnen. Beispiele wären räumliche und zeitliche Bewegungsprofile oder Nutzungsprofile. Durch die Verknüpfung von bestimmten Kundendaten mit bestimmten Situationsdaten können dem Kunden **personalisierte** und **situationsspezifische Angebote** unterbreitet werden. Ein einfaches Anwendungsbeispiel ist der privat oder beruflich Reisende, dem bei Erfassung seiner aktuellen Ortsdaten die von ihm präferierten (siehe Kundendatenbank) gastronomischen Angebote in der Nähe seines aktuellen Standortes übermittelt werden können. Aus dem konkreten Zeitpunkt können unter Umständen ebenfalls Bedarfe abgeleitet werden. Ein Beispiel wäre hier der Handelsvertreter, der den Stadtrand abends um 21 Uhr erreicht und voraussichtlich ein Interesse an (seinen abgespeicherten Präferenzen entsprechenden) Angeboten im Hotelbereich haben dürfte.

Für die Zusammenführung von Kundeninformationen, der Analyse dieser Informationen und der anschließenden Erstellung von umfassenden Kundenprofilen im Rahmen des CRM werden Instrumente wie Data Warehouse, OLAP und Data Mining benötigt. [7] Eine Kundendatenbank bildet dabei oft einen integrativen Bestandteil eines Data Warehouse.

Database Marketing

Die Fähigkeit und Bereitschaft der Unternehmen, die Interaktion (Informations- und Güteraustausch) mit dem Kunden individuell zu gestalten, können einen wesentlichen Wettbewerbsvorteil für die Unternehmen darstellen. [8] Im Extremfall kann dies bedeuten, dass jedem Kunden ein maßgeschneidertes Angebot gemacht wird. Dies erfolgt zu dem für ihn optimalen Zeitpunkt und mit den auf seine speziellen Verhältnisse zugeschnittenen Argumenten und Konditionen.

Genau bei dieser Individualisierung setzt der **Grundgedanke des Database Marketing** an. Auf einer **„Database"** (Datenbank) sollen für jeden einzelnen Kunden alle Informationen gespeichert werden, die für die Marketingaktivitäten gegenüber diesem jeweiligen Kunden von Bedeutung sein können. Dies eröffnet die Möglichkeit, die „richtigen" Kunden zum „richtigen" Zeitpunkt mit den „richtigen" Maßnahmen der Werbung, Verkaufsförderung, Beratung sowie Angebots- und Produktgestaltung anzusprechen. **Database Marketing ist also ein Marketing auf der Basis kundenindividueller, in einer Datenbank gespeicherter Informationen.** Die auf der Grundlage der Kundendatenbank geplanten Maßnahmen beziehen sich ergo grundsätzlich auf alle Instrumente des Marketing-Mix.

Database Marketing ist Marketing auf der Basis kundenindividueller, in einer Datenbank gespeicherter Informationen

Die Elemente einer Kundendatenbank

Eine **Kundendatenbank** dient der Speicherung aller spezifischen Merkmale von Einzelkunden im Rahmen des Database Marketing. In eine Kundendatenbank sollten nicht nur die aktuellen Kunden einer Unternehmung, sondern auch potenzielle Kunden (potenzielle Verwender, Interessenten, Kunden der Konkurrenz, ehemalige Kunden) aufgenommen werden. Innerhalb des Informationsspektrums einer Kundendatenbank kann zwischen Grund-, Potenzial-, Aktions- und Reaktionsdaten unterschieden werden (siehe Abb. 2): [9]

Grunddaten Konsumenten	Grunddaten Unternehmen
➤ Name, Anrede ➤ Anschrift ➤ Telefon, Telefax ➤ Vertriebsregion ➤ Betreuende Geschäftsstelle ➤ Kundennummer ➤ Geografische Merkmale ➤ Soziodemografische Merkmale ➤ Psychografische Merkmale ➤ Kaufverhaltensmerkmale ➤ Kaufkriterienorientierte Merkmale ➤ Regio-Typ ➤ Life-Style-Typ	➤ Firmenname ➤ Anschrift ➤ Telefon, Telefax ➤ Vertriebsregion ➤ Betreuende Geschäftsstelle ➤ Kundennummer ➤ Branche, Geschäftszweig ➤ Produkt-/Leistungsprogramm ➤ Größe (Umsatz, Mitarbeiterzahl) ➤ Bonität ➤ Eigentumsverhältnisse ➤ Unternehmensverflechtungen ➤ Namen und Adressdaten der Führungskräfte und Ansprechpartner ➤ Struktur und Einflussmerkmale der Mitglieder des Buying-Center (User, Influencer, Buyer, Decider, Gate-Keeper)

Potenzialdaten	Aktionsdaten	Reaktionsdaten
➤ Produktgruppenspezi- fischer Gesamtbedarf ➤ Zeitpunkte konkreter Bedarfssituationen ➤ Derzeitige Geräte-/ Maschinenausstattung (eigene und fremde Erzeugnisse) ➤ Derzeitige Leistungs- inanspruchnahme (eigene und fremde Leistungen) ➤ Derzeitiger laufender Bedarf (zum Beispiel Verbrauchsgüter) ➤ Position im Kunden- Portfolio ➤ Kundenklassifizierung (z. B. RFMR-Wert)	➤ Art der Unternehmens- aktivitäten: Mailing, Katalog, Telefonkontakt, Außendienst- besuch ➤ Intensität: Umfang/ Wert der Werbe- aktion beziehungsweise Dauer des Kundenkontaktes ➤ Häufigkeit der Kontakte/ Aktionen ➤ Zeitpunkte der Kontakte/ Aktionen ➤ Inhalte der Kontakte/ Aktionen (Leistungs-/Informations- angebot) ➤ Kundenbetreuer/-berater (Telefonkontakter, Außen- dienstmitarbeiter, Key-Account-Manager)	➤ Ökonomische Daten [nach Aufträgen, Produkten/ Produktgruppen und Teilperioden] ➤ Deckungsbeitragshöhe (Absolut und in Prozent vom Umsatz) ➤ Umsatzhöhe und -struktur (Produkte, Mengen, Preise) ➤ Höhe und Struktur des Auftrags- eingangs und -bestandes (Produkte, Mengen, Preise) ➤ Außerökonomische Daten: • Kundenanfragen • Kundeneinstellungen • Kundenkenntnisse ➤ Reklamationen ➤ Retouren ➤ Lost-Orders ➤ Dauer der Kundenbeziehungen ➤ Stufe der Loyalitätsleiter

Abb. 2: Informationsfelder und -inhalte einer Kundendatenbank
(Link/Hildebrand 1993, S. 36)

Grunddaten

Zu den Grunddaten gehören vor allem längerfristig gleich bleibende und weitgehend produktunabhängige Kundendaten. Hierzu zählen zunächst einmal alle auch schon für die konventionelle Kundenkontaktierung erforderlichen Trivialdaten wie Name, Adresse, Anrede, Bankverbindung. Darüber hinaus gilt es, möglichst viele jener Merkmale zu erfassen, die für ein segmentspezifisches Marketing von Bedeutung sein können. Im Hinblick auf Konsumenten gehören zu diesen Daten Merkmale wie Alter, Geschlecht, Einkommen, Beruf und Ausbildungsabschluss. Entsprechende Grundmerkmale von Betrieben wären Branche, Mitarbeiterzahl, Umsatz, Bonität, Rechtsform, obere Führungskräfte, Unternehmensverflechtungen und Mitglieder des Buying Center.

Potenzialdaten

Die Potenzialdaten sollen produktgruppen- und zeitpunktbezogene Anhaltspunkte für das kundenindividuelle Nachfragevolumen liefern. Die zu beantwortende Frage lautet: Welcher produktgruppenspezifische Gesamtbedarf wird zu welchen Zeitpunkten voraussichtlich bei den einzelnen Kunden auftreten? Dieser Bedarf ist dem Anbieter in der Regel nicht im Vorhinein bekannt, lässt sich aber oftmals rekonstruieren. Dies kann aus einer Kombination von Informationen über bisherige eigene Lieferungen, eigene kundenbezogene Marktanteile beziehungsweise Anteile von Fremdlieferungen sowie über Ausstattungsmerkmale und Pläne der jeweiligen Kunden erfolgen. Einige Beispiele sind im Folgenden aufgeführt.

Die Potenzialdaten sollen Anhaltspunkte für das kundenindividuelle Nachfragevolumen liefern

Bei **Versicherungsunternehmen** und **Kreditinstituten** sowie **Anbietern von Kraftfahrzeugen, Maschinen und Geräten aller Art** (inklusive Hausgeräte) beispielsweise sollten unter anderem alle beim aktuellen oder potenziellen Einzelkunden vorhandenen eigenen und Konkurrenzprodukte mit ihren Vertrags-/Leasinglaufzeiten respektive ihrer voraussichtlichen Restnutzungsdauer abgespeichert werden.

Für **Hersteller von Babynahrung, Kinderkleidung, Spielwaren und Sportartikeln** kann bereits die routinemäßige Erfassung und Speicherung der demographischen Einzeldaten aller Geburten wertvolle Hinweise auf zukünftigen "zwangsläufigen" – weil altersbedingten – Bedarf bei diesen jeweiligen „Kunden" liefern.

Für die **freien Berufe** (Ärzte, Anwälte, Berater, Architekten, Steuerberater unter anderem), Handwerker, Händler und Dienstleistungsunternehmen (zum Beispiel Kreditkartenunternehmen, Reisebüros) bietet bereits die einfache Speicherung wichtiger Termine (zum Beispiel nächster Wartungstermin) und Merkmale (zum Beispiel bevorzugte Reisegebiete) ihrer Kunden Ansatzpunkte für eine gezielte Wiederaufnahme beziehungsweise Wiederauffrischung des Kontaktes.

Aktionsdaten

Zu den Aktionsdaten gehören alle Informationen über kundenbezogene Maßnahmen hinsichtlich ihrer Art, Intensität, Häufigkeit und ihres Zeitpunktes, gegebenenfalls auch ihrer jeweiligen (anteiligen) Kosten. Hierzu zählen sämtliche vom Unternehmen durchgeführte und an den jeweiligen Kunden gerichtete Aktionen wie zum Beispiel Werbebriefe, Katalog-/Prospektzusendungen, Telefonaktionen, Vertreterbesuche, konkrete Angebotserstellungen, Verkaufsförderungsmaßnahmen und vieles mehr.

Alle an den jeweiligen Kunden gerichtete Werbeaktionen

Die systematische Erfassung aller Aktionen ist zum einen als Grundlage für die Erfolgskontrolle und zum anderen für die Planung zukünftiger Maßnahmen von Bedeutung.

Reaktionsdaten

Die Reaktionsdaten umfassen Informationen über Verhaltensweisen der Kunden, die Aufschluss geben über die Wirksamkeit der Maßnahmen des eigenen wie der konkurrierenden Unternehmen. Kundenreaktionen können sich sowohl in ökonomischen als auch in außerökonomischen Erfolgsgrößen niederschlagen. Ein **ökonomischer Erfolg** kann im Falle eines Auftragseingangs verzeichnet werden. Hierbei interessieren unter anderem Höhe und Struktur von Umsätzen, Deckungsbeiträgen, Auftragseingängen je Kunde, differenziert nach Produkten/ Produktgruppen und Perioden. Zu den **außerökonomischen Größen** rechnen unter anderem Kundenanfragen (Kauf-, Produktinteresse), Kundeneinstellungen/-kennt-nisse bezüglich Produkte und Unternehmen (auch in Bezug auf Wettbewerber), Reklamationen und Gründe für Angebotsablehnungen.

Mögliche Datenquellen

Für die Gewinnung aller dieser oben genannten Daten kommt den eigenen Organen der Unternehmung – insbesondere solchen mit Kundenkontakt – die vergleichsweise größte Bedeutung zu. Empirische Erhebungen in zahlreichen Branchen haben ergeben, dass vor allem Außendienst- und Messekontakte, Anfragen von Kunden sowie Routinekontakte zur Beschaffung von Adressen und Zusatzinformationen bezüglich interessanter Kunden beitragen. In bestimmten Branchen kommt auch Responseanzeigen, Adressverlagen, Freundschaftswerbung, Kundenkarten, Direktmarketing-Agenturen, externen Datenbanken oder Kundenbefragungen eine wichtige Informationsbeschaffungsfunktion zu.

Das Außendienstberichtssystem

Eine bedeutende Stellung nimmt hinsichtlich der Modellierung der beiden zentralen Früherkennungssektoren „Kunden" und „Konkurrenten" das Außendienstberichts-system ein. [10] Die Außendienstmitarbeiter vieler Unternehmen haben zum Beispiel die Möglichkeit des ständigen Zuganges zum Handelsbetrieb, wo sich – zumindest für Konsumgüter – der Markt am ehesten konkretisiert. Obwohl im Folgenden der Handelsbetrieb in der Position des „Kunden" unterstellt wird, können sehr viele Aspekte und Lösungsansätze auch auf jene Fälle übertragen werden, wo die Kunden Industriebetriebe oder Konsumenten sind. Weil es im Handelsbetrieb täglich zu einem Aufeinandertreffen einer Vielzahl von Nachfragern und Anbietern kommt, können nicht nur alle Reaktionen von Händlern und Konsumenten auf den eigenen Marketing-Mix, sondern auch auf die Verkaufsanstrengungen der verschiedenen Konkurrenten erfasst werden. Dabei vollzieht sich diese Variante der Marktforschung gewissermaßen als Nebentätigkeit zur Hauptaufgabe des Verkaufens, das heißt verursacht denkbar geringe Kosten. Bedeutsame **Komponenten des Außendienst-berichtssystems** sind vor allem Daten in Bezug auf die Ausstattung und Potenziale der Kunden, den Lieferanteil des eigenen Unternehmens, Kundeneinstellungen gegenüber dem eigenen Unternehmen sowie der Konkurrenz, Gründe für einen Auftragsverlust (Lost-Order-Analysen) und Kundenreaktionen auf den Marketing-Mix. Aber auch Mitarbeiter des Vertriebs-Innendienstes, des Servicebereiches oder

Mitglieder der Geschäftsleitung erhalten oft einschlägige Informationen. So gesehen könnte das Außendienstberichtssystem auch als **Kundenkontaktsystem** bezeichnet werden, mit dessen Hilfe die gezielte Erhebung von konkurrenzbezogenen Daten vom Kunden direkt und die anschließende Analyse hin zu einem umfassenden „Competitive Intelligence Ansatz" [11] möglich ist.

Gezielte Erhebung von konkurrenz-bezogenen Daten vom Kunden direkt

Kundendaten und Datenschutz

Im Zusammenhang mit Kundendaten und der anschließenden Verwendung dieser Daten im Rahmen des CRM werden vor allem zwei Rechtsgebiete tangiert: zum einen das **Recht gegen unlauteren Wettbewerb** und zum anderen das **Datenschutzrecht**. Aufgrund des Umfanges dieser beiden Rechtsgebiete werden im vorliegenden Artikel vor allem datenschutzrechtliche Aspekte in Bezug auf die Verwendung von Kundendaten betrachtet. [12] Auf Rechtsfragen im Zusammenhang mit Werbemaßnahmen im Rahmen des Marketing sei auf den Artikel „Rechtliche Grundlagen des Dialogmarketing" in diesem Sammelwerk verwiesen.

Grundgedanken

Die wesentliche Aufgabe des Datenschutzes besteht darin, dass Recht des Einzelnen zu schützen, selbst über die Preisgabe und Verwendung persönlicher Daten bestimmen zu können (**Recht auf informationelle Selbstbestimmung**). [13] Der zentrale Gedanke der Selbstbestimmung liegt darin, dass jeder Einzelne grundsätzlich selbst dazu befugt ist, zu entscheiden, „wann und innerhalb welcher Grenzen persönliche Lebenssachverhalte offenbart werden". [14] Im deutschen Recht wird der Umgang mit personenbezogenen Daten im Wesentlichen im **Bundesdatenschutzgesetz** (BDSG) geregelt. Bereichsspezifische Sonder-regelungen finden sich im Telekommunikations- und Multimediarecht mit dem **Telekommunikationsgesetz** (TKG) und dem **Telemediengesetz** [15] (TMG). Zu beachten ist hier, dass diesen bereichsspezifischen Sonderregelungen ein Anwendungsvorrang vor den allgemeinen Regelungen des BDSG eingeräumt wird (§ 1 Abs. 3 Satz 1 BDSG). In der vorliegenden Arbeit sollen vor allem das BDSG und auszugsweise das TMG näher betrachtet werden. Das TMG wird umgangssprachlich auch als „Internetgesetz" [16] bezeichnet und ist besonders im Bereich des Online-Marketing von Bedeutung. [17] Beispiele für Telemedien sind Webshops, Web-Auftritte sowie Such- und Informationsdienste im Internet. [18]

Jeder Einzelne entscheidet grundsätzlich selbst, wann und wo er persönliche Lebenssach-verhalte offenbart

Personenbezogene Daten

Entscheidend für die Anwendung des Datenschutzrechtes ist die Frage, ob es sich um **personenbezogene Daten** handelt. Beantwortet wird die Frage in § 3 Abs. 1 BDSG. Demnach handelt es sich bei personenbezogenen Daten um Einzelangaben [19] über persönliche oder sachliche Verhältnisse einer bestimmten oder bestimmbaren natürlichen Person [20]. Bestimmbar ist die Person, wenn sie identifizierbar ist. [21] Bei Einzelangaben handelt es sich um Informationen, die sich auf eine einzelne Person beziehen lassen.

Bestimmbar ist die Person, wenn sie identifizierbar ist

Anonyme und pseudonyme Daten

Für **anonyme** und **pseudonyme** Daten greifen keine datenschutzrechtlichen Regeln. [22] Diese dürfen zu statistischen Zwecken beispielsweise im Rahmen eines Data Warehouse oder Data Mining verarbeitet werden. Wie bereits erwähnt, sind diese Verfahren besonders im CRM von Bedeutung.

Anonyme Daten

Im Falle der **anonymisierten** Daten müssen die Daten derartig verändert worden sein, dass diese sich nur mit einem unverhältnismäßig großen Aufwand an Zeit, Kosten und Arbeitskraft wieder auf eine bestimmte Person beziehen lassen (§ 3 Abs. 6 BDSG).

Pseudonyme Daten

Um **pseudonyme** Daten handelt es sich nach § 3 Abs. 6a BDSG, wenn dem Kunden ein Kennzeichen zugeordnet wird, welches die Zuordnung von Daten zu seiner Person ausschließt oder wesentlich erschwert. Lediglich für den Kenner der Zuordnungsregel sind pseudonyme Daten personenbeziehbar. Im Bereich der Telemedien dürfen Nutzungsprofile, unter Vorbehalt des Widerspruchs des Kunden (Nutzers), beispielsweise für Zwecke der Werbung oder Marktforschung nur unter Verwendung von Pseudonymen erstellt und nicht mit Angaben zur Identifikation des Kunden (Trägers) zusammengeführt werden (§§ 15 Abs. 3 und 13 Abs. 4 Nr. 6 TMG). Im Ergebnis fallen dementsprechend nur personenbezogene Daten unter den Schutzbereich des BDSG. Daten, bei denen der Personenbezug fehlt, sind zum Beispiel Unternehmensdaten (keine natürliche Person), aggregierte Daten (es liegen keine Einzelangaben vor) und anonyme und pseudonyme Daten (hier fehlt die Bestimmbarkeit). [23] Abzuleiten ist hier für die Verfahren des Data Warehouse und Data Mining, dass das Datenschutzrecht nur greift, wenn diese auch personenbezogenen Daten verwenden. [24]

Rechtmäßige Verwendung personenbezogener Daten

Verwendung personen-bezogener Daten nur mit Einwilligung des Betroffenen

Die Verwendung personenbezogener Daten, das heißt die Erhebung [25], Verarbeitung [26] und Nutzung, ist nach § 4 Abs. 1 BDSG nur erlaubt, wenn die **Einwilligung des Betroffenen** (beispielsweise des Kunden) vorliegt oder eine andere Rechtsvorschrift dies ausdrücklich legitimiert. Ähnlich wird dies im Bereich der Telemedien mit dem § 12 TMG geregelt.

Rechtmäßige Verwendung durch Einwilligung des Kunden

Da für die Verwendung von personenbezogenen Daten stets eine Interessenabwägung im Einzelfall erforderlich ist und einige Anwendungen im Rahmen einer Kundendatenbank datenschutzrechtlich bedenklich sind, stellt die **Einwilligung** ein sicheres Mittel dar, die Datenverwendung zu legitimieren. [27] Besonders bei der Verarbeitung von personenbezogenen Daten im Rahmen des Data Warehouse oder Data Mining ist der Kunde im Vorfeld darauf hinzuweisen, zu welchem Zweck welche seiner Daten verarbeitet werden. [28] Allgemeine Beschreibungen wie „die Verwendung von Daten erfolgt zu Werbezwecken" sind nicht ausreichend. [29] Allerdings kann der Zweck bei diesen Verfahren oft nicht im Vorhinein bestimmt werden, weil er sich erst als Ergebnis der Verarbeitung der Daten ergibt. In diesem Fall ist die Erlaubnis in Form einer Einwilligung nicht möglich. Für die Verwendung von besonders **sensitiven personenbezogenen Daten** wie beispielsweise Religion, Gesundheit oder Sexualleben (siehe ausführlich § 3 Abs. 9 BDSG) muss eine ausdrückliche Einwilligung des Kunden bezogen auf diese Daten vorliegen (§ 4a Abs. 3 BDSG). [30] Grundsätzlich ist eine nachträgliche Einwilligung des Kunden nicht ausreichend. [31]

Daten über Religion, Gesundheit oder Sexualleben bedürfen einer ausdrücklichen Einwilligung

Rechtmäßige Verwendung zur Erfüllung des Vertragszwecks

Eine Verwendung personenbezogener Daten für **eigene Geschäftszwecke** kann trotz fehlender Einwilligung rechtmäßig sein, wenn diese Daten zur **Erfüllung des Vertragsverhältnisses** erforderlich sind (§ 28 Abs. 1 Nr. 1 BDSG). [32] So ist die Verwendung von Kundendaten wie zum Beispiel Name, Adresse und Bankverbindung (diese stellen im Wesentlichen Grunddaten in einer Kundendatenbank dar) für die Vertragserfüllung notwendig und damit datenschutzrechtlich unbedenklich. Eine Speicherung der Daten kann auf dieser Rechtsgrundlage beispielsweise bei Käufen beweglicher Sachen mindestens bis zum Ablauf der gesetzlichen Gewährleistungspflichten erfolgen. Ist der Vertragszweck erfüllt, sind die Daten zu löschen (§ 35 Abs. 2 Satz 2 Nr. 3 BDSG) oder zu sperren (§ 35 Abs. 3 BDSG). Sollen die Daten zu Marketingzwecken verwendet werden, stellt dies eine **Zweckänderung** dar und setzt die ausdrückliche Erlaubnis des Kunden voraus. [33] Nicht mehr vom Vertragszweck gedeckt ist die Verwendung von Daten in einem Data Warehouse zu Zwecken der Kundenprofilbildung und späterer Marketingmaßnahmen. [34] Eine Vorratsdatenspeicherung von personenbezogenen Daten zu unbestimmten Zwecken ist generell nicht zulässig. [35]

Daten zur Erfüllung des Vertragsverhältnisses

Rechtmäßige Verwendung zur Wahrung berechtigter Interessen

Eine weitere rechtmäßige Verwendung personenbezogener Daten kann nach § 28 Abs. 1 Nr. 2 BDSG erfolgen, solange ein **berechtigtes Interesse** des Unternehmens an der Verwendung dieser Daten nachgewiesen werden kann und nicht das **schutzwürdige Interesse** des Kunden überwiegt. [36] So stellt die Auswertung von Kundendaten im Rahmen des CRM zur Verbesserung der Kundenbeziehung unter wirtschaftlichen Gesichtspunkten ein berechtigtes Interesse des Unternehmens dar. Allerdings kann durch eine zu detaillierte Darstellung der Kundeninteressen (**Profilbildung**) das schutzwürdige Interesse des Kunden überwiegen. Dies wäre der Fall, wenn der Kunde selbst nicht mehr übersehen kann, was mit seinen Daten geschieht. Problematisch ist in diesem Zusammenhang das Erstellen von umfangreichen Persönlichkeitsprofilen mit Hilfe von Data Mining Verfahren. Hat der Kunde aber ein Interesse an individualisierten Angeboten und besteht die Möglichkeit, dass er an der Bildung „seiner Kundendatenbank" aktiv mitwirken kann, so ist er stets über den Zweck der Verwendung seiner Daten informiert. Dadurch kann er seine Schutzwürdigkeit selbst beurteilen und dementsprechend seine Interessen wahrnehmen. Wichtig ist in diesem Zusammenhang ebenfalls, dass eine Entscheidung, die sich rechtlich negativ auf den Kunden auswirken kann (möglich bei der Vergabe von Krediten anhand von Scoring-Werten), nicht alleine auf Grundlage automatisierter Verfahren getroffen werden darf (§ 6a BDSG). [37]

Problematisch ist das Erstellen von umfangreichen Persönlichkeitsprofilen mit Hilfe von Data Mining Verfahren

Rechtmäßige Verwendung bei öffentlich zugänglichen Daten

Sind personenbezogene Daten **allgemein zugänglich** oder **veröffentlicht**, können diese nach § 28 Abs. 1 Nr. 3 BDSG verwendet werden. Allgemein zugängliche Quellen sind Telefon- und Adressbücher, Presseveröffentlichungen und Internetseiten. [38] Ein gutes Beispiel ist in diesem Zusammenhang das Netzwerkportal „studivz". Alle hier veröffentlichten Daten können für die Gewinnung von Kundeninformationen herangezogen werden. Die aufgeführten Daten reichen von einfachen Grunddaten wie Name, Adresse und E-Mail bis hin zu Potenzialdaten wie die einzelnen Interessen der jeweiligen Person, Art des belegten Studiengangs und besuchte Veranstaltungen (besonders interessant für individuelle Angebote von Fachbüchern). Sofern es sich nicht um besonders sensible Daten handelt und damit das schutzwürdige Interesse des Einzelnen nicht überwiegt, ist eine Verwendung der Daten generell zulässig. [39]

Allgemein zugängliche Quellen sind Telefon- und Adressbücher, Presseveröffentlichungen und Internetseiten

Rechtmäßige Verwendung für Werbezwecke

Die Verwendung von personenbezogenen Daten **zu Zwecken der Werbung, Markt- oder Meinungsforschung** ist nach § 28 Abs. 3 Nr. 3 BDSG erlaubt, wenn es sich um listenmäßig oder sonst zusammengefasste Daten über Angehörige einer Personengruppe handelt (**Listenprivileg**). [40] Die Listen müssen sich auf die Angehörigen einer Personengruppe (zum Beispiel Liste der Zahnärzte in Kassel) und des Weiteren auf eine Angabe über die Zugehörigkeit des Betroffenen zu dieser Personengruppe, Berufs-, Branchen- oder Geschäftsbezeichnungen, Namen, Titel, akademische Grade, Anschrift und Geburtsjahr beschränken. Zudem ist hier wieder das schutzwürdige Interesse des Kunden zu beachten. Eine Verwendung der Daten ist ausgeschlossen, wenn der Kunde der Verwendung seiner Daten widersprochen hat (§ 28 Abs. 4 BDSG). Eine Selektierung von Kundenzielgruppen nach mehreren Kriterien unter Berücksichtigung von Daten wie Kaufkraft, Sozialstruktur und Zahlungsverhalten ist nicht durch das Listenprivileg legitimiert. [41]

Listenprivileg: Daten über Angehörige einer Personengruppe sind erlaubt

Selektierung nach mehreren Kriterien wie Kaufkraft, Sozialstruktur und Zahlungsverhalten ist nicht durch das Listenprivileg legitimiert

Erlaubnisnormen im Telemediengesetz

Die Zulässigkeit zur Verwendung personenbezogener Daten kann sich im Bereich der Telemedien, neben der Einwilligung nach § 12 TMG, noch aus den folgenden gesetzlichen Grundlagen ergeben. Demnach darf das Unternehmen (der Diensteanbieter) personenbezogene Daten verwenden, sofern diese

➤ für die Begründung, inhaltliche Ausgestaltung oder Änderung des Vertragsverhältnisses zwischen Anbieter und Nutzer erforderlich sind (**Bestandsdaten** nach § 14 TMG).

➤ zur Nutzung von Telemedien notwendig sind (**Nutzungsdaten** nach § 15 Abs. 1 TMG).

➤ über das Ende des Nutzungsvorgangs für Abrechnungszwecke von Telemedien erforderlich sind (**Abrechnungsdaten** nach § 15 Abs. 4 TMG).

➤ zur Rechtsverfolgung benötigt werden (**Missbrauchsdaten** nach § 15 Abs. 8 TMG).

Rechte des Kunden

Der Verwendung der personenbezogenen Daten in einem Unternehmen stehen entsprechende Rechte der Kunden gegenüber. Im Folgenden sind die grundlegenden Rechte des Kunden nach dem BDSG kurz aufgelistet:

➤ Informationsrecht nach § 4 Abs. 3 BDSG.

➤ Widerspruchsrecht nach § 28 As. 4 BDSG.

➤ Benachrichtigungsrecht nach § 33 BDSG,

➤ Auskunftsrecht nach § 34 BDSG.

➤ Korrekturrechte (Berichtigung, Löschung oder Sperrung) nach § 35 BDSG.

Ausblick: Permission-Marketing

Die Einhaltung datenschutzrechtlicher Gesetze und der damit einhergehende sorgsame Umgang mit personenbezogenen Daten spielen bei den Verbrauchern eine immer größere werdende Rolle. [42] Die Fähigkeit des Unternehmens, der vorhandenen Unsicherheit der Kunden vor Datenmissbrauch durch die Schaffung von **Vertrauen** entgegenzuwirken, bestimmt auf Dauer die Beziehung der Kunden zum Unternehmen und stellt somit einen wesentlichen **Wettbewerbsvorteil** für das jeweilige Unternehmen dar. [43] Am besten kann dieses Vertrauen durch eine transparente Informationspolitik des Unternehmens gegenüber den Kunden gewonnen werden. Neben den rechtlichen Folgen sind ebenfalls eventuelle Imageverluste des Unternehmens durch den sorglosen Umgang mit personenbezogenen Daten nicht zu vernachlässigen. [44]

Unsicherheit der Kunden durch die Schaffung von Vertrauen entgegenwirken

Im **Permission-Marketing** [45] wird eben dieser Gedanke aufgenommen: Zum einen werden die datenschutzrechtlichen Forderungen auf informationelle Selbstbestimmung beachtet und zum anderen das notwendige Vertrauen des Kunden geschaffen, Daten preiszugeben. Dadurch kommt das Unternehmen dem Ziel näher, auf Grundlage einer detaillierten Kundendatenbank dem „richtigen" Kunden zum „richtigen" Zeitpunkt mit den „richtigen" Argumenten ein individuelles Angebot zu unterbreiten. Voraussetzung für einen wechselseitigen Dialog zwischen Unternehmen und Kunden ist ein geeignetes Anreizsystem. [46] Welche **Anreize** liefert das Unternehmen dem **Kunden** für einen wechselseitigen Dialog mit beiderseitigem Informationsaustausch? Welche Gründe sollten den Kunden insbesondere dazu bewegen, zum Beispiel E-Mail- oder Fax-Botschaften des Unternehmens anzufordern oder umgekehrt persönliche Daten dem Unternehmen zur Verfügung zu stellen? Hierfür ist sowohl der Aufbau eines wirklichen Vertrauensverhältnisses als auch das Aufzeigen eines konkreten Kundennutzens notwendig.

Transparente Informationspolitik des Unternehmens gegenüber den Kunden

Der Kunde wird im Rahmen des Permission-Marketing **im Vorfeld** gefragt, ob und in welcher Form er Daten weitergeben und welche Informationen er vom Unternehmen erhalten möchte. Die **Einwilligung** des Kunden ist hier die wesentliche Voraussetzung. Mit dem Verfahren der **elektronischen Einwilligung** in Form des Confirmed-opt-in werden ebenfalls die datenschutzrechtlichen Anforderungen des § 13 Abs. 2 TMG (Einwilligung des Kunden in elektronischer Form) erfüllt. Der

Kunde fordert hier selbst die Kommunikation mit dem Unternehmen an, indem er sich zum Beispiel für einen Newsletter anmeldet. Auf die Möglichkeit des Entzuges der Genehmigung sollte der Kunde hingewiesen werden. Neben der Einwilligung übernimmt die **Transparenz** im Permission-Marketing eine entscheidende Rolle. Der Kunde sollte stets einen Überblick über die Verwendung seiner Daten im Unternehmen haben. Durch die Gestaltungsmöglichkeit des Kunden, sein Kundenprofil selbst zu pflegen (**Customer Self Service**) wird zusätzlich der Selbstbestimmung Rechnung getragen. Die Vorteile der Unternehmen liegen in höheren Response-Raten auf Kommunikationsmaßnahmen, Möglichkeiten der automatisierten Erfolgskontrolle durch Instrumente des Marketing-Controlling, Kosteneinsparungen in der Datenpflege, Abschätzung des Kundenpotenzials und natürlich in dem Erhalt von aktuellen und relevanten Kundendaten.

Kunde sollte stets einen Überblick über die Verwendung seiner Daten im Unternehmen haben

Das Permission-Marketing stellt daher eine sinnvolle und notwendige Ergänzung des CRM dar.

Literatur

[1] Vergleiche Link/Tiedtke 2001, S. 13

[2] Siehe hierzu im Einzelnen Link/Schleuning 1999, S. 76 ff.

[3] Vergleiche Link/Weiser 2006, S. 87

[4] Vergleiche hierzu und im Folgenden Link 2001, S. 14 ff. ; auch Link/Weiser 2006, S. 89

[5] Vergleiche hierzu und im Folgenden ausführlich Link/Weiser 2006, S. 89 ff. ; auch Link/Seidl 2008, o. S.

[6] Siehe hierzu ausführlich die Beiträge in Link 2003

[7] Siehe hierzu ausführlich Hippner/Wilde 2001, S. 12 ff. ; auch Zipser 2001, S. 36 ff.

[8] Siehe hierzu ausführlich Link 2007, S. 182 f. ; auch Link/Weiser 2006, S. 64 f.

[9] Vergleiche hierzu und im Folgenden Link/Weiser 2006, S. 66 f.

[10] Vergleiche hierzu und im Folgenden Link/Weiser 2006, S. 95 ff.

[11] Siehe zum Begriff „Competitive Intelligence" und dessen Einordnung ausführlich Michaeli 2006, S. 1 ff. ; auch Tyson 1986, S. 9 f.

[12] Ohne Gewähr, zumal für jeden Einzelfall eine gesonderte rechtliche Würdigung notwendig ist.

[13] Siehe zum Recht der informationellen Selbstbestimmung ausführlich BVerfGE (Bundesverfassungsgericht) 1983, S. 1 ff. ; auch Gola/Schomerus 2007, S. 77 f.

[14] BverfGE 1983, S. 42

[15] Telemedien sind nach § 1 Abs. 1 TMG definiert als alle elektronischen Informations- und Kommunikationsdienste, soweit sie nicht ausschließlich Telekommunikationsdienste oder Rundfunk sind. Telekommunikationsdienste sind wiederum in § 3 Nr. 24 TKG definiert als Dienste, die ganz oder überwiegend in der Übertragung von Signalen über Netze bestehen.

[16] Vergleiche Iraschko-Luscher 2007, S. 608

[17] Vergleiche Eckhardt 2007, S. 759

[18] Vergleiche Iraschko-Luscher 2007, S. 608

[19] Siehe hierzu Roßnagel 2007, S. 11

[20] Im BDSG werden Personen oder Kunden auch als Betroffene bezeichnet.

[21] Vergleiche hierzu und im Folgenden ausführlich Gola/Schomerus 2007, S. 106 ff. ; auch Simitis 2006, S. 265 ff. ; Tinnefeld/Ehmann/Gerling 2005, S. 277 ff.

[22] Vergleiche hierzu und im Folgenden auch Scholz 2003, S. 1849 ff.

[23] Vergleiche auch Koch/Arndt 2004, S. 201 ff.

[24] Vergleiche Scholz 2003, S. 1849 ff.

[25] Die Datenerhebung sollte nach § 4 Abs. 2 direkt bei dem Betroffenen (Kunden) erfolgen.

[26] Die Verarbeitung umfasst nach § 3 Abs. 4 BDSG das Speichern, Verändern, Übermitteln, Sperren und Löschen personenbezogener Daten.

[27] Vergleiche Scholz 2003, S. 1869

[28] Vergleiche hierzu und im Folgenden Büllesbach 2000, S. 11 ff.

[29] Siehe hierzu Breinlinger 2003, S. 1200 und die dort aufgeführte Literatur

[30] Vergleiche auch Gola/Schomerus 2007, S. 182

[31] Vergleiche Gola/Schomerus 2007, S. 169

[32] Vergleiche hierzu und im Folgenden ausführlich Gola/Schomerus 2007, S. 585 ff.

[33] Vergleiche Koch/Arndt 2004, S. 205

[34] Vergleiche Scholz 2003, S. 1861 f. ; auch Jacob/Jost 2003, S. 622

[35] Vergleiche Koch/Arndt 2004, S. 220

[36] Vergleiche hierzu und im Folgenden ausführlich Scholz 2003, S. 1846, 1862 ff. ; auch Lewinski 2003, S. 125 ff.

[37] Vergleiche auch Lewinski 2003, S. 128

[38] Siehe hierzu ausführlich Simitis 2006, S. 1036 ff. ; auch Koch/Arndt 2004, S. 211 f.

[39] Vergleiche Koch/Arndt 2004, S. 211 f.

[40] Vergleiche hierzu und im Folgenden auch Gola/Schomerus 2007, S. 619 ff.

[41] Vergleiche Scholz 2003, S. 1865

[42] Vergleiche Koch/Arndt 2004, S. 200, 208, 220 und die dort aufgeführte Literatur

[43] Siehe hierzu ausführlich Link/Weiser 2006, S. 3 f. ; auch Link 2007, S. 40

[44] Vergleiche Koch/Arndt 2004, S. 208 ; auch Lewinski 2003, S. 122

[45] Siehe zum Begriff „Permission-Marketing" ausführlich Schwarz 2002, S. 383 ff.

[46] Vergleiche hierzu und im Folgenden Link/Weiser 2006, S. 93 f.

Breinlinger A.: Datenschutz im Marketing. – In: Rossnagel A. (Hrsg.): Handbuch Datenschutzrecht. Die neuen Grundlagen für Wirtschaft und Verwaltung. – Beck Juristischer Verlag, S. 1186–1209, 2003.

Bundesverfassungsgericht, Entscheidungssammlung, Band 65, 1 (Volkszählungsurteil), 1983.

Büllesbach A.: Datenschutz bei Data Warehouse und Data Mining. – In: Computer und Recht, S. 11-17, Ausgabe 1, 2000.

Eckhardt J.: Datenschutz. Was ist beim Online-Marketing zu beachten?- In: Schwarz T. (Hrsg.): Leitfaden Online Marketing [das kompakte Wissen der Branche]. – marketing-Börse, Waghäusel, S. 755-770, 2007.

Gola P., Schomerus R., Klug Ch.: Bundesdatenschutzgesetz. – BDSG ; Kommentar. Beck, München, 9. überarb. und erg. Aufl. 2007.

Hippner H., Wilde K.-D.: CRM. Ein Überblick. – In: Helmke S., Dangelmaier W. (Hrsg.): Effektives Customer Relationship Management. Instrumente, Einführungskonzepte, Organisation. – Gabler, Wiesbaden, S. 3-38, 1. Aufl., 2001.

Iraschko-Luscher S.: Das neue Telemediengesetz. – In: IT-Sicherheit & Datenschutz, Ausgabe 8, S. 608-610, 2007.

Jacob J., Jost T.: Marketingnutzung von Kundendaten und Datenschutz – ein Widerspruch? Die Bildung von Konsumentenprofilen auf dem datenschutzrechtlichen Prüfstand. – In: Datenschutz und Datensicherheit, Jg. 27, Ausgabe 10, S. 621-624, 2003.

319

Koch D., Arndt D.: Rechtliche Aspekte bei CRM-Projekten. – In: Hippner H., Wilde K.-D. (Hrsg.): Management von CRM-Projekten. Handlungsempfehlungen und Branchenkonzepte. – Gabler, Wiesbaden, S. 197-222, 1. Aufl., 2004.

Lewinski K.: Persönlichkeitsprofile und Datenschutz bei CRM. – In: RDV, Ausgabe 3, S. 122-132, Jg. 2003.

Link J.: Grundlagen und Perspektiven des Customer Relationship Management. – In: Link J. (Hrsg.): Customer Relationship Management. Erfolgreiche Kundenbeziehungen durch integrierte Informationssysteme. – Springer, Berlin, S. 1-34, 2001.

Link J. (Hrsg.): Mobile Commerce. Gewinnpotenziale einer stillen Revolution. – Springer, Berlin, 2003.

Link J.: Führungssysteme. Strategische Herausforderung für Organisation, Controlling und Personalwesen. – Vahlen, München, 3. überarb. u. erw. Aufl., 2007.

Link J., Hildebrand V.: Database Marketing und Computer aided selling. Strategische Wettbewerbsvorteile durch neue informationstechnologische Systemkonzeptionen. – Vahlen, München, 1993.

Link J., Schleuning Ch.: Das neue interaktive Direktmarketing. Die neuen elektronischen Möglichkeiten der Kundenanalyse und Kundenbindung. – Fachverlag IM Marketing-Forum, Ettlingen, 1999.

Link L., Seidl F.: Der Situationsansatz als Erfolgsfaktor des Mobile Marketing. In: Bauer, H., Byrant, M., Dirks, T. (Hrsg.): Erfolgsfaktoren des Mobile Marketing. – 2008 (in Vorbereitung).

Link J., Tiedtke D.: Von der Corporate Site zum Databased Online Marketing. Grundlagen und Entwicklungsperspektiven. – In: Link J., Tiedtke D. (Hrsg.): Erfolgreiche Praxisbeispiele im Online-Marketing. Strategien und Erfahrungen aus unterschiedlichen Branchen. – Springer, Berlin, S. 1-25, 2. überarb. und erw. Aufl. 2001.

Link J., Weiser Ch.: Marketing-Controlling. Systeme und Methoden für mehr Markt- und Unternehmenserfolg. – Vahlen, München, 2. vollst. überarb. und erw. Aufl., 2006.

Michaeli R.: Competitive Intelligence. Strategische Wettbewerbsvorteile erzielen durch systematische Konkurrenz-, Markt- und Technologieanalysen. – Springer, Berlin, 2006.

Rossnagel A.: Personalisierung in der E-Welt. Aus dem Blickwinkel der informationellen Selbstbestimmung gesehen. – In: Wirtschaftsinformatik, Jg. 49, Ausgabe 1, S. 8-15, 2007.

Scholz, P.: Datenschutz bei Data Warehousing und Data Mining. – In: Roßnagel, A. (Hrsg.): Handbuch Datenschutzrecht. Die neuen Grundlagen für Wirtschaft und Verwaltung: Beck Juristischer Verlag, S. 1833-1875, 2003.

Schwarz T.: Permission Marketing. Voraussetzung für ein erfolgreiches E-CRM. – In: Schögl, M.; Asal, R. (Hrsg.): eCRM. Mit Informationstechnologien Kundenpotenziale nutzen. – Symposion-Verl., Düsseldorf, S. 383-414, 2002.

Simitis, S.; Bizer, J.: Bundesdatenschutzgesetz. 6. neu bearb. Aufl. Baden-Baden: Nomos-Verl.-Ges. (Nomos-Kommentar), 2006.

Tinnefeld, M.-T.; Ehmann, E.; Gerling, R.-W.: Einführung in das Datenschutzrecht. Datenschutz und Informationsfreiheit in europäischer Sicht. Oldenbourg, München. 4. völlig neu bearb. und erw. Aufl., 2005.

Tyson, K.-W.: Business intelligence. putting it all together. 1. print. Lombard Ill.: Leading Edge Publ, 1986.

Zipser, A.: Business Intelligence im CRM. Die Relevanz von Daten und deren Analyse für profitable Kundenbeziehungen. In: Link, J. (Hrsg.): Customer Relationship Management. Erfolgreiche Kundenbeziehungen durch integrierte Informationssysteme. Springer, Berlin, S. 35-58, 2001.

320

Maßnahmen zur Datenpflege kosten Zeit und Geld. Damit Sie einschätzen können, wie viel von beidem Sie investieren sollten, müssen Sie einen Eindruck vom Wert Ihrer Daten haben. Außerdem sollten Sie wissen, wie sich der Wert durch gute oder schlechte Datenpflege verändert. In diesem Text erwartet Sie Folgendes:

➤ Wem nützen gute Daten?
➤ Was nützen gute Daten?
➤ Berechnungsmöglichkeit.

Wem nützen gute Daten?

Nehmen Sie sich einen Moment Zeit und denken Sie darüber nach, wer in Ihrem Unternehmen auf die Daten zugreift. Und wer sich alles schon geärgert hat, wenn etwas nicht richtig gespeichert war. Sie dürften ungefähr auf folgende Liste kommen:

Wer hat sich alles schon geärgert, wenn Daten nicht richtig gespeichert waren?

Marketing
➤ Klar: Mailings leben von den Daten.
➤ Aber auch Marketing-Controlling oder Messeplanung benötigen gute, richtige Daten.

Außendienst: Wenn der Ansprechpartner anders heißt, die Adresse nicht mehr stimmt oder wichtige Kundeninformationen auf zwei Datensätze verteilt sind, reduziert das die Effizienz.

Service: Rückfragen wie „geben Sie mir Ihre Adresse noch mal zur Sicherheit, ich weiß nicht, ob wir die hier richtig haben" kosten Zeit und erhöhen nicht gerade das Vertrauen des Kunden.

Strategieplanung: Warenkorb-Analysen, Kundenlebenswert-Berechnung (siehe Kasten unten) moderne Analyse-Verfahren basieren auf Daten. Wenn diese verfälscht, doppelt oder nicht vorhanden sind, können die Analysen nicht greifen – und Sie lassen sich wichtigen Input für die Strategie entgehen.

Buchhaltung
➤ Die Rechnungsanschrift muss die richtigen Ansprechpartner enthalten, sonst kommt es zum „leider haben wir Ihre Rechnung nicht erhalten."
➤ Außerdem braucht die Buchhaltung bei Mahnverfahren an Firmen den rechtsgültigen Firmennamen und den korrekten Namen des Geschäftsführers.

www.marketing-boerse.de/Experten/details/Carsten-Kraus

Kundenlebenswert-Berechnung

Der Kundenlebenswert, auch Customer Lifetime Value oder kurz CLV genannt, ist die Summe der erwarteten künftigen Erträge durch diesen Kunden. Dieser soll für künftige Perioden abgezinst werden. Man rechnet in diese Erträge auch die Empfehlungswirkungen ein. Ein höherer CLV ergibt sich, indem der Kunde dem Unternehmen länger treu bleibt oder indem er häufiger kauft oder je Kauf höhere Umsätze macht. Wenn Sie abschätzen wollen, ob sich Maßnahmen lohnen, sollten Sie diese Effekte zumindest ungefähr quantifizieren.

Bessere Daten nützen Ihnen auf sechserlei Weise:

➤ Sie reduzieren Kosten durch Vermeidung von unzustellbaren und doppelten Aussendungen.
➤ Sie erhöhen die Effizienz Ihrer Werbung durch präzise Zielgruppenansprache.
➤ Sie vermeiden Kundenverlust durch Peinlichkeiten.
➤ Erst durch korrekte Daten wird Ihre Datenbank zur Quelle von Information für die Strategieplanung.
➤ Ihre Mitarbeiter ärgern sich seltener, was ihre Motivation erhöht und
➤ Können effizienter arbeiten durch Vermeidung von Redundanzen.

Berechnungsmöglichkeit

Den zukünftigen Ertragswert jedes einzelnen Kunden abschätzen

Mit ausgefeilten **statistischen Verfahren** ist es heute möglich, den zukünftigen Ertragswert jedes einzelnen Kunden abzuschätzen. Ob sich die aufwändigen statistischen Verfahren für Sie lohnen, müssen Sie selbst entscheiden. Eine Durchschnittsabschätzung, die Ihnen wenigstens einen Grundwert liefert, können Sie aber auch ohne Statistik-Studium durchführen.

Bewertung nach Kosten der Interessentengewinnung

Nehmen Sie als Grundlage Werbemaßnahmen, die Sie regelmäßig durchführen, und die Sie planen, beizubehalten. Berechnen Sie die Kosten dieser Werbemaßnahmen über einen bestimmten Zeitraum, zum Beispiel das letzte Vierteljahr. Teilen Sie diese Kosten durch die Anzahl der Interessenten, die in diesem Zeitraum durch diese Werbemaßnahmen gewonnen wurden.

Beispiel: Sie zahlen für eine Coupon-Anzeige in einem Fachmagazin jeden Monat 5.000 Euro. Diese Anzeige schalten Sie regelmäßig. Pro Vierteljahr sind das 15.000 Euro. Pro Vierteljahr gewinnen Sie durch diese Anzeige circa 300 Interessenten. 15.000 Euro geteilt durch 300 sind 50 Euro. Es kostet Sie also 50 Euro, auf diesem Wege einen Interessenten zu gewinnen. Da Sie diese Methode der Interessentengewinnung beibehalten, kann man davon ausgehen, dass Ihnen jeder Interessent mindestens 50 Euro wert ist.

Folgerungen aus dem ermittelten Adress-Wert:

Da Sie die Adresse des Interessenten 50 Euro gekostet hat, bedeuten selbst aufwändige Qualifizierungsvorgänge, die Sie zum Beispiel 1,50 Euro pro Adresse kosten, nur eine Erhöhung der Kosten um drei Prozent.

Ein telefonisches Nachfassen, um einen unleserlichen Ansprechpartner richtig zu buchstabieren und damit korrekt anzuschreiben, rechnet sich bei 50 Euro pro Adresse ebenfalls.

Auch nicht ohne: Jetzt können Sie andere Methoden der Interessentengewinnung daran messen, ob sie pro Interessent mehr oder weniger als 50 Euro kosten.

Auf welchen Wert kommen Sie?

Gesamtwert

Wenn Sie jetzt den ermittelten Wert mit der Anzahl selbst gewonnener Interessenten-Adressen aus Ihrer Datenbank multiplizieren, dann haben Sie eine Abschätzung für den (Mindest-)Gesamtwert Ihrer Kundendatenbank. Wahrscheinlich sind Sie auf einen ziemlich hohen Wert gekommen und fragen sich jetzt, ob er stimmen kann. Und wie sich dieser Wert tatsächlich in Erträgen konkretisiert.

Der Gesamtwert Ihrer Kunden-datenbank

Beispielrechnung

Nehmen wir an, Sie haben für 20.000 eigene Adressen einen Wert von je 50 Euro = 1 Million Euro errechnet. Jetzt können Sie leider nicht zu einem Adressverlag hingehen und einfach sagen: „Hier ist meine Kundendatenbank – bitte geben Sie mir 1 Million Euro".

Der Wert manifestiert sich dadurch, dass Sie es wesentlich leichter haben, mit diesen Kunden und Interessenten Umsätze zu machen als mit fremden Adressen. Das wissen Sie, und deshalb schicken Sie an diese 20.000 Adressen zum Beispiel zweimal jährlich Ihren Gesamtkatalog. Je nach Detail-Zielgruppe gibt es außerdem verschiedene Mailings, durchschnittlich erhält jeder drei Mailings pro Jahr.

Mit eigenen Kunden und Interessenten lassen sich höhere Umsätze zu erzielen, als mit fremden Adressen

Wenn Sie je Katalog 5 Euro ausgeben und je Mailing 80 Cent, dann haben Sie jedes Jahr circa 250.000 Euro nur für diese Maßnahmen ausgegeben. Rechnen sich die Maßnahmen doppelt, also erzielen Sie mit diesen Maßnahmen einen Deckungsbeitrag von 500.000 Euro, dann haben Sie durch den Besitz dieser Kundenadressen 250.000 Euro „Verzinsung" auf die eine Million Euro erzielt. 25 Prozent Zinsen sind nicht schlecht, oder?

Zum Vergleich: Bei direkt verkaufenden Mailings an Fremdadressen können Sie in den meisten Branchen froh sein, wenn Sie Ihre Mailing-Kosten wieder hereinholen. Die meisten Maßnahmen rechnen sich nur, um die Kundendatenbank zu vergrößern, und mit den so gewonnenen Kunden in der Zukunft weitere Umsätze zu machen.

Übrigens würde eine Verbesserung Ihrer Adressqualität um 10 Prozent bereits 50.000 Euro zusätzlichen Gewinn bringen. Und dabei haben wir bisher ausschließlich den Effekt für Mailings gewertet.

Datenpflege-Maßnahmen

Bessere Daten müssen nicht teuer sein: Die Daten haben Sie bereits selbst, jetzt müssen sie nur noch gut werden. In diesem Kapitel beschäftigen wir uns mit Adressverarbeitungsmaßnahmen, die Sie entweder mit Hilfe von Software selbst durchführen oder von einem Dienstleister durchführen lassen können. Es geht hier um Bereinigungen wie:

Dublettenbereinigung: doppelt gespeicherte Adressen finden und beseitigen.

Postalische Korrektur: Falsch geschriebene Straßennamen richtig schreiben, Postleitzahl korrigieren.

Datenstruktur: Informationen, die in den falschen Datenfeldern stehen, an die richtige Stelle verschieben – beispielsweise einen Vornamen aus dem Nachnamen-Feld heraustrennen.

Software bereinigt den Adressbestand automatisch

Alle Ihre Datensätze werden dabei jeweils in eine Software eingelesen und geprüft. Als Ergebnis kommt entweder ein bereits bereinigter Adressbestand heraus, oder Sie erhalten eine Liste mit Datensätzen, die eine Änderung benötigen. Häufig auch beides.

Zusätzlich zur nachträglichen Optimierung gibt es Möglichkeiten, um **schon bei der Datenerfassung gute Datenqualität** sicherzustellen. Wenn diese Möglichkeiten technischer Natur sind, erwähne ich sie bei den jeweiligen Optimierungs-Maßnahmen. Zudem hilft es, wenn Sie das Bewusstsein Ihrer Mitarbeiter für Datenqualität erhöhen.

Wann empfiehlt sich eigene Software, wann ein Dienstleister?

Manche Maßnahmen kann man nicht im eigenen Hause durchführen lassen: Daten-Ergänzungen aus Referenzverzeichnissen muss ein unabhängiger Dienstleister durchführen. In solchen Fällen ist die Entscheidung klar. Ansonsten gilt:

Dienstleister: Wenn Sie seltener Maßnahmen durchführen.

Software kaufen und im eigenen Hause:

➤ Wenn Sie häufig Maßnahmen durchführen.

➤ Wenn Sie besonders kritische Daten haben (zum Beispiel Krankenhaus-Patientendaten), die Sie nicht außer Haus geben dürfen oder wollen.

➤ Wenn Ihre Daten oder die durchzuführenden Maßnahmen besonderes Wissen aus Ihrem Hause erfordern, das sich nicht gut an einen Dienstleister vermitteln lässt.

Soll man Software kaufen oder selbst programmieren?

Diese Frage ist ganz einfach zu beantworten: Wenn Sie mehr als 10.000 Adressen haben, nehmen Sie auf jeden Fall Profi-Hilfe in Anspruch – egal, ob als Software oder als Dienstleistung. Nach meinen Erfahrungen sollten Sie auch alle gratis oder als Shareware angebotenen Programme links liegen lassen. Die Unterschiede im Ergebnis sind nach meinen Erfahrungen so groß, **dass sich die Profi-Hilfe schon bei der ersten Maßnahme bezahlt macht**.

Ein Rechenbeispiel:

Sie haben 20.000 Adressen, an die Sie ein Mailing schicken wollen. Mailingkosten 80 Cent, gesamt 16.000 Euro. Dublettenquote 5 Prozent = 1000 Stück, von denen mit Profi-Hilfe 950 Stück gefunden werden. Ersparnis: 950 mal 80 Cent = 760 Euro. Nehmen wir an, mit einer Gratis-Software hätten Sie 500 Dubletten gefunden. Unterschied 450 Dubletten = 360 Euro. Eine Dublettenprüfung beim Profi-Dienstleister kostet Sie für 20.000 Adressen circa 150-300 Euro (Dublettenprüfung für Mailingzwecke; wenn Sie Stammdaten bearbeiten lassen, kann es teurer werden).

Gratissoftware findet nur einen Teil der Dubletten

Postalische Korrektur

Selbst wenn Ihre Adressen sorgfältig erfasst werden, schleichen sich immer wieder Fehler ein, zum Beispiel wenn der Kunde undeutlich schreibt. Sind diese Fehler in der Straßen- oder Ortsbezeichnung, kann dies Nachteile bei der Zustellung haben. Eventuell wird der Brief zwei- oder dreimal von einem Briefträger an den anderen weitergegeben, bis feststeht, welche Straße gemeint ist. Die Zustellung der Sendung wird dadurch verzögert; manchmal kann sie auch gar nicht zugestellt werden. Korrekte Straßennamen, Postleitzahlen und Ortsnamen verringern die Postlaufzeit und erhöhen die Zustellquote. **Durch vorherige postalische Korrektur verbessern Sie außerdem die Trennschärfe der Dublettenbereinigung.**

Es gibt PC-Software, mit der Sie die Straßen- und Ortsnamen korrigieren lassen können. In der Regel hat solche Software als Datenbasis eine CD-ROM der Deutschen Post AG, die es in zwei Varianten gibt:

Die kostengünstige Variante enthält Straßennamen nur in den Orten, die mehrere Zustell-PLZ haben. Das betrifft etwas mehr als 200 Orte – damit werden 59 Prozent der Wohnbevölkerung abgedeckt. In den kleineren Orten können die Straßennamen hiermit nicht korrigiert werden; wohl aber PLZ und Ortsnamen. Die Korrektur macht aus „75300 Neuenbrüg" also durchaus „75305 Neuenbürg", in solch kleinen Orten aber aus der „Proststr." nicht die „Poststr.". Das wirkt wie eine unbefriedigende Lösung, reicht aber für den Zweck der Zustellbarkeit aus: Der Briefträger weiß, dass es keine „Proststr." gibt – und nicht selten kennt er in kleinen Orten die Empfänger sogar persönlich, was die Zustellsicherheit weiter erhöht.

Für die Zustellbarkeit muss nicht alles perfekt sein

Die flächendeckende Variante (Data Factory Streetcode) ist um ein Vielfaches teurer. Auch sie bietet unseres Wissens keine hundertprozentige Abdeckung an, es fehlen jedoch nur sehr wenige Straßen. Hiermit können Sie nicht nur die Zustellbarkeit sichern, sondern eben relativ sicher gehen, dass die Straßennamen tatsächlich richtig sind. Tipp: Nicht jede Software zur postalischen Korrektur kann den flächendeckenden Bestand verarbeiten. Wenn Sie erwägen, den flächendeckenden Bestand einzusetzen, prüfen Sie, ob Ihre Software dazu in der Lage ist.

Es gibt Software, die mit Straßen-Umbenennungen nicht gut umgehen kann und in diesen Fällen Adressen quasi zerstört. Dabei handelt es sich um einen systematischen Fehler, wenn gleichzeitig Straßenname und PLZ oder Ortsname geändert wurden, zum Beispiel nach Eingemeindungen. Eine zuvor zwar veraltete, aber dank Briefträger-Intelligenz noch zustellbare Adresse wird dabei auf eine neue, formal

Bei Straßen-Umbenennungen können Adressen auch zerstört werden

korrekte, aber inhaltlich falsche und damit unzustellbare Adresse korrigiert – Ihr Kundenkontakt ist verloren.

Tipp: Wenn Sie selbst keine Software anschaffen, sondern die postalische Korrektur beim Dienstleister durchführen lassen, so rechnet es sich, dies einmalig auf dem Stammbestand machen zu lassen, statt jedes Mal auf der Mailingdatei. Postalische Korrektur ist relativ unkritisch, es bleibt nur ein kleiner Prozentsatz manuell zu beurteilender Adressen. Der Aufwand für Stammdatenbereinigung ist also geringer als bei vielen anderen Maßnahmen.

Umzüge

Wissen Sie, wie viele Ihrer Kunden umziehen? Bei Privatadressen sind es üblicherweise zehn bis fünfzehn Prozent pro Jahr. Wenn Sie also zwei Jahre lang keine Umzugspflege betreiben, könnte **fast ein Drittel Ihrer Kunden verschwunden** sein.

Nach zwei Jahren sind fast ein Drittel Ihrer Kunden verschwunden

Zieht jemand um, geschieht Folgendes:

➤ Hat er keinen Nachsendeantrag ausgefüllt, ist er nach dem Umzug für die Post „verschwunden". Auch Sie haben keine Chance, mit Hilfe der Post die neue Adresse zu ermitteln.

➤ Hat er einen Nachsendeantrag gestellt (das ist die Regel), so leitet die Post sechs Monate lang alle Sendungen an die neue Adresse weiter. Nach sechs Monaten läuft der Nachsendeantrag ab. Danach weiß der Zusteller an der alten Adresse nichts mehr von der neuen Adresse.

➤ Aber auch wenn er einen Nachsendeantrag gestellt hat, merken Sie davon nichts: Ihre Werbung wird brav weitergeleitet, braucht vielleicht etwas länger, aber der Empfänger erhält sie doch. Nach sechs Monaten ist jedoch der Nachsendeantrag abgelaufen, und der Kunde: verschwunden.

➤ Früher waren Nachsendeanträge gratis, heut sind sie kostenpflichtig. Entsprechend gesunken ist die Anzahl der Nachsendeanträge. Ein gewisser Anteil Kunden wird Ihnen also auf jeden Fall wegen Umzugs verloren gehen.

Anschriftenberichtigungskarte

Wenn Sie mitbekommen wollen, ob Ihr Kunde umgezogen ist, müssen Sie die Post aktiv darum bitten. Dafür gibt es die „Anschriftenberichtigungskarte". Auf Ihrer Sendung vermerken Sie: „Bei Umzug Anschriftenberichtigungskarte!". (Damit Sie auch Sterbefälle mitbekommen, fügen Sie sinnvollerweise als zweite Vorausverfügung zusätzlich hinzu: „Bei Unzustellbarkeit, Anschriftenberichtigungskarte!"). Dieser Service kostet Sie 0,90 Euro je Anschriftenberichtigungskarte (Stand Juli 2008).

Abgleich gegen Umzugsdatei

Die Firma „Deutsche PostAdress GmbH" (eine Tochtergesellschaft von Bertelsmann und der Post AG) hat alle Nachsendeanträge seit September `94 gespeichert. Sie können Ihre Adressdatei mit dieser Datei abgleichen lassen und erhalten so die Umzugsinformation schon vor dem Mailing. Die Vorteile:

➤ Ihr Mailing kommt sofort an.
➤ Sie sparen die Kosten für die Anschriftenberichtigung (nicht nur die 0,90 Euro, sondern auch die Erfassungskosten für die Datenänderung).
➤ Sie können auch Kunden aufspüren, die schon vor mehr als sechs Monaten umgezogen sind.

Neben Abgleichkosten berechnet die PostAdress 1,15 Euro pro gefundenem Umzügler.

Inzwischen gibt es ähnliche Services, die ihre Daten aus anderen Quellen gewinnen und teilweise günstiger sind. Die gefundenen Umzüge unterscheiden sich, denn weder die Datenbank der Nachsendeanträge noch die anderen Datenquellen enthalten hundert Prozent der Umzüge. Eventuell macht es daher auch Sinn, beides nacheinander zu beauftragen. Dieses Feld ist derzeit stark im Umbruch: Wenn Sie einen Dienstleister Ihres Vertrauens haben, fragen Sie ihn nach den aktuellen Möglichkeiten.

Dublettenprüfung

Doppelte Adressen sind so alt wie Kundendateien: Als die ersten Computer anfingen, Adressdaten zu speichern, wurden bald darauf die ersten Kataloge doppelt verschickt. Heute sind **computergestützte Adressdateien** kein Privileg von Großversandhäusern mehr. In der Frühzeit der Datenspeicherung stand man doppelten Adressen beinahe machtlos gegenüber. Heute gibt es ganz ausgeklügelte Verfahren, um solche Dubletten vom Computer erkennen zu lassen.

Heute gibt es ausgeklügelte Verfahren, um Dubletten vom Computer erkennen zu lassen

Die paar Dubletten?

Selbst in gut gepflegten Adressdatenbanken sind vier bis sechs Prozent Dubletten enthalten, wenn sie nicht systematisch – zum Beispiel mit Hilfe einer speziellen Software – bekämpft werden. Nun klingen so ein paar Prozent nicht gerade gravierend. Aber **fünf Prozent Dubletten von 100.000 Werbebriefen sind immerhin 5.000 Stück** – das ist eine ganz schöne Menge Briefe. Und es sind eine Menge Kosten, die unnütz verursacht werden. Doch Dubletten schaden nicht nur wegen der doppelten Werbekosten:

➤ Dubletten machen jegliche Personalisierung zunichte. Ein Kunde, der einen Brief doppelt erhält, weiß sofort: Massenwerbung!

➤ Dubletten verfälschen Analysen des Database Marketing. Werbewegs-Analysen, CLV (Customer Lifetime Value) und Cross-Selling-Analysen werden signifikant verfälscht. Denn Dubletten verteilen sich nicht gleichmäßig über die Datenbank, sondern tauchen insbesondere dort auf, wo die Analyse ansetzt: Bei den Mehrfachkäufern.

Dubletten verärgern insbesondere die wertvollen Mehrfachkäufer

Gegenmaßnahmen

Um die Dublettenquote in Ihrer Datenbank möglichst gering zu halten, gibt es zwei Ansätze: Erstens können Sie die Datenbank **von Zeit zu Zeit bereinigen**.

Und zweitens können Sie versuchen, **Dubletten von vornherein zu vermeiden**. Für beides gibt es heute Software-Hilfsmittel; im Folgenden erfahren Sie mehr darüber.

Grundsätzliche Anforderungen an Dublettensoftware

Dubletten entstehen immer durch Abweichungen in der Schreibweise von Adressen. Dabei gibt es verschiedene Arten von Abweichungen. Folgende sind für Privatadressen typisch:

➤ Tippfehler: Alexander wird zu Alexnader.
➤ Schreibfehler: Chryschanowski wird zu Krischanoffsky.
➤ verschiedene Namensschreibweisen: Meier/Mayer, Sylvia/Silvia, Mathias/Mattias.
➤ Freudsche Hörfehler: Sponheimstr. wird zu Sponhainstr.
➤ Weitergehende Freudsche Fehler: Friedrich-Silcher-Weg wird zu Friedrich-Schiller-Weg, weil das Gehirn schon bei „Friedrich" auf „Schiller" schaltet.

Friedrich-Silcher-Weg wird zu Friedrich-Schiller-Weg

Bei Firmenadressen treten andere Abweichungen in den Vordergrund:

➤ Vertauschungen: Müller Möbel / Möbel-Müller.
➤ Zusätze: Müller Möbel / Müller Möbel-Fabrikation GmbH.
➤ Wortteil-Verschiebungen: Müller Direkt- und Dialogmarketing / Müller Direktmarketing.
➤ Abkürzungen: Westf. Inst. f. Agrarökonomie / Agrarökonomisches Institut Westfalen.

Sie sehen: welche Ähnlichkeiten gefunden werden müssen, unterscheidet sich zwischen Firmen- und Privatadressen. Ihre Software muss also auf Ihren Typ Adressen passen.

Overkill und Underkill

Im Einzelvergleich ist (bisher) kein Verfahren so gut wie der Mensch. Teilweise findet Software Dubletten, die nicht wirklich welche sind. Diese zuviel gefundenen Dubletten nennt man Overkill. Umgekehrt findet kein Verfahren alle Dubletten. Zuwenig gefundene Dubletten bezeichnet man analog als Underkill. Je besser Ihr Verfahren, desto geringer die Summe aus Over- und Underkill. Geringer Over- und Underkill wird auch als hohe **Trennschärfe** bezeichnet.

Das einfachste Verfahren: Matchcode

Nur PLZ, Hausnummer, der erste und dritte Buchstabe des Nachnamens werden verglichen

Statt die gesamte Adresse Buchstabe für Buchstabe zu vergleichen, werden nur markante Punkte miteinander verglichen, zum Beispiel PLZ, Hausnummer, der erste und dritte Buchstabe des Nachnamens und der erste Buchstabe des Vornamens. Solange alle diese Dinge übereinstimmen, wird die Adresse als Dublette gefunden, auch wenn in den anderen Buchstaben Abweichungen sind. Solche Verfahren benötigen kaum Rechenzeit und wurden in der Großrechnerzeit eingesetzt. Vom Over- und Underkill her sind sie überhaupt nicht mehr zeitgemäß. In vielen **CRM- und ERP-Systemen** wird Dublettenprüfung aber immer noch mit solchen Verfahren betrieben.

Phonetik

Hier werden unterschiedliche Schreibweisen vereinheitlicht, indem ähnlich klingende Buchstaben in denselben Code verwandelt werden. P und B werden zum Beispiel zur „1", K und C und G zur „2". Ob es nun Becker oder Begger heißt – egal, alles gleich. Achtung: Auch die beste Phonetik findet nur phonetische Fehler. Tippfehler oder Abkürzungen lassen sich damit nicht aufspüren. Deshalb sind phonetische Verfahren allein zumindest für Firmenadressen völlig unzureichend.

Unscharfe Ähnlichkeitsverfahren

Ein unscharfes Verfahren trifft keine Ja/Nein-Entscheidungen, sondern bestimmt den Grad der Ähnlichkeit. Durch Abwägen verschiedener Elemente der Adresse können so wesentlich höhere Trennschärfen erzielt werden. Sind beispielsweise Firmenname und Ansprechpartner sehr ähnlich, so kann trotz gänzlich anderer Straße (Umzug!) die Firma als Dublette zugeordnet werden. Bei annähernd identischer Straße und Hausnummer können andererseits stärkere Abweichungen im Firmennamen zugelassen werden. Diese Abwägung wäre mit Matchcode-Verfahren nicht möglich. Heutige professionelle Adressverfahren sind optimiert für Adresseinsatz. So findet zum Beispiel das FACT®-Verfahren alle oben aufgeführten Beispiele und kommt damit dem menschlichen Ähnlichkeitsempfinden sehr nahe.

Trotz gänzlich anderer Straße kann die Firma als Dublette zugeordnet werden

Wann sollte man eine Dublettenprüfung durchführen?

Hierfür gibt es vier mögliche Zeitpunkte:
1. Gleich bei der Eingabe.
2. Beim Einspielen separat erfasster (oder gekaufter) Adressen, also beim Hinzufügen eines neuen Adressbestandes zu Ihrer Kundendatei.
3. Innerhalb der Kundendatei.
4. Direkt vor dem Mailing.

Die optimale Antwort heißt: Alle vier – denn zu jedem Zeitpunkt gibt es vernünftige Gründe, obwohl Sie zu den anderen Zeitpunkten auch prüfen. Ob sich der Mehrfach-Aufwand für Sie lohnt, hängt natürlich von Ihrer Adressmenge ab und vom Negativ-Effekt, der durch jede Dublette verursacht wird.

Prüfung gleich bei der Eingabe

Falls in Ihre Kundenverwaltungssoftware eine Prüfung integriert ist, die direkt nach Eingabe einer Adresse prüft, ob diese Adresse in ähnlicher Form bereits in Ihrem Datenbestand enthalten ist, vermeiden Sie viel Arbeit.

Prüfung direkt nach Eingabe einer Adresse vermeidet viel Arbeit

Einerseits ist in vielen Unternehmen das Anlegen eines neuen Kunden mit Aufwand verbunden: Kreditwürdigkeitsprüfung, Heraussuchen der zuständigen Regionalvertretung. Diesen Aufwand machen Sie unnötigerweise doppelt, wenn Sie nicht merken, dass der Kunde schon existiert.

Vor allem aber: Ist erst einmal ein neuer Kundenstammsatz angelegt, sammelt er automatisch Vorgänge: zum Beispiel Rechnungen, Kontakte, Ansprechpartner, Zahlungsinfos. Alle diese Daten von einem Datensatz zum anderen zu bewegen, kann je nach Umfang über 10 Euro an Arbeitszeit für jede einzelne Dublette verursachen.

Die Prüfung bei der Eingabe ist die wirksamste, denn

1. Hier sitzt ein Mensch davor. Sie können also die Prüfung etwas sensibler einstellen, sodass sie im Zweifel lieber eine Dublette zuviel als eine zuwenig anzeigt. Und der Erfassungsmitarbeiter kann „keine Dublette" anklicken. Dadurch finden Sie sicherer alle Dubletten.

2. Der Mitarbeiter hat jetzt die beste Gelegenheit, einer aufgezeigten Dublette auf den Grund zu gehen:

   ➤ Hat er den Kunden am Telefon, kann er zurückfragen, beispielsweise „ich habe hier einen Hans Müller, aber an einer anderen Adresse – haben Sie früher in der Mühlgasse gewohnt?".

   ➤ Hat er eine Antwortkarte vor sich, kann er noch mal nachschauen, ob sich kleine Unterschiede zwischen vorhandener und neu eingegebener Adresse nicht vielleicht doch als Identität herausstellen. Manchmal sieht zum Beispiel ein handschriftliches „u" ähnlich wie ein „n" aus.

   ➤ Dabei können übrigens auch Fehler in der bereits vorhandenen Adresse durch das Telefonat oder die neue Antwortpostkarte korrigiert werden.

Prüfung beim Hinzufügen eines neuen Adressbestandes zu Ihrer Kundendatei

An dieser Stelle ist zumindest eines noch klar: welche Ihre bestehenden Adressen sind und welche Ihre neuen. Wenn Sie fremde Adressen hinzufügen, die Sie günstig von einem Adressverlag gekauft oder von einer CD geladen haben, dann ist die **Folge-Verarbeitung** ganz einfach: Wenn ein Dublettenverdacht zwischen einer bestehenden und einer neuen Adresse besteht, lassen Sie die neue einfach weg. Falls Sie dabei unnötigerweise ein paar Adressen zuviel gelöscht haben, ist das auch nicht schlimm.

Bei Dubletten-verdacht zwischen einer bestehenden und einer neuen Adresse besser weglassen

Prüfung innerhalb der Kundendatei

Warum muss man die Daten nochmals in sich prüfen, wenn schon bei der Eingabe und beim Einspielen eine Dublettenkontrolle stattgefunden hat? Das erscheint in der Tat zunächst merkwürdig, hat sich aber als sinnvoll herausgestellt. Die Gründe:

➤ Mitarbeiter drücken manchmal nachlässig „keine Dublette", wenn bei der Prüfung während der Eingabe des Öfteren Adressen als Dubletten ausgewiesen werden, die tatsächlich gar keine Dubletten sind.

➤ Beim Einspielen zusätzlicher Adressbestände wurden Fehler in der Dublettenprüfung gemacht – oder dieser Schritt wurde bei manchen Zusatzadressen völlig vergessen.

Wenn Sie bei einer solchen Prüfung feststellen, dass tatsächlich keine oder nur eine vernachlässigbare Menge Dubletten vorhanden sind: Herzlichen Glückwunsch! Bisher habe ich erst einmal erlebt, dass die Dublettenquote über zwei Jahre lang unter 0,2 Prozent gehalten wurde. Sind entsprechende Eingabeprüfungen vorhanden, dann ergeben sich meiner Erfahrung nach meist noch Dublettenquoten zwischen 0,5 und 1 Prozent. Das sind immerhin viel weniger als die normalen vier bis 6 Prozent Empfehlung: Machen Sie circa zwei Monate nach Einführung einer Eingabeprüfung einen Test. Sollten sich schon wieder viele Dubletten eingeschlichen haben, dann **prüfen Sie, ob die Software richtig eingestellt ist und ob die Mitarbeiter richtig geschult wurden**. Und holen Sie das eine oder andere gegebenenfalls nach. Wenn sich jedoch herausstellt, dass sich bei Ihnen tatsächlich sehr selten Dubletten einschleichen, dann verlängern Sie den Zeitraum zwischen den Prüfungen.

Prüfen, ob die Mitarbeiter richtig geschult wurden

Prüfung in der Mailingdatei

Hiermit hat es eine andere Bewandtnis als mit den zuvor genannten drei Prüfungen: Dubletten sind unerwünschte doppelte Adressen. Doch in der Stammdatei müssen manche Adressen doppelt vorhanden sein. Beim Mailing sollen sie aber nur einmal angeschrieben werden. Insbesondere handelt es sich um **verschiedene Firmen mit demselben Ansprechpartner**:

3 Linden Hotel-Betriebs-GmbH & Co., Herrn Martin Feldner
3 Linden Hotel-Holding GmbH, Martin Feldner
3 Linden Restaurant-Betriebs-GmbH, z. Hd. Martin Feldner

Klar, dass Sie die drei Unternehmen bei der Rechnungsstellung nicht vertauschen dürfen. Aber braucht Herr Feldner tatsächlich drei Kataloge?

Fazit: Datenqualität ist ein Erfolgs**faktor**. Ein Prozentwert, mit dem Sie den Gesamterfolg multiplizieren können. Ist die Datenqualität zwanzig Prozent besser, erhöht sich der Werbeerfolg um zwanzig Prozent. Aber die Kosten für Porto, Druck und Lettershop bleiben gleich.

Literatur

Kraus C.: Adress- und Kundendatenbanken für das Direktmarketing. – Verlag BusinessVillage, Göttingen, 2004.

Berson A., Dubov L.: Master Data Management and Customer Data Integration for a Global Enterprise. – The McGraw-Hill Companies, New York, 2007.

Schober K.: Die neue Dimension im Direktmarketing: Market-Uniserve-Database. – Econ Verlag, Düsseldorf, München, 1997.

Günter B., Helm S. (Hrsg.): Kundenwert. Grundlagen – Innovative Konzepte – Praktische Umsetzungen. – Gabler Verlag, Wiesbaden, 2006.

Wang R. Y., Ziad M., Lee Y. W.: Data Quality. – In: Kluwer International Series on Advances in Database Systems, Springer-Verlag, 2000.

8

KUNDENBINDUNGSPROGRAMME

RALF T. KREUTZER

Der erfolgreiche Einsatz von Kundenbindungsprogrammen stellt nach wie vor eine große Herausforderung für Unternehmen dar. Eine große Bedeutung kommt hier zunächst der Frage zu, in welcher Beziehung Kundenzufriedenheit und Kundenbindung zueinander stehen. Nach der kritischen Analyse unterschiedlicher Konzepte zur Erreichung von Kundenbindung (unter anderem Sammelkarten, Kundenkarten, Kundenclubs) wird aufgezeigt, wie ein Controlling der Wirkungen von Kundenbindungskonzepten ausgestaltet werden kann.

Beziehung zwischen Kundenzufriedenheit und Kundenbindung

Viele Unternehmen messen nach wie vor lediglich das Ausmaß der Kunden-zufriedenheit und schließen von einer hohen Kundenzufriedenheit auf eine entsprechende hohe Kundenbindung. Dagegen zeigen viele Studien, dass die **Kundenzufriedenheit** als Prädiktor für einen Wiederkauf nicht ausreicht. Nur extrem hohe Zufriedenheitswerte – im Sinne „sehr/äußerst zufrieden" – ermöglichen einigermaßen verlässliche Verhaltensprognosen in Richtung Wiederkauf. Kunden dagegen, die sich selbst „nur" als „zufrieden" einstufen, sind häufig echte „Wackel-kandidaten". Kundenzufriedenheit stellt nicht das Ergebnis eines einmaligen Kauf-, Verbrauchs- oder Gebrauchserlebnisses dar, sondern beinhaltet auch alle früheren Erfahrungen und erworbenen Erwartungen [1].

Kunden, die sich selbst als zufrieden einstufen, sind häufig Wackel-kandidaten

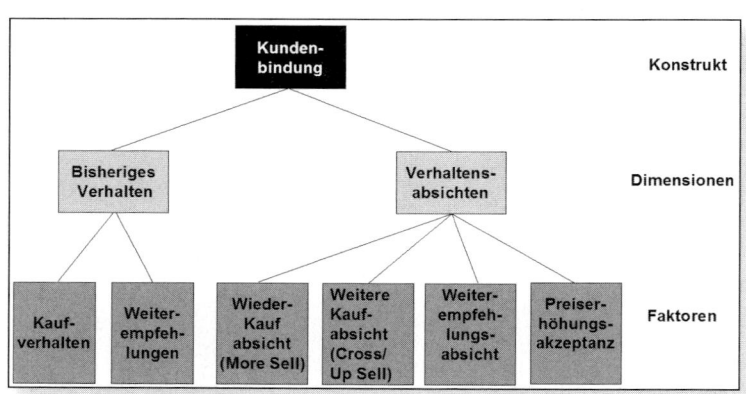

Abb. 1: Kundenbindung zahlt auf mehrere Ziele ein (adaptiert nach [2])

www.marketing-boerse.de/Experten/details/Ralf-T-Kreutzer

Die **Kundenbindung** konkretisiert sich dabei in den in Abb. 1 aufgezeigten Dimensionen. Im **bisherigen Verhalten** zeigt sie sich durch das bisherige Kaufverhalten und das Ausmaß an vorgenommenen Empfehlungen. Die Wiederkaufabsicht („More Sell") ist die Absicht, andere und/oder höherwertige Produkte („Cross Sell", „Up Sell") zu erwerben und auch in Zukunft als Freundschaftswerber aktiv zu sein. Darüber hinaus kann auch die Bereitschaft, zukünftige Preiserhöhungen zu akzeptieren, ohne die Beziehung zum Unternehmen in Frage zu stellen, als relevante Verhaltensabsicht definiert werden.

Die **Verhaltensabsichten** als Ausdruck der Loyalität eines Kunden hängen dabei ab vom Ergebnis eines Vergleichsprozesses zwischen den durch Vorinformationen aufgebauten Erwartungen und der dadurch geprägten Soll-Leistung einerseits und der durch die Nutzungsrealität (Gebrauchs-/Nutzungserfahrung) determinierten Ist-Leistung andererseits. Diese Beziehung wird im **Konfirmations-Diskonfirmations-Paradigma** (auch C/D-Paradigma) in Abb. 2 aufgezeigt. Wird eine Soll-Unterschreitung diagnostiziert, so entsteht aufgrund einer negativen Diskonfirmation Unzufriedenheit. Bei einer Deckungsgleichheit von erwarteter und wahrgenommener Leistung liegt eine Konfirmation vor, bei der sich Zufriedenheit einstellt. Bei einer positiven Diskonfirmation (das heißt einer Soll-Übererfüllung) wird sich beim Kunden Begeisterung einstellen. Erst diese lässt relativ valide Aussagen hinsichtlich einer zu erwartenden Loyalität zu [3].

Vergleich der durch Werbeversprechen aufgebauten Erwartung und der erlebten Realität

Wer mehr bekommt als er erwartet, ist begeistert

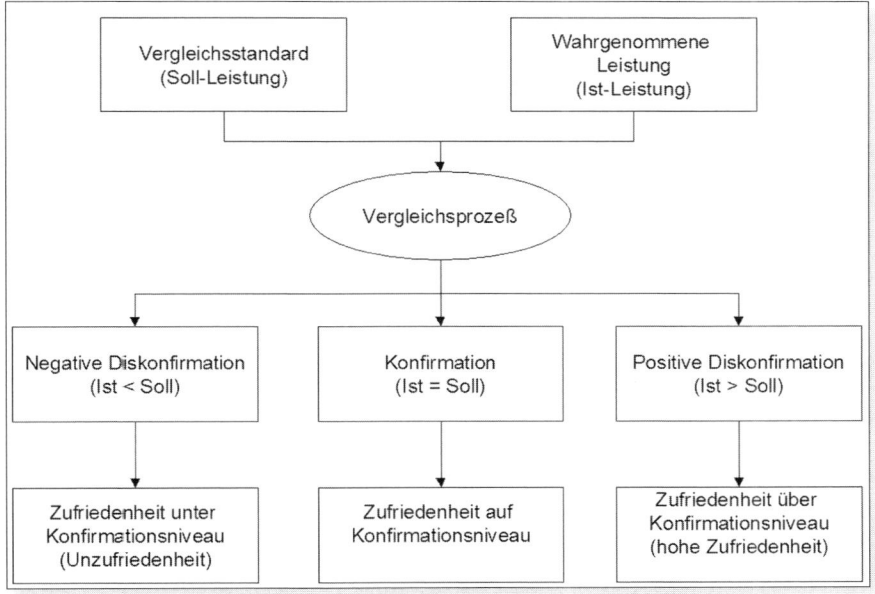

Abb. 2: Konfirmations-Diskonfirmations-Paradigma zur Ermittlung von Zufriedenheitswerten [4].

Weiterführend ist zu fragen, wie sich die **Treiber der Kundenbindung** klassifizieren lassen. In Modifikation einer Klassifikation nach [5] lassen sich dabei die in Abb. 3 dargestellten Treiber unterscheiden [6].

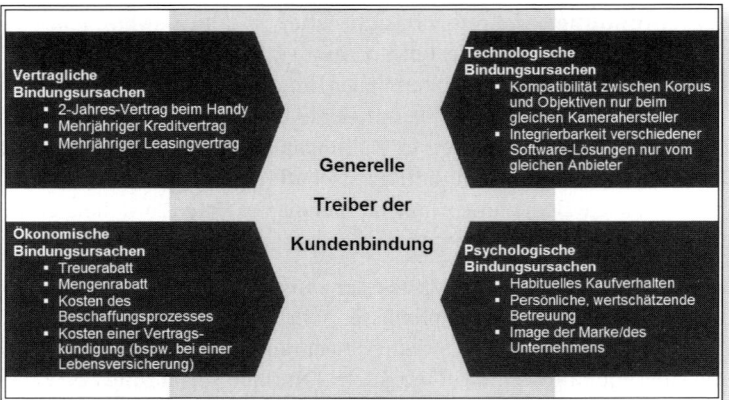

Abb. 3: Generelle Treiber der Kundenbindung [7].

Diese Treiber der Kundenbindung lassen sich jetzt danach unterscheiden, ob dabei freiwillige und unfreiwillige Bindungsursachen zugrunde liegen. **Freiwillige Bindungsursachen** liegen vor, wenn sich ein Kunde quasi autonom für einen bestimmten Anbieter entscheidet, ohne dass dazu eine zwingende Notwendigkeit besteht, wie das beispielsweise bei den **psychologischen Bindungsursachen** der Fall ist. So kann sich ein überzeugter Käufer von Montblanc-Schreibgeräten immer wieder für diese Marke entscheiden, ohne dass dazu eine Notwendigkeit bestünde. Ähnlich verhält es sich, wenn eine Familie seit Generationen treue Volkswagen-Fahrer sind und keine andere Marke im Kaufentscheidungsprozess berücksichtigen oder wenn regelmäßig das RitzCarlton-Hotel aufgesucht wird, weil hier eine exzellente Dienstleistung erbracht wird. Auch **ökonomische Bindungsursachen** können zu einer freiwilligen Bindung eines Kunden führen, wenn durch die Treue zu einem Anbieter ökonomische Vorteile erzielt werden können (beispielsweise ein Treuerabatt) oder wenn man regelmäßig in einem Nachbarschaftsladen einkauft, weil dadurch die Wegekosten minimiert werden. Hier kann von einer **verbundenheitsgetriebenen Kundenbindung** gesprochen werden, weil Kunden eine freiwillige Verbindung zum Unternehmen eingehen.

Anders sieht dies häufig bei den vertraglichen und den technologischen Bindungsursachen aus, die häufig als **unfreiwillige Bindungsursache** in Erscheinung treten. Eine **vertragliche Bindungsursache** ist beispielsweise dann gegeben, wenn sich ein Kunde in Deutschland für einen Post-Paid-Handy-Vertrag interessiert und dazu zwingend eine zweijährige Vertragsbindung eingehen muss. Oder wenn jemand ein Fitness-Studio besuchen möchte und dafür einen einjährigen Vertrag abschließen muss. Auch Kredit- oder Leasingverträge binden einen Kunden für eine bestimmte Laufzeit, die nicht oder nur gegen zusätzliche Zahlungen (beispielsweise Vorfälligkeitsentschädigung bei einem Kreditvertrag) zu verkürzen ist. Auch **technologische Bindungsursachen** muss ein Kunde in der Regel unfreiwillig in Kauf nehmen, da beispielsweise Leica-Objektive nur beim Leica-Kamera-Korpus eingesetzt werden können, oder ein Drucker nur mit Patronen des gleichen Herstellers störungsfrei betrieben werden kann. In diesem Kontext kann auch von einer **gebundenheitsgetriebenen Kundenbindung** gesprochen werden, weil der Kunde für eine bestimmte Zeit an einen Partner gebunden ist. Aufgrund der dadurch

Kundenbindung durch freiwillige Verbindung zum Unternehmen

Vertragliche Bindung auf zwei Jahre beim Handy

Technologische Bindung durch Druckerpatronen

334

erzielten Bindung kommt der Anbieter – zeitlich befristet – in eine monopolähnliche Situation, aus der ein Kunde wiederum nur mit zusätzlichen Kosten aussteigen kann (beispielsweise indem der Drucker ausgetauscht wird).

In diesem Kontext wird auch von **Wechselbarrieren** gesprochen, die Unternehmen durch die diskutierten Maßnahmen ganz systematisch aufbauen. Manche dieser Wechselbarrieren sind schon im Produkt angelegt (beispielsweise bei der Inkompatibilität zwischen verschiedenen Staubsaugerbeuteln und unterschiedlichen Staubsaugermarken). Andere ergeben sich durch die Servicequalität, indem beispielsweise ein Augenoptiker eine optimale Stilberatung durchführt und damit die Kundin an dieses Unternehmen langfristig bindet, obwohl eine preiswerte Alternative in der Gestalt von Fielmann nur fünfzig Meter entfernt zu finden ist. Weitere Wechselbarrieren können künstlich geschaffen werden, indem treuen Kunden zusätzliche Vorteile versprochen werden, wie das bei allen Kundenbindungsprogrammen (von BSW über Payback bis zur Deutschland-Card) der Fall ist.

Wechselbarrieren schon im Produkt angelegt

Welche Möglichkeiten Unternehmen grundsätzlich haben, um die verschiedenen Treiber der Kundenbindung im Marketing-Mix einzusetzen, zeigt Abb. 4. Hier wird deutlich, dass der Aufbau von Kundenbindung keine Aufgabe der Kommunikationspolitik alleine ist, sondern über den gesamten Marketing-Mix bindende Elemente entwickelt und eingesetzt werden können.

Abb. 4: Einbindung von Treibern der Kundenbindung in den Marketing-Mix [8].

Konzepte zur Erreichung von Kundenbindung

Grundlagen von Kundenbindungsprogrammen

Bei der **Entwicklung der Kundenbindungsstrategie** stellt sich zunächst die Frage nach dem **Bezugsobjekt der Kundenbindung**. Dies können einzelne Produkte (beispielsweise ausgewählte Schokolade von Milka oder bestimmte Marmeladen von Zentis), ein Vertriebskanal (etwa SinnLeffers, Douglas oder Peek&Cloppenburg), eine Marke (beispielsweise Volkswagen oder Audi) oder ein Unternehmen (etwa Lufthansa) sein [9]. Zusätzlich ist die **Zielgruppe der Kundenbindung** zu definieren. Sollen beispielsweise alle Kunden eines Unternehmens eingebunden werden, wie dies durch das Payback-Konzept bei Kaufhof angestrebt wird? Oder möchte man nur selektiv ausgewählte Kunden betreuen – etwa durch den Volkswagen Club – bei dem die zu betreuenden Kunden durch den Volkswagen Händler einzumelden sind? Oder müssen sich die Kunden durch ihre Kaufverhalten eine besondere Betreuung und Belohnung erst verdienen (so beim Miles&More-Programm der Lufthansa)? Oder richtet sich das Programm an alle, die sich dafür registriert haben (etwa bei Kundenbindungsprogrammen von Hotels, wie dem GoldCrownClub von Best Western, dem Hilton HHonors von Hilton, oder dem PriorityClub von Holiday Inn und Intercontinental? Oder müssen die Kunden einen Beitrag entrichten, um die Vorteile eines Kundenbindungsprogramms zu erhalten (so beispielsweise bei Douglas und beim BSW)?

Freier Zutritt oder Beitrag entrichten für das Bindungsprogramm

Hier wird bereits deutlich, dass die Frage nach der Zielgruppe mit dem **Konzept der Kundenbindung** selbst eng verbunden ist. Zur Erreichung von Kundenbindung können verschiedene Konzepte zum Einsatz kommen. Hinsichtlich der **Inhalte von Kundenbindungsprogrammen** kann auf verschiedene Elemente des Marketing-Mix zugegriffen werden (Abb. 4). Zusätzlich können folgende spezifische Konzepte zum Einsatz kommen, die speziell auf die Erhöhung der Kundenloyalität einzahlen sollen, die häufig einzeln oder in verschiedenen Kombinationen eingesetzt werden:

➤ Dialog-/Werbebriefprogramm,
➤ Newsletter (offline und/oder online),
➤ Customer Service Center als Anlaufstelle für
die betreuten Kunden (offline und/oder online),
➤ Sammelkarte/Rabattkarte,
➤ Kundenkarte,
➤ Treuebelohnungsprogramm (beispielsweise mit einer
Bonifizierung getätigter Umsätze),
➤ Vorteilsprogramm (mit eigenen sowie mit Leistungen
von Kooperationspartnern),
➤ Kundenmagazin,
➤ Shop,
➤ Events.

Rabattkarten, Kundenkarten und Kundenclubs

Damit ergibt sich eine große Bandbreite von Kombinationsmöglichkeiten. Diese reichen von einfachen Rabattkarten (beispielsweise beim Bäcker) über Werbebriefprogramme, multifunktional aufgeladenen Kundenkarten bis hin zu umfassenden Kundenclubs. Umfassende Bindungseffekte ergeben sich besonders häufig bei leistungsstarken Konzepten, aber auch einfache Sammelkarten können zum Ziel der Kundenbindung beitragen.

Kennzeichnung verschiedener Kundenbindungskonzepte

Eine Kundenbindung kann durch ein Werbebrief-Programm erfolgen, das bei der Ansprache von Kunden **KKP (Kunden-Kontakt-Programm)** genannt wird. Davon zu unterscheiden ist das **IKP (Interessenten-Kontakt-Programm)**, welches zur Entwicklung von Interessenten zu Kunden eingesetzt wird (vertiefend [10]). Im Rahmen eines entsprechenden Dialogprogramms wird der Kunde beispielsweise im

Automobilsektor – in der Regel im Namen seines Händlers – an den fälligen TÜV oder eine anstehende Inspektion erinnert, er wird zum Sommer- oder Winterreifen-Wechsel eingeladen oder zum Tag der offenen Tür, an dem im Autohaus neue Modelle präsentiert werden. Zusätzlich kann zum Geburtstag gratuliert und/oder kleine Geschenke auf die Reise gebracht werden (beispielsweise eine CD mit Musiktiteln). Die Herausforderung besteht darin, den Dialog zum Kunden nicht abreißen zu lassen, um so regelmäßig Impulse zur Inanspruchnahme von Serviceleistungen zu setzen und gleichzeitig den unter Umständen erst in mehreren Jahren anstehenden Neuwagenkauf vorzubereiten. Im Rahmen dieser Programme dominiert in der Regel der Dialog, das heißt es findet bei einem KKP keine Auslobung von Möglichkeiten statt, Punkte oder Ähnliches zu sammeln.

Den Dialog zum Kunden nicht abreißen lassen

Sammelkarten (auch **Rabattkarten** genannt) stellen eine einfache Möglichkeit dar, auch ohne IT-Unterstützung loyale Kunden zu belohnen. Hierbei werden von Seiten der Unternehmen Karten ausgegeben, auf denen getätigte Käufe dokumentiert werden. Dazu können vorgegebene Felder entweder abgestempelt oder vom Unternehmen ausgehändigte „Wertpunkte" aufgeklebt werden. Sobald eine bestimmte Anzahl von Kaufakten dokumentiert wurden, erhält der Kunde einen Vorteil, sei es von einem Uhrmacher nach dem sechsten Batteriewechsel, nach Einkäufen im Bioladen über 150 Euro oder nach dem achten Friseurbesuch.

Der entscheidende Nachteil derartiger Sammelkarten besteht darin, dass das Unternehmen keinerlei Informationen darüber gewinnen kann, wann in welcher Größenordnung Kaufakte getätigt worden sind, da diese nicht einzeln erfasst werden. Wie bei den oben genannten Beispielen deutlich wurde, wird teilweise auch auf die Erfassung von Name und/oder Adresse verzichtet, so dass der Kunde nach wie vor anonym bleibt. Eine differenzierte, kundenwertorientierte Kommunikation und Betreuung wird auf diese Weise nicht ermöglicht. Gleichwohl wird ein zentrales Ziel erreicht: loyale Kunden zu belohnen.

Wenn heute vielfach von einer inflationären Verbreitung von Kundenbindungs-konzepten gesprochen wird, dann sind im Kern die nachfolgend charakterisierten Kartenkonzepte gemeint, die als **Kundenkarte (Plastikkarte)** bezeichnet werden. Hierbei handelt es sich um eine normierte Karte, die in der Regel in der Größe einer Kredit- oder EC-Karte gestaltet ist und durch Verwendung verschiedener Speichermedien (Barcode, Magnetstreifen, Chip) die Möglichkeit bietet, den Kunden beim Einsatz der Karte **individuell zu identifizieren**. Derartige Karten sind in etwa 90 Prozent der deutschen Portemonnaies vorhanden. In Deutschland sind etwa 100 Millionen solcher Karten im Umlauf [11].

Den Kunden beim Einkauf mit der Karte individuell identifizieren

Hiervon zu unterscheiden sind **virtuelle Kundenkarten** (wie beispielsweise Webmiles) bei denen in der Regel keine Plastikkarte ausgegeben wird, weil eine Sammlung von Miles nur im Internet angeboten wird. Allerdings besteht auch bei Webmiles eine Verlängerung in die Offline-Welt – zumindest dann, wenn man sich für die VISA-Karte von Webmiles entschieden hat und damit bei jedem Einkauf (das heißt on- und offline) Meilen sammeln kann. Derartige Kundenkarten stellen eine eigenständige Art von Kundenbindungsprogramm im Vergleich zu Sammelkarten und Kundenclubs dar, auch wenn Kundenkarten bei Clubs häufig ein wichtiges Gestaltungselement darstellen.

337

Bei der Klassifizierung von Kundenkarten ist zwischen verschiedenen Konzepten zu unterscheiden. Zunächst gibt es Karten, die von einem Unternehmen herausgegeben werden und ein Earning und Burning auch nur bei diesem oder innerhalb der eigenen Unternehmensgruppe erlauben. Dabei wird auch von einem **Single-Partner-Programm** gesprochen. Ein solches wird beispielsweise von Esprit, Shell und SinnLeffers angeboten. Sind mehrere Partner in ein Programm eingebunden, spricht man von einem **Multi-Partner-Programm**. Dabei sind wiederum verschiedene Konzepte zu unterscheiden. Es gibt Programme, bei denen ein Unternehmen als Herausgeber fungiert und den Kunden über das eigene Unternehmen heraus Möglichkeiten zum Earning und/oder Burning bei weiteren Partnern schafft. Ein solches Programm findet sich beispielsweise bei vielen Fluggesellschaften. Das Unternehmen Air Berlin ermöglicht nicht nur bei eigenen Flügen den Punkteerwerb, sondern unter anderem auch bei Hotel- und Mietwagenpartnern. Das Kundenbindungsprogramm der Lufthansa Miles & More zählt ebenfalls in diese Kategorie von Loyalitätsprogrammen, weil spezifische Verhaltensmuster (Flüge bei Lufthansa oder anderen Fluggesellschaften der Star Alliance, Übernachtungen in ausgewählten Hotels, Buchung bei bestimmten Mietwagenunternehmen) mit Meilen belohnt und damit verstärkt werden. Neben Prämien, die gegen erworbene Meilen eingetauscht werden können, bietet Lufthansa auch sichtbare Statusvorteile. Hat man eine bestimmte Zahl von Flügen absolviert, wird die Frequent Traveller-Card beziehungsweise die Senator-Card erworben, die beispielsweise Zugang zu Lounges auf Flughäfen ermöglicht und damit einen hohen Wert für Vielflieger aufweist.

Funktionen von Kundenkarten

Kundenkarten weisen verschiedene Funktionen auf, die mit unterschiedlichen Leistungsvorteilen für Kunden beziehungsweise mit Vorteilen für die herausgebenden Unternehmen verbunden sind:

➤ Vorteilsfunktion (für Kunden).
➤ Ausweisfunktion (für Kunden und Unternehmen).
➤ Datengenerierungsfunktion (für Unternehmen).

Die höchste Form der Kundenbindung wird durch einen Kundenclub angestrebt. Von einem **Kundenclub** wird gesprochen, wenn ein Unternehmen für Kunden ein über die Kernleistungen des Unternehmens hinausgehendes Angebot organisiert, das über die bloße Herausgabe einer Kundenkarte deutlich hinaus geht, und dieses durch eine kontinuierliche, dialogorientierte Kommunikation begleitet

Kundenclub als Königsweg

[12]. Ein Kundenclub unterscheidet sich durch die Vielzahl der angebotenen Services von der bloßen Herausgabe einer Sammel- oder Kundenkarte und grenzt sich auch von rein kommunikativen Dialogprogrammen (IKP und KKP) ab, die ohne weitere kundenbindende Elemente arbeiten. Aufgrund der Vielzahl unterschiedlicher, in einem kontinuierlichen Veränderungsprozess befindlicher Kundenbindungsprogramme, ist eine eindeutige Zuordnung zu den Gruppen „Kundenkarte" oder „Kundenclub" nicht immer einfach zu leisten.

Der Kundenclub stellt den **„Königsweg der Kundenbindung"** dar, weil hier eine Vielzahl von dialogischen und bindenden Elementen gleichzeitig zum Einsatz kommen. Und ganz wie es einem König gebührt, ist der Aufbau und der Betrieb eines Kundenclubs mit den höchsten Investitionen aller vorstellbaren Kunden-bindungskonzepte verbunden. Durch die Etablierung einer eigenen Organisation, zum Beispiel mit Club-Karte, Club-Magazin, Club-Events, die zu ihrer Abwicklung neben einer perfekten Datenbank auch ein gut ausgestattetes Club-Center zur telefonischen und/oder schriftlichen Kontaktaufnahme durch den Kunden benötigt, sind beträchtliche Vorlaufinvestitionen zu tätigen. Die Entscheidung, ob dieser in der Regel sehr kostenintensive Weg beschritten wird, setzt eine umfassende Bestandsaufnahme der angestrebten Ziele, der einzusetzenden Instrumente sowie des verfügbaren Budgets voraus. Deshalb sollte der Einstieg in Kundenclubs nur auf Basis einer umfassenden Strategie und eines auf mindestens zwei bis drei Jahre ausgerichteten Business Plans erfolgen. Solche Konzepte haben im Außenverhältnis eine hohe Sichtbarkeit und schon viele Konzepte sind an überzogenen Erwartungen hinsichtlich der zu erzielenden Erfolge gescheitert.

Club-Karte, Club-Magazin und Club-Events

Darüber hinaus – und hier bleiben wir dem Bild des „Königs" treu – weist dieser, wie auch der Club, eine besonders hohe Sichtbarkeit auf. Das heißt, hier geht das Unternehmen in der Regel auch einen für die breitere Öffentlichkeit sichtbaren Weg und zeigt damit sein Commitment für die Kundenbindung. Insbesondere diese Öffentlichkeitswirkung erschwert ein Abweichen vom einmal eingeschlagenen „Königsweg", weil man sich dann gegenüber seinen besten Kunden und auch gegenüber der Öffentlichkeit erklären muss, warum das Konzept wieder eingestellt oder verändert wird. Folglich ist der Schritt zum „Aufbau einer Monarchie" sorgsam abzuwägen.

Bei **offenen Club-Konzepten** existieren keine Eintrittsvoraussetzungen, so dass die Teilnahme am Programm allen interessierten Personen und Unternehmen offen steht. Dies ist beispielsweise beim Krombacher Club der Fall, seit dieser auf die Erhebung einer Mitgliedsgebühr verzichtet (www.krombacherclub.de).

Geschlossene Club-Konzepte binden die Mitgliedschaft an bestimmte Voraussetzungen, beispielsweise die Entrichtung eines bestimmten Beitrages oder an das Vorliegen anderer Voraussetzungen, wie etwa eine bereits bestehende Kundenbeziehung (etwa in Gestalt eines Zeitschriftenabonnements) oder – im Business-to-Business-Bereich – an die Überschreitung bestimmter Umsatzgrößen. Wird eine Mitgliedsgebühr erhoben, stellt sich die Frage, ob die definierten Kundenbindungsziele erreicht werden können, wenn man von den Zielpersonen einen finanziellen Beitrag erhebt. Eine solche Mitgliedsgebühr ist der stärkste Filter, den man bei einer Kundenbetreuung einsetzen kann. Durch ihn wird man primär jene Kunden für das Programm begeistern können, die bereits heute die größte Loyalität zum Unternehmen oder zu dessen Produkten aufweisen oder aufgrund der Mitgliedschaft Vorteile erwarten, die über den finanziellen Eigenbeitrag deutlich hinaus gehen. Diese Bewertung liegt beispielsweise bei den Nutzern der BSW-Karte vor, die am Ende eines jeden Jahres feststellen können, ob die Jahresgebühr von 29 Euro durch ausgeschüttete Rabatte überkompensiert wurde und damit über die regelmäßige Informationsversorgung hinaus einen weiteren Anreiz darstellt, um die Mitgliedschaft aufrecht zu erhalten (www.bsw.de).

Mitgliedsgebühr ist der stärkste Filter, den man bei einer Kundenbetreuung einsetzen kann

Eine umfassende Durchdringung der Zielgruppe ist mit kostenpflichtigen Ansätzen wie auch die Eroberung neuer Kunden sehr viel schwerer zu erreichen. Allerdings können solche Eintrittsvoraussetzungen beim Aufbau eines Clubs eine wichtige Rolle spielen, wenn man eine genau definierbare Teilzielgruppe gewinnen möchte, denn durch derartige Filter können Trittbrettfahrer von den angebotenen Leistungen ausgeschlossen werden. Gleichzeitig zeigen Mitglieder eines kostenpflichtigen Angebotes in der Regel ein deutlich höheres Involvement [13].

In Ergänzung zu den diskutierten Konzepten gibt es eine große Bandbreite weiterer Maßnahmen, die Unternehmen einsetzen, um ihre Kunden zu binden. Dazu gehört beispielsweise die Internet-Plattform For-me von Procter & Gamble, die sich als Online-Magazin bezeichnet und ganz gezielte Verkaufsimpulse an die Mitglieder kommuniziert. Dessen Einsatz erfolgt parallel zum Offline-Magazin, welches dreimal jährlich an mehr als drei Millionen Haushalte versandt wird [14]. Die Zielsetzung ist Kundenbindung und -akquisition, weil immer wieder einzelne Produkte aus der Gesamtpalette vorgestellt werden (www.for-me-online.de).

> **Markenartikler kommuniziert Verkaufsimpulse an die Mitglieder**

Singuläre Aktionen finden sich auch bei Markenartikeln, bei denen versucht wird, eine Markentreue aufzubauen. Dies reicht von Sammelpunkten auf der Milka-Schokolade über Punkte, die auf Produkten von Weihenstephan zu finden sind bis zu solchen im Nutella-Glas.

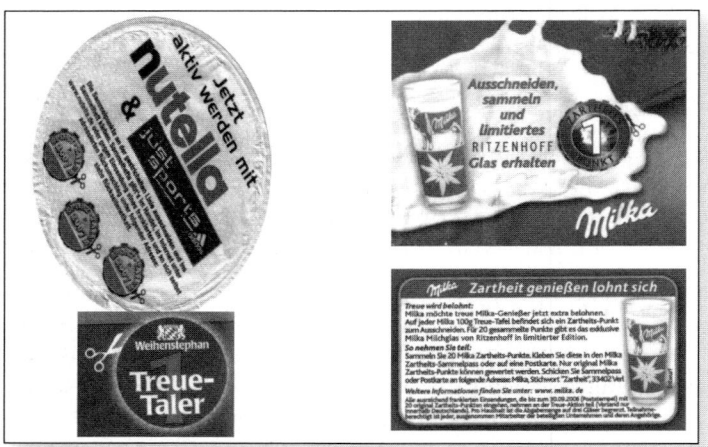

Abb. 5: Verschiedene Punktemechanismen zur Stärkung der Loyalität bei Markenartikeln

Controlling von Kundenbindungskonzepten

Bevor ein CRM-Programm gestartet wird, müssen neben den bereits oben definierten Zielen und den Anforderungen an die Leistungserbringung auch ganz konkrete Kriterien für die Bewertung der kundenbindenden Effekte festgelegt werden. Beim Scheitern von CRM-Konzepten konnte immer wieder festgestellt werden, dass weder eine **Klarheit über die zu erreichenden Ziele**, noch über die relevanten **Messkriterien zur Erfassung der kundenbindenden Effekte** bestand. Aber wie soll der Erfolg gemessen werden, wenn dieser weder definiert noch Wege zu dessen Ermittlung festgelegt wurden?

Die **Erfolgsmessung** bezüglich der übergeordneten Unternehmensziele gestaltet sich nicht einfach, weil sich die Wirkungen eines Kundenbindungsprogramms häufig erst mittel- und langfristig zeigen, die Kosten aber bereits in der Konzeptionsphase zu laufen beginnen (**divergierende Fristigkeiten von Kosten und Nutzen**). Zusätzlich stellt sich die Frage der Isolierung von Kundenclub-Effekten im Wirkungszusammenhang anderer Marketing-Aktivitäten, etwa in Gestalt einer Überarbeitung der Produktpalette, einer Veränderung der Preisstrategie, einer Servicequalitäts-Offensive oder eines überarbeiteten kommunikativen Auftritts des Unternehmens (weiterführend [15]).

Die **Zurechenbarkeit** von Image- und Verhaltensänderungen auf einzelne kundenbindende Aktivitäten ist folglich nicht leicht zu leisten, zumal kein Unternehmen im wettbewerbsfreien Raum agiert und deshalb weitere Einflussfaktoren aus Markt und Umwelt zu berücksichtigen sind. Eine zusätzliche Herausforderung stellt die **Quantifizierbarkeit** der Kundenbindungseffekte dar, weil neben „harten" Umsatz- und Ergebnisgrößen auch „weiche" Faktoren, wie zum Beispiel Kundenzufriedenheit, Vertrauen in die Unternehmensleistung, Image bewertungsrelevant sind. Wird außerdem ein mehrstufiger Vertrieb realisiert, etwa über selbständige Händler, bei dem Käufe (gegebenenfalls mit oder ohne Identifikation dieses Käufers durch eine Mitgliedskarte) getätigt werden, wird eine exakte Erfolgszurechnung noch schwerer oder gar unmöglich.

Darüber hinaus ist bei der Ermittlung von Kundenbindungseffekten auch zu berücksichtigen, dass Ausprägungsunterschiede hinsichtlich der oben genannten Kriterien auch auf die **Selbstselektion der Teilnehmer** zurückgeführt werden können. Das heißt, dass sowohl unterschiedliche Merkmalsprofile zwischen Teilnehmern und anderen Kunden bereits **vor** der Einführung eines Kundenbindungsprogramms vorlagen, jetzt aber erst sichtbar werden, weil die einen aufgrund ihrer höheren Affinität zum Unternehmen Teilnehmer wurden – und die anderen nicht.

Deshalb ist es eine zentrale Voraussetzung für eine „saubere" Kaufanalyse, dass alle relevanten Betreuungs- und Nutzungsdaten in einer Datenbank erfasst werden, um darauf basierend Diskriminanzanalysen durchzuführen. Denn vielfach können erst Verhaltensänderungen im Zeitablauf zwischen Teilnehmer und möglichst profilgleichen Nicht-Teilnehmern quasi als Testgruppe als Maßstab für die Bewertung der kundenbindenden Wirkungen herangezogen werden, weil erst dann auch die „Konzept-neutralen Effekte" sichtbar werden. Deshalb sollte zum Zeitpunkt des Programm-Launches eine Kontrollgruppe von Nicht-Teilnehmern definiert und eine „Nullmessung" zur Ermittlung der oben genannten Kriterien bei den betreuten und nicht-betreuten Kunden erfolgen. Auf diese Weise kann die „Startposition" in Abb. 6 genau bestimmt werden [16].

Testgruppe als Maßstab für die Bewertung der kundenbindenden Wirkungen

341

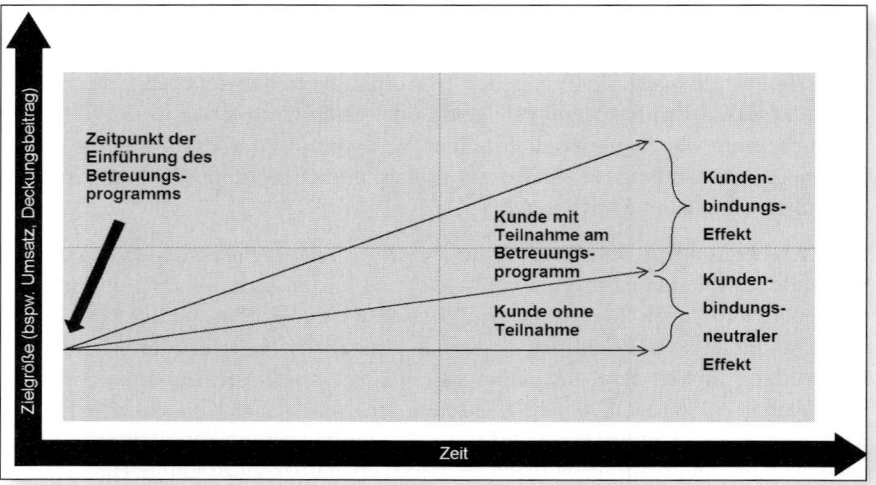

Abb. 6: Kundenbindungsprogramm- und Kundenbindungsprogramm-neutrale
Effekte auf Unternehmensebene [17].

Welche Kriterien bei der **Ermittlung von Kundenbindungseffekten auf Unternehmensebene** einfließen sollten, zeigt Abb. 7. Hierbei ist entscheidend, dass eine Bewertung jeweils im Vergleich zu nicht betreuten Kunden erfolgen muss, um die „Club-Effekte" zu identifizieren [18].

Darüber hinaus ist es erforderlich, die **Nutzung der Angebote des Kundenbindungsprogramms durch die Teilnehmer selbst** zu ermitteln, weil die Beschäftigung mit beziehungsweise die Nutzung von entsprechenden Offerten eine notwendige, wenn auch keine hinreichende Bedingung für die Erreichung von Effekten auf Unternehmensebene darstellt. Unter anderem sollten dabei die folgenden Verhaltensaspekte der Teilnehmer überprüft werden (Abb. 8).

Im Zuge eines **Prozess-Controlling** ist zu prüfen, in welchem Ausmaß die dem Programm zugrundeliegenden Prozesse den definierten Anforderungen entsprechen. Dabei sollte die **Professionalität der Leistungserbringung** eine Selbstverständlichkeit darstellen, insbesondere wenn man sich vor Augen führt, dass für ein Kundenbindungsprogramm häufig die besten und die vielleicht schon loyalsten Kunden gewonnen werden sollen. Keiner dürfte deshalb ein Interesse daran haben, hier geschaffene Erwartungshaltungen zu enttäuschen. Vor allem, wenn den Kunden das Gefühl vermittelt werden soll, ein VIP zu sein, dürften die Erwartungshaltungen noch höher als sonst ausfallen. Schon jede nur „normale" Leistungserfüllung muss dann zu einer Enttäuschung führen – denn bei der Leistungsabforderung kommt es zum berühmten **„Moment of Truth"**.

Wenn Kunden
VIPs sind, sind
die Erwartungs-
haltungen höher

342

Einstellungen	➤ Brand Awareness.
	➤ Bekanntheitsgrad von Marken, Produkten, Dienstleistungen, Unternehmen (gestützt, ungestützt).
	➤ Sympathie, Glaubwürdigkeit, Vertrauen bzgl. Marken, Produkten, Dienstleistungen, Unternehmen.
Kundencharakteristika	➤ Alter, Bildungsniveau, Kaufkraft, sozialer Status.
	➤ Lebensphase (Haushaltsgröße, Anzahl und Alter der Kinder).
	➤ Wohnsituation (Stadt/Land).
	➤ Haushaltsausstattung (zum Beispiel Anzahl PKW, Wohneigentum).
Kaufverhalten	➤ Anteil der More-, Cross-, Up-Selling-Käufer.
	➤ Länge von Wiederkaufzyklen/Länge der Kundenbeziehung/Wechselbereitschaft/ Fluktuationsquote.
	➤ Durchschnittsumsatz/-deckungsbeitrag pro Kunde.
	➤ Preisbereitschaft/Akzeptanz von Preiserhöhungen.
	➤ Kundenwert (in unterschiedlichen Ausprägungen).
Kommunikationsverhalten	➤ Responsequote auf Informations-, Produkt- und Dienstleistungsangebote.
	➤ Multiplikatorverhalten i.S. von Weiterempfehler-, Referenz-, Freundschaftswerber-Quoten.
	➤ Kundenzufriedenheit/Reklamationsquote.
	➤ Anzahl von Verbesserungsvorschlägen/Art der Interaktion.
	➤ Präferierte Kommunikationswege.

Abb. 7: Ermittlung von Kundenbindungseffekten auf Unternehmensebene
– Bewertung jeweils im Vergleich zu nicht betreuten Kunden [19].

Nur durch eine große Zufriedenheit mit der Qualität der im Zuge eines Kundenbindungsprogramms erbrachten Leistungen können sich positive Bindungseffekte
und damit auch positive Auswirkungen für das Unternehmen ergeben. Dies ist
unabhängig davon, ob Dienstleistungen selbst erbracht, extern eingekauft oder
über Kooperationspartner erfolgen. Die **Messlatten**, die Club-Mitglieder **an die
Leistungserbringung** stellen, sind folglich sehr hoch und können nach [21] in
den unterschiedlichen Kategorien unter anderem mit folgenden Kriterien messbar
gemacht werden.

Messlatten sind hoch

➤ **Zuverlässigkeit** (Reliability) im Sinne einer dauerhaft
   guten Leistungserbringung.

➤ **Auftritt** (Tangibles) im Sinne der Attraktivität
   der gesamten sichtbaren Leistung.

➤ **Reaktionsgeschwindigkeit** (Responseiveness) im Sinne des Einsatzwillens
   und der Schnelligkeit bei der Bearbeitung von Kundenanliegen.

➤ **Kompetenz** (Assurance) im Sinne der Beherrschung der notwendigen
   Verhaltensweisen sowie des erforderlichen Fachwissens.

343

Teilnahmekriterien	➤ Anzahl der Teilnehmer am Programm in Relation zur Gesamtzahl der Kunden (Penetrationsquote). ➤ Zugang von neuen Teilnehmern in Relation zur Gesamtzahl neu gewonnener Kunden pro Periode.
Nutzungsintensivität und Bewertung von Leistungen des Programms	➤ Art und Inanspruchnahme angebotener Dienstleistungen (Call Center, Community, Blog etc.). ➤ Art und Intensität der Nutzung eigener Angebote bzw. der Angebote von Kooperationspartnern (bspw. eines Shops, des Ticketservice, von Reiseangeboten). ➤ Art und Intensität der Reaktionen auf spezifische Ansprachen des Programms (Gewinnspiele, Befragungen, Freundschaftswerbeaktionen, Coupon-Maßnahmen). ➤ Art und Intensität der Nutzung eines Kundenmagazins. ➤ Art und Intensität der Nutzung eines Punktesammelsystems. ➤ Art der Verwendung gesammelter Guthaben (Barauszahlung, Prämienerwerb, Spende, Übertragung in ein anderes Programm). ➤ Ausmaß der Zufriedenheit insgesamt sowie mit einzelnen Leistungsmodulen. ➤ Beschwerde-/Reklamationsquote hinsichtlich einzelner Leistungsmodule.
Kosten/Erträge	➤ Kosten pro Teilnehmer insgesamt. ➤ Kosten pro Teilnehmer pro Teilleistung. ➤ Erträge aus Kooperationen, Anzeigenverkäufen etc.

Abb. 8: Kennzahlen zur Bewertung des Kundenbindungsprogramms selbst [20].

Zuverlässigkeit	➤ Anteil der nicht eingehaltenen Terminzusagen. ➤ Fehllieferungsquote bei Bestellungen. ➤ Reklamationsquote bzgl. fehlerhafter oder fehlender Leistungserbringung eigener oder fremder Instanzen.
Auftritt	➤ Auftritt der gesamten Online- und Offline-Kommunikation (Tonality, Wertigkeit, Stimmigkeit). ➤ Ausmaß der Einbindung des Programms in den Gesamtauftritt des Unternehmens und seiner Kooperationspartner. ➤ Erscheinungsbild des Programms bei eigenen oder fremden Instanzen.
Reaktions-geschwindig-keit	➤ Wartezeiten im Call Center/Antwortzeiten bei Online- und Offline-Anfragen. ➤ Responsezeiten bei verschiedenen Leistungen (Kartenausstellung, Neu-/Ersatzkarten-Versand, Shop- oder Prämienlieferungen, Ausstellung von Wertgutscheinen).
Kompetenz	➤ Relevanz und Korrektheit der bereitgestellten Informationen. ➤ Problemlösungskompetenz der eingebundenen Mitarbeiter hinsichtlich Programm-, Produkt- oder Unternehmens-bezogenen Fragen. ➤ Service- und Kundenorientierung der Mitarbeiter.
Einfühlungs-vermögen	➤ Würdigung bzw. Bearbeitung jeder Anfrage als individuelles Anliegen statt als Massenphänomen. ➤ Individualität der bereitgestellten Betreuung. ➤ Ausrichtung von Leistungen auf die spezifischen Belange einzelner Kunden.

Abb. 9: Kriterien zur Erfassung der Qualität der Leistungserbringung [22].

344

➤ **Einfühlungsvermögen** (Empathy) im Sinne der Bereitschaft, auf die individuellen Wünsche der betreuten Kunden einzugehen.

Diese generellen Kriterien gilt es, zur präzisen Erfassung, weiter zu konkretisieren. In Abb. 9 werden solche Messgrößen definiert.

Die zur Ermittlung der hierfür notwendigen Daten vorgenommenen Prüfungen dürfen sich nicht auf das Programm-betreibende Unternehmen beschränken, sondern müssen auch alle Partner einschließen, die Leistungen im Rahmen des Programms erbringen. Denn eine schlecht organisierte Club-Reise, ein zu schnell verschlissenes Produkt aus dem Prämienkatalog, ein Hotelpartner, der sich bei einer Punktegewährung oder -einlösung „querstellt", gehen zu Lasten des Betreibers. Vor diesem Hintergrund sind die Beschwerden im Kontext des Kundenbindungsprogramms besonders sorgfältig auszuwerten.

Nur der Aufbau eines **Controlling-Systems**, das mit der gleichen Sorgfalt wie die leistungsstiftenden Elemente selbst konzipiert wird, stellt die Grundlage für ein langfristig erfolgreiches Kundenbindungsprogramm dar. Schließlich sind Ziele, die nicht konkret formuliert und fixiert werden, genauso wertlos wie Ziele, die nicht kontinuierlich auf den Erreichungsgrad hin überprüft werden. Wie oben ausgeführt, stellen sich viele Wirkungen von kundenbindenden Aktivitäten erst mittel- bis langfristig ein, während die Kosten für Aufbau und Unterhalt beispielsweise eines Clubs unmittelbar zu Buche schlagen. Dieses zeitliche Auseinanderfallen von umsatzrelevanten Wirkungen einerseits und den auflaufenden Kosten andererseits stellt eines der zentralen „Killerkriterien" für Club-Konzeptionen dar und führt die Gründe für Club-Einstellungen mit Abstand an [23].

Wirkungen von kunden-bindenden Aktivitäten stellen sich erst mittel- bis langfristig ein

Literatur

[1] Homburg C., Bruhn M.: Kundenbindungsmanagement – Eine Einführung in die theoretischen und praktischen Problemstellungen. – In: Bruhn M., Homburg C. (Hrsg.): Handbuch Kundenbindungsmanagement, Grundlagen, Konzepte, Erfahrungen. – Wiesbaden, 4. Aufl., 2003, S. 3-37

[2] Homburg C., Krohmer H.: Marketingmanagement, Strategie – Instrumente – Umsetzung – Unternehmensführung. – Wiesbaden, 2003, S. 99

[3] ebenda, S. 103

[4] ebenda, S. 103

[5] Meyer A., Oevermann D.: Kundenbindung. – In: Handelsblatt (Hrsg.): Wirtschaftslexikon. – Stuttgart, 2006, S. 3334-3343

[6] Kreutzer R.: Praxisorientiertes Marketing, Grundlagen – Instrumente – Fallbeispiele. – Wiesbaden, 2. Aufl., 2008, S. 274-279

[7] Kreutzer R.: Praxisorientiertes Dialog-Marketing – Konzepte, Instrumente, Fallstudien. – Wiesbaden, 2008; modifiziert nach Meyer A., Oevermann D.: Kundenbindung. – In: Handelsblatt (Hrsg.): Wirtschaftslexikon. – Stuttgart, 2006, S. 3335

[8] Kreutzer R.: Praxisorientiertes Dialog-Marketing – Konzepte, Instrumente, Fallstudien. – Wiesbaden, 2008; auch Homburg C., Krohmer H.: Marketingmanagement, Strategie – Instrumente – Umsetzung – Unternehmensführung. – Wiesbaden, 2003, S. 946; Homburg C., Bruhn M.: Kundenbindungsmanagement – Eine Einführung in die theoretischen und praktischen Problemstellungen. – In: Bruhn M., Homburg C. (Hrsg.): Handbuch Kundenbindungsmanagement, Grundlagen, Konzepte, Erfahrungen.

– Wiesbaden, 4. Aufl., 2003, S. 22; Kreutzer R.: Passion – Der differenzierende Erfolgsfaktor mit Zukunft. – In: Kreutzer R., Merkle W. (Hrsg.), Die neue Macht des Marketing, Wiesbaden, 2008, S. 49-77

[9] Kreutzer R.: Praxisorientiertes Dialog-Marketing – Konzepte, Instrumente, Fallstudien. – Wiesbaden, 2008; Homburg C., Bruhn M.: Kundenbindungsmanagement – Eine Einführung in die theoretischen und praktischen Problemstellungen. – In: Bruhn M., Homburg C. (Hrsg.): Handbuch Kundenbindungsmanagement, Grundlagen, Konzepte, Erfahrungen. – Wiesbaden, 4. Aufl., 2003, S. 19

[10] Kreutzer R.: Praxisorientiertes Dialog-Marketing – Konzepte, Instrumente, Fallstudien. – Wiesbaden, 2008

[11] Götz O., Hoffmann A., Scheer B., Naß S., Göhlich F.: Kundenkartenprogramme als Instrument des wertorientierten Kundenmanagements. – In: Krafft M., Klingsporn B. (Hrsg.): Kundenkarten. – Wiesbaden, 2007, S. 3

[12] Hartmann W., Kreutzer R., Kuhfuß H.: Kundenclubs & More, Innovative Konzepte zur Kundenbindung. – Wiesbaden, 2004, S. 4; Holz S.: Kundenclubs als Kundenbindungsinstrument, Generelle und situationsbezogene Gestaltungsempfehlungen für ein erfolgreiches Kundenclub-Marketing. – Bamberg, 1997, S. 19

[13] Hartmann W., Kreutzer R., Kuhfuß H.: Kundenclubs & More, Innovative Konzepte zur Kundenbindung. – Wiesbaden, 2004, S. 28

[14] Bell M.: Weg ins Ungewisse. – In: w&v Innovation, 2/2008, S. 11

[15] Kreutzer R.: Praxisorientiertes Dialog-Marketing – Konzepte, Instrumente, Fallstudien. – Wiesbaden, 2008

[16] Holz S.: Kundenclubs als Kundenbindungsinstrument, Generelle und situationsbezogene Gestaltungsempfehlungen für ein erfolgreiches Kundenclub-Marketing. – Bamberg, 1997, S. 225f.

[17] Kreutzer R.: Praxisorientiertes Dialog-Marketing – Konzepte, Instrumente, Fallstudien. – Wiesbaden, 2008; Holz S. Kundenclubs als Kundenbindungsinstrument, Generelle und situationsbezogene Gestaltungsempfehlungen für ein erfolgreiches Kundenclub-Marketing. – Bamberg, 1997, S. 226

[18] Hartmann W., Kreutzer R., Kuhfuß H.: Kundenclubs & More, Innovative Konzepte zur Kundenbindung, Wiesbaden, 2004, S. 51

[19] Kreutzer R.: Praxisorientiertes Dialog-Marketing – Konzepte, Instrumente, Fallstudien. – Wiesbaden, 2008

[20] Kreutzer R.: Praxisorientiertes Dialog-Marketing – Konzepte, Instrumente, Fallstudien. – Wiesbaden, 2008; adaptiert nach Hartmann W., Kreutzer R., Kuhfuß H.: Kundenclubs & More, Innovative Konzepte zur Kundenbindung. – Wiesbaden, 2004, S. 52

[21] Berry L., Zeithaml V. A., Parsuraman A.: Five Imperatives for Improving Service Quality. – In: Sloan Management Review. – Summer/1990, S. 29; Holz S.: Kundenclubs als Kundenbindungsinstrument, Generelle und situationsbezogene Gestaltungsempfehlungen für ein erfolgreiches Kundenclub-Marketing. – Bamberg, 1997, S. 187f.; Homburg C., Fassnacht M., Werner H.: Operationalisierung von Kundenzufriedenheit und Kundenbindung. – In: Homburg C., Bruhn M. (Hrsg.): Handbuch Kundenbindungsmanagement – Grundlagen, Konzepte, Erfahrungen. – Wiesbaden, 4. Aufl., 2003, S. 553-575

[22] Kreutzer R.: Praxisorientiertes Dialog-Marketing – Konzepte, Instrumente, Fallstudien. – Wiesbaden, 2008; adaptiert nach Hartmann W., Kreutzer R., Kuhfuß H.: Kundenclubs & More, Innovative Konzepte zur Kundenbindung. – Wiesbaden, 2004, S. 52

[23] Holz S.: Kundenclubs als Kundenbindungsinstrument, Generelle und situationsbezogene Gestaltungsempfehlungen für ein erfolgreiches Kundenclub-Marketing. – Bamberg, 1997. S. 278; Bruhn M.: Relationship Marketing. – München, 2001

Es gibt in jüngster Zeit viele gute Ansätze innerhalb der Kundenorientierung und dem Kundenbeziehungsmanagement. Kreative Kundenbindungsprogramme wurden aus der Taufe gehoben und teure Call-Center eingerichtet. Die Customer-Relationship-Management (CRM)-Software ist mit viel Aufwand eingeführt worden und Kunden-Zufriedenheitsbefragungen ergaben gute Noten. Aber: Die Umsatz- und Ertragsrakete will einfach nicht abheben.

Aber fangen wir ganz vorne – bei Adam und Eva – an. Jede freundschaftliche Beziehung zeigt uns: **Der Dialog beginnt langsam**, man tastet sich ab, ob man zueinander passt. Man stellt sich gegenseitig mehr oder weniger ausführlich vor. In der zweiten Phase der Beziehung wird man auch nach Hause zu Freunden eingeladen. Oder man bekommt auch erzählt, was eher intimer oder sensibler Natur ist. Mit der einen Person trifft man sich unregelmäßig, mit einer anderen wöchentlich am Stammtisch oder im Sportclub. Die eine Person erhält ein „Herzliche Glückwünsche zum Geburtstag" im Vorbeilaufen. Der nächste erhält ein Buch. Wieder andere erfreuen sich über einen tollen Blumenstrauß auf ihrem Schreibtisch. Sie kennen das alles, aber wenden Sie diese Erkenntnis auch im Marketing und Vertrieb an? **Differenzieren Sie auch Ihre Kommunikation zwischen Interessenten und Kunden?**

Wertvolle Kunden erhalten ein Buch oder einen Blumenstrauß

Die Gießkanne hat ausgedient

Die Gießkanne sollte normalerweise im Marketing und Vertrieb ausgedient haben und ihren Einsatz nur noch im Garten erhalten. Doch nach wie vor schicken Unternehmen jedem ihrer Kunden für teures Geld (Porto und Produktion) einen dicken Katalog. Jedes Mailing oder E-Mailing sieht bei allen Kunden gleich aus. Auch das heiß geliebte Imageprojekt vieler Chefs – die Kundenzeitschrift – verdient im Prinzip nicht mal seinen Namen. Denn häufig wird die Kundenzeitschrift an alle Kunden und auch noch an Interessenten verschickt. Warum nennt man das Kind dann Kundenzeitschrift?

Muss jeder einen Katalog bekommen?

Auch Firmen, die mit Vertretern arbeiten, differenzieren noch selten bei den Besuchen ihrer Kunden. Alle Ansprechpartner erhalten das gleiche Zeitbudget, allen Kunden werden die gleichen durchschnittlichen Vertriebskosten als Betreuungskosten aufgebrummt. Alle Kunden erhalten die gleiche Besuchsfrequenz. Wir kennen alle den Satz: „Da ich gerade in der Nähe war…" Das darf grundsätzlich nicht sein!

www.marketing-boerse.de/Experten/details/Georg-Blum

Zuviel Werbung vernichtet den Kundenwert

Studien von Don Peppers [1] oder eine Studie von IMS Health [2] bei Ärzten zeigten sehr deutlich: Es gibt einen eindeutigen Zusammenhang zwischen der „Menge an Werbeanstößen" (Ursache) und „wie viel Umsatz ist daraufhin ausgelöst worden?" (Wirkung). Was glauben Sie, wie die Kurve aussieht? Sie zeigt einen beinahe **klassischen Halbkreis-Verlauf** (nach unten offen und etwas flacher). Das heißt am Anfang bewirken die Werbeanstöße noch wenig. Mit zunehmender Intensität steigt auch das Dialog- und Bestellverhalten der Kunden. Nur, und das ist für viele überraschend: Übersteigt die Werbeintensität ein sinnvolles Maß, dann sinkt das Bestellverhalten wieder. Die Zufriedenheitswerte purzeln in den Keller. Und das Wort Loyalität hat der Kunde auf einmal vergessen.

Bei hoher Werbeintensität sinkt das Bestellverhalten

Einmal anders betrachtet, findet man für dieses Verhalten eine Begründung in der Natur. Sie alle wissen, dass man mit Dünger den Ernteerfolg verbessern kann. Wer gar nicht oder zu wenig düngt, dem gedeiht nur ein Mindestmaß an Früchten. Aber wer zu viel düngt, der übersäuert den Boden und der Ertrag geht zurück.

Übertragen bedeutet das: Zu viel – vor allem falsche – Werbung zerstört die Kundenbeziehung und den Kundenwert. Hier sollten Firmen und Leser aufhorchen, die mit E-Mail-Software zurzeit regelmäßig – nur weil es fast nichts kostet – E-Mails verschicken. Diese Auffassung birgt enorm die Gefahr in sich, dass Kunden „sauer" werden und abwandern.

Sie bewerten sicherlich auch Ihre Kunden-Beziehungen und investieren je nach Wert entsprechend Zeit, Geld oder Blumen. Wie bewerten Sie diese Beziehungen? Vor allem unbewußt, mit Bauchgefühl. Sie handeln nach einem **„gefühlten Beziehungswert"**. Eine gewisse Berechnung auch im privaten Bereich kann wohl niemand verneinen. Der Volksmund sagt dazu: „Für einen armen Vater kann man nichts, aber für einen armen Schwiegervater sehr wohl." Aber bewerten Sie auch Ihre Kunden?

Es gibt verschiedene Verfahren Kunden zu bewerten und in Gruppen einzuteilen. Nur der Vollständigkeit halber erwähnt sind einige wenige: ABC-Methode (nach Umsatz), RFMR-Methode (Datum letzter Kauf, Kaufhäufigkeit und durchschnittlicher Umsatz werden zu einem Punktewert zusammengeführt) und Kundendeckungsbeitrag (kurze Erklärung folgt im nächsten Abschnitt).

Die Berechnung eines Kundenwerts

Der Kundenwert ist eine Kombination aus **zwei Betrachtungsdimensionen**: Vergangenheit und Zukunft. Für die Vergangenheit kann man aus den letzten zwei bis vier Jahren einen Kundendeckungsbeitrag berechnen. Die Berechnung ähnelt dem Produktdeckungsbeitrag, nur dass die Kosten aus der Sicht des Kunden berechnet werden müssen. Entscheidend dabei ist, dass die Kosten-Parameter (zum Beispiel Außendienstbesuche, Werbematerial, Geschenke/Zugaben, Produktkosten, Verwaltungs- und Serviceaufwand, Reklamationen, Finanzierungskosten) dem Kunden verursachungsgerecht zugeordnet werden. Frei nach dem Motto: Wer viele Mahnungen erhält, der bekommt dafür auch mehr Finanzierungskosten zugeordnet.

Manche Kunden sind richtig teuer

Wer viele kleine Bestellungen auslöst, hat relative hohe Fulfilmentkosten zu tragen. Große Päckchen sind teurer im Porto als kleine.

Für die Dimension Zukunft gilt das genauso, nur ist dies deutlich schwieriger. Folgende Fragen treten hier neben der reinen Berechnung in den Vordergrund: Welches Umsatz-Potenzial steckt in dem Kunden? Welche Variablen beeinflussen den zukünftigen Umsatz? Wie weit in die Zukunft soll man das Verhalten der Kunden prognostizieren?

Mit der letzten Frage beginnend, kann man die Empfehlung aussprechen, nicht zu weit in die Zukunft zu prognostizieren. In der Theorie findet man immer wieder die Empfehlung, nach Life-Time-Value zu agieren. Nur ab mehr als zwei bis drei Jahre lassen selbst fundierte statistische Methoden auf solider Datengrundlage zur Glaskugelprognose werden. Die Umfeldbedingungen einer Person oder Firma ändern sich viel zu schnell.

Am einfachsten beurteilt man nach dem bisherigen Verhalten: Um wieviel Prozent wächst oder sinkt der Umsatz oder bleibt er stabil? Allein dieser einfache Indikator mit nur drei Ausprägungen kann in die Prognose einfließen. Hinzugezogen werden können externe Faktoren wie soziodemografische Faktoren (zum Beispiel Familienstand, Milieu-Zuordnung, Mitarbeiterzahl, Maschinenpark) oder Antworten auf Kundenbefragungen und Informationen der Außendienstbesuchsprotokolle.

Wächst der Umsatz, sinkt er oder bleibt er stabil?

Welche Kundensegmente kann man bilden?

Als Resultat einer Kundenwertbetrachtung erhalten Sie dann, vereinfacht dargestellt, vier Gruppen (Abb. 1): Kunden mit hohem Vergangenheits- und Zukunftswert, Kunden mit hohem Zukunfts- jedoch niedrigem Vergangenheitswert und so weiter. Diese vier Gruppen werden ergänzt um die Neukunden (5. Gruppe).

Abb. 1: So segmentiert man seine Stammkunden nach Kundenwert.

Mit diesen fünf Gruppen gilt es nun entsprechend die passende Kommunikation, eine sinnvolle Betreuung oder attraktive Angebotsformen zu definieren und umzusetzen.

Abb. 2: Durch eine klare Zuordnung von Kundensegment und Kundenwert lässt sich die jeweils effizienteste Strategie sofort ermitteln. [3]

Was bedeutet das für die einzelnen Kundengruppen?

In der Praxis kann das für **die Stammkunden** exklusive Produkte, Dienstleistungen oder Events bedeuten, die eine emotionale Beziehung zur Firma oder zum Produkt herstellen und die Anbindung an das Unternehmen verstärken. Bei **den Potenzialkunden** heißt das, vor allem über den Preis oder besser noch über sinnvolle Zugaben und Serviceleistungen, komplementäre Angebote deren Interesse zu wecken, um zu einem kontinuierlichen Bestellverhalten zu kommen. Vor allem Cross-Selling-Angebote und gezielte Kaufanreize halten diese Klientel bei der Stange. Mit steigender Loyalität und zunehmendem Vertrauen schöpfen sie sukzessive dieses Potenzial aus.

Ein besonderes Risiko beinhaltet die Gruppe der vermeintlichen **Abschöpfungskunden**. Bisher waren sie ein wichtiger Umsatzgarant. Sie sollten gut behandelt werden, auch wenn sie rechnerisch wenig zukünftiges Potenzial bieten. Wer diese Kunden verärgert, verliert nicht nur Geld, sondern auch sehr schnell am Imagewert.

Sie sollten mit einem regelmäßigen, leicht abgespeckten Dialog „bei Laune" gehalten beziehungsweise – wenn möglich – in eine günstigere Online-Kommunikation eingebunden werden. Dabei ist auch die Frage zu klären, ob das Potenzial dieser Kundengruppe in der Vergangenheit vielleicht zu niedrig bewertet wurde und damit über einen gezielten Austausch oder Fokusdiskussionen neu aktiviert werden kann.

Abschöpfungs-kunden mit leicht abgespeckten Dialog bei Laune halten

Noch schwieriger wird es bei den **Verzichtskunden**. Wer dort nichts mehr investiert, muss auch mit einem Image-Schaden rechnen. Schnell entsteht beim Kunden die Frage: „Warum erhalte ich keine Informationen mehr? Bin ich Euch nichts mehr wert?" Hier können oft schon ein kurzes Gespräch oder eine einfache Postkarte helfen. Der Otto-Versand wandte sich einmal mit einer Postkarte an diese

Klientel, deren Tenor sinngemäß lautete: „Sie haben schon länger nichts mehr bei uns gekauft. Sicher haben wir in der Vergangenheit etwas falsch gemacht. Wir haben uns verbessert. Testen Sie uns erneut." Wenn ein Kunde auch danach nicht reagiert, will er auch nicht mehr und das Unternehmen kann sich diese Ausgaben für die Zukunft sparen. Wichtiger Vorteil: Der Kunde hat die Beziehung beendet, nicht der Anbieter.

Eine besondere Behandlung für die Neukunden

Neukunden sollten auf alle Fälle separat behandelt werden. Hier geht es darum, den Kunden so schnell wie möglich vom **Erst- zum Zweitkauf** zu führen. Viele Firmen investieren richtigerweise in der Anfangsphase der Kundenbeziehung überproportional in Kommunikation und Service, damit sich der Neukunde von Anfang an wohl fühlt. Der Fokus richtet sich darauf, den Kunden in seiner Kaufentscheidung zu bestätigen und damit einen ersten positiven Eindruck weiter zu verstärken. Nach drei, sechs oder neun Monaten, das hängt von der Entwicklung und vom Geschäftsmodell ab, ordnet man die Kunden einer der vier anderen Gruppen zu.

Für jede Kundengruppe entwickelt man den **richtigen Kommunikationsmix** – das Multi-Channel-Dialogmarketing. Die wirtschaftlich effizienteste Lösung liegt dabei in einer Kombination von Offline- (Außendienst, Katalog, Brief und anderes) und Online-Angeboten, die sich am Kundenwert und dessen Bedürfnissen orientiert. Bei Multi-Channel-Kommunikation muss auch immer abgewogen werden, was der Kunde an Reaktionskanälen präferiert (Multi-Optionalität).

Für jede Kundengruppe den richtigen Kommunikationsmix

Der entscheidende Kick – so lockern Sie die Handbremse!

Warum aber fahren immer noch fast alle Unternehmen, die sich dem Thema Kundenwert gewidmet haben, mit angezogener Handbremse? Weil Vertrieb, Marketing, Kundenservice, Einkauf und Produktmanagement nebeneinander statt miteinander arbeiten.

Ein paar Beispiele: Bei einem Elektrogerätehersteller passierte es immer wieder, dass sich an einem Tag der Mitarbeiter der Marke A und der Mitarbeiter der Marke B beim Kunden die Klinke in die Hand gaben.

Eine Kaufhauskette plante eine Verkaufsaktion für Business-Anzüge. Um das Angebot attraktiv zu machen, sollte es eine Krawatte gratis dazugeben. Das Problem: Der Einkauf von Anzügen und Krawatten liegt in unterschiedlichen Händen. Ergo: Der Krawatteneinkäufer weigerte sich diese Zugabe zu organisieren, weil die Krawatten mit null Euro fakturiert würden. „Bei einer erfolgreichen Aktion mache das seine Kalkulation kaputt. Damit verfehle er seine Ziele und die Prämie wäre futsch."

Der Produktmanager eines Fachverlags hat das Ziel, neue Produkte auf den Markt zu bringen. Läuft ein Test (ohne echtes Produkt) erfolgreich, wird das Produkt produziert und anschließend verkauft. Nicht selten passiert dann Folgendes: Rund die Hälfte der 150 Euro teuren Handbücher werden retourniert. Der Außendienst streikt, denn er verfährt nur Benzin und verdient kein Geld. Das Produktmanagement behauptet, der Vertrieb verkauft schlecht. Streit ist also vorprogrammiert.

Oder: Der Verkauf stellt fest: Man müsste dem Kunden noch dies oder jenes anbieten. Man geht mit der Idee zum Einkauf und hört nur: „Kümmern Sie sich bitte um Ihre Aufgaben. Was in dieser Firma verkauft wird, ist unsere Sache."

Kundenorientierung und Kundenmanagement können nicht nur von einer Funktion aus gesteuert werden. Ein ganzheitlicher Ansatz muss her. Wichtige Fragen sind zu klären: Wer ist der Manager der Kundenbeziehungen? Wer definiert die Angebote und Aktivitäten? Welche Kunden sind wichtig und werden wie und von wem betreut?

Es ist Zeit für einen Paradigmenwechsel

95 Prozent der Firmen in Deutschland sind mehr oder weniger klassisch nach Funktionen – und nicht nach Kundengruppen – aufgestellt. Der Paradigmenwechsel lautet kurz und knapp: Richten Sie das Unternehmen nach Ziel- beziehungsweise Kundengruppen aus! Beenden Sie das Nebeneinander, und fordern/fördern Sie das Miteinander! Wie geht das? Der Management-Trainer und Seelsorger Rupert Lay hat einmal gesagt: „Wer bestehendes Denken verändern will, der muss vorhandene Strukturen auflösen" und neu ausrichten.

Richten Sie Ihr Unternehmen nach Kundengruppen aus

Jedem der (in Abb. 2 gezeigten) Segmente werden nun Mitarbeiter oder Teams zugeordnet. Jedes Team kümmert sich ausschließlich (sofern das Segment groß genug ist) um diese Kundengruppe. Dabei erhält jedes Team beziehungsweise jedes Segment eigene Ziele und Vorgaben, die es strategisch verfolgen muss.

Das Wichtige dabei ist: Verändern Sie nicht nur die Aufgaben und Prozesse, sondern auch die Führung und die Ziele. Beispiele hierfür sind:

➤ Der Außendienst besucht nur noch Kunden mit überdurchschnittlichem Kundenwert.
➤ Steigerung des Zufriedenheitsindex bei Kunden mit niedrigem Kundenwert um X Prozent.
➤ Erhöhung des Kundenwerts der Kundengruppe mit Potenzial um Y Prozent.

In den Teams arbeiten Mitarbeiter mit Wissen aus Einkauf, Vertrieb, Marketing und Service. Häufig bereitet die Zusammensetzung der Teams Schwierigkeiten. Denn das Kundenmanagement erfordert neue Aufgaben und verlangt neue Fähigkeiten und Kenntnisse. Deshalb müssen zuerst die neuen Aufgaben definiert und festgelegt werden. Anschließend gilt es die Anforderungsprofile nach den notwendigen Mitarbeiterfähigkeiten zu durchleuchten und die Teams zusammenzustellen. Dabei ist Fingerspitzengefühl gefragt. Denn in der Praxis kommt es sehr oft vor, dass sich Mitarbeiter für Kundenmanagement geeignet fühlen, es aber nicht sind. In dieser Funktion sind eher Generalisten als Spezialisten gefragt.

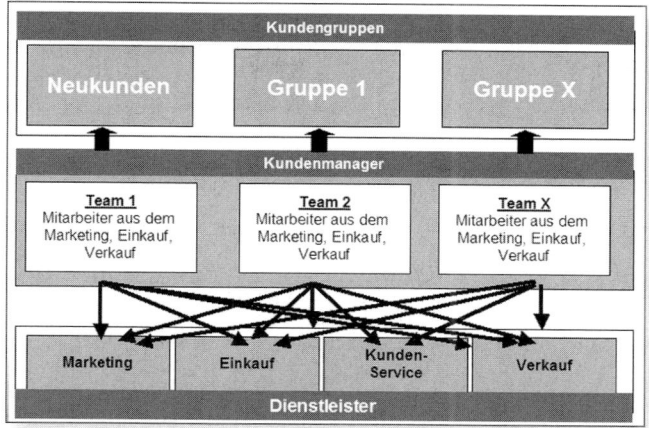

Abb. 3: Die verschiedenen Kundengruppen werden von Kundenmanagern betreut, die im Team alle notwendigen Qualifikationen vom Einkauf bis zum Verkauf vereinen. [3]

Wer erledigt aber nun den persönlichen Besuch oder setzt ein Mailing um? Dazu werden interne Dienstleistungsabteilungen (oft die früheren Funktionsabteilungen) definiert, die den Kundenmanagern zuarbeiten. Diese Abteilungen führen die Anforderungen des Kundenmanagements aus.

Die Vorteile des Kundenmanagements liegen auf der Hand: Warum ist die organisatorische Veränderung so wichtig? Nur so werden das Denken, die Ziele und die Führungs- beziehungsweise Teuerungsinstrumentarien verändert. Es gibt keine konkurrierenden Ziele mehr. Man konzentriert sich auf seine Kundengruppe, zum Beispiel auf Top-Kunden, Neukunden oder unrentable Kunden. Die Zeiten des kontinuierlichen Spagats, in denen man mehrere Kundengruppen gleichzeitig betreuen musste, sind vorbei. Der Kundenmanager kann Produkte für das Cross-Selling zukaufen, die bisher nicht im Sortiment verfügbar waren, wenn sie zur Marke passen und Bedarf vorhanden ist.

Firmen, die diesen Paradigmenwechsel eingeführt haben, wie zum Beispiel Yves Rocher (schon seit 15 Jahren), verschiedene Sparten bei Bosch, eine Tochter der West LB zeigten sowohl beim Umsatz als auch in der Rentabilität eine signifikante Verbesserung.

Dienstleistungs-abteilungen arbeiten den Kunden-managern zu

Literatur

[1] Don Peppers: Vortrag auf der Call-Center-World im Februar 2008 in Berlin.

[2] Studie der IMS Health in Amerika, ohne weitere Angaben.

[3] CommunDia.

Brasch C.-M., Köder K., Rapp R.: Praxishandbuch Kundenmanagement. Grundlagen, Fallbeispiele, Checklisten. – Nach dem ULTIMA-Ansatz 25. April 2007.

Peppers D., Rogers M.: Return on Customer. – Creating MaximumValue From Your Scarcest Resource, Jun 21, 2005.

Peppers D., Rogers M., Dorf B.: The One to One Fieldbook. – Feb 1, 1999.

Wir leben in einer Zeit, in der vielfältige und immer schnellere Veränderungen die Unternehmen herausfordern. Auch wird das Geschäft in nahezu allen Branchen und Betriebsgrößen globaler. Gleichzeitig wird es auf Kundenebene wesentlich **individueller und damit differenzierter** – im Angebot, in der Kommunikation und in den zugrundeliegenden Prozessen.

Diese Differenzierungen, die mit einer konsequenten Kundenorientierung einhergehen, eröffnen zwar große neue Chancen für nachhaltige Ergebnisverbesserungen. Letztlich führen sie aber auch gerade in den marktorientierten Bereichen zu einer nie dagewesenen Komplexität des Geschehens. Wer also die Chancen aus der Kundenorientierung ausschöpfen will, muss auch die damit verbundene neue Komplexität beherrschen lernen. Und er muss bereit sein, die notwendigen und sich teils erst mittel- und langfristig rentierenden Investitionen zu tätigen.

Flexible Planungs- und Steuerungs-Instrumente sind erfolgsentscheidend

Neue und dynamisch veränderbare dispositive und operative Prozesse werden erforderlich sein. Dabei spielt ein qualifiziertes Daten- und Wissens-Management eine große Rolle. Darauf aufbauend, sind konsolidierungsfähige, aber auch dezentral nutzbare, integrierte und zugleich hochflexible Planungs- und Steuerungs-Instrumentarien für das Unternehmen erfolgsentscheidend.

Marketing Intelligence steht hier für daten- und faktengestütztes Vorgehen. Es geht hier um die jederzeitige betriebswirtschaftliche Transparenz und umfassende Bewertbarkeit aller Marktaktivitäten. Vor allem aber geht es um die Kundenzufriedenheit beziehungsweise die qualitative Kundenbestandsentwicklung. Beginnend von der ersten Einschätzung über die konkreten Planungen bis zu den laufenden Prognosen und – wenn relevant – bis auf die Einzelkunden- und/oder Einzelartikel-/Leistungsebene.

Marktszenarien und Kernstrategie

Zunehmende Globalisierung, mehr und qualifiziertere Wettbewerber, austauschbare Angebote und parallel dazu immer anspruchsvollere Kunden sind die wesentlichen Herausforderungen, denen sich Unternehmen heute stellen müssen. Digitale Technologien erweitern das Marketing-Instrumentarium um Angebots-Plattformen und neue Vertriebskanäle sowie eine Vielfalt neuer Kommunikations-Medien. Zukunftsorientierte Wettbewerber werden für sich diese Möglichkeiten erschließen, um Marktziele effizienter zu erreichen. Eine Fokussierung des gesamten Unternehmens auf die individuellen Erwartungen oder Situationen jedes einzelnen Kunden ist zunehmend das einzige verbleibende und gegenüber dem Wettbewerb wirksam differenzierende Erfolgsrezept. Kundenorientierung ist Kernstrategie.

www.marketing-boerse.de/Experten/details/Dieter-Braendli

354

Kontinuierliches Wachstum eines nachhaltig rentablen Kundenbestandes das Ziel!

Kunden-Informationen als Erfolgsschlüssel

Um im vorstehenden Sinne **kundenorientiert zu agieren** und individuell auf den einzelnen Kunden eingehen zu können, sind aktuelle, detaillierte sowie hinsichtlich ihrer Konsistenz auch qualifizierte Daten zum einzelnen Kunden notwendig. Informationen können aus den operativen Prozessen der bestehenden Kundenbeziehungen oder auch durch Anreicherung mit externen Daten gewonnen werden. Der Aufbau eines Datenmanagements ist eine wesentliche Voraussetzung für eine erfolgreiche Kundenorientierung. Abb. 1 zeigt eine Closed-Loop-Architektur Marketing-Intelligence am Beispiel Handel.

Informationen aus der bestehenden Kundenbeziehung oder durch Anreicherung mit externen Daten

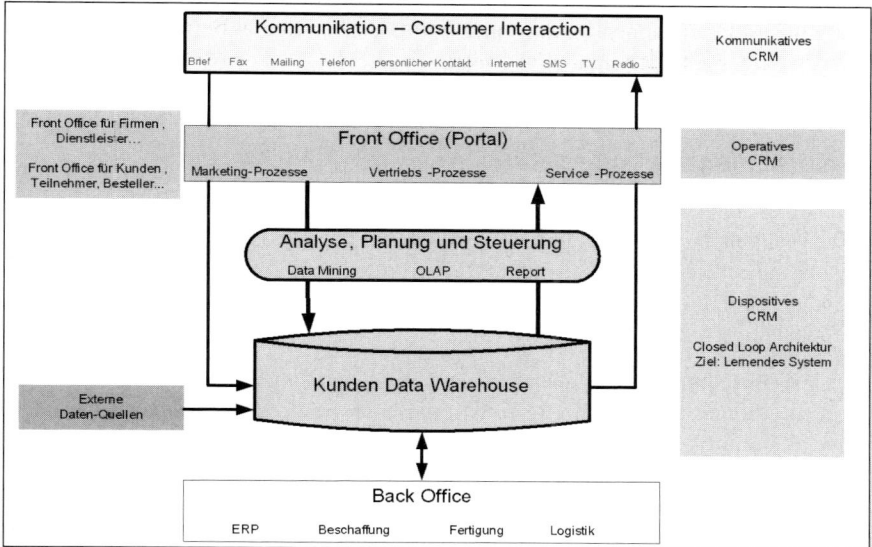

Abb. 1: Closed Loop Architektur Marketing Intelligence [1]

Laufende Analysen der Ist-Entwicklungen liefern wertvolle Anhaltspunkte für differenzierte Maßnahmen. Diese können zur Festigung der einzelnen Kundenbeziehungen und zur stärkeren Ausschöpfung von Bedarfssituationen führen. Die Verfügbarkeit von möglichst vielen qualifizierten Kundeninformationen und die Fähigkeit, Ideen für neue Maßnahmen anzustoßen und zu realisieren, werden zu Schlüsselkompetenzen für erfolgreiche Unternehmen.

Die vorstehenden Feststellungen sind natürlich nicht vollkommen neu. Insbesondere auch nicht die Erkenntnis, dass in einer konsequenten Kundenorientierung für nahezu jedes Unternehmen noch erhebliche Chancen-Potentiale liegen. Die Anforderungen an eine wirtschaftlich effiziente Kundenorientierung werden aber immer noch eher selten erfüllt.

Konsequenzen verklaren und Mitarbeiter einbeziehen

Nach meinen Beobachtungen in unterschiedlichen Branchen bei Unternehmen verschiedener Größen wird inzwischen richtigerweise die Verantwortung für die Kundenorientierung häufiger auf höchster Unternehmensebene angesiedelt. Man setzt sich aber völlig unzureichend im Detail mit den neuen oder erweiterten kundenbezogenen Zielgrößen und den vielfältigen Konsequenzen einer kundenorientierten Unternehmensführung und deren systematische Transferierung in alle Unternehmensbereiche auseinander. **Das „Projekt Kundenorientierung" wird unterschätzt.**

Kundenorientierung wird im Dialog zwischen Kunden und Mitarbeitern eines Unternehmens gestaltet

Kundenorientierung wird letztlich im Dialog zwischen Kunden und Mitarbeitern eines Unternehmens gestaltet. Kundenorientierung geht mit Mitarbeiter-Orientierung einher – eine in vielen Unternehmen gereifte Erkenntnis. Trotzdem mangelt es sehr häufig auch noch daran, alle Mitarbeiter auf dem Weg zum kundenorientierten Unternehmen so in die gewollte neue Denke einzubeziehen, damit sie bei ihren Aufgaben und Lösungen auch immer umfassend strategiekonform aus der Sicht des jeweiligen Kunden handeln können.

Dimensionen der Veränderungen

Man muss sich vergegenwärtigen, dass die traditionelle Unternehmensstruktur mit ihren „schlank und ohne Schleifen" gestalteten Prozessen letztlich von einer Gleichbehandlung aller Kunden ausgeht. Das ist keine gute Lösung für den einzelnen Kunden, da in einer derartigen Organisation seine individuellen Situationen nicht berücksichtigt werden.

Das Hauptaugenmerk der Unternehmensführung und Organisationsgestalter lag und liegt traditionell auf eher streng funktionalen sowie durch Vereinheitlichung und Spezialisierung auch hochrationellen Strukturen. Diese Prioritäten stehen immer noch ganz oben [2].

Individuelle Kundenbehandlung nachhaltiger als kurzfristig aufwandsminimierte Gleichbehandlung

In diesen Strukturen und in dieser eher kurzfristigen Denke ist kein Raum für eine konsequente Kundenorientierung. Diese erfordert in allen Beziehungsphasen eine differenzierte bis individuelle Kundenbehandlung und nicht etwa eine vorrangig „kurzfristig aufwandsminimierte" Gleichbehandlung (vergleiche Abb. 2).

Unternehmen, die sich also eine konsequente Kundenorientierung auf die Fahne schreiben, werden eine – von allen Mitarbeitern getragene – sehr ausgeprägte Offenheit gegenüber Impulsen aus dem Markt und insbesondere von den Kunden schaffen müssen (vergleiche vertiefend [3], S. 66ff).

Wenn beispielsweise im Handel bislang der Einkauf mit der Sortimentserstellung das Geschehen dominierte, dann wird zukünftig über veränderte Kompetenzstrukturen im Unternehmen der Kunde stärker die entscheidende Treiberrolle übernehmen. Sortimentsplanungen und Sortimentsentscheidungen, Kommunikations-Gestaltung oder Serviceleistungen sind nur einige Beispiele, bei denen der Kundeneinfluss zunehmen wird.

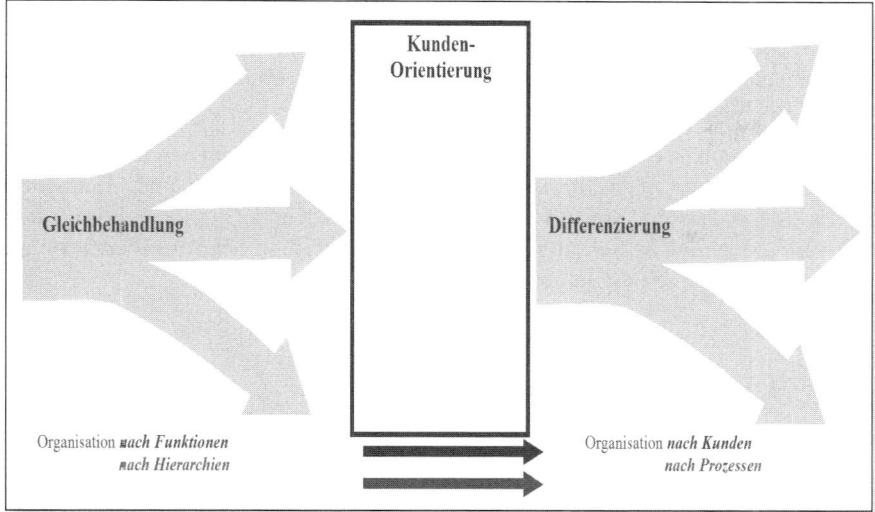

Abb. 2: Veränderungen durch Kundenorientierung [1].

Der stärkere Kundeneinfluss kann durch eine **indirekte** Mitwirkung über die Umsetzung von Erkenntnissen aus unternehmensweit verfügbaren Informationen geschehen, die aus allen kundenbezogenen Prozessen oder auch externen Daten generiert werden. Der Einfluss muss und kann aber auch durch eine **direkte** Einbeziehung erfolgen, die über Befragungen, Kundenpanel, Kundenbeirat oder auch ganz generell über eine systematische Nutzung der vorhandenen oder neu zu schaffenden „Customer Touch Points" zur realisieren ist (vergleiche [3], S. 77ff).

Einbeziehung von Informationen aus Befragungen, Kundenpanel oder Kundenbeirat

Unternehmer oder Management müssen Kundenorientierung auf jeden Fall auch zur Chefsache und zum zentralen Bestandteil der Unternehmensstrategie machen. Sie müssen dabei auch neue Zielgrößen für alle Beteiligten setzen, die beispielsweise ein mittel- bis langfristiges Investitions- und Amortisations-Denken erlauben, wenn es um Aufwendungen für die Entwicklung von einzelnen Kundenbeziehungen geht. Also weg vom Denken und Handeln in Einzelaktionen und Steuerung nach kurzfristigen Ergebnissen. Hin zu einem die verschiedenen Aktivitäten vernetzenden Denken und Handeln für eine nachhaltig verbesserte Kundenwertentwicklung.

Nutzen verklaren und absichern

Die Dimension der im Raum stehenden Veränderungen bedingt natürlich, dass man sich den konkreten Nutzen der Kundenorientierung im Sinne differenzierter bis individueller Kundenmaßnahmen vergegenwärtigt, ihn messbar und so auch im relevanten Detail planbar und kontrollfähig macht.

Früher waren Angebot und Kommunikation bei jedem Kunden identisch

An die Stelle von wenigen, gleichartigen, kundengerichteten Prozessen tritt nun eine Unmenge von sich in einem oder mehreren Punkten unterscheidenden Aktivitäten. Diese sind zu planen, zu steuern und in ihren Ergebnissen zu kontrollieren.

Eine ganzheitliche und wirtschaftlich effiziente Kundenorientierung kann also nur dann realistisch und wirksam umgesetzt werden, wenn die damit verbundene höhere Komplexität aller zum Kunden wirkenden Methoden, Instrumentarien und Prozesse im Unternehmen beherrscht wird.

Angebotserstellung, Auftrags- und Reklamationsbearbeitung koordiniert bearbeiten

Ganz wesentlich ist der dezentrale Zugriff auf eine unternehmensweite einheitliche Datenbasis für alle an der Marktbearbeitung beteiligten Bereiche und Mitarbeiter. Nur so können beispielsweise auch auf den einzelnen Kunden wirkende Aktivitäten verschiedener Zuständigkeiten wie Angebotserstellung, Auftragsbearbeitung, Reklamationsbearbeitung koordiniert bearbeitet werden.

Einstieg in ein Projekt Kundenorientierung

In der Praxis ist immer wieder festzustellen, dass das „Projekt Kundenorientierung" oft in ein schwieriges Fahrwasser gerät. Vor dem Start sind weder der konkrete Nutzen noch die notwendigen Voraussetzungen geklärt. Auch die erforderliche Zeit, Kapazitäten und Kosten sind oft unklar. Oft verzögern sich deshalb Projekte oder werden gar abgebrochen. Man wird von Kostenentwicklungen überrascht, aber keine fundierte Nutzenermittlung kann gegenargumentiert werden. Oder Projekte scheitern einfach daran, dass die zusätzlichen personellen Ressourcen erheblich unterschätzt wurden.

Eher selten wird aus unternehmerischer und strategischer Überzeugung heraus ein „Projekt Kundenorientierung" ohne eine (zeitraubende) Vorplanung per Entscheidung gestartet. Dieses Vorgehen ist zumeist mit einer die Realisierungszeit deutlich verkürzenden iterativen Vorgehensweise verbunden, bei der sich der Veränderungsprozess zwar an den **strategischen Zielen** orientiert, aber nicht zuvor bereits alle Einzelmaßnahmen im Detail konzipiert sowie terminlich und finanziell ausgeplant werden.

Kann sich das Projekt rechnen?

Das „Projekt Kundenorientierung" sollte im Regelfall mit der Einschätzung des möglichen nachhaltigen wirtschaftlichen Nutzens einer konsequenten Kundenorientierung beginnen. Hier können beispielsweise Ex-Post-Analysen des im Unternehmen bereits vorhandenen Kunden-Datenmaterials zur Angebots-, Kauf- und Geschäftsabwicklungs-Historie oder auch gezielte Aktionstests und qualitative Kundenbefragungen wichtige Antworten liefern.

Veränderungen in Personal, Strukturen, Prozessen, Methoden und Systemen

Welche wirtschaftlichen Effekte können aus einer stärkeren Kundenbindung und Kundenausschöpfung mit einer differenzierteren und dadurch **effizienteren Kunden-** beziehungsweise **Zielgruppen-Bearbeitung** erzielt werden? Welche nachhaltigen Umsatz- und Ergebnissteigerungen sind – grob eingeschätzt – im kurz-, mittel- und langfristigen Zeitverlauf vorstellbar?

In einem parallelen Schritt ist wenigstens grob zu erarbeiten, welche Veränderungen in Personal, Strukturen, Prozessen, Methoden und Systemen notwendig sein werden. Ebenso ist zu ermitteln, welche Veränderungskosten dadurch entstehen, wenn Kundenorientierung als Kernstrategie im Unternehmen umgesetzt werden soll.

Wie sind die zukünftigen Aufwendungen einzuschätzen? Können etwaige Mehraufwendungen innerhalb eines vertretbaren Zeitfensters durch die eingeschätzten nachhaltigen Ergebnisverbesserungen ausgeglichen werden? Oder besser: Wie hoch ist der erwartete positive Ergebnissaldo aus den Veränderungen in Richtung Kundenorientierung?

Wie den Projekterfolg sichern?

Der Weg zur Kundenorientierung kommt einem **Umbruch** gleich, der erhebliche Veränderungen und damit auch Widerstände im Unternehmen mit sich bringen wird. Die grundlegende strategische und wirtschaftliche Zukunftsbedeutung des Projektes machen ein hochqualifiziertes, eigenständiges und durchsetzungsfähiges Projektmanagement erforderlich. Wesentlich ist neben der Bereitstellung der Ressourcen **ein Sponsor auf Unternehmer- oder Top-Management-Ebene**!

Literatur

[1] dbu Unternehmensberatung GmbH.

[2] Capgemini: CRM-Barometer 2007/2008. – Abb. 4, 2008.

[3] Kreutzer R.: Schlüssel 2: Der entfremdete Kunde – Kaum einer hat oder will heute noch Kundenkontakt. – In: Kreutzer R., Kuhfuß H., Hartmann W.: Marketing Excellence, Sieben Schlüssel zur Profilierung Ihrer Marketing Performance. – Wiesbaden, S. 66-90, 2007.

Dialog heißt: Zwei reden miteinander. Das kann man von vielen dialogisch genannten Maßnahmen in Sales und Marketing allerdings nicht wirklich behaupten. Die meisten sind, genau wie Werbung, immer noch ein **Monolog**. Unternehmen senden Botschaften und die Kunden haben zuzuhören, um dann brav und fleißig zu kaufen. Heute nennen wir solches Vorgehen **Spam**. Und das nicht nur im Internet. Ungewollte Werbe-Anrufe: Telefon-Spam. Grellbunte Massenmailings: Briefkasten-Spam. Kunden werden mit Worten zugemüllt und zu Befehlsempfängern abkommandiert (Kaufen! Sie! Jetzt!). Bei Kundenbefragungen werden sie zu Kreuzchenmachern degradiert.

Werbung ist immer noch ein Monolog

Gerade in kundenfernen Abteilungen wird immer noch allzu häufig aus einer **Innensicht** heraus agiert. Da zählt, was machbar ist und nicht, was Kunden wünschen. Kunden sollen gehorchen, sich nicht so anstellen und parieren. Viel zu oft wird ihnen nach wie vor erklärt, wie die Dinge zu laufen haben, wer für sie zuständig ist, dass man dieses zu tun und jenes zu lassen hat. Und so ergreifen sie panisch die Flucht.

Wir wir wir

Nehmen wir anschauungshalber eine übliche **Verkaufspräsentation**. Sie beginnt so: unser Unternehmen, unsere Standorte, unsere Geschichte, unsere Umsatzentwicklung. Danach: unsere Führungsmannschaft, unsere Produkte und Services, unser Leitbild und so weiter und so fort. Dann schließlich auf der letzten Seite: die bestehenden Kundenbeziehungen in Form eines Logofriedhofs. So lernt man dann: **Der Kunde kommt zum Schluss.** Dabei müsste er an erster Stelle stehen. Denn er entscheidet über das Leben und Sterben eines Unternehmens.

Was dialogische Kundenorientierung heute bedeutet

Dialogische Kundenorientierung heißt, alle Ressourcen des Unternehmens auf das zu konzentrieren, was für dessen Fortbestand am wichtigsten ist: die Kunden. Was das konkret bedeutet? Der Kunde erhält zum Beispiel den besten Platz im Organigramm: Die oberste Stelle. Und er bekommt den ersten Platz im Meeting: TOP 1 auf der Tagesordnung. Kunden sind nicht länger an Sales und Marketing wegdelegierbar, sie gehen Jeden im Unternehmen an. Kundendialoge hat jeder zu führen. Die Tüftler müssen ihr stilles Kämmerlein, die Manager den grünen Tisch und die CEOs ihre behütende Vorstandsetage verlassen, um Feedback-Schleifen zu drehen. Sie sollten sich Mikrofone schnappen und die Kunden inständig befragen. Sie sollten sich Kameras nehmen und hinter den Kunden herlaufen, um aufzuzeichnen, wie sie agieren. **„Go and see for yourself"** nennen die Amerikaner diesen Kurs.

Der Kunde steht an oberster Stelle im Organigramm

www.marketing-boerse.de/Experten/details/Anne-M-Schueller

Für **praxisferne Führungskräfte** bedeutet dies, womöglich erstmals seit langem wieder mit Kunden von Angesicht zu Angesicht zu reden. Das ist jedenfalls sinnvoller, als in Outdoor-Camps auf Bäumen herumzuklettern oder „durch die Wüste" zu spielen. In der Wüste gibt es keine Menschen! Anstatt in Hochseilgärten den starker Kerl zu markieren, sollten Manager besser Soft-Skills trainieren. Und anstatt über glühende Kohlen zu laufen, sollten sie lieber nachsehen gehen, wo es beim Kunden brennt.

Statt über glühende Kohlen zu laufen, sollten Manager lieber nachsehen, wo es beim Kunden brennt

Viele Manager kennen Kunden nur noch aus Budgetbesprechungen und von Marktforschungsberichten. Doch **Hörensagen reicht nicht**. Wer wissen will, was Kunden wirklich brauchen, wie sie ticken, was sie eigentlich mögen und wie man sie zum kaufen wollen bringen kann, der gehe öfter mal raus und rede mit ihnen! Das ist **dialogisches Marketing**. „Wonach haben die Kunden denn heute gefragt", muss Standard werden im Kommunikationsrepertoire einer Führungskraft. Von Kunden kann man eine Menge lernen – vor allem, wenn sie unangenehme Dinge sagen. So können gerade die anspruchsvollen Kunden als Ideengeber und „schwierige" Kunden als Leistungstreiber nach innen genutzt werden. Unternehmen müssen täglich neu lernen, was die Kunden wollen, um in Rekordgeschwindigkeit auf Marktveränderungen zu reagieren.

Wie viel Dialog will das Unternehmen?

Vor der Frage: Wie viel Dialog will der Kunde? muss zunächst die folgende Frage geklärt werden: Wie viel Dialog will das Unternehmen – wirklich? Dabei zählt nicht, was man in wohlklingenden **Sonntagsreden**, aufwändigen Geschäftsberichten und weichgezeichneten Pressemeldungen zum Thema verlauten lässt. Vielmehr geht es darum, wie dies **von Montag bis Freitag** tatsächlich gelebt wird – und zwar aus Sicht des Kunden betrachtet. Die knappste Ressource im Unternehmen ist nicht das Kapital, sondern es sind die Führungskräfte, die kundenfokussiert denken und handeln.

Denn ob die Unternehmen wollen oder nicht: **Der Kunde hat heute das Sagen.** Er wandelt sich vom passiven Zielobjekt zum hoch vernetzten, bestens informierten, kritischen, emanzipierten, aktiven Marktgestalter und Kaufverhaltensbeeinflusser. Nicht länger die Unternehmen, sondern deren Kunden bestimmen inzwischen die Spielregeln, nach denen „verkaufen" gespielt wird. Der Kunde ist der wahre Boss. Er stellt die Anforderungen und die Unternehmen führen sie aus – und zwar bitte möglichst sofort! Wer nicht nach den Regeln der Kunden spielt, spielt morgen nicht mehr mit. Denn **Geldscheine sind Stimmzettel**. Damit wählen wir, oder wir wählen ab. Wenn dem Kunden was nicht passt, bleibt sein Portemonnaie eben zu. Und er erzählt der ganzen Welt warum!

Wer nicht nach den Regeln der Kunden spielt, spielt morgen nicht mehr mit

Die so notwendige **Kundenfokussierung** kann allerdings nicht durch standardisierte Prozesse, dicke Handbücher und Betriebsanweisungen entstehen. Und auch nicht durch teure CRM-Software. Sie findet vielmehr freiwillig in den Köpfen und Herzen der Mitarbeiter statt. Deren Wollen lässt sich nur in Spiel-Räumen entfalten und eben nicht curch Regeln erzwingen. Feste Standards sichern zwar das Serviceniveau nach unten ab, lassen aber kaum Bewegungsfreiheit, um außer der Reihe und über die Norm hinaus kundenfreundlich zu agieren. So erstarrt alles im Zwangskorsett der Mittelmäßigkeit. Nur: Mittelmäßigkeit will heutzutage niemand mehr kaufen. Es ist also wichtig, **Möglichkeitsräume** nach oben zu schaffen.

Bleibe-Freude, Immer-wieder-Kauflust und Empfehlungs-bereitschaft wecken

Dabei gilt es, sich aus der **Selbstzentrierung** zu lösen und die Bühne freizuräumen vom Ego der Manager. Ins Scheinwerferlicht gehören vielmehr die Probleme, Hoffnungen, Sehnsüchte, Wünsche und Träume der Kunden. Mit der Präzision eines Laserstrahls wird gesucht und gefunden, was beim Kunden Bleibe-Freude, Immer-wieder-Kauflust und Empfehlungsbereitschaft weckt. Alle **kundenrelevanten Geschäftsprozesse** gehören dabei auf den Prüfstand! So manche Service-Handbücher sind ja ohne einen einzigen Abgleich mit den Kunden entstanden. Tim Bosenick, Gründer der Firma Sirvaluse schätzt, dass nur 30 Prozent aller technischen Produkte vor ihrer Markteinführung auf Benutzerfreundlichkeit getestet werden. In der Folge kommt es dann zu Flopraten von über neunzig Prozent.

Dialogische Vertriebsstrukturen

So erfordert etwa im Vertrieb die ernsthafte Hinwendung zu einer dialogischen Kundenorientierung solche Prozesse, die auf den Kunden ausgerichtet sind. Und Strukturen, die nicht nur auf **Kompetenz**, sondern auch auf **Sympathie** beruhen. Rein produktorientierte oder regional organisierte Verkaufsformationen sind nicht zielführend. Der lokale Firmensitz des Kunden oder seine Branchenzugehörigkeit kann ja wohl nicht das entscheidende Kriterium dafür sein, welcher Key-Accounter beziehungsweise Sales-Mitarbeiter der hauptsächlich aktive Kontakter ist.

Die hartnäckigen Beziehungspflege-Versuche von Menschen, die man unausstehlich findet sind dabei ganz besonders lästig. Nicht die Vertriebssteuerung, sondern der Kunde selbst sollte darüber entscheiden, wer die Betreuungsfunktion bei ihm ausfüllen darf – und wie oft man ihn auf welchem Weg kontaktieren soll.

Der Klient kann sich den Mitarbeiter auswählen, der ihm am besten liegt

Organisation folgt Emotion. Der Kunde bekommt den Verkäufer, den er haben will. Utopisch im Tagesgeschäft? Die überaus erfolgreiche 200 Personen starke Steuerberatungskanzlei Hübner & Hübner aus Wien macht es vor: Einem neuen Mandanten werden noch vor Beginn der Zusammenarbeit mehrere Berater vorgestellt, die alle fachlich perfekt passen. Der Klient kann sich nun den Mitarbeiter auswählen, der ihm am besten liegt. Muss er dies explizit sagen? Nicht nötig! Wenn alle am runden Tisch sitzen, reicht ganz simples Beobachten. Mit wem der Kunden am meisten spricht und wer den wohlwollendsten Blickkontakt erhält, das ist der Auserwählte.

Sympathie schafft Zuneigung – und damit Kaufbereitschaft. Eine gute Passung zwischen Betreuer und Kunde ist ein Segen für die Umsätze des Unternehmens. Wenn man dies nur endlich einmal messen würde! Unverträglichkeit zwischen Betreuer und Kunde wird ja leider nicht budgetiert. Und in **Kundenabwanderungs-statistiken** kommt dieser Punkt niemals vor.

Ein Dialogtreiber: das Web 2.0

Social Networks, Communities, RSS-Feeds, Bookmarks, Postings und Votings in Foren und Blogs, online-basierte Empfehlungssysteme, Linkstrukturen: Das sind Applikationen, die unter dem Begriff **Web 2.0** zusammengefasst werden. Sie haben das Internet zu einer Spielwiese für alle möglichen Formen eines wahrhaft dialogischen Marketing gemacht. Unaufhaltsam werden die Werte, für die das Web 2.0 heute steht, wichtiger:

➤ Miteinander und Interaktion.

➤ Teilen und Partizipation.

➤ Transparenz und Wahrhaftigkeit.

➤ Kreativität und Schnelligkeit.

➤ einen Beitrag leisten und helfen wollen.

Sie prägen unseren neuen Lebens-, Kauf- und Arbeitsstil, und halten damit auch Einzug in das unternehmerische Miteinander. „Die starken Partizipationsenergien des Web 2.0 sind längst keine isolierten Medienphänomene mehr, sondern verändern Wirtschaft und Gesellschaft", schreibt Andreas Haderlein in seinem Trenddossier. Ein **basisdemokratischer Paradigmenwechsel** ist dies, der jenseits der lauten Managementmoden auf eher leisen Sohlen daherkam. Nun ist er da.

Das Web 2.0 macht Kunden zu produzierenden und publizierenden Marktteilnehmern mit hoher Wirksamkeit. So ermöglicht Mobile Life Blogging Berichterstattung via Handy in Echtzeit rund um den Globus. Und schon gibt es Techniken, mit denen jeder Laie Bewegt-Bilder live ins Internet schicken kann. So kann die ganze Welt zusehen, wie es einem als Kunde im Handel, im Hotel oder sonstwo erging. Wer immer noch die daraus resultierende **Marktmacht des Kunden** ignoriert, spielt morgen nicht mehr mit. Demzufolge gilt es nun, von der Unternehmensspitze weg die internen Prozesse mit den Kunden gemeinsam zu organisieren. Sie einseitig zu berieseln oder ihnen zwangsweise das aufzudrücken, was das Unternehmen für gut und richtig hielt, das ist vorbei. Der treudoofe Kunde war gestern. Willkommen im **Zeitalter der Partizipation**.

Live-Videos zeigen, wie es einem als Kunde im Laden, Restaurant oder im Hotel erging

Kundenfreundliche Unternehmen kooperieren mit ihren Kunden und binden sie aktiv in die Abläufe ein. Dort ist CRM keine Software, sondern das, was es ursprünglich einmal war: Ein Customer Relationship Management, das den Kunden in allen Phasen – von der Neuakquise über die Kundenbetreuung und Loyalisierung bis hin zur Kundenrückgewinnung – achtsam einbezieht. Schon bald werden wir wohl **nicht mehr von CRM, sondern von CMR**, also von Customer Managed Relationships sprechen. Das sagt Jacquelyn Thomas, Professorin für integrierte Marketingkommunikation an der US-amerikanischen Northwestern University. Die Kunden werden fortan die Beziehung führen.

Vom passiven Nutzer zum aktiven Mitmacher

Das **Outsourcing klassischer Unternehmensleistungen** an den Kunden ist in zahlreichen Varianten möglich: Umfragen und Abstimmungen, User-Ratings, Prognose-Börsen, Diskussionsforen und Feedback-Systeme im Internet, Ideen-Camps und Innovationsworkshops mit Kunden, Focus-Groups, Corporate Blogs, Firmen-Wikis, Mitmach-Brandlands. Jedes Unternehmen kann auf seine Weise Ansatzpunkte finden, um Kunden mitentscheiden zu lassen, wo es in Zukunft langgeht.

In Australien entstand beispielsweise eine neue Biermarke zu hundert Prozent durch das Zutun von Consumern: **Blowfly Beer**. Die Gründer waren keine Bierbrauer und hatten keinerlei Insiderwissen über den dortigen Biermarkt, den sich zwei nationale Marken teilten. Sie entschieden sich, alles anders zu machen, als es Brauereien klassischerweise tun. So ließen sie diejenigen, die Lust dazu hatten, in Internet über den Namen, die Geschmacksrichtungen, das Logo, den Flaschentyp, den Preis, die Bierkästen, die Verkaufsstellen und die Location für die Eröffnungsparty abstimmen. Wer mitmachte, bekam zum Dank Brewtopia-Aktien und wurde hierdurch zum Miteigentümer. „Das Bier hatte 16000 Markenbotschafter, bevor es überhaupt zu kaufen war", erzählt der CEO Liam Mulhall. Auch nach dem Start passierte das meiste in Zusammenwirken mit den Fans. So wurde das Bier nicht früh am Morgen durch die Hintertür angeliefert, sondern dann, wenn die Bars voll waren, immer durch den Haupteingang und über den Bar-Tresen hinweg. Das ganze ging mit viel Hallo vonstatten, denn die Lieferwagen sahen aus wie Ambulanzfahrzeuge und waren mit Sirenen ausgestattet (Quelle: Connected Marketing).

Die „Weisheit der Vielen" nutzen

Bei Kunden schlummert das bislang am wenigsten genutzte **Kreativpotenzial**. Wer die Kunden aktiv in seine Innovationsprozesse einbindet, erhält automatisch bessere Lösungen. So wurde, wie hinlänglich bekannt, durch die „Weisheit der Vielen" (James Surowiecki) innerhalb von nur fünf Jahren unter dem Namen Wikipedia die erfolgreichste Enzyklopädie der Welt geschaffen. Auch anderswo verhelfen Kunden – und sogar unbeteiligte Dritte – mit freiwillig zugesteuerten Ideen den Unternehmen zum Erfolg. So kann man auf der Webseite www.brainr.de mit welcher Frage auch immer zum Brainstorming einladen. Konzerne wie Procter & Gamble verlagern bereits ganze Teile ihrer Forschung & Entwicklung ins Netz. Fünfzig Prozent aller Innovationen sollen, so P&G CEO Alan G. Lafley, von außerhalb des Unternehmens kommen. Bei IBM werden laut einer internen Studie aus dem Jahr 2006 bereits 39 Prozent aller Ideen von Kunden beigesteuert, 41 Prozent kommen von den Mitarbeitern.

Gerne verhelfen Kunden mit freiwillig zugesteuerten Ideen den Unternehmen zum Erfolg

Wenn dies alles funktioniert, dann stellt sich jedem Verantwortlichen im Unternehmen die Aufgabe, **kollektive Intelligenz** in seinen Bereich einfließen zu lassen – ob er will oder nicht. So lässt sich der Kunde entlang der gesamten **Wertschöpfungskette** mehr oder weniger aktiv in Arbeits- und Gestaltungsprozesse einbeziehen: Er initiiert, beschleunigt, bereichert, verändert oder stoppt. Über Befragungen, Tests, Verbesserungsvorschlägen und Kritiken liefert er wichtige

Indikatoren, wie unternehmerische Leistungen kundenspezifisch weiterentwickelt werden können, sollen und müssen.

Nicht mehr durch klassische Werbekampagnen, sondern vor allem durch sich selbst organisierende **User-Schwärme** werden Marken und neue Trends gemacht. Nicht länger die Presseabteilungen, sondern meinungsstarke und gute vernetzte Expertenkunden, die sogenannten **„Market Mavens"**, sichern in Zukunft als Referenzgeber die Reputation eines Unternehmens. Wer konsumieren oder investieren will, glaubt eher den Botschaften seiner Freunde oder dem Bericht eines anonymen Bloggers, als den oft trügerischen Hochglanzbroschüren von Herstellern und Anbietern am Markt. Und: Das Neukunden-Gewinnen ist leicht, wenn man viele Empfehler hat.

Anstatt noch länger in den **Datenfriedhöfen** ihrer CRM-Programme nach Erfolgsrezepten zu suchen, nehmen Unternehmen besser Blogs und Forum-Beiträge auf den Monitor. Dort findet die nahe Zukunft statt. Die wichtigsten Impulsgeber für das Innovieren und Fortbestehen sind nicht Marktforschung und Benchmarking, sondern Mitarbeiter und Kunden. Also: Stellen Sie ausgewählten Kunden öfter mal ein paar **kluge Fragen**, zum Beispiel so: „Nur mal angenommen, Sie wären bei uns Marketingleiter, was würden Sie schleunigst ändern?" Oder: „Nur mal angenommen, Sie hätten bei uns Vertriebsverantwortung, was würden Sie als Erstes verbessern?" Und fragen Sie das gleiche die Mitarbeiter. Das beste Kundenwissen sitzt oft an den Rändern einer Organisation – und dort in erster Linie bei den stillen, lieben und netten Leuten. Denn wenn Kunden ihren Unmut äußern, dann tun sie es vor allem bei diesen.

Angenommen, Sie wären bei uns Marketingleiter, was würden Sie schleunigst ändern?

Statt üblicher Fragebogen: Fokussierende Fragen stellen

Fokus heißt Brennpunkt. Mit fokussierenden Fragen bringen Sie die wahren Beweggründe Ihres Gesprächspartners am schnellsten auf den Punkt: unmittelbar, ungefiltert und bisweilen schonungslos. Mithilfe fokussierender Fragen werden einem nämlich die erfolgskritischen **Wünsche in Echtzeit auf dem Silbertablett** serviert. Sie eignen sich in der Neukunden-Akquise ebenso wie im Bestandskunden-Kontakt. Sie sind vor allem dann nützlich, wenn wenig Zeit für ein ausführliches Gespräch ist – und wer hat heute noch Zeit? Sie machen schnell und flexibel. Sie helfen, ruckzuck den Kern der Sache zu treffen, um danach prompt reagieren zu können.

Fokussierende Fragen ergänzen klassische Kundenbefragungen nicht nur, sie können diese in vielen Fällen sogar ersetzen. Alles was Sie brauchen: die **richtige Fragetechnik** – und ein wenig **Mut**. So sparen Sie sich eine Menge Kosten für langwierige Marktforschung und vermeiden Fehlentscheidungen am grünen Tisch. Und vor allem: Sie werden schnell! Notwendige Veränderungen können sofort angestoßen werden. Denn Kunden warten heute nicht mehr geduldig, bis Unternehmen umständlich in die Gänge kommen. Sie ziehen dann einfach weiter.

365

So kann bei jedem **Kundenkontakt** wie auch am Ende eines Telefonats, sofern der Gesprächspartner keinen Zeitdruck signalisiert, immer eine der folgenden Fragen stehen. Diese wird am besten eingeleitet mit: Ach übrigens …

➤ Was ist für Sie eigentlich der wichtigste Grund, bei uns zu kaufen?

➤ Was ist für Sie eigentlich der wichtigste Grund, uns die Treue zu halten?

➤ Was wäre für Sie das vorrangigste, das wir schnellstmöglich ändern/verbessern sollten?

➤ Auf was könnten Sie bei uns am wenigsten verzichten?

➤ Wenn es eine Sache gibt, die wir in Zukunft noch ein wenig besser machen könnten, was wäre da das Wichtigste für Sie?

➤ Wenn es eine Sache gibt, die Sie bei uns in der Vergangenheit ganz besonders gestört hat, was war da das Störendste für Sie?

➤ Wenn es eine Sache gibt, für die Sie uns garantiert weiterempfehlen könnten, was wäre dann das empfehlenswerteste für Sie?

Welche Antwort auch immer Sie erhalten: Hören Sie wohlwollend hin, bedanken Sie sich und wertschätzen Sie die Offenheit Ihres Gesprächspartners. Denn Sie erfahren etwas über Ihre kaufentscheidenden Pluspunkte oder über Ihre größten Schwachstellen – aus Sicht des Kunden betrachtet, und die allein zählt. Vor allem aber: Verändern Sie was. Wer sich daran gewöhnt, fokussierende Fragen zu stellen, macht seine Kunden zu **Innovationstreibern** des Unternehmens.

> Hören Sie wohlwollend hin, bedanken Sie sich und wertschätzen Sie die Offenheit

„Customer driven content"

Das heutige Mitmach-Marketing ist nicht vorrangig auf Einsparpotenziale ausgerichtet, sondern vielmehr nützlich, lustvoll und emotionsbehaftet. Und es hat eine Sinn-Komponente. Dazu gibt es bereits Beispiele zuhauf:

In der Online-Marktforschung: Im Internet tippen Kunden ihre Daten selber ein, sie sorgen auf diese Weise nicht nur für eine bessere Datenqualität, sondern geben auch eine Menge von sich preis. Sie machen bei Befragungen mit, sie teilen ihr Wissen mit Anderen und stellen gelebte Erfahrungen in Bewertungsportale ein. Sie geben ihre Meinung ab, sie bewerten einander oder empfehlen gleich weiter. Dies tun sie freiwillig und ohne jede Bezahlung. Unternehmen beobachten all das, ohne es zu beeinflussen und erfahren so eine Menge darüber, was die Menschen sich wünschen, was sie vermissen und was sie wirklich bewegt. Inzwischen gibt es jede Menge Tools zum Opinion-Monitoring von Mundpropaganda im Internet, die Konsumentenäußerungen zu Marken und Consumer-Themen systematisch auswerten.

In der Produktentwicklung: Ausgewählte Kunden sind exklusiv als Pre-Tester aktiv, sie weisen die Entwickler auf Fehler hin und optimieren das Produkt gleich weiter. So schickt etwa Microsoft kostenlose Beta-Versionen in den Markt, gut bekannt als „Green-banana-Policy": reift beim Kunden. Der US-Hersteller

Kettle Foods ließ seine Kunden im Rahmen einer People's Choice-Kampagne Geschmacksrichtungen für neue Chips-Sorten vorschlagen und auswählen – mit durchschlagendem Erfolg. „Designed by Lego Fans" steht auf Lego-Packungen, wenn ein neues Produkt aus der Schmiede eines Lego-Enthusiasten kommt. Die Deutsche Post lässt Kunden ihre eigenen Briefmarken gestalten. Das Hotel Haus Hirt im österreichischen Bad Gastein bezieht Gäste in die Weiterentwicklung des Betriebs mit ein. Ein anderes Hotel beteiligte seine Gäste in der Startphase aktiv am Auffinden von Mängeln und verschenkte dafür Gratisübernachtungen.

Im Service-Design: Kunden erbringen hochwertige Organisationsleistungen, wie Selfbanking und Flugbuchungen, inzwischen selbst. Sie drucken ihre Rechnungen aus, sie checken an Automaten ein, sie sind in selbst organisierten Nutzergruppen aktiv, sie spielen Helpdesk und Kümmerer. Und das in einer Schnelligkeit, die die Unternehmen nie hinbekämen. In der Elektronik-Branche verlagert sich ein Großteil des technischen Supports in die Foren, in denen Nutzer Nutzern helfen. So hat SAP beispielsweise mit der DSAG-Community eine Non-Profit-Organisation geschaffen, die Usern und SAP-Partnern einen freien Austausch von Rat und Hilfe ermöglicht.

In der Werbung: Kunden werden zu Logo-Werbeträgern, sie drehen Werbefilme, gestalten Anzeigen und komponieren Klingeltöne. So rief der Autovermieter Sixt seine Kunden auf, neue Anzeigenmotive zu entwickeln. Über die 36 besten Entwürfe konnte man im Internet abstimmen. Dem Sieger winkten Cabrio-Wochenenden. Die Automarke Mini bat ihre Fans in Zusammenhang mit dem Launch neuer Modelle zu einem „Webclip-Contest". Die Gewinnerfilme wurden auf allen Mini-Events gezeigt. Unter dem Motto „Say something ketchuppy" konnten Kunden bei Heinz Ketchup Texte für die Etiketten der Flaschen einsenden. Acht Gewinnersprüche wurden prämiert und gedruckt. Einer hieß beispielsweise: Suche einen Job in Ihrer Küche.

> Kunden werden zu Logo-Werbeträgern, drehen Werbefilme, gestalten Anzeigen und komponieren

Im Vertrieb: Kunden werden zu Star-Verkäufern. Sie bringen als freiwillige Mundpropagandisten neue Produkte in den Markt. Agenturen wie TRND haben inzwischen zig tausend so genannter „Buzzer" (to buzz = summen) in ihrer Datenbank. Sie bringen vorgegebene Produkte zwar gezielt, aber dennoch zwanglos in ihrem Umfeld ins Gespräch. Die ausgewählten „Agenten" bekommen Produktmuster und Anleitungen für die Kundenansprache. Sie arbeiten unentgeltlich und unterliegen keinem Zwang. Sie tun und sagen, was sie wollen. „Buzzen" ist für sie eine Chance, Spaß zu haben, an einen Informationsvorsprung zu kommen, ihr Geltungsbedürfnis zu nähren, anderen zu helfen oder Einfluss zu nehmen.

In der Pressearbeit: Leser werden zu Hobbyreportern, sie senden Leserfotos ein und sind als „Bürgerjournalisten" beziehungsweise „Streetchecker" unterwegs. In Foren und Blogs machen sich mehr oder weniger professionell agierende Amateur-Berichterstatter breit. So hat sich ein eigenständiges journalistisches Format entwickelt. Und immer mehr Journalisten frequentieren regelmäßig die Blogging-Szene, weil sie von dort die heißesten Tipps bekommen. Eine Umfrage unter 177 amerikanischen Journalisten zeigte: 75 Prozent nutzen Blogs als Ideengeber.

Im Personalrecruiting: Ein Mittelständler schrieb seinen Kunden, dass er Ausbildungsplätze bevorzugt an Personen aus seinem Kundenkreis vergeben wolle – und wurde schnell fündig. Bei der amerikanischen Franchisekette Build-a-Bear können Kunden nicht nur knuffige Plüsch-Teddybären nach eigenen Wünschen zusammenbauen, sie werden auch gezielt angesprochen, ob sie nicht im Laden arbeiten wollen. In einem dreiwöchigen Kurs werden sie zum „Master Bear Builder" geschult. Auch bei Globetrotter, einem Outdoor-Ausrüster, arbeiten viele ehemalige Kunden. Wer sich unter www.legofactory.com registrieren lässt, erhält sogar einen virtuellen Mitarbeiterausweis.

Das Ergebnis wahrer Kundendialogisierung

Die meisten **Dialog-Marketer** wollen von Kunden nur das hören, was ihren eigenen Interessen dient: Auskünfte über deren persönliche Vorlieben zum Beispiel. Mit dem Ziel, sie dann noch besser zumüllen zu können. Wenn man Menschen allerdings zeigt, dass man sich für ihre Meinung wirklich interessiert, verändert sich deren Haltung zum Unternehmen und seinen Angeboten positiv. Eine ganze Reihe von Untersuchungen hat gezeigt, dass Innovationen erfolgreicher sind, wenn die Kunden involviert wurden. Dies senkt nicht nur das unternehmerische Risiko, sondern baut zusätzlich Eintrittsbarrieren für den Wettbewerb auf. Denn jedes **Involvieren schafft Verbundenheit**.

Kunden lieben Produkte umso mehr, je intensiver sie an der Entwicklung beteiligt werden

Kunden lieben Produkte umso mehr, je intensiver sie beim Entwicklungsprozess mitreden dürfen. Hierdurch entsteht Vertrauen – und ein Stück weit auch ein **„mein Baby"-Gefühl**. Die Chancen stehen gut, dass solchermaßen emotional eingebundene Kunden sich begeistert als aktive Empfehler betätigen – kostenlos, aus eigenem Antrieb und gerne. Das Ergebnis: Ein durch die Kunden gemanagtes **Consumer-to-Consumer Marketing**. Es findet ganz ohne die Unternehmen statt – und es boomt.

Literatur

Kirby J., Mardsen P.: Connected Marketing. – Butterworth-Heinemann, Oxford 2006.

Surowiecki J.: Die Weisheit der Vielen. – Goldmann, München, 2007.

Schüller A.-M.: Kundennähe in der Chefetage. – Orell Füssli, Zürich, 2008.

Schüller A.-M. Fuchs G.: Total Loyalty Marketing. – Gabler, Wiesbaden, 4. aktual. Aufl., 2007.

Schüller A.-M.: Zukunftstrend Empfehlungsmarketing. – Business Village, 2. erw. und aktual. Aufl., Göttingen, 2008.

Tapscott D., Williams A.-D.: Wikinomics. – Hanser, München, 2007.

RECHT

Rechtliche Grundlagen
des Dialogmarketings 371

Rechtslage in Österreich
und der Schweiz 379

Dialogmarketing ist untrennbar mit der Verwendung personenbezogener Daten verknüpft. Entsprechend gibt es eine ganze Reihe von Gesetzen rund um Datenschutz, die beachtet werden müssen.

Peter Schotthöfer und Florian Steiner erläutern, welche Gesetze das Direktmarketing tangieren. Neben dem allgemeinen Werberecht gibt es spezielle Regelungen hinsichtlich der elektronischen Kommunikation. So ist Werbung per E-Mail, Fax und Telefon verboten, solange keine explizite Einwilligung vorliegt. Die Autoren beschreiben auch die juristischen Konsequenzen, die Verstöße nach sich ziehen können.

Frank Tapella geht detailliert auf die besondere Rechtslage in Österreich und der Schweiz ein. Obwohl EU-Nachbarland, gibt es in Österreich einige kleinere gesetzliche Unterschiede, die aber gerade im Direktmarketing wichtig sind. Die Schweiz passt nach und nach ihre Rechtsprechung an EU-Recht an. Trotzdem gibt es auch hier Spezifika.

Torsten Schwarz

9

RECHT

„Dialogmarketing" stellt den Dialog (Kommunikation) mit Kunden, Interessenten (potentiellen Kunden) und dem Unternehmen in den Mittelpunkt. Bei dieser Form des One-to-one Marketing (Direktmarketing) wird der gesamte Marketing Mix auf die individuellen Anforderungen der Kunden ausgerichtet. Das Ziel des Dialogmarketings ist das Aufbauen und die Pflege von Kundenbeziehungen. Primäres Instrument ist der telefonische Kontakt mit dem Kunden, gefolgt von schriftlichen oder fernschriftlichen Kundenkontakten. [1] [2]

Allgemeines Werberecht

Das Dialogmarketing unterliegt wie jedes Marketing, wie jede Form der Werbung, allgemeinrechtlichen Grundlagen. Ein „Recht des Dialogmarketing" als geschlossenes Rechtsgebäude existiert nicht.

Die rechtliche Grundlage für die Werbung in der Bundesrepublik stellt das am 8. Juli 2004 in Kraft getretene „Gesetz gegen den unlauteren Wettbewerb" (UWG) dar. Dieses hat das noch aus dem Jahre 1909 stammende und fast hundert Jahre geltende „Gesetz gegen den unlauteren Wettbewerb" abgelöst. In das neue UWG wurden im Laufe der Jahrzehnte von der Rechtsprechung entwickelte Fallgruppen (zum Beispiel vergleichende Werbung, psychischer Kaufzwang) für bestimmte Verhaltensweisen aufgenommen. In § 4 UWG werden in elf Nummern Beispiele für unlautere Praktiken aufgeführt. Zahlreiche bis dahin neben dem UWG geltende Vorschriften wurden ersatzlos gestrichen (zum Beispiel das Recht der Sonderveranstaltungen nach §§ 7, 8 UWG alter Fassung).

Auch die lange geltenden Vorschriften der Zugabeverordnung und des Rabattgesetzes wurden ersatzlos gestrichen. Das Verbot vergleichender Werbung in der Bundesrepublik entfiel. Ursache war unter anderem das Inkrafttreten der Richtlinie zur Einführung der Zulässigkeit vergleichender Werbung [3]. Die letzte Änderung des UWG schließlich stammt vom 21. Mai 2008. An diesem Tag hat das Bundeskabinett die Erweiterung des Gesetzes gegen den unlauteren Wettbewerb (UWG) beschlossen. Mit der Erweiterung wurde die Richtlinie der Europäischen Union 2005/29/EG in nationales deutsches Recht umgesetzt. Im Anhang zum UWG werden nun dreißig irreführende und aggressive Geschäftsmethoden aufgeführt, die unter allen Umständen und in allen EU-Staaten verboten sind. Dazu gehören unter anderem die Übersendung von rechnungsähnlichen Zahlungsaufforderungen. die Zurückhaltung von für die Entscheidung des Verbrauchers wichtigen Informationen sowie unwahre Angaben über Widerrufs- oder Rücktrittsrechte (siehe auch http://www.bmj.de).

UWG verbietet aggressive Geschäftsmethoden, wie rechnungsähnliche Zahlungsaufforderungen oder unwahre Angaben über Widerrufs- oder Rücktrittsrechte

www.marketing-boerse.de/Experten/details/Peter-Schotthoefer
www.marketing-boerse.de/Experten/details/Florian-Steiner

Durch die so genannte „E-Commerce"-Richtlinie [4] wurde das Herkunftslandprinzip eingeführt, nach dem es für die Beurteilung der Rechtmäßigkeit einer elektronischen Kommunikationsmaßnahme nur auf ihre Übereinstimmung mit der Rechtsordnung im Lande des Absenders (Herkunftsland) und nicht auf die im Zielland ankommt. In der weiteren Folge kam es dann zur Abschaffung von Zugabeverordnung und Rabattgesetz sowie schließlich zur Einführung der Zulässigkeit vergleichender Werbung.

EuGH verändert deutsches „Verbraucherleitbild"

Nicht nur, aber vor allem im Bereich der irreführenden Werbung vollzog sich auf Grund des Einflusses der Entscheidungen des Europäischen Gerichtshofes [5] ein erheblicher Wandel. Der Maßstab für die Frage, wann eine Werbeaussage irreführend ist (das so genannte „Verbraucherleitbild") hat sich geändert. Jahrzehnte gingen deutsche Gerichte vom „uninformierten, uninteressierten und oberflächlichen Verbraucher" aus. An dessen Stelle trat nun das vom Europäischen Gerichtshof geprägte Verbraucherleitbild vom „informierten, interessierten und aufmerksamen Verbraucher".

Verbraucherleitbild vom „informierten, interessierten und aufmerksamen Verbraucher"

Rechtliche Grenzen des Dialogmarketing

Wie bei jeder werblichen Kommunikation dürfen auch beim Dialogmarketing allgemeine Grundsätze nicht missachtet werden. Diese finden sich in den gesetzlichen Vorschriften oder wurden von Gerichten auf Grund gesetzlicher Vorschriften entwickelt. Beispielhaft und nicht abschließend sollen hier einige dieser Grundsätze angeführt werden:

➤ Keine Werbung mit Selbstverständlichkeiten.
➤ Preiswahrheit und Preisklarheit bei Preisangaben.
➤ Keine getarnte Werbung.
➤ Eingeschränkte Werbung für bestimmte Produktgruppen
  (zum Beispiel Arznei- und Heilmittel).
➤ Kein psychischer Kaufzwang.
➤ Keine Koppelung der Teilnahme an Gewinnspielen an einen Kauf.

Das Recht des Dialogmarketing

Die Werbung mit adressiertem Werbematerial, also per Post, begegnet keinen grundsätzlichen rechtlichen Bedenken. Zu beachten ist hier nur, dass Werbung als solche erkennbar und nicht getarnt sein darf.

Briefkastenwerbung mit nicht adressiertem Werbematerial wie Flyern, Prospekten oder Anzeigenblättern ist dann unzulässig, wenn der Empfänger diese Art der Werbung erkennbar nicht wünscht. Dies ist der Fall, wenn er an seinem Briefkasten einen entsprechenden Hinweis (zum Beispiel „Keine Werbung") angebracht beziehungsweise dem Absender dies mitgeteilt hat. Hier ist auf die so genannte Robinsonliste des deutschen Direktmarketing-Verbandes hinzuweisen, in die sich Verbraucher eintragen lassen können, die keine (Direkt-)werbung wünschen. [6]

Werbung mittels elektronischer Kommunikationsmittel

Telefon

Der unaufgeforderte Werbeanruf bei Privatpersonen kann einen rechtswidrigen Eingriff in die Sphäre des Angerufenen darstellen, ein Anruf bei einem Unternehmen kann zusätzlich als Eingriff in den eingerichteten und ausgeübten Gewerbebetrieb verfolgt werden.

Werbeanrufe ohne Einwilligung des Adressaten sind grundsätzlich als unzumutbare Belästigung nach § 3 UWG unzulässig. Zulässig ist ein solcher Anruf dann, wenn der Angerufene **ausdrücklich** vorher sein Einverständnis damit erklärt hat. Gegenüber Unternehmen ist ein Anruf dann zulässig, wenn das **Einverständnis** des angerufenen Anschlussinhabers vermutet werden kann. Allerdings hat der Bundesgerichtshof auch für diese Vermutung hohe Hürden entwickelt (Faustregel: kein Anruf, wenn Information problemlos per Post versandt werden kann).

> Anrufe bei Unternehmen können als Eingriff in den eingerichteten und ausgeübten Gewerbebetrieb verfolgt werden

E-Mail-Werbung

Die Zusendung einer E-Mail zu Werbezwecken ohne vorherige ausdrückliche Einverständniserklärung des Empfängers stellt wie ein unaufgeforderter Telefonanruf einen Eingriff in das allgemeine Persönlichkeitsrecht des Empfängers dar [7]. Ist diese E-Mail an Unternehmen gerichtet, kann sie – wie unaufgeforderte Telefonanrufe gegenüber Unternehmen – auch als Eingriff in den eingerichteten und ausgeübten Gewerbebetrieb verfolgt werden.

Es ergibt sich aus § 7 Abs. 1, Abs. 2 Nr. 3 UWG, dass E-Mail-Werbung ohne vorherige ausdrückliche Einwilligung des Empfängers eine unzumutbare Belästigung darstellt und nach § 3 UWG unzulässig ist. E-Mail-Werbung ist nur dann zulässig, wenn ein ausdrückliches Einverständnis des Empfängers vorliegt (Opt-in-Modell).

> E-Mail-Werbung ohne vorherige ausdrückliche Einwilligung des Empfängers ist eine unzumutbare Belästigung

Nach § 7 Abs. 3 UWG ist die Werbung per E-Mail im Rahmen **bestehender Kundenbeziehung** möglich. Hat ein Kunde dem Unternehmer im Zusammenhang mit dem Verkauf einer Ware oder Dienstleistung seine E-Mail-Adresse überlassen, folgert das Gesetz daraus die Zulässigkeit der Werbe-E-Mail. Allerdings darf die E-Mail nur dem Zweck der Werbung für solche eigene ähnliche Produkte oder Dienstleistungen des Verkäufers dienen, um die es bei Übergabe der E-Mail-Adresse ging.

Der Werbende muß zudem bei der Erhebung und bei jeder einzelnen Nutzung, also bei jeder einzelnen Werbe-E-Mail, klar und deutlich auf die Möglichkeit hinweisen, die weitere Nutzung zu untersagen. Kosten dürfen für die Übermittlung einer solchen Untersagung für den Umworbenen nur zum Basistarif anfallen. Müsste er zum Zweck der Untersagung eine Mehrwertdienste-Nummer anrufen, wäre dies nicht zulässig.

Der Begriff der ähnlichen Ware oder Dienstleistung ist nicht auf gattungsgleiche Produkte zu beschränken. Er bezieht sich ausschließlich auf solche, bei denen ein offensichtlicher und unmittelbarer Zusammenhang mit dem ursprünglichen Produkt besteht. Es ist nicht anzunehmen, dass der Gesetzgeber damit gemeint hat, dass ein

Kauf Voraussetzung für diese Ausnahme ist. Auch bloße Verkaufsverhandlungen lassen sich unter den Gesetzeswortlaut subsumieren. [8]

Werbung per Telefax

Gem. § 7 Abs. 1, Abs. 2 Nr. 3 UWG ist auch die Werbung per Telefax ohne ausdrückliche vorherige Einwilligung des Adressaten verboten.

Wie bei der Werbung per Telefon und per E-Mail stellt auch die Zusendung von Werbeschreiben per Telefax einen Eingriff in das allgemeine Persönlichkeitsrecht des Empfängers dar. Bei diesem entstehen Kosten für Papier, Toner, Strom und Wartung, die der Versender dem Empfänger verursacht, ohne dazu berechtigt zu sein. Bei Unternehmen kann ein Eingriff in den eingerichteten und ausgeübten Geschäftsbetrieb vorliegen, zumal während der Übertragung die Leitung des Unternehmens für andere Mitteilungen blockiert ist. Dies kann gegebenenfalls Schadensersatzansprüche auslösen.

Werbeschreiben per Telefax sind ein Eingriff in das allgemeine Persönlichkeitsrecht

Die Tatsache, dass eine Faxnummer im Telefonbuch oder einem anderen Verzeichnis enthalten ist, stellt keine Einwilligung mit dem Empfang von Telefaxwerbung dar. Dies gilt beispielsweise auch für die Angabe der Telefaxnummer auf einem Briefbogen, einer Visitenkarte, in einer Zeitungsanzeige.

Werbung per SMS/MMS

Die für die Werbung per Telefax und per E-Mail vorgestellten Grundsätze gelten auch für die Werbung per SMS/MMS.

Regeln des Fernabsatzes

Nicht nur das Marketing unterliegt einer Vielzahl rechtlicher Regelungen, sondern auch der Vertrieb, also der durch dieses Marketing verursachte Verkauf von Waren und Dienstleistungen. Dieses „Recht des Fernabsatzes" ist in § 312 b BGB [9] sogar gesetzlich geregelt. Anwendbar ist dieses Gesetz auf Verträge zwischen Unternehmen und Verbrauchern, die ausschließlich durch Verwendung von Fernkommunikationsmitteln abgeschlossen wurden. Die Begriffe sind im Bürgerlichen Gesetzbuch definiert, der „Verbraucher" in § 13 BGB und der „Unternehmer" in § 14 Abs. 1 BGB. Die nationalen Regelungen für den Fernabsatz gehen zurück auf die EU-Fernabsatz-Richtlinie 97/7/EG.

Einige Bereiche sind von der Anwendung des Fernabsatzgesetzes ausgenommen:

➤ Verträge über Fernunterricht,
➤ über die Teilzeitnutzung von Wohngebäuden,
➤ Versicherungen sowie deren Vermittlung,
➤ Grundstücksverträge,
➤ Lieferung von Lebensmitteln, Getränken
   und Haushaltsgegenständen des täglichen Bedarfs,
➤ zu reservierende Dienstleistungen,
➤ Nutzung öffentlicher Fernsprecher.

Hier gelten die unten geschilderten Pflichten nicht. Das Fernabsatzgesetz sieht Informationspflichten des Unternehmers vor, vor Abschluss des Kaufvertrags und bei Abschluss des Kaufvertrags. Für den Verbraucher gibt es die Möglichkeit des Widerrufes eines nur über elektronische Kommunikationsmittel zu Stande gekommenen Vertrages.

Unterrichtung (Informationspflichten)

Die Informationspflichten sind in § 312 c BGB i.V.m. der Informationspflichten-Verordnung im BGB [10] niedergelegt. Vorgesehen sind vorvertragliche Informationspflichten (§ 312 c Abs. 1 BGB) und nachvertragliche (§ 312 c Abs. 2 BGB).

Vorvertragliche Pflichten müssen gegenüber dem Verbraucher rechtzeitig vor Vertragsabschluss erfüllt werden. Dies Pflichten sind in der Regel erfüllt, wenn sich die Informationen im Werbematerial (zum Beispiel: Kataloge, Websites) befinden, auf dessen Grundlage sich der Kunde zur Bestellung entschlossen hat. Im Einzelnen handelt es sich um folgende Pflichtangaben:

Vorvertragliche Pflichten müssen gegenüber dem Verbraucher rechtzeitig vor Vertrags-abschluss erfüllt werden

> ➤ Identität.
>
> ➤ Identität des Vertreters im Wohnsitzland des Verbrauchers.
>
> ➤ Ladungsfähige Anschrift.
>
> ➤ Wesentliche Merkmale der Ware oder Dienstleistung sowie über das Zustandekommen des Vertrages.
>
> ➤ Laufzeit des Vertrages, wenn diese eine dauernde oder regelmäßig wiederkehrende Leistung zum Inhalt hat.
>
> ➤ Vorbehalt, eine in Qualität und Preis gleichwertige Leistung zu erbringen und Vorbehalt, die Leistung im Fall ihrer Nichtverfügbarkeit nicht zu erbringen.
>
> ➤ Preis der Ware/Dienstleistung einschließlich aller Steuern und Preisbestandteile.
>
> ➤ Gegebenenfalls zusätzlich anfallende Liefer- und Versandkosten.
>
> ➤ Einzelheiten hinsichtlich Zahlung/Lieferung/Erfüllung.
>
> ➤ Bestehen eines Widerrufs- oder Rückgaberechtes/ Bedingungen/Einzelheiten der Ausübung.
>
> ➤ Kosten, die dem Verbraucher durch die Nutzung der Fernkommunikationsmittel entstehen, sofern sie über die üblichen Grundtarife, mit denen der Verbraucher rechnen muss, hinausgehen.
>
> ➤ Gültigkeitsdauer befristeter Angebote, insbesondere hinsichtlich des Preises.

Nachvertragliche Informationspflichten

Bestimmte Informationspflichten müssen spätestens **bis zur vollständigen Erfüllung** des Vertrages dem Verbraucher als Text vorliegen, bei Waren spätestens bei Lieferung an den Verbraucher.

Folgende Informationspflichten gem. § 1 Abs. 3 BGB InfoVO sind zu erfüllen:

➤ Informationen über die Bedingungen, Einzelheiten der Ausübung und Rechtsfolgen des Widerrufes oder Rückgaberechtes sowie über den Ausschluss des Widerrufs- oder Rückgaberechtes.

➤ Die Anschrift der Niederlassung des Unternehmens, bei der der Verbraucher Beanstandungen vorbringen kann.

➤ Eine ladungsfähige Anschrift, unter juristischen Personen auch den Namen des Vertretungsberechtigten.

➤ Informationen über Kundendienst und Gewährleistung – und deren Bedingungen.

➤ Kündigungsbedingungen bei Dauerschuldverträgen von mehr als einem Jahr oder unbestimmter Zeit.

Fernabsatz von Finanzdienstleistungen

Eine spezielle Richtlinie gibt es für den Fernabsatz von Finanzdienstleistungen (2002/65/EG), die ebenfalls in nationales deutsches Recht umgesetzt wurde. Sie enthält Informations- und Unterrichtungspflichten, die der Unternehmer dem Kunden gegenüber zu erfüllen hat und deren Nichteinhaltung nachteilige Konsequenzen für ihn mit sich bringt. Unter „Finanzdienstleistungen" ist jede Bankdienstleistung zu verstehen. Außerdem gilt jede Dienstleistung im Zusammenhang mit Kreditgewährung, Versicherung, Altersvorsorge von Einzelpersonen, Geldanlage oder Zahlung (siehe auch § 312 Abs. 3 Nr. 3 BGB) als „Finanzdienstleistung".

Datenschutz

Verarbeitung und Nutzung von Daten ist verboten, wenn nicht die ausdrückliche Erlaubnis des Betroffenen vorliegt

Ob und in welchem Umfang Daten eines Kunden erfasst werden dürfen, richtet sich nach dem Bundesdatenschutzgesetz (BDSG). Daten dürfen nur im erlaubten Umfang erhoben und gespeichert werden, es sei denn, sie sind zur Durchführung eines Vertrages oder eines vertragsähnlichen Verhältnisses nötig. Ist das nicht gegeben, ist die Verarbeitung und Nutzung von Daten verboten, wenn nicht die ausdrückliche Erlaubnis des Betroffenen vorliegt.

Monitoring

Telefonmarketing spielt im Dialogmarketing eine wesentliche Rolle. Wird dieses Telefonmarketing von einem internen oder externen Call-Center durchgeführt, sind zusätzliche rechtliche Aspekte zu beachten. Das heimliche Mitschneiden von Telefongesprächen kann einen Verstoß gegen das Persönlichkeitsrecht des nicht informierten Gesprächspartners darstellen. Es kann nach § 201 StGB [11] sogar mit einer Geldstrafe oder einer Freiheitsstrafe bis zu drei Jahren belegt werden („Wer unbefugt das nicht-öffentlich gesprochene Wort eines anderen auf einem Tonträger aufnimmt (oder) das nicht zu seiner Kenntnis bestimmte nicht-öffentlich gesprochene Wort eines anderen mit einem Abhörgerät abhört .. "). Auch für das Mitschneiden eines Gespräches zu Kontrollzwecken ist die vorherige Genehmigung des Gesprächspartners, aber auch des Agenten einzuholen. Bei der Erhebung von Daten bei Telefonanrufen und der späteren Speicherung der Daten sind die datenschutzrechtlichen Vorschriften zu beachten.

Rechtliche Aspekte des Customer Relationship Management

Nach dem Wegfall von Rabattgesetz und Zugabeverordnung (ZugabeVO) im Jahr 2001 sind Nachlässe auf den Kaufpreis und Zugaben zum Produkte/Dienstleistung nicht mehr verboten.

Formulierungen wie „gratis", „umsonst" oder „kostenlos" sind nunmehr zulässig, wenn sie nicht irreführend sind. Eine Grenze bildet nur das Verbot des „übertriebenen Anlockens", das allerdings keine festen Wertgrenzen kennt. Wann „übertriebenes Anlocken" vorliegt, ist in jedem Einzelfall nach den Umständen zu beurteilen.

Unabhängig vom Zugabeverbot hat die Rechtsprechung das Verbot des „psychischen Kaufzwanges" entwickelt, das dazu dient, dass ein Verbraucher nicht ohne sachliche Überlegung Ware beziehungsweise Leistungen erwirbt. Auch hier kommt es auf die Umstände des jeweiligen Einzelfalles an.

Nachlässe auf den Kaufpreis und Zugaben zum Produkte/Dienstleistung sind nicht mehr verboten

Folgen eines Wettbewerbsverstoßes

Verstöße gegen das Gesetz gegen den unlauteren Wettbewerb (dazu siehe oben) sind Wettbewerbsverstöße, die Konkurrenten oder legitimierte Organisationen mit rechtlichen Mitteln verfolgen können. In der Regel geschieht dies zunächst durch eine so genannte Abmahnung. Damit wird dem Abgemahnten der Verstoß mitgeteilt und er aufgefordert, das beanstandete Verhalten umgehend mit dem Versprechen einzustellen, eine Vertragsstrafe zu bezahlen, wenn es wiederholt würde.

Kommt der Abgemahnte dieser Aufforderung nicht nach, hat der Abmahnende zwei Möglichkeiten. Er kann entweder einen Antrag auf Erlass einer einstweiligen Verfügung bei dem dafür zuständigen Gericht stellen oder Klage einreichen. In der Regel wird ein Wettbewerbsverstoß mit dem Mittel der einstweiligen Verfügung verfolgt. Dadurch wird innerhalb kurzer Zeit eine Entscheidung des Gerichtes herbeigeführt, mit der im positiven Falle dem Abgemahnten das beanstandete Verhalten für die Zukunft untersagt wird. Es gilt der Grundsatz, dass die im Verfahren unterliegende Partei die gesamten Kosten des Verfahrens zu tragen hat.

Literatur

[1] Wikipedia, zum Begriff „Direktmarketing".

[2] Bristot, in: Schotthöfer (Hrsg.), Rechtspraxis in Direktmarketing, Grundlagen – Fallstricke – Beispiele, S. 17, Gabler Verlag, 2005.

[3] Richtlinie 97/55/GG des Europäischen Parlaments und des Rates vom 6. Oktober 1997 zur Änderung der Richtlinie 84/450/EWG zwecks Einbeziehung der vergleichenden Werbung.

[4] Richtlinie 2001/920/EG des Europäischen Parlamentes und des Rates von 2001.

[5] Zum Beispiel EuGH „Gut Springenheide" vom 18. Juli 1998, Rs. C – 210/96.

[6] www.ddv.de – http://tinyurl.com/6mjuad.

[7] BGH NJW 2004,1655.

[8] vergleiche dazu auch Schotthöfer, a. a. O., S. 105.

[9] Bürgerliches Gesetzbuch.

[10] BGB – InfoV.

[11] Strafgesetzbuch.

Hefermehl W., Köhler H., Bornkam J.: Gesetz gegen den unlauteren Wettbewerb. – 26. Auflage, Beck Juristischer Verlag, 2008.

Schotthöfer P. (Hrsg.): Rechtspraxis im Direktmarketing. – S. 259, Gabler Verlag, 2005.

Palandt O.: Bürgerliches Gesetzbuch. – 64. Auflage, Verlag C.H. Beck, 2005.

RECHTSLAGE IN ÖSTERREICH UND DER SCHWEIZ

FRANK TAPELLA

9

Der folgende Beitrag skizziert die **rechtlichen Rahmenbedingungen** für das Dialog- beziehungsweise Direktmarketing mittels Mailing, Telefon und Telefax in unseren Nachbarländern Österreich und Schweiz.

In diesen Ländern wird nicht nur ebenfalls Deutsch gesprochen, sondern dort ist auch eine große Kaufkraft vorzufinden. Es findet sich dort ebenfalls eine tolle „Infrastruktur für das Dialogmarketing", weil sehr viele selektierte Adressen verfügbar und die Verteilungsmöglichkeiten der Werbenachrichten hervorragend sind. Es liegt nahe, an länderübergreifendes Direktmarketing zu denken und erfolgreiche nationale Kampagnen in den konventionellen Medien auch für die Märkte in Österreich und der Schweiz zu adaptieren. Dabei sollten allerdings unbedingt länderspezifische Besonderheiten vor allem in der Sprache, in der Anrede und den Ferien- und Feiertagsregelungen berücksichtigt werden.

Überblick zur Rechtslage in D-A-CH

In diesem Zusammenhang wird auch immer wieder die Frage nach dem rechtlichen Rahmen für solche Kampagnen – vor allem für Österreich – aufgeworfen.

Die immer wieder zu beobachtende unterschiedliche Bezeichnung bestimmter Werbeformen als Direktmarketing oder abhängig von den verwendeten Definitionen als Dialogmarketing oder präziser als Direktwerbung hat dabei keinen Einfluss auf die juristische Bewertung. Ebenso nicht der in den Ländern anzutreffende unterschiedliche hauptsächliche rechtliche Anknüpfungspunkt für das Direktmarketing: In Österreich das **Telekommunikationsgesetz** (TKG), in der Schweiz und in Deutschland das jeweilige nationale **Gesetz gegen den unlauteren Wettbewerb** (UWG). Schließlich bleibt es zumindest im Ergebnis ohne Folgen, dass die rechtliche Betrachtung dieser Werbung einmal aus wettbewerbsrechtlicher Sicht der Mitbewerber und aus zivilrechtlicher Sicht der Beworbenen erfolgen muss.

Die rechtliche Diskussion dreht sich auch in Österreich und der Schweiz trotz unterschiedlicher Unterbringung der Rechtsmaterie in den nationalen Rechtsordnungen und betroffener Rechtsgebiete neben einzuhaltenden Informationspflichten im Wesentlichen darum, ob die werbenden Unternehmen vom Empfänger der Direktmarketingmaßnahme zuvor die **Einwilligung** einholen müssen (Opt-in) oder der Empfänger seinerseits seine Ablehnung gegenüber der Werbung anzeigen muss (Opt-out). Die Abwägung der hier zu untersuchenden widerstreitenden Interessen, nämlich dem berechtigten Interesse der Unternehmen auf Produkte und Dienstleistungen aufmerksam machen zu können und den berechtigten Interessen der Beworbenen, ihre Sphäre vor unerwünschten Eingriffen zu schützen, kommt je

> Muss ein Empfänger zuvor die Einwilligung erteilen (Opt-in) oder muss er seine Ablehnung gegenüber der Werbung anzeigen (Opt-out)?

nach Medium zu unterschiedlichen Ergebnissen. Das liegt an der unterschiedlichen Eingriffsintensität und Nachahmungsgefahr, die Werbebriefe, -anrufe und -faxe mit sich bringen. Grundsätzlich muss daher in allen Ländern zwischen den für das Direktmarketing eingesetzten Medien streng unterschieden werden. Häufig wird in Deutschland, Österreich und der Schweiz bei der auf diese Art und Weise vorgenommenen Beurteilung einer Direktmarketingform zum gleichen Ergebnis gefunden. Im Telefonmarketing bestehen allerdings gravierende Unterschiede zwischen den Ländern, wie sich zeigen wird.

Gesetzliche Regelungen zu allen Formen des Direktmarketings findet man bisher nur in Deutschland seit der Novelle des UWG am 01.07.2004. Dies schafft die größte Rechtssicherheit. Soweit bei der rechtlichen Beurteilung einzelner Direktmarketingmaßnahmen auf Rechtsprechung oder nur allgemeine Verbotstatbestände aus dem Lauterkeitsrecht zurückgegriffen wird, können dann vorzunehmende Wertungen zu unterschiedlichen, auch konträren Auffassungen führen. Dabei geht Rechtssicherheit verloren.

Überall muss rechtlich genau unterschieden werden zwischen Maßnahmen im Direktmarketing, die sich mittels Mailing, Telefon, Fax oder E-Mail und SMS/MMS direkt an potentielle Kunden richten und solchen, die auf eine erste Kontaktaufnahme durch den Kunden zielen. Erstere unterscheiden sich in der juristischen Beurteilung gänzlich von jenen, bei denen etwa auf Verpackungen, Plakaten oder im Fernsehen und Internet die Beworbenen zu einer Kontaktaufnahme mit dem werbenden Unternehmen erfolgreich unter Bekanntgabe einer Kontaktadresse animiert werden. Das werbetreibende Unternehmen muss in letzterem Fall nicht die folgenden Zulässigkeitsvoraussetzungen erfüllen, weil die erste Kontaktaufnahme gerade hier nicht vom werbetreibenden Unternehmen ausgeht. Tritt jedoch das Unternehmen selbst an seine Kunden direkt ohne Vermittlung eines beispielsweise oben genannten Werbeträgers heran, sollten unbedingt Zulässigkeitsvoraussetzungen beachtet werden, um rechtskonform werben zu können. Dies gilt zwar nur insoweit, als das mit der Maßnahme der Absatz von Waren oder die Erbringung von Dienstleistungen gefördert werden soll. Das dürfte aber selbst bei bloßen Informationen zum Produkt oder Unternehmen immer der Fall sein, zumal auch in Österreich und der Schweiz ein sehr weiter Werbebegriff gilt.

In Österreich und der Schweiz gilt ein sehr weiter Werbebegriff

Die in unseren Nachbarländern bestehenden Regeln gelten natürlich auch für ausländische Unternehmen. Für deutsche Unternehmen, die dort werben möchten, ist also die dort geltende Rechtslage maßgeblich. Werden die folgenden Zulässigkeitsvoraussetzungen nicht eingehalten, können die jeweils im Anschluss daran beschriebenen **rechtlichen Konsequenzen** drohen. Dies gilt insbesondere für die Bewerbung mittels bestimmter Medien, für die nicht eine vorherige erforderliche Einwilligung der Beworbenen eingeholt worden ist. Es sollte bei den Überlegungen zur Konzeption und Durchführung von Direktmarketingkampagnen ebenfalls bedacht werden, dass nicht rechtskonforme Werbung auch zu Reaktanzen und Irritationen der potentiellen Kunden und zu Ansehensverlusten der Unternehmen führen können.

Österreich

Allgemeines zur Rechtslage

In den österreichischen Gesetzen findet man speziell zum Mailing keine Vorschrift. Es kann bei der rechtlichen Beurteilung der postalischen Versendung von Briefen, Katalogen und Ähnlichem nur auf die Rechtsprechung und aufgestellte Grundsätze zurückgegriffen werden. Um den Anwendungsbereich einschlägiger Vorschriften zum Direktmarketing mittels anderer Medien bestimmen zu können, müssen sie häufig erst einmal im Lichte der umzusetzenden **Datenschutzrichtlinie für elektronische Kommunikation** [1] der Europäischen Union (EU) ausgelegt werden. Die EU hat ihre Mitgliedsstaaten bei Werbung mit Faxen und E-Mails und SMS/MMS zur Einführung des **Opt-in-Verfahren** verpflichtet. Danach muss der Beworbene grundsätzlich in den Erhalt dieser Werbung zuvor eingewilligt haben (siehe Checkliste österreichische Rechtslage).

Mit einem großen Maß an Rechtssicherheit kann jedoch gesagt werden, dass der Beworbene bei Mailings, Werbeanrufen und -faxen
➤ den werblichen Charakter schnell erkennen,
➤ das werbende Unternehmen ausmachen und,
➤ dabei Kontaktdaten übermittelt werden müssen, die für das Abbestellen der jeweiligen Werbung genutzt werden können.

➤ Darüber hinaus muss für eine rechtmäßige Bewerbung der Beworbene in Werbeanrufe und -faxe vor Erhalt eingewilligt haben und darf vor dem Erhalt von Werbepost nicht widersprochen haben.

Zudem darf die Direktmarketingmaßnahme – wie jede andere Werbemaßnahme beziehungsweise Wettbewerbshandlung – mit ihrem Inhalt selbstverständlich nicht gegen gesetzliche Bestimmungen verstoßen, insbesondere nicht irreführend sein. Zu den Zulässigkeitsvoraussetzungen im Einzelnen gelten die folgenden Grundsätze. **Keine irreführende Werbung**

Identität des Absenders

§ 107 V 1. Fall im Telekommunikationsgesetz (TKG) in der neuen Fassung (nF) vom 01.03.2006 normiert, dass bei der Zusendung „elektronischer Post" zu Zwecken der Direktwerbung die Identität des Absenders nicht verschleiert oder verheimlicht werden darf.

Entgegen des Wortlautes der Vorschrift dürfte diese Bedingung nicht nur für die Werbung mit elektronischer Post, also E-Mails, SMS und MMS, gelten, vergleiche § 92 III Nr. 10 TKG. Denn der österreichische Gesetzgeber hat zuvor diese Verpflichtung auch den mit Telefonanrufen und Telefax Werbenden auferlegt und ein Grund für die Beschränkung dieser Verpflichtung nur auf diejenigen, die mit elektronischer Post werben, ist nicht ersichtlich. Dem Bericht des Verkehrsausschusses zum Bundesgesetz, mit dem das Telekommunikationsgesetz 2003 geändert werden sollte, kann dazu jedenfalls keine Begründung entnommen werden.

Pflichtangabe
der Identität
von Anrufern,
Faxversendern
und E-Mail-
Versendern

Zudem behält der Gesetzgeber auch in der neuen Fassung des TKG die Möglichkeit einer verwaltungsrechtlichen Strafbarkeit von Verwaltungsübertretungen durch unzulässige Anrufe oder Telefaxe bei. Damit dürfte auch die Beibehaltung zur Pflichtangabe der Identität von Anrufern und Faxversendern zur Durchsetzung der Verwaltungsstrafe gewollt sein. Schließlich muss die neue Bestimmung im Lichte des umzusetzenden Art. 13 IV der Datenschutzrichtlinie gelesen werden, der die anonyme Versendung nicht nur von elektronischer Post, sondern allgemein von elektronischen Nachrichten verbietet. Daraus folgt zumindest im Wege einer richtlinienkonformen Auslegung zwingend, dass auch anonyme Telefonanrufe und Telefaxe durch § 107 V TKG nF verboten werden sollen. Es soll eine Pflicht zur Identitätsangabe bestehen.

Die Vorschrift dürfte auch für Mailings gelten, denn die EU-Richtlinien statuieren zunehmend Informationspflichten für den Werbenden, um den Verbraucher zu schützen. Auch das von der österreichischen Rechtsprechung aufgestellte Offenkundigkeitsprinzip dürfte zu dieser Auffassung führen, auch wenn es sich primär auf die generelle Erkennbarkeit von Werbung bezieht.

Demnach muss aus dem Anruf, Telefax oder Mailing der Name des werbenden Unternehmens hervorgehen. Eine Verschleierung des Unternehmens mit einem Schein- oder Tarnnamen ist nicht erlaubt. Ebenso darf der Werbende nicht verheimlicht werden, etwa durch bloße Angabe einer Telefax-, E-Mail- oder Postfachadresse, wie sie häufig auf unerlaubten Werbefaxen zu finden ist. Die Einhaltung dieser Zulässigkeitsvoraussetzung dürfte aber ohnehin im ureigensten Interesse des werbenden Unternehmens liegen, das gerade auf sich und seine Produkte und Dienstleistungen aufmerksam machen möchte.

Abbestellmöglichkeit

Des Weiteren muss die Direktmarketingmaßnahme, unabhängig von ihrer konkreten medialen Erscheinungsform eine authentische Adresse enthalten, an die der Empfänger eine Aufforderung zur Einstellung solcher Nachrichten richten kann, vergleiche § 107 V 2. Fall TKG nF.

Auch die
Werbung in
Papierform muss
eine Kontakt-
information
zur gezielten
Abbestellung
enthalten

Insbesondere wegen der klaren Vorgaben der Europäischen Union mit Art. 13 der Datenschutzrichtlinie muss auch hier davon ausgegangen werden, dass entgegen des Wortlautes der Vorschrift der Anwendungsbereich sich ebenfalls auf Werbung mit Anrufen und Telefaxen erstreckt. Er ist nicht nur auf elektronische Post beschränkt. Für den mit Briefen Werbenden kann eine Rechtspflicht zur Angabe einer Adresse zum Abbestellen der Werbung aus dem Umstand abgeleitet werden, dass nach verfassungsrechtlicher Rechtsprechung [2] die Zusendung nur solange erlaubt ist, wie der Empfänger sie nicht ablehnt respektive ihr widerspricht. Dem Empfänger kann aber nicht zugemutet werden, seinen Widerspruch allgemein durch eine Mitteilung auf seinem Briefkasten oder einen Eintrag in die Liste des Fachverbandes Werbung und Marktkommunikation bei der Wirtschaftskammer in Österreich zum Ausdruck bringen zu müssen. Daher muss auch die Werbung in Papierform eine Kontaktinformation zur gezielten Abbestellung enthalten. Der Empfänger soll jederzeit die Möglichkeit haben, die Einstellung der Werbung zu verlangen, auch wenn er zuvor seine Einwilligung gegeben hat.

Als Adresse kann eine Postadresse, eine Telefon- oder Telefaxnummer oder aber auch nur eine E-Mail-Adresse angegeben sein, wenn diese authentisch ist. Im Gegensatz zur deutschen Regelung enthält die gesetzliche Vorschrift in Österreich nicht ausdrücklich ein Verbot zu höheren Übermittlungskosten für die Mitteilung als nach den Basistarifen. Dennoch sollte keine sogenannte Mehrwertdienstrufnummer angegeben sein, die höhere Kosten bei einer Abbestellung auslöst. Eine Gebühr für die Einstellung der Werbung zu verlangen, dürfte mit Blick auf Art. 13 III der Datenschutzrichtlinie ebenso wenig rechtmäßig sein. Sie würde der vom Gesetzgeber vorgenommenen Wertung, nach der der Empfänger immer die Möglichkeit haben soll, dem Erhalt von Direktwerbung widersprechen zu können, entgegenstehen. Neben der Offenlegung der Identität sollten aber regelmäßig auch die üblichen Kontaktinformationen des Unternehmens aus dem für die Werbebriefe und dem Begleitschreiben der Kataloge und Prospekte verwendeten Geschäftspapier hervorgehen.

> Dennoch sollte keine sogenannte Mehrwertdienst-rufnummer angegeben sein, die höhere Kosten bei einer Abbestellung auslöst

Verbot der Irreführung

Direktwerbung darf neben ihrem Inhalt auch nach ihrem äußeren Erscheinungsbild nicht irreführend und täuschend sein. Insbesondere darf sie daher nicht getarnt werden, um den werbenden Charakter zu verschleiern. Solange die Werbung mittels Mailing, Anruf oder Fax sofort und unmissverständlich als Werbung zu erkennen und wahrzunehmen ist, ist sie auch unter diesem rechtlich relevanten Gesichtspunkt nicht zu beanstanden.

> Werbebriefe als Privatbriefe getarnt oder erwecken gar den Anschein einer amtlichen Mitteilung

Vor allem Werbebriefe werden bisweilen als Privatbriefe getarnt oder erwecken gar den Anschein einer amtlichen Mitteilung, so dass der Empfänger erst nach näherer Befassung mit dem Inhalt den Brief als Werbebrief erkennen kann. Unabhängig davon, ob das Schreiben den Umworbenen zu einer Kontaktaufnahme veranlasst, verstößt nach der österreichischen Rechtsprechung ein solches Schreiben bereits gegen den Offenkundigkeitsgrundsatz. Es ist als sittenwidrig im Sinne der Generalklausel des Gesetzes gegen den unlauteren Wettbewerb (UWG) zu beurteilen. In einer weiteren und viel zitierten Entscheidung des OGH [3], die zu einer Werbung mit als privat getarnter Postkarten ergangen ist, heißt es, dass ein Interesse des Umworbenen an täuschenden Werbemaßnahmen von vornherein zu verneinen ist. Ist der Werbecharakter einer Werbemaßnahme nicht sofort zu erkennen, werde der Adressat durch Täuschung gezwungen, sich mit ihr auseinanderzusetzen. Dabei wird er beeinflusst, weil eine solche Art der Werbung durch Erregung von Aufmerksamkeit länger in seinem Gedächtnis haften bleiben wird als eine sofort als Werbung erkennbare Mitteilung. Letztere kann ungelesen weggeworfen werden.

Die Erwägungsgründe treffen dabei auf jede täuschende Werbung zu und sind nicht auf täuschende Werbung in Papierform beschränkt. Auch diese Voraussetzung für jede Direktmarketingkampagne sollte für jedes seriös agierende Unternehmen am Markt selbsterklärend sein.

Einwilligung

In der Regel bereiten die soeben erörterten Zulässigkeitsvoraussetzungen nicht so viele Schwierigkeiten. Wesentlich häufigeren Anlass für rechtliche Auseinandersetzungen gibt das Erfordernis einer zuvor erteilten Einwilligung in Direktmarketingmaßnahmen mittels bestimmter Medien.

Im Gegensatz zu allen oben genannten Voraussetzungen, die für alle Erscheinungsformen des Direktmarketings gelten, ist die Einwilligung, wie bereits angerissen, mediumsabhängig, das heißt es kommt auf das für das Direktmarketing gewählte Medium an, vergleiche § 107 TKG nF.

Begriff und Formen der Einwilligung

Anforderungen an die Einwilligung im Sinne von § 107 TKG nF werden in § 4 Nr. 14 Datenschutzgesetz 2000 konkretisiert, auch wenn dort begrifflich von einer Zustimmung die Rede ist. Danach ist sie eine gültige, insbesondere ohne Zwang abgegebene Willenserklärung des Betroffenen in Kenntnis der Sachlage für den konkreten Fall in die Verwendung seiner Daten.

Unternehmen trägt die Beweislast für die gegebene Einwilligung

Weitergehende Anforderungen, beispielsweise Formerfordernisse, werden aber an die Einwilligung nicht gestellt. Sie kann also auch mündlich erklärt werden. Aber das werbende Unternehmen trägt die **Beweislast** für die gegebene Einwilligung, so dass sie nach Möglichkeit in Schriftform eingeholt werden sollte. Neben der ausdrücklichen Einwilligung ist auch eine sogenannte konkludente Erklärung möglich. Sie liegt vor, wenn sich aus allen vorliegenden Umständen klar und schlüssig ergibt, dass jemand die Werbung bekommen möchte. Eine konkludente Einwilligung kann somit gerade nicht in der bloßen Bekanntgabe einer Fest- oder Mobilfunknetznummer in öffentlichen Verzeichnissen oder einer E-Mail-Adresse auf einer Webseite erblickt werden.

Zudem kann auch nach österreichischem Recht nicht von einer solchen Einwilligung ausgegangen werden, wenn etwa per Telefon der Verkauf gegenüber Verbrauchern oder Unternehmern von anderen oder höherwertigen Produkten oder Dienstleistungen als diejenigen, die von einer bestehenden vertraglichen Beziehung erfasst sind, beworben wird. Diese in der Praxis häufig vorkommenden sogenannte Up- oder Cross-selling-Methoden bedürfen daher auch in Österreich einer gesonderten Einwilligung, die sich nicht bereits aus einer bestehenden Geschäftsbeziehung ergibt.

Die Kontaktaufnahme mit dem zu Bewerbenden zur Einholung der Einwilligung für eine unmittelbar oder zukünftig folgende Direktmarketingmaßnahme ist nach höchstrichterlicher Rechtsprechung nicht erlaubt. Allerdings kann die Einwilligung in den Empfang von Werbung auch in allgemeinen Geschäftsbedingungen (AGB) wirksam vereinbart werden. [4] Aus der Entscheidung des OGH zu der Einholung der Einwilligung durch AGB wird aber auch deutlich, dass es insoweit immer auf den genauen Wortlaut in den Bedingungen ankommen dürfte. Folglich sollte aus den AGB konkret die Werbemaßnahme möglichst unter Benennung des verwendeten Mediums und der Häufigkeit hervorgehen, um auf diesem Wege eine wirksame Einwilligung bekommen zu können.

Beim Ankauf von Kontaktdaten sollte stets seriösen Anbietern der Vorzug gegeben werden und Angebote zu massenhaften Opt-in-Adressen sehr kritisch geprüft werden.

Mailing

Auch eine Angabe zum Erfordernis der Einwilligung in Werbung mittels Mailing und Drucksachen sucht man in § 107 TKG nF vergeblich.

Nach der ständigen Rechtsprechung, die durch den Verfassungsgerichtshof (VfGH) noch einmal bestätigt worden ist, ist die Zusendung von Briefen zu Werbezwecken auch ohne vorherige Einwilligung rechtmäßig. Sie ist auch nicht wettbewerbsrechtlich zu beanstanden. Der VfGH führt dazu aus, dass eine Bewerbung mittels Briefes weder eine unmittelbare Reaktion des Adressaten erfordere, wie es beim unerbetenen Anruf der Fall ist. Noch belaste sie den Adressaten, was für Fernkopien oder elektronische Post typisch ist. Wie die Bundesregierung zu Recht anmerke, entstünden durch eine Briefwerbung für den Empfänger anders als bei der Werbung per Fax oder E-Mail keine Papier- oder Serverkosten. Die unterschiedliche gesetzliche Regelung der Zulässigkeit der Zusendung von Briefen zu Werbezwecken im Vergleich zu den dafür benutzten Telekommunikationsdiensten sei daher nicht unsachlich. Demgemäß verstößt sie auch nicht gegen den Gleichheitssatz.

Die Zusendung von Werbung durch die österreichische Post oder andere Zustelldienste ist aber nur solange rechtmäßig, wie der Adressat ihr nicht widerspricht. Der Widerspruch kann dem werbenden Unternehmen gegenüber ausdrücklich in schriftlicher oder mündlicher Form mitgeteilt werden.

Zudem kann der Adressat sich in die gem. § 151 IX, XI GewO vom Fachverband Werbung und Marktkommunikation der Bundessparte „Gewerbe, Handwerk, Dienstleistung" der Wirtschaftskammer Österreich geführte Robinson-Liste für Briefpost eintragen. Er kann auch damit zum Ausdruck bringen, dass er keine Werbepost mehr erhalten möchte. Nach Eintrag darf kein persönlich adressiertes Werbematerial per Post mehr zugestellt werden. Die persönlichen Daten werden dann an die österreichischen Adressverlage und Direktwerbeunternehmen weitergeleitet, die dann die persönliche Anschrift – soweit dort vorhanden – aus diversen Datenbeständen streichen.

> Wirtschaftskammer Österreich führt Robinson-Liste für Briefpost

Schließlich ist die Zusendung auch dann rechtswidrig, wenn der Empfänger bereits auf seinem Briefkasten etwa mit einem Aufkleber zum Ausdruck gebracht hat, keine Werbepost mehr erhalten zu wollen. Der in dieser Form geäußerte Widerspruch führt zumindest dann zur Rechtswidrigkeit, soweit ein Werbebrief von einem damit beauftragten Verteiler in den Briefkasten geworfen wird. Denn im Gegensatz zum Bediensteten der Post oder Mitarbeiter eines anderen Zustellunternehmens weiß er, dass es sich um einen Werbebrief handelt.

Telefon

Telefonwerbung wird im Gegensatz zur Briefwerbung von § 107 TKG nF erfasst. Absatz I der Vorschrift bestimmt, dass alle Teilnehmer in Anrufe zu Werbezwecken

Einwilligung sowohl im Business-to-Customer-Bereich als auch Business-to-Business-Bereich

vorher eingewilligt haben müssen. Die Einwilligung muss ausdrücklich oder konkludent immer vor dem Anruf sowohl im Business-to-Customer-Bereich als auch Business-to-Business-Bereich abgegeben worden sein. Dies ist ein nennenswerter Unterschied im Vergleich zu der deutschen Rechtslage, nach der für einen Werbeanruf Business-to-Business eine auch nur mutmaßliche Einwilligung ausreicht. Sie ist nach der deutschen Rechtsprechung dann gegeben, wenn der Anrufer aufgrund tatsächlicher, konkreter Umstände ein sachliches Interesse des Angerufenen am Anruf annehmen darf. Eine solche Differenzierung zwischen Angerufenen nimmt die österreichische Vorschrift also nicht vor und steht im Einklang mit der bisher dazu ergangenen Rechtsprechung.

Der Oberste Gerichtshof (OGH) hatte sich bereits mehrfach mit Anrufen zu Werbezwecken zu befassen. Er führte von Anfang an dazu aus, dass sie ohne vorherige Einwilligung des Teilnehmers sowohl im Business-to-Customer- als auch im Business-to-Business-Bereich unzulässig sind. [6] Die mit der telefonischen Anfrage verbundene Belästigung stelle ein unkontrolliertes Eindringen in die Sphäre des Anschlussinhabers dar. Er müsse sich zu einem seiner Disposition völlig entzogenen Zeitpunkt mit dem Anrufer befassen und hat keine ausreichende Überlegungszeit. Der damit zwangsläufig verbundene Überraschungseffekt führe nicht selten zu einer Überrumpelung des Angerufenen, die auch in eine voreilige und nicht gewollte Zustimmung zu weiteren Kontakten münden kann.

Überraschungs-effekt des Telefonanrufs nimmt Zeit und Ruhe für eine ausreichende Überlegung, sich mit der beworbenen Transaktion gehörig auseinander-zusetzen

Der VfGH führte zur Begründung der Verfassungsgemäßheit und Gemeinschafts-rechtsgemäßheit des Verbotes unerbetener Anrufe zu Werbezwecken ohne vorherige Einwilligung auch gegenüber Unternehmern ebenso aus, dass der mit dem Telefon Beworbene sich zwangsläufig mit der Werbebotschaft auseinandersetzen müsse und er gezwungen sei, Gespräche vorerst entgegenzunehmen, um über ihre Notwendigkeit und Fortsetzung zu entscheiden. Die aggressive Form einer sich der Mittel der Telekommunikation bedienenden Werbung zwinge den Teilnehmer, sich auf ein Gespräch einzulassen. Erst dann könne er für sich entscheiden, ob er das Gespräch fortsetzen will. Zumal ihm der Überraschungseffekt des Telefonanrufs Zeit und Ruhe für eine ausreichende Überlegung nimmt, sich mit der beworbenen Transaktion gehörig auseinanderzusetzen.

Daneben normiert § 12 III Wertpapieraufsichtsgesetz nF (WAG) als spezial-gesetzliche Vorschrift mittlerweile für telefonische Bewerbung bestimmter Finanzdienstleistungen durch Verweisung auf § 107 TKG ebenfalls, dass sowohl Verbraucher als auch Unternehmer zuvor in einen solchen Anruf eingewilligt haben müssen.

Telefax

Bereits in seiner ersten Entscheidung zur Telefaxwerbung führte der OGH aus, dass diese Direktwerbeform gegen die guten Sitten im Sinn des § 1 UWG, § 39 II FernsprechO und § 354 ABGB (Allgemeines Bürgerliches Gesetzbuch) verstoße. [7] Dies gilt unabhängig von ihrem tatsächlichen Umfang und unabhängig davon, ob die Werbemitteilung an die Allgemeinheit oder an bestimmte Personengruppen gerichtet ist. Der OGH schloss sich in seinem Urteil der deutschen Rechtsprechung an, nach der die Versendung von Telefaxen zu Werbezwecken an Gewerbetreibende aber noch dann rechtmäßig gewesen ist, wenn der Versender wenigstens von der mutmaßlichen Einwilligung des Empfängers aufgrund tatsächlicher konkreter Anhaltspunkte ausgehen durfte. So blockiere Telefaxwerbung das Gerät für andere Sendungen, veranlasse den Empfänger zu weiterem Aufwand auf seine Kosten und überwälze den wesentlichen Teil der mit dieser Werbemaßnahme zwangsläufig verbundenen Kosten (Papier, Toner, sonstige Betriebs- und Wartungskosten) auf den Empfänger. Der Anschlussinhaber habe ein berechtigtes Interesse daran, seine Anlage von jeder Inanspruchnahme freizuhalten, die ihre bestimmungsgemäße Funktion, nämlich der Rationalisierung des anfallenden Schriftverkehrs und der schnelleren Erreichbarkeit der an ihn gerichteten Mitteilungen, beeinträchtigt. Der VfGH bestätigte implizit in oben zitiertem Urteil auch die Rechtswidrigkeit von Telefaxwerbung ohne vorherige Einwilligung des Adressaten mit gleicher Argumentation: Eine Bewerbung mittels Briefes führe nicht zu den Belastungen des Adressaten, wie sie für Fernkopien beziehungsweise Faxe typisch sind. Durch eine Briefwerbung entstünden für den Empfänger anders als bei der Werbung per Fax keine Papier- oder Druckkosten.

Nach der aktuellen Gesetzeslage muss gem. § 107 I TKG nF in die Zusendung des Telefaxes zu Werbezwecken vorher eingewilligt worden sein. Nach dem Wortlaut der nunmehr geltenden Vorschrift ist für eine Auffassung, die auch eine mutmaßliche Einwilligung bei der Bewerbung Gewerbetreibender ausreichen ließ, kein Raum mehr. § 12 III WAG nF, der auch für die Zusendung unerbetener Nachrichten für dort näher bezeichnete Finanzdienstleistungen ausdrücklich auf § 107 TKG verweist, verlangt somit auch für die direkte Bewerbung dieser Dienstleistungen per Telefax ihre vorherige ausdrückliche oder konkludente Zustimmung.

Rechtliche Folgen

Werden die oben erörternden Zulässigkeitsvoraussetzungen nicht eingehalten, drohen vor allem **Unterlassungsansprüche** sowohl aus Wettbewerbs- als auch Zivilrecht.

Von ungeordneter Bedeutung, aber dennoch wichtig zu wissen ist, dass in Österreich im Gegensatz zu Deutschland diese Verletzungen auch Verwaltungsübertretungen darstellen können. Sie können auch dann verfolgt werden, wenn sie von ausländischen Unternehmen begangen worden sind, vergleiche § 107 VI TKG nF. Zudem dürften möglicherweise unterzeichnete Ehrenkodizes von Verbänden verletzt werden. Dadurch könnten entsprechende Sanktionen drohen und der von der Branche angestrebte Anspruch auf Selbstbestimmung durch Selbstregulierung und Selbstdisziplin würde darüber hinaus geschwächt.

Verstöße können auch dann verfolgt werden, wenn sie von ausländischen Unternehmen begangen worden sind

Rechtliche Einordnung der Verstöße

Unter wettbewerbsrechtlichen Gesichtspunkten konnte die Direktwerbung mittels Anruf oder Telefax den Fallgruppen des Rechtsbruches und der Belästigung innerhalb der **Generalklausel § 1 UWG aF** zugeordnet und bejaht werden. Dies gilt zumindest dann, wenn keine vorherige Einwilligung eingeholt worden ist und die übrigen wettbewerbsrechtlichen Voraussetzungen gegeben waren. Gleiches galt für die Briefwerbung zumindest dann, wenn mehrfach und bewusst gegen den geäußerten Willen, keine Briefwerbung mehr erhalten zu wollen, verstoßen worden ist. Mit Inkrafttreten des neuen UWG im Dezember 2007 werden solche Werbepraktiken ausdrücklich als unlauter qualifiziert, vergleiche § 1 I Nr.1 in Verbindung mit III Nr. 1 und § 1a III in Verbindung mit der im Anhang aufgeführten aggressiven Geschäftspraktik in Ziffer 26. Betrachtet man die weiteren dort aufgeführten Beispiele, die in der Tat mit seriösen Geschäftspraktiken nichts zu tun haben, wird die klare Einordnung solcher Werbemethoden durch den Gesetzgeber sehr deutlich.

Die bürgerlich-rechtliche Bewertung erfolgte in der österreichischen Rechtsprechung in Entsprechung zum Wettbewerbsrecht anhand des von § 16 ABGB geschützten Persönlichkeitsrechts der Empfänger und anhand von § 354 und § 372 ABGB, die das Eigentum beziehungsweise den Besitz an den zum Empfang in Anspruch genommenen Geräten und Gegenständen schützen. Aber auch anhand von § 101 TKG selbst, Vorgängerbestimmung von § 107 TKG aF und § 107 TKG nF, aus dem ein subjektives Recht für die Empfänger unerbetener Nachrichten hergeleitet worden ist.

Anspruchsdurchsetzung

Die mit rechtswidrigen Direktmarketingaktionen Umworbenen besitzen zivil- beziehungsweise bürgerlich-rechtliche Unterlassungsansprüche. Mitbewerber, bestimmte Institutionen und im Einzelfall auch die Umworbenen selbst wettbewerbsrechtliche Unterlassungs- und Auskunftsansprüche. Grundsätzlich denkbar sind auch Schadensersatzansprüche der betroffenen Empfänger und Mitbewerber, die aber in aller Regel nicht beziffert und dargelegt werden können.

Die Unterlassungsansprüche werden allesamt häufig mit außergerichtlichen **Abmahnungen** – oder juristisch präziser mit Unterlassungsaufforderungen – geltend gemacht. Sie verpflichten, falls tatsächlich ein Unterlassungsanspruch besteht, zum einen den Werbenden zur Erstattung der häufig dafür nicht unerheblichen (Rechtsanwalts-)Kosten. Zum anderen muss das werbende Unternehmen zwecks Vermeidung einer Vertragsstrafe erklären, in Zukunft die monierte Direktmarketingmaßnahme zu unterlassen. Wird eine entsprechende Erklärung nicht oder nicht binnen Frist mit einer angemessenen Vertragsstrafe für den Fall einer zukünftigen Zuwiderhandlung abgegeben, droht eine einstweilige Verfügung vom dann möglicherweise angerufenen Gericht. Sie löst weitere Anwalts- und Gerichtskosten für den Verfügungsverpflichteten, also in diesem Fall das rechtswidrig geworbene Unternehmen, aus.

Erstattung der häufig dafür nicht unerheblichen Rechtsanwalts- Kosten

Schweiz

Seit 2007 gilt auch in der Schweiz das Opt-in-Prinzip

Die Schweiz verfolgte die innerstaatlichen Gesetzesänderungen seiner Nachbarländer in der Fernmeldegesetzgebung, die durch die EU veranlasst worden sind. Sie hatte ein klares Interesse daran, die Gesetze in diesem Bereich anzugleichen und entschied sich im Zuge dessen ebenfalls im Grundsatz für das den Konsumenten schützende **Opt-in-Prinzip** im Umgang mit fernmeldetechnisch gesendete Massensendungen mittels E-Mails, Telefaxen oder automatisierten Anrufen. [8] Dafür trat zum 01.04.2007 ein spezieller Verbotstatbestand im Bundesgesetz gegen den unlauteren Wettbewerb (UWG) in Kraft, vgl. Art. 3 lit o UWG nF.

In der Schweiz finden sich für fernmeldetechnisch gesendete Massensendungen neben dieser speziellen Regel im Wettbewerbsrecht auch einschlägige Vorschriften im Fernmeldegesetz (FMG) sowie der Verordnung über Fernmeldedienste (FDV). Eine Novellierung dieser Gesetze führte zu Änderungen, die einerseits das entschlossene Vorgehen auch der Schweiz gegen diese unerwünschte Form der Werbung verdeutlichen. Andererseits zeigt es, wie weit die Schweiz versucht ist, durch Implementierung der Vorgaben der EU in nationale Vorschriften eine ähnliche Rechtslage in harmonisierten Rechtsbereichen herzustellen. Beispielsweise wurde selbst die Lockerung des Datenschutzes im Falle dieser unerwünschten Werbung herbeigeführt und zentrale Zweckbestimmungen um die Bekämpfung von Massensendungen erweitert. Damit dürften zu Recht Tendenzen zu einer Einbeziehung der Rechtslage der EU, insbesondere der in Deutschland und Österreich, in zukünftigen Gesetzgebungsverfahren und Entscheidungsfindungen in der Rechtsprechung angenommen werden.

Die rechtliche Beurteilung des Direktmarketings außerhalb von Massensendungen ist aber mangels gesetzlicher Vorschriften schwierig und in der Lehre uneinheitlich. Denn mangels gesetzlich niedergelegter Zulässigkeitsvoraussetzungen müssen allgemeine Tatbestände aus dem UWG herangezogen werden. Die dann vorzunehmenden Wertungen führen zu unterschiedlichen Ergebnissen auch hinsichtlich der zentralen Frage, ob zuvor in diese Werbung hätte eingewilligt werden müssen oder nicht. Um belastbare und konkrete Antworten auf die Fragen nach der Zulässigkeit der Direktmarketingformen vor allem per Telefon und Fax in der Schweiz zu bekommen, sollte insofern auch die Rechtslage in Deutschland und Österreich und möglicherweise bereits die dort in Gesetzen niedergelegte Auffassungen und ergangene Entscheidungen einbezogen werden. Diese ohne weitere Prüfung aber eins zu eins auf die schweizerische Rechtslage zu übertragen, verbietet sich angesichts eigenständiger Rechtsordnungen und unterschiedlicher Hintergründe.

Die rechtliche Beurteilung des Direktmarketings außerhalb von Massensendungen ist mangels gesetzlicher Vorschriften schwierig

Allgemeines zur Rechtslage

In den schweizerischen Gesetzen findet sich wenigstens eine Vorschrift, die zumindest mittelbar Aussagen zu den Voraussetzungen der Telefonwerbung macht, vergleiche Art. 88 I FDV nF. Insbesondere für die rechtliche Beurteilung des Direktmarketings mit Mailing und Telefax kann insofern nur auf Rechtsprechung, allgemeine Erwägungen zum vorzunehmenden Interessenausgleich und – wie soeben erörtert – Rechtsvergleiche mit Deutschland und Österreich abgestellt werden. Die mangelnden gesetzlichen Regelungen zum Direktmarketing via Mailing, Telefon und Fax außerhalb von Massensendungen führen zusammen mit einer kargen Rechtsprechung, die wahrscheinlich auch einer hohen Selbstdisziplin der Werbebranche geschuldet ist [9], zu einer **höheren Rechtsunsicherheit**. Dies wird sich voraussichtlich erst dann ändern, wenn sich auch der schweizerische Gesetzgeber dazu entschließt, die Zulässigkeitsvoraussetzungen für alle medialen Direktmarketingformen im Gesetz zu verankern. Einzelne Gerichtsentscheidungen untergeordneter Instanzen oder die Mehrung der Stimmen in der Literatur für die eine oder andere Auffassung können hingegen nicht nachhaltig die bestehende Rechtsunsicherheit beseitigen.

Dies vorausgeschickt kann aber gesagt werden, dass der Beworbene bei Mailings, Werbeanrufen und -faxen

➤ den werblichen Charakter schnell erkennen,
➤ das werbende Unternehmen ausmachen und,
➤ dabei Kontaktdaten übermittelt werden sollten, die für das Abbestellen der jeweiligen Werbung genutzt werden können.

➤ Darüber hinaus sollte für eine rechtmäßige Bewerbung der Beworbene in Werbefaxe vor Erhalt eingewilligt haben und darf vor dem Erhalt von Werbepost und Werbeanrufen nicht widersprochen haben.

Zudem darf die Direktmarketingmaßnahme – wie jede andere Werbemaßnahme beziehungsweise Wettbewerbshandlung – in ihrem Inhalt selbstverständlich nicht gegen gesetzliche Bestimmungen verstoßen, insbesondere nicht irreführend sein.

Identität des Absenders / Abbestellmöglichkeit / Verbot der Irreführung

Die Ausführungen zur österreichischen Rechtslage, die die allgemeinen und mediumsunabhängigen Zulässigkeitsvoraussetzungen wie Identitätsangabe des werbenden Unternehmens, Abbestellmöglichkeit und Verbot der Irreführung durch Inhalte und Tarnung der Werbebotschaft betreffen, sollten auch auf die Rechtslage in der Schweiz zu übertragen sein. Dies gilt auch dann, wenn diese Voraussetzungen der schweizerische Gesetzgeber lediglich im Zusammenhang mit Massensendungen statuiert. Denn diese Informations- und Transparenzpflichten sind letztlich Ausfluss von allgemein anerkannten Grundsätzen wie sie auch das allgemeine schweizerische Lauterkeitsrecht kennt und sie im UWG in unterschiedlicher Ausprägung zum Ausdruck kommen. Daher finden sie sich auch in der Checkliste und sollten bei der Gestaltung und Durchführung von Direktmarketingkonzepten in der Schweiz beachtet werden.

Für Informations- und Transparenzpflichten gilt das allgemeine schweizerische Lauterkeitsrecht

Einwilligung

Ebenso lassen sich die Aussagen zur Einwilligung hinsichtlich geforderter Elemente und Formen wenigstens prinzipiell auf die schweizerische Rechtslage übertragen. Dagegen sollte die Frage nach einer wirksamen Einwilligung des Kunden durch AGB in den Empfang von Werbenachrichten in diesem Land gesondert untersucht und Rechtsprechung dazu verfolgt werden, falls diese überhaupt dazu auszumachen sein wird.

Wenigstens im Ergebnis darzustellen ist noch das vorherige Einwilligungserfordernis als Zulässigkeitsvoraussetzung in Abhängigkeit von dem für das Direktmarketing gewählte Medium in der Schweiz. Denn im Telefonmarketing bestehen, verglichen mit Deutschland und Österreich, bemerkenswerte Unterschiede.

Mailing

Potentielle Kunden können mit adressierten Briefen und Katalogen solange beworben werden, wie sie nicht gegenüber dem Werbetreibenden ausdrücklich oder mittels entsprechenden Aufklebers auf dem Briefkasten oder mittels Eintrages in die Robinsonliste für adressierte Werbung des Schweizer Direktmarketing Verbandes SDV widersprochen haben.

Telefon

Die Lehre möchte überwiegend die Telefonwerbung als Fall des allgemeinen Verbotstatbestandes des Art. 3 lit. h UWG nF als unlauter und rechtswidrig einstufen, falls eine Einwilligung dazu nicht vorher gegeben worden ist. Andere verneinen die dazu erforderliche Beeinträchtigung der Entscheidungsfreiheit des Angerufenen und möchten die Beurteilung vom einzelnen Fall abhängig machen.

Dessen ungeachtet hat der schweizerische Gesetzgeber, obwohl er dazu die Möglichkeit während der Revision des FMG/FDV gehabt hat, an der Vorschrift festgehalten, die gewährleistet, dass Kundinnen und Kunden eindeutig im Verzeichnis zu kennzeichnen sind, die Werbemitteilungen nicht erhalten wollen. Aus Art. 88 I i.V.m. Art 11 lit e FDV nF kann e contrario der Schluss gezogen werden, dass auch das Cold-calling so lange rechtlich möglich sein muss, wie der Angerufene nicht zielgerichtet widerspricht oder allgemein seinen entgegenstehenden Willen durch eine Markierung seines Eintrages im Telefonverzeichnis der Swisscom mit einem Stern oder durch Eintrag in der Robinsonliste des Schweizer Direktmarketing Verbandes zum Ausdruck bringt. Offensichtlich wollte der Gesetzgeber an der langen wirtschaftsfreundlichen Tradition, die Telefonwerbung in der Schweiz hat, festhalten und sah sich nur veranlasst, bei Telefonaten mittels Anrufmaschinen eine Opt-in-Regelung zu statuieren.

Telefax

In der Lehre ist es weit verbreitet, die Widerrechtlichkeit der Faxwerbung ohne vorherige Einwilligung entweder auf die Generalklausel in § 2 UWG oder den Tatbestand des Art. 3 lit h UWG zu stützen. Eine Rechtswidrigkeit der Werbung muss aber spätestens dann angenommen werden, wenn die Versendung der Werbefaxe an Empfänger erfolgt, die bereits dem Erhalt von Werbenachrichten in der oben beschriebenen Weise widersprochen haben.

Rechtliche Folgen

Werden Zulässigkeitsvoraussetzungen wie beispielsweise die erforderliche Beachtung eines Widerspruches oder die vorherige Einholung einer Einwilligung nicht beachtet, kann eine Inanspruchnahme aus Wettbewerbs- und Zivilrecht drohen.

Unter wettbewerbsrechtlichen Gesichtspunkten kann vor allem ein **Unterlassungsanspruch** wegen Verstoßes gegen die Generalklausel oder Art. 3 lit. h UWG nF und im Fall von Massensendungen gegen Art. 3 lit. o UWG nF geltend gemacht werden.

Funktionsvereitelung kann zu Eigentumsfreiheitsklage oder Besitzesschutzklage führen

391

Liegt eine widerrechtliche Verletzung von Eigentum oder Besitz durch Funktionsvereitelung des Telefon- oder Telefaxgerätes und unter Umständen des Briefkastens vor, kann mit der Eigentumsfreiheitsklage gem. Art. 641 II 2 Zivilgesetzbuch (ZGB) die Erhaltung des Eigentums in ungestörtem Zustand beziehungsweise mit der Besitzesschutzklage gem. Art. 928 ZGB die Beseitigung der Störung vom Empfänger aus zivilrechtlicher Sicht verlangt werden. Möglicherweise kann im Einzelfall auch eine Persönlichkeitsverletzung nach Art. 28 ZGB durch unerwünschte Werbung angenommen werden, die ebenfalls negatorische Ansprüche auslöst.

Literatur

[1] RL 2002/58/EG – ABl EG Nr. L 201/37.

[2] VfGH, Urteil v. 10.10.2002, G267/01: Der VfGH überprüfte 2002 die Verfassungsrechts- und Gemeinschaftsrechtskonformität des § 101 TKG (alt) und setzte sich in diesem Zusammenhang mit der Rechtmäßigkeit verschiedener Direktwerbeformen auseinander.

[3] OGH, 4 Ob 59/00f. – Black Jack I.

[4] OGH, Urteil v. 02.08.2005, 1 Ob 104/05h.

[5] Fachverband Werbung und Marktkommunikation, Wiedner Hauptstraße 73, 1040 Wien, Fax: +43(0)5 90900-285, E-Mail: werbung@wko.at

[6] OGH, 29.04.2003, 4 Ob 24/03p zur Vorgängerbestimmung § 101 TKG.

[7] OGH, 28.10.1997, 4Ob 320/97f.

[8] Andreas Dudli, sic! 7+8/2007, S. 563ff. unter www.sic-online.ch/2007/documents/563.pdf

[9] Zu den von der Schweizerischen Kommission für Lauterkeit (Lauterkeitskommission, SLK) dazu aufgestellten Grundsätzen vergleiche unter www.lauterkeit.ch/pdf/grundsaetze.pdf

Checkliste deutsche Rechtslage

Die Einwilligung des Empfängers als zentrale Zulässigkeitsvoraussetzung der Direktwerbung in Abhängigkeit vom verwendeten Medium und seiner Qualifizierung als Verbraucher oder Unternehmer im konkreten Einzelfall nach der deutschen Rechtslage

	Ohne Einwilligung	Mit vorheriger mutmaßlicher Einwilligung	Mit vorheriger ausdrücklicher oder konkludenter Einwilligung
KONVENTIONELLE MEDIEN			
Mittels Brief			
Verbraucher	zulässig	zulässig	zulässig
Unternehmer	zulässig	zulässig	zulässig
Mittels Telefon			
Verbraucher	unzulässig	unzulässig**	zulässig
Unternehmer	unzulässig	zulässig	zulässig
Mittels Telefax			
Verbraucher	unzulässig	unzulässig**	zulässig
Unternehmer	unzulässig	**unzulässig****	zulässig
ELEKTRONISCHE POST			
Mittels E-Mail, SMS und MMS			
Verbraucher	**grds. unzulässig*** **mit Ausnahmen**	**grds. unzulässig*** **** mit Ausnahmen**	zulässig
Unternehmer	**grds. unzulässig*** **mit Ausnahmen**	**grds. unzulässig*** **** mit Ausnahmen**	zulässig

Verbraucher = jede natürliche Person, die ein Rechtsgeschäft zu einem Zwecke abschließt, der weder ihrer gewerblichen noch ihrer selbstständigen beruflichen Tätigkeit zugerechnet werden kann, § 13 BGB.
Unternehmer = eine natürliche oder juristische Person oder eine rechtsfähige Personengesellschaft, die bei Abschluss eines Rechtsgeschäfts in Ausübung ihrer gewerblichen oder selbstständigen beruflichen Tätigkeit handelt, § 14 I BGB.

* Auch in den Fällen, in denen keine oder keine mutmaßliche Einwilligung vom Empfänger vorliegt, ist die Versendung von elektronischer Post zulässig, wenn die elektronische Postadresse im Rahmen eines Bestellvorgangs generiert wurde und der Kunde bei der erstmaligen Adressenerhebung und bei jeder Verwendung darauf hingewiesen wurde, der Verwendung seiner Adresse zu widersprechen und zukünftig diese Adresse gegenüber dem Kunden nur zur Bewerbung von eigenen ähnlichen Artikeln und Leistungen genutzt wird und der Kunde der Verwendung nicht widersprochen hat (Sogenannte Soft-opt-in-Regelung, die ins neue dUWG aufgenommen worden ist).

** Grundsätzlich kann eine lediglich mutmaßliche Einwilligung nach dem Gesetzeswortlaut nicht die zulässige Versendung einer solchen Werbeform ermöglichen, vergleiche § 7 dUWG n. F. Es handelt sich jedoch dabei nur um eine typisierte Interessenabwägung. Einzelne Urteile haben bereits verdeutlicht, dass im Einzelfall die Interessenabwägung es rechtfertigt, vom Erfordernis des vorherigen ausdrücklich oder konkludent erklärten Einverständnisses abzusehen. (vergleiche BGH GRUR 2001, 1181, 1183 – Telefonwerbung für Blindenwaren; BGH GRUR 2002, 637, 639 – Werbefinanzierte Telefongespräche; OLG Köln K & R 2002, 254, 256) Diese Rechtsprechung, die zur Telefonwerbung ergangen ist, dürfte sich auch auf die Werbung mit anderen Medien übertragen lassen, wenn die Umstände des Einzelfalles es zulassen. Insbesondere in Fällen der Erfüllung einer vertraglichen Verhaltenspflicht durch die Kontaktaufnahme, etwa wenn Gefahr im Verzug ist und nur mit dieser Kontaktaufnahme sicher gestellt werden kann, etwaige Schäden vom Kontaktierten fern zu halten, sollte der Kontaktierende auch dann von einer mutmaßlichen Einwilligung ausgehen dürfen, wenn das Gesetz diese Form der Einwilligung für das betreffende Medium nicht vorsieht.

Erläuterungen zur Tabelle:

Aus der tabellarischen Darstellung ergibt sich der rechtliche Zusammenhang zwischen der Eingriffsintensität der jeweiligen Direktwerbeform und der dafür erforderlichen Einwilligung des Empfängers nach der deutschen Rechtslage: je größer die potentiell belästigende Wirkung der gewählten Direktwerbeform für den Empfänger ist, desto höhere Anforderungen werden an seine Einwilligung gestellt.

Die Direktwerbung mittels elektronischer Post wird, wie aus der Tabelle ersichtlich, vom deutschen Gesetzgeber unabhängig von der konkreten Kommunikationsform E-Mail, SMS oder MMS wie die Direktwerbung mittels Telefax, an die innerhalb der Gruppe der herkömmlichen Medien die höchsten Zulässigkeitsvoraussetzungen gestellt werden, betrachtet. In dem nunmehr seit dem 03.07.2004 einschlägigen § 7 II Nr. 3 dUWG n. F. sind für beide Direktwerbeformen die gleichen Voraussetzungen normiert.

Zuvor beurteilte die Rechtsprechung die direkte Werbung mittels elektronischer Post bereits nach ähnlichen Grundsätzen wie die Telefaxwerbung. Es wurde argumentativ in erster Linie auf die Kosten für den Empfang, den zeitlichen Aufwand für das Löschen, die Beeinträchtigung des Empfangsgerätes und des Kommunikationsweges und die überaus große Nachahmungsgefahr wie bei der Telefaxwerbung abgestellt und verwiesen. Gegenstand dieser Bewertung durch die Rechtsprechung sind bisher nur E-Mails und SMS gewesen, wobei im Ergebnis der Versendung einer SMS noch größeres Belästigungspotential eingeräumt wurde.

Grundsätzlich hat der Empfänger unabhängig von seiner Verbraucher- oder Unternehmereigenschaft im konkreten Einzelfall ausdrücklich oder konkludent in den Empfang von elektronischer Post einzuwilligen.

Daneben räumt der deutsche Gesetzgeber unter engen Voraussetzungen eine praktisch sehr bedeutende zulässige Versendung von elektronischer Post ein, ohne dass es auf die Einwilligung des Empfängers ankommt. In ganz seltenen Ausnahmefällen könnte die Versendung sogar auch von elektronischer Post von einer mutmaßlichen Einwilligung gedeckt sein, obwohl der Wortlaut der anzuwendenden gesetzlichen Bestimmung dies nicht vorsieht. Zu beachten sind daher auch die beiden Anmerkungen, auf die in der Tabelle an entsprechender Stelle mit einem Sternchen verwiesen wird. Mit der fetten Schrift wird auf die Veränderungen zur bisherigen Rechtslage vor Inkrafttreten des neuen UWG hingewiesen.

Checkliste österreichische Rechtslage

Die Einwilligung des Empfängers als zentrale Zulässigkeitsvoraussetzung der Direktwerbung in Abhängigkeit vom verwendeten Medium und seiner Qualifizierung als Verbraucher oder Unternehmer im konkreten Einzelfall nach der österreichischen Rechtslage.

	Ohne Einwilligung	Mit vorheriger mutmaßlicher Einwilligung	Mit vorheriger ausdrücklicher oder konkludenter Einwilligung
KONVENTIONELLE MEDIEN			
Mittels Brief			
Verbraucher	zulässig	zulässig	zulässig
Unternehmer	zulässig	zulässig	zulässig
Mittels Telefon			
Verbraucher	unzulässig	unzulässig***	zulässig
Unternehmer	unzulässig*	unzulässig***	zulässig
Mittels Telefax			
Verbraucher	unzulässig	unzulässig***	zulässig
Unternehmer	unzulässig*	unzulässig***	zulässig
ELEKTRONISCHE POST			
Mittels E-Mail, SMS und MMS			
Verbraucher	grds. unzulässig** mit Ausnahmen	grds. unzulässig**/*** mit Ausnahmen	zulässig
Unternehmer	**grds. unzulässig*/** mit Ausnahmen**	**grds. unzulässig**/*** mit Ausnahmen**	zulässig

Verbraucher = jemand, für den das Geschäft nicht zum Betrieb seines Unternehmens gehört, § 1 I Nr. 2 KSchG.
Unternehmer = jemand, für den das Geschäft zum Betrieb seines Unternehmens gehört, § 1 I Nr. 1 KSchG.

(*) Gem. § 12 III WAG a. F. waren für bestimmte Finanzdienstleistungen Werbeanrufe-, -faxe, -mails und -sms gegenüber Verbrauchern, also im Verhältnis B2C ohne vorheriges Einverständnis verboten. Dies galt nach der Bestimmung jedoch nicht für Werbenachrichten an Unternehmer im B2B-Bereich. Das Verhältnis von § 12 III WAG a. F. zu § 107 TKG, der mittlerweile grundsätzlich Werbenachrichten per Mail oder SMS auch gegenüber Unternehmern ohne vorheriges Einverständnis verbietet, war in der Vergangenheit offen geblieben. Man konnte letztlich jedoch nicht zu dem Ergebnis kommen, dass § 12 III WAG a. F. als speziellere Vorschrift für den Geschäftskundenbereich § 107 TKG a. F. verdrängt, so dass gegenüber Unternehmern eine Bewerbung bestimmter Finanzdienstleistungen ohne vorherige Einwilligung erlaubt wäre. Dies wäre ein Wertungswiderspruch, wenn Direktwerbung im B2B-Bereich mittels Telefonanrufen und -telefaxen zu Finanzdienstleistungen ohne Einverständnis erlaubt sei, dagegen zu weniger sensiblen Bereichen nicht. Der österreichische Gesetzgeber hat mit § 12 III WAG n. F., der jetzt generell auf die alte Fassung des § 107 TKG a. F. für die direkte Bewerbung bestimmter Finanzdienstleistungen verweist, diese Unklarheit beseitigt, aber durch die Verweisung auf die alte Fassung leider neue Unklarheiten hervorgerufen.

** Auch in den Fällen, in denen keine oder keine mutmaßliche Einwilligung vom Empfänger vorliegt, ist die Versendung von elektronischer Post zulässig, wenn die E-Mail-Adresse im Rahmen eines Bestellvorgangs generiert wurde und der Kunde bei der erstmaligen Adressenerhebung und bei jeder Übertragung klar und deutlich darauf hingewiesen wurde, der Verwendung seiner Adresse zu widersprechen und zukünftig dieser Adresse gegenüber dem Kunden nur zur Bewerbung von eigenen ähnlichen Artikeln und Leistungen genutzt wird und er die Zusendung nicht von vornherein, insbesondere nicht durch Eintragung in die in § 7 II E-Commerce-Gesetz genannte Liste, abgelehnt hat (sogenannte Soft-opt-in-Regelung, die in ähnlicher Form bereits in § 107 TKG a. F. implementiert wurde)

*** Im Gegensatz zum deutschen Gesetz gegen den unlauteren Wettbewerb (dUWG) wird weder im öUWG noch in einem anderen einschlägigen Gesetz wörtlich die so genannte „mutmaßliche Einwilligung" erwähnt. Aber in der österreichischen Judikatur taucht diese Erscheinungsform einer möglichen Einwilligung ganz vereinzelt auf, zum Beispiel OGH, Urteil v. 24.10.2000, 4 Ob 251/00s, in der eine mutmaßliche Einwilligung in Telefonwerbung als ausreichend erachtet wird oder LG f ZRS Wien, Urteil vom 2.7.2003, 35 R 156/03f, wo sie jedoch nicht Gegenstand der richterlichen Überprüfung ist. Generell ist die Annahme einer mutmaßlich erklärten Einwilligung aber problematisch. Bei der Werbung mittels Telefax und elektronischer Post dürfte sie sich sogar ganz verbieten. Der Gesetzgeber hat eine solche Möglichkeit im Gesetz nicht ausdrücklich vorgesehen und eine solche Auslegung des Begriffs Einwilligung in § 107 TKG n. F. ist im Bezug auf Werbung mit Telefaxen und elektronischer Post richtlinienkonform nicht möglich. Denn § 107 TKG n. F. ist im Lichte des Art. 13 I der Datenschutzrichtlinie für elektronische Kommunikation zu sehen, der eine solche Auslegung nicht zulässt. Gem. Art. 2 h) der Richtlinie des Europäischen Parlaments und des Rates vom 24. Oktober 1995 zum Schutz natürlicher Personen bei der Verarbeitung personenbezogener Daten und zum freien Datenverkehr, auf die die Datenschutzrichtlinie für elektronische Kommunikation verweist, ist eine Einwilligung der betroffenen Person jede Willensbekundung, die ohne Zwang, für den konkreten Fall und in Kenntnis der Sachlage erfolgt und mit der die betroffene Person akzeptiert, dass personenbezogene Daten, die sie betreffen, verarbeitet werden. Eine nur mutmaßliche oder stillschweigende Einwilligung stellt aber gerade keine Bekundung des Willens dar, so dass nur ausdrückliche oder konkludente Einwilligungen in die Zusendung von Telefaxen und elektronischer Post in Betracht kommen können. Es darf aber zumindest angenommen werden, dass wie in der deutschen Rechtsprechung, in besonderen Einzelfällen, der Kontaktierende mittels E-Mail oder Fax von einer mutmaßlichen Einwilligung ausgehen darf, die zu einer Zulässigkeit der Kontaktaufnahme führt. Dies ist dann der Fall, wenn die Kontaktaufnahme etwa zur Erfüllung wichtiger Vertragspflichten oder zur Beseitigung einer nicht anders abzuwendenden Gefahr eines möglichen Schadenseintrittes diente

Erläuterungen zur Tabelle:

Aus der tabellarischen Darstellung ergibt sich grundsätzlich der gleiche rechtliche Zusammenhang zwischen der Eingriffsintensität der jeweiligen Direktwerbeform und der dafür erforderlichen Einwilligung des Empfängers wie in Deutschland: je größer die potenziell belästigende Wirkung der gewählten Direktwerbeform für den Empfänger ist, desto höhere Anforderungen werden an die Qualität seiner Einwilligung gestellt.

Seit in Kraft treten des neuen Telekommunikationsgesetzes (TKG) am 01.03.2006, mit der die zuvor eingeführte Differenzierung zwischen Verbrauchern und Unternehmern als Empfänger elektronischer Post wieder aufgegeben worden ist, kommt es grundsätzlich bei keiner Form der Direktwerbung mehr auf die Qualifizierung des Empfängers an. Die Zulässigkeit einer Direktwerbeform beurteilt sich unabhängig vom Empfänger wie es auch aus der Tabelle ersichtlich wird. Die Direktwerbung mittels elektronischer Post wird auch vom österreichischen Gesetzgeber unabhängig von der Kommunikationsform E-Mail, SMS oder MMS betrachtet. An sie werden die gleichen Zulässigkeitsanforderungen im Hinblick auf die Einwilligung des Empfängers wie für die Werbung mittels herkömmlicher Medien durch Telefon und Telefax gestellt. Der prinzipielle Gleichklang der Zulässigkeitsanforderungen an die unterschiedlichen Werbeformen ist dem einschlägigen § 107 TKG n. F zu entnehmen.

Grundsätzlich muss der Empfänger von elektronischer Post seit in Kraft treten des neuen Telekommunikationsgesetzes am 01.03.2006 unabhängig von seiner Verbraucher- oder Unternehmereigenschaft im konkreten Einzelfall ausdrücklich oder konkludent in den Empfang einwilligen. Daneben räumt auch der österreichische Gesetzgeber unter vergleichbaren engen Voraussetzungen eine zulässige Versendung von elektronischer Post ohne das Einverständnis des Empfängers ein, die in der Praxis von großer Bedeutung sein wird. In ganz seltenen Ausnahmefällen könnte die Versendung auch von elektronischer Post von einer mutmaßlichen Einwilligung gedeckt sein, obwohl dies der Wortlaut weder der in diesem Fall einschlägigen noch für Direktwerbung einschlägigen gesetzlichen Bestimmung vorsieht. Mit der fetten Schrift wird auf die Veränderungen zur bisherigen Rechtslage, die es seit der Novelle des TKG zu berücksichtigen gilt, aufmerksam gemacht. Diese Umstände, auf die an entsprechender Stelle in der Tabelle mit einem Sternchen hingewiesen wird, gilt es zu berücksichtigen. Obwohl sich die aktuelle Gesetzeslage auch hinsichtlich der Bewerbung von Verbrauchern mittels elektronischer Post von der bisherigen unterscheidet, ist auf eine Markierung verzichtet worden, weil lediglich die Voraussetzungen des Ausnahmetatbestandes ergänzt worden sind und sich in der rechtlichen Bewertung nichts geändert hat.

PRAXIS

Auswahl einer
Dialogmarketing-Agentur   399

Dialogmarketing
im Versandhandel   407

Dialogmarketing
bei Finanzdienstleistern   416

Dialogmarketing in der
Versicherungsbranche   424

Dialogmarketing
im Automobilhandel   431

Dialogmarketing
im Fundraising   443

Dialogmarketing in der
politischen Kommunikation   452

In den verschiedenen Branchen gibt es doch so einige spezifische Erfahrungen mit dem Thema Dialogmarketing. Hieraus lässt sich einiges auch für die anderen Branchen ableiten.

Manfred Dorfer beginnt das Kapitel zunächst mit konkreten Tipps zur Auswahl einer passenden Dialogmarketing-Agentur. Vom Ideeshopping über Gratispitches bis zum Wettbewerbsverbot beleuchtet er die wichtigsten Aspekte.

Martin Groß-Albenhausen verrät, wie weit die Versandhandelsbranche schon in vielen Bereichen des Dialogmarketings ist. Er beschreibt die Verkaufsförderungs-Instrumente, Anschlusswerbemittel und Anstoßketten. Er geht auf RFM-Kriterien ebenso ein, wie auf die Responsekurve oder die Reaktivierung inaktiver Kunden.

Martin Nitsche erläutert, wie Finanzdienstleister Dialogmarketing einsetzen. Das Verfeinern des Responsemodells durch die Auswertung der Reagierer gehört hier zum Standard. Gesprächsanlässe sind in der auf Seriosität bedachten Branche ein wichtiges Thema.

Jan-Dirk Dallmer geht auf die Versicherungsbranche ein. Hier ist der Kontakt meist auf den Schadensfall begrenzt. Kontakthistorie und bevorzugte Kontaktwege sind wie die richtigen Anlässe ein wichtiges Thema.

Dieter Dahlhoff und Eva Janina Korzen beleuchten die Spezifika des Automobilhandels. Ein Händler weiß sehr genau, was seine Kunden wollen. Dieses Wissen muss unterstützt werden durch umfangreiche Dialogmarketingsysteme, über die bequem möglichst personalisierte Mailings generiert werden können.

Martin Dodenhoeft beschreibt, wie Spendenorganisationen Dialogmarketing einsetzen können. Gerade hier ist ja der direkte Dialog mit den Spendern eine ganz wichtige Säule der Arbeit. Aber auch hier sind Anstöße nötig, um Spendengelder zu gewinnen.

Kerstin Plehwe präsentiert zahlreiche Beispiele, wie Dialogmarketing in der politischen Kommunikation eingesetzt wird. Die Bandbreite reicht von sämtlichen deutschen Parteien bis zu Barack Obama in den USA.

Torsten Schwarz

Der **Kernpunkt des Dialogmarketing** ist die **kreative Strategie** und deren **Ausgestaltung**. Des subjektivsten, aber auch wichtigsten Teils einer Kampagne. Die Kreativabteilung einer Agentur ist **im Negativen eine Erfüllungs-Abteilung**, die Worthülsen liefert für starre Mechaniken. **Im Idealfall** aber eine **Ideen-Tankstelle**.

Aber bleiben wir beim Positiven: Herausforderung einer Dialogagentur ist es, ihre Kunden mit immer neuen Ideen zu überraschen und vor kreativen Ideen zu sprühen. Der Außenstehende verbindet solche Hot Shops oft als den Platz, wo ein Chaos das andere ablöst. Das mag zum Teil auch zutreffen. Es kommt immer auf den entsprechenden Blickwinkel an. Denn wer **Außergewöhnliches erreichen** will, muss auch **außergewöhnliche Wege zulassen**.

Ideen-Tankstelle Dialogagentur

Um hier Authentisches sagen zu können, ist es kein Nachteil, wenn man hier zig-Jahre „gelebt" hat. Als Geschäftsführer, Inhaber und Chef-Konzeptionist einer Werbeagentur war Dialogwerbung jahrelang nicht nur mein tägliches Brot, sondern auch meine Passion. Entsprechend dazu involvierte ich mich auch stark in den **Kreativprozess** (zur Freude oder auch zum Leidwesen aller „autorisierten" Berufskreativen, wie Texter und Grafiker).

Werfen wir einen Blick auf das **Entstehen einer Kampagne**. Es beginnt fast immer mit einem **Kunden-Briefing**. Dieses genau zu analysieren und zu verinnerlichen, ist die Pflicht jedes Dienstleisters in der Werbung. Auf nichts reagieren Auftraggeber so allergisch, wie auf Ideen-Vorschläge, die die Briefing-Vorgaben ignorieren oder sogar torpedieren.

Das Briefing ist die Vorgabe des Kunden mit der Beschreibung eines Problems, mit dem er sich meist über lange Zeit eingehend beschäftigt hat. Und: Zu dessen **Lösung** er einen **externen Experten** angefordert hat. Als Minimum kann er dann auch erwarten, dass dieser Experte auch sein Briefing liest und entsprechend umsetzt.

Dass dieses Minimum sehr oft nicht erreicht wird, davon kann so mancher Auftraggeber ein Lied singen. Wobei die Schuld nicht immer am Dienstleister liegt. Oft liegt es auch am **schwammigen Briefing**. Manchmal fangen die Probleme auch schon beim Briefing an – wenn das Briefing einfach nicht richtig ist.

Auch ich befand mich schon des Öfteren in dieser misslichen Situation, das Briefing falsch verstanden, falsch interpretiert oder einfach auch bewusst anders gesehen zu haben. Wie auch immer: Meetings, in denen man feststellt, dass die **Agentur am Briefing „vorbei"** arbeitete und dies präsentiert, sind meist keine Harmonie-Events.

Es gibt aber auch Ausnahmen. Zwar selten, aber ich habe sie so selbst erlebt. Der Marketing-Leiter einer Großbank, zuständig für Corporate Finance und langjähriger Kunde meiner Agentur, machte uns ein Kompliment, das man erst beim zweiten Hinhören als solches realisiert. Er sagte im O-Ton: „Ich briefe Euch und Ihr kümmert Euch nicht darum. Ihr entwickelt einfach neue Strategien. Das ist mutig, das macht mir Spaß…" Dies war kein Vorwurf, sondern ein dickes Kompliment. Denn danach folgte: „Mit euren neuen Strategien bietet Ihr mir immer neue und überraschende Lösungen. Lösungen, die sich als genial herausstellen,…" So ein **bewusstes Negieren von Briefing-Vorgaben** ist aber gefährlich. Es geht nur dann gut, wenn man seinen Auftraggeber auch wirklich kennt. Und: Wenn ein stabiles Vertrauensverhältnis zwischen Kunden und Agentur besteht. Natürlich auch nur dann, wenn die Werbeagentur in der Lage ist, über den Tellerrand einer Reklamefirma hinaus zu denken.

Über den Tellerrand hinaus denken

Wie auch immer. Der Kunde gibt der Agentur ein professionelles Briefing. Ein Briefing, das allerdings noch **offen** lässt, **mit welchen Instrumenten** die **Aufgabe gelöst werden soll**: Mit Dialogmarketing, mit Sales Promotions oder Mass Media oder einem anderen Instrument (wie zum Beispiel Public Relations oder Eventmarketing). In den meisten Fällen ist es auch kein Entweder-Oder, sondern ein Sowohl-als-Auch. Auf den **richtigen Mix** kommt es an. Oder der Kunde gibt ein dezidiertes Briefing für Dialogmarketing. Zielgruppen, Budgetgrößen, Zeitfenster und vor allem Marketing-Ziele stehen fest.

Kunden auf Brautschau

Das heißt, ein **Agentur-Wettbewerb** wird ausgeschrieben, um die richtige Agentur für eine „Schicksalsgemeinschaft" in der nächsten Zeit (wohl oder übel) zu finden. Was liegt da näher, als mögliche Kandidaten zu einem sportlichen Wettbewerb aufzufordern. Über eine so genannte **Wettbewerbspräsentation**. Oder wie die Profis sagen, über einen **Pitch**. Klingt auch fair und vernünftig.

Doch mit der **Vernunft ist es oft nicht weit her bei Wettbewerbs-Präsentationen**. Das fängt schon beim Geld an. Wurden solche Pitches früher fast ohne Ausnahme bezahlt, so erwarten heute immer mehr Unternehmen **kostenlose Präsentationen**. Das fehlende Präsentations-Honorar wird meist mit dem Versprechen begründet, dass man als Sieger ja mehr als überkompensiert werden würde. Das ist „der Schinken, der einem vor die Nase gehalten wird". Insistiert man dennoch auf ein Agenturhonorar, kommt der Standardsatz: „Trauen Sie sich nicht zu, zu gewinnen?" Würde man dies bejahen, wäre man als Verlierer stigmatisiert. Das will man natürlich nicht. Und jede (gute) Agentur geht davon aus, besser als die Anderen zu sein. Also lassen sich die Meisten ein auf das Motto: **The winner takes it all!** Denn das Ganze ist ja auch verbunden mit der goldenen Aussicht, als Sieger dann für den Imageleader (oder zumindest einen großen Namen) arbeiten zu können. Man spürt dann förmlich, wie „ein Ventilator hinter einen Schinken gestellt wird, damit der verlockende Geruch einem in die Nase zieht".

Nun, das ist so eine Sache mit unbezahlten Wettbewerbs-Präsentationen. Das Argument, man stelle sich einem harten, aber fairen Wettbewerb, ist in der Mehrzahl nur ein Lippenbekenntnis. **Sieben Argumente sprechen gegen unbezahlte Präsentationen:**

1. Ein Kunde wählt eine **Agentur** aus, weil er von ihr **beste Ideen** erwartet. Und bessere Ideen unterscheiden eine bessere Agentur von einer guten. Dass die Buchhaltung für richtige Rechnungen oder die Produktions-Abteilung für einwandfreie Produktions-Auftrags- und Überwachungsergebnisse steht, sollte für eine Agentur Pflicht sein. Außergewöhnliche Ideen sind hingegen deren Kür. Und diese **Kür zum Nulltarif**?

Argumente gegen unbezahlte Präsentationen

Man erwartet auch keine kostenlosen Star-Anwälte, die einem durch einen Gerichtsprozess begleiten. Nur weil man ihnen ein Erfolgshonorar bei Prozess-Gewinn versprochen hat. Oder kostenlose Architekten-Leistungen unterschiedlicher Architekten, wobei der Sieger das Haus bauen darf. Wir hielten uns in dieser Problematik immer an die Aussagen des Bierbrauers Heinicken, der mal sinngemäß sagte: „Sie können von mir alles geschenkt bekommen. Nur nicht mein Bier". Und **unser Bier sind unsere Ideen**.

2. **Nicht immer gewinnt** auch **das bessere Konzept** mit den **besseren Ideen** in solchen Wettbewerben. Ich gehe sogar davon aus, dass die besseren Konzepte in der Mehrzahl auf der Präsentations-Strecke bleiben. Warum? Besonders unsichere Kunden neigen zu Präsentations-Marathons. Aber man weiß auch, dass **unsichere Kunden klare Filter für neue Ideen** sind. Da hat es die me-too-Idee meist leichter. Die Idee, die schmerzlose Werbung transportiert. Außerdem sind Wettbewerbs-Präsentationen nicht immer wirkliche Wettbewerbe. Nicht selten werden solche auch als **kostenloses Druckmittel** gegenüber der bestehenden Agenturverbindung eingesetzt. Sei es, um deren Leistung zu erhöhen oder deren Honorar zu drücken. In der Regel ist es die Kombination aus beiden. Aber selbst bei weitgehend objektiven und fairen Wettbewerben liegen die **Chancen statistisch nur bei zwanzig Prozent** für einen Zuschlag, wenn fünf Agenturen eingeladen sind.

3. Kostenlose Präsentationen kennen bei Auftraggebern auch **keine Limitationen nach oben**. Warum nur zwei oder drei Agenturen zum Pitch einladen? Warum nicht gleich zehn oder zwölf? Es kostet ja nichts und erhöht den Unterhaltungs-Wert der Geschäftsleitung und deren Marketing-Abteilungen. Der **Haken dabei**: Je mehr Teilnehmer, desto schwieriger wird die Qual der Wahl. Empirisch gesehen gewinnt in den meisten Fällen die Agentur, die als letzte an der Reihe ist. Nicht selten begeben sich die teilnehmenden Agenturen mit steigender Anzahl der Präsentations-Teilnehmer in eine **gefährliche Todes-Spirale**. Je mehr Agenturen eingeladen sind, desto mehr Aufwand wird betrieben, um sich zum Schluss durchzusetzen. Je mehr Aufwand die einzelnen Agenturen betreiben, desto mehr werden eingeladen.

4. Bei weitem nicht jede gewonnene Präsentation ist in der Realität so erfolgreich, wie es zunächst in und nach der Präsentation den Augenschein hat. Zur **Ernüchterung**

kommt es häufig ganz **schnell** in der Umsetzung. Insider kennen die Formel für gute und vor allem erfolgreiche Werbung: **zehn Prozent Inspiration** und **neunzig Prozent Transpiration**.

Ideenshopping zum Nulltarif

5. Das größte Problem für die teilnehmenden Agenturen ist jedoch das des **Ideen-Shoppings zum Nulltarif** der (potenziellen) Kunden. Wer als Kunde kann schon dem „**Cherry-Picking**" widerstehen? Das heißt konkret, man pickt sich aus den verschiedenen präsentierten Konzepten der eingeladenen Agenturen die besten Einzelideen heraus. Und: Man ändert sie leicht ab, oder übernimmt sie dann einfach ungeniert 1:1.

6. Das Argument, dass **kostenlose Präsentationen** sich **langfristig rechnen**, darf **bezweifelt** werden. Auch wenn sie gewonnen werden. Denn der Kunde hat gelernt, dass seine Agentur unter Druck auch kostenlos arbeitet. Wochenlang, immer mit Tag- und Nachtschichten. In bis zu tausend Manntagen. Dass sie ein **Ideen-Feuerwerk für lau** liefert. Warum sollte er jetzt auf einmal großzügig sein? Die Agentur hat doch bewiesen, dass sie es mit sich machen lässt.

Und selbst **für den Auftraggeber** muss sich eine kostenlose Präsentation **nicht zwangsläufig rechnen**. Jede Agentur wird versuchen, zumindest mittelfristig zu ihrem Recht (Geld) zu kommen. Indem sie ihre Neugeschäfts-Investitionen aus dem bestehenden Geschäft über Leistungs-Einsparungen bei bestehenden Kunden finanziert. Also wird der Kunde, der mit viel Aufwand erkauft wurde, bald **selbst Opfer seiner Shopping-Strategie**. Der Agentur kann man es nicht verdenken. Denn wie jede Agentur ist auch sie ein Wirtschaftsunternehmen, das Geld verdienen muss.

Teilnahme an unbezahlten Wettbewerbs-Präsentationen verstößt gegen Ehrenkodex und führt zu Verbands-ausschluss

7. Last but not least: Die Teilnahme an unbezahlten Wettbewerbs-Präsentationen verstößt gegen den Ehrenkodex im Deutschen Dialogmarketing Verband (DDV). Eine nachgewiesene **Teilnahme** kann bis hin zum **Verbandsausschluss** führen.

Die Verlockungen des Ideen-Shoppings

Vor **Ideen-Shopping** ist man auch **bei bezahlten Präsentationen** nicht sicher. Ich erinnere mich an eine Präsentation für ein Club-Konzept eines Franchise-Shop-Systems. Nach unserer Präsentation meinte der Marketingleiter im Überschwang: „Großes Kompliment. Wenn ich jetzt Ihre Leistung benoten müsste, von ein total daneben bis hundert total erfüllt, dann haben Sie soeben zweihundert erreicht".

In freudiger Erwartung auf einen neuen Auftrag gingen wir danach ins Wochenende. Aus einem Wochenende wurden mehrere. Der vermeintliche Neukunde war nie zu erreichen. Immer in Meetings oder auf Reisen. E-Mails blieben unbeantwortet. Rückruf-Versprechen unerfüllt. Was aber nach einigen Wochen eintraf, war ein Brief. In diesem Brief hat man uns lakonisch mitgeteilt, dass eine **Wettbewerbs-Agentur** genau **dieselben Ideen** hatte wie wir. Man habe sich nun für diese andere Agentur entschieden, da man diese schon lange kenne. Und mit dieser hätte man auch schon gute Erfahrungen in der Zusammenarbeit gemacht. Interessanterweise habe diese Agentur auch denselben Club-Namen sich ausgedacht wie wir. Wir hätten wohl nichts dagegen, wenn sie diesen jetzt auch benutzen würden. Oder? Ja! Solche „Zufälle" gibt es manchmal im Leben.

Wege der Partnerfindung: Testprojekte und Intensiv-Gespräche

Ich habe immer wieder die Erfahrung gemacht, dass Accounts, die **nicht über** einen klassischen **Pitch** gewonnen wurden, später **die besten Erfolgsergebnisse** einbrachten. Die weit überwiegende Zahl der Kampagnen, für die wir Preise gewannen, waren keine gewonnenen Pitch-Ergebnisse. Sie resultierten aus Aufträgen, die wir aufgrund von qualitativen und intensiven Vorgesprächen generierten. Oder auch auf Basis von **abgeschlossenen Testprojekten**. In dem die Agentur die Chance hatte, sich über einen begrenzten Zeitraum für ein begrenztes Testprojekt zu qualifizieren. Solche Testprojekte haben den ganz großen **Vorteil**, dass man sich im **Tagesgeschäft** kennen lernt.

Sich im Tagesgeschäft kennen lernen

Ein solches erfolgreiches **Testprojekt** führten wir für die Hongkong-Airline **Cathay Pacific** durch. Es war die Basis für ein späteres Großprojekt, das wir Hongkong SuperCity nannten. Ein Projekt, das von Cathay Pacific initiiert und finanziert wurde. Es war eine Dialog-Kampagne, die bereits **innerhalb fünf Wochen den kompletten Return on Investment** einspielte. Mehr dazu in der Fallbeschreibung am Ende dieses Kapitels.

Branchen-Erfahrung als Entscheidungsgrund

Ein häufiger Grund für eine Agentur-Entscheidung ist deren **Erfahrungs-Hintergrund**. Wer zum Beispiel Erfahrung im CRM für Automobile hat, ist auch für Wettbewerbsmarken interessant. Wird er kurzfristig konfliktfrei, hat er gute Chancen mit einem neuen Auftrag aus der Branche entschädigt zu werden. Also dann, wenn er seinen bisherigen Auftraggeber verliert oder diesen freiwillig aufgibt.

Es gibt auch Fälle, wo eine Agentur aufgefordert wird, ihren bisherigen Kunden den Laufpass zu geben, wenn man sich für einen bedeutenderen und größeren Auftrag qualifizieren will. Die Praxis zeigt immer wieder, dass solche Angebote zwar **kurzfristig attraktiv, aber langfristig meist kein gutes Geschäft** sind. Denn Firmen, die Illoyalität in der Anbahnungsphase von ihrer Agentur erwarten, werden auch ihrer neuen Agentur wenig Loyalität in der Zusammenarbeit entgegenbringen.

Illoyalität endet nicht

Es kann nur einen geben – die Forderung nach Wettbewerbsverbot

Weit verbreitet ist die Forderung von Kunden, dass die Agentur sich auf einen **Wettbewerbs-Ausschluss** einlässt. Dass diese Agentur also nur für den bestehenden Auftraggeber in der Branche arbeitet. Dass zum Beispiel eine Direktbank es sich verbietet, dass die Agentur auch für eine andere Direktbank arbeitet. Viele gehen sogar weiter und verlangen dann auch einen Verzicht auf alle anderen Banken.

Es gibt sogar Kunden, die in so einem Fall dann die Agentur für alle anderen Finanzdienstleister sperren (um hier beim Beispiel zu bleiben).

Das Ansinnen auf **Konkurrenz-Ausschluss** ist **grundsätzlich nachvollziehbar**. Denn als Dialogmarketing-Unternehmen arbeitet man **nahe** an den **Schaltzentralen** von Unternehmen. Man hat Zugang zu geheimen Informationen. Zu Zukunftsplänen. Zu Produkt-, Vertriebs- und vor allem Marketing-Strategien. Diese will man natürlich nicht der Konkurrenz quasi „auf dem Silbertablett" servieren.

Unternehmens-berater haben auch kein Wettbewerbs-verbot

Doch **warum** gelten diese **Bedenken** nur für Werbeagenturen und **nicht** auch **für** die **Unternehmens-Beratungsfirmen**? Und dass, obwohl Unternehmensberater meist einen noch tieferen Einblick in die **„Giftschränke"** ihrer Kunden haben, als Werbe- beziehungsweise Dialog-Agenturen. Die Unternehmensberatungen haben es verstanden, ein Geschäftsmodell daraus zu entwickeln. Sie akquirieren so zum Beispiel die Nummer 2 der Branche, indem sie sich auf ihre Erfahrungen aus der Arbeit für die Nummer 1 berufen. Und umgekehrt. Hier bei den Unternehmensberatungen werden solche **Erfahrungen quotiert**, warum nicht auch bei (Dialog-) Werbeagenturen?

Auch eine Dialog-Agentur kann durch ihre **Erfahrungen für** zwei Branchengrößen ein interessantes **Synergie-Potenzial** liefern. Vor allem kann dies auch eine gute **Absicherung gegen Flops** sein. Kaum eine Agentur wird den gleichen Fehler zweimal machen. In Japan arbeiten praktisch alle großen Agenturen für alle Großen der Branche. Die Top 3 der Werbeagenturen haben auch alle Account-Teams für die Top 3 der Automobil-Hersteller. Und das Ganze funktioniert bestens.

Problematik Wettbewerbs-Ausschluß

Die besten Agenturen sind über Konkurrenz-Ausschluss geblockt

Ein restriktiver Konkurrenz-Ausschluss bedeutet oft den Tod von Innovationen. Warum? Weil bei strenger Auslegungen im **Extremfall** sich jedes Unternehmen, das mit Elan neu im Markt einsteigt, sich mit der zweit-, dritt- oder x-besten Agenturlösung zufrieden geben muss. Die **Besten sind** nämlich über Konkurrenz-Ausschluss **geblockt**.

Unabhängig von den genannten Nachteilen von Konkurrenz-Ausschlüssen, kann auch die **Wirkung** von solchen Verboten **angezweifelt** werden. Denn kein Konkurrenz-Ausschluss kann verhindern, dass Mitarbeiter wechseln. Und Jobwechsel gehen in kaum einer anderen Branche so schnell wie bei Werbeagenturen. So wird der Geheimnis-Träger von Heute auf Morgen für den verfeindeten Wettbewerber tätig.

Keine brauchbare **Lösung** ist es, die Agentur bewusst dumm zu halten, um nichts verraten zu können. Damit würde man freiwillig auf einen Großteil ihrer Leistungen verzichten. Mal unterstellt, dass es sich bei der Agentur um ein professionelles Beratungsunternehmen handelt. Eine Agentur, die auch in der Lage ist, **strategisch** zu **denken**. Leider ist diese Grundanforderung **nicht** bei jeder Dialogagentur **selbstverständlich**.

Wer im Zusammenhang mit seiner Agentur nur an Geheimnisverrat denkt, hat auch ein grundsätzliches Problem mit ihr. Denn ohne Vertrauen entstehen kaum Spitzenleistungen.

Einblick in die Strukturen einer Dialog Agentur

Die auffälligsten und bekanntesten Professionen in einer Dialog Agentur sind die **Berater und** die **Kreativen**. Den Berater lernt der Kunde als Ersten und auch in der Zusammenarbeit am intensivsten kennen.

Kontakt mit den Kreativen beschränkt sich meist auf Präsentationen und wichtigen Meetings. Die **Kreativen** sind in der Regel dafür **verantwortlich, wie innovativ** eine Agentur wirklich ist. Sie machen den Unterschied aus zwischen einer guten und einer besseren Agentur. Das macht sie auch zu den **Lichtgestalten** einer Agentur. Die Kreativen kommen entweder vom Wort (Texter) oder vom Bild (Grafiker). Beide beanspruchen die Rolle der Agentur-Diva für sich.

Berater und Kreative leben in einer Art **Zwangsehe**. Der Berater sieht sich gewissermaßen als Anwalt des Kunden. Im Idealfall gibt er die Richtung vor und bereitet den Kreativen den Boden für außergewöhnliche Ideen. **Manche Berater** sehen ihre Aufgabe auch darin, **neue Ideen** zu verhindern. **Aus fehlendem Mut oder fehlenden Visionen. Aufgabe des Beraters ist** es auch, Spezialisten zu **involvieren und** zu **orchestrieren**. Also Spezialisten wie Strategic Planners, Marktforscher, Database-Spezialisten, Produktioner und externe Spezialisten wie List- oder Media Planner zu einem **Team** zu **formen**. In kleineren Agenturen ist er auch schon mal für alles selbst zuständig. Was gut gehen kann, aber in der Mehrzahl doch auf Kosten der Qualität im Detail geht. Zumal dann, wenn dieser **„Multifunktions-Berater"** auch noch für die Kreation verantwortlich ist (was gar nicht so selten vorkommt in der Praxis).

> Aufgabe des Beraters ist es, Spezialisten zu involvieren und zu orchestrieren

Aber zurück zum klassischen **Berater**, dem **Produktmanager der Werbeagentur**. Er ist letztendlich auch für die Ergebnis-Analyse zuständig. Und: Für die **„Lessons learned" für künftige Aktionen**. Voraussetzung für einen solchen Berater ist, dass er auch in der Lage ist, strategisch und strukturiert zu beraten. Er muss einen **Business-Sensor** haben und sich Ergebnissen stellen. Denn im Dialogmarketing ist alles messbar. In der Praxis sieht das dann so aus, dass zum Beispiel ein Siegermail von heute beim nächsten Einsatz von begleitenden Testmails herausgefordert wird. Getreu nach dem Motto: Beat the Control.

Berater und Kreative – Konflikte sind vorprogrammiert

Diese klassische Rollenverteilung zwischen Berater und Kreativen in den Agenturen ist in der Praxis nicht immer reibungsfrei. In ihr steckt gehörig **viel Zündstoff**. Denn ein gestandener Berater wird sich kaum mit **mediokren Ideen** der Kreation zufrieden geben. Genauso, wie er keine abwegigen Spinnereien zulassen wird. Und auch kein Creative Director wird gewillt sein, nur zuzuschauen, wie ein Berater den gemeinsamen Kunden **wissentlich oder unwissentlich ins Verderben** lotst.

Diese latenten **Konfliktfelder** haben die Agenturen natürlich erkannt. Sie reagieren darauf auf ihre Art. **Entweder**, indem die **Berater das Sagen** und die Kreativen das zuzuliefern haben, was die Beratung vorgegeben hat. **Oder** sie reagieren genau umgekehrt und degradieren deren **Berater** zu „**Pappenträger**", die einfach die „genialen" Ideen ihrer Kreativen an den Kunden zu überbringen haben. Ein solches Vorgehen klingt zwar abstrus, ist aber nicht so selten in der Praxis. Selbst bei den Marktführern unter den Dialogmarketing-Agenturen. Bei Agenturen also, die einen kaum rational nachvollziehbaren **Kreativ-Kult** betreiben. Dieser geht so weit, dass **nur „autorisierte" Kreative Recht auf Ideen** haben. Dass also der Berater die Idee des Kreativen mit Begeisterung seinem Kunden zu verkaufen hat. Unabhängig davon, wie gut diese wirklich ist. Es ist ihm allerdings untersagt, selbst eine Kreativ-Idee mit einzubringen.

Nur „autorisierte"
Kreative haben
ein Recht auf
Ideen

Noch viel häufiger vertreten ist das **andere Extrem**. Das der **Berater-Agentur**. Hier sind die **Kreativen** die **Knechte der Berater-Herren**, was man dann auch den Werbemitteln ansieht. Seien es **Junk-Mails, Spams** oder andere **aufdringliche Hässlichkeiten**. Mails, deren einziger Reiz darin besteht, den Brechreiz auszulösen, wenn der Empfänger den Computer einschaltet oder seinen Briefkasten öffnet.

Diese Agenturen arbeiten nach dem Prinzip Hit & Run. Ihnen fehlt es an Innovation und an Empathie. Sie kennen nur ein Ziel: Hauptsache, man kann einen Empfänger über den Tisch ziehen. Man schielt nach **ein oder zwei Prozent Response**, **kümmert** sich aber **nicht** über die **restlichen** 98 oder **99 Prozent** der **Nicht-Reagierer**. Doch auch diese hat das Mail erreicht. Im besten Fall blieb dieses bei ihnen ungesehen und ungehört. Wurde es aber registriert, hat es wahrscheinlich auch einen Imageschaden hinterlassen.

Keiner kümmert
sich um die
98 Prozent
Nicht-Reagierer,
bei denen die
Kampagne einen
Imageschaden
hinterlässt

Es geht auch anders

Wirklich erfolgreich kann nur eine Agentur sein, in der die richtige Balance zwischen Beratung, Kreation und anderen Abteilungen besteht. Agenturen, die **keine Denkverbote** kennen. Wo die bessere Idee zum Maß der Dinge wird und nicht der, der sie hatte. Wo Grafiker Text-Ideen haben und Texter Bildideen. Wo Berater sich strategisch mit den Kreativen austauschen und auch ein Kreativ-Input eines Database-Experten willkommen ist. Wo nicht Top down herrscht, sondern **Bottom up**.

Das bedeutet aber nicht, dass hier keine **Hierarchien** mehr bestehen. Es gibt sie, sie sind allerdings **auf das Nötigste beschränkt**. Es herrscht hier auch **keine Anarchie**, sondern im Gegenteil: Disziplin und Eigenverantwortung sind von jedem Einzelnen gefordert. Man sieht sich als ein Team, das gemeinsam siegt, oder auch untergeht.

Das war auch die Arbeitsphilosophie meiner ehemaligen Agentur. Arbeiten ohne Scheren im Kopf. Im Team. Und: **Arbeiten nach dem Lustprinzip**. Wohl wissend, dass unter Motivation bessere Leistungen entstehen, als unter Druck. Einzigartige Business-Ideen und spektakuläre Erfolge für namhafte Premium-Kunden gaben dieser Philosophie Recht.

DIALOGMARKETING IM VERSANDHANDEL

MARTIN GROSS-ALBENHAUSEN

10

Der Versandhandel hat sich über Jahre zugute gehalten, die Entwicklung des Dialogmarketing oder besser noch: Direktmarketing, mehr als andere voran zu treiben. Dieser Anspruch gilt auch neben den großen Neukunden-Maschinen der Verlagsindustrie. Die Versender sehen sich als Speerspitze des Dialogmarketing, weil sie über eine permanente Folge von Direktmarketing-Impulsen den Kunden reaktivieren.

Diese **„Aktivquote"** ist eine der wesentlichen Kennzahlen für Versandhändler. Anders als Verlage oder Finanzwirtschaft, die per Direktmarketing Verträge im Dauerschuldverhältnis generieren – also Abonnements oder Policen mit längerer Laufzeit und regelmäßigen Zahlungen – muss der Versender damit leben, dass ein Neukunde zunächst mit Verlust eingekauft wird und nur über die Folgeeinkäufe profitabel wird. Der Einmalkäufer zählt in vielen Versandhäusern daher noch nicht zum Kundenstamm.

> Neukunde wird zunächst mit Verlust eingekauft und nur über die Folgeeinkäufe profitabel

Darüber hinaus geht ein bestimmter Prozentsatz an Kunden Jahr um Jahr verloren. Diese **„Abschmelzquote"** kann der Versender nur hinnehmen, sie gehört einfach dazu. Umgekehrt bedeutet das: Ein Versender, der nicht permanent um den Neu- und Stammkunden wirbt, hat spätestens nach zwei bis drei Saisons ein massives Problem. Spitz formuliert: Wenn die Aktivquote und der Kundenstamm sich dauerhaft negativ entwickeln, ist der Versender in 18 Monaten pleite.

Wie agiert der Versandhändler mit den Mitteln des Dialogmarketing? Betrachten wir dazu den **Lebenszyklus eines Kunden**, vom Status eines „targets" oder „prospects" über den **qualifizierten Interessenten**, den **Erst- und Mehrfachkäufer** bis zum **Inaktiven** und schließlich „Keller 3"-Adresse. Wie sehen in diesem Zyklus die wesentlichen Elemente des Dialogmarketings aus, welche Regeln gibt es – und wohin bewegt sich die Branche?

> Lebenszyklus:
> – Prospect
> – Interessent
> – Käufer
> – Inaktiver

Die Basics: Text und Bild als Dialogmarketing-Instrumente

Anders als Direct Mails lebt der Katalog beziehungsweise der Onlineshop von der Vielzahl der angebotenen Produkte. Dies hat eine ganz andere Strategie für den Umgang mit Text und Bild zur Folge. Die Texte müssen deutlich knapper, nichts desto weniger verkäuferisch sein. Die Bilder treiben das Interesse, können jedoch ohne die zugehörigen Textinformationen nichts verkaufen. Beides gehört stärker zusammen als in den typischen Werbebriefen.

Eine wesentliche Grundregel im Katalogmarketing besagt, dass ein größeres Bild mehr Verkäufe erzielt. Daher steuert der Versandhändler die Response auch über die sogenannte **„Flächenbewirtschaftung"** auf Katalog-Doppelseiten. Genauso wird bei der Responseauswertung der Erfolg nicht gleich betrachtet, sondern im Verhältnis zur Fläche, die das Produkt im Katalog erhält (**Quadratzentimeter-Analyse, Square Inch Analysis**). Analog spricht man im E-Commerce vom **„Pixel Real Estate"**, also der Platzierung eines Produktes auf den Shopseiten oder bei den Suchergebnissen.

Katalogtexte müssen kurz und bündig sein. Dennoch reicht es nicht, hier lediglich Produkteigenschaften aneinander zu reihen. Es gibt unterschiedliche „Architekturen" von Katalogtexten. Grundsätzlich steht – bis auf Neuheiten-Kataloge – meist eine Doppelseite unter einem „Thema", das oft durch einen **Seitenteaser** eingeführt wird. Dieser Teaser steht oft links oben, kann aber auch als „Inline" mittig über die Doppelseite geführt werden.

Die eigentlichen Produkttexte finden sich selten direkt beim Foto, meist werden die Texte zusammengefasst und durch Zahlen oder Buchstaben den Abbildungen zugeordnet. Damit dann nicht eine Bleiwüste entsteht, können Produkte durch optische Elemente wie Rahmen (**„Johnson-Box"**) hervorgehoben werden. Am Anfang steht oft die Artikelbezeichnung oder gleich ein einführender Vorteilssatz. Der Vorteilssatz muss den wesentlichen Nutzenvorteil des Produktes präsentieren. Es folgt die Aufzählung wesentlicher Produkteigenschaften und noch ein verkaufs-orientierter Abbinder.

Vorteilssatz muss den wesentlichen Nutzenvorteil des Produktes präsentieren

Den Abschluss bilden die Bestellinformationen (Artikelnummer, Farb- und Größenangaben). Auch mit diesem **„Bestellwesen"** kann viel Unfug getrieben werden. Etwa, wenn die logische Reihenfolge auf den Produktseiten von der Reihenfolge auf dem Bestellformular abweicht.

Dialogmarketing als Akquisitionsstrategie im Versandhandel

Allen Strategien des Multichannel-Handels zum Trotz, ist für den Versandhändler der gedruckte oder virtuelle, elektronische Katalog der dominierende Verkaufsort. Freilich, weil der „Point of Sale" des Warenübergangs beim Kunden selbst stattfindet, sind auch an dieser Stelle noch werbliche Instrumente in Form von Paketbeilagen nicht nur möglich, sondern auch nötig.

Versandhändler werben für ihren Haupt-Angebotsträger in verschiedener Form: Mit **Kleinanzeigen**, die heute stärker denn je von **GoogleAds** abgelöst werden. Mit **Katalog-Anforderungs-Mailings oder -Beilagen**, der sogenannten **„AzA"**, Aufforderung zur Anforderung. **Coupon-Kataloge** von Anbietern wie Multibus, Infobon oder DMM sind ein seit Jahren bewährtes Instrument in diesem Anforderungsmix. Im Internet kommen **Banner** hinzu sowie **Katalog-Portale** wie katalogkiosk.de, katalog.com oder das Portal des Bundesverbandes des Deutschen Versandhandels e.V. (bvh), katalog.de. Im Herbst 2008 startet ein weiteres Katalogportal, diesmal unter der Regie eines renommierten Katalog-Zustellers. Daneben bedienen sich die Versender angemieteter oder getauschter Adressen oder beziehen sie aus **Kooperationsdatenbanken** wie der von Abacus Deutschland (www.versandhandelsallianz.de).

Angemietete oder getauschte Adressen sowie Kooperations-datenbanken

Größere Versandhändler leisten es sich aus gutem Grund, spezielle **Akquisitions-katalog** aufzulegen. Zum einen wäre es schlichtweg zu teuer, jedem kaum qualifizierten Interessenten den teuren Hauptkatalog zuzuschicken. Diesen „Tod" müssen viele kleinere und mittlere Versender allerdings sterben. Der wichtigere Grund liegt darin, dass der Sortimentsmix für die Neukunden-Akquise anders ist als für die Bestandskunden. Neukunden brauchen ein niedrigeres Preisniveau und einen deutlich höheren Anteil an Markenprodukten. Einfach deshalb, weil noch kein Vertrauensverhältnis zum Versandhändler besteht – hier treten die „sicheren" Marken zum attraktiven Preis in Aktion. In der Regel liegt hier das Preisniveau im Durchschnitt rund dreißig Prozent unter dem des Hauptkataloges.

Die Erstbestellung kommt dennoch nicht von selbst. Versender agieren daher im sogenannten **„Umfeld"** der Neukundenwerbung mit einem ganzen Strauß von Verkaufsförderungs-Instrumenten, den sogenannten **Vkf-Hebeln**. Kurz zur Definition: Das Umfeld eines Kataloges sind alle nicht angebotstragenden Seiten. Vkf-Hebel sind in der Neukunden-Akquisition zum Beispiel **Gutscheine** oder **Gratisgeschenke** für die Erstbestellung. Wer glaubt, dass diese Instrumente sich abnutzen, irrt. Während es zwar die Gefahr von Geschenkejägern gibt (angestachelt von Onlineportalen wie gratis.de & Co.), sind die gezielt eingesetzten Gratisgeschenke wohl ausgetestete Maßnahmen, die zum Teil von eigenen Abteilungen entwickelt werden. **Gewinnspiele** und **Sweepstakes** reizen die Interessenten zur Beschäftigung mit dem Angebotsträger, müssen aber rechtmäßig von einer Bestellung unabhängig ausgelobt werden.

Gutscheine oder Gratisgeschenke als Incentivierung für die Erstbestellung

Auf einen wichtigen Faktor sollte hier hingewiesen werden: Die Formulierung von **Garantien** und **Service-Argumenten** sowie die Organisation der Bestellformulare sind kritische Faktoren in der Neukundenwerbung. Das geht bis hin zur Erlaubnis, künftig Werbung zuzusenden – jüngst hat der Bundesgerichtshof hier die Regelungen verfeinert.

Vom Neukunden zum Stammkunden

Keine Adressen sind im Versandhandel so wertvoll wie die Hotline-Kunden. Erfahrungsgemäß sind Kunden, die gerade gekauft haben, besonders geneigt, erneut zu bestellen. Ein **Anschluss-Werbemittel im Paket** zielt genau darauf ab, nämlich im Moment der Erfüllung des Kaufwunsches gleich die nächste Bestellung zu erreichen. Der englische Fachbegriff für diese Kataloge lautet treffend „bounce-backs" – sie prallen sozusagen vom Kunden direkt zurück zur Bestellannahme.

Im Moment der Erfüllung des Kaufwunsches gleich die nächste Bestellung erreichen

Daneben gibt es regelmäßige Werbeimpulse, die zusammen die **„Anstoßkette"** bilden. Diese Kette besteht heute nicht mehr nur aus Katalogen, sondern zum Beispiel auch aus **E-Mail, Telefonanrufen**. Außen vor bleibt in diesem Fall die Werbung mit GoogleAds, obwohl auch diese in gewisser Hinsicht dazu gehört: Oft taucht bei einem Kunden im Rahmen der Suche ein Ad des Versenders auf – und weil der Kunde vom Versender regelmäßig angesprochen wird, ist er nun bereit, zu reagieren. Aber solche Werbung ist nicht direkt steuerbar.

Bei den Katalogen haben sich bestimmte Mailing-Schemata herausgebildet. Es gibt in der Regel einen oder zwei **Hauptkataloge** im Jahr: Frühjahr/Sommer und Herbst/Winter, beziehungsweise die Jahresausgabe bei weniger saisonal variierenden Sortimenten. Seltener sind Konzepte mit drei gleichwertigen Hauptanstößen im Jahr, und auch vier Anstöße haben sich nicht wirklich durchgesetzt.

Neben diesen Hauptkatalogen gibt es **Saisonkataloge** und **Zwischenkataloge**. Dazu gibt es Kataloge zu besonderen Anlässen, also Weihnachten, Ostern, Ferien, Schlussverkauf. Außerdem gibt es noch die **Ausverkäufer**-Kataloge. Im Schnitt kommt der Versender so auf 14+x Katalog-Anstöße im Jahr bei Stammkunden. Zwischenkataloge dienen der Aktivierung und Reaktivierung und enthalten daher ein – im Vergleich zum Hauptkatalog – breites, aber wenig tiefes Sortiment. Die Produkte sind in der Regel etwas günstiger kalkuliert und enthalten sowohl „Deckungsbeitrags-Renner" als auch Frequenzartikel, die quasi nur ihren eigenen Wareneinstand einspielen.

Diese **„Self-Liquidator"** dienen dazu, überhaupt erst die erste Bestellzeile zu füllen, damit dann der Kunde noch einen der Deckungsbeitrags-Renner dazubestellt. In Reinform finden sich diese Produkte direkt beim Bestellschein als sogenannte **„Order-Starter"**. Ein klassischer Vkf-Hebel. Weitere Vkf-Hebel für den Kundenstamm sind zum Beispiel umsatzabhängige Rabatte, neuerdings Versand-Flatrates oder auch mal VIP-Aktionen.

Zu den Zwischen- und Spezialkatalogen (siehe unten) kommen **Aktivierungsmailings**. Dies können etwa kleinere Flyer oder Postkarten sein. Hier greifen Verkaufsförderungs-Mechanismen, die geschickt mit den Katalogen verknüpft werden. Ein Beispiel ist die „Sleeping Beauty". Im Hauptkatalog werden bestimmte Hero-Produkte nur mit der halben Bestellnummer oder verdecktem Preis abgebildet. Mit dem Aktivierungs-Mailing kommt die zweite Hälfte der Bestellnummer, die so erst die Bestellung zum günstigen Preis möglich macht.

Aktivierungsmailings können kleinere Flyer oder Postkarten sein

E-Mails werden in deutlich dichterer Taktung verschickt, in der Regel wochenweise. Aber auch mehrfach in der Woche können E-Mails verschickt werden, sofern die Angebote dann aktuellen Themen folgen.

E-Mails werden in der Regel wochenweise verschickt

Da die Versandhändler über Kundenbefragungen häufig gut über die Haushalte ihrer Kunden Bescheid wissen, kommen Geburtstags-Mailings hinzu. Ein französischer Versender, Comtesse du Barry, geht so weit, die Kunden telefonisch an bestimmte wichtige Ereignisse zu erinnern wie zum Beispiel an den Hochzeitstag. Diese Art telefonischer Werbung wäre bei uns schwierig, funktioniert aber dort, wo – neben dem juristischen Opt-in – die Kundenbeziehung besonders eng ist.

Databasemarketing und CRM im Versandhandel

Angesichts der Produktions- und Portokosten von Katalogen ist klar, dass nicht jeder Kunde in der Datenbank mit der gleichen Menge an Werbemitteln ausgestattet werden kann. Die Responseraten gehen auch im Versandhandel zurück. Daher werden teure Werbemittel dort eingesetzt, wo die Responseraten besonders hohen Return on Investment versprechen.

Das wichtigste und bis heute nicht überholte Standard-Instrument der Segmentierung ist **„RFM“, Recency, Frequency und Monetary Ratio**. Dahinter verbirgt sich das Datum des letzten Kaufs – je kürzer zurückliegend, desto besser –, die Kaufhäufigkeit und der Wert der Transaktionen. Aus diesen Daten wird eine Matrix gebildet (Abb. 1). Wenn Sie ermittelt haben, dass aufgrund Ihrer Kalkulation jeder verschickte Katalog mindestens drei Euro Umsatz bringen muss, dann können Sie mittels einer einfachen Linie alle die Zellen abtrennen, die nicht angemailt werden sollten.

Recency		Frequency = 1 Monetary Range			Frequency = 2 Monetary Range			Frequency = 3 Monetary Range		
		0-49 EUR	50-99 EUR	100 EUR +	0-49 EUR	50-99 EUR	100 EUR +	0-49 EUR	50-99 EUR	100 EUR +
0-30 Tage	Auflage	1.350	450	360	675	338	321	293	899	1.347
	Umsatz/Katalog	5,45 €	6,10 €	7,45 €	8,18 €	9,16 €	11,18 €	13,63 €	15,27 €	18,62 €
	Response (%)	10,90%	12,21%	14,09%	16,35%	18,31%	22,34%	27,25%	30,52%	37,23%
31-90 Tage	Auflage	2.612	871	697	1.306	653	620	568	1.179	1.724
	Umsatz/Katalog	4,10 €	4,59 €	5,60 €	6,15 €	6,89 €	8,40 €	10,25 €	11,48 €	14,01 €
	Response (%)	8,20%	9,18%	11,20%	12,30%	13,78%	16,81%	20,50%	22,96%	28,01%
4-6 Monate	Auflage	3.811	1.270	1.016	1.906	953	905	828	845	1.057
	Umsatz/Katalog	3,60 €	4,03 €	4,92 €	5,40 €	6,05 €	7,38 €	9,00 €	10,08 €	12,30 €
	Response (%)	6,80%	7,62%	9,29%	10,20%	11,42%	13,94%	17,00%	19,04%	23,23%
7-9 Monate	Auflage	3.916	1.305	1.044	1.958	979	930	851	869	1.086
	Umsatz/Katalog	2,95 €	3,30 €	4,03 €	4,43 €	4,96 €	6,05 €	7,38 €	8,27 €	10,08 €
	Response (%)	5,90%	6,61%	8,06%	8,85%	9,91%	12,09%	14,75%	16,52%	20,15%
10-12 Monate	Auflage	4.002	1.334	1.067	2.001	1.001	950	870	888	1.110
	Umsatz/Katalog	2,55 €	2,86 €	3,48 €	3,83 €	4,29 €	5,23 €	6,38 €	7,15 €	8,72 €
	Response (%)	5,10%	5,71%	6,97%	7,65%	8,57%	10,45%	12,75%	14,28%	17,42%
13-18 Monate	Auflage	7.950	2.650	2.120	3.975	1.988	1.888	1.728	1.764	2.204
	Umsatz/Katalog	2,05 €	2,30 €	2,80 €	3,08 €	3,45 €	4,21 €	5,13 €	5,75 €	7,01 €
	Response (%)	4,10%	4,59%	5,60%	6,15%	6,89%	8,40%	10,25%	11,48%	14,01%
19-24 Monate	Auflage	8.120	2.707	2.165	4.060	2.030	1.929	1.765	1.801	2.252
	Umsatz/Katalog	1,70 €	1,90 €	2,32 €	2,55 €	2,86 €	3,48 €	4,25 €	4,76 €	5,81 €
	Response (%)	3,40%	3,81%	4,65%	5,10%	5,71%	6,97%	8,50%	9,52%	11,61%
25-36 Monate	Auflage	7.653	2.551	2.041	3.827	1.913	1.818	1.664	2.198	1.622
	Umsatz/Katalog	1,45 €	1,62 €	1,98 €	2,18 €	2,44 €	2,98 €	3,63 €	4,07 €	4,96 €
	Response (%)	2,90%	3,25%	3,96%	4,35%	4,87%	5,94%	7,25%	8,12%	9,91%
36-48 Monate	Auflage	15.347	5.116	4.093	7.674	3.837	3.645	3.336	2.404	2.255
	Umsatz/Katalog	1,25 €	1,40 €	1,71 €	1,88 €	2,11 €	2,57 €	3,13 €	3,51 €	4,28 €
	Response (%)	2,50%	2,80%	3,42%	3,75%	4,20%	5,12%	6,25%	7,00%	8,54%
48-60 Monate	Auflage	14.391	4.797	3.838	7.196	3.598	3.418	3.128	2.192	1.990
	Umsatz/Katalog	0,70 €	0,78 €	0,96 €	1,05 €	1,18 €	1,43 €	1,75 €	1,96 €	2,39 €
	Response (%)	1,40%	1,57%	1,91%	2,10%	2,35%	2,87%	3,50%	3,92%	4,78%
...										

Abb. 1 RFM – Recency, Frequency und Monetary Ratio (ein Beispiel)

Die RFM-Kriterien schlagen nachweislich im Versandhandel alle weiteren Optimierungen nach Stil, Altersgruppe, Geschlecht, Produktaffinität. Dialogmarketing im Versandhandel zieht diese allerdings heran, wenn beispielsweise **Spezialkataloge** eingesetzt werden. Ein Spezialkatalog ist nicht gleichzusetzen mit einem „Spezialversender“. Ein Spezialkatalog kann zum Beispiel ein Sofa-Katalog eines Einrichtungsversenders sein.

RFM-Kriterien schlagen alle Optimierungen nach Stil, Altersgruppe, Geschlecht oder Produktaffinität

Solche Spezialkataloge haben für Versandhändler als Direktmarketing-Instrument eine besondere Bedeutung. Während die Hauptkataloge eine breite Preis- und Sortimentsspreizung haben und die Akquisitions-Kataloge eher deutlich niedrigpreisig und mit geringerer Marge kalkuliert sind, können über Spezialkataloge höherwertige Sortimente mit guten Preisen einem dafür affinen Publikum nahe gebracht werden. Hier ist es also möglich, besonders gute Deckungsbeiträge zu erreichen. Vorausgesetzt natürlich, die Kataloge werden den richtigen Zielgruppen innerhalb der Kundenliste zugeschickt.

Heute sind die **CRM-** und **Databasemarketing**-Lösungen mächtige Waffen geworden. Sehr fein können teilweise Verbindungen aufgedeckt werden, die früher nicht sichtbar wurden. Dadurch wurde das alte RFM-Modell zum Teil durch **Scoring-Verfahren** ergänzt. Hier fließen weitere Kriterien ein wie Sortimente, aus denen in der Vergangenheit gekauft wurde, zum Beispiel Geschlecht, Alter, Wohnort.

Jedem dieser Kriterien wird ein bestimmter Scorewert zugeordnet. Die Summe der Einzelwerte ergibt den Score des Kunden.

Der Vorteil liegt darin, dass die Datenbank tiefer ausgeschöpft werden kann. Denn **wie** der Scorewert sich zusammensetzt, ist egal – solange er die Mindesthöhe erreicht. Das aber macht auch den fundamentalen Nachteil aus. Der Versender weiß eigentlich nicht mehr, wen er da anschreibt. Nur die Software ist sich noch „im Klaren", welche Werte jedem Kunden zugemessen werden.

Wellen und Nachfasse

Ein Spezialthema im Versandhandel sind sogenannte Wellen und Nachfasse. Ein Nachfass ist, ganz einfach gesagt, ein Mailing, das vier bis sechs Wochen nach der Erstaussendung eines Kataloges noch einmal auf diesen verweist. Das kann schon wieder ein eigener Katalog sein, aber auch lediglich ein Flyer.

Nach fünf Wochen führt ein Nachfass zu einem deutlichen Anstieg der Bestellungen aus dem Haupt- werbemittel

Das ist alles andere als trivial. Denn wenn der Nachfass-Katalog in sich zu mächtig ist, schneidet er die Nachfrage aus dem Hauptkatalog quasi ab. Auf dieses Phänomen verweisen Kritiker von Strategien, die auf drei bis vier Hauptkataloge pro Jahr verweisen. Sie gehen davon aus, dass ein Hauptkatalog eine so lange Laufzeit hat, dass er lediglich durch kleinere Zwischenkataloge oder -Mailings reaktiviert werden sollte. Das sähe idealtypisch wie in der Grafik aus, wo nach fünf Wochen ein Nachfass zu einem deutlichen Anstieg der Bestellungen aus dem Hauptwerbemittel führte:

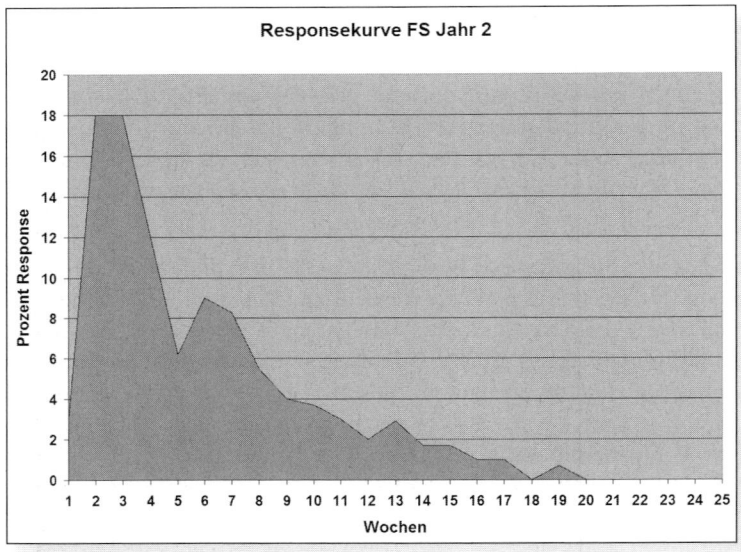

Abb. 2 Responsekurve

Dem stehen Konzepte von Katalogen entgegen, die vier, sechs oder zwölf gleichstarke Kataloge takten. Aktuell scheint dies ein Heilmittel gegen die

412

vermeintlich schnelleren Sortimentskonzepte des Einzelhandels zu sein. Das Problem ist allerdings, dass ein Werbemittel mit jeder Woche Laufzeit profitabler wird. Viele kleine Kataloge können daher in sich nie so profitabel werden wie ein großer Katalog. Aber ein großer Katalog ist heute ohne viele kleinere stützende Nachfasse lange nicht mehr so umsatz- und profitträchtig wie zur Hoch-Zeit der **„big books"**.

Doch hier könnte das Internet einen Wandel bringen. Da ein bedeutender Nachfrage-strom heute über Suchmaschinen als generische „Marktplatz-Nachfrage" das Geschäft stützt, ist in Holland zum Beispiel der Universalversender Wehkamp von dem oben beschriebenen klassischen Mailing-Schema auf fünf deutlich kleinere Kataloge im Jahr umgeschwenkt. Dieses Konzept wird zur Zeit im Versandhandel mit Spannung beobachtet.

Neben den Nachfassen hat in den letzten Jahren das Konzept der „Wellen" etwas mehr Bedeutung im Versandhandel gefunden. Dem liegt eine einfache Response-regel zugrunde. Der identische Katalog an die identische Zielgruppe, gegebenenfalls mit geändertem Cover, bringt noch einmal fünfzig bis sechzig Prozent der ursprünglichen Response. Daher druckt man den Katalog fort und stattet damit die guten Kunden einfach noch einmal aus.

> Der identische Katalog an die identische Zielgruppe, bringt noch einmal fünfzig bis sechzig Prozent der ursprünglichen Response

Das Konzept bewährt sich übrigens auch nach vorne hinaus: Sogenannte **„Early Bird"**-Kataloge werden rund vier Wochen vor der Hauptaussendung an die besten Adressen beziehungsweise ein sehr repräsentatives Sample geschickt. Aus dem Bestelleingang kann dann abgelesen werden, wie viel Nachfrage für die Produkte zu erwarten ist. So kann der Versender sein Sortiment besser disponieren.

Das Drama des inaktiven Kunden

Bis zum Überdruß wird der Satz strapaziert, dass es wesentlich einfacher sei, bestehende Kunden zu erhalten als neue zu gewinnen. Dennoch gibt es eine natürliche Abschmelzquote. Die Kauffrequenz sinkt, die Bestellsumme fällt, das Letztkaufdatum rückt in immer weitere Ferne. Häufig setzen CRM-Programme hier schon an und versuchen, solche Auffälligkeiten systematisch und frühzeitig zu erfassen und sofort mit Reaktivierungs-Mechanismen zu beginnen.

Wann ein Kunde zum „Inaktiven" wird, ist vom Versender abhängig. Ein Business-Versender mag Kunden haben, die nur alle drei Jahre Bedarf haben. Ein Versender von Trendmode hingegen kann Kunden schon dann für inaktiv erklären, wenn sie nur einmal im Jahr bei ihm kaufen.

Wohlgemerkt, dies ist keine juristische Formulierung. **Mit der Auslieferung der Ware und der Bezahlung besteht kein Vertragsverhältnis mehr zwischen Versender und Kunde.** Es ergibt sich daraus auch keinerlei Berechtigung, dort anzurufen – es sei denn, der Kunde hat dem ausdrücklich zugestimmt. Umgekehrt ist es auch aus Marketingsicht relevant, irgendwann einen Cut zu setzen und jemanden nicht mehr als Kunden zu behandeln. Man kann und muss dann wieder mit den Akquisitions-Instrumenten arbeiten.

413

Je geringer der Wert eines Kunden, umso weniger und günstigere Dialogmarketing-Mittel wird er erhalten. Wenn es sich jedoch um einen in der Vergangenheit guten Kunden handelt, lohnt sich ein Telefonanruf. Das Anrufen bei „Kunden" hat im Versandhandel gute Tradition, auch wenn es dafür juristisch keine Grundlage gibt. Künftig wird dies aufgrund der strengeren Strafmöglichkeiten allerdings schwieriger.

Ein wichtiges Instrument für die Versandhändler werden hier Kooperations-Datenbanken. Hier können Versender ihre Inaktiven einspielen und erhalten Auskunft, wer von diesen bei einem anderen Versender noch kauft. So können die „wertvollen" Inaktiven „ausgewaschen" werden, bei denen sich spezielle Reaktivierungs-Maßnahmen durch Mailings lohnen.

One-to-One – die Zukunft des Direktmarketing im Versandhandel

Schon seit langem gibt es Tests im Versandhandel, über den **Adressaufkleber** und vielleicht einen gelaserten, eingeschossenen **Begrüßungsbrief** im Katalog hinaus, das Sortiment zu individualisieren. Bis heute sind solche Versuche – vielleicht mit ein oder zwei Ausnahmen – an den hohen Kosten gescheitert. Der Büroartikel-Versender Viking hat mit **individuellen Covern** für seine Kunden Furore gemacht. Andere Versender experimentieren mit unterschiedlichen ersten Bögen im Katalog.

Der Bertelsmann Buchclub hat vor etwa fünfzehn Jahren begonnen, seinen Kunden statt des einen Hauptvorschlagstitels rechtzeitig eine Postkarte zuzusenden. Darauf drei auf das bisherige Bestellverhalten abgestimmte Vorschlagstitel, die sich auch preislich am gewohnten Rahmen orientierten. Ziel war es, so die Kündigungsquote in den Griff zu bringen. Der Hebel hat nicht ausgereicht, das Abschmelzen der Kundenzahl aufzuhalten.

Die neuen elektronischen Werbewege können hier einen Ausweg bieten. Allen voran die großen Versender wie Quelle, Otto oder neckermann.de haben in den vergangenen fünf Jahren sehr intelligente Wege gefunden, das immer noch auf die breite Masse zielende Hauptangebot durch individuell zugesteuerte **Zusatzartikel** anzureichern.

Die Vorkosten dafür darf man nicht unterschätzen. Es ist eben ein Irrglaube, dass E-Mail „günstige Werbung" sei. Gerade wer hier in Tausender-Kontaktpreisen rechnet, ruiniert sich langfristig nachhaltig die Response. Eine Werbung per E-Mail muss von der Betreffzeile bis zum Absender, von der Produktauswahl bis zu den Vkf-Hebeln so solide durchkonzipiert werden wie ein gedrucktes Mailing.

Wenn man dann die in Druck und Porto eingesparten Gelder in Datamining und eine gute „recommendation engine" investiert, kann man dem Ziel des Dialogmarketing „1:1" näher kommen. Die ersten Resultate lassen hoffen, dass hier ein starker Hebel für den Versandhandel entsteht. So könnte der Versandhandel weiterhin dank der Sortiments- und Direktmarketing-Kompetenz eine Schrittmacher-Funktion im Dialogmarketing behaupten.

Literatur

Breitschuh J.: Versandhandelsmarketing. Aspekte erfolgreicher Neukundengewinnung. – München, 2000.

Mattmüller R. (Hrsg.): Versandhandelsmarketing. Vom Katalog zum Internet. – Frankfurt am Main, 1999.

Dorner B.: Versandhandelsmarketing. Ansätze zur Kundengewinnung und Kundenbindung. – Wiesbaden, 1999.

Thieme J.: Versandhandelsmanagement. Grundlagen, Prozesse und Erfolgsstrategien für die Praxis. – Wiesbaden, 2. Aufl., 2006.

Muldoon K.: Handbuch Katalogmarketing. Idee, Umsetzung, Erfolgskontrolle. – Landsberg, 2001.

Schmid J.: Creating a Profitable Catalog. Everything You Need to Know to Create a Catalog That Sells. – Chicago, 2000.

Dialogmarketing im Bereich Finanzdienstleistungen unterscheidet sich handwerklich kaum von den Strategien und Kampagnen, die in anderen Industriezweigen, etwa in der Telekommunikation, eingesetzt werden. Dennoch gibt es Unterschiede, die beachtet werden wollen: Schon der Volksmund lehrt, dass Geld „eine besondere Ware" ist. Entsprechend sensibel ist das Kundenverhalten, Faktoren wie **Diskretion und Vertrauen** spielen eine deutlich größere Rolle.

Dialogmarke-ting-Maß-nahmen bei Finanz-dienstleistern werden entlang des sehr langen Kunden-lebenszyklus entwickelt

Darüber hinaus ist die Beratung für viele Kunden von wesentlich höherer Bedeutung, wobei andere Faktoren, wie Konditionen oder Service natürlich nicht vernachlässigt werden dürfen. Eine weitere Besonderheit ist die – zumindest theoretisch – sehr große **Zeitspanne einer Kundenbeziehung**. Sie kann schon vor der Geschäftsfähigkeit eines Kunden beginnen (zum Beispiel Baby-Sparbuch, Ausbildungsversicherung) und begleitet ihn im Idealfall das ganze Leben. Dialogmarketing-Maßnahmen bei Finanzdienstleistern können daher sehr gut entlang des sehr langen Kundenlebenszyklus entwickelt werden.

Diese Kampagnentypen wurden typischerweise realisiert und sind im deutschen Finanzdienstleistungssektor weit verbreitet:

➤ Neukundengewinnung.

➤ Ausbau der Kundenbeziehung.

➤ Kundenbindung und -rückgewinnung.

Einige Beispiele für solche Kampagnentypen werden in den folgenden Abschnitten vorgestellt, um darauf aufbauend die Grundzüge einer strategischen Neuausrichtung für das Dialogmarketing im Finanzdienstleistungssektor darzulegen.

Neukundengewinnung

In der Finanzindustrie ist der **Erhalt und das Wachstum der Kundenbasis** von grundlegender Notwendigkeit. Schließlich kommt es darauf an, die Gemeinkosten für die oft sehr aufwändige technische Infrastruktur auf eine möglichst große Zahl von Kunden zu verteilen. Je nach Vertriebskanal werden in Versicherungen viele Kunden über den Außendienst und bei Banken als „Laufkundschaft" über die Filialen gewonnen. Trotzdem hat sich das Dialogmarketing für die Akquisition neuer Kunden in den letzten Jahren auch im Finanzdienstleistungssektor weitgehend durchgesetzt. Entweder als alleiniger Gewinnungsweg, bei Direktbanken- und Versicherungen, oder als zusätzliche Unterstützung.

Dialogmarketing für die Akquisi-tion neuer Kunden hat sich durchgesetzt

Neukundenakquisitions-Kampagnen beruhen üblicherweise auf dem Einsatz von Mietadressen. Man definiert eine Zielgruppe und sucht sodann die Liste, die dieser möglichst entspricht. Dies können Listen sein, die ein besonderes Interesse für Finanzdienstleistungen erwarten lassen (zum Beispiel Leser von Börsenbriefen). Alternativ können die Listen auch Kriterien für die Nutzbarkeit des Produktes beinhalten (zum Beispiel Käufer bei einem Versandhändler für Tiernahrung und Zubehör als Grundlage für eine Tierversicherung). Häufig werden auch indirekte Listkriterien verwendet, die die Zugehörigkeit zu Zielgruppen belegen sollten (zum Beispiel Leser bestimmter Zeitungen oder Zeitschriften als „Etabliertes Milieu"). Der Vorteil der Listen ist die relativ schnelle und einfache Anwendung. Die hiermit erzielten Antwortquoten entsprechen allerdings oft nicht den Erwartungen, da gerade gute Listen schon vielfach genutzt wurden. Außerdem sind gerade die besten Listen häufig nicht sehr umfangreich und daher untauglich für eine massive Neukundenakquisition.

Gute Listen wurden oft schon vielfach genutzt

Eine sinnvolle Alternative sind Adressdatenbanken, die neben der Zugehörigkeit zu verschiedenen Listen auch **mikrogeografische Daten** und Informationen über das Konsumverhalten, zum Beispiel die Postkaufaffinität des Kunden, beinhalten. Auf der Basis dieser Daten können Prognosemodelle erstellt werden, wodurch die Antwortquote im Vergleich zu den traditionellen Verfahren erheblich gesteigert werden kann. Das Adresspotenzial ist ebenso unvergleichlich höher, da fast der komplette Markt abgedeckt wird.

Dabei werden zunächst bereits bestehende Kundenbeziehungen analysiert. Das daraus erstellte Prognosemodell wird auf die gesamte Adressdatenbank angewendet und das Potenzial ermittelt. Nach der Aussendung eines ersten Mailings werden die Reagierer erneut analysiert, um das Modell zu verfeinern. Mittels des weiterentwickelten Modells werden die Adressen für das nächste Mailing aus der Adressdatenbank selektiert und die Ergebnisse erneut optimiert:

Bestehende Kundenbeziehungen analysieren

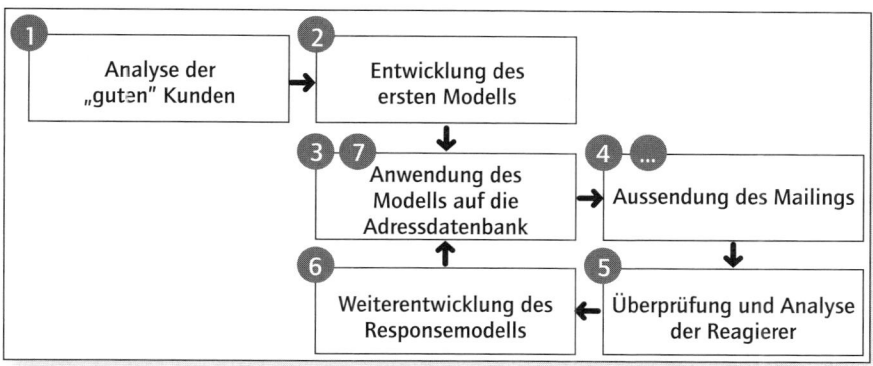

Abb. 1: Modell zur Neukundenakquisition

Um die **Zielkunden** („guten Kunden", zum Beispiel Besitzer eines bestimmten Produkts) analysieren zu können (1), wird eine Stichprobe der Kundendaten mit den Konsumdaten und den mikrogeografischen Daten eines externen Anbieters aus der Adressdatenbank angereichert. Mittels **Data-Mining** kann man dann ein **Affinitätsmodell** entwickeln (2). Aufgrund der erklärenden individuellen und mikrogeografischen Variablen wird dabei die Wahrscheinlichkeit prognostiziert, Besitzer des Produkts zu sein. Dieses Modell wird im Umkehrschluss wieder auf die Adressdatenbank übertragen (3). Zur Selektion geeigneter Adressen werden alle vorliegenden Adressen in ungefähr gleich große Affinitätsgruppen unterteilt. Da die Analyse zunächst getestet werden muss, wird eine Stichprobe aus den besten Gruppen angeschrieben (4).

Anhand der Reagierer wird das Responsemodell verfeinert

Die Reagierer auf das erste Mailing werden überprüft (5), dabei nimmt die Antwortquote in aller Regel mit abnehmenden Score ebenfalls ab. Anhand der Reagierer wird das Responsemodell verfeinert (6). Somit lässt sich dann nicht nur die Wahrscheinlichkeit des Produktbesitzes im Modell ausdrücken, sondern auch die Affinität zum Werbeweg und zur Kreation des Mailings. Aufgrund des ersten Mailings war es auch möglich, die **Reaktionsquote** zu prognostizieren. Anschließend werden weitere Mailings durchgeführt (7, 8, ...), bei denen nur noch die affinsten Konsumenten aus den oberen Gruppen des überarbeiteten Modells angesprochen werden.

Die hohen Antwortraten gleichen den höheren Einmalaufwand für die Analysen aus. Der gesamte Durchlauf, wie oben beschrieben, wird mehrfach durchgeführt und damit die Modelle laufend verfeinert. In der Dresdner Bank konnten wir die

Lerneffekte reduzieren die Kosten pro gewonnenen Neukunden

Responseraten mit diesem Vorgehen teilweise auf rund zweihundertfünfzig Prozent der ursprünglichen Ergebnisse steigern. Die Kosten pro gewonnenen Neukunden wurden damit massiv reduziert, weil durch den **geschlossenen Analysekreislauf** die Lerneffekte genutzt wurden. Außerdem können durch die Analysen eine Reihe weiterer nützlicher Erkenntnisse über Kunden und Interessenten gewonnen werden. In der Praxis wird dieses Verfahren häufig gemeinsam mit Listen eingesetzt, um die jeweiligen Vorteile zu kombinieren.

Da bei Finanzdienstleistungsprodukten, wie schon in der Einleitung beschrieben, das Vertrauen der Kunden eine besondere Rolle spielt, sind **Weiterempfehlungen von Kunden** ein weiterer sehr lohnender Weg der Neukundengewinnung. Diese Weiterempfehlungen finden auch unabhängig vom Marketingeinsatz statt. Über entsprechende Weiterempfehlungsprogramme können Kunden zusätzlich aktiviert werden, „ihre" Versicherung oder Bank an Verwandte, Freunde oder Bekannte weiter zu empfehlen. Dabei werden typischerweise **Prämien** (zumeist Sachprämien oder auch Gutscheine) ausgelobt, die der Kunde für eine erfolgreiche Empfehlung erhält – ähnlich der Programme zur Gewinnung von Abonnenten im Bereich der Zeitschriften und Zeitungen. Diese Kundenempfehlungsprogramme („Members get Members") werden in vielen Fällen durch den Einsatz von Dialogmarketing unterstützt. Dabei wird über Data-Mining ermittelt, welche Kunden eine besonders hohe Bereitschaft zur Weiterempfehlung haben. Diese selektierten Kunden werden dann per Brief oder auch per E-Mail angeschrieben und unter Auslobung der Prämien zur Weiterempfehlung aufgefordert. Neben den relativ geringen Kosten pro gewonnenen Neukunden und der im Vergleich guten Qualität der Neukunden hat dieses Vorgehen auch eine Auswirkung auf die Zufriedenheit der vorhandenen Kunden, da diese ja mit einer Prämie belohnt werden.

Ein weiterer Weg zur Gewinnung von Kunden ist die **nachhaltige Bearbeitung** von gewonnenen Interessenten um diese zu Kunden umzuwandeln. Auf den unterschiedlichsten Wegen gewonnenen Adressen von Interessenten (zum Beispiel Laufkundschaft in der Filiale, Online-Interessenten, Gewinnspielteilnehmer) werden dabei als Empfänger von Mailings ausgewählt. Da diese potenziellen Kunden bereits eine grundlegend positive Einstellung zur Marke gezeigt haben, sind die Responseraten bei einem guten Einstiegsangebot häufig sehr hoch. Deswegen sind die Kosten pro gewonnenen Kunden im Allgemeinen niedriger. Um so erstaunlicher, dass nur wenige klassische Banken und Versicherungen diesen günstigen Weg zur Kundengewinnung nutzen.

Kundenveredelung durch Cross- und Up-Selling

Bei einer (theoretisch) lebenslangen Kundenbeziehung ist die erstklassige Betreuung und stetig zunehmende „Ausschöpfung" des Kunden von zentraler Bedeutung für Wachstum und Rentabilität einer Bank oder Versicherung. Dieses Ziel kann nur erreicht werden, wenn die Beziehung zum Kunden über lange Zeiträume kontinuierlich intensiviert wird. Diese Intensivierung führt einerseits dazu, dass weniger Kunden inaktiv werden oder zur Konkurrenz abwandern, und bietet andererseits immer wieder neue Kontaktpunkte, die den Verkauf zusätzlicher Produkte (Cross-Selling) oder die Erhöhung des Wertes vorhandener Produkte (Up-Selling) ermöglichen. Das Ziel ist dabei die Erhöhung des **„Share of Wallet"**, das heißt des Anteils, den der bestimmte Finanzdienstleister an den gesamten Ausgaben des Kunden für Finanzdienstleistungen hat.

Der durchschnittliche Deutsche hat über zwei Bankbeziehungen und ist bei über drei Anbietern versichert. Die Möglichkeiten zur Ausweitung der Beziehung sind also immens, zumal immer mehr Finanzdienstleister versuchen, die Kundenbeziehungen auch über die gesamte Palette des Angebots auszuweiten. Versicherungen haben zunehmend einfache Bankprodukte wie Tagesgeld im Angebot – Banken vertreiben zunehmend Versicherungen über ihre Filialen. Auch wenn dieses integrierte Finanzdienstleistungsangebot in anderen Ländern schon weiter voran geschritten ist, kann man in Deutschland eine nachhaltige Entwicklung in diese Richtung feststellen.

Während bei der Neukundenakquisition wenige oder keine interne Daten zur Verfügung stehen, liegt der Schwerpunkt beim **Cross-Selling** in der geschickten Kombination interner und externer Daten. Ähnlich wie bei der Neukundenakquisition müssen aus einer großen Menge von Kunden diejenigen herausgefiltert werden, die zu einem bestimmten Zeitpunkt für ein bestimmtes Produkt Interesse haben:

Der Schwerpunkt beim Cross-Selling liegt in der geschickten Kombination interner und externer Daten

Die Ausgangsmenge für die Selektionen bildet hier die Menge aller Kunden, also der Kundenbestand. Aus diesem sollen die Kunden ausgewählt werden, die zu einem bestimmten Zeitpunkt **Potenzial für ein bestimmtes Produkt** aufweisen. Auch hier muss analysiert werden, auf welchen Vertriebsweg und auf welche Ansprache die Kunden am besten reagieren. Mittels Data-Mining-Ergebnissen steuert das Kampagnenmanagementsystem die Aktionen in die Vertriebskanäle der Bank oder Versicherung. Dabei wird für jeden Kunden eine individuelle Strategie entwickelt, die seiner jeweiligen Situation entspricht:

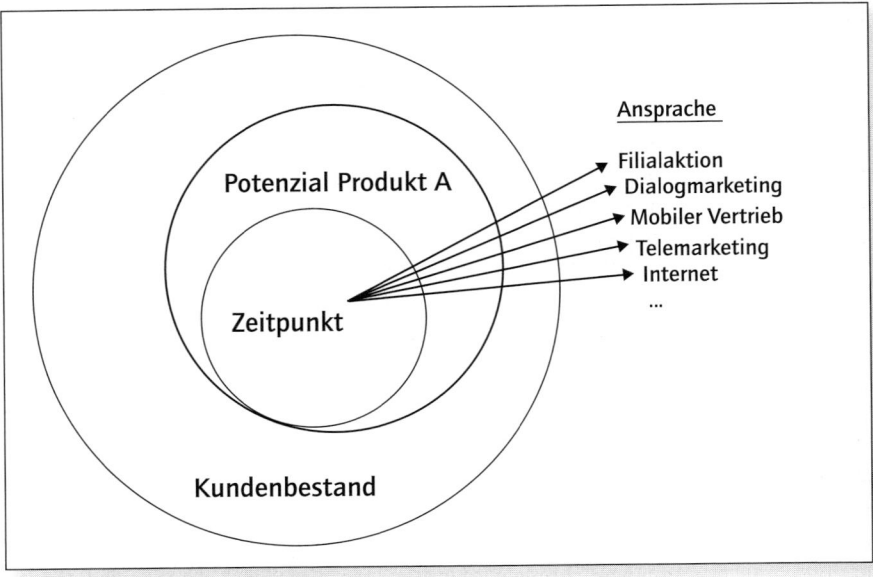

Abb. 2: Vorgehensmodell Cross-Selling

➤ Ein Neukunde einer Bank besitzt seit sechs Wochen ein laufendes Konto; über sein Wertpapier-Depot liefen noch keine nennenswerten Umsätze. Eine Aktivierungsstrategie für das Depot scheint daher die richtige Maßnahme zu sein: Der Kunde wird über das Call Center auf einen neuen Fonds angesprochen.

➤ Ein Kunde besitzt ein Haus und wohnt in einem Wohngebiet, dessen Bebauungsbestand zwischen fünf und zehn Jahren alt ist. Ein Mailing sensibilisiert ihn für die auslaufende Zinsbindungsfrist seiner Baufinanzierung. Er erhält die Möglichkeit einer Terminvereinbarung, und der Filialberater bekommt einen Hinweis, um den Kunden anzusprechen.

➤ Einem Kunden mit einem älteren Kraftfahrzeug, mittlerem Status und Kreditwürdigkeit wird über ein Mailing ein individueller persönlicher Kredit angeboten. Darüber hinaus könnte auch ein Komplettpaket mit Versicherung des neuen Kraftfahrzeugs als integriertes Finanzdienstleistungsangebot zum Einsatz kommen.

➤ Ein Kunde nutzt die Bank nur als Zweitbankverbindung. Solche Kunden werden oft zu unrecht als bloße Kostenverursacher identifiziert. Kunden mit zum Beispiel nur einem Einlageprodukt können über das Call Center qualifiziert werden, anschließend wird ein Termin mit dem mobilen Vertrieb vereinbart.

➤ Einem Versicherungskunden mit einer vorhandenen (kleinen) Lebensversicherung wird seine Rentenlücke aufgezeigt und ihm die Aufstockung der Versicherung, eventuell ohne erneute Gesundheitsprüfung, angeboten.

Die Erfahrung zeigt, dass Kampagnen mit einer Vorteilsargumentation anhand konkreter Beträge bessere Antwortraten aufweisen. Diese Aktionen können mit dem Kampagnenmanagementsystem standardisiert werden und mit geringem Aufwand permanent laufen. Außerdem hat es sich gezeigt, dass es sich lohnt, spezielle Zielgruppen auch in Bezug auf ihre spezielle Situation anzuschreiben. So haben viele Banken Programme zur Neukundenbetreuung aufgelegt. Dort wird in einer fest definierten Abfolge der neue Kunde in den ersten sechs bis zwölf Monaten auf die für ihn sinnvollen Ergänzungsprodukte angesprochen. Auch für unterschiedlich werthaltige Kundensegmente (zum Beispiel Retail Banking, Private Banking) gibt es natürlich deutliche Unterschiede in der Produktnutzung und Ansprache der Kunden.

Kundenbindung

Wachstums- und Rentabilitätsziele können nicht allein durch Neukundenakquisition und Cross-Selling erreicht werden. Bemühungen, einen Eimer mit Wasser zu füllen, sind nur dann erfolgreich, wenn dieser Eimer keine Löcher hat. Eine Expansionsstrategie kann daher nur mittels flankierender Kundenbindungsmaßnahmen erfolgreich sein. Ein Kundenbindungskonzept besteht dabei im Wesentlichen aus zwei Bausteinen (ergänzend kann ein Loyalitätsprogramm als dritter Baustein hinzukommen):

➤ Abwanderungsprävention (Retention).
➤ Kundenrückgewinnung (Recovery).

Maßnahmen zur Kundenbindung durch Abwanderungsprävention sollen die Rückgewinnung im Idealfall unnötig machen. Allerdings liegt auf der Hand, dass niemals alle Kunden gehalten werden können – und auch nicht gehalten werden sollen. Kundenbindungsmaßnahmen sollten sich auf das **profitable Kundensegment** konzentrieren und haben das Ziel, in diesem Segment einen möglichst hohen Teil an Abwanderung zu verhindern.

Kundenbindungsmaßnahmen sollten sich auf das profitable Kundensegment konzentrieren

Dialogmarketing zur Kundenbindung basiert im Idealfall auf einem aussagefähigen Abwanderungsscore. Mittels Data-Mining werden die Informationen zusammengetragen, die eine Abwanderung des Kunden signalisieren. Das Modell ist in der Lage, die **Abwanderungswahrscheinlichkeit** jedes einzelnen Kunden vorherzusagen. Maßnahmen werden ergriffen, sobald Score und Kundenwert in einem bestimmten Verhältnis zueinander stehen. Indikatoren für die Verminderung der Kundenbindung sind:

Bank-/Versicherungsinitiierte Indikatoren, zum Beispiel Filialzusammenlegungen, Änderungen von Konditionen, Vertreterwechsel. Hier ist es möglich, frühzeitige Maßnahmen zu ergreifen, da das Unternehmen selber den Zeitpunkt und die vorher und nachher stattfindenden Bindungsmaßnahmen steuern kann, zum Beispiel ein Mailing an alle Kunden schicken, deren Filiale geschlossen wird.

Kundeninitiierte Indikatoren, zum Beispiel die Beschwerde eines Kunden über ein seiner Ansicht nach falsches Verhalten der Bank oder der Versicherung. Hier gibt es einen direkten Auslöser für eine mögliche Kündigung, allerdings auch einen direkten

Ansatzpunkt zur Stärkung der Kundenbindung, nämlich die zügige Bearbeitung der Beschwerde. Bei Versicherungen ist hier insbesondere die Bearbeitung von Schäden ein direkter Auslöser für Maßnahmen.

Indikatoren des Kundenverhaltens, zum Beispiel ein Nettoabfluss an Geschäftsvolumen. Dieser ist isoliert betrachtet nicht aussagekräftig, da zum Beispiel Spareinlagen oft für eine Anschaffung aufgelöst werden, ohne dass der Kunde Abwanderungsgedanken hegt. Zusammen mit der Senkung des eingemeldeten Freistellungsauftrages wird das Bild jedoch vollständig. Typische Verhaltensmuster im Zeitreihenvergleich von Kündigern der Vergangenheit werden über den Gesamtkundenbestand gelegt. Übereinstimmungen mit aktuellen Verhaltensweisen verschiedener Kunden selektieren die anzusprechenden Kundengruppen. Die Ansprache sollte dabei ebenso vielfältig sein, wie die Gründe und das Verhalten der Kunden vor der eigentlichen Kündigung.

Die Prozesse der meisten Versicherungen und Banken sehen keine strukturierten Maßnahmen zur Kundenrückgewinnung vor. Eine Kündigung durch einen Kunden ist allzu häufig nur ein technischer Vorgang, die Mitarbeiter erhalten eine Schulung, wie sie die Kündigung im System abbilden – nicht aber, wie sie die Kündigung durch ein Gespräch oder weitergehende Maßnahmen verhindern oder rückgängig machen. Zielvereinbarungen müssten justiert werden, um sowohl das Thema als auch die erfolgreiche Umsetzung zu honorieren. Die Abläufe und die technische Unterstützung der Prozesse – insbesondere zwischen Filialen/Vertretern und den Bearbeitungszentren – müssen stimmen. Erst wenn der technische und organisatorische Rahmen gegeben ist, können die Maßnahmen erfolgreich umgesetzt werden. **Dialogmarketing** über Call-Center aber auch Mailings könnte dann einen wesentlichen Anteil am **Rückgewinnungserfolg** verbuchen. Andere Branchen, zum Beispiel Mobiltelefonanbieter, sind hier wesentlich weiter.

Dialogmarketing über Call-Center könnte einen wesentlichen Anteil am Rückgewinnungserfolg verbuchen

Auf dem Weg zum Optimum

Die bisher beschriebenen Kampagnen und Maßnahmen sind zunächst **singuläre Aktionen**. Ihre ganze Wirkung entfalten sie erst, wenn sie innerhalb einer **CRM-Strategie** (Customer Relationship Management) zusammengeführt werden. Ziel ist, das gesamte Kundenportfolio laufend zu optimieren. Werden beispielsweise Neukunden akquiriert, wird dies vornehmlich in den ertragsreicheren Kundensegmenten getan. **Cross-Selling** ist ein Weg, um Kunden aus den weniger profitablen Segmenten in die profitablen Segmente zu verschieben. Bei diesen profitablen Kunden ist Kundenbindung das vorrangige Ziel.

Die Praxis lehrt jedoch, dass diese Bemühungen irgendwann an eine „natürliche" Grenze stoßen. Selbst mit noch so ausgefeilten Kampagnen lassen sich auf diese Art und Weise nur Responseraten erzielen, die im besten Fall bei rund zehn Prozent liegen. Das ist zwar eine enorme Verbesserung gegenüber früheren Zeiten – in den Kindertagen des Dialogmarketings war man bereits über eine Rückmeldungsquote von rund ein bis zwei Prozent froh – jedoch noch weit vom Optimum entfernt. Der entscheidende Punkt ist: Mit der herkömmlichen Vorgehensweise und den jahrzehntelang eingeübten Instrumentarien des Dialogmarketings lässt sich eine durchschlagende Verbesserung nicht erreichen. Das Gießkannenprinzip hat ausgedient – aber wie erreicht man sozusagen eine Präzisionsbewässerung?

Dazu bedarf es einer vollständigen Umkehr der Herangehensweise. Die oben beschriebenen Maßnahmen beruhen auf einer Philosophie, die, salopp formuliert, so lautet: „Erst produzieren wir fleißig, dann suchen wir uns die Kunden für unsere Produkte". Im modernen Dialogmarketing wird umgekehrt ein Schuh draus: Statt für ein Produkt möglichst viele Kunden zu finden, versucht man, **den Bedarf jedes einzelnen Kunden zu ermitteln,** um ihm das richtige Produkt zum richtigen Zeitpunkt über den richtigen Kanal anzubieten. Im Unterschied zu anderen Branchen, beispielsweise dem Einzelhandel, besitzen die Banken und Versicherungen enorme Datenmengen über ihre Kunden, ihr Verhalten und ihre Wünsche. Dieser Wettbewerbsvorteil kann mittels moderner Datenbanksysteme und Techniken wie dem Data-Mining genutzt werden. Diese Informationen gilt es „auszugraben" und in echtes Vertriebswissen für jeden Mitarbeiter umzusetzen.

> Banken und Versicherungen besitzen enorme Datenmengen über ihre Kunden, ihr Verhalten und ihre Wünsche

Das Prinzip der Gießkanne wird durch präzise Ansprachen ersetzt, die dem unterschiedlichen Konsumverhalten und den unterschiedlichen Bedürfnissen jedes einzelnen Kunden Rechnung tragen. Die Effizienz der Massenmedien, etwa die von Mailings, wird kombiniert mit der Effektivität einer **individuellen Betreuung** jedes Kunden. So wird es möglich, den Kunden in allen Vertriebskanälen zur richtigen Zeit das richtige Angebot – das so genannte **„Next Best Offer"** – zu unterbreiten. Die auf konsolidiertem Kundenwissen beruhende Empfehlung der Bank oder Versicherung für eine optimale Aktivität des Kunden ist das Ideal des Impulsmarketings. Und der Wettlauf der einzelnen Institute, dieses Ziel zu erreichen, ist in vollem Gang.

Die Dresdner Bank fährt in ihrer Impulsmarketing-Strategie zweigleisig. Zum einen setzen wir auf ein leistungsstarkes Kampagnenmanagement, das die einzelnen Ansprachen zum Kunden dirigiert und die Impulsaussendungen individuell steuert. Zugleich messen wir dem Ausbau der Interaktion größte Bedeutung bei, denn in der Dresdner Bank – wie auch bei anderen Finanzdienstleistern – werden zahllose Kontakte vertrieblich noch kaum und unzureichend genutzt. Durch die Ansprache zusätzlicher Kunden, durch eine perfektionierte Ansprache bestehender Kunden und durch ein interaktionsorientiertes CRM können bei uns, wie bei unseren Wettbewerbern, noch große Potenziale im Dialog mit dem Kunden gehoben werden.

Literatur

Moormann J., Rossbach P. (Hrsg.): Customer Relationship Management in Banken. – ISBN 3-933165-41-5, Bankakademie-Verlag, 2001.

Ceyp M. H. (Hrsg.): Handbuch Direktvertrieb von Finanzdienstleistungen. – ISBN 3-933375-01-0 Harvestehuder Fachverlag, 1999.

Holland H. (Hrsg): CRM im Direktmarketing. – ISBN 3-409-11806-3, Gabler Verlag, 2001.

Direktmarketing in der Versicherungsbranche ist Tradition. Im Gegensatz zu anderen Branchen sollten jedoch Besonderheiten wie die **Intangibilität** oder die **geringe Emotionalität** der Versicherungen beachtet werden. Um bei Direktmarketing-Aktionen erfolgreich zu sein, können folgende sieben Erfolgsfaktoren helfen:

➤ klare Ziele definieren.
➤ Spam vermeiden.
➤ geeignetes Medium, geeignete Ansprache und geeignete Anlässe nutzen.
➤ zeitnah agieren.
➤ Vertrauen herstellen.
➤ Daten effektiv analysieren.
➤ Methodik anwenden.

Besondere Merkmale in der Versicherungsbranche

Die Versicherungsbranche ist eine der Branchen, in der schon sehr lange Direktmarketing betrieben wird, auch wenn dies in der Vergangenheit oft nicht so bezeichnet wurde. Jeder Individualkontakt (zum Beispiel nach einer Schaden-regulierung) prägt die Vorzüge des Versicherungsunternehmens und präsentiert diese. Selbst bei einer Schaden-Ablehnung sollte im Individualkontakt die Kunden-bindung aufrechterhalten werden.

Jeder Individual-
kontakt nach
einer Schaden-
regulierung prägt
die Vorzüge des
Versicherungs-
unternehmens

Aber nicht nur die Schadenmeldung macht das Thema Direktmarketing in dieser Branche besonders. In der Versicherungswirtschaft gibt es einige Spezialitäten zu beachten, die Auswirkungen auf den Einsatz des Direktmarketings haben.

Im Unterschied zu anderen Branchen werden in der Versicherungsindustrie Produkte vertrieben, die auf den ersten Blick **keinen unmittelbaren und greifbaren Nutzen** haben (Intangible Produkte). Es lässt sich nur schwer ein positives Begehren wecken. Das steigert die ohnehin hohe **Erklärungsbedürftigkeit** von Versicherungsprodukten nochmals deutlich.

Die Versicherungs-Produkte werden auch in der Regel **nicht vom Kunden aktiv nachgefragt**, sondern eher aus der Ratio (oder noch schlimmer aus der Angst heraus) gekauft. Die „Produkte" sind aus Kundensicht nicht wirklich „ansprechend".

Mit dem Kauf eines Versicherungsproduktes geht der Kunde in der Regel ein Dauerschuldverhältnis ein. **Damit legt sich der Kunde auf unbestimmte Zeit fest** und der Gesamtaufwand (diskontierter Gesamtbetrag aller Beitragszahlungen) ist nicht transparent. Im Unterschied dazu kennt der Kunde beispielsweise bei einer Buchbestellung den Preis sehr genau. Gleichzeitig läuft der Kunde Gefahr, dass das

Vertragsverhältnis mit dem Versicherungsunternehmen bei ihm in Vergessenheit gerät. Schließlich hat er ja im Normalfall nur selten Schäden und bezieht somit über lange Zeiträume **keine „spürbaren" Leistungen** aus dem Vertragsverhältnis.

Über lange Zeiträume keine spürbaren Leistungen

Die Leistung aus dem Vertragsverhältnis kann der Kunde erst **im Schadenfall richtig beurteilen**. Bei einer Buchbestellung zum Beispiel ist schon der Klapptext relativ aufschlussreich. Einen Klapptext gibt es bei einer Versicherung nicht. Ein Nichteinhalten des Leistungsversprechens in der Versicherungsbranche bedeutet jedoch ein großes Ärgernis und kann im Extremen sogar zu einer existenziellen Bedrohung werden.

Die Versicherungsbranche bietet Absicherung für verschiedene Risiken an. Bestimmte Risiken sind eher **erklärungsbedürftig** (zum Beispiel Berufsunfähigkeitsversicherung, Rentenversicherung) als andere (zum Beispiel Risiko-Lebensversicherung, Haftpflichtversicherung). In der Branche zeichnet sich ein Trend zur Unterteilung nach **nachfrage-orientierten** Produkten (Versicherungen werden gekauft) und **angebots-orientierten** Produkten (Versicherungen werden verkauft) ab.

Bei der Kfz-Versicherung wiederum gibt der Gesetzgeber den Rahmen beispielsweise durch den **Kontrahierungszwang** vor. Jeder Autobesitzer in Deutschland ist per Gesetz zum Abschluss einer Kfz-Haftpflichtversicherung verpflichtet; es gibt keinen Autobesitzer, der keine Kfz-Versicherung abgeschlossen hat.

Es gibt keinen Autobesitzer, der keine Kfz-Versicherung abgeschlossen hat

Für das Direktmarketing macht es einen großen Unterschied, ob die Kampagne eine Kfz-Versicherung mit einem **Jahresbeitrag** von 650 Euro oder eine Reisekrankenzusatzversicherungen für wenige Euro vertreiben soll.

Diese Besonderheiten sollten beachtet werden und sind für das Direktmarketing besonders interessant.

Erfolgsfaktor 1: klar definierte Ziele

Zunächst sollte, wie bei allen Marketing-Aktionen auch, klar definiert werden, was mit der Direktmarketing-Kampagne verfolgt werden soll. In der Versicherungswirtschaft wird immer in den vier Kategorien
➤ Kundenbindung (Bestandskunden)
➤ Cross-Selling (Bestandskunden)
➤ Kundengenerierung (Neukunden) und
➤ Terminvorbereitung für den Außendienst
gedacht. Dies gilt auch für das Direktmarketing und sollte auch der erste Ansatz bleiben. Allerdings geht ein solcher Ansatz im Direktmarketing nicht tief genug.

Was bedeutet **Kundenbindung** im Rahmen einer Direktmarketing-Maßnahme? Hier sind weitergehende Ziele zu definieren. Beispielsweise eine Senkung der Stornoquote in einer Vergleichsgruppe, die Erhöhung der Touchpoints bis hin zu Steigerung der Imagefaktoren. Dies alles sind Anlässe für konkrete Direktmarketing-Aktionen.

Ähnlich sollte auch beim Thema **Cross-Selling** verfahren werden. Die sich unmittelbar aus der Direktmarketing-Aktion ergebende Verkaufsrate ist zwar leicht zu ermitteln, aber in der Regel nur die halbe Wahrheit. Tatsächlich ist sie häufig Vorbereiter für weitere Abschlüsse nach persönlichen Beratungen durch den Außendienst. Diese Querwirkung ist nicht einfach nachweisbar, sollte aber in der Zieldefinition Berücksichtigung finden.

Sowohl beim Cross-Selling als auch bei der **Kundengenerierung** sollte zwischen Direktwerbung und Direktvertrieb unterschieden werden. Beides können Ziele des Direktmarketings sein. Einen Neukunden hingegen direkt, das heißt unmittelbar zum Abschluss zu bewegen, wird eher ein hehres Ziel bleiben. Der Erfolg von Direktmarketing-Aktionen kann auch daran gemessen werden, wie erfolgreich der Außendienst nach solchen Aktionen ist.

Erfolg von Direktmarketing-Aktionen kann auch daran gemessen werden, wie erfolgreich der Außendienst nach solchen Aktionen ist

Direktmarketing-Aktionen mit dem Ziel der **Terminvorbereitung** durchzuführen, bietet sich in erster Linie bei den besonders erklärungsbedürftigen Produkten an. Meistens sind die erklärungsbedürftigen Produkte auch diejenigen Produkte mit den hohen durchschnittlichen Jahresprämien (zum Beispiel Altersvorsorge). Ein direkter Abschluss ist dabei eher unwahrscheinlich.

Erfolgsfaktor 2: Spam-Vermeidung

Der Begriff Spam ist im Zusammenhang mit E-Mail-Marketing in aller Munde. Die meisten Mail-Provider bieten ihren Kunden einen Spam-Briefkasten an, in dem automatisch alle Spam-Mails (der User kann Mails von bestimmten Absendern auch als Spam deklarieren) gesammelt werden. In der Regel werden diese Mails vom System oder User in bestimmten Zeitabständen ungelesen gelöscht.

Aber auch im „richtigen" Leben gibt es Spam-Mails. Fühlt sich ein Kunde von zuviel Werbepost einer Unternehmung belästigt, landen diese Briefe ungelesen im Altpapier. Ein Tiefschlag für das werbende Unternehmen. Die Reponserate sinkt, die Kosten je Neukunde oder je Produkt steigen. Dabei gibt es heute Möglichkeiten, dies zu verhindern.

Welche Abteilungen kontaktieren die Kunden wie häufig

Zunächst einmal sollte ein Unternehmen den **Überblick** darüber haben, welche Abteilungen die Kunden wie häufig kontaktieren. Dies ist in Versicherungsunternehmen nicht immer ganz leicht: Da gibt es unter anderem den Außendienstler, der seinen Bestandskunden kontaktiert, den Schadensachbearbeiter, der die Ergebnisse der Schadenregulierung übermittelt und den Marketing-Chef, der die Kundenbindung durch Direktmarketing erhöhen will. Eine **Kontakthistorie** kann hier für Transparenz sorgen.

Es ist sinnvoll zu testen, welche **Kontaktwege** der jeweilige Kunde bevorzugt. Nimmt ein Kunde lieber per Telefon Kontakt zum Versicherer auf, so liegt es nahe, dass tendenziell eher Outbound-Aktionen zum Erfolg führen. Schreibt er lieber E-Mails, so sollte dieses Medium genutzt werden. Alle Kontaktwege zu nutzen, würde beim Kunden als Spam wahrgenommen.

Das wohl organisierte **Datawarehouse** ist sinnvoll: Welche Zielgruppen reagieren nach wie vielen Kontakten? In vielen Fällen ist es sinnvoll, einen Kunden nach einem Abschluss erst einmal nicht mit weiteren Aktionen zu „belästigen". Welche Zielgruppen haben eine höhere **Kaufaffinität**? Scorewerte können nicht nur zu einer höheren **Abschlusswahrscheinlichkeit** führen, sondern helfen auch, dass die Nichtabschließer-Gruppe klein bleibt.

Welche Zielgruppen reagieren nach wie vielen Kontakten?

Erfolgsfaktor 3: Medienauswahl, Anlässe, Produkte

Bei der Auswahl des **Mediums** sollte berücksichtigt werden, wie bislang mit dem Kunden kommuniziert wurde, respektive bei neuen Kontakten, auf welchem Weg dieser zustande gekommen ist. Wurde die Adresse beispielsweise über einen Preisvergleicher im Internet erworben, so bietet es sich an, den Kunden auch per E-Mail Angebote zuzusenden beziehungsweise zu bewerben. Die Erfolgswahrscheinlichkeit ist in jedem Fall zu testen und mit anderen Zugangskanälen zu vergleichen. Mit dem gleichen Mitteleinsatz kann gegebenenfalls eine viele größere Kundengruppe angesprochen werden. Ob dadurch die Erfolgswahrscheinlichkeit für die gesamte Aktion steigt, ist individuell zu ermitteln.

Auch bei **anlassbezogenen Aktionen** sollte darauf geachtet werden, in welcher Form die Anlässe genutzt werden. Der Klassiker ist nach wie vor die Finanzierung einer Immobilie mit der anschließenden Anbindung einer Risikolebensversicherung zur existenziellen Absicherung der Familie. Diese Kausalität ist mittlerweile auch bei den Konsumenten so akzeptiert, dass sie selbst diese Produktkopplung nachfragen. Weitere Anlässe bieten die Geburt eines Kindes, ein Umzug oder Veränderungen der gesetzlichen Rahmenbedingungen.

Aber auch Produkte können **Anlässe** für weitere Vertriebsaktionen bieten. Nach dem Abschluss einer Kfz-Versicherung per Direct Mailing kann im Rahmen einer weiteren Aktion eine Verkehrsrechtsschutzversicherung angeboten werden. Auch hier ist wieder zu beachten, mit welchem Medium, in welchem zeitlichen Abstand und in welcher Art das Produkt angeboten werden sollte.

Auch Produkte können Anlässe für weitere Vertriebsaktionen bieten

Auch eine erfolgreiche Regulierung eines Schadens kann zum Anlass genommen werden, weitere Produkte anzubieten. Die Beziehung zum Kunden kann noch einmal gestärkt werden, in dem man sich nach der Regulierung in der Form einer **Kundenbefragung** nach der Zufriedenheit erkundigt. Es ist jedoch Vorsicht geboten, weitere Produkte an dieser Stelle zu aggressiv zu bewerben. Aus Sicht des Kunden ist es zwar legitim, dass eine Versicherung zum schon verkauften Produkt weitere Produkte verkaufen will, aber der Kunde darf sich nicht belästigt fühlen.

Bei dem angebotenen Produkt sollte beachtet werden, dass die **Erfolgsaussicht** sinkt, je höher der **Preis** für die Produkte ist. Diese Aussage ist sowohl relativ als auch absolut zu verstehen. Zum einen sollte das Produkt im Vergleich mit anderen Wettbewerbern rein preislich gesehen nicht aus dem Rahmen fallen. Zum anderen ist auch der absolute Preis (zum Beispiel Krankenvollversicherung im Vergleich zur Reisekrankenversicherung) zu beachten.

Für Direkt-
marketing-
Aktionen eignen
sich in erster
Linie Produkte,
die leicht
erklärbar sind

Für Direktmarketing-Aktionen eignen sich in erster Linie Produkte, die einerseits **leicht erklärbar** sind, andererseits auch schon durch Wettbewerber beworben werden beziehungsweise durch Presseartikel Aufmerksamkeit bekommen haben.

Erfolgsfaktor 4: Geschwindigkeit

Ideal sind
Adressen
potenzieller
Kunden die sich
nahe am Point
of Decision
befinden

Direktmarketing-Aktionen, die auf zugekauften Adresslisten basieren, müssen **analytisch vorbereitet** werden. Im Vorfeld ist detailliert zu prüfen, woher die Adressen stammen, wie „frisch" die Daten sind, wie viele Versicherungen diese Daten nutzen und wie nah der Kunde schon am **Point of Decision** ist. Sollten diese Daten mehreren Versicherungen angeboten worden sein, so ist Vorsicht geboten. Bei einem Direktverkauf wird es kaum zu Abschlüssen kommen. Das liegt nicht daran, dass der Adressat bei einer anderen Gesellschaft abgeschlossen hat. Vielmehr neigen die Angeschriebenen dazu, spätestens nach wiederholten Mailings, alle Versicherungsangebote ungelesen in den Papiermüll zu werfen.

Wann eine Adresse als „frisch" eingestuft werden kann, hängt maßgeblich von dem Produktkontext ab, in dem diese Adresse vom Broker akquiriert worden ist. Die **Dauer von der ersten Information bis zum Abschluss differiert** je nach Versicherungsprodukt sehr stark. Bis zum Abschluss einer Kfz-Versicherung benötigt der Kunde im Durchschnitt etwa eineinhalb Wochen. Eine solche Versicherung kann er aber auch sehr einfach bereits nach einem Jahr wieder wechseln. Bei einer Rentenversicherung sieht das anders aus. Eine Beitragsfreistellung oder ein Rückkauf, insbesondere in den ersten Beitragsjahren ist für den Versicherungsnehmer in der Regel mit hohen Verlusten verbunden. Die Jahresprämien sind auch meistens höher als bei einer Kfz-Versicherung. Die Kunden benötigen deutlich mehr Zeit bis zur Unterschrift als bei einem **Commodity-Produkt** wie einer Kfz-Versicherung. Eine drei Wochen alte Adresse zum Thema Kfz-Versicherung ist häufig nur noch wenige Cent Wert, eine vier Wochen alte Adresse zum Thema Altersversorgung kann immer noch interessant sein.

Ideal sind Adressen, bei denen sich die potenziellen Kunden „sehr nah" am **Point of Decision** befinden. Beispielhaft sind hier die **Preisvergleichsportale** im Internet zu erwähnen. Wenn Kunden hier ein Angebot berechnen, dabei in der Regel ihre persönlichen Daten preisgeben und sich nicht durch lange Dialoge abschrecken lassen, kann man davon ausgehen, dass diese Kunden schon sehr weit in ihrer Entscheidungsfindung gekommen sind. Diese Interessenten wollen die Entscheidung selber treffen und nicht durch den personenbezogenen Vertrieb (beispielsweise Makler oder Außendienstler) weiter beraten werden. Es sind also die typischen direktaffinen Kunden. Diese Interessenten sollten zeitnah nach der Angebotsberechung bei einem Vergleicher mit Direktmailings beworben werden.

Erfolgsfaktor 5: Vertrauen und Leistungsversprechen

„Versicherungen sind Produkte, deren Qualität man erst merkt, wenn es zu spät ist." Diesen oder ähnliche Sätze hat bestimmt schon jeder Vertriebler gehört. Im persönlichen Beratungsgespräch kann der Vermittler darauf eingehen und durch seine Persönlichkeit und durch eine lange Beziehung zum Kunden das **Vertrauen** in das Produkt aufbauen. Im Direktmarketing funktioniert das nur eingeschränkt. Hier ist es notwendig, einen möglichen Einwand vorwegzunehmen und gleich durch die richtige Darstellung des Produktes zu entkräften.

Das **Branding** und der Wert einer Marke sind besonders bedeutend. Versicherungen werden im unmittelbaren Zusammenhang mit anderen Finanzdienstleistungen gesehen und die Kunden erwarten **Seriosität und Ernsthaftigkeit** – unabhängig von der jeweiligen Zielgruppe. Übliche Gestaltungsmaßnahmen wie „Flippigkeit" und bunte Farben erhöhen die Aufmerksamkeit, nicht aber die Abschlusswilligkeit.

Über gezielte **Marktforschungen** kann herausgefunden werden, welche Eigenschaften als typisch für ein Versicherungsunternehmen vom Kunden gesehen werden. Für das Direktmarketing sollten diese positiven Attribute verstärkt und in Richtung Vertrauen weiter ausgebaut und betont werden.

Erfolgsfaktor 6: Datamining

Die Wichtigkeit des Dataminings ist bei den Direktmarketing-Spezialisten schon hinreichend bekannt. Dennoch sei es auch im Rahmen „Direktmarketing in der Versicherungsbranche" noch einmal erwähnt. Die Versicherungsbranche verfügt gegenüber anderen Branchen über viele individuelle und persönliche Kundendaten. Diese sollten genutzt werden, wo es möglich und sinnvoll ist. Natürlich werden in der Versicherungsbranche auch die **klassischen Kennziffern** wie zum Beispiel:

➤ Anzahl der bezogenen Produkte
➤ Kaufhäufigkeit
➤ Letzter Kauf
➤ Summe der Beitragsprämien

herangezogen. Darüber hinaus gibt es aber noch **weitere Informationen**, die sich aus den gekauften Produkten ableiten lassen. Zum Beispiel kann über die Deckungssumme bei der Hausratversicherung rückgeschlossen werden, in welcher sozialen Wohnsituation der Kunde lebt. Über die Kfz-Versicherung erhält man Aufschluss darüber, ob es sich um einen Vielfahrer handelt, ob mehrere Autos in seinem Besitz sind und in welcher Fahrzeug-Klasse sich der Kunde bewegt. Nachträgliche Einschlüsse von Kindern in der Unfallversicherung geben Aufschluss über die familiäre Situation. Die Versicherungsbranche verfügt tendenziell über zu viele Daten, die nicht strukturiert ausgewertet werden. Es ist eine klassische Aufgabe des **Dataminings**, hier für Klarheit zu sorgen, in welcher Form die vorhandenen Daten genutzt werden können.

Deckungssumme bei der Hausratversicherung liefert wichtige Information

Ein Vorgehensmodell ist es, dass nach **Datenmuster** bei Kundengruppen in der Vergangenheit gesucht wird, die in den Folgejahren weitere Produkte gekauft haben. Anschließend werden die gleichen Muster bei Kunden im aktuellen Bestand gesucht, die dieses Produkt noch nicht gekauft haben (**Profiling**). Für diese Kunden kann dann ein Scorewert für die Kaufaffinität berechnet werden. Idealerweise verfügt die Versicherung, die Direktmarketing-Maßnahmen durchführen will, noch zusätzlich

429

Informationen
können
helfen, die
Direktmarketing-
Aktionen
individueller und
persönlicher zu
gestalten

über Informationen, die der **Außendienst** bereitstellt. Hierzu zählen Informationen über Verträge bei Wettbewerbern, die Kaufabsichten für neue Autos, Haus oder aber auch nur der Namen des Hundes. All diese Informationen können helfen, die Direktmarketing-Aktionen individueller und persönlicher zu gestalten und damit die **Responserate** beziehungsweise die **Abschlussrate** zu erhöhen.

Erfolgsfaktor 7: Methodik

Wie in allen Branchen ist auch beim Direktmarketing in der Versicherungsbranche das **Testen** der geplanten Aktionen vor einem Rollout das A und O. Es sollten nicht nur Bild- und Textvariationen getestet werden, sondern es ist auch zu prüfen, welche **Versicherungsprodukte** sich bei welchen **Zielgruppen** über welchen **Direktweg** verkaufen lassen. Außerdem ist zu testen, welche **Zugangswege** zu Adressen bei welchen **Produkten** wie gut funktionieren.

Der Aufbau der Angebote, beispielsweise Mehrfachangebote in einer Aktion, sollte ebenfalls ausprobiert werden. Erfahrungen zeigen, dass potenzielle Käufer gerne zum mittleren Angebot greifen. So stellt sich beim Kunden das Gefühl von **Entscheidungsfähigkeit** und **Kompetenz** ein. **Nachkaufdissonanzen** können so reduziert, **Abschlussraten** erhöht werden.

Zur richtigen Methodik gehört auch noch ein ausgeklügelter **Follow-up-Prozess**. Es ist zu definieren, wie mit **Nicht-Reagierern** weiter verfahren wird. Eine zweite Direktmarketing-Aktion bietet sich in der Regel an und hat vielfach die gleichen Erfolgsaussichten wie die erste Aktion. Idealerweise werden die Adressaten einer Direktmarketing-Aktion auch vom Außendienst bearbeitet. Ist der Kunde bereits Bestandskunde der Versicherung, kann einem Angebot auch **telefonisch** nachgegangen werden. Dabei erhöhen sich tendenziell die Erfolgsaussichten auf Abschlüsse, je persönlicher die **Beziehung des Vertreters** zu seinem Kunden ist und der Vertreter hat einen erneuten Anlass den Dialog aufzunehmen.

Literatur

Bidmon R. K.: Direktmarketing-Forschung: Texterregeln wissenschaftlich betrachtet. – In: Direkt Marketing, 36, 3, 42, 2000.

Bruns J.: Direktmarketing. – Kiehl Verlag, Ludwigshafen, 2. Aufl., 2007.

Dallmer H. (Hrsg.): Handbuch Direktmarketing. – ISBN: 340986699X, Gabler, Wiesbaden, 8. Aufl., 2002.

Holland H.: Direktmarketing. – ISBN: 380061670X, München, 2. Aufl., 2004.

Krafft M., Hesse J., Knappik K. M.: Internationales Direktmarketing. – Gabler, 2. Aufl., 2006.

Kreutzer R. T., Kuhfuß H., Hartmann W.: (Hrsg.): Marketing-Excellence, Sieben Schlüssel zur Profilierung Ihrer Marketing-Performance. – ISBN: 3834903906, Wiesbaden, 2007.

Link J., Kramm F.: Direktmarketing und Controlling. – In: Reinecke S., Tomczak T. (Hrsg.): Handbuch Marketingcontrolling. – S. 549-572, Wiesbaden, 2. Aufl., 2006.

Wiedmann K.-P., Buckler F., Buxel, H.: Data Mining – ein einführender Überblick. – In: Wiedmann et al. (Hrsg.): Neuronale Netze im Marketing Management. – ISBN: 3409116737, Wiesbaden, 2001.

Das Klima auf dem deutschen Automobilmarkt ist rau: Automobilhersteller drängen immer schneller mit neuen Modellen in den Markt, um eine komplette **Marktabdeckung** zu erreichen. Das Anspruchsniveau der Automobilkäufer ist sowohl im Hinblick auf das Produkt als auch auf dessen Präsentation sowie den Service gestiegen. Die Käufer zeigen dabei selbst keine höhere Preisbereitschaft. Zudem nimmt ihre Händlerloyalität auf der Suche nach Abwechslung – dem **Variety Seeking** – stetig ab. Last not least tragen die hohen **Nebenkosten** wie Versicherungsbeiträge, Steuern und insbesondere die steigenden Kraftstoffpreise zur angespannten Situation auf dem Automobilmarkt bei. Leidtragende sind die Händler, die den „Kampf" an der Basis führen und **Kunden erhalten** wie **erobern** müssen.

Der akute **Handlungsbedarf**, dem sich die Automobilhändler gegenübersehen, reicht von der Kundenakquisition über die klassischen Funktionen von Verkauf und Betreuung bis hin zu den After-Sales-Leistungen. Eine wichtige **Schlüsselfunktion**, Herr über die Situation zu werden, kommt der persönlichen Kommunikation mit dem Kunden zu. Ihre Aufgabe ist es, **Nähe herzustellen** und eine **persönliche Beziehung** sowie **Vertrauen** aufzubauen. Schließlich ist mit dem Kauf eines Automobils ein erhebliches Risiko verbunden. Dies resultiert aus den hohen Anschaffungsausgaben, den unsicheren Folgekosten – so für Reparatur und Wartung – sowie der langen Nutzungsdauer.

> Der persönlichen Kommunikation mit dem Kunden kommt eine Schlüsselfunktion zu

Dabei kann das Autohaus mit Interessenten und Kunden zukünftig nicht nur ganz selbstverständlich am **Point of Sale** persönlich und individuell kommunizieren. Vielmehr wird es die Aufgabenstellung des modernen Händlers sein, die Kommunikation auszudehnen und den Kundenkontakt direkt im **„Wohnzimmer"** der Zielperson zu initiieren, aufzubauen beziehungsweise zu pflegen – durch den Einsatz des Dialogmarketing. Bei diesem geht der Automobilhändler nach dem **„Tante-Emma-Prinzip"** vor: Er kennt die Kunden, die in seinem Einzugsgebiet wohnen. Er kann sie mit ihrem Namen ansprechen und individuell mit ihnen kommunizieren. Er weiß, welche Bedürfnisse seine Kunden haben, welches Auto sie fahren und wann sie den Wunsch nach einem neuen Fahrzeug verspüren.

> Ein Händler weiß, welche Bedürfnisse seine Kunden haben

So ist das **Dialogmarketing** darauf ausgerichtet, ausgewählten Personen eine an die spezifischen Bedürfnisse angepasste Botschaft durch ein Dialogmarketing-Medium zu übermitteln. Dadurch soll eine messbare **Reaktion** beim Empfänger ausgelöst werden, die eine **Interaktion** zwischen Händler und (potentiellem) Automobilkäufer initiiert. [1]

www.marketing-boerse.de/Experten/details/H-Dieter-Dahlhoff
www.marketing-boerse.de/Experten/details/Eva-Janina-Korzen

Dialogmarketing als Chance im Automobilhandel

Die individuelle Kundenbeziehung nach dem „Tante-Emma-Prinzip" kann bei größer werdenden Kundenzahlen zunehmend verloren gehen, zum Beispiel bei Ketten und Großstadt-Vertragshändlern. Durch Botschaften, die dann mit Hilfe von **Massenkommunikationsmedien** übermittelt werden, fühlen sich nicht alle Empfänger gleichermaßen angesprochen. So kann die **Kundenbeziehung** zwischen Automobilhändler und (potentiellem) Automobilkäufer nur schwer aufrechterhalten werden. Auch, weil die Massenkommunikation in der Regel von den Herstellern und Importeuren eingesetzt wird, deren Interessen sich in Teilen stark von denen der Händler unterscheiden. Das Dialogmarketing ermöglicht im Unterschied zur Massenkommunikation eine selektive Ansprache sehr kleiner Zielgruppen bis hin zur **One-to-One-Kommunikation** mit dem einzelnen Zielkunden. Diese kann durch den Händler selbst initiiert werden.

One-to-One-Kommunikation kann durch den Händler selbst initiiert werden

Die Chance der Automobilhändler, eine individuelle Kundenbeziehung aufzubauen, liegt somit im Dialogmarketing. Auch weil Händler zumeist lokal agieren und sich das Dialogmarketing hervorragend innerhalb eines geografisch abgegrenzten Gebiets anwenden lässt. So können die hohen Streuverluste, die aufgrund des Vorgehens nach dem „Gießkannenprinzip" bei der Massenkommunikation entstehen, durch die **zielgenaue Einzelansprache** des Dialogmarketing deutlich reduziert werden. Zudem wird durch den Dialogmarketing-Einsatz ein **hoher Wirkungsgrad** erreicht, weil die persönliche Ansprache eine Ablenkung durch konkurrierende Werbebotschaften verhindert. Ein ganz wesentlicher Vorteil des Dialogmarketing liegt darüber hinaus in der zeitnahen und eindeutigen **Messbarkeit**. Vor dem Hintergrund der begrenzten Budgets von Automobilhändlern, die vor allem auf die sinkenden Margen als Folge des Intra-Brand-Wettbewerbs zurückzuführen sind, lassen sich zwei weitere Erfolgsfaktoren anführen. Einerseits ist das Dialogmarketing in seiner **Handhabung sehr flexibel** und kann sowohl an die Bedürfnisse der Konsumenten als auch im Hinblick auf die aktuellen Gegebenheiten beim Automobilhändler variiert werden. Andererseits eignet sich diese Form der Kommunikation sehr wohl für solche Unternehmen, denen ein nur **eingeschränkter Etat** für Kommunikationsmaßnahmen zur Verfügung steht. [2]

Des Weiteren ermöglicht es das Dialogmarketing auf Grund der individuellen und persönlichen Kommunikation, Kunden auf allen Stufen der **Loyalitätsleiter** gezielt anzusprechen. Daher kann das Dialogmarketing sowohl eingesetzt werden, um neue Kunden zu **akquirieren** als auch dazu, die bestehenden Kunden zu **pflegen**.

Ziele des Dialogmarketing-Einsatzes im Automobilhandel

Der Einsatz des Dialogmarketing im Automobilhandel kann unter verschiedenen **Zielsetzungen** erfolgen: Kurzfristig ist es möglich, **zusätzliche Verkaufserlöse** zu generieren. Kunden können im Frühjahr wie im Herbst beispielsweise auf den notwendigen Reifenwechsel hingewiesen werden. Zusätzlich sollten sie darüber informiert werden, dass im Lager Kapazitäten geschaffen wurden, die nun auch eine Einlagerung der Reifen gestatten. Dies ist ein „Klassiker" des Dialogmarketing – wird aber oft noch dilettantisch gehandhabt. Weiterhin zielt das Dialogmarketing

Kurzfristig ist es möglich, zusätzliche Verkaufserlöse zu generieren

auf die Gewinnung und Bindung von Kunden ab. Während das Dialogmarketing bei der **Kundengewinnung** erfolgversprechende, jedoch nicht persönlich bekannte Zielpersonen adressiert, die später zu Kunden weiterentwickelt werden sollen, werden bei der **Kundenbindung** gezielt bekannte Kunden angesprochen, um den Kontakt zu pflegen und zu gegebenem Zeitpunkt zu einem erneuten Automobilkauf zu aktivieren. Hier können Einladungen zu Premieren-Feiern neuer Modelle oder der Versand eines Händlermagazins als Beispiele angeführt werden. Der Einsatz des Kommunikationsinstruments „**Events**" ist hier ebenso zu nennen. Kooperationen mit anderen Einzelhändlern und regionale Besonderheiten eignen sich insbesondere. Neben der „Hüpfburg" gibt es so viele andere Möglichkeiten. Darüber hinaus übernimmt das Dialogmarketing auch **klassische Kommunikationsaufgaben** wie die Steigerung von Bekanntheit und Image sowie die Übermittlung von Information über den Händler und dessen Aktivitäten, seien es spezielle Gebrauchtwagen-Angebote, ein Tag der offenen Tür oder ein lokales kulturelles Ereignis. [3]

Dialogmarketing übernimmt klassische Kommunikationsaufgaben wie die Steigerung von Bekanntheit und Image

Dialogmarketing-Medien im Automobilhandel

Im Dialogmarketing stehen dem Automobilhändler grundsätzlich eine Reihe verschiedener **Medien** zur Verfügung. Zu nennen sind adressierte, teil- und unadressierte Werbesendungen (**Direct Mailing**) sowie telefonische (**Call**), faxgestützte (**Fax**), elektronische (**E-Mail**) und mobile Ansprache (**Mobile**), die allesamt mit verschiedenen Vor- und Nachteilen einhergehen. [4] Hier sind im Hinblick auf Call, Fax, E-Mail und Mobile insbesondere die **rechtlichen Einschränkungen** zu nennen. [5] Diese Medien dürfen nicht eingesetzt werden, um den Erstkontakt mit den Zielpersonen herzustellen. Außerdem werden sie nur mäßig akzeptiert.

Der Vorteil des **Direct Mailings** liegt darin, dass dieses Medium sowohl dazu genutzt werden kann, den **Erstkontakt** durch Kaltakquise herzustellen als auch dazu, bestehende Kunden zu loyalen Kunden weiterzuentwickeln. So kann durch das Direct Mailing der gesamte **Customer-Life-Cycle** abgedeckt werden. Zudem sollten Direct Mailings auch auf Grund des **Fit** mit dem Objekt – dem Automobil – zum Einsatz kommen. Schließlich kann dieses Medium als **Premium-Kommunikationsinstrument** verstanden werden. Entsprechend konzipiert besitzt es sowohl die größte **Wertigkeit** und bietet zudem ein **haptisches Erlebnis**. Dies ist auch der Grund für die vergleichsweise hohen Kontaktkosten dieses Mediums, die sich jedoch in jedem Fall bezahlt machen.

Durch das Direct Mailing kann der gesamte Customer-Life-Cycle abgedeckt werden

Die Medien Call, Fax, E-Mail und Mobile können zum **Nachfassen** bei einer **mehrstufigen Direct Mailing-Aktion** genutzt werden, sofern der Empfänger entsprechend positiv respondiert hat. Bei dieser besteht von Seiten des Händlers das ausdrückliche Ziel, einen persönlichen Kontakt zur Zielperson herzustellen. Die Verknüpfung von Direct Mailing und Call stellt die **optimale Medien-Kombination** dar, da durch die telefonische Kontaktaufnahme ein unmittelbarer und individueller Dialog initiiert wird. Natürlich muss ein solch mehrstufiges Vorgehen unmittelbar zu Beginn in die **Budgetplanung** einbezogen werden, um die Maßnahmen auch entsprechend durchführen zu können. In der Praxis ist dies häufig nicht der Fall.

Erscheinungsformen von Direct Mailings

Direct Mailings können nach den Zustellmöglichkeiten differenziert werden in:

1. **Adressierte** Werbesendungen
   (Herrn Max Mustermann, Musterweg 3, 99999 Musterhausen),

2. **Teiladressierte** Werbesendungen
   (An alle Automobilinteressenten, Musterweg 3, 99999 Musterhausen) und

3. **Unadressierte** Werbesendungen
   (An alle Automobilinteressierten)

Möchte der Händler eine sehr **spezifische Botschaft** übermitteln, die nur für eine geringe Anzahl an Empfängern relevant ist, sollte er sich für ein adressiertes Direct Mailing entscheiden. Dieses wird an **selektierte Zielpersonen** versandt. Im Hinblick auf Kunden lässt sich so der Hinweis auf einen in Kürze anstehenden TÜV oder Wartungstermin nennen. Potentielle Kunden können durch ein adressiertes Direct Mailing beispielsweise selektiv auf die Einführung eines neuen Modells aufmerksam gemacht werden. Dieses sollte speziell für die entspechende Zielgruppe entwickelt werden.

Bei standardisierten Angeboten besteht die Wahl zwischen einem teil- und unadressierten Direct Mailing

Entscheidet sich der Händler, ein **standardisiertes Angebot** zu kommunizieren, hat er die Wahl zwischen einem teil- und unadressierten Direct Mailing. Diese werden eingesetzt, um beispielsweise über einen Tag der offenen Tür zu informieren oder um sogenannte „**Leads**" zu generieren. Dieser Begriff bezeichnet im Allgemeinen eine bereits qualifizierte und auf das angezielte Verhalten hin vielversprechende namentliche Adresse. Dazu können Probefahrten mittels eines Direct Mailings angeboten werden.

Während die Entscheidung zwischen dem adressierten und dem teil- und unadressierten Direct Mailing unter **objektiven Gesichtspunkten** erfolgt, liegt es im Ermessen des Automobilhändlers, ob teil- oder unadressierte Direct Mailings eingesetzt werden sollten. Diese Wahl ist von **situativen Faktoren** abhängig und umfasst beispielsweise die Größe des Einzugsgebiets, die individuelle Präferenz und die finanzielle Situation des Händlers. So sind die **Kosten** unadressierter Direct Mailings – bei selben Inhalten – im Vergleich zu den beiden Alternativen am geringsten, da das Porto für das unadressierte Direct Mailing mit 0,25 Euro deutlich unter dem des teil- und adressierten Direct Mailings (0,35 und 0,55 Euro) liegt. [6] Allerdings ist bei dieser Form der Kommunikation auch mit den größten **Streuverlusten** zu rechnen. Außerdem lassen sich bei un- und teiladressierten Direct Mailings die Vorteile der individuellen Ansprache nicht nutzen. Daher sollten Automobilhändler eine **Kosten-Nutzen-Analyse** bei der Entscheidung für oder wider einer der Direct Mailing-Formen durchführen. Schließlich werden die höheren Kosten von adressierten Direct Mailings im Idealfall durch die geringeren Streuverluste kompensiert.

Bestenfalls wird mit **Universal-Dienstleistern** wie der Mailing Factory der Deutschen Post AG zusammengearbeitet. Sie verfügen über das **Know-how**, für den Händler und dessen Ziel, Zielgruppe und Budget die passende Direct Mailing-Form auszuwählen. Zudem verfügen sie über **Expertenwissen** in Bezug auf jede

Phase des im Folgenden dargestellten Planungsprozesses. Manche Händler berichten auch über Erfolge von „Scheibenwischer-Aktionen" mit einer Direkt-Streuung. Vor unprofessioneller Gestaltung und „Lehrlings-Verteilung" soll gewarnt werden.

Planungsprozess einer Dialogmarketing-Aktion

Die nebenstehende Abbildung zeigt den **Planungsprozess** einer Dialogmarketing-Aktion für den Einsatz eines Direct Mailings auf. [7]

Im ersten Schritt werden die **Planungsgrundlagen** gelegt, indem der Händler eine Situationsanalyse vornimmt und Ziele definiert, die er mit dem Direct Mailing erreichen möchte. Danach erfolgen die Bestimmung der anzusprechenden Zielgruppen- oder **Zielpersonen** sowie die Festlegung der Form des Direct Mailings, das am ehesten eine Reaktion beim Empfänger auslöst. In der **Realisationsplanung** werden verschiedene Direct Mailings konzipiert und **Tests** unterzogen, um die geplante Aktion zu optimieren. Die Durchführung umfasst die **Herstellung und Streuung** der Werbemittel und wird zumeist von Dienstleistern wie der Deutschen Post AG durchgeführt. In der **Kontrollphase** sollte neben der Erfolgskontrolle auch die Nachbearbeitung erfolgen. Diese umfasst beispielsweise die Erfassung und Verarbeitung aller durch die Aktion neu gewonnenen Kundendaten.

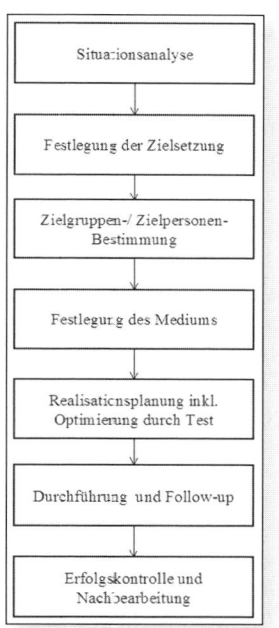

Abb. 1: Planungsprozess einer Dialogmarketing-Aktion

Zielgruppenbestimmung und Adressgenerierung

Es ist besser, ein schlechtes Direct Mailing an die richtige Zielperson zu senden, als ein gutes an die falsche. Entsprechend kommt der **Segmentierung** eine ganz besondere Bedeutung im Dialogmarketing zu. Bei dieser wird der heterogene Gesamtmarkt in homogene Marktsegmente unterteilt, um die für den Automobilhändler attraktiven und relevanten **Zielgruppen** auszuwählen und entsprechend der definierten Zielsetzung zu bearbeiten. [8]

In der Regel wird die Neuwagen-Zulassung durch Hersteller und Händler registriert. Daher liegen **Händlern** die notwendigen Daten vor, ein Direct Mailing mit der Zielsetzung zu versenden, die aktuellen Kunden zu binden. Fraglich bleibt allerdings, wie der Automobilhändler an **Namen und Adressdaten** potentieller Käufer gelangt bei denen das Ziel der Akquisition im Vordergrund steht.

Hier besteht im Hinblick auf **adressierte Direct Mailings** die Möglichkeit, Adressdaten von Einzelpersonen bei **Adressmaklern** anzumieten. Die Adressen

Besser ein schlechtes Direct Mailing an die richtige Zielperson senden, als ein gutes an die falsche

435

sind zusätzlich mit einer Vielzahl von Einzelkriterien angereichert. So mit Daten der Geografie, Soziodemografie und Psychografie sowie mit marketingrelevanten Verhaltensvariablen. Nimmt der Händler eine passende Zielgruppenbeschreibung vor, können die relevanten Zielpersonen aus den mit den Einzelkriterien **angereicherten Adressdaten** selektiert werden. Allerdings dürfen die Adressdaten nicht in den Besitz des Händlers gelangen. So wird die Verarbeitung der Adressen von **Lettershops** übernommen. Sie bieten Dialogmarketing-relevante Dienstleistungen an und übernehmen unter anderem die Zusammenführung der Adressen mit den Direct Mailings und den Versand. Die Adressdaten der Reagierer dürfen vom Automobilhändler in den **eigenen Adressbestand** übernommen werden, die übrigen Adressen nicht. Der Vorteil der Adress-Miete besteht darin, dass die Daten gepflegt sind. Fehlerhafte Adressen und **Dubletten** werden durch entsprechende **Prüfprogramme** aussortiert. Zudem werden die Adressbestände regelmäßig auf Postordnungsmäßigkeit und Aktualität geprüft. Schließich sind Adressen gleichermaßen verderblich wie „Heuriger Wein" und müssen daher sofort bearbeitet werden. [9]

Im Hinblick auf **teiladressierte Direct Mailings** wird auf die Einzelansprache verzichtet. So ist keine Anmietung von Adressen notwendig. Dennoch empfiehlt sich eine Zusammenarbeit mit solchen Dienstleistern, die über **mikrogeografische Segmentierungssysteme** verfügen. Sie reichern geografische Informationen mit soziodemografischen und psychografischen Daten an. Letztere umfassen beispielsweise Einstellungen, Meinungen und Persönlichkeitsmerkmale. Bei den soziodemografischen Daten handelt es sich um Alter, Geschlecht, Einkommen, Beruf und dergleichen. Die **Integration** der Daten ermöglicht es, ganze Straßenzüge oder einzelne Wohnhäuser zu identifizieren, deren Bewohner (entsprechend der Zielgruppenbeschreibung des Händlers) als am Angebot interessiert eingeschätzt werden können. [10]

Beim **unadressierten Direct Mailing** ist der Händler nicht auf Dienstleister zur Zielgruppenbestimmung angewiesen, da diese Werbesendungen **flächendeckend gestreut** werden. So kann der Händler selbständig entscheiden, ob das gesamte Einzugsgebiet oder nur einzelne Wohnorte, Stadtteile oder Postleitzahlenbezirke angeschrieben werden sollen. Allerdings wird auch hier empfohlen mit solchen Dienstleistern zusammenzuarbeiten, die über mikrogeografische Segmentierungssysteme verfügen, um die richtigen **geografischen Gebiete** auszuwählen.

Von der Konzeption zur Realisation

Bei der **Realisationsplanung** sind eine Reihe von Merkmalen bei der Gestaltung der Direct Mailings zu beachten, die einen **signifikanten Einfluss** auf die Response-Aktivierung der Empfänger nehmen. Daher sollten Direct Mailings in Zusammenarbeit mit Dialogagenturen oder Universal-Dienstleistern wie der Mailing Factory der Deutschen Post AG entwickelt werden. Sie verfügen über das nötige Know-how, das Direct Mailing **empfängerorientiert** zu gestalten. Zudem sollte darauf geachtet werden, dass der Absender auf allen Direct Mailing-Bestandteilen eindeutig erkennbar ist, um eine **Identifizierung** des Empfängers mit dem Automobilhändler

Ganze Straßenzüge oder einzelne Wohnhäuser identifizieren, deren Bewohner am Angebot interessiert sein könnten

zu erleichtern. Die Botschaftsgestaltung dem Auszubildenden oder dem Verkäufer zu überlassen oder gar eine hausgemachte Ergänzungslösung einzusetzen, kann die gesamte Kampagne ruinieren. Die Praxis zeigt hier entsetzliche Beispiele.

Zunächst muss eine Entscheidung hinsichtlich der Anzahl und Gestaltung der einzusetzenden **Direct Mailing-Bestandteile** getroffen werden. Das klassische Direct Mailing (Mail-Order-Package) besteht aus vier Elementen. Dem Briefumschlag, dem Anschreiben, der Beilage und dem Reaktionsmittel. Außerdem können dem **Mail-Order-Package** weitere Bestandteile beigefügt werden. Beispielsweise eine Karte zur Teilnahme an einem Gewinnspiel, ein Gutschein für eine kostenlose Wagenwäsche oder ein Schlüsselanhänger für den bestellten Neuwagen. [11]

Gewinnspielkarte, Wagenwäsche-Gutschein oder Schlüsselanhänger für den bestellten Neuwagen

Bei der Gestaltung des Mail-Order-Package sind die nachfolgenden Kriterien zu berücksichtigen: [12]

Element	Funktion	Gestaltungsvariablen
Briefumschlag	Schützt den Inhalt und dient der Aktivierung des Empfängers, das Kuvert zu öffnen	Format, Größe und Farbgebung, Papierqualität, Art der Freimachung, Angaben des Absender, Teaser und Teaserinhalt sowie die werbliche Gestaltung
Anschreiben	Ist Hauptbestandteil und übernimmt die Aufgabe, den Kontakt herzustellen, die wichtigsten Leserfragen zu beantworten und die Vorteile des Angebots zu erläutern	Briefkopf, Headline, Anrede, Text, Typografie, Absätze, Unterstreichungen und Fettdruck, Bilder, Unterschrift, Postskriptum, Aufbau und Länge des Textes, Lesekurve und Personalisierung
Beilage	Kann unterschiedliche Formen wie Flyer, Broschüre, Katalog haben und stellt das Angebot ausführlich dar	Anzahl, Format und Umfang, Kontaktdaten des Absenders, Illustrationen, Verhältnis von Text zu Illustrationen, Motiv der Illustrationen, Farbanteil, Personalisierung und Inhalt
Reaktionsmittel	Kann adressierte Rückantwortkarte, Faxformulare, Telefonnummer und Internetadresse umfassen und dient dem Empfänger, möglichst bequem auf das Direct Mailing reagieren zu können	Frankierung, inhaltliche Zielsetzung, Vorformulierung bestimmter Antworten, Farbanteil und Voradressierung, Mehrkanaligkeit

Tab. 1: Gestaltungsvariablen des Mail-Order-Package

Es wird deutlich, dass für das klassische Mail-Order-Package vielfältige **Gestaltungsoptionen** bestehen, die allesamt einen wesentlichen **Einfluss** auf das Öffnen des Briefumschlags, das Lesen des Anschreibens, das Interesse an der Beilage und die Reaktion nehmen. Daher ist bei der Auswahl und Gestaltung der einzelnen Bestandteile darauf zu achten, dass diese in Abstimmung mit der Zielsetzung des Direct Mailing erfolgen. Hier können die folgenden **Hinweise** für die automobile Händlerpraxis gegeben werden. Die **Wertigkeit** und Neutralität der einzelnen Bestandteile sollte umso größer sein, je aussichtsreicher der (potentielle) Kunde ist, zu einem loyalen Kunden entwickelt zu werden und je exklusiver das Angebot ist. So können beispielsweise bei einem Direct Mailing, das zum Tag der offenen Tür lädt, durchaus auch werbliche Elemente auf dem Umschlag aufgedruckt sein. Bei einem Direct Mailing, welches ein konkretes Angebot zum Automobilkauf unterbreitet, sollte jedoch schlicht gehalten werden, um die **Seriosität** und **Vertrauenswürdigkeit** des Händlers zu unterstreichen.

Da die Abschätzung des Entwicklungspotentials eines Empfängers umso präziser möglich ist, je mehr Daten von der betreffenden Zielperson vorliegen, sollte das klassische Mail-Order-Package gegebenenfalls ergänzt um **zusätzliche Bestandteile** nur als adressiertes Direct Mailing versendet werden. Bei einem teil- oder unadressierten Direct Mailing ist auch eine **reduzierte Form** ausreichend, um den Erstkontakt herzustellen. So reicht manchmal schon eine **Postkarte** mit Angebotsrelevanten Informationen mit einer passenden Antwortmöglichkeit.

Um sicher zu gehen, dass mit dem Direct Mailing die gewünschte Wirkung erzielt wird, empfiehlt es sich, dieses vor dem endgültigen Einsatz zu **testen**. Bestenfalls liegen **Alternativkonzepte** vor, die nicht nur unterschiedlich gestaltet sind, sondern auch unterschiedliche Elemente beinhalten. Diese werden an Testpersonen, die **strukturgleich** mit der Zielgruppe sind, getestet. So ist es möglich, neben der Erfolgswirkung auch die Kosten der Direct Mailing-Konzeption zu berücksichtigen und abzuwägen, ob das **Kosten-Nutzen-Verhältnis** ausgeglichen ist. [13]

Zur Überprüfung, ob die Anschreibeninhalte empfängerorientiert gestaltet wurden, können **Augenkameratests** durchgeführt werden, die genau aufzeichnen, ob der Leser mit dem Auge auch tatsächlich an der „richtigen Stelle" verweilt und die wesentlichen Inhalte wahrnimmt. [14] Zuweilen reicht bei einem professionellen Vorgehen bereits eine kleine Gruppe von fünf bis zehn Personen aus, sodass das begrenzte Händlerbudget nicht unnötig strapaziert wird. Bei der Planung der Zustellung ist zu beachten, dass das **Timing** die **Erfolgsquote** beeinflusst. So sollte das Direct Mailing private Empfänger zum Ende der Woche erreichen. [15] Außerdem sind saisonale Zyklen wie Ferienzeiten zu beachten.

Kontrolle des Direct Mailing-Erfolgs

Zur Überprüfung der einzelnen Direct Mailing-Aktion wird meist die Rücklauf- oder **Responsequote** gewählt. Sie gibt an, wie viel Prozent der Direct Mailing-Empfänger über einen der zur Verfügung gestellten **Kanäle** reagiert haben. Hier empfiehlt es sich, eine **tagesaktuelle Eingangsstatistik** zu führen. So wird erreicht, dass der Dialog mit dem (potentiellen) Kunden – beispielsweise ein Rückruf bei einem mehrstufigen Vorgehen – nach dem Prinzip des „First come, first served" erfolgt. Schließlich ist das **Interesse** am Angebot umso größer, je früher der Empfänger auf das Direct Mailing reagiert. Zudem sollten genügend geschulte **Mitarbeiter** vorhanden sein, das zusätzliche Arbeitsaufkommen zeitnah bewältigen zu können. [16] Da eine **Dialogmarketing-Aktion** nicht nur mit dem Ziel durchgeführt wird, möglichst viele Responses zu generieren, sondern auch unter dem Aspekt der **Wirtschaftlichkeit** durchgeführt werden sollte, sind neben der Responsequote auch die Kosten der Aussendung zu beachten. Diese sind auf die Anzahl an Responses zu verteilen – in Form des **CPO** (Cost per Order), oder in Form des **CPI** (Cost per Interest). Möglich ist im Automobilhandel auch ein **CPT** (Cost per Testdrive). Zudem erweist sich eine **Break-Even-Analyse** im Hinblick auf die Wirtschaftlichkeit einer Direct Mailing-Aktion als durchaus nützlich. [17]

Möglich ist auch, dass der Empfänger des Direct Mailings in **telefonischen Kontakt** mit dem Automobilhändler tritt. Insbesondere ist dabei sicherzustellen, dass dem Anrufer die eigens initiierte persönliche Kontaktaufnahme so bequem wie möglich gestaltet wird. So sollte prompt kompetentes Personal zur Verfügung stehen, ohne dass sich der (potentielle) Kunde minutenlang durch **Telefonmenü** und **Warteschleife** quälen muss.

Persönliche Kontaktaufnahme so bequem wie möglich gestalten

Die kritische Schnittstelle stellt ein **integriertes Gesamtsystem** dar. Ein ausgereiftes **Database Management** wird für den modernen Händler immer wichtiger. Es ermöglicht, sämtliche Kunden-individuellen Daten zu speichern und bei Bedarf abzurufen und auszuwerten. Unter anderem die Kunden- oder Interessenten-stammdaten und gegebenenfalls Fahrzeugdaten, eine Reihe zusätzlicher Daten aus externen Quellen sowie Angaben zu versandten Direct Mailings und erfassten Responses. Sind all diese Daten gespeichert und kann der Händler kurzfristig darauf zugreifen, kann der persönliche, individuelle und vor allem zielführende Dialog mit dem (potentiellen) Kunden geführt werden. Verschiedene Systeme der Hersteller und von freien IT-Firmen werden auf dem Markt angeboten. Optimal ist sowohl die **Verknüpfung** mit dem Verkäufer-Arbeitsplatz, dem Autohaus-Management-System und Kundendatenbanken sowie Mailing-Design-Factories von Hersteller oder Importeur.

Neben der **quantitativen Wirkungskontrolle** ist es möglich, die Wirkung in **qualitativer** Hinsicht zu überprüfen. Dies erfolgt, indem strukturgleiche Test- und Kontrollgruppen zu einzelnen Bekanntheits-, Image- und Markenstärke-Variablen befragt werden. Die **Testgruppe** ist die Gruppe, die das Direct Mailing erhalten hat. Die **Kontrollgruppe** hat kein Direct Mailing erhalten. Die Differenz der Einschätzungen bezüglich der einzelnen Variablen gibt dann an, welche **(Hebel-)Wirkung** das Direct Mailing bei der Test- im Vergleich zur Kontrollgruppe hervorrufen konnte. In der automobilen Händlerpraxis wurde dieses Vorgehen zur Kontrolle bereits eingesetzt und konnte **signifikante Unterschiede** in der Wirkung zwischen Test- und Kontrollgruppe evaluieren. Die folgende Abbildung 2 zeigt dies. [18]

Integration von Händler-Dialog und Hersteller-Kommunikation

Wird das Dialogmarketing professionell eingesetzt, ist es dem Automobilhändler durchaus möglich, seine Position im Automobilmarkt zu behaupten. Weiteres **Optimierungspotential** besteht dann durch die **Integration** der Kommuni-kationsmaßnahmen von Hersteller und Händler. Dies bedeutet, dass die Kommunikationsmaßnahmen inhaltlich, formal und zeitlich aufeinander abgestimmt werden [19]. Bewirbt der Hersteller folglich ein neues Modell in den klassischen Medien, können zu diesem Zeitpunkt Direct Mailings von Automobilhändlern

Bewirbt der
Hersteller
folglich ein
neues Modell in
den klassischen
Medien, können
zu diesem Zeit-
punkt Direct
Mailings von
Automobil-
händlern
versandt
werden

versandt werden. Beispielsweise kann eine Probefahrt zu eben diesem Modell angeboten werden. Wird ein solch konsistentes Vorgehen zwischen Hersteller und Händler herbeigeführt, ist es möglich, eine deutliche **Synergiewirkung** durch den integrierten Einsatz der Hersteller- und Händlerkommunikation zu erzielen. Dazu ist es notwendig, dass die Integration der einzelnen Kommunikationsinstrumente von den Kunden auch als solche wahrgenommen wird. Daher sind diese Aktionen nur unter **Zusammenarbeit** zwischen Hersteller und Händler möglich. Die Integration sollte bereits bei der Konzeption und Kreation der Kampagne erfolgen.

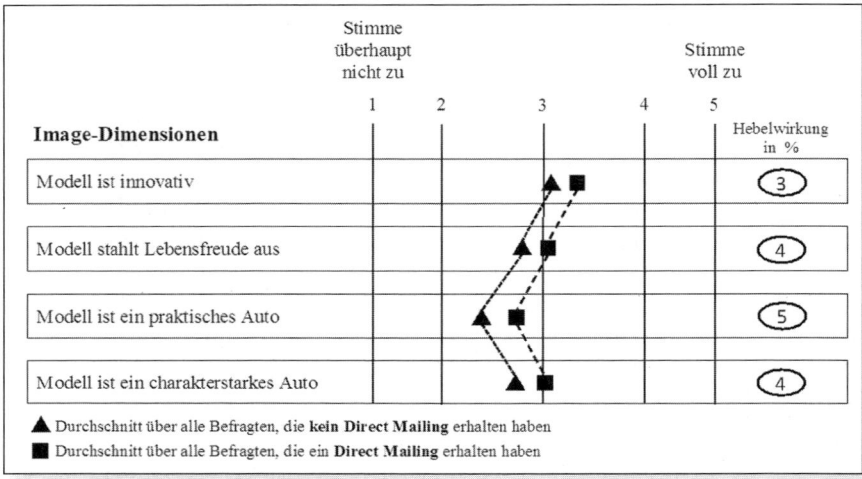

Abb. 2: Hebel-Wirkung von Direct Mailings in verschiedenen Image-Dimensionen

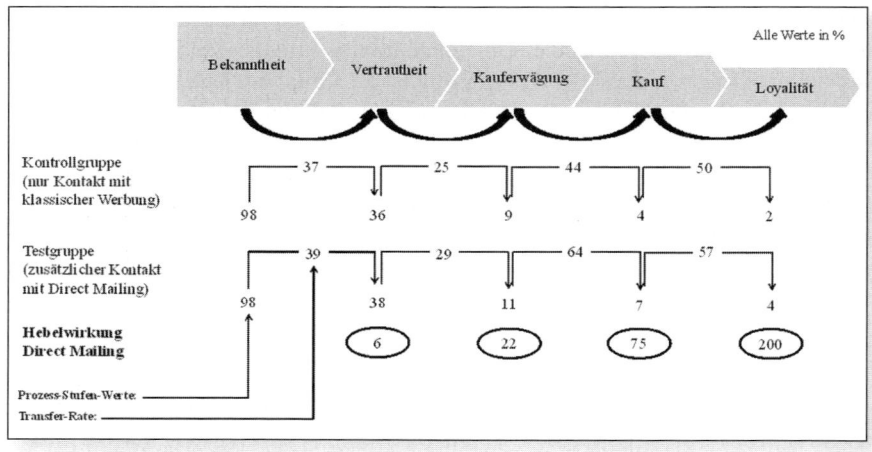

Abb. 3: Hebel-Wirkung von Direct Mailings im Kaufentscheidungsprozess

In der Regel wird diese Form der **Zusammenarbeit** von den **OEMs (Original Equipment Manufacturer)** beziehungsweise Importeuren initiiert. Allerdings besteht ein enormes **Konfliktpotenzial** zwischen Herstellern und **Händlern**. Letztere sollen den Herstellern die Adressen ihrer Kunden überlassen. Auf Grund der Herstellermacht werden die Händlerinteressen oft nicht in der Konzeption der Mailings berücksichtigt. Dennoch haben letztere den Mehraufwand zu tragen. Wird der Konflikt überwunden, wirkt das Direct Mailing in allen Phasen des **Kauf-entscheidungsprozess** als **positiver Hebel** auf die klassische Werbung: [20]. Die Abb. 3 zeigt dies. Die Prozess-Stufen-Werte zeigen, welcher Anteil der Zielgruppe die jeweils nächste Prozess-Stufe erreicht. Beispielsweise kennen 98 Prozent der Zielpersonen in der Testgruppe die Marke. Die Transfer-Rate gibt an, welcher Anteil der Zielgruppe von der einen in die nächste Prozess-Stufe überführt wird. Hier sind beispielsweise 39 Prozent derjenigen Zielpersonen der Testgruppe, welche die Marke kennen, auch mit dieser vertraut. Ganz deutlich ist in der Abb. 3 zudem die Hebelwirkung des Direct Mailings auf den unterschiedlichen Prozess-Stufen zu sehen.

Aus den Ausführungen geht hervor, dass das Dialogmarketing eine **eigenständige Disziplin** darstellt und von Händlern nicht im „Alleingang" professionell umgesetzt werden kann. Neben der **Zusammenarbeit** mit Adressbrokern, Lettershops und Dienstleistern, die über mikrogeografische Segmentierungssysteme verfügen, empfiehlt sich zudem eine Kooperation mit Agenturen und gegebenenfalls Marktfor-schungsinstituten. Um den **Koordinationsaufwand** für den Händler zu minimieren, empfiehlt es sich oft, einen **Universaldienstleister** beziehungsweise eine Agentur auszuwählen, die eine „Alles-aus-einer-Hand-Lösung" anbietet.

CHECKLISTE

❏ Ist das Zel der Dialogmarketing-Aktion wirklich eindeutig definiert?

❏ Ist die Zielgruppe richtig beschrieben worden? Können die anzusprechenden Zielpersonen durch die Dienstleister auch tatsächlich identifiziert werden?

❏ Sind in der eigenen Datenbank Adressen vorhanden, die für die Direct Mailing-Aktion genutzt werden können?

❏ Ist die gewählte Dialogform auch tatsächlich die richtige? Ist eine andere Dialog-Form vor dem dem Hintergrund der beschriebenen Zielgruppe und der definierten Zielsetzung nicht sinnvoller?

❏ Ist das Direct Mailing passend konzipiert und umgesetzt worden? Reicht eine Postkarte oder sollte doch das Mail-Order-Package, gegebenenfalls ergänzt um weitere Bestandteile, eingesetzt werden? Sind die einzelnen Gestaltungs-variablen so gewählt, dass sie den Leser dazu aktivieren, das Direct Mailing zu öffnen, zu lesen und zu reagieren? Sind die diesbezüglich notwendigen Tests durchgeführt worden?

❏ Ist der Versand des Direct Mailing für den richtigen Wochentag eingeplant? Ist genügend Personal vorhanden, das zusätzliche Arbeitsaufkommen aufzunehmen? Wurde genügend Budget eingeplant, um eine mehrstufige Aktion umzusetzen? Ist eine Kooperation mit dem Hersteller beziehungsweise Importeur möglich, um eine Hebel-Wirkung des Direct Mailings zu erreichen?

❏ Entsprechen die Responsequoten den Erwartungen? Haben sich die Ausgaben für die Aktion amortisiert? Welche Optimierungsansätze konnten als Learning für folgende Direct Mailing-Aktionen erzielt werden?

Literatur

[1] Belz Ch.: Strategisches Direct Marketing – Vom sporadischen Direct Mail zum professionellen Database Management. – 400 S., Ueberreuter, 1997.

[2] Holland H.: Direktmarketing. – 410 S., Vahlen, 2004.

[3] Holland H.: Direktmarketing. – 410 S., Vahlen, 2004.

[4] Wirtz B. W.: Integriertes Direktmarketing – Grundlagen-Instrumente-Prozesse. – 341 S., Gabler, 2005.

[5] § 7 Gesetz gegen den unlauteren Wettbewerb (UWG).

[6] https://www.mailingfactory.de/pdf/Preisliste_MAILINGFACTORY_BRIEF_2006.pdf: Website der Mailingfactory der Deutschen Post AG.

[7] Bruhn M.: Kommunikationspolitik – Systematischer Einsatz der Kommunikation für Unternehmen. – 618 S., Vahlen 2008 und Holland H.: Direktmarketing. – 410 S., Vahlen, 2004.

[8] Böhler H.: Marktsegmentierung als Basis eines Direct-Marketing-Konzepts. – In: Dallmer H. (Hrsg.): Das Handbuch Direct Marketing & More. – S. 921-937, Gabler, 2002 und Kotler Ph., Keller K. L., Bliemel F.: Marketing-Management – Strategien für wertschaffendes Haneln. – 1261 S., Pearson 2007.

[9] Wuermeling U.: Die Rahmenbedingungen des Adresseinsatzes. – In: Dallmer H. (Hrsg.): Das Handbuch Direct Marketing & More. – S. 128-145, Gabler, 2002 und Lehr G.: Entscheidungsprozesse bei der Anmietung von Adressen im Consumer-Bereich. – In: Dallmer H. (Hrsg.): Das Handbuch Direct Marketing & More. – S. 509-543, Gabler, 2002 sowie Holland H.: Direktmarketing. – 410 S., Vahlen, 2004.

[10] Holland H.: Direktmarketing. – 410 S., Vahlen, 2004.

[11] Gutsche A. H.: Formelle Bedingungsfaktoren für die Gestaltung von Mailings. – In: Dallmer H. (Hrsg.): Das Handbuch Direct Marketing & More. – S. 427-434, Gabler, 2002.

[12] Gerdes J.: Macht sich der Dialog bezahlt? – Dialogmarketing in Zeiten veränderter ökonomischer Rahmenbedingungen. – 56 S., Siegfried Vögele Institut, 2003 und Peters K., Frenzen H., Feld S.: Die Optimierung der Öffnungsquote von Direct-Mailings – Eine empirische Studie am Beispiel von Finanzdienstleistern. – In: Krafft M. (Hrsg.): Direct Marketing. – S. 143-176, Gabler 2007 sowie Holland H.: Direktmarketing. – 410 S., Vahlen, 2004.

[13] Schöberl M.: Tests im Direktmarketing – Konzepte und Methoden für die Praxis, Auswertung und Analyse, Qualitätsmanagement und Erfolgsorientierung. – 271 S., Redline, 2004.

[14] Holland H.: Das Mailing – 210 S., Gabler, 2002.

[15] Krafft M., Peters K.: Empirical Findings and Recent Trends of Direct Mailing Optimization. – In: Marketing – Journal of Research an Management. – Band 1, S. 26-40, Beck, 2005.

[16] Holland H.: Direktmarketing. – 410 S., Vahlen, 2004.

[17] Holland H.: Direktmarketing. – 410 S., Vahlen, 2004.

[18] Siegfried Vögele Institut (Hrsg.): Werbung wirkungsvoller machen – Dialogmarketing als Verstärker im Kaufentscheidungsprozess – Fallbeispiele der SVI Dialog Consulting aus den Bereichen Automobil, Telekommunikation und Schnelldrehende Konsumgüter. – 23 S., SVI, 2004 und Deutsche Post Direkt, Siegfried Vögele Institut, F.A.Z.-Institut für Management-, Markt- und Medieninformationen (Hrsg.): Managementkompass Dialogmarketing. – 38 S., F.A.Z.-Institut für Management-, Markt- und Medieninformationen, 2006.

[19] Dahlhoff H. D.: Was ist Integrierte Markenkommunikation? – In: Heller S., Lindhof N., Merkel F., von Vieregge H. (Hrsg.): Integrierte Marken-Kommunikation – Eigentlich wie immer oder eigentlich ganz neu? – S. 14-23, GWA, 2000.

[20] Gerdes J.: Kundenbindung durch Dialogmarketing. – In: Bruhn M., Homburg Ch. (Hrsg.): Handbuch Kundenbindungsmanagement – Strategien und Instrumente für ein erfolgreiches CRM. – S. 445-463, Gabler, 2008 und Siegfried Vögele Institut (Hrsg.): Werbung wirkungsvoller machen – Dialogmarketing als Verstärker im Kaufentscheidungsprozess – Fallbeispiele der SVI Dialog Consulting aus den Bereichen Automobil, Telekommunikation und Schnelldrehende Konsumgüter. – 23 S., SVI, 2004.

DIALOGMARKETING IM FUNDRAISING

MARTIN DODENHOEFT

Dialogmarketing heißt, so steht es nicht zu Unrecht im Volkslexikon Wikipedia (Stand 23. Mai 2008), den gesamten **Marketing-Mix** eines Unternehmens auf die individuellen Anforderungen des Kunden auszurichten. Im Mittelpunkt steht der **Dialog** mit bestehenden **Kunden** und **Interessenten**. Interessenten sind potentielle Kunden, unter die euphemistisch auch gern die noch ahnungslosen Mitbürger gerechnet werden, die keineswegs von sich aus Interesse am Unternehmen und/oder seinen Produkten haben.

Dem Wikipedia-Text entnehmen wir außerdem, dass das **Ziel** des Dialogmarketings das **Aufbauen und die Pflege von Kundenbeziehungen** sei. Und ich dachte immer, Ziel sei es, mit Gewinn Produkte zu verkaufen oder Beiträge, Spenden und Engagement zu generieren. Aber vielleicht wird ja der Text bis zum Erscheinen dieses Leitfadens noch aktualisiert.

Der Anstand gebietet, bei allem noblen Tun nicht zu vergessen, dass auch bei der Betonung von Dialogorientierung vielfach doch ein Ungleichgewicht in der Beziehung zwischen Unternehmen und Spendenorganisation auf der einen, aktiven und potentiellen Kunden und Förderern auf der anderen Seite besteht. Machen wir uns nichts vor: **Ohne den Willen und die konkreten Anstöße von Unternehmen oder Spendenorganisation kommt ein Dialog doch meistens gar nicht zustande!** Mit anderen Worten: Dialogorientierung als Mittel zur Optimierung einer mehr oder weniger nach wirtschaftlichen Regeln funktionierenden Austauschbeziehung hinterlässt beim Fundraiser immer einen schalen Nachgeschmack. Er spricht auch ungern vom „Kunden", geht es doch im Wesentlichen um Mitgliedsbeiträge und Spenden oder um ehrenamtliches Engagement von Menschen – und zwar für die gute Sache.

Ohne Anstöße kein Dialog

Aber seien wir ehrlich: Es gibt doch mehr Gemeinsamkeiten zwischen dem Fundraising für gemeinnützige Organisationen und dem gewinnorientierten Handeln in anderen Bereichen als es dem in der Wolle gefärbten „Gutmenschen" lieb ist.

Dieses Verhältnis stets im Auge zu behalten und den Verlockungen einer dialogorientierten Manipulation zu widerstehen, gehört zu einem verantwortlichen Umgang mit den Mitteln, den Erwartungen und Gefühlen von Mitglieder, Spendern und ehrenamtlichen Helfern.

Grundzüge der zentralen Marketingstrategie des Volksbundes

Der Volksbund Deutsche Kriegsgräberfürsorge e. V. (im folgenden „Volksbund") als privater, gemeinnütziger Verein ist seit Beginn seiner Arbeit auf die Unterstützung der Bürger angewiesen. So bleibt er aber auch weitgehend unabhängig von der staatlichen (Finanz-)Politik. Zwischen fünfundachtzig und neunzig Prozent der Einnahmen stammen heute aus Mitgliedsbeiträgen, Spenden, Sammlungen, Erbschaften und Vermächtnissen.

Bereits in den 20er Jahren wurden Werbemethoden und -mittel eingesetzt, die bis heute zur Alltagspraxis gehören

Bereits in den ersten Jahren nach der Gründung 1919 wurden Werbemethoden und -mittel eingesetzt, die bis heute zur Alltagspraxis gehören. Die Finanzierung der Arbeit geschah bis Anfang der siebziger Jahre im Wesentlichen über Mitgliedsbeiträge und die Einnahmen aus der Haus- und Straßensammlung. Die Mittel wurden überwiegend im direkten Kontakt, neudeutsch **„Face-to-Face"**, eingeworben. Die – natürlich nicht immer genutzte – direkte Möglichkeit zum Dialog mit Kassierern und Sammlern der Organisation rechtfertigt es sicher, hier von Dialogmarketing zu sprechen.

Zentrale Spendenaktion seit über 35 Jahren

Ein zentral gesteuertes Spendenmarketing, insbesondere **Direktwerbung mit adressierten Mailings**, gehört weltweit zum **unverzichtbaren Standardrepertoire** einer jeden professionell arbeitenden gemeinnützigen Organisation. Gut, hier werden Eulen nach Athen getragen. Aber es handelt sich hier ja um einen Leitfaden, da darf man auch mal schreiben, was die Dialogmarketingprofis für Banalitäten halten.

Anfang der siebziger Jahre gab es die erste Spendenaktion mit computer- beschrifteten Mailings

Der direkt **adressierte Werbebrief** beim Volksbund hat inzwischen schon eine recht **lange Geschichte**. Anfang der siebziger Jahre stagnierten die Mitgliedsbeiträge und Sammlungsergebnisse – deshalb initiierte die Bundesgeschäftsstelle des Volksbundes die zentrale Spendenaktion mit computerbeschrifteten Mailings. Diese erbrachte schon nach kürzester Zeit rasant steigende Ergebnisse. Die Zahl der aktiven (jährlich zahlenden) Spender ist heute doppelt so hoch wie die der aktiven Mitglieder. Das zentrale Spendenmarketing machte es möglich, die Verluste durch das kontinuierliche Sinken der Mitgliederzahlen mehr als auszugleichen.

Im Herbst eines jeden Jahres gehe ich mit der Büchse für den Volksbund sammeln. Die **Responsequote** bei dieser dialogorientierten Methode ist atemberaubend, der Traum eines jeden Fundraisers: **Über fünfzig Prozent!** Leider ist die Spendenhöhe weniger befriedigend, auch das Upgrading ist extrem schwierig. Aber hätte der Volksbund eine Million Sammler, so würde er damit sicher fünfzig Millionen Euro oder mehr einnehmen können (es sind heute etwa 6,5 Millionen Euro). Leider wird es immer schwieriger, Menschen zu finden, die Zeit haben und sich überwinden können, andere direkt um Geld zu bitten.

Werbung mittels persönlicher Ansprache, Überzeugen im persönlichen Dialog ist das Beste, was eine Organisation nur tun kann. Wegen des gewaltigen Organisations- aufwandes kann dies aber nur begrenzt wirksam werden oder ist überhaupt nicht denkbar. Wie viele Menschen kann der Präsident der Organisation persönlich ansprechen? Wenn er klug ist, beschränkt er sich auf Großspender, Sponsoren und andere wichtige Partner. Aber eine Organisation wie der Volksbund hat Hunderttausende von Förderern, die sich weniger in ihren Motiven als in ihren Möglichkeiten zur Unterstützung unterscheiden! Und was kann die Organisation tun, die über kein großflächig ausgebreitetes, engmaschiges Netz von haupt- und ehrenamtlichen Mitarbeitern verfügt?

In der Kommunikation mit Spendern und Noch-nicht-Spendern wird heute immer mehr das Telefon eingesetzt. In der Dialogintensität ist es dem postalischen Mailing vorzuziehen, auch dem E-Mailing. Menschen sprechen mit Menschen! Aber die Grenzen werden auch hier schnell deutlich. Zu den Kosten eines Anrufes bei einem Spender kann man zwanzig anderen Spendern einen Brief schreiben. Mit einem Telefonat eine zwanzigfach höhere Response als mit einem Brief zu erzeugen, bleibt der höheren Kunst vorbehalten. Und will man eine höhere Durchdringung erreichen, ist man in der Regel auf externe Dienstleister angewiesen. Auch wenn die Call-Center-Agents sich voll mit der Sache des Auftraggebers identifizieren können – es sind nun mal keine Mitarbeiter der Organisation. Der Volksbund geht deswegen sparsam mit diesem Mittel um.

Auch wenn Call-Center-Agents sich voll mit der Sache des Auftraggebers identifizieren – es sind nun mal keine Mitarbeiter der Organisation

Bleibt der Spendenbrief! Er ist leider immer nur Ersatz, „zweitbeste Lösung", für die direkte, persönliche Ansprache möglichst vieler Menschen. Der Dialog bleibt trotz allem immer etwas einseitig. Immerhin: Mit zentral gesteuerten Briefaktionen (auch E-Mailings) werden bei relativ geringem Personal-, Organisations- und Kostenaufwand sehr gute Ergebnisse erzielt. Diese Ergebnisse fallen erfahrungsgemäß um so besser aus, je mehr es gelingt, den Interessen, Erwartungen und Wünschen der Angesprochen gerecht zu werden. Und je besser es gelingt, dies in der Datenbank abzubilden, um so befriedigender wird – auf beiden Seiten – das Ergebnis einer Dialogaktion ausfallen.

Auch nicht neu: **Das E-Mailing ist im Kommen!** Es bietet anders als der Brief die Möglichkeit der unmittelbaren Reaktion, sogar des Einstiegs in den direkten Dialog. Aber auf dem Postweg, zumindest ist das die derzeitige Erfahrung des Volksbundes, ist der Erfolg immer noch deutlich höher als auf dem elektronischen Weg. Vielleicht liegt dies daran, dass viele Förderer des Volksbundes relativ alt sind und die „neuen" Medien nur zurückhaltend nutzen. Aber das wandelt sich. Die E-Mail wird immer wichtiger und kann kostengünstiger als Briefe zur Aufrechterhaltung eines aktiven Kontaktes eingesetzt werden. Viele Organisationen, auch der Volksbund, stehen heute vor dem nicht geringen Aufwand, ihre Dialogstrategie und ihre datenbanktechnischen Möglichkeiten auf den konsequenten Einsatz des E-Mailings abzustimmen.

E-Mailing bietet anders als der Brief die Möglichkeit des unmittelbaren Einstieges in den direkten Dialog

Zentrale Erfolgsfaktoren: Ziele – Zielgruppen – Inhalte

In allen Dialogmarketingmaßnahmen ist die Kombination der Auswahl geeigneter Zielgruppen mit Zielbotschaft(en), des Wissens um die Wünsche und Verhaltensweisen der Menschen und der möglichst eng darauf abzustimmenden Inhalte von entscheidender Bedeutung für den Erfolg. Dies gilt selbstverständlich auch für die Aktionen des Volksbundes, der in Deutschland wesentlich früher als andere Organisationen ein erfolgreiches zentrales Direktmarketing aufgebaut hat.

Erwartungen der
tatsächlichen
und potentiellen
Förderer
bestimmen
die Konzepte
und Inhalte
der Marketing-
maßnahmen

Die Ziele des Volksbundes haben sich im Laufe der Jahre kaum gewandelt, da sie sich direkt aus Geist und Buchstaben seiner Satzung herleiten. Die Schwerpunkte der inhaltlichen Gestaltung sind hingegen einem Wandel unterworfen, und zwar über die Jahrzehnte – mit dem Wandel der Aufgabenschwerpunkte – als auch in jedem Jahr selbst. Die Erfahrung ist, dass „emotionale Anstöße" in der Herbst- und Weihnachtszeit erfolgreicher sind, ansonsten aber Sach- oder Projektinformationen. Selbstverständlich bestimmen satzungsgemäßer Auftrag, tatsächliches Tun und aktuelle Notwendigkeiten die Inhalte. Aber immer sind die Erwartungen der tatsächlichen und potentiellen Förderer des Volksbundes entscheidend für die Konzepte und Inhalte der Marketingmaßnahmen.

Besonders deutlich ist dies seit Anfang/Mitte der neunziger Jahre. Mit der Möglichkeit, nach dem Zerfall des Ostblocks endlich überall in Mittel-, Ost- und Südosteuropa zu arbeiten, wandelte sich auch die Marketingstrategie. Die Inhalte der wichtigsten Mailings waren zuvor eher allgemein und nur zum Jahresende hin besonders emotional ausgeprägt: Gedenken und Mahnung, Arbeit für den Frieden. Jetzt eröffnete sich die Möglichkeit, für Projekte zu werben, den stark erhöhten Finanzbedarf des Volksbundes an konkreten Vorhaben festzumachen und die Förderer laufend über Projektfortschritte und -ergebnisse zu informieren.

Erwartungen und Reaktionen der Förderer

Mit der Möglichkeit, im Osten zu arbeiten, stieg die Erwartung der Menschen, dass für ihre Anliegen auch etwas getan wird. Dazu muss man wissen, dass die Gräber von über drei Millionen deutschen Soldaten und dazu noch ungezählter Ziviltoter hinter dem „Eisernen Vorhang" jahrzehntelang unzugänglich waren. Viele Angehörige sind gestorben, ohne die große politische Wende erleben zu dürfen. Sicher die meisten hatten sich irgendwie mit dieser Situation abgefunden.

Ihre Anliegen richteten – und richten – sich nicht nur konkret darauf, dass ein Angehöriger, Freund oder Kriegskamerad endlich ein würdiges Grab erhält und man es besuchen kann. Mit der Tatsache, dass genau dies jetzt geschehen kann oder könnte, werden auch vielfach jahrzehntelang verdrängte Gefühle wie Trauer, Schmerz um den Verlust, Trostbedürfnis, der Wunsch, sich darüber mitzuteilen, reaktualisiert, teilweise bis an die Schmerzgrenze und darüber hinaus. Dies zeigen die Reaktionen vielfacher Art auf das Tun des Volksbundes und seine Aktionen, mit denen er dieses Tun öffentlich macht. Entsprechend hoch ist der Erwartungsdruck, die Notwendigkeit, diese Wünsche auch befriedigen zu können oder aber plausibel verdeutlichen zu müssen, dass es entweder noch Zeit braucht oder aber tatsächlich unmöglich ist.

Was mich persönlich ungemein ärgert, ist die Einstellung „Lasst die Toten doch da liegen, das interessiert doch keinen mehr." Täglich erfahren wir das Gegenteil. Täglich erfahren wir den Wahrheitsgehalt des Ausspruchs von Ernest Hemingway „Niemand, den man liebt, ist jemals tot." Und die gleichen Menschen, die mit der Trauer der älteren Generationen nichts anfangen können, findet man trauernd am Straßenrand – dort wo sie selbst das Kreuz zur Erinnerung an den verunglückten Motorradfahrer aus dem eigenen Freundeskreis aufgestellt haben.

Der Dialog mit den Angehörigen wird bestimmt durch sehr hohe **Emotionalität**. Dialogmarketing im Volksbund ist deshalb einfach mehr als die Organisation einer kundenorientierten Austauschbeziehung. Von höchster Bedeutung ist der „menschliche Faktor", wirksam in jedem Bereich der Organisation, vom Präsidenten bis zum Hausmeister der Bundesgeschäftsstelle, vom Mitarbeiter des zentralen Gräbernachweises bis zum ehrenamtlichen Sammler. Man kann dies bis zu einem gewissen Grad lernen. Trainingsinstitute bieten Seminare à la „Servicefreude am Telefon" an. Das ist besser als nichts, aber ersetzt nicht ganz die innere Überzeugung und die menschliche Qualifikation der Organisationsmitarbeiter selbst.

Die mit der inhaltlichen Entwicklung und praktischen Umsetzung der zentralen Marketingstrategie beauftragten Mitarbeiter/innen sind fast alle erfahrene Personen, die teilweise über Jahrzehnte im direkten, intensiven Kontakt mit Förderern stehen. Vorteil des im Volksbund über fünfunddreißig Jahre lang – unter ständiger Kontrolle von Geschäftsleitung und Bundesvorstand sowie kritischer Beobachtung aus seinen regionalen Gliederungen – immer erfolgreich praktizierten Direkt- oder Dialogmarketings ist die unmittelbare Rückmeldung der angesprochenen Personen via Brief und Telefonat (heute auch E-Mail), vor allem auch über die Reaktion per Spendenverhalten.

Intensivierung der Mailingstrategie seit Mitte der neunziger Jahre

Seit Mitte der neunziger Jahre wurde die Frequenz der Spendenbriefe deutlich gesteigert. Es war damit möglich, „Reserven", das heißt Zeiten ohne Aussendungen, zu nutzen, vor allem in den ersten drei Quartalen. Zwar steht dahinter, den **„Werbedruck"** zu erhöhen. Aber gleichzeitig konnte damit auch wesentlich mehr Information als früher über die verschiedensten Aufgabenfelder und Projekte des Volksbundes vermittelt, die individuelle Präferenz des Spenders im Ergebnis besser getroffen und vielfach damit seine Bindung an den Volksbund erhöht werden.

Um die Verärgerung durch die Belastung durch zu häufige Anstöße zu verringern, wird seit längerem angeboten, die Zahl der Aussendungen nach individuellem Wunsch zu reduzieren. Etwa ein Fünftel der Förderer ist dem gefolgt. Dies reduziert ebenfalls erheblich den negativen Effekt des insgesamt deutlich höheren Werbedrucks. Ein Gesetz ist allerdings nicht erkennbar. Neben Förderern, denen bereits zwei Briefe im Jahr zu viel sind, stehen solche, denen zwanzig zu wenig sind. Diese Herausforderung an die Dialogstrategie ist eine der schwierigsten, weil es immer auf den Inhalt ankommt und sich persönliche Präferenzen auch ändern können.

> Um Verärgerung durch zu häufige Anstöße zu verringern, kann die Zahl der Aussendungen nach individuellem Wunsch reduziert werden

Häufung von Werbeanstößen im vierten Quartal

Seit langem eine **„Binsenweisheit" im Spendenmarketing: Das vierte Quartal ist die günstigste Zeit für Spendenaktionen aller Art!** Die Bereitschaft der Bürger, gemeinnützige Organisationen zu unterstützen, ist messbar deutlich ausgeprägter als in den ersten drei Quartalen. Man könnte verzweifeln, aber es ist

Über vierzig
Prozent der
Gesamt-
einnahmen
allein im vierten
Quartal

nun einmal so. Das gilt selbstverständlich auch für den Volksbund. Über **vierzig Prozent** der Gesamteinnahmen erzielt er allein im vierten Quartal. Die Responses der Mailings liegen deutlich höher als in den anderen Quartalen. Man ist klug beraten, den Dialog über das ganze Jahr konsequent aufrecht zu erhalten, aber seine erfolgversprechendsten Aktionen in das vierte Quartal zu legen. Alle Versuche, dies über das Jahr irgendwie mehr auszugleichen, blieben erfolglos, jedenfalls beim Volksbund.

Einmal wohnte ich hinter einer verspiegelten Glasscheibe einer Diskussion aktiver Spender bei. Die vehemente Ablehnung von Weihnachtsbriefaktionen – „Man spürt die Absicht und ist verstimmt, da gibt es von mir nichts!" – klingelt noch heute in meinen Ohren. Aber was sollen wir nur tun, wenn nun mal der deutsche Spendeneuro im Dezember am liebsten und großzügigsten gegeben wird?

Durch die deutliche Steigerung der Aussendungszahl gelang es immerhin, den Anteil der Mehrfachspender (bis zu vierzig Prozent aller Förderer geben zweimal oder öfter im Jahr) und damit die Einnahmen deutlich zu erhöhen. Dieser Effekt war besonders deutlich bei den früher nur sparsam mit Post bedachten Mitgliedern zu beobachten.

Verändertes Fördererverhalten

War es früher vielleicht schon „ehrenrührig", seinen Beitrag nicht oder lange nach Fälligkeit zu bezahlen, so gehört dies heute zum selbstverständlichen Alltagsverhalten zahlreicher Mitglieder. Das ist kein Versagen der Fördererkommunikation, der allgemeinen Dialogstrategie, es hat auch nicht zwangsläufig mit einer Verärgerung über die Organisation zu tun. Die Gründe sind vielfältig. Manche vergessen es, andere denken, sie hätten bereits gezahlt, das hohe Alter und Erkrankungen machen vielen zu schaffen. Manche kündigen halt auf die stille Weise, weil sie vielleicht der Sache noch irgendwie anhängen, aber anderes immer wichtiger ist. Vielleicht hat so ein Verhalten auch mit der Veränderung unserer Gesellschaft zu tun: So wie man sich nur noch ungern in eine Schlange stellt, wird auch der „Abschied auf Französisch" (Frankreich möge mir verzeihen) salonfähig.

Die Organisation
muss sich immer
deutlicher in
Erinnerung
bringen

Entsprechend muss sich die Organisation, will sie nicht umstandslos auf die Unterstützung dieser Förderer verzichten, immer deutlicher in Erinnerung bringen. Daraus erwächst wiederum die Gefahr, dass aus der Passivität oder „stillen" Kündigung die explizite Kündigung wird – eine weitere große Herausforderung für ein Dialogmarketing, das seinen Namen zu Recht tragen darf.

Begleiterscheinungen intensiven Dialogmarketings

Ein Nachteil intensiven Dialogmarketings kann daraus entstehen, dass die Menschen beim Erhalt eines (der zahlreichen) Mailings wissen, dass sie nicht unbedingt sofort zu zahlen brauchen. Schließlich werden ja weitere Briefe folgen! Leider lässt sich dieses Verhalten nur schwer prognostizieren, während die negativen Effekte reduzierter Kommunikationsintensität schnell sichtbar werden. Auch der Volksbund hat damit Erfahrungen gemacht.

„Never change a winning horse", heißt es. Diese Grundregel gilt selbstverständlich auch für das Dialogmarketing. Nur was tun, wenn das Pferd müde wird oder gar tot ist? Die Originalität – und damit das Ergebnis – auch sehr **erfolgreicher Aktionen nutzen sich nach aller Erfahrung irgendwann ab**. Zum Erreichen des gleichen Erfolges müssen Maßnahmen mit höherer inhaltlicher und/oder zeitlicher Intensität realisiert werden. Die Verlockung, einfach den Werbedruck zu steigern, ist groß, wenn neue Ideen fehlen oder nicht einschlagen.

Beim Volksbund zeigte sich, dass die Einnahmen aus Beiträgen und Spenden seit Mitte der neunziger Jahre durch die stark ausgebaute Mailingkampagne erheblich gesteigert werden konnten. Aber auch die Gefahr der **„Überforderung"** wuchs damit – die Gefahr, dass ein Förderer denkt, der Organisation gehe es nicht mehr um das Anliegen des Förderers, sondern nur noch um das Geld.

Dies ist allerdings kein eindimensionaler Zusammenhang, sondern Teil eines **komplexeren Geschehens**. Nicht nur der Volksbund sendet mehr Mailings aus, auch andere, kommerziell und nicht-kommerziell Tätige, tun dies, und zwar auf mehr Kanälen als früher. Fördererbindung durch intensiven Dialog ist das Gebot der Stunde! Und damit ist der Teufelskreis eröffnet: Die Wahrnehmbarkeit einer bestimmten Werbebotschaft und damit die Erfolgswahrscheinlichkeit für eine direkte Reaktion im Sinne des Aussenders sinkt mit der Zahl der gleichzeitig auf den mehr oder weniger unfreiwilligen Empfänger einwirkenden Werbebotschaften.

> Eine Erfolgswahrscheinlichkeit für eine direkte Reaktion sinkt mit der Zahl der gleichzeitig auf den Empfänger einwirkenden Werbebotschaften

Im Spätherbst, nach wie vor der besten Spendenzeit, ist es dann so weit: Die Botschaft der Organisation wird als eine von vielen nicht oder allenfalls noch flüchtig wahrgenommen. Aber zumindest in der „Kaltaquise" gilt gnadenlos, im „beauty contest" der Spendenzwecke nicht nur nach vorn zu kommen, sondern den ersten Platz, allenfalls noch den zweiten Platz zu erreichen! Selbst wenn von hoher Relevanz des Angebots für den tatsächlichen oder potentiellen Förderer auszugehen ist, muss die Zahl und/oder Intensität der Ansprachen erhöht werden. So kommt das erste Weihnachtsmailing schon im Oktober, neben Großflächenplakaten wirken auch Radio- und TV-Spots, wenn nicht Spendengalas ein – Verärgerung in der Zielgruppe über eine solche „Spendengeldverschwendung" bleibt nicht aus.

Schlussendlich verkünden auch von Wissen wenig angekränkelte Politiker und Journalisten, wie hoch das Verwaltungs- und Werbekostenbudget einer Organisation maximal sein darf – nämlich möglichst Null bis hart über Null. Wohl der Organisation, die über eine hohe Staatsquote bei den Einnahmen verfügt und diese einfach mal mit verrechnen kann. Das Rennen um den „billigen Jakob" ist eröffnet!

Ja, wir wissen es: Die hohe Zahl der Dialogangebote – vor allem via Mailing und Telefon – bewirkt **hohe Kosten** und steigert die Gefahr der **Verärgerung und Kündigung** von Förderern. Der nachweisbare Erfolg aber macht nach der aus langjähriger Praxis gewonnenen Erkenntnis dieses Vorgehen alternativlos. Und dann darf man bei allem Unbehagen nicht vergessen: Die **Beschwerdequote** dürfte bei den gemeinnützigen Organisationen in der Regel hart an der Unmessbarkeitsgrenze liegen. Jedenfalls gilt dies für den Volksbund: 0,01 Prozent im mailingstarken Herbst und Winter, ein Zehntel Promille können jedenfalls nicht lügen! Und das gilt seit vielen Jahren.

Vielleicht liegt es an der **Kreativität und Vielfalt der Dialogangebote**. Vielleicht liegt es auch an der „Beißhemmung" der Menschen gegenüber Organisationen wie dem Volksbund, die sich sichtlich guten Zwecken gewidmet haben und dafür inhaltlich berechtigt um Unterstützung bitten. Da ist es, wenn auch spät in diesem Beitrag: Das **Zauberwort „Relevanz"**! Ohne erkenn- und nachweisbare Relevanz aus Sicht des Förderers handelt es sich nämlich bei einer Dialogmarketingstrategie um nichts anderes als um verschleierte Manipulation.

Aktuelle Trends

Für den Volksbund gilt heute Folgendes: Die Zahl der Menschen, die den Zweiten Weltkrieg noch selbst erlebt oder gar durch den Krieg nahe Angehörige verloren haben, wird immer geringer. Die unmittelbare Relevanz der Arbeit des Volksbundes für sie braucht sicher nicht belegt zu werden. Die nachfolgenden Generationen aber sind nicht mehr so leicht dazu zu bewegen, die deutsche Kriegsgräberfürsorge zu unterstützen. **Die persönliche Relevanz nimmt mit dem zeitlichen Abstand der jeweiligen Generation zum Krieg ab.** Die gesellschaftspolitische Relevanz der Aufgaben – verantwortungsvoller Umgang mit der Geschichte, Mahnung zum Frieden – bleibt erhalten. Dies stellt allerdings höhere Anforderungen an die Dialogmarketingstrategie als früher.

Höhere Anforderungen an die Dialogmarketingstrategie

Trotz des generativ bedingten Strukturproblems konnte der Volksbund bis zum Jahr 2001 seine Einnahmen steigern. 2002 hat ein negativer Trend eingesetzt. 2008 scheint sich das Gesamtergebnis auf niedrigerem Niveau zu stabilisieren. Die wichtigsten, allerdings nicht für den Volksbund allein zutreffenden negativen Faktoren sind:

➤ Die sinkende Response: Die Erfolgsquote bei der Erstwerbung (Neuspenderwerbung) sinkt schon länger kontinuierlich; trotz steigender Durchschnittszahlungen wird es insgesamt teurer, mit den bisher eingesetzten klassischen Instrumenten neue Förderer zu motivieren;

➤ Die sinkende „Haltbarkeit": Es wird von Jahr zu Jahr schwieriger, die einmal neu geworbenen Spender zu Dauerspendern zu machen; passive Spender, die wieder zu Zahlungen motiviert werden konnten, werden schneller wieder passiv;

➤ Die sinkende Mobilisierbarkeit: Auch Dauerspender halten ihre Spenden zurück, häufig aufgrund zunehmender finanzieller Belastungen der Rentnerhaushalte bei real sinkenden Einkommen.

➤ Positiv steht dagegen die kontinuierlich steigende Durchschnittszahlung: Dadurch konnten in den vergangenen Jahren die Verluste durch die Abnahme der Zahl treuer Förderer ausgeglichen werden.

Womit Spendenorganisationen heute und morgen noch mehr zu kämpfen haben werden, sind die Effekte durch wenig beeinflussbare Entwicklungen wie vor allem:

➤ die erheblichen Verluste durch den Tod treuer Förderer,
➤ die schwierigere Bindung neu geworbener Förderer,
➤ die finanzielle Mehrbelastung von Rentnerhaushalten
  (derzeit Begründung von drei Vierteln aller Kündigungen!) und
➤ die zunehmende Professionalisierung im Spendenmarkt mit der Folge
  von immer mehr Mailings an die Seniorenhaushalte.

Das bedeutet: **Die Herausforderung wird größer**. Für den Volksbund gilt vermutlich, dass die „nachwachsenden Senioren" anders als Menschen aus den früheren Generationen keine so „strapazierbare" Bindung mehr an die Sache zeigen. Eine aktuelle Analyse belegt immerhin, dass Spender aus der Generation der „Kriegskinder" ähnlich treu bleiben wie ihre Eltern.

Eine wirklich Erfolg versprechende Alternative zu einer dialogorientierten Strategie ist im Fundraising nicht sichtbar. Das Heil liegt nicht in immer mehr und noch bunteren Mailings oder noch mehr Telefonaten – obwohl viele Organisationen selbst hier noch erhebliche „Reserven" haben dürften. Da gilt es für Fundraiser auch, bei den eigenen Entscheidern die Reserve gegenüber der Nutzung der Reserve zu überwinden.

Beim Volksbund und sicher auch bei vielen anderen Organisationen ist der **quantitative Ausbau der Dialoganstöße nicht mehr denkbar**. Vielmehr kommt es noch stärker auf Authentizität und Empathie, auf Kreativität und Originalität an. Am wichtigsten ist und bleibt einfach, wie sehr es gelingt, Spendererwartungen und -wünschen zu entsprechen. Diese zu erfahren und für die Kommunikation mit ihnen unaufdringlich und überzeugend nutzbar zu machen, ist und bleibt die Hauptaufgabe für das Dialogmarketing beim Fundraising.

Auf Authentizität und Empathie, auf Kreativität und Originalität kommt es an

Abschließend eine Erkenntnis aus langer Praxis: Ein Fundraiser, der nicht selbst intensiven persönlichen Kontakt mit Förderern seiner Organisation hält, wäre gut beraten, sein Leben zu ändern.

Literatur

Fundraising Akademie (Hrsg.): Fundraising. Handbuch für Grundlagen, Strategien und Methoden. –

Urselmann M.: Fundraising. Erfolgreiche Strategien führender Nonprofit-Organisationen. – Verlag Paul Haupt.

Der rasante gesellschaftliche und mediale Wandel, dem sich Unternehmen seit Jahren stellen müssen, um erfolgreich im Wettbewerb um Kunden zu bleiben, macht auch vor der Politik nicht Halt. Einer **schwindenden Markenloyalität** in der Wirtschaft stehen im politischen Betrieb eine **abnehmende Wählerbindung** sowie ein kontinuierlicher **Rückgang der Wahlbeteiligung** gegenüber. So hat die Beteiligung der Bürgerinnen und Bürger der Bundesrepublik Deutschland an den Wahlen seit 1949 auf allen Ebenen des politischen Systems nachgelassen. Neben der steigenden Zahl der Nichtwähler ist eine weitere Entwicklung in diesem Zusammenhang signifikant: die Zahl der so genannten unentschlossenen Wähler. Denn auch die Zahl derjenigen, die kurz vor der Wahl noch nicht wissen, welcher Partei sie ihre Stimme geben, wächst. Die Gründe für die steigende Zahl der Nichtwähler und Unentschlossenen sind vielfältig und werden von Politikwissenschaftlern unterschiedlich interpretiert und bewertet. Was bleibt, sind die Fakten: die Glaubwürdigkeit und das Vertrauen in die Politik beziehungsweise deren Akteure hat in den letzten Jahren stetig abgenommen. Die ohnehin skeptisch gewordenen Menschen sind auf dem politischen Rückzug: mental, inhaltlich, tatsächlich. Ob als Wähler, Parteimitglied oder Bürger.

> Die Zahl derjenigen, die kurz vor der Wahl noch nicht wissen, welcher Partei sie ihre Stimme geben, wächst

Das Prinzip der Demokratie kann aber ohne die Partizipation der Bürger nicht funktionieren. Daher muss es der Politik gelingen, das Vertrauen der Bürger zurückzugewinnen, die eigenen Inhalte und Positionen deutlich besser zu vermitteln und die Menschen wieder für Wahlen zu mobilisieren. Das hat für Parteien enorme organisatorische und kommunikative Konsequenzen, aber ein „Weiter-so-wie-bisher" ist vor dem geschilderten Hintergrund keine Option. Dies wird von großen wie kleinen Parteien auch bereits erkannt. Die Umsetzung allerdings, die **Fokussierung auf den individuellen Wähler** und der **Aufbau einer kontinuierlichen, vertrauensbildenden Kommunikation** fällt Parteien schon strukturell schwer. Deswegen ist das Umdenken bei Politikern und Parteien die neue Basis, um in einem neuen Wettbewerb um Mitglieder und Wähler zu bestehen.

Wahlwerbespots und Plakate

> TV- und Plakatwerbung der Parteien animiert nicht

Tatsache ist, dass die klassische politische Kommunikation ihre Empfängerinnen und Empfänger oft nicht erreicht. Mehr als siebzig Prozent der Wahlberechtigten in Deutschland fühlten sich durch die TV- und Plakatwerbung der Parteien nicht dazu animiert, an der Bundestagswahl 2005 teilzunehmen. Dies ist das Ergebnis einer repräsentativen Umfrage der Initiative ProDialog in Zusammenarbeit mit dem Meinungsforschungsinstitut dimap. Und: Die Wahlbeteiligung 2005 war die niedrigste seit 1949. Diese beiden Zahlen unterstreichen nachdrücklich, dass Parteien dringend neue kommunikative Wege zu ihren Wählerinnen und Wählern einschlagen müssen. Das Schlüsselwort in diesem Zusammenhang ist Dialogmarketing oder, aus politischer Sicht, **Dialogkommunikation**. Massenmedien wie Zeitung, TV und Plakatwerbung lassen in Reichweite und Glaubwürdigkeit immer mehr nach und stoßen zudem bei der Vermittlung von komplexen politischen Inhalten an ihre Grenzen. So kommt den Dialogmedien Brief, Telefon und E-Mail für die individualisierte und vertrauensstiftende Ansprache der Wähler eine neue, essentielle Rolle zu. Ebenso wenig zu unterschätzen ist gerade für die Politik die Wichtigkeit des persönlichen Gesprächs, ob zwischen Kandidaten und Wähler, Freiwilligen und Bürgern (zum Beispiel am Infostand) oder von Bürgern untereinander über die Partei oder den Kandidaten (Mouth-to-Mouth).

Da die dialogischen Wege zum Bürger einer hohen Professionalität in Gestaltung und Durchführung bedürfen, sind Parteien heute gefordert, ihre Dialogkompetenz zu stärken. Sei es durch externe Agenturen, interne Ressourcen oder einen Blick in die Wirtschaft. Im Rahmen des **Customer Relationship Management (CRM)** hat diese bereits die Bedürfnisse des einzelnen Kunden in den Mittelpunkt gerückt. So werden neue Werte generiert, die einer schwindenden Markenloyalität auf Seiten der Konsumenten entgegenstehen. Im Rahmen von **Citizen- und Constituent-Relationship-Programmen** können Politiker und Parteien ähnliche Wege gehen und neue Mittel der Mitgliedergewinnung und -bindung sowie der Wählermobilisierung in Wahlkampfzeiten finden. Eine Schlüsselrolle kommt auch in diesem Zusammenhang den Instrumenten des Dialoges zu.

Kommunikationsfeld Politik hat eigene Gesetzmäßigkeiten

Die politische Dialogkommunikation kann sich zwar an den erfolgreichen CRM-Strategien und -Instrumenten der Wirtschaft orientieren, muss sie jedoch auf ein völlig neues Kommunikationsfeld mit eigenen Gesetzmäßigkeiten anwenden. Denn die Kommunikation einer Regierung, einer Partei oder eines Abgeordneten ist um ein Vielfaches komplexer als die der werbungtreibenden Industrie: Sie betrifft doch oft unmittelbar und mit unterschiedlichen Konsequenzen die Lebensumstände jedes Einzelnen. Im Zeitalter von Politikverdrossenheit und breitem Vertrauensverlust gegenüber regierenden Institutionen müssen komplexe Inhalte nicht nur verständlich und ansprechend kommuniziert werden. Bürger sollen auch aktiviert werden und sich wieder verstärkt an den verschiedenen Prozessen der Demokratie beteiligen. Auch die Faktoren zur Messung von Kommunikationseffizienz sind andere als in der Industrie.

Politische Kommunikation ist um ein Vielfaches komplexer als die der werbungtreibenden Industrie

Vertrauensaufbau durch den direkten Dialog mit dem Bürger

Die Politik wird von den Bürgern oft als wenig glaubwürdig erlebt. Das liegt nicht zuletzt an der mangelhaften Kommunikation. Meist nur im Wahlkampf erinnern sich die Parteien und Kandidaten an ihre Wähler – und bedienen diese prompt mit inhaltsleeren Claims. Außerhalb des Wahlkampfes erlebt der Bürger den Politiker selten direkt, sondern allzu oft mit austauschbaren, aber stetig wiederholten Phrasen und technokratischen Begriffsverwirrungen à la Hartz IV und Agenda 2010. Doch vor dem Hintergrund stetig wachsender Nichtwählerquoten gilt es, politische Entscheidungen für den Bürger transparenter und nachvollziehbarer zu machen und ihn stärker in politische Prozesse einzubinden.

Das ist durchaus im Sinne des Wählers. Laut einer Umfrage des Meinungsforschungsinstitutes dimap im Auftrag der Initiative ProDialog aus dem Jahre 2006 würden vier Fünftel der Bevölkerung begrüßen, wenn es mehr Möglichkeiten gäbe, mit den führenden Politikern direkt zu sprechen.

Die Wähler von heute möchten von den Politikern ernst genommen werden und ihre Anliegen in guten Händen wissen. Und sie wollen ihren Volksvertretern vertrauen können! Sie wollen das Gefühl haben, dass sich etwas bewegt – und zwar nicht im Kreis. Um diesem Anspruch gerecht zu werden, müssen politische Parteien in einen Dialog mit ihren Wählern eintreten. Dieser beginnt immer mit einer Ansprache, die so individuell wie möglich sein sollte, und er endet im Grunde nie. Nicht vor der Wahl und nicht danach. Der kontinuierliche Dialog schafft genügend Raum für Inhalte, vermittelt diese zielgruppengenau (**Identifikation**) und fördert Reaktionen (**Interaktion**). Auf diese Weise kann eine **neue Politiker-Bürger-Beziehung** wachsen.

Der kontinuierliche Dialog schafft genügend Raum für Inhalte

Der Wähler – das unbekannte Wesen?

Der Dialog stellt politische Kommunikationsprofis vor eine Herausforderung. Sie müssen etwas über die **Zielgruppen** lernen und dieses Wissen für weitere Aktionen und Strategien nutzen – zum Wohle (im Sinne eines vertrauensvollen Austausches) und nicht zur Belästigung des Bürgers. Dialogkommunikation richtet sich an Individuen und agiert jenseits der Massenkommunikation. Sie fokussiert kleiner werdende Zielgruppensegmente, um diese effektiver mit den richtigen Themen zu versorgen. Statt der „Bevölkerung" spricht sie Akteursgruppen oder Einzelpersonen an, etwa allein erziehende Mütter, engagierte Kleinunternehmer, Freiberufler, Senioren, arbeitslose Jugendliche und Firmen. Je feiner die Zielgruppenauswahl von Bürgern, die den Dialog wünschen, erfolgt, desto individueller entfaltet sich dieser. Technisch sind dieser Feinheit keine Grenzen gesetzt. Am Ende müssen Kampagnenmacher aber die Wirtschaftlichkeit einer Kommunikationsstrategie im Auge behalten. Das Segmentierungs-Credo lautet: so fein wie möglich und so grob wie nötig.

Segmentierung so fein wie möglich und so grob wie nötig

Dabei muss der Politikdialog stets hinterfragen, welche Maßnahmen dem Bürger und der Demokratie dienen. Welche **Mehrwerte** tragen dazu bei, die Wahlbeteiligung zu erhöhen oder sich für einen gesellschaftlichen Zweck einzusetzen? Welche **Botschaft** oder Handlungsaufforderung wird gehört? An wen muss diese Botschaft adressiert werden? Das setzt voraus, den Bürger zu kennen. Doch Vorsicht: Den **gläsernen Bürger** ins Visier zu nehmen und diesen im Unklaren darüber zu lassen, dass Daten von ihm erhoben und verwertet werden, um die Segmentierung beziehungsweise Clusterung politischer Zielgruppen voranzutreiben, wäre kontraproduktiv und entspricht nicht dem Sinn und der Ethik von Dialogkommunikation und Bürgerbindung. Hier stehen Nutzenargumentation und Mehrwert für den Bürger im Fokus. Wer **Vertrauen** zu seiner Behörde, Partei, einem Ministerium oder einer Initiative hat, der gibt als Bürger auch gern persönliche Daten preis. Im Gegensatz zu reichweitenstarker, klassischer und monologischer Bürgeransprache setzt Dialogkommunikation verstärkt darauf, Tendenzen, Haltungen, Sichtweisen und Trends innerhalb der Bevölkerung aufzugreifen und zu verwerten. Die Schlüsselbegriffe dafür sind **Bürgerorientierung, Zielgenauigkeit, Wirkungsgrad** und **Erfolgskontrolle**.

Politische Dialogkommunikation – erste Schritte

Die politische Dialogkommunikation steckt in Deutschland noch in den Anfängen. Im kurzen Bundestagswahlkampf 2005 wurden hierzulande erstmals wahrnehmbar Dialoginstrumente eingesetzt. Tendenziell geschah dies spielerisch und nicht zwangsläufig mit der Dimension der Kontinuität, die der erfolgreiche und bindende Dialog mit dem Bürger haben sollte. Es wurde noch experimentiert – aber der Erfolg war meist offensichtlich.

Die Linkspartei etwa setzte **Multimedia Messaging Services (MMS)** zur Wähler-mobilisierung ein. Auf der eigens eingerichteten Internetseite „www.die-linke-mms.de" konnten Handynutzer kostenlos Wahlkampfbotschaften und Wahlmotive an Freunde und Bekannte verschicken. Menschen, die von dieser Aktion erreicht wurden, konnten diese Fotonachricht wiederum an Freunde und Bekannte direkt weiterleiten. Die Linkspartei hinterließ mit dieser Aktion über Parteigrenzen hinweg Eindruck. Auch die FDP konnte im Wahlkampf Zielgruppen jenseits der eigenen Anhängerschaft erreichen. Die Partei setzte dabei vor allem auf das Medium **Brief**. Einladungen zu Veranstaltungen gingen an FDP-nahe Haushalte sowie an Mittelständler, Jungwähler, Erstwähler oder Einzelunternehmer. Die Ergebnisse dieser Aktion waren außerordentlich positiv.

> Die Linkspartei setzte MMS zur Wähler-mobilisierung ein

Verschiedene Parteien setzten zudem erstmals freiwillige Helfer im **Telefon-Dialog** ein. Die Freiwilligen setzten sich nahezu rund um die Uhr am Telefon für die Anliegen ihrer Partei ein, sie unterstützten die Kandidaten und überzeugten die Wähler, an der Bundestagswahl teilzunehmen. Der Vorteil der Telefonansprache lag nicht zuletzt darin, dass per Anruf sehr kurzfristig noch unentschiedene Wähler erreicht werden konnten. Die CSU ließ sogar Edmund Stoiber persönlich bei den Bürgern anrufen – per Stimme vom Band. Auf diese Weise warb der bayerische Ministerpräsident um Stimmen für die Christlich-Soziale Union. Kurz nach dem Anruf erhielt die Zielgruppe (rund 1.000 ausgesuchte Mobilfunknutzer) eine SMS. Darin wurde ihnen mitgeteilt, wie auch Freunde und Bekannte auf Empfehlung mit einem Stoiber-Anruf überrascht werden könnten. Auch diese Maßnahme diente in erster Linie als Aufruf zur Beteiligung an der Bundestagswahl 2005.

> Per Telefon können sehr kurzfristig noch unentschiedene Wähler erreicht werden

Weitere Beispiele für individualisierte Dialoge liefert die CDU: Zum Beispiel die **Zielgruppenbriefe** an Senioren und Erstwähler oder die **E-Mail-Kommunikation** der Partei. 4,5 Millionen E-Mail-Adressen wurden in acht verschiedene Zielgruppen geclustert. Die Bürger wurden in zwei Stufen angesprochen und dann multimedial über eingebundene Hyperlinks auf CDU-Seiten weiter betreut. Damit kommt der CDU eine Vorbildfunktion für politische Dialogkommunikation zu.

Erste Erfolge bei der Bundestagswahl 2005

Dass dialogorientierte Botschaften tatsächlich überzeugen können, dafür spricht das gute Abschneiden der drei kleineren Parteien. Ihnen ist es gelungen, ihre Klientel durch spezifische Aussagen zu relevanten Themen an sich zu binden und die hohe Online-Affinität – beispielsweise bei den Sympathisanten von Bündnis 90/Die Grünen – für den elektronischen Dialog zu nutzen. Das Online-Angebot der Grünen: Diskussionen über das Wahlprogramm, **E-Postkarten** und **Flugblätter** zum Ausdrucken. Solche **interaktiven und partizipatorischen Elemente** des Grünen-Wahlkampfes werden sicherlich Nachahmer finden.

Kleineren Parteien konnten ihre Klientel durch spezifische Aussagen zu relevanten Themen an sich binden

Insgesamt hat sich bei der letzten Bundestagswahl gezeigt, dass gerade die kleineren Parteien versuchten, neue Wege der Wahlwerbung und Politikvermittlung zu testen. Die Ursache dafür liegt auf der Hand. Die Ausgangsbedingungen der kleineren Parteien sind für eine Neuorientierung von Vorteil. Sie haben oft die **klareren Botschaften**, eine leichter **abgrenzbare Klientel, schlanke Organisationsstrukturen**, den **Mut zur Lücke** und **Offenheit für Innovationen**. Mittlerweile, in der Vorbereitung der Bundestagswahl 2009, ziehen aber auch die großen Parteien nach und es bleibt abzuwarten, wer dann im Dialog die Führung übernehmen kann.

Ein Mailing schafft noch keinen Dialog

Die beschriebenen Aktionen der einzelnen Parteien (zum Beispiel SMS- und E-Mail-Aktionen, Erstwählerbriefe) ersetzen nicht die **langfristige und damit nachhaltige Kommunikationsarbeit**. Denn die kurzfristige und aktionistische Jagd nach Stimmen ergibt noch lange keinen Dialog. Die Wählerinnen und Wähler heute suchen nach **Orientierung** und **glaubwürdigen Politikkonzepten**. Deswegen muss zum einen die inhaltliche Substanz der Politik stimmen, und zum anderen sollten ihre Repräsentanten den direkten und persönlichen Kontakt mit den Bürgern so oft wie möglich suchen. Ob per Brief, E-Mail oder Telefon – wichtig ist die **Präsenz der Botschaft** und das nicht nur zu Wahlkampfzeiten.

Die für einen erfolgreichen Dialog mit den Wählern erforderlichen Instrumente wurden bei der vergangenen Bundestagswahl bereits eingesetzt. Allerdings mangelt es noch an der **konzeptionellen Aufbereitung** und dem **technischen Knowhow**, um die alten und neuen Instrumente effizient einzusetzen. **Dialog setzt ein Höchstmaß an Qualität voraus.** Die Vorstellung, dass jeder einen Brief oder eine E-Mail professionell verfassen kann, trügt leider. Und auch das Telefonieren mit dem Wähler setzt eine professionelle Schulung voraus. Zumindest, wenn diese Wähler nicht verärgert, sondern gewonnen werden sollen. Wer an dieser Stelle kurzfristig denkt, verpasst die Chance, eine belastbare Beziehung aufzubauen.

Crossmediale Strategien – auf die richtige Mischung kommt es an

Das Internet ist zu einem Hoffnungsträger der Bürgerkommunikation avanciert, da es ein hohes Maß an Interaktion zu günstigen Kosten ermöglicht. Das World Wide Web kann jedoch keinen Haustürwahlkampf oder Mailings ersetzen. Ob Internet, E-Mail, Brief oder Telefon, jedes Medium hat seine Nutzer, aber vor allem auch seine Schwächen und Stärken in der Ansprache. Wie so oft, kommt es hierbei auf den ausgewogenen **Medienmix** an. Wie die Medien effektiv innerhalb einer integrierten Strategie miteinander vernetzt werden, kann dieser Tage exemplarisch anhand des Wahlkampfes von Barack Obama beobachtet werden.

Das World Wide Web kann keinen Haustürwahlkampf oder Mailings ersetzen

Das Geheimnis des Erfolgs von Barack Obama

Das Vorbild in der politischen Dialogkommunikation sind die US-Parteien, obwohl auch in England und Frankreich im Wahlkampf extrem dialogorientiert gearbeitet wurde. Die US-Kandidaten legen traditionell großen Wert auf **bürgernahe Aktionen** und **halten Kontakt** zu den Bürgern auch über den Wahlkampf hinaus. Viel wird in den nächsten Wochen und Monaten über den Zweikampf zwischen McCain und Obama im Wettrennen um das vielleicht mächtigste Amt der Welt berichtet und kommentiert werden. Ins Hintertreffen gerät dabei allerdings der Blick auf die übergeordneten Trends, die der Wettstreit um die Präsidentschaft schon jetzt gesetzt hat. Eine wichtige Tendenz können wir in Deutschland schon jetzt aus dem Wahlkampf herausfiltern: Erfolg hat, wer direkt mit Wählern kommuniziert! Vorbei sind die Zeiten, als das Fernsehen in den USA das einzig glückselig machende Wahlkampfinstrument war. Heute muss eine politische Kampagne mehr leisten, als gute TV-Spots zu drehen und den Kandidaten für die richtigen Talkshows zu buchen. In Zeiten hunderter Fernsehkanäle, **abnehmender Qualität und Reichweite** der Programme sowie einer sich immer weiter fragmentierenden Medienlandschaft geht es nun wieder darum, die Bürger so **persönlich** und **dialogorientiert** wie möglich zu erreichen. Back to the roots, zurück zu den Wurzeln, so die Mitarbeiter aus Barack Obamas Wahlkampfteam. Oder um es in den Worten des ehemaligen Vorsitzenden der Republikanischen Partei, Ken Mellman, zu sagen: „Die Fülle von Informationen schafft **Aufmerksamkeitsarmut**, deshalb müssen wir uns wieder direkt auf die Menschen konzentrieren, denn Menschen sind **Netzwerke**."

Lebensnahe Kommunikation zu schaffen, ist deswegen erklärtes Ziel der Kampagnen von John McCain und Barack Obama. Folgerichtig aktiviert McCain gerade ein von der Republikanischen Partei aufgebautes Netzwerk von hunderttausenden Freiwilligen. Diese sollen in ihrer unmittelbaren Nachbarschaft Überzeugungsarbeit für den Senator aus Arizona leisten. Zusätzlich fordert er seine Anhänger auf seiner Website dazu auf, Bekannte und Kollegen von seiner Kandidatur zu überzeugen, E-Mails an Freunde und Familie weiterzuleiten oder neue Wähler zu registrieren. Es ist allerdings Barack Obama, der die Leitlinien der direkten Wahlkampfkommunikation bereits so konsequent und unbeirrt umgesetzt hat wie kein Kandidat vor ihm.

Obama plante seinen Wahlkampf als Bottom-Up-Kampagne

Von Anfang an plante Obama seinen Wahlkampf als **Bottom-Up-Kampagne**, die die Energie von jungen Freiwilligen mit den modernsten Methoden des Basiswahlkampfes verschmelzen wollte. Diese Strategie machte Sinn, denn Obama hatte zu

Beginn kaum Rückendeckung vom politischen Establishment in Washington. Zudem entschied er sich, keine Gelder von einflussreichen Interessengruppen anzunehmen. Die Kampagne musste daher zwangsläufig auf eine breite Basis von Freiwilligen und Kleinspendern fußen, befeuert vom Charisma des frisch und spannend wirkenden Politstars Obama. Die Bilanz dieses Versuchs ist erstaunlich. Nie zuvor gelang es einem Politiker, eine Basis von über **1,5 Millionen Einzelspendern** aufzubauen, deren Gaben zumeist in Form von Geldbeträgen unter 200 Dollar über das Internet eingingen und noch immer eingehen. Überall im Land hat Barack Obama eine **straff organisierte Basisorganisation** aufgebaut, getragen von jungen, hoch motivierten „precinct captains". Diese „Wahlkreisleiter" initiieren in ihrem Stadtteil oder ihrer Gemeinde den Einsatz von Freiwilligen und organisieren kreative Obama-Events, angefangen von Hauspartys über „Walks for Change" bis hin zu SMS-Kampagnen.

Die Waffen der Grassroots – Bewegung

Das Herzstück von Obamas Wahlkampf ist das Internet. Hat man sich erst einmal unter my.barackobama.com angemeldet, steht einem das komplette Arsenal moderner Wahlkampfführung zur Verfügung. Mit Hilfe von eigenen **Weblogs** bezieht man Freunde, Bekannte und Mitstreiter in Obamas frohe Botschaft des Wandels ein. Mit wenigen Mausklicks haben Anhänger eine eigene **Fundraising-Homepage** erstellt, mit der sie online ihre sozialen Netzwerke aktivieren, um Kleinstspenden für Obama zu sammeln. Vor jedem großen Vorwahltermin bat die Obama-Kampagne ihre Freiwilligen, nach Feierabend den Hörer in die Hand zu nehmen. Sie sollten unentschlossene Wähler in Pennsylvania, Indiana oder North Carolina anrufen. Die Telefondaten stellt ihnen die Kampagne online zur Verfügung. Dieses Konzept der **„liquid phonebanks"** hatte die links-progressive Internetgruppe MoveOn.org im vergangenen Kongresswahlkampf zum ersten Mal erfolgreich eingesetzt. MoveOn.org war es auch, die die Obamaniacs zu einem **Video-Wettbewerb** aufgerufen hatte. Mehr als 1.100 Web-Videos reichte die Kreativgemeinde ein, über die dann insgesamt 5,5 Millionen Benutzer online abstimmten. Eine hochkarätig besetzte Jury um die Schauspieler Ben Affleck und Matt Damon gab kürzlich den Siegerspot „Obamacan" bekannt, der sofort in die **virale Medienrotation** eingespeist wurde.

Mit wenigen Mausklicks haben Anhänger eine eigene Fundraising-Homepage erstellt

Dieser kurze Einblick in die Welt des direkt und dialogisch geführten Wahlkampfes deutet die Kraft lebensnaher Kommunikation an. Auch wenn der deutschen Polit-landschaft sicher ein Kandidat vom Typ „charismatischer Massenprediger" wie Obama fehlt und die politischen Kulturen ganz unterschiedlich sind: Auch unsere Parteien wissen, dass die Zeiten des verstaubten Plakatwahlkampfes endgültig vorbei sind. Entsprechend gebannt und interessiert blicken die Kampagnenplaner in den deutschen Parteizentralen derzeit in die USA. Sie erkennen die Notwendigkeit neuer, maßgeblich dialogorientierter Strategien. Allerdings erschweren die organisatorischen Rahmenbedingungen in den Parteien oft noch den Einsatz frischer Ideen und Instrumente. Beim zentralen Element, der direkten Ansprache der Bürger, können Politiker in Deutschland noch viel lernen: wie die **Medien miteinander verzahnt** und die Botschaften gestaltet werden. Und natürlich, dass

Die Zeiten des verstaubten Plakatwahl-kampfes sind endgültig vorbei

an jedem Punkt **Spenden** generiert werden können. Unabhängig von Unterschieden in den Finanzierungsmodellen zeigen amerikanische Wahlkampfstrategen, wie man potenzielle Wähler und auch Nichtwähler überzeugt, dass es bei ihrer Entscheidung um etwas geht, das sie direkt betrifft und für das sie auch aktiv werden.

Nach der Wahl ist vor der Wahl – kontinuierliche Kommunikation

Aber auch hierzulande gibt es bereits positive Beispiele für bürgernahe politische Kommunikation, so wie die neue Website des Bundesfinanzministeriums. Steuern runter oder nicht? Natürlich! Sagt der Bürger aus dem Bauch heraus, und das sehen viele Ministerkollegen Peer Steinbrücks genauso. Im Bundesfinanzministerium ist man anderer Meinung. Und kann das gut begründen. Aber wie dies den Bürgerinnen und Bürgern erklären? Die Öffentlichkeitsarbeiter im Ministerium gehen dafür neue Wege in der politischen Kommunikation.

Die Öffentlichkeitsarbeiter im Ministerium gehen neue Wege in der politischen Kommunikation

Das Ministerium setzt dabei auf zwei starke Faktoren: **Vertrauen schaffen durch Offenheit** in der Kommunikation und **Aufmerksamkeit gewinnen durch innovative Formate**. Der aktuell auf www.bundesfinanzministerium.de eingestellte **„Staun-oh-mat"** verbindet beides: Ein witzig designter Steuerautomat zeigt spielerisch, wie aus Einnahmen des Staates Leistungen für die Bürgerinnen und Bürger werden. Und beweist: Ohne Schuldenlast könnten es noch mehr sein.

Ist der Minister auf dem richtigen Weg? Darüber konnten die Besucher der Seite kürzlich abstimmen. Das Ergebnis ist deutlich: 83 Prozent geben Peer Steinbrück Recht. Recht bekamen auch die Erfinder des **Votings** – diese für ein Ministerium ziemlich ungewöhnliche Art, den Bürger anzusprechen, fand den Weg vom Portal in zahlreiche Medien. Das beweist einmal mehr, wie wichtig es in der Politik ist, bürgernah zu kommunizieren und wie wichtig kreative Formen des Dialogs sind. Dieses Beispiel aus der deutschen Politiklandschaft zeigt sicherlich nicht die **Crossmedialität** und **Kontinuität**, die politische Dialogkommunikation insgesamt entfalten kann, markiert aber erste, positive Schritte in die richtige Richtung. Und in der Politik macht nichts mehr Schule als das, was (andere) erfolgreich macht.

Zusammenfassung

Zusammenfassend ist festzustellen, dass zwei wesentliche Herausforderungen für Parteien und politische Verantwortungsträger bestehen. Erstens die Klärung und Differenzierung der politischen Programmatiken und zweitens die Anstrengung, diese allgemein verständlich und individuell, das heißt auf die jeweiligen Zielgruppen zugeschnitten, zu kommunizieren. Zudem gilt es verloren gegangenes Vertrauen wieder aufzubauen und über Interaktivität Politikinteresse zu generieren.

Der auch in Deutschland stattfindende Wandel der politischen Kommunikation hin zu mehr Bürgernähe und Dialog wird künftige Kampagnen maßgeblich beeinflussen. Gefragt sind für die Zukunft erfolgreicher politischer Kommunikation Vernetzung und Synergien, crossmediale Ansätze und individualisierte Botschaften – immer

Vernetzung und Synergien, crossmediale Ansätze und individualisierte Botschaften

459

auf der Basis einer genauen Analyse der Bedürfnisse von Zielgruppen und der kontinuierlichen Pflege von Datenbeständen.

Tipps für die erfolgreiche politische Dialogkommunikation

Schaffen Sie **belastbare Verbindungen** zu Ihren Zielgruppen. Hören Sie Ihren Zielgruppen zu und lernen Sie von Ihnen. Empathie und Emotionalität führen zu Verständnis und Vertrauen – zum Kandidaten und in die Demokratie.

Vertrauen darf nicht enttäuscht werden, da es die Grundlage dafür bildet, dass Menschen im Dialog zu bleiben. Deswegen muss Ihr Dialoganliegen **professionell und authentisch** ausgeführt werden. Ein Nein an jedem Punkt des Dialoges ist unbedingt zu akzeptieren.

Bauen Sie eine **Rückkopplung** (Antwortmöglichkeit) in Ihre Kommunikationsinstrumente ein. Machen Sie aus anonymen bekannte Zielgruppen. So bleiben Sie im Dialog!

Bieten Sie **Mehrwerte** in Form von relevanten Informationen oder Beratung über Response-Medien an.

Vernetzen Sie die Kommunikationsdisziplinen und **verzahnen** Sie die Medien. Nicht jeder möchte online kommunizieren, mancher vielleicht lieber telefonieren. Bieten Sie möglichst **verschiedene Reaktionskanäle** an.

Nutzen Sie klassische Medien für die **Reichweite**, adressieren Sie mit Hilfe der Dialog-Instrumente **relevante Zielgruppen**. Klassik- und Dialogkommunikation arbeiten am besten **Hand in Hand**.

Nutzen Sie das **Know-how** von Spezialisten und investieren Sie in interne **Dialog-kompetenz**.

Bei **längeren Anstoßketten** steigt die Chance, wahrgenommen zu werden und Zielgruppen zur richtigen Zeit in der richtigen Situation abzuholen. Bleiben Sie im Dialog – auch über den Wahlkampf hinaus.

Kommunizieren Sie möglichst zielgerichtet: **individualisiert** (maßgeschneiderte Themen und Zeitpunkte) und **personalisiert** (persönliche Ansprache).

Nutzen Sie Ihr **Bürger- und Zielgruppenwissen** so oft es geht. Sprechen Sie dabei die **Sprache** Ihrer Wähler.

Investieren Sie in den Aufbau von **Datenbanken** und pflegen Sie Ihre Daten. Nutzen Sie die Daten auch zur Spender- beziehungsweise Förderergewinnung.

Messen, testen und **optimieren** Sie Ihre Kampagnen kontinuierlich. Ein Flop bei einer Testgruppe lässt sich eher verkraften als bei einer bundesweiten Kampagne.

Setzen Sie im Sinne der Partizipation auf **Interaktivität**, beispielsweise mit einen Call-Back-Button im Internet. Er erleichtert den Zielgruppen Anfragen.

Überwinden Sie die internen Widerstände, indem Sie die einfach **nachweisbaren Erfolge** dialogischer Kampagnen sichtbar machen.

Literatur

Initiative ProDialog: Der Einsatz von Dialogkommunikation im US-Vorwahlkampf 2007/2008. – Berlin, 2008.

Plehwe, K. (Hrsg.): Mit Dialogmarketing zum Wahlerfolg. – Berlin, 2005.

Plehwe, K. (Hrsg.): Endstation Misstrauen? Einsichten und Aussichten für Politik und Gesellschaft. – Berlin, 2007.

FALLBEISPIELE

Dialogmedien
pfiffig kombinieren   465

Leadgenerierung: Kontakt
zu Neukunden herstellen   481

Eigene Adressen
hegen und pflegen   491

E-Mail-Marketing
und Newsletter gewinnen   497

Ohne interessante Inhalte
kein Dialog   503

Relevanz ist das Zauberwort
im Dialogmarketing   509

Unternehmen haben ein berechtigtes Interesse am Dialog mit Kunden und Interessenten. Auch Verbraucher wollen mit Firmen kommunizieren. Leider jedoch gehen viele Dialogversuche von Unternehmen am Ziel vorbei. Wer nichts zu sagen hat, sollte schweigen. Wer langweilige Mailings verschickt, wird nicht mehr wahrgenommen. Die Wirkung des Direktmarketing verpufft, wenn Werbebriefe ungeöffnet im Mülleimer landen. Relevanz ist das Zauberwort für den erfolgreichen Kundendialog. Das können wertvolle Informationen oder auch kreative Überraschungen sein. Hauptsache, das Interesse des Empfängers ist geweckt und wird gehalten.

Dialogmedien pfiffig kombinieren
Im ersten Teil der Fallbeispiele geht es um die zur Auswahl stehenden Dialogmedien. Von der Medienvielfalt profitieren, statt darin unterzugehen, heißt die Devise. Die Vielzahl neuer Dialogmedien ist eine Herausforderung. Wer die Klaviatur beherrscht, darf sich über Synergien freuen.

Es ist kein Geheimnis, dass postalische Mailings auch in Zukunft das Dialoginstrument Nummer eins bleiben werden. Jedoch ist im Briefkasten ein Kampf um Aufmerksamkeit ausgebrochen. Wer gelesen werden will, muss auffallen. Am besten schon vor dem Öffnen des Briefs. Dazu lässt sich beispielsweise die Marke mit einem individuellen Bildmotiv oder dem Firmenlogo versehen. Oder man verrät Inhalte schon auf dem Umschlag.

Neben den Werbebriefen ist das zweite Standbein der schriftlichen Kommunikation bei vielen Firmen der Katalog. Manche Unternehmen machen so gute Kataloge, dass Kunden verzweifelt anrufen, wenn ihrer nicht angekommen ist. Wie wäre es denn, wenn Sie Ihre Kunden zwei Wochen vor Versand per E-Mail kurz fragen, ob die Lieferadresse noch aktuell ist? Das spart enorme Mailingkosten. Auch der Katalog selbst kann optimiert werden. Er sollte alle Fragen der Kunden beantworten. Sammeln Sie systematisch alle Fragen, die Kunden zu Ihren Produkten stellen? Der Verkauf lässt sich steigern, wenn neben dem Jahreskatalog öfter auch kleinere Spezialkataloge verschickt werden.

Sehr viel persönlicher ist der Dialog per Telefon. Aber Vorsicht: Nur bei einem konkreten Anlass sollte angerufen werden. Sonst erzeugt der Anruf leicht Verärgerung. Kann etwas nicht gleich geliefert werden, wird der Anruf als eine nette Geste empfunden. Auch bei überfälligen Rechnungen kann ein Anruf oft mehr bewirken als eine schriftliche Zahlungserinnerung.

Internet etabliert sich als Dialogkanal
Zunehmend spielt auch das Internet eine dominierende Rolle. Der Transfer von offline zu online ist jedoch nicht einfach. Gut geeignet ist das Web für die Abwicklung von Verkaufs- und Buchungsprozessen. Die VHS Mainburg hat mit Open-Source-Software alle Kursangebote ins Internet gestellt. Die Buchung kann jetzt durch die Teilnehmer selbst vorgenommen werden. Das bedeutet für die Mitarbeiter weit weniger Zeitaufwand und Arbeit. Auch die Auffindbarkeit in Suchmaschinen ist durch das Content-Management-System verbessert worden.

FALLBEISPIELE

Ein noch völlig unterschätztes Dialogmedium stellt der Bildschirmschoner dar. Täglich im Blickfeld des Nutzers bietet er viele Dialogchancen. Voraussetzung sind interessante Inhalte. Diese jedoch können mit der zunehmend weiter verbreiteten RSS-Technologie automatisch eingespielt werden. Pelikan, Sanyo und TUI nutzen diese Technik bereits sehr erfolgreich.

Mobile Marketing wiederum wird momentan noch eher überschätzt. Bald jedoch werden die Datentarife in Richtung Flatrate sinken und die Monitore besser werden. Doch bereits jetzt hat sich das Mobiltelefon als wirksamer Rückkanal im Dialogmarketing etabliert. In Anzeigen oder im Fernsehen wird eine Nummer angegeben, an die eine Antwort-SMS gesendet werden kann. Hier funktioniert der Dialog hervorragend.

Eine völlig neue Form des Dialogmarketings sind Suchmaschinen. Der Kunde wartet nicht mehr, bis das Unternehmen mit ihm in Dialog tritt. Statt dessen sucht er diesen selbst. Mit der Eingabe des Suchbegriffs hat sich der Interessent nicht nur einer Zielgruppe zugeordnet, sondern signalisiert akutes Produktinteresse. Das ist das Ziel eines jeden Direktmarketers bei der Adressauswahl: Im richtigen Moment echte Interessenten anzusprechen. Anders als im klassischen Direktmarketing steht im Web eine Kampagne auf Abruf bereit. Sobald ein Interessent über eine Suchmaschine auf eine Sprungseite kommt, geht das Programm los: Diese Landingpage enthält am besten passende Produktangebote. Ratsam ist es, auch die E-Mail-Adresse des Interessenten zu erfassen. Das kann incentiviert werden. So ist es möglich, auch nach dem Erstkontakt den Dialog aufrechtzuerhalten. Moderne Online-Marketing-Systeme ermöglichen Kampagnen nach dem Klick auf Suchanzeigen auch ohne die Eingabe der E-Mail-Adresse. Die Deutsche Kreditbank setzt Suchmaschinenmarketing für die Gewinnung neuer Kunden mit großem Erfolg ein.

Leadgenerierung: Kontakt zu Neukunden herstellen
Ein großer Bereich des Dialogmarketing widmet sich der Neukundengewinnung. Eine Vielzahl unterschiedlicher Erfolgskonzepte existiert. Ein Trend jedoch lässt sich heute schon absehen: Immer mehr verlagert sich die Gewinnung neuer Interessenten (Leads) ins Internet. Zwei Gründe sprechen dafür: Erstens bieten sich über Suchmaschinen und Onlineportale vielfache Kontaktmöglichkeiten zu potenziellen Interessenten. Zweitens ist die Gewinnung von Adressen mit Onlineformularen effizienter als herkömmliche Verfahren.

Traditionell werden neue Kunden gewonnen, indem spezialisierte Dienstleister ihre Daten-banken abfragen. Dort lassen sich die anzusprechenden Zielgruppen genau ermitteln. Diese selektierten Postadressen werden dann mit einem Briefmailing angeschrieben. Je spezieller die Zielgruppe, desto wirkungsvoller ist diese Methode. Wer beispielsweise Ansprechpartner der zweiten Führungsebene aus Firmen mit mehr als hundert Mitarbeitern in der Oberbranche Exporteure sucht, sollte Spezialisten hinzuziehen. Erst recht, wenn die Zielgruppe auf Unternehmen mit nachgewiesener Geschäftstätigkeit in die Länder Australien und Brasilien eingeschränkt wird.

Im B-to-C-Bereich kann viel mit E-Mail gearbeitet werden. Wer seine Adresse angibt, wird bonifiziert. Die Wirtschaftswoche belohnt mit Probeabos. Air Berlin gewinnt nicht nur Adressen, sondern über Affiliate Marketing gleich zahlende Kunden. Die Affiliates (Partner) erhalten nur Geld für die Anzeigen, wenn es zu einer Flugbuchung kommt. Napster geht noch einen Schritt weiter und kombiniert verschiedene Instrumente der Online-Leadgenerierung. Am Ende steht aber immer ein Verkaufsabschluss. Diese Form der erfolgsbasierten Werbung wird als „Performance Marketing" bezeichnet. Normalerweise wird diese Form der Neukundengewinnung über spezialisierte Agenturen abgewickelt. Die CreditPlus Bank setzt jedoch auf eine Inhouse-Lösung. Mit einem speziellen System werden die verschiedenen Kanäle ausgewertet und gesteuert.

Eigene Adressen hegen und pflegen

Die eigenen Adressen sind das Kapital des Unternehmens. Je mehr man über die eigenen Kontakte weiß und je aktueller dieses Wissen ist, desto besser. Der Deutsche Post Renten Service setzt ein angemietetes CRM-System ein, um diese Daten zu verwalten. Außerdem können komplette Geschäftsprozesse abgebildet werden. Auch Nitro Snowboard setzt auf On-Demand-Software, um seinen Datenbestand aktuell zu halten und auszuwerten. Ein wichtiger Faktor ist die Aktualität der Adressen. Adler setzt auf professionelle Datenabgleiche. So ist gewährleistet, dass bei Mailings keine teuren Rückläufer entstehen.

E-Mail-Marketing und Newsletter gewinnen

Stark im Kommen ist E-Mail-Marketing. Gesetzlich gefordert ist immer die Einwilligung der Empfänger. Dafür ist die Akzeptanz der Botschaft aber auch höher. Über 95 Prozent der E-Commerce-Anbieter setzen heute auf E-Mail-Marketing. Es gelten jedoch eigene Regeln. Großer Wert wird auf relevante Inhalte gelegt. Das hat nicht zuletzt eine großangelegte Untersuchung deutscher Automobil-Newsletter gezeigt.

Ohne interessante Inhalte kein Dialog

Wer nichts zu sagen hat, soll es lassen. Die MTU-Friedrichshafen hat ein Konzept entwickelt, relevante Inhalte für Mailings bereitzustellen. Buch.de nutzt eine Software, die individuelle Inhalte automatisch in den Newsletter einfließen lässt. Bei der SICK AG gehört zur Personalisierung der Inhalte auch die Anpassung der jeweiligen Landessprache.

Relevanz ist das Zauberwort im Dialogmarketing

Je relevanter die Inhalte des Dialogs, desto nachhaltig erfolgreicher wird er. Samsung nutzt dazu das Klickverhalten. Zu den Themen, die ein Kunde anklickt, erhält er in Folgemails weitere Informationen. IKEA lässt den Kunden direkt wählen, zu welchen Bereichen er Informationen zugeschickt haben möchte. Sobald jemand auf einzelne Trigger-E-Mails reagiert, erhält er bei der Amaxa AG in einem Kreislauf automatisch weitere Informationen. Oft ist es aber auch zuviel des Dialogs. Um Kunden nicht zu belästigen, haben die Sparda-Banken ein spezielles System entwickelt. Dieses verhindert, dass Kunden zu vielen Kontaktversuchen des Unternehmens ausgesetzt sind. Regionale Anbieter können Geomarketing einsetzen, um die Relevanz ihrer Botschaften zu optimieren.

FALLBEISPIELE   Torsten Schwarz

BRIEFMAILINGS – DER ERSTE EINDRUCK ZÄHLT

CLAUDIA SCHÄFER

Das wichtigste Dialogmedium im Kundenkontakt ist und bleibt der gute alte Brief. Trotz der Bedeutung gibt es hier bei vielen Unternehmen Optimierungsbedarf. Der Erfolg eines Mailings hängt von drei Faktoren ab: Erstens von der richtigen Auswahl der Adressen beziehungsweise der Empfänger. Zweitens von der passgenauen Ansprache der Zielgruppe mit Angeboten, die speziell auf ihre Bedürfnisse zugeschnitten sind. Drittens ist der erste Eindruck wichtig. Denn der Kunde entscheidet blitzschnell: Schon beim Herausnehmen aus dem Briefkasten muss Interesse geweckt werden, das den Kunden zum Lesen des Inhalts animiert. Sonst landet der Brief rasch im Papierkorb.

Individuelle Gestaltung des Umschlags als „Türöffner"

Doch wie lässt sich die Aufmerksamkeit für ein Mailing steigern? Um nicht in der Werbeflut unterzugehen, sind Originalität und Attraktivität gefragt. Daher sollte bereits die Gestaltung des Umschlags aufmerksamkeitsstark und kreativ sein. Bei Geschäfts- und Werbebriefen lässt sich beispielsweise die Marke mit einem individuellen Bildmotiv oder dem Firmenlogo versehen. Darüber hinaus haben aber auch die Integration eines Slogans oder einer Produktabbildung auf dem Umschlag oder der Karte Signalwirkung. Auf diese Weise stellen werbetreibende Unternehmen direkt einen Bezug zum Inhalt des Mailings her und transportieren das Corporate Design schon mit der Versandtasche.

Moderne Werbebriefe eröffnen neue Möglichkeiten der aufmerksamkeitsstarken Gestaltung. So kann zum Beispiel die Marke direkt auf dem Umschlag oder der Karte aufgedruckt sein. Außenauftritt und Inhalt einer Sendung lassen sich damit in ganz neuer Form in Beziehung zueinander setzen und Mailings erhalten einen unverwechselbaren Charakter.

Verstärkte Markenwahrnehmung

Das Touristik-Unternehmen Attika Reisen aus München verschickt pro Jahr circa 70.000 Briefe. Das Markenmotiv zeigt eine typische griechische Kapelle mit Blick auf das blaue Mittelmeer. Zusätzlich sind Logo, Claim und Adresse des Reiseanbieters auf dem Umschlag ansprechend positioniert. Bei Attika Reisen hat sich dieser Briefumschlag als festes Element für Mailings im Rahmen der B-to-B- und B-to-C-Kommunikation etabliert. Das Ergebnis: Verstärkte Markenwahrnehmung, erhöhter Öffnungsanreiz und steigende Response-Raten.

www.marketing-boerse.de/Experten/details/Claudia-Schaefer

Marke mit dem eigenen Logo

Die individuelle Gestaltung stößt bei Konsumenten auf große Zustimmung. Die bitumenbahn GmbH, ein Unternehmen aus der Baustoffindustrie, setzte für ein dreistufiges Kundenmailing eine Postkarte mit aufgedruckter Marke ein. Dabei war die prominente Platzierung des Logos in der Marke ein echter Eye-Catcher. Die Aktion erbrachte eine Responsequote von traumhaften acht Prozent. Die Gesamtauflage lag bei 70.000 Stück.

Online-Abwicklung für eilige Mailingaktionen

Die Umsetzung eines solchen aufmerksamkeitsstarken Markenauftritts ist denkbar einfach und funktioniert per Mausklick: Bei Bestellmengen von 20 bis 10.000 Stück wird das Wunschmotiv einfach online als digitales Bild hochgeladen. Dann wird das gewünschte Umschlagformat, der Markenwert sowie die Auflagenhöhe ausgewählt. Innerhalb kürzester Zeit werden die nach Kundenwunsch bedruckten Umschläge geliefert. Damit eignet sich diese Form des Werbebriefs auch für eilige Mailingaktionen und den täglichen Postversand.

Unternehmen setzen auf adressierte Mailings

Als eine von wenigen Werbegattungen konnte Dialogmarketing auch in den letzten Jahren Zuwächse vermelden und wird im Marketingmix von Unternehmen ein immer wichtigeres Thema. Insgesamt gaben 2006 deutsche Unternehmen 32 Milliarden Euro hierfür aus – das entspricht einem Anstieg von einem Prozent gegenüber dem Vorjahr. Dabei entfällt auf die volladressierten Werbesendungen mit 11,5 Milliarden Euro das mit Abstand größte Budget. Dies zeigt die Studie „Direktmarketing Deutschland", die von der Deutschen Post jährlich herausgegeben wird.

Die Erklärung für diesen Erfolg ist einfach: Es ist die besondere Nähe zur Zielgruppe. Denn im Gegensatz zur klassischen Werbung ermöglicht Dialogmarketing die ganz persönliche Kommunikation mit dem Kunden.

466

Der Versand des Produktkatalogs gehört zu den Highlights der Kundenkommunikation. Auch im Zeitalter elektronischer Kommunikation geht fast kein Unternehmen so weit, auf einen Printkatalog zu verzichten. Die Akzeptanz des Printmedium ist nach zahlreichen Marktbefragungen gerade im B-to-B-Bereich ungebrochen hoch. Um nun aber erfolgreicher über den Katalog zu verkaufen, muss ein Produktkatalog in den Dialog mit Kunden treten. Statt nur Produkte abzubilden, muss er sie nutzenorientiert inszenieren. Das schafft die erforderliche Differenzierung zum Mitbewerber. Drei Fragen stellen sich bei jedem Katalog: Warum sollten Kunden ausgerechnet aus diesem Katalog kaufen? Liefert der Katalog einen Kaufgrund? Wie differenziert sich der Katalog heute von dem des Wettbewerbers? Eine vielfach erprobte Vorgehensweise hilft in sieben Schritten, auf diesem Weg erfolgreich zu werden. Am Beispiel eines Bauzulieferers werden die Phasen erläutert.

Phase 1: Der Unternehmens-Check

Am Anfang steht die Überprüfung der aktuellen Marketing- und Vertriebsaktivitäten. Welche strategische Rolle spielen Außendienst, Mailings und das Internet? Im Falle des Bauzulieferers ergänzte der Katalog lediglich den persönlichen Dialog durch den Außendienst. Aktuelle Angebote wurden per Briefmailing kommuniziert.

Phase 2: Die Katalog-Analyse

Spezialisten analysieren den bestehenden Katalog auf Stärken und Schwächen. Das bildet die Basis für das neue Katalogkonzept. Im konkreten Fall waren die Produktbeschreibungen historisch gewachsen, völlig überfrachtet und in keiner Weise verkaufsfördernd dargestellt.

Phase 3: Die Kundenbefragung

Der Katalog ist für die Kunden – was also liegt näher, als eben diese in den Veränderungsprozess mit einzubeziehen? Gerade sie sind es, die regelmäßig den eigenen wie auch den Katalog der Mitbewerber nutzen. Dazu befragten Fachleute für Marktforschung Kunden des Unternehmens. Die Resonanz auf diese Aktion war positiv. Und die Befragten fühlten sich geschmeichelt, in ein so wichtiges Projekt miteinbezogen worden zu sein.

Phase 4: Die Katalog-Strategie

Ergebnisse aus den drei Phasen werden zusammengetragen und mit den Unternehmenszielen in Einklang gebracht. Alleinstellungsmerkmale und Produktbesonderheiten werden herausgearbeitet. So entsteht das neue Anforderungsprofil. Im Falle des Bauzulieferers waren es 30 Einzelpunkte.

Phase 5: Das Katalog-Konzept

Auf Grundlage des Anforderungsprofils wird ein neues Katalogkonzept entwickelt. Die wichtigsten Neuerungen waren die Überarbeitung der Benutzerführung sowie die Beantwortung der häufig gestellten Fragen der Kunden.

Phase 6: Die Kommunikations-Strategie

Aufbauend auf dem Katalogkonzept und unterstützend zum Katalog sollte eine flankierende Kommunikationsstrategie erarbeitet werden. Der regelmäßige Dialog per Briefmailing und E-Mail aktiviert den Katalog da, wo der Vertrieb aus Zeitgründen selten vorbeischaut. Neue Impulse erreichen die Käufer. Zusätzliche Abverkäufe werden generiert.

Phase 7: Die technische Umsetzung

Nachdem Anforderungsprofil und Kommunikationskonzept entwickelt sind, folgt die Suche nach der geeigneten Umsetzungslösung. Mit welchem Umsetzungswerkzeug wird der zukünftige Kommunikationsbedarf bearbeitet? Welches System passt am besten zu den Anforderungen des neuen Konzepts, den Produkten und der Unternehmensinfrastruktur? Zu vermeiden sind Fehlinvestitionen in Systeme, die nicht den Anforderungen gerecht werden.

Fazit: Die systematische Vorgehensweise zahlt sich aus

Gerade im Bereich technischer Produkte reduzieren Unternehmen die Zahl der Rückfragen um bis zu 75 Prozent. Die genaue Abstimmung auf Zielgruppen und Märkte garantiert die Beantwortung aller Fragen schon im Katalog selbst. Im Falle des Bauzulieferers gab es viel Lob für den neuen Katalog. Auch die Wirkung der Nachfass-Mailings hat sich verbessert.

Neben einer Umsatzsteigerung war es auch der Imagegewinn, der überzeugte. In Einzelgesprächen mit dem Außendienst wurde immer wieder die im Vergleich zum Mitbewerber professionellere Anmutung des Katalogs lobend hervorgehoben.

Kein Dialog ist unmittelbarer als der gesprochene. Insbesondere der Versandhandel weiß um die Stärken des telefonischen Kontakts in Kombination mit anderen Kommunikationskanälen. Handel und Versandhandel sind derzeit im Umbruch. Neue Dienstleistungen besetzen Nischen, E-Commerce und integrierte Shop-Konzepte gewinnen zunehmend an Bedeutung.

Die vernetzte, multimediale Handelswelt ist eine Welt des Dialogs. Unternehmen, die mit dieser rasanten Entwicklung Schritt halten wollen, müssen über alle Kanäle mit ihren Kunden kommunizieren. Um wettbewerbsfähig zu bleiben und die Rendite maximal zu steigern, müssen sie jedoch auch aktiv mit Kunden in Kontakt treten. Nur so steigern sie die Umsatzchancen pro Kunde.

Wer zu wenig über den Kunden weiß und seine Outbound-Aktionen nicht genau auf die Bedürfnisse des Kunden abstimmt, verschenkt Umsatzchancen. Technische Front-End-Möglichkeiten ergeben neue Cross-Selling-Potenziale für die Kundenbetreuer. Immer mehr Händler und Versandhändler kooperieren daher mit erfahrenen Dienstleistern. Mehr Serviceorientierung, basierend auf Kundenwissen und Effizienz in den Prozessen sowie ein vertrieblich orientierter Gesprächsleitfaden sind die Erfolgsformel. Im Fokus stehen multimediale Shop-Konzepte sowie die Komplett-Abwicklung aller Kundenprozesse. Das reicht von der Bestellhotline über Fulfilment und Retourenmanagement bis zum Rechnungsversand und Forderungsmanagement.

Anrufe steigern Kundenzufriedenheit

Im Customer-Care wird vor allem bei Stammkunden und „ruhenden" Kunden durch Cross- und Upsell- sowie Outbound-Aktionen der Verkauf angekurbelt. Auf dem Gebiet Customer-Retention ist eine Erfolgsquote von teilweise bis zu 35 Prozent zu erreichen. Besonders erfolgreich ist beispielsweise der Servicecall bei Nichtnachlieferung (NINA-Call). Die Kundengewinnung ist ebenso wichtig, wie die Kundenrückgewinnung oder der Servicecall bei Zahlungsrückstand. Besonders interessant sind ganze Kundenprozessketten von der Aktivierung über Ausverkäufer bis zur Reaktivierung mit Zufriedenheitsbefragung. Mit einer Erfolgsquote von über 20 Prozent ersetzt die Aktivierung von Top-Kunden oder Ausverkäufer sogar Mailing-Aktionen.

Schutz vor zahlungsunfähigen Kunden

Nach einer Bestellung gilt es, Umsätze zu generieren und sich idealerweise bereits im Voraus vor zahlungsunwilligen oder -unfähigen Kunden zu schützen. Online-Scoring-Methoden geben im Teleshopping Aufschluss über die potenzielle Zahlungsfähigkeit der Kunden. Diese basieren auf einer datenbankgestützten Risikoschätzung, die bei mehreren 100.000 Geschäftsvorfällen zur Anwendung kommt. Nach erfolgter Bonitätseinschätzung wird die Zahlung per Kreditkarte, Bankeinzug, offene Rechnung, Nachnahme und Vorkasse angeboten. So wird das Ausfallrisiko der Forderungen und der Retouren bereits im Voraus auf ein Minimum reduziert.

Professionelles Fulfillment von der Lagerung bis zum Versand

Beim Teleshopping werden neben Produktfragen und Bestellabwicklungen auch Rechnungsmodalitäten und Fragen rund um die Lieferung geklärt. Die Kundenbetreuer erteilen Auskunft über den Lieferstatus, vereinbaren Liefertermine und bearbeiten Retouren. Im unternehmenseigenen Logistik-Center wird das Retourenmanagement im Falle von Annahme-Verweigerung oder bei qualitativen Mängeln oder Nichtgefallen abgewickelt. In diesem Fall sendet der Besteller die Ware an die Versandadresse zurück. Mitarbeiter prüfen sie auf Vollständigkeit, stellen eventuelle Mängel fest, buchen die Ware in den Warenbestand zurück und wickeln Rückerstattungen und Neu-Zusendungen ab. Über die Retourenbearbeitung hinaus profitieren Händler von der reibungslosen Abwicklung ihres Fulfilments. Das reicht von der Warenlagerung über Katalog- und Mailingversand bis zu Konfektionierung, Kommissionierung und Produktvertrieb.

Telefonisches Forderungsmanagement kommt besser an

Bei immer mehr Versandhändlern setzt sich der Servicecall zur Zahlungserinnerung als fester Bestandteil des Forderungsmanagements durch. Im persönlichen Dialog mit dem Kunden eruieren die Kundenbetreuer den Grund des Zahlungsversäumnisses. Sie treffen direkte Zahlungsvereinbarungen oder klären Lieferdifferenzen und Gutschriften für Retouren. Damit steigen die Erfolgsquoten gegenüber der reinen Mahnbrief-Strategie. Die Zahlungsmoral verbessert sich, und durch den persönlichen Dialog werden Kundenbindungspotenziale ausgeschöpft.

Obwohl in Europa rund neunzig Prozent aller Versandhandelsunternehmen E-Mail-Marketing einsetzen, sind derzeit klassische Direct-Mails, Selfmailer, Teil- und Hauptkataloge noch die wichtigsten Instrumente, um Kunden zum Kauf zu animieren. In vielen Mailorder-Unternehmen wurde beobachtet, dass eine komplette Umstellung der Kommunikation von off zu „online only" zu signifikanten Umsatzrückgängen führt. Zurückzuführen sei dies darauf, dass der typische Versandhandelskunde nach wie vor physische Werbemittel als Kaufauslöser und Erinnerung schätzt. Somit versuchen Versandhandelsunter-nehmen den idealen Mix aus integrierten Kampagnen zu entwickeln, die mehrstufige E-Mails mit Direct-Mails und Teilkatalogen verbinden.

Das richtige Instrument zur Kundenansprache wählen

Nach wie vor verfügen viele Unternehmen – nicht nur im Versandhandel – nur über einen Bruchteil von Permissions für E-Mail-Marketing, gemessen an den Gesamtadressen aktiver Kunden oder Interessenten. Somit stellt sich die Frage, mit welchem Instrument man effizient Kunden via Direct-Mail ansprechen kann und anschließend bequem die E-Mail-Adresse inklusive Permission zu generieren.

Eine weitere Hürde, die es zu überwinden gilt, ist die Annäherung und Gewöhnung an Online-Shopping von Zielgruppen, die über keine hohe Internetaffinität verfügen. Hier steht die Bequemlichkeit des Kaufprozesses sowie Incentivierung von „First Timers" im Vordergrund.

Vor dieser Herausforderung stand das französische Versandhandelsunternehmen „La Redoute", das zu einem der weltweit größten Homeshopping-Konzerne, der RedCats Group gehört. La Redoute setzte in Österreich und der Schweiz auf personalisierte crossmediale Mailings.

Medienbruch zwischen Offline- und Online minimieren

Um den Medienbruch zwischen einem Direct-Mail und der Onlineseite zu minimieren, kann man sich Brücken bauen. Eine nachweislich funktionierende Brücke ist eine inhaltlich personalisierte DVD oder CD, die den Interessenten nicht nur persönlich nach dem Einlegen am PC begrüßt, sondern auch gleich nach dem Abspulen eines 20 Sekunden-Spots automatisch auf die jeweilige Internetseite weiterleitet.

Auf den ersten Blick sieht das Mailing wie ein herkömmliches Direct-Mail in einer Kartonverpackung aus. Durch eine Folie sieht der Empfänger seinen Namen und Gutscheincode, der auf der enthaltenen CD oder DVD aufgedruckt ist. Der Datenträger enthielt je nach Zielgruppe maßgeschneiderte Inhalte wie Videos von Modeschauen oder Angebote für junge Mütter. Mit einem Klick kommt der Kunde zum Onlineshop und es ist sogar möglich, die Formularfelder bereits automatisch mit seinen Adressdaten und persönlichen Daten vorauszufüllen.

Auf diese Weise wird dem Kunden eine Antwort, Bestellung oder Gutschein-einlösung erleichtert. Der Einsatz führte zu einem erfolgreichen Wechsel der Zielgruppe von off- zu online mit einer beachtlichen Konversionsrate. Er lieferte aufgrund der erweiterten Messbarkeit der individuellen Discs konkrete Zahlen zu Abbruchraten und Verweildauer.

Immer selbstverständlicher wird heute der Dialog via Internet. Der Anteil der Interessenten, die Internet und E-Mail als bevorzugten Kommunikationsweg angeben, liegt bei der Volkshochschule Mainburg mittlerweile bei sechzig Prozent. Entsprechend hoch sind die Erwartungen hinsichtlich Usability und Servicequalität der Website. Die bislang übliche Onlinepräsentation des Jahresprogramms als PDF-Download wird vom Internetnutzer immer häufiger als zu umständlich und zeitaufwendig empfunden. Webfunktionen wie Onlinebuchung und Statusabfrage zur Anzahl freier Plätze hatten beim Relaunch des Internetauftritts der VHS daher höchste Priorität.

Registrierung und Buchung direkt online

Die Antwort auf diese Bedürfnisse wurde Ende 2007 mit einer barrierefreien Website auf Basis eines Content-Management-Systems gegeben. Verwendet wurde Open-Source-Software des Typo3 Frameworks. Mit der Integration einer Kursdatenbank als Shop wurde eine komfortable Anmeldemöglichkeit geschaffen. Interessenten registrieren sich über eine sichere SSL-Verbindung und können Kursangebote über eine Warenkorbfunktion vormerken oder gleich buchen. Über eine freie oder hierarchische Suche nach Bereichen (Sprachen, berufliche Weiterbildung und andere) werden relevante Angebote jetzt schneller gefunden und ein besserer Überblick zu den Kursangeboten gewonnen.

Weniger Zeitaufwand und weniger Arbeit

Das Ergebnis: Der Aufwand für die telefonische Beratung und die Annahme von Kursanmeldungen wurde um durchschnittlich eine Stunde pro Tag reduziert. Teilnehmer und Buchungsinformationen liegen zudem schon digital vor und wandern automatisch in die EDV. Alle Kursangebote und Veranstaltungen werden zeitgesteuert nach deren Ablauf wieder aus dem Angebot genommen.

Bequem werbliche Zusatzinformationen einfügen

Wie bei professionellen Onlineshops werden Artikelstammdaten aus der Warenwirtschaft direkt mit der Datenbank auf dem Webserver synchronisiert. Bei der VHS Mainburg kommen die Kursdaten aus einem Kursverwaltungs- und Buchungssystem (VHS-WINN), das schon seit längerer Zeit im Einsatz ist. Zusätzliche werbliche oder Serviceinformationen lassen sich in solchen Systemen in der Regel jedoch nicht als strukturierte Daten einpflegen.

Nutzenargumente und Illustrationen, die das Kursangebot auf der Website noch besser verkaufen ließen, konnten bestenfalls auf separaten HTML-Seiten dargestellt werden. Dieses Problem wurde mit einer separaten Datenbank-anwendung gelöst. Damit werden die Kursdaten aus dem Buchungssystem mit werblichen Informationen und Bildern zu einem Verkaufsargument veredelt.

Suchmaschinenoptimierung ist gleich eingebaut

Der Besucher findet damit sehr viel mehr Nutzeninformation in der Detailansicht eines Kurses vor. Außerdem lassen sich hier ganz gezielt Keywords für das Such-maschinenmarketing einsetzen. Die dynamisch erzeugten Ansichten werden nämlich von Suchmaschinen erfasst und gut gerankt.

Ein zentrales Datenmanagement für mehrere Websites

Die Kombination aus vorhandener Verwaltungssoftware, der Typo3 Web-Plattform und der Datenschnittstelle vereint zwei Gegenpole: Die Bedürfnisse einer zielgruppenspezifischen Kommunikation und die Anforderungen eines standardisierten Datenmanagements.

So werden alle Kurse mittlerweile aus einer zentralen Anwendung heraus angeboten. Auch die Buchung über die Websites angrenzender Organisationen, wie der Business Akademie Hallertau, ist möglich. Jede dieser Websites wird bei nur einmaligen Hostingkosten in einer zentralen Installation des Content-Management-Systems verwaltet und gepflegt.

Fazit: Kundendialog und Datenverwaltung verbessert

Nicht nur die Qualität der Online-Kommunikation hat sich mit diesen Maß-nahmen erheblich verbessert, sondern auch die Effizienz. Teilnehmerdaten werden automatisch vom Web ins Buchungssystem übertragen. Auf der Website angezeigte Kursdaten werden auf Knopfdruck aus der zentralen Seminarverwaltung erzeugt. Für den Onlinedialog werden sie mit weiteren Informationen wie Zielgruppen, Themen und aktuellen Teilnehmerzahlen ergänzt.

BILDSCHIRMSCHONER ALS KREATIVES DIALOGMEDIUM

JÖRG RENSMANN

Bei den neuen Medien für den Kundendialog wird eines oft vergessen: Der Monitor selbst. Unabhängig von Internet und E-Mail kann auch über Bildschirmschoner sehr effektiv mit Nutzern kommuniziert werden. Möglich wird dies durch die Dialogtechnologie RSS. Diese gibt es schon seit vielen Jahren, wurde aber oft unterschätzt. Sie setzt bewusst auf individuelle Interessen und liefert so eine hervorragende Alternative oder Ergänzung zum E-Mail-Marketing. Ihr Handicap: RSS erfordert derzeit meist die Installation eines speziellen RSS-Readers. Diese bieten ähnlich wie Plug-Ins für Mailbrowser im Vergleich zum herkömmlichen Newsletter kaum echten Mehrwert. Auch ist die Bedienung der Reader nicht selten umständlich, so dass sie anstatt der erhofften kompakten News-Übersicht Bleiwüsten liefern.

Dabei müssen Anwender gar nicht verstehen, was RSS ist oder wie es funktioniert. Stattdessen kann man die Technik in ein intelligentes Online-Marketing einbetten. Die Zielgruppe erhält bequem maßgeschneiderte Informationen. Dazu wird einfach der allseits bekannte Bildschirmschoner genutzt. Dieser lässt sich nämlich wunderbar als RSS-Reader einsetzen. Unternehmen steht hier ein Dialoginstrument zur Verfügung, das permanent im Sichtfeld des Kunden ist.

Pelikan bietet Lehrern News vom Bildungsportal

Dass nicht nur technikaffine Nutzergruppen solche Lösungen nutzen, zeigt der Bildschirmschoner von Pelikan. Der Schreibgerätehersteller betreibt ein eigenes Lehrer-Informationsportal. Der dazugehörige Bildschirmschoner verknüpft die Neuheiten dieser Webseite mit den News von Bildungsportalen oder der Bundesregierung. Auch gibt es Nachrichten renommierter Medien wie FAZ und Stern. User haben hier zudem die Möglichkeit, das Desktop-Tool mit eigenen Motiven zu versehen.

Sanyo informiert über den Spielstand

Als nächste „Ausbaustufe" lassen sich solche Kundenbindungsinstrumente in Form eines kleinen Fensters auf dem Desktop verankern. Besonders charmant sind Anwendungen, die zudem das Prinzip des „Instant Messaging" integrieren. So hat SANYO in Kooperation mit der SportBILD zur letzten Fußball-WM einen „Tor Alert" angeboten. Die Applikation vereint Markeninszenierung und Nutzwert. Auf dem Desktop des Users tauchte bei jedem WM-Treffer zunächst ein SANYO-Produkt auf, hier konkret ein Beamer, der dann das neue Ergebnis auf den Bildschirm projiziert hat. Ähnliche Angebote gab es zuvor von Lycos und Blick Online zur Winterolympiade.

www.marketing-boerse.de/Experten/details/Joerg-Rensmann

*SANYO hat zur WM mit dem Tor-Alert eine innovative RSS-Anwendung
gestartet und damit einen großen Erfolg erzielt.*

TUI projiziert Urlaubsfotos auf den Desktop

TUIfly etwa arbeitet mit einem auf RSS basierenden Desktop-Widget, mit dem
Interessenten gezielt über Schnäppchenangebote informiert werden. Über die
Konfiguration lassen sich einzelne Startpunkte festlegen, um so gezielt und ad
hoc aktuelle Angebote auf den Bildschirm des Nutzers zu pushen. Das Prinzip
erinnert dabei an das sogenannte Instant-Messaging, nur dass hier ein kleiner
TUIfly-Flieger am Monitor abhebt. Ein Klick auf den Flieger zeigt die neuesten
Angebote, ein weiterer führt direkt in den Buchungsprozess auf der Web-Seite.
Neben den Schnäppchen gibt es Bildergalerien mit hochgeladenen Urlaubsfotos,
eine Übersicht des Podcasting-Angebots und die neuesten Einträge des Blogs.

Der Vorteil dieser Lösungen liegt auf der Hand. Statt drauf zu warten, dass der Kunde
Informationen auf der Webseite „abholt", erscheinen diese direkt auf dem Desktop.
Zudem erhalten Marketers dank der anonymisierten Analysemöglichkeiten in sehr
kurzer Zeit ein Feedback auf den Erfolg ihrer jeweiligen Kampagne.

Mobile Marketing entwächst den Kinderschuhen und etabliert sich langsam aber sicher als weiterer Vertriebs- und Kommunikationskanal. Nicht ohne Grund setzen Verlage oder aber auch Online-Flaggschiffe wie ebay auf Mobile Marketing.

Mobile Marketing muss einen deutlichen Mehrwert bieten. Nur dann sind die Nutzer auch bereit, ihre Daten preiszugeben und die angebotenen Dienste zu nutzen. Die Privatsphäre des Kunden ist heilig. Wenn man sich daran hält, ist Mobile Marketing für fast jede Dienstleistung und jedes Produkt geeignet.

Relativ lange wird Mobile Marketing schon als Kundenbindungsinstrument eingesetzt. Neu ist, dass es jetzt auch zur Vertriebsunterstützung eingesetzt werden kann. Von den neuen Geräten – an erster Stelle von dem iPhone – erwartet sich die gesamte Branche einiges. Wenn die Technik mitspielt, lässt sich sogar Unterwäsche verkaufen. Die Markenmanager von Gossard, einem großen Lingerie-Hersteller, forderten per Werbeclip auf, das Kürzel „G4Me" an eine Kurzwahlnummer zu senden. Sie schickten handywendend einen Rabatt-Voucher zurück, der bei dem Kauf eingelöst werden durfte. Das Ergebnis der Aktion: Das Verkaufsziel, das man sich bei Gossard für die nächsten acht Monate gesteckt hatte, war bereits binnen acht Wochen erreicht.

Vielfältige Einsatzbereiche

Einige Beispiele für die zur Zeit wichtigsten Einsatzfelder für das Mobile Marketing:

➤ Die Präsentation aktueller Angebote
➤ Informationsangebote zu Markenaufbau und Markenbindung
➤ Für schnelle Marktbefragungen
➤ Für die schnelle Aktivierung der Zielgruppen
➤ Mobile Internet mit allen Möglichkeiten wie Mobile Search,
    Display Werbung, Blogging

www.marketing-boerse.de/Experten/details/Nils-Hachen

Einfache Erfolgsregeln

Die Respektierung der Privatsphäre ist wichtig. Es ist gesetzlich festgesetzt, dass werbliche Anrufe nur dann erlaubt sind, wenn der Handynutzer seine Zustimmung dazu gegeben hat. Ansonsten wird auf Dauer die Marke beschädigt. Der Erfolg einer Kampagne beruht auf dem Mehrwert, der den Teilnehmern geboten wird. Er kann aus relevanten Informationen (orts-, zeit- und personenbezogen), Unterhaltung (zum Beispiel Gewinnspielen, Chats oder Games) oder geldwerten Vorteilen (Rabatte und Coupons per SMS) bestehen. Kreativität ist der zentrale Schlüssel einer erfolgreichen Kampagne. Der Werbeauftritt in den klassischen Medien kann selten Eins zu Eins auf die mobile Kommunikation übertragen werden, sei er noch so kreativ und eindrucksvoll. Daher ist eine medienadäquate Anpassung besonders wichtig.

Die attraktivste Kampagne geht ins Leere, wenn der Sender nicht sofort auf die Reaktion des Handynutzers eingeht. Die Attraktivität wächst zudem mit der Schnelligkeit der Leistung, etwa der Preisübergabe; Auslieferungsfehler hingegen beschädigen die Marke. Der Absender muss dem Empfänger vertraut sein und dieser darf sich durch eine Nachricht nicht belästigt fühlen. Der Nutzer erwartet, dass er nur interessante und für ihn relevante Nachrichten erhält. Wichtig ist auch der passende Zeitpunkt für den Kontakt.

Kommt es zu einer direkten Ansprache per SMS, so sollte diese so persönlich wie nur möglich gefasst sein und die Erwartungen der Zielperson aufgreifen. Üblicherweise erhalten Mobile Marketing-Kampagnen die notwendige hohe Aufmerksamkeit durch die Massenmedien Print oder TV; nur im viralen Marketing wird darauf verzichtet. Mobiles Marketing ist daher selten Low Budget Marketing.

Um die Medienkosten niedrig zu halten, bieten sich Kooperationen an. Ein Beispiel aus der Praxis: Ein Hersteller von Sportschuhen wollte mit Mobile Marketing eine junge Zielgruppe ansprechen und sich als innovativer Anbieter profilieren. Er erreichte das Ziel mit Hilfe eines Handy-Games, bei dem das gerade aktuelle Top-Schuhmodell auf nette und unterhaltsame Weise im Mittelpunkt stand.

Die Relevanz von Mobile Marketing nimmt seitens der Werbetreibenden und Nutzer immer weiter zu. Vor allem in den letzten Monaten sind mobile Werbeformen wie Banner, Textlinks, Microsites, Interstitials oder Sponsorings herangereift. Es ist nunmehr möglich, die gesamte Produkt- oder Markenwelt durch mobile Werbeformen in deren gesamte Themenwelt zu transportieren.

DIE DKB NUTZT DEN DIALOG ÜBER SUCHMASCHINEN

BERND STIEBER

Das Unternehmensinteresse am Dialogmarketing steigt kontinuierlich. 32 Milliarden Euro haben allein die deutschen Unternehmen 2007 in Dialogmarketing-Maßnahmen investiert. Die andere beeindruckende Zahl: 67 Prozent der deutschen Bevölkerung nutzen 2007 bereits das Internet. Fast drei Viertel von ihnen suchen dort ganz gezielt nach Informationen. Damit entsteht ein neuer Zweig des Dialogmarketing: Der vom Kunden initiierte Dialog über Suchmaschinen. Der Vorteil: Die Zielgruppe ist ohne Streuverlust klar eingegrenzt und es besteht akutes Kaufinteresse.

Zahl der Privatkunden wurde verdoppelt

Durch den Einsatz von Suchmaschinenmarketing hat die DKB Deutsche Kredit-bank AG die Zahl der Privatkunden nahezu verdoppelt. Ziel dabei waren eine spezifische Zielgruppenansprache, Maximierung der Neukundenzahlen und die Reichweitensteigerung. Auf Basis eines definierten Cost-per-order (CPO) sollten für die Produkte Girokonto und Privatdarlehen neue Kunden gewonnen werden. Erreicht wurde dies durch den Einsatz von Online-Marketing-Maßnahmen mit Erfolgsvergütung. Die Agentur übernahm erfolgsverantwortlich die Steuerung und Konzeption der Kampagne und installierte dazu ein leistungsfähiges Gebots-management.

Performance-Marketing minimiert das Risiko

Während oft noch ein vereinbarter Teil des verwalteten Online-Marketing-Budgets als Agenturvergütung dient, wurde hier ausschließlich erfolgsverantwortlich vergütet. Nach eingehender Analyse der Ausgangssituation wurde ein fixer CPO vereinbart. So übernimmt der Dienstleister die volle Verantwortung für den Marketingerfolg. Konzeption und Umsetzung der Maßnahmen über geeignete Online-Marketing-Kanäle geschehen eigenverantwortlich.

Laufende Optimierung der Prozesse

Im Rahmen der laufenden Kampagne wurde ein Optimierungskonzept erarbeitet. Nach umfangreichen Tests wurden individualisierte Landingpages für die Anmeldung zum Girokonto erstellt. Auch Elemente, die direkt mit dem Produkt verknüpft sind und auf Seiten des Kunden liegen, wurden optimiert. Die Erfolgs-kontrolle mit Hilfe eigener Tracking-Technologien sowie die Steuerung nach ROI-Gesichtspunkten verbesserten die Konversion. Sowohl der Prozess beim Kunden als auch die Werbemittel wurden kontinuierlich optimiert. Auf Basis eines jederzeit abrufbaren Reportings werden die Performance-Kennzahlen analysiert und der Budgeteinsatz verbessert.

www.marketing-boerse.de/Experten/details/Bernd-Stieber

Wichtig sind die Argumente für das Produkt

Im ersten Schritt wurden in Zusammenarbeit mit dem Kunden die Differenzierungsmerkmale des Produkts herausgearbeitet. Die genaue Kenntnis der Kaufargumente ist wichtig für die Gestaltung der Texte sowie für die Auswahl passender Suchworte. Diese gemeinsame Verantwortung schafft den Anreiz für die Agentur, bei gleichem Mitteleinsatz mehr Kunden für den Auftraggeber zu akquirieren. So konnte die Zahl der Neukunden auf 750.000 gesteigert werden. Auch 2008 setzt sich dieses starke Wachstum fort.

Preise und Algorithmen ändern sich ständig

Suchmaschinen und Portale werden sich in Zukunft eher ergänzen als miteinander zu konkurrieren. Die Lernkurve bei der Suchmaschinenoptimierung ist steil. Ständig ändern sich Rahmenbedingungen und Rankingalgorithmen. Die Preise haben bei vielen Keywords die Grenze zur Wirtschaftlichkeit überschritten. Bei einigen Suchworten fallen die Maximalgebote bereits wieder.

Schneller durch Bid-Management und Alert-Systeme

Marketing-Erfolg im Web hängt davon ab, durch permanente Erfolgskontrolle laufend die Erreichung des Kampagnenziels zu überprüfen. Dazu bedarf es eines immer und jederzeit abrufbaren Reportings. Die Performance-Kennzahlen müssen ständig analysiert werden. Intelligente Bid-Management-Tools und Alert-Systeme sind unabdingbar.

Neue Anforderungen an die Experten

Grafisch aufbereitete Datenmengen sind die notwendige Folge, um effizient arbeiten zu können. Dazu werden Kampagnenmanager mit guten analytischen Fähigkeiten benötigt. Der Mitarbeiter wird zum Börsenmakler und Fondsmanager. Die technischen Hilfsmittel ähneln denen in der Bankenwelt.

Das Controlling der Interdependenzen, die abgestimmte Schaltung und die Optimierung der Kanäle werden zum Erfolgsfaktor.

Der klassische Weg der Neukundengewinnung verläuft über das Anmieten der Postadressen spezieller Zielgruppen. Ein international tätiger Logistik-Dienstleister plant den Ausbau seiner Geschäftstätigkeiten. Im Fokus der Kunden-Anforderung stehen Firmen mit Sitz in Deutschland, die ihre Waren nach Australien oder Brasilien exportieren.

Klare Zielgruppendefinition erleichtert die Adressauswahl

Der Logistik-Dienstleister definiert zunächst die Zielgruppe, die angesprochen werden soll. Je klarer diese Zielgruppen abgegrenzt sind, desto erfolgreicher verläuft die Direktansprache. In diesem Fall musste das gelieferte Adressmaterial drei Kriterien erfüllen. Angesprochen werden sollten Firmen mit mehr als hundert Mitarbeitern aus der Oberbranche Exporteure. Wichtig war die nachgewiesene Geschäftstätigkeit in die Länder Australien und Brasilien. Gesucht wurden Ansprechpartner der zweiten Führungsebene, und zwar ausschließlich die Funktionen Leitung Marketing wie Leitung Export. Ingesamt wurden bundesweit 3.000 Adressen selektiert, die alle geforderten Merkmale aufwiesen.

Zwei Postmailings und telefonischer Nachfass

Die Kundenansprache erfolgte mittels eines zweistufigen Postmailings. Nach der ersten Aussendung wurden die eingehenden Response-Elemente ausgewertet sowie eine telefonische Nachfassaktion gestartet.

Die erste Stufe der Postaussendungen umfasste übersichtliche Informationen über die Export-Bestimmungen. Dazu wurde über die Unterschiede und Möglichkeiten der Belieferung per Fracht-Container und per LKW-Transport mit Zeitschienen informiert. Integriert war ein Response-Element zur Kontaktaufnahme.

Die telefonische Nachfassaktion erfolgte innerhalb von 10 bis 14 Tagen nach Aussendung der Mailings. Die anschließende zweite Stufe des Postmailings beinhaltete ein individuelles Angebot nach Kundenvorgabe sowie landestypische Add-ons.

Ergebnis: Dreißig Prozent wurden Neukunden

Aus den 3.000 gelieferten Adressen wurden insgesamt 1.058 neue Kontakte realisiert, dies entspricht einer Responsequote von 35 Prozent aller Aussendungen. Insgesamt wurden in den sechs Monaten nach Beendigung der Aktion 874 Neukunden gewonnen. Dies sind 29 Prozent der Adressaten.

www.marketing-boerse.de/Experten/details/Daniel-Simon

Selektion ist besser als ein Massenmailing

Durch die Vielzahl der kombinierten Merkmale wurde die Zahl der Aussendungen drastisch reduziert. Die anschließende Responsequote rechtfertigte jedoch den Aufwand bei der Adressselektion. Der Streuverlust, den ein Massenmailing zwangsläufig mit sich bringt, wurde effektiv reduziert.

Zielgruppen richtig definieren

Erfolgsentscheidend ist die richtige Zielgruppenauswahl. Statistische Merkmale wie Branche, Betriebsgröße, Mitarbeiteranzahl, Ansprechpartner, Umsatzgrößen und Bonität sollten vorab definiert werden. Ein großer Vorteil dieser statistischen Methode: Die jeweils angelegten Parameter ermöglichen eine aussagekräftige Ist-Prognose über den Rücklauf in der avisierten Zielgruppe. Wer ganz sicher gehen will, sollte vorher mit einem Teil der Adressen ein Testmailing durchführen.

Eigene Kundendaten ergänzen

Fast alle Firmen verfügen bereits über eigene Adressbestände. Bestehende Datenbanken sollten aber regelmäßig geprüft, gepflegt und ergänzt werden, um deren Aktualität zu sichern. Wenn der Datenbestand durch den Kauf zusätzlicher Adressen optimiert werden muss, sollte vorab ein Adressabgleich stattfinden. Dabei werden die unternehmenseigenen Daten und die Datenbestände des Dienstleisters gegeneinander abgeglichen. Gemietet oder gekauft werden dann nur die Adressmengen, die zusätzlich geliefert werden können.

Aktualität der Daten ist entscheidend

Vor der Aussendung sollte ein umfangreicher Abgleich der Adressen gegen verschiedene Verzeichnisse wie zum Beispiel Umzugsdatenbanken vorgenommen werden. So wird die Aktualität und Erreichbarkeit der Empfänger sichergestellt. Der Erfolg eines Mailings hängt zu circa sechzig Prozent von dem verwendeten Adressmaterial ab.

Abonnentengewinnung ist das A und O im Verlagsgeschäft. Die Wirtschafts-Woche setzt hierfür bereits seit Jahren mit viel Erfolg auf Dialogmarketing in Verbindung mit Produktbundles. Dieser Erfolg sollte weiter ausgebaut werden. Hierzu wählte die WirtschaftsWoche eine Form des Dialogmarketings, deren Wirkungsmechanismen über Selektion und Auslieferung hinausreicht. Es sollten aktiv neue Kunden angesprochen werden, bei denen Produktinteresse besteht. Die Entscheidung fiel auf die Durchführung von E-Mail-Marketing-Kampagnen innerhalb einer Bonus-Community.

Dialogmarketing mit Belohnungseffekt

Eine Bonus-Community bietet ihren Mitgliedern die Möglichkeit, bei Einkäufen, Buchungen oder beim Bestellen von Dienstleistungen Bonuspunkte zu sammeln. Darüber hinaus gibt es aber auch noch eine Vielzahl weiterer Online-Aktivitäten, die mit Punkten belohnt werden. Später können die gesammelten Punkte in einem Prämienkorb gegen attraktive Treueprämien eingelöst werden.

Die Bonuswährung wirkt auch beim Dialogmarketing

Dieses wirksame Prinzip der Belohnung kann auch im E-Mail-Marketing eingesetzt werden. Dazu werden spezielle E-Mails versendet, bei denen mithilfe der Bonifizierungkomponente das Empfängerinteresse differenziert angeregt wird. Konkret können bestimmte Aktionen belohnt werden. Dieser Effekt sollte für die WirtschaftsWoche zur Abonnentengewinnung genutzt werden.

Probeabos mit Zusatzanreiz

Die Gewinnung von neuen Abonnenten für das Wirtschaftsmagazin WirtschaftsWoche sollte durch den Einsatz eines Probe-Abo-Packages erreicht werden. Dazu gab es einen Bonifikationsanreiz, da es sich bei der Zielgruppe um sehr schwer erreichbare Manager handelt.

Die Zielgruppenselektion entscheidet über den Erfolg

Als Marketinginstrument eingesetzt wurden Standalone-Newsletter und Follow-Up-Aktionen. Standalone-Newsletter sind einmalige Werbemails an angemietete Adressen. Bei der Zielgruppenselektion war wichtig, dass die Angeschriebenen aus Deutschland kommen und eine hohe Affinität zu den Themen Finanzen und Business haben. Wert gelegt wurde auch auf eine hohe Online-Aktivität. Dies ist ein Index, der sich aus den Kenngrößen View-, Klick- und Leadrate ergibt. Das heißt, dass die selektierten Personen besonders häufig Werbemittel anklicken. Auch die Verkaufsrate fließt in den Index mit ein. Die Zielgruppenreichweite betrug durchschnittlich 197.523 Kontakte.

Der eigene Name wirkt Wunder

Die Ansprache erfolgte sowohl im Betreff wie auch im Werbemittel-Template personalisiert mit Vor- und Nachnamen. Als Anrede wurde die Form „Hallo Herr Max Huber" gewählt. Die zur Abo-Bestellung erforderlichen Kerndatenfelder waren vorausgefüllt. Der Interessent wurde auf ein Bestellformular geführt, auf dem Name, E-Mail- und Postadresse bereits eingetragen waren.

Anreizverstärker für Lesen und Bestellen

Als Anreizverstärker wurde ein exklusives Angebots-Package bestehend aus einem Incentive-Bundle mit einer Bonifikation gewählt. Dabei wurde alleine das Lesen mit je drei Punkten belohnt. Eine Bonifikation von 399 Punkten gab es für die Bestellung des Abonnements. Auch wurde die Kampagne zeitlich befristet und über eine Reminder-E-Mail nochmalig aktualisiert.

Der erzielte Erfolg kam schnell

Die Öffnungsrate lag bei 48,3 Prozent. Dies entspricht 95.450 Öffnungen. Die Reaktionsrate lag bei 22,5 Prozent. Insgesamt 44.383 Interessenten haben die E-Mail gelesen und darüber hinaus auch auf die Landingpage, also die Angebotsseite, geklickt. 46,5 Prozent wurden zum Weiterlesen motiviert. Es konnten im guten dreistelligem Bereich neue Abonnenten generiert werden. Dabei wurde nur der Kampagnenzeitraum von zwei Wochen berücksichtigt. 83 Prozent der Aktivitäten fanden innerhalb der ersten 72 Stunden statt. Abonnenten wurden auch nach Ablauf der Kampagne noch gewonnen.

Konvertierung seit drei Jahren überdurchschnittlich

Seit Anfang 2005 wurden über zehn bonifizierte Einzelkampagnen mit vergleichbar guten Konvertierungsergebnissen für die WirtschaftsWoche durchgeführt. Der Erfolg liegt kontinuierlich über dem nicht bonifizierter Kampagnen. Wenn Zielgruppenselektion und Angebotskommunikation stimmen, verbessert die Anreizverstärkung über Incentivierung das Konversionsergebnis.

THOMAS HESSLER

Online-Marketing gewinnt als Bestandteil des Marketingmix zunehmend an Bedeutung. Besonders in der Tourismusindustrie ist Affiliate-Marketing ein wichtiger Kanal, um neue Kunden anzusprechen. Hier können Unternehmen bestimmte Kundengruppen gezielt ansprechen und auf spezielle Angebote aufmerksam machen. Dies geschieht durch die Kooperation mit Publishern, den Affiliates, die auf ihrer Website oder im Newsletter Produkte oder Dienstleistungen des Advertisers bewerben. Die Fluggesellschaft Air Berlin hat diesen Kanal bereits Ende 2003 in ihre Marketingstrategie eingebunden, um sowohl ihre Einzelflugverkäufe zu erhöhen als auch die Marketingaktivitäten mittels eines umfassenden Affiliate-Netzwerks breiter aufzustellen.

Air Berlin wurde 1979 gegründet und ist heute die zweitgrößte deutsche Fluggesellschaft. Das Unternehmen beschäftigt weltweit über 4.000 Mitarbeiter und fliegt mittlerweile innerdeutsch und weltweit zu über hundert Zielen. Dazu gehören Metropolen wie Barcelona, Helsinki, Kopenhagen, London, Mailand, Moskau, Paris, Peking, Rom, Shanghai, St. Petersburg, Stockholm, Wien und Zürich.

So funktioniert Affiliate-Marketing

Beim Affiliate-Marketing zahlt Air Berlin als Advertiser für jedes zustande gekommene Geschäft eine Vermittlungsprovision an seinen Vertriebspartner, den Affiliate. Die Vermittlung geschieht durch einen Hyperlink, der von der Webseite des Partners auf die Webseite www.airberlin.com verweist. Der Link enthält einen speziellen Code, der den Partner eindeutig identifiziert. Air Berlin erkennt also anhand des Links, von wem der Kunde oder Reiseinteressent geschickt wurde. Nur bei tatsächlichem Umsatz oder messbarem Erfolg werden Provisionen bezahlt. Als Erfolg gelten entweder die reinen Klicks auf das Werbemittel ("Click"), die Kontaktaufnahme von Kunden ("Lead") oder der Verkauf ("Sale"). Das Partnerprogramm von Air Berlin basiert auf einem Pay-per-Sale-Modell.

Entwicklung und Ziele des Partnerprogramms

Zunächst startete Air Berlin Partnerprogramme in Deutschland, Österreich und der Schweiz. Bald kamen weitere Länder wie die Niederlande, Belgien, Großbritannien, Frankreich, Spanien und Italien hinzu. Mittlerweile hat die Fluggesellschaft ihr Partnerprogramm europaweit ausgedehnt. 2008 wird diese Partnerschaft weiter ausgebaut, wobei neue Vertriebsgebiete angeboten werden. Durch neue Zielregionen und Strecken erschließt sich den Air Berlin-Affiliates somit ein noch größeres Ertragspotential.

www.marketing-boerse.de/Experten/details/Thomas-Hessler

Mit Affiliate-Marketing heben die Umsätze ab

Seit dem Start der Partnerprogramme konnte Air Berlin eine absolute Steigerungsrate der Abverkäufe („Sales") von über 1.200 Prozent erzielen. Diese Umsätze sollen auch in Zukunft weiterhin durch den Ausbau und die Optimierung der Partnerprogramme signifikant gesteigert werden. Zudem unterstützt diese Kooperation Air Berlin dabei, sich als eine der weltweit führenden Fluggesellschaften zu positionieren, die eigene Marktstellung international auszubauen und den eigenen Branding-Effekt zu steigern.

Attraktive Werbemittel anbieten

Air Berlin bietet ein umfangreiches Werbemittel-Portfolio. Die Partner können hierbei zwischen Bannern, Buttons, Textlinks und Searchboxes auswählen, um Air Berlin-Flüge zu vermarkten. Mit diesen Werbemitteln können Provisionen von bis zu 50 Euro für jede Buchung erzielt werden.

Die angebotenen Werbemittel sind auf die unterschiedlichen Märkte zugeschnitten und ermöglichen somit sowohl eine Expansion der regionalen Partner-Akquise als auch die internationale Ausdehnung, was der global ausgelegten Strategie von Air Berlin optimal entspricht. Informationen zum Affiliate-Programm: www.airberlin.com/affiliate

Die Musikdownloadbranche wächst massiv und der Kampf um die Neukunden hat enorm an Bedeutung gewonnen. Da die Musik ohnehin in den digitalen Medien spielt, ist hier auch die Umwerbung der Neukunden entscheidend. Alle zur Verfügung stehenden Hebel des Direktmarketings müssen reibungslos ineinander verzahnt sein, um das Maximum an Neukunden herauszuholen.

Napster, der weltweit bekannte Online-Musik-Service, hat dies längst erkannt. Innerhalb von zwölf Monaten sollen für Napster Deutschland und Napster UK so viele Neukunden wie möglich über eine reine Direktmarketingstrategie im Internet generiert werden. Die Kosten pro Neukundengewinnung sind vorgegeben und nach oben begrenzt. Im Zentrum der Maßnahmen steht das Sonderangebot, Napster sieben Tage lang kostenlos testen zu können.

Die Instrumente des Online-Marketings reichen von Suchmaschinenmarketing, Suchmaschinenoptimierung, Affiliate-Marketing, Kooperationen, Bannerwerbung, E-Mail-Marketing bis hin zu Mobile Marketing.

Alle Online-Kanäle richtig vernetzen

Um die ambitionierten Ziele zu erreichen, ist es entscheidend, dass die komplette Kampagne und deren Durchführung über alle Online-Kanäle in der Hand einer Agentur liegt. Wichtig ist hier das Zusammenspiel zwischen Direktmarketingkonzept, Kreation, Kampagnendurchführung, Tracking und Optimierung. Alle Maßnahmen in den verschiedenen Online-Kanälen müssen über ein zentrales System gemessen, analysiert und entsprechend optimiert werden. Die Erkenntnisse des einen Kanals fließen zeitnah in die anderen Kanäle ein. Entscheidend ist somit die optimale Vernetzung aller Maßnahmen und Instrumente, denn zwischen den einzelnen Maßnahmen und Kanälen gibt es direkte Synergien, die es auszunutzen gilt.

Etwa die Hälfte des Online-Direktmarketingbudgets entfällt auf Suchmaschinenmarketing. Der Rest des Budgets geht zu etwa gleichen Teilen an Bannerwerbung, Affiliate- und E-Mail-Marketing. Zur Unterstützung von Aktionen werden E-Mailings an angemietete Adressen versandt und sehr erfolgreich umgewandelt. Mediaschaltungen in reichweitenstarken Netzwerken runden die Zielgruppenansprache ab.

Kreation – Die richtigen Worte und Bilder

Um die Kampagne bestmöglich auszusteuern und stundenaktuell auf neue Erkenntnisse im Interessentenverhalten reagieren zu können, setzt Napster auf individuelle Landingpages, die entsprechend den bekannten Direktmarketing-kriterien gestaltet werden. Landingpages werden vom Start weg permanent diversen Tests unterzogen. Dabei wird jedes Element einer Landingpage auf deren Umwandlungsraten (Conversion Rate) getestet. Das gilt für Überschriften, Texte, Visuals, Verstärker, Call-to-Action-Elemente und Vorteilsargumentationen bis hin zum Preis. Über einen automatisierten Landingpage-Optimizer werden alle Varianten gegeneinander getestet und der Bestperformer ermittelt. Dieser geht dann in den Roll-out, um das gesamte Mediabudget bestmöglich einzusetzen.

Das richtige Angebot am richtigen Ort zur richtigen Zeit

Erkenntnisse über das Nutzungsverhalten der Musikinteressierten werden genutzt, um das Budget optimal zu kanalisieren. Landingpages, Werbemittel, Newsletter und Suchanzeigentexte werden aufeinander abgestimmt. Im Suchmaschinen-marketing werden Budgets nach Wochentag und Uhrzeiten ausgesteuert, um die besten Conversion Rates zu erzielen. Jeder der vielen tausend Begriffe und Wortkombinationen wird permanent nach Wirtschaftlichkeit optimiert. An Wochenenden hat Napster beispielsweise deutliche höhere Peaks, während die Montage, anders als bei vielen anderen Kampagnen, immer schwächer sind. Auch Offline-Aktivitäten wie Sponsoring-Aktivitäten von Napster unter anderem beim Stockcar-Rennen von TVtotal werden in die Planung einbezogen.

Optimierung der Prozesse – Messen ist Wissen

Es wird ständig kontrolliert, wie das User-Verhalten und die Klickwege verlaufen. Digitales Direktmarketing bietet hier entscheidende Vorteile, denn im Internet ist alles messbar, nachverfolgbar und sofort optimierbar. Vom latent Interessierten bis zum Kunden muss jeder Schritt präzise verfolgt und optimiert werden. Vom ersten Klick auf einen Textlink zu Musikdownloads über die Landingpage bis zur fertigen Mitgliedschaft muß das Interesse wach gehalten werden. Alle Informationen entlang des Klickpfades werden gemessen, analysiert und optimiert. So werden aus Interessenten Kunden.

CREDITPLUS STEUERT ERFOLGSBASIERTE ONLINEWERBUNG

MATTHIAS STADELMEYER

„Eine Hälfte meines Werbebudgets werfe ich zum Fenster hinaus – ich weiß nur nicht welche", gab Henry Ford zu. Im Internet gilt diese Regel nicht, weil das Medium viele Kenngrößen automatisch mitliefert. Im Vergleich zu Kanälen wie TV oder Print lassen sich Maßnahmen im Onlinebereich dadurch wesentlich genauer messen.

Doch Controlling im Web ist meist mit komplexen Prozessen und Kennzahlen verbunden. Daher engagieren Unternehmen oft Dienstleister, die das Werbemittel-Management und das zugehörige Reporting übernehmen. Problematisch ist die Vielzahl unterschiedlicher Daten und Quellen. Diese zusammenzuführen, zu analysieren und zu interpretieren, ist zeitraubend. Die CreditPlus Bank AG stand im ersten Halbjahr 2006 genau vor diesem Problem. Heute meistern die Stuttgarter ihr Online-Marketing äußerst erfolgreich und vor allem selbstständig mit einem Online-Marketing-Management-System.

Mühsame Auswertung von Daten aus unterschiedlichen Quellen

Die CreditPlus Bank AG ist eine hoch spezialisierte Konsumentenkreditbank. Das umfangreiche Angebot des Unternehmens wird von etwa 320.000 Kunden genutzt. Der Kontakt geschieht über ein bundesweites Filialnetz, kompetenten Telefonservice und ein ganzheitliches Onlineangebot.

Online-Marketing hat für die Bank eine hohe Bedeutung. Bis Mitte 2006 bewältigte sie mit verschiedenen Dienstleistern alle Aufgaben. Doch die Arbeit war mühsam. Ständig musste das Team Daten aus unterschiedlichen Quellen mit unterschiedlichen Messzahlen zusammenbringen und auswerten. Die äußerst heterogene Mess- und Reportingstruktur sowie die resultierende Intransparenz erschwerten es, die Wirksamkeit der Aktionen nachzuvollziehen. Optimierung wurde zur täglichen Zwickmühle.

Einfache Steuerung der Werbemittel gefordert

Die Verantwortlichen verlangten nach einer einfachen Lösung. Im gesamten Online-Marketing sollte die Komplexität auf ein Minimum reduziert werden. Aufgabe war es, eine einheitliche Plattform zur Auslieferung, Steuerung und Optimierung von Werbemitteln einzuführen. Diese sollte gleichzeitig alle Anforderungen an Tracking und Reporting erfüllen. Die Kontinuität der Maßnahmen sollte dabei keinesfalls beeinträchtigt werden. Nach ausführlichem Marktscreening und diversen Tests hat die CreditPlus Bank ein Online-Marketing-Management-System gefunden, das alle geforderten Ansprüche erfüllt. Gleichzeitig spart es Kosten für zusätzliche Dienstleister.

www.marketing-boerse.de/Experten/details/Matthias-Stadelmeyer

Ein wichtiger Punkt war, dass das System ohne großen Anpassungsaufwand kurzfristig eingesetzt werden konnte. Das System beherrscht Tracking, Datei- und Ad-Hosting, Ad-Serving und Partnerzahlungsverwaltung.

Unkomplizierte Implementierung des Systems

Berater und technischer Support erarbeiteten gemeinsam mit dem Kunden ein individuelles Konzept. Kurz darauf wurde das System schrittweise implementiert. Zuerst erfolgte das Aufsetzen des Systems als ASP-Lösung zur Administration der Online-Marketing-Aktivitäten. Anschließend wurden die Tracking-Codes in den CreditPlus-Webauftritt implementiert. Dann wurden die Online-Marketing-Aktivitäten und die strategischen Online-Marketing-Partner angelegt. Nach dem Import der Werbemittel erfolgte die Zuordnung zu den einzelnen Online-Marketing-Aktivitäten. Zuletzt wurde noch einmal getestet und danach die Online-Marketing-Aktivitäten freigeschaltet.

Effizienzsteigerung im zweistelligen Bereich

Inzwischen ist das System seit eineinhalb Jahren im Einsatz. Die CreditPlus Bank verwaltet ihre Werbemittel selbständig, analysiert Zugriffe für jede einzelne Online-Marketing-Aktivität bis ins Detail und passt Maßnahmen entsprechend an. Die Ergebnisse können sich sehen lassen. Die Werbemittelauslieferung und die Platzierungen wurden optimiert. Das Verhältnis zwischen Kosten und Umsatz wurde signifikant verbessert. Ingesamt wurde eine Effizienzsteigerung im zweistelligen Prozentbereich erreicht. Der Dienstleister hat zwar die Einführung intensiv begleitet, sich aber mittlerweile aus dem operativen Geschäft zurückgezogen. Mit regelmäßigen Workshops, Trainings und Beratungen steht er nun als Consultant zur Seite. Die Umstellung auf nur ein System brachte CreditPlus Unabhängigkeit, Zeitersparnis und Flexibilität.

CRM-LÖSUNG FÜR DEUTSCHE POST RENTEN SERVICE

CLAUDIA LINSENMEIER, JENS HEIN-WINKLER

Grundlage für den effizienten Dialog mit bestehenden Kunden ist ein gutes Customer-Relationship-Management. Beamtenpensionen, Betriebsrenten, gesetzliche Altersversorgung – mit monatlich 25 Millionen Zahlungsanweisungen leistet der Deutsche Post Renten Service einen IT-technischen Kraftakt. Entsprechend umfangreich sind die Geschäftsprozesse für das Management von Stammdaten, Kontobewegungen und vertriebstypischen Maßnahmen. Hinzu kommen die Abwicklung von Riesterzulagen, die Verwaltung von Steuern und Sozialabgaben und die Anpassungen der Beiträge an tarifliche Veränderungen. Nicht zuletzt müssen die gesetzlichen Bestimmungen berücksichtigt werden.

Access-Kundendatenbank wurde abgelöst

Für den Vertrieb des Renten Service der Deutschen Post ist ein neues IT-Zeitalter angebrochen. Die Vertriebs- und Kundendatenbank auf Basis von Access war historisch gewachsen und konnte mit den steigenden Bedürfnissen schlichtweg nicht mehr mithalten. Die Ablösung einer gleichsam unstrukturierten wie leistungsschwachen Systemumgebung war notwendig.

Zusätzlich hatten zahlreiche getrennte Software-Lösungen sowie Excel-Tabellen auf unzähligen Rechnern im Laufe der Jahre zu einem heterogenen Mix an System- und Dateninseln geführt. Hinzu kamen verschiedenartige Outlook-Anwendungen und nicht zuletzt unübersichtliche Postenlisten. Die Folge: Effiziente und unternehmensübergreifende Geschäftsprozesse, etwa für die unterschiedlichen Vertriebsangelegenheiten des Unternehmens, waren nicht möglich.

Komplette Geschäftsabläufe abbilden

Die Zeit war reif, an ein zukunftsträchtiges Modell auf Basis einer konsolidierten Systemtopologie zu denken. Benutzt wird es von fünfzig Mitarbeitern in Geschäftsführung, Vertrieb, Betrieb, Systementwicklung und Marketing. Ein hoch performantes System für rund 1.300 deutschlandweite Accounts, das die kompletten Geschäftsabläufe abbilden konnte, war ebenfalls notwendig. Ziel des Engagements war es, auch die gesamte Prozesskette vom Interessenten zum Account abzubilden.

Innerhalb einer IT-Umgebung sollten Verkaufschancen, Marketingmaßnahmen, Auswertung sowie die Kundenpflege erfasst werden. Sowohl die Geschäfts-leitung als auch Entwickler, Produktion und Vertrieb sollten von einer ganzheitlichen Lösung profitieren. Diese sollte CRM-System, Informationslösung, Kontaktmanagement und Reporting-Fähigkeiten umfassen. Das Besondere aber war ein Auftragsbuch, in dem sämtliche Aktions- und Kundenverläufe

www.marketing-boerse.de/Experten/details/Claudia-Linsenmeier
www.marketing-boerse.de/Experten/details/Jens-Hein-Winkler

für alle involvierten Mitarbeiter en détail registriert werden konnten. Sämtliche dieser Herausforderungen sollten zudem mit einem knappen Budget realisiert werden und gleichzeitig einen kostengünstigen IT-Betrieb gewährleisten.

Implementierung in Rekordzeit

Die wirklich lange Wunschliste sahen die IT-Strategen bereits kurze Zeit später verwirklicht. Die Deutsche Post Renten Service verfügt nun über eine konsolidierte Systemumgebung mit sämtlichen geschäftskritischen Informationen für Vertrieb, Produktion und Entwicklung.

Die Anwender des CRM-Systems profitieren – ob Geschäftsleitung oder Vertriebsmann. Übersichtliche Dashboards mit aktuellen Statistiken dienen dem Management als Entscheidungshilfen. Die einfache Bedienbarkeit mit umfangreichen Suchmechanismen kommt besonders den Verkäufern zugute. Zufrieden zeigt sich der Renten Service nun auch mit den vielfältigen Optionen des Auftragsbuchs. Das Unternehmen bildet die verschiedenen Entwicklungsstufen des Kunden direkt im System ab. So ist es nun den Vertriebsmitarbeitern möglich, Einfluss auf die Produktion und die Systementwicklung zu nehmen. So lässt sich die für den Renten Service typische Bedarfsermittlung bei Verkaufsangelegenheiten komplett innerhalb des CRM-Systems abgleichen. Ein weiterer Vorteil: Keine Up-Front-Investitionen sind in Technologie nötig.

Geringere Kosten

Außerdem wurde weniger ausgegeben als veranschlagt. Auch die Implementierung ist mit drei Monaten äußerst schnell erledigt gewesen. Für die Zukunft plant der Deutsche Post Renten Service deshalb bereits die Implementierung einer neuen Funktion. Damit lassen sich Angebote direkt aus den Stammdaten heraus generieren. Hinzu kommen erweiterte Workflow-Regeln und die Einbindung von Reaktionszeiten für Key-Accounts, Betriebsabläufe und produktionstypische Prozesse.

NITRO SNOWBOARDS FÄHRT AB AUF QUALITÄTSADRESSEN

MARTIN PHILIPP

Wie wichtig die Qualität der Kundendatenbank für ein effizientes Dialogmarketing ist, hat Thomas Federkiel schon früh erkannt. Der ehemalige Marketingstudent schrieb seine Diplomarbeit über Nitro Snowboards. Dabei besuchte er das Unternehmen an seinem deutschen Standort im bayerischen Hofolding. Dort, in einem alten Bauernhaus, stand der komplette Eingang voll mit Nitro-Katalogen, allesamt Rückläufer. Das Bild ging ihm nicht mehr aus dem Kopf. Später gründete Federkiel seine eigene Marketingagentur. Nun schlug er Nitro vor, alle bisherigen Kundendaten in eine leistungsstarke Datenbank zu überführen. Auf dieser Grundlage könne man das gesamte Dialogmarketing ausbauen.

Datenbanken integrieren, reinigen und aufbauen

Basis für die Optimierung des Adressmanagements sollte eine technische Lösung sein, die bestehende Kundendaten sauber abbildet und neue qualifizierte Adressen integriert. Die Software sollte die Adressgenerierung unterstützen, Sicherheit durch Back-ups bieten und über ausreichend Flexibilität verfügen. Nur mit korrekten und vollständigen Adressen kann effizient und kostensparend mit Kunden kommuniziert werden. Federkiel überzeugte Nitro Snowboards, künftig mit einer webbasierten E-Mail-Marketing-Technologie zu arbeiten. Zehntausende statisch gesammelter Adressen und Profile wurden in einem ersten Schritt in einer Master-Datenbank zusammengefasst. Diese bildete auch statistische Kenngrößen wie Alter, Schuhgröße, Hobbys und Medienkonsum ab. Das bedeutete zunächst eine Schrumpfung der bestehenden Adressen, da Karteileichen und Dubletten entfernt wurden. Im zweiten Schritt ging Nitro planmäßig an die Generierung neuer, qualifizierter Adressen durch Registrierungsformulare. Darüber werden neue Daten vollautomatisch in die Datenbank integriert.

Kampagnensteuerung über alle Medien

Mit Hilfe der eingesetzten Software lassen sich jedoch nicht nur Datenbanken und Formulare verwalten. Der gesamte Kreislauf einer Dialogmarketing-Kampagne kann über die neue Technologie abgewickelt werden. Dieser reicht von der Adress-generierung über die Informationsgestaltung, den Versand von Katalogen, E-Mails, Newslettern oder RSS bis hin zur Feedbackanalyse. An der IT-Umgebung des Kunden muss nichts verändert werden. Eine zentrale Artikelverwaltung garantiert die crossmediale Steuerung aller Aktionen. Jeder Text, jedes Bild muss nur ein Mal über ein so genanntes CMS-Template eingestellt werden und kann für verschiedene digitale Medien verwendet werden.

www.marketing-boerse.de/Experten/details/Martin-Philipp

Junge Zielgruppe mit häufig wechselnder Adresse

Die Kernzielgruppe von Nitro Snowboards ist jung und männlich. Etwa achtzig Prozent der Kunden sind Jugendliche zwischen 14 und 22 Jahren. Eine Zielgruppe, die dynamisch ist, markenaffin und deren E-Mail-Adresse eine kurze Halbwertszeit hat. Dank der neuen E-Mail-Marketing-Technologie kann der Datenbestand ohne viel Aufwand stets auf dem neuesten Stand gehalten werden. Seit Einführung der neuen Technik hat Nitro auch den Community-Gedanken weiter ausgebaut. So wurde beispielsweise das „Riders Profile" ins Leben gerufen. Über ein Formular geben die Snowboard-Rider nicht nur ihre E-Mail-Adresse, sondern weitere Daten an. Im Gegenzug bekommen die Kunden regelmäßig brandaktuelle Insider-Informationen. Für die Community gibt es zusätzlich zum Produkt-Newsletter den News-Flash. Dieser informiert über wichtige Snowboard-Events oder Ergebnisse der Nitro-Testfahrer. Kooperationen mit Skigebieten, Snowparks und Internetportalen binden so die Snowboarder an die Marke Nitro. Wie passgenau die Angebote sind, zeigt nicht nur das Tracking und Reporting der eingesetzten Technik. Jüngst war ein Wochenend-Trip, der über den News-Flash kommuniziert wurde, innerhalb einer Woche restlos ausgebucht.

Kommunikation one to one

Heute gehört Nitro Snowboards in punkto Image und Verkauf zu den drei Top-Marken der szenigen Schneebretter in Deutschland. Trotz der jungen und wenig beständigen Zielgruppe gewinnt Nitro pro Jahr rund zehn Prozent qualifizierte Adressen hinzu. Mit der neuen Technologie kann Nitro seine Kunden mit den Themen versorgen, die sie auch interessieren. Aus Tausenden von Adressen wurden aussagekräftige Kundenprofile. Das gesamte Dialogmarketing online und offline ist nun besser planbar. Gleichzeitig spart das System Zeit und Geld. Wie erfolgreich eine veredelte Kundendatenbank ist, sieht Federkiel jedes Mal, wenn er nach Hofolding kommt. Im Eingang des alten Bauernhauses stapeln sich längst keine zurückkommenden Kataloge mehr.

Unternehmen mit großen Kundendatenbanken sind auf aktuelle Adress-datenbestände angewiesen. Ein Thema, das alle Branchen beschäftigt, besonders aber den Handel. Wer als Modehändler erfolgreich sein will, darf nicht allein auf neue Trends und angesagte Styles setzen. Wirkungsvolles Marketing und effektive Kundenbindung sind genauso ein Muss. Daher hat die Adler Modemärkte GmbH eine durchdachte Werbestrategie entwickelt, in der gezielte Mailings eine wichtige Rolle spielen. Und damit diese Direktwerbung auch im richtigen Briefkasten landet, aktualisiert das Unternehmen seine Kundenadressen regelmäßig über spezielle Adressdatenbanken.

Die Adler Modemärkte gehören zu den großen Textil-Einzelhändlern in Deutsch-land. Das 1948 gegründete Unternehmen verfügt heute über 125 Filialen in Deutschland, Österreich und Luxemburg. Es beschäftigt mehr als 3.900 Mitarbeiter und erwirtschaftet einen Umsatz von über 650 Millionen Euro auf einem hart umkämpften Markt. Je stärker der Wettbewerb, desto mehr ist der Handel darauf angewiesen, seine Kunden direkt und korrekt anzusprechen. Daher verschickt Adler rund fünfzehn Millionen Werbebriefe pro Jahr, um Kontakt zu den Stammkunden zu halten.

Damit Mailings beim Kunden ankommen

Der Dialog gelingt jedoch nur, wenn die Mailings auch beim Adressaten ankommen. Ansonsten waren die Ausgaben für Briefpapier, Druck, Kuvertierung und Porto vergeblich. Außerdem belastet der Aufwand für die Recherche der neuen Adresse sowie der erneute Versand das Budget zusätzlich. Darüber hinaus fühlen sich viele Kunden vernachlässigt, da beispielsweise Mailings mit Vorteilsangeboten bei ihnen nicht angekommen sind. Adler betreibt bereits seit vielen Jahren eine kontinuierliche Adresspflege und Adressbereinigung. Dies spart Ärger, Zeit- und Imageverlust und minimiert Zusatzkosten durch Retouren.

Das Unternehmen hat dazu einen Abonnementvertrag mit seinem Adressdienstleister abgeschlossen, über den die Kundenadressen inhouse aktualisiert werden. Diese Lösung ist ideal für Unternehmen, die über sehr große Adressbestände verfügen oder die ihre Daten nicht außer Haus geben wollen.

Kleiner Aufwand, große Wirkung

Die Einführung des Systems hat reibungslos geklappt und nur wenige Tage gedauert. Es waren keine großen technischen Voraussetzungen notwendig. Einige Mitarbeiter wurden speziell für die neuen Anwendungen geschult. So bereitet die Handhabung heute keine Probleme. Wöchentlich werden die neuen Umzugsadressen ins Haus geliefert, Adler gleicht seinen Datenbestand dagegen ab und die Treffer gehen in den eigenen Adressbestand ein. Für die wöchentliche Aktualisierung benötigen die Mitarbeiter heute kaum Zeit.

Viele Merkmale qualifizieren gute Adressen

Damit sich das Adressmanagement über einen externen Dienstleister rechnet, ist das Preis-Leistungsverhältnis der gelieferten Adressinformationen ausschlaggebend. Wie umfassend ist das gelieferte Datenmaterial? Wie aktuell sind die Adressen? Stammen sie aus sicheren Quellen? Sind die Daten auf Zustellbarkeit geprüft? Wird ihre Herkunft transparent gemacht? Und haben die Adressaten der Weitergabe ihrer Daten zugestimmt? Diese Fragen sollten sorgfältig geprüft werden, wenn es um die Entscheidung für den richtigen Anbieter geht.

Direktwerbung optimiert

Adler erhält Zugriff auf jährlich über fünf Millionen Umzugsadressen. Beim Abgleich dieser Informationen mit dem eigenen Datenbestand ergaben sich beispielsweise im Jahr 2006 mehr als 100.000 Treffer. All diese Adressen wurden automatisch aktualisiert. Das bedeutet im Klartext: Weniger Retouren, weniger Streuverluste und keine Kosten für Vorausverfügungen. Durch die systematische Adresspflege wird die Direktwerbung optimiert, die Kosten dafür reduziert und die Aktualität erhöht.

Die Betreiber von E-Commerce-Plattformen konnten in den letzten Jahren ein rasantes Wachstum verzeichnen, das sich auch in den nächsten Jahren kaum verlangsamen wird. Zahlreiche Unternehmen investieren in den Ausbau ihrer Online-Shops. Der Kampf um die Aufmerksamkeit und Loyalität von Kunden nimmt weiter zu. Da für die Gewinnung von Neukunden im Internet teils hohe Kosten entstehen, ist eine starke Kundenbindung ein Schlüsselfaktor für erfolgreichen elektronischen Handel. Dabei kommt dem Dialogkanal E-Mail naturgemäß eine besonders wichtige Rolle zu. Die nachfolgenden Beispiele zeigen bewährte E-Mail-Strategien im E-Commerce.

Detailhandel: Verkaufsförderung mit Single-Topic-Mailings

Im B-to-C-Geschäft erzielen „Single-Topic-Mailings" oft bessere Ergebnisse als reguläre Newsletter. Bei dieser Form enthält die E-Mail nur ein einziges Angebot. Dieses ist jedoch hochgradig auf die Interessen des einzelnen Empfängers beziehungsweise der entsprechenden Zielgruppe zugeschnitten. Der Versandhändler Manor setzt beispielsweise auf sofort verständliche, emotional kommunizierte Inhalte. Diese werden mit weiteren Anreizen wie zeitlich begrenzten Angeboten oder Vorzugspreisen kombiniert.

Tourismus: Personalisierte Gutscheine

Häufig findet ein großer Teil der Interaktion zwischen Kunde und Unternehmen online statt. Der Umsatz jedoch erfolgt offline in den Verkaufsstellen. Um Newsletter-Adressaten schnell auf die Piste zu locken, wurde für die Skiregion Laax ein spezieller Couponing-Ansatz entwickelt.

Ein personalisiertes PDF wird als Attachment mitgeschickt. Den darin enthaltenen Gutschein kann der Empfänger ausdrucken und bei den teilnehmenden Verkaufsstellen in Laax einlösen. Mit dieser Lösung wurde ein effizientes Vertriebsinstrument bereitgestellt, mit dem die Newsletter-Empfänger kurzfristig und gezielt aktiviert werden können.

www.marketing-boerse.de/Experten/details/Manfred-Bacher

Großhandel: Folgekäufe auslösen dank Bonusprogrammen

Mit Bonusprogrammen wird jede Bestellung belohnt, indem der Besteller neben den Waren Bonuspunkte erhält. Diese können für weitere Einkäufe ähnlich einer zweiten Währung eingesetzt werden. Dadurch wird für die Kunden ein Anreiz geschaffen, bei demselben Shop-Betreiber erneut einzukaufen. Dieser Anreiz kann aber nur dann wirken, wenn dem Käufer die Vorteile bewusst sind: dem Kunden muss also sein individueller Kontostand und die zugehörigen Prämien kommuniziert werden. Coca-Cola Beverages hat dies realisiert und erzielt mit der Integration von personalisierten Informationen in Bestellbestätigungen und Newslettern gute Ergebnisse.

Merchandising: Systematische Optimierung mit Webanalyse

Versierte E-Mail-Marketer kennen die Präferenzen ihrer Kunden vom Öffnen der E-Mail über den Kauf im Online Shop bis hin zum Lesen der Bestätigungsmail. Diese Kenntnisse erlauben eine systematische Optimierung der Kampagnen, da die Auswirkung auf den Verkaufserfolg gemessen werden kann. Jede Variation der Anrede, des Angebots, der Bilder oder der Texte kann analysiert werden.

Die Transparenz erlaubt gezielte Optimierungen, wovon beispielsweise Ovomaltine profitiert. Jeder Link in der E-Mail enthält dabei Informationen zur Kampagne und Zielgruppe. Diese werden von der Webanalyse-Lösung ausgewertet. Auf Basis der Berichte kann Ovomaltine die E-Mails, Landingpages und Shop-Platzierungen gezielt verbessern.

Versandhandel: Umsatz steigern durch Empfehlungen

„Kunden, die dieses Buch gekauft haben, kauften auch ...". Jeder kennt die hilfreichen Produktempfehlungen bei Amazon und Co. Hierfür werden Empfehlungssysteme für das Up- und Cross-Selling in die Bestellprozesse integriert. Solche Systeme ermitteln aus dem Warenkorb und dem Käuferprofil vollautomatisch Kaufempfehlungen.

Die Methoden können auf das E-Mail-Marketing übertragen werden, indem Kunden hochrelevante Angebote per E-Mail zugestellt werden. Seit kurzem setzt Quelle ein derartiges System ein und profitiert von den Empfehlungen in Newslettern und Bestellbestätigungsmails.

„Der richtige Ton macht die Musik" ist eine alte Weisheit, die sich bei der richtigen Ansprache per E-Mail bewahrheitet. Gerade bei Neukunden trägt der erste Kontakt meist wesentlich zum Erfolg bei. Nur wer es versteht, potenzielle Interessenten mit der richtigen Botschaft zu erreichen und laufend auf die Bedürfnisse der Empfänger einzugehen, ist erfolgreich. E-Mail-Marketing hat das größte Optimierungspotenzial aller Dialogmedien. Durch gezieltes Erfassen, Sammeln und Auswerten des Nutzer- und Bedarfsverhaltens kann das Ergebnis schnell mehr als verdoppelt werden.

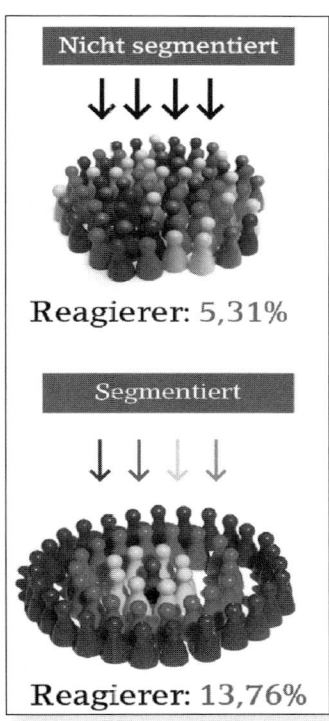

Nicht segmentiert

Reagierer: 5,31%

Segmentiert

Reagierer: 13,76%

Erfolg beruht auf Nachhaltigkeit

Selbstredend werden E-Mail-Empfänger niemals ohne ausdrückliches Einverständnis angeschrieben. Das gilt für B2C wie auch für B2B. Neue Abonnenten in einem E-Mail-Verteiler werden oftmals unmittelbar nach der Eintragung in den Verteiler mit Hardselling-Aktionen bedient. Das führt oft zu Reaktanz.

Besser sollte man sie vorher kontinuierlich und sanft an die Marke, Produkte oder Dienstleistungen gewöhnen. Ansonsten folgt die Abstrafung durch Ignoranz und geringe Öffnungsquoten bei den anschließenden Mailings. Vertrauen wird aufgebaut, indem neue Nutzer von E-Mail-Newslettern langsam an die Besonderheiten des Angebotes vom Versender herangeführt werden.

Schon nach wenigen Nachrichten kommen sich Anbieter und Nutzer wesentlich näher. Die folgenden Kampagnen können entsprechend besser auf die Bedürfnisse der Empfängergruppen abgestimmt werden.

Erfolgreiche Werbung bedarf einer gewissen Nachhaltigkeit und kommt nur selten von sporadischen Einzelaktionen. Sicher sorgt eine optimierte Betreffzeile für gute Öffnungsquoten. Für den nachhaltigen Erfolg ist jedoch entscheidend, dass auch der Inhalt der E-Mail-Nachricht relevant ist.

www.marketing-boerse.de/Experten/details/Mark-Graninger

Interesse im richtigen Moment erkennen

Sobald ein potenzieller Nutzer seinen Bedarf bekundet hat, wird er über immer wiederkehrende E-Mails in einen Kaufprozess geleitet. Eine ausgeklügelte Software nimmt dabei wertvolle Arbeit ab und unterstützt die Marketingaktivitäten durch die Auswertung der Ergebnisse vorangegangener Aktionen. Dadurch können Trends und Interessen rasch erkannt werden und beim Erstellen neuer Mailings helfen.

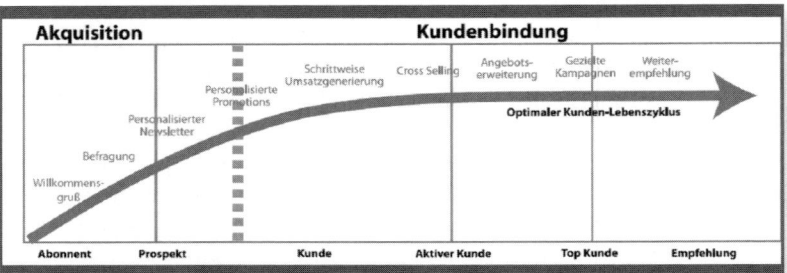

Im Mittelpunkt steht der Interessent

Durch den eigenen Verteiler wird laufend ein sehr kostengünstiger Dialog mit den Interessenten geführt. Die Abonnenten erhalten immer die neuesten Informationen, die auf ihre Bedürfnisse abgestimmt sind. Der Anfang des Endes für Einheitswerbemittel ist eingeläutet und die Segmentierung und Individualisierung hält Einzug in das digitale Marketing.

Kosten für den Aufbau eines eigenen E-Mail-Verteilers

Es gibt zahlreiche Online-Marketing-Dienstleister, welche sich auf die Gewinnung neuer und aktueller Leads für Newsletter spezialisiert haben. Der Preis pro neuem Kontakt für den Verteiler liegt dabei unter dem einer herkömmlichen Briefmarke. Je größer ein E-Mail-Verteiler ist, desto leichter rechnet sich eine Segmentierung und die Erstellung unterschiedlicher Werbemittel für die Zielgruppen.

AUTOMOBIL-NEWSLETTER AUF DEM PRÜFSTAND

THOMAS HEICKMANN

Wer es heute am cleversten versteht, seine Produktvorzüge an die passende Zielgruppe zu bringen, macht das Rennen bei potenziellen Käufern. Dabei gilt es, den richtigen Informations- und Emotionsmix individuell zu kommunizieren. Deshalb haben sich gerade E-Mail-Newsletter als Kommunikationsinstrument quer durch alle Branchen etabliert. Sie können personalisiert und günstig in großen Stückzahlen verschickt werden. Doch einfache Produktion und Verbreitung sollten Marketingverantwortliche nicht dazu verleiten, E-Mail-Aktionen zu wenig Aufmerksamkeit zu schenken. Dass beim elektronischen Werbebrief in Teilen noch vieles besser gemacht werden kann, zeigt auch das Ergebnis der hier vorgestellten Benchmark-Studie. Gemeinsam mit den Marktforschern von Psyma Research+Consulting wurden ausgewählte Newsletter verglichen.

Mehr Aktualität bei Inhalten gewünscht

In der Benchmark-Studie wurde untersucht, wie dreizehn der am meisten gelesenen Automobil-Newsletter bei den Befragten ankommen. Mehr als zehntausend Teilnehmer wurden zu Abonnement, Gestaltung, Aktualität, Relevanz sowie Umfang und Erscheinungsweise befragt. 5.785 davon gaben an, mindestens einen der vorgegebenen Newsletter zu abonnieren. Die Gestaltung wurde durchweg als gut beurteilt. Auch die Tatsache, dass nur eine einfache und schnelle Newsletter-Registrierung zu einer hohen Anmelderate führt, haben Online-Werbetreibende mittlerweile gelernt. Das bestätigen auch achtzig Prozent der befragten Abonnenten von Automobil-Newslettern. Auch mit Umfang und Versandintervall sind die Befragten zufrieden.

Optimierungsbedarf gibt es nach Angaben der Abonnenten jedoch bei den Inhalten. Laut Studie beschäftigt sich bei zwölf der dreizehn getesteten Newsletter weniger als die Hälfte der Abonnenten intensiver mit dem Newsletter. Die Werte pendeln sich bei unbefriedigenden 35 bis 45 Prozent ein. Das bestätigen auch die Resultate der Benchmark-Studien zu Newsletter im Versandhandel und Touristik. Und die Gründe liegen auf der Hand: Gut die Hälfte aller Abonnenten möchte mit deutlich interessanteren Angeboten beliefert werden. Eine ansprechende Gestaltung allein reicht nicht aus, um die Lust zum Lesen anzuregen.

Was tun, um beim Abonnenten-TÜV nicht durchzufallen

Mit einem einheitlichen Newsletter trifft man selten den individuellen Geschmack. Was dem einen zu viel ist, ist dem anderen zu wenig. Dabei geben Daten und Technologie längst her, was Direktmarketer für individualisierte und priorisierte Angebote brauchen. Die erhobenen Daten aus der Anmeldung helfen bereits, den Abonnenten besser einzuschätzen. Zusätzlich kann man sich einen professionellen Daten- und Adress-Dienstleister an die Seite holen. Diese Variante hat den Charme, auf externe Zusatzinfos zugreifen zu können, um damit die eigenen Datenbestände anzureichern. Auch die Reaktionen der User auf bereits versandte Newsletter sollte genau analysiert werden. Die daraus gewonnenen Erkenntnisse helfen, Kampagnen zielgruppengerechter und damit effizienter abzuwickeln.

Mit Inhalten, die auf das jeweilige Nutzerprofil abgestimmt sind, erreicht der Absender nicht nur seinen Posteingang, sondern den Empfänger selbst. Denn aufmerksam gelesen wird, worauf man wartet, was sich von der allgemeinen Informationsflut abhebt. Es sollte relevant und aktuell sein und den Nerv der Zeit und das individuelle Interesse treffen. Um dann noch aus dem Leser einen Käufer zu machen, bedarf es häufig nur eines Extras. So wirken beispielsweise ein Treuerabatt bei langjährigen Abonnenten oder ein Einstiegsangebot bei Neukunden Wunder bei der Kaufgunst.

All das beweist: Um die Wünsche der Adressaten zu treffen, müssen Newsletter nach Zielgruppen-Segmenten differenziert werden. Schließlich ist nicht jeder Abonnent an jeder Leistung oder jedem Produkt interessiert. Die Umsetzung ist dann reine Geschmackssache. Einerseits können mehrere zielgruppenspezifische Newsletter verschickt werden. Ebenso kann auch ein variabel programmierbarer Newsletter verschickt werden. Dabei werden unterschiedliche Varianten passend nach Empfänger mit den individuellen Angeboten versendet. Online-Marketer, die all das berücksichtigen, haben zufriedene Abonnenten – und das ist die beste Voraussetzung, Neukunden zu gewinnen.

Die MTU Friedrichshafen GmbH zählt zu den weltweit führenden Herstellern von schnelllaufenden Dieselmotoren und kompletten Antriebssystemen. Zur Unterstützung der globalen Vertriebsstruktur setzt die MTU auf die Vorteile des vertriebswirksamen Einsatzes des E-Mail-Marketings. Zu Beginn sind weltweit pro Monat ein mehrseitiger PDF-Newsletter an Vertriebspartner und autorisierte Händler versendet worden. Der redaktionelle Erstellungsprozess war sehr aufwändig. Ziel war es, messbare Erfolgsfaktoren zu finden.

Kundenkommunikation auswerten

Diese Aufgabenstellung wurde im Marketing des internationalen Motorenherstellers umgesetzt. Im Wechselspiel zwischen internem Projektteam und Online-Agentur wurden die Anforderungen für die Verbesserung des Kundendialogs erarbeitet. Vergleichbar mit der Entwicklung von neuen Antriebsformen und -techniken für Fahrzeuge, galt es eine neue effiziente und moderne Antriebsform und -technik in der Kundenkommunikation für MTU Friedrichshafen aufzubauen.

Herausforderungen und Zielwerte

In allen Phasen des Vertriebsprozesses, angefangen bei der Bedarfsermittlung, der Konzeption, der Verhandlung bis zum Verkaufsabschluss sind zunehmend mehr Personen involviert. Darüber hinaus beansprucht die Kundengewinnung zunehmend längere Zeiträume. Für das Marketing bedeutet dies, alle Personen, die in den Vertriebsprozess eingebunden sind, mit relevanten Unternehmens-, Produkt- und Marktinformationen zu versorgen und zu unterstützen. Die Informationsgenerierung und -bereitstellung muss sich durch Kontinuität und durch optimales Timing in der Zustellung auszeichnen.

Verstärkt durch die Größenordnung des Unternehmens, die Komplexität des Produktportfolios und die vernetzten Beziehungsstrukturen im Absatzmarkt ist im E-Mail-Newsletter ein klares und verbindliches Informationsraster gefordert. Aus diesem Grunde ist in der inhaltlichen Konzeption ein nachhaltiges Rubrikenprofil entwickelt worden, mit dem Fokus auf Übersichtlichkeit und Wiedererkennung für die Zielgruppen.

Visualisierung sichert den ersten Eindruck

Damit die Empfänger beim Öffnen des E-Mail-Newsletters in ihren E-Mail-Clients die Wertigkeit der Informationen erkennen, verbindet das Design des MTU-Newsletters die Corporate-Identity der Marke MTU mit der visuellen Umsetzung der inhaltlichen Konzeption und mit den spezifischen Gestaltungsgrundsätzen für E-Mail-Newsletter. Im Rahmen des Corporate-Design und des Web-Styleguide

www.marketing-boerse.de/Experten/details/Markus-Eberle

vermittelt das Screendesign eine werthaltige und moderne Kundenansprache. Die innovative Wirkung unterstützt besonders die Informationsqualität.

Individualisierung – die Voraussetzung für Relevanz

Die Content-Qualität wird durch den zentralen Marketingbereich koordiniert, der die regionalen Informationen aus den drei globalen Vertriebszentren Friedrichshafen, Singapur und Detroit zusammenführt. In enger Abstimmung mit dem dezentralen Vertrieb werden die relevanten Inhalte für das Rubrikenprofil erstellt. Die individuelle Ansprache orientiert sich an dem Zielgruppen-Splitting aus den drei regionalen Vertriebszentren. Die Relevanz wird erzielt, indem die Empfänger entsprechend ihrer Region die lokalen Marktinformationen und unter Berücksichtigung der verschiedenen Zeitzonen zeitnah zugestellt werden.

E-Mail-Marketing mit Stand-alone-Informationen

Neben einem Informationsportal für die Vertriebspartner wird dem E-Mail-Newsletter die Aufgabe zuteil, neue und zeitkritische Inhalte kurz und prägnant zu kommunizieren. Zu weiterführenden Informationen führen Verlinkungen auf speziell erstellte Landing-Pages, die in der Aufmachung dem E-Mail- Newsletter entsprechen.

Messung und die Auswertung sind das Herzstück

Zur Ermittlung der Erfolgsfaktoren stellen Messung und Auswertung der Klick-Aktivitäten das Herzstück in der Kommunikationsleistung dar. Die Marketers gewinnen neue Erkenntnisse über die Interessen und Bedürfnisse der Adressaten. Mit Unterstützung der Expertisen aus der Online-Agentur wird ein dynamisches E-Mail-Marketing angewendet, das zum einen inhaltliche Anpassungen ermöglicht und zum anderen eine Chance für Innovation bietet. Das Marketing-Controlling kann durch die vorhandene Messbarkeit von Aufwand und Nutzen optimal planen und budgetieren.

E-Mail-Marketing bringt mehr PS in den Kundendialog

Zur Intensivierung der Kundenkommunikation wird das E-Mail-Marketing durch das Einladungsmanagement von MTU, zur weltweiten Planung von Messen und Events, ausgeweitet. Hier wird die Stärke des professionellen E-Mail-Marketings zur Erhöhung des Responses mit personalisierten Landing-Pages und mit der Generierung von verhaltensgesteuerten E-Mail-Abfolgen ausgenutzt. Die angereicherten Response-Daten werden aus dem eingesetzten E-Mail-Marketing-System für das zentrale Datenhaltungssystem SAP CRM bereitgestellt.

Die buch.de internetstores AG ist einer der führenden Internet-Buch- und Medien-händler im deutschsprachigen Raum. Das Unternehmen ist auf den Onlineverkauf von Büchern, Musik, Filmen und Software spezialisiert und bietet außerdem Büro- und Elektronikartikel an. Aktuell betreibt das Unternehmen achtzehn Web-Shops in Deutschland, Österreich und der Schweiz.

2007 entschied sich das Unternehmen, seine Kommunikation mit Bestandskunden und Interessenten weiter zu professionalisieren. buch.de wollte den Workflow und die Benutzerfreundlichkeit bei der Erstellung von Mailings effektiver gestalten. Zudem sollte die Anbindung an das eigene Warenwirtschaftssystem optimiert und eine möglichst hohe Zustellungsrate erreicht werden. Die Entscheidung fiel zugunsten einer Auslagerung der E-Mail-Marketing-Technik an einen externen Dienstleister.

Content-Schnittstelle übergibt Inhalte an den Newsletter

Das neue E-Mail-System wurde in das von buch.de eingesetzte Warenwirt-schaftssystem und in die verschiedenen Onlineshops integriert. Die Content-Erstellung für die Mailings wurde dadurch denkbar einfach: Durch die Eingabe eines kurzen Artikelcodes importieren die Newsletter-Redakteure die gesamten Produktinformationen. Diese gelangen aus dem jeweiligen E-Shop- beziehungsweise ERP-System direkt in die E-Mail. Artikelname, Beschreibung, Bild, Preis und URL werden automatisch übernommen.

Manuelle Nachbearbeitung bequem und ohne HTML-Kenntnisse

Zusätzlich können die Mitarbeiter manuelle Anpassungen vornehmen. Sie können Artikelinformationen manuell verändern oder neue Bilder in die Benutzeroberfläche hochladen. Die komplette Erstellung der Mailing-Inhalte erfolgt in einem WYSIWYG-Editor. Ähnlich wie in einem Textverarbeitungsprogramm wird das Mailing während der Bearbeitung so angezeigt, wie es später auch beim Empfänger ankommt. HTML-Kenntnisse sind nicht erforderlich. Vor jedem Newsletter-Versand werden alle Artikelbeschreibungen und Preise automatisch geprüft und gegebenen-falls automatisch aktualisiert.

Einheitliches Newsletter-Design

Auf Basis der jeweiligen Corporate Designs wurden die verschiedenen Newsletter-Vorlagen einmalig eingerichtet. Dadurch ist sichergestellt, dass ausschließlich richtig formatierte Newsletter versendet werden. Die design-konformen Inhaltsvorlagen können nur von speziell berechtigten Nutzern angepasst werden.

www.marketing-boerse.de/Experten/details/Ulf-Richter

Erfolgreicher durch Split-Testing

Als eine weitere Besonderheit profitiert das Unternehmen von dem Vorab-Versand der Newsletter an kleinere Teilmengen, dem so genannten Split-Testing. Hierbei werden zu Vergleichszwecken unterschiedliche Versionen des Hauptmailings an beliebig ausgewählte Empfängergruppen vorab versendet. Dadurch lassen sich zentrale Kennzahlen wie Öffnungs- oder Klickraten vor dem eigentlichen Versand erheben. Bereits kleinere Anpassungen in der Betreffzeile, im Text oder bei Artikelabbildungen führen häufig zu deutlichen Unterschieden in der Performance. Nach dem Testversand wird die erfolgreichste Version manuell oder automatisiert an alle verbleibenden Empfänger versendet.

Sicherstellung hoher Zustellungsraten durch Spamcheck

Ein umfassender Zustellungs- und Spamcheck bietet buch.de eine außerordentlich hohe Garantie, dass die Mailings die Empfänger auch erreichen. Bereits vor dem Versand können die Redakteure die Zustellung bei den relevanten Providern und Freemailern prüfen. Getestet wird, ob die Newsletter in den Posteingang gelangen oder in einem Spamfilter hängen bleiben würden.

Bei absehbaren Zustellungsproblemen erhalten die Redakteure bereits vor dem Versand eindeutige Hinweise und Tipps, welche Anpassungen notwendig sind. Meist müssen lediglich Kleinigkeiten verändert werden. Vielleicht wurde im Newsletter ein indiziertes Wort verwendet oder eine der vielen Regeln gängiger Filtersoftware nicht beachtet.

SICK AG SETZT AUF INTERNATIONALE E-MAIL-PLATTFORM
CHRISTINE SCHILLING

Die SICK AG ist der weltweit führende Hersteller von Sensoren und Sensorlösungen für industrielle Anwendungen. Den Vorteil von personalisierten E-Mailings hat das Unternehmen schon vor Jahren für sich erkannt. Doch der hohe Planungs- und Umsetzungsaufwand auf internationaler Ebene stellte Effizienz und Nutzen der gesamten E-Mail-Marketing-Aktivitäten in Frage. Im Rahmen einer internationalen Professionalisierungsstrategie sollte eine einheitliche, userfreundliche und länderübergreifende E-Mail-Marketing-Plattform eingesetzt werden.

Die Anforderungen an die E-Mail-Marketing-Lösung waren hoch

Das System sollte viele Anforderungen des Konzernalltags erfüllen. So waren die Wiederverwendung von Vorlagen und Inhalten und ein einheitliches Corporate Design mit länderspezifischen Individualisierungsmöglichkeiten gefordert. Von großer Bedeutung zeigten sich ebenfalls die Multisprachfähigkeit, Tracking und Reporting sowie eine einheitliche Schnittstelle zum CRM – nicht zu vergessen, die Bedürfnisse der Redakteure. Die Herausforderung lag also in der maximalen Standardisierung des E-Mail-Marketing-Systems unter gleichzeitiger Berücksichtigung nationaler Marktgegebenheiten.

Vom Konzept zum Pilotprojekt

Die weltweiten Tochtergesellschaften hatten teilweise externe Agenturen oder eigene Tools für ihr nationales E-Mail-Marketing im Einsatz. Zwei Faktoren, die in der Detailkonzeption und Entscheidungsphase der E-Mail-Marketing-Software berücksichtigt wurden. Die zu entwickelnde Plattform musste einfach zu bedienen sein. Gleichzeitig sollte sie den Redakteur durch Profi-Funktionen bei der Datenverwaltung, multisprachfähigen Mailingerstellung sowie dem schnellen Versand überzeugen. Niemand wollte Einschnitte gegenüber den bisherigen Lösungen akzeptieren.

So lag die Entwicklung eines Pilotprojekts nahe, welches das Testen der ausgewählten E-Mail-Marketing-Software für die Tochtergesellschaft Schweiz exemplarisch umfasste. Dieser Schritt zeigte sich als wegweisend für den weiteren Projekterfolg. Der Test bot bereits die Möglichkeit, mehrsprachige Newsletter zu erstellen und den damit verbundenen Workflow durchzuspielen. Sämtliche Erfahrungen dieser Testphase flossen sukzessive in den Ausbau zu einer internationalen E-Mail-Marketing-Plattform ein. Schon bald folgte der Roll-out in weitere sieben Gesellschaften. So wurde das Risiko von Fehlern oder Ablehnung der Plattform durch vereinzelte Länder gesenkt.

Der internationale Einsatz im Konzernalltag

Zum Einsatz kam eine auf ASP (Application Service Providing) basierende E-Mail-Marketing-Plattform. So kann der SICK Konzern mit den zwölf teilnehmenden Tochtergesellschaften weltweit effizientes und einheitliches E-Mail-Marketing betreiben. Dazu steht Redakteuren ein Content-Management-System (CMS) zur Verfügung. Mit diesem können in kürzester Zeit E-Mailings mit fest definierten Designvorlagen versandfertig erstellt und verschickt werden. Der große Funktionsumfang bietet ein hervorragendes Reporting und sinnvolles Rückläufermanagement sowie umfangreiche Personalisierungsmöglichkeiten. Designvorlagen für die Darstellung der E-Mailings sind in Lotus Notes optimiert. Mittlerweile nicht nur ein wichtiger Aspekt für Konzerne, die auch in den USA tätig sind, sondern insbesondere im B2B-Umfeld.

Interessenten zu Kunden machen

Alle E-Mail-Marketing-Aktivitäten der SICK AG zielen darauf ab, das Vertrauensverhältnis der Kunden systematisch auf- und auszubauen. So werden immer mehr Informationen durch Klickreaktionen gewonnen. Mit der geplanten Anbindung an die weltweiten CRM-Systeme von SICK können Kundendaten noch einfacher statistisch ausgewertet und konzernübergreifend genutzt werden. Ziel der Vernetzung von E-Mail-Marketing-Plattform und CRM-System ist die Umwandlung von Interessenten des SICK Newsletter-Abonnements in Kunden. Und zwar zuerst in C-, dann in B- und im Idealfall sogar in A-Kunden.

Tochtergesellschaften mit kleineren Budgets profitieren

Betrachtet man die „Total Cost of Ownership" wird schnell klar, dass sich die Investitionen zur Umsetzung der Professionalisierungsstrategie gelohnt haben. Denn der internationale Einsatz der E-Mail-Marketing-Plattform ermöglicht auch Tochtergesellschaften mit kleineren Budgets professionelles E-Mail-Marketing.

Samsung Mobile betreibt unter www.samsungmobile.de ein Mobilfunkportal für Mobiltelefon-Kunden. Neben Produktinformationen werden registrierten Mitgliedern im „Samsung Fun Club" exklusive Features und Services rund um Samsung-Handys angeboten. Wichtigstes Kommunikationsinstrument des Portals ist der Samsung-Newsletter, welcher monatlich an über 650.000 Empfänger verschickt wird. Dieser enthält Informationen zu neuen Produkten, Gewinnspielen, Events und Services.

Bei steigender Anzahl der Abonnenten wurden jedoch sinkende Reaktionen auf den Newsletter verzeichnet. Daher formulierte Samsung zur Steigerung der Kundenzufriedenheit folgende Ziele:

1. Steigerung der Klickrate im Newsletter
2. Steigerung der Unique Visits

Relevante Inhalte durch Individualisierung

Es wurde nun das Konzept entwickelt, den Newsletter den Interessen des einzelnen Empfängers anzupassen. Dem Empfänger werden dementsprechend nur Inhalte angezeigt, die für ihn relevant sind. Die Relevanz wird aus seinem Klickverhalten in früheren Newslettern abgeleitet. Dieses sogenannte Click-Profiling ermöglicht es, die Aufmerksamkeit des Empfängers zu erhöhen und so seine Klickbereitschaft zu steigern.

Der Empfänger profiliert sich durch sein Klickverhalten

Voraussetzung für eine Individualisierung des Newsletters ist die Profilierung des bestehenden Datenbestandes. Zu diesem Zweck werden Klickverhalten und Klickreaktion der Newsletter-Empfänger anonymisiert gemessen. Die angeklickten Themen werden dem Interessenprofil des Users zugeordnet. Um so öfter ein Link, der einem bestimmten Thema zugeordnet ist, angeklickt wird, desto größer wird das Interesse des Users an dem Thema eingestuft.

Dieses Click-Profiling wird permanent durchgeführt, so dass die Userprofile zunehmend detaillierter werden. Für Neu-Abonnenten gibt es zusätzlich die Möglichkeit einer Profilierung im Registrierungsprozess. Unabdingbar für das Click-Profiling ist, dass der Newsletter-Empfänger in den Unternehmens-AGBs der Erhebung und Nutzung dieser Verhaltensdaten zustimmt.

Newsletter-Tool individualisiert während des Versandes

Das Konzept sah die Entwicklung eines Tools vor, das eine einfache und automatische Individualisierung des Newsletters abgestimmt auf die Interessen des Empfängers ermöglicht. Je nach User-Profil wird der Newsletter während des Versands individuell in Echtzeit zusammengestellt. Besonders relevante Themen werden im Newsletter oben platziert, weniger relevante Themen werden weiter unten angeordnet oder komplett ausgeblendet. Die Relevanz wird durch eine Verknüpfung jedes einzelnen Themen-Blocks mit dem jeweiligen User-Profil ermittelt.

So wird lediglich ein einziger Newsletter mit x unterschiedlichen Varianten verschickt. Es ist daher nicht notwendig, unzählige Einzelkampagnen in der Versandplattform einzurichten; die Individualisierung erfolgt automatisiert. Ausnahmen können nach Wunsch definiert werden. Die Position eines Themen-blocks kann so festgelegt werden, dass er immer ganz oben platziert ist.

Relevanz wirkt: erhebliche Steigerung der Klickrate

Durch die Newsletter-Individualisierung konnte die Klickrate im Vergleich zu den Durchschnittswerten der Vormonate erheblich gesteigert werden. Die Click-Through-Rate (Umwandlungsrate von Öffnern in Klicker) liegt bei den individualisierten Newslettern im hohen zweistelligen Bereich.

Für die Individualisierung des Newsletters fielen lediglich Kosten in Höhe von sieben Prozent des Gesamtbudgets (Jahresversand-Budget) an. Diese Kosten sind konstant, auch bei steigender Versandmenge. Die geringen Kosten für die Individualisierung in Verbindung mit der signifikanten Steigerung der Klickraten brachten in punkto Kosteneffizienz einen weiteren Vorteil.

Durch die Ansprache mit individualisierten Informationen wird eine effektivere Kommunikation erzielt. Die Kundenerwartung: Klickratensteigerung und mehr Unique-Visits wurden durch den Einsatz professioneller Newsletter-Versand-technologie bei weitem übertroffen. In Zeiten von Spam und überfüllten Mailboxen erhält der Empfänger nur noch die Inhalte, die ihn tatsächlich interessieren.

IKEA Dänemark stand vor der Aufgabe, mit einem kleinen Marketing-Budget kurzfristig den Umsatz zu steigern. Bis zu diesem Zeitpunkt war der jährlich erscheinende IKEA Print-Katalog das wichtigste Marketing-Instrument. Das schnell wechselnde Sortiment sowie Aktionen und Events stellten jedoch neue Anforderungen an die Schnelligkeit und Flexibilität des Marketings.

Das Ziel: Hohe Effizienz im Budgeteinsatz und bei der Produktion

Eine kurzfristige Umsatzsteigerung bei einem effizienten Budgeteinsatz war die Maxime. Zum Projektstart war der Weg dorthin unklar. Erste Priorität hatte allerdings die Zielgruppe der 170.000 Mitglieder des IKEA Family Programms. Aufgrund des begrenzten Personals im Marketing brauchte IKEA eine effiziente Plattform für den Produktionsprozess. Da nur 35-40 Prozent der Produkte im jährlichen Katalog vorgestellt werden können, entsteht eine Kommunikationslücke von mehreren tausend Produkten jedes Jahr.

Relevanz und Erfolg durch monatliche Selbstsegmentierung

Da über achtzig Prozent der Dänen schon Internet-Zugang haben, schlug die Kopenhagener 1:1 Agentur Talefod IKEA ein personalisiertes Newsletter-Konzept vor. Es baut auf der Selbstsegmentierung der Mitglieder des IKEA Family Clubs auf.

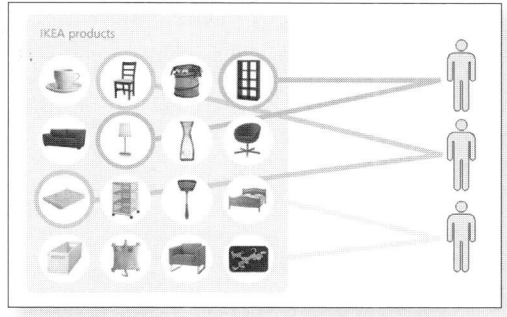

Abgestimmt auf die Verfügbarkeit im Lieblingsmöbelhaus

Das System konnte binnen sechs Wochen realisiert werden. Die IKEA Clubmitglieder können aus zwanzig Produktkategorien, Verkaufsaktionen, Family-Angeboten und Family-Events wählen. Der Newsletter-Inhalt ist auf die Verfügbarkeit im Lieblingsmöbelhaus des Kunden abgestimmt. Der Themen-Mix kann von den Lesern monatlich direkt im Newsletter durch Klickboxen aktualisiert werden. Der monatliche Newsletter kann in bis zu 25 Millionen Variationen produziert werden. Eine Individualisierung in dieser Komplexität kann man nur mit einem automatisierten Produktionsworkflow und einem leistungsfähigen E-Mail-System managen. Die Kombination aus Dynamic Messaging mit dem E-Mail-System und der Produktionsplattform vereinfachte die Produktion und Individualisierung. Die

www.marketing-boerse.de/Experten/details/Swen-Krups

Komplettlösung senkte die gesamte Produktionszeit des Newsletters auf rund zehn Stunden. Die webbasierte Komplettlösung setzt auf einfache Open Source Technologien wie Typo 3, Linux, PHP und MySQL und die offene API des E-Mail-Systems.

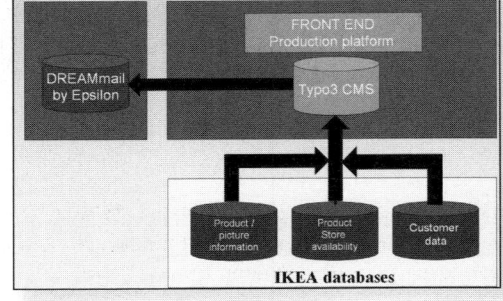

Relevante Botschaften verkaufen. Jeder Kunde ist anders.

IKEA Dänemark feierte schon zwei Wochen nach dem Erstversand des Newsletters zweistellige Verkaufszuwächse. Die Zahlen sind beeindruckend:

+ 42 Prozent mehr Besuche am Point of Sale

+ 75 Prozent höhere Öffnungsrate (56 Prozent IKEA Öffnungsrate)

+ 18 Prozent Verkaufssteigerung bei den Empfängern des Newsletters.

Zwischen zehn und fünfzehn Prozent der Leser ändern ihr Profil jeden Monat. Nur zwölf Prozent der Kunden haben identische Profile. Eine individuelle und relevante Kundenkommunikation brachte den wirtschaftlichen Erfolg.

Nach Dänemark auch Spanien und Portugal

Aufgrund des Erfolgs in Dänemark nutzen jetzt auch IKEA Spanien und IKEA Portugal die gleiche Lösung. Weitere Länder sind im Gespräch. Als nächster Schritt ist eine Erweiterung des Systems um eine Personalisierung auf Basis von verhaltensbasierten Daten geplant.

Die Herausforderung im E-Mail-Marketing besteht heute darin, sich in der Fülle der E-Mails abzugrenzen. Der wichtigste Aspekt dabei: Dem E-Mail-Empfänger zur richtigen Zeit die richtigen Inhalte zu schicken. Service-E-Mails, wie zum Beispiel Bestellbestätigungen oder Status-E-Mails bieten diese Möglichkeit. Der Kunde erhält genau dann ein Angebot, wenn er eine Nachricht erwartet.

Für werbungtreibende Unternehmen schlummert hier ein immenses Potential: Derzeit gibt es 22,3 Millionen Onlinekäufer. Geht man von zwei Bestellungen im Jahr mit jeweils zwei bis drei E-Mails aus, sind das 111 Millionen Mails. Gemäß einer Studie von eMarketer ist die Wahrscheinlichkeit, dass Bestätigungs- oder Rechnungs-E-Mails geöffnet werden, extrem hoch. Sechs von zehn Konsumenten begrüßen sogar Angebote in Rechnungen. Die Werbebotschaft wird demnach positiv wahrgenommen. Einige Unternehmen, darunter eine große deutsche Fluggesellschaft, nutzen Service-E-Mails bereits als zusätzlichen Vertriebskanal. So werden Bestätigungs-E-Mails für gebuchte Flüge mit Angeboten für das entsprechende Reiseziel versehen.

E-Mail-Marketing geht neue Wege

Heute sind Unternehmen, die standardisierte Mails wie Online-Rechnungen als gezieltes Werbemittel einsetzen, die Ausnahme. Die Gründe hierfür liegen in der relativ aufwendigen Integration. Allein die Erstellung und Automatisierung von transaktionsbasierten Nachrichten ist ein komplexes Unterfangen. Das setzt eine leistungsfähige E-Mail-Datenbank und Versandtechnologie voraus. Eine noch größere Herausforderung liegt in der Verkettung von Transaktions- und passenden Promotions-Inhalten zu so genannten „Transpromotional Mails".

Transpromotional Mails: keine Angst vorm Rechtsanwalt

Laut Datenschutzrecht rechtfertigt das bestehende Vertragsverhältnis zwischen Unternehmen und Kunden Werbeschaltungen in transaktionsbasierten Mails. Es gilt jedoch zu beachten, dass nicht die Werbung im Vordergrund steht, sondern die transaktionsbasierten Inhalte und die beworbenen Angebote artverwandt mit den gekauften sind. Sind diese Voraussetzungen erfüllt, sind keinerlei rechtliche Probleme zu befürchten und der Kunde wird diese im besten Fall als zusätzlichen Service wertschätzen. Das A und O ist, wie in kommerziellen Mailings auch, das richtige Wording in der Betreffzeile. Es empfiehlt sich, den Namen des Unternehmens zu integrieren, so dass der Käufer die Mail sofort zuordnen kann.

Ist die erste Hürde überwunden und die Mail geöffnet, entscheiden sechs Sekunden darüber, ob die Mail gelesen oder wieder geschlossen wird. Das Layout spielt dabei eine entscheidende Rolle. Um Brandingelemente gemäß des CDs umzusetzen, eignen sich HTML-programmierte Mails besser als reine Textmails. Außerdem erlaubt die HTML-Programmierung ein größeres Spektrum an gestalterischen Möglichkeiten. Die visuelle Darstellung von Angeboten darf nicht unterschätzt werden: B-to-C-Mailings mit Bildintegrationen erreichen eine durchschnittliche CTR von 7,1 Prozent, während Textmailings im Durchschnitt lediglich eine CTR von 4,7 Prozent erzielen.

Mit ganzheitlich integrierten Prozessen punkten

Neben den gestalterischen Aspekten und der inhaltlichen Abstimmung kommt es auf den Zeitpunkt an. E-Mails sollen den Käufer dann erreichen, wenn sein Interesse an der Firma und am Produkt am größten ist. Transaktionsbasierte Mails dürfen maximal ein paar Minuten nach Kaufabschluss beim Käufer eintreffen. Und auch ein Blick über den Tellerrand hinaus lohnt sich: Eine vollkommene Kundenzufriedenheit kann nur dann erreicht werden, wenn neben einem ausgefeilten transaktionsbezogenen E-Mail-Marketing die Logistikkette eine kundengerechte Lieferabwicklung garantiert.

Neben der Einbindung von Cross- und Upselling-Inhalten gibt es zahlreiche Möglichkeiten, wie zum Beispiel den Versand von interaktiven Mails mit Betriebsanleitung per PDF und eingebundenen Vorführ-Videos, das Kundenverhältnis nachhaltig zu stärken. Und die Prognosen von Jupiter sind positiv: das Umsatzpotential von transaktionsbezogenen E-Mails mit eingebauten Cross- und Upselling-Elementen wird auf jährlich 500.000 US-Dollar für ein Unternehmen geschätzt.

AMAXA AG SETZT AUF TRIGGER-E-MAIL-KREISLÄUFE
BRITTA QUEDA

Auch komplexe, erklärungsbedürftige Produkte lassen sich mit elektronischen Medien vorstellen und vertreiben. Dies beweist die Amaxa AG mit ihrem neuesten CRM-Trigger-E-Mail-Marketing-Projekt. Amaxa ist eines der führenden europäischen Unternehmen zur Herstellung und Vermarktung von nicht-viralen Gentransfer-Produkten für die akademische und industrielle Forschung.

Bestehende Kunden informieren, neue in den Kreislauf holen

Nachdem bereits lange und kostenintensiv mit den klassischen Print-Medien gearbeitet wurde, möchte Amaxa verstärkt auch das Internet einsetzen. Speziell soll auch E-Mail-Marketing als Kommunikations- und Vertriebsweg eingesetzt werden. Dies geschah anfänglich noch mit einzelnen Stand-Alone-Kampagnen. Inzwischen gipfelt es in einem ausgereiften Trigger-E-Mail-Kreislauf. Dieser umfasst nicht nur die eigene CRM-Database, sondern auch Schnittstellen für die Anbindung an Suchmaschinen, Werbeanzeigen und andere Neukundenquellen.

Gelungener Mix aus Landingpages und Trigger-E-Mails

E-Mail-Kreisläufe kombiniert mit Anforderungsmöglichkeiten in Form von Landingpages garantieren eine höchstmögliche Individualisierung der Informationen. Gestartet wird der Kreislauf in Form einer Invitation-E-Mail. Diese ist die einzige, die außer der Personalisierung inhaltlich für alle Empfänger gleich ist. Sie wird etwa einmal pro Quartal angestoßen und bildet den Startschuss für die Vermarktung neuer Produkte. Auf einer ersten Landingpage kann der Empfänger seinen Informationsbedarf genauer spezifizieren. Externe potentielle Neukunden können über Links direkt zu dieser Seite gelangen und somit „quereinsteigen". Für diese wird zusätzlich ein Opt-In für alle weiteren E-Mails des Kreislaufes abgefragt. Sollte nach fünf Tagen noch kein Eintrag in die Landingpage 1 erfolgt sein, startet ein Reminder. Nach weiteren drei Tagen startet auf diesen hin nochmals ein zweiter Reminder für Empfänger, die zwar die Landingpage 1 besucht haben, aber keinen Eintrag hinterließen.

Nicht-Reagierer fließen zurück in den Ausgangstopf.

Reagierer erhalten gemäß ihrer Anforderung eine erste Trigger-E-Mail, die sie mit den Informationen des für sie interessanten Zelltyps versorgt. Der Besuch einer zweiten Landingpage wird angeboten, auf der eine weiterführende Demo mit hochqualifizierten Beratern angefordert werden kann. Bleibt diese Anforderung nach Erhalt der ersten Informationen aus, startet nach weiteren drei Tagen eine zweite Trigger-E-Mail mit nochmaligem Hinweis. Empfänger, die keine Demo-Anforderung gestartet haben, fließen ebenfalls zurück in den Ausgangstopf. Die persönliche Betreuung durch das Verkaufspersonal ist das Kernziel des Kreislaufes. Kunden, die bis zu diesem Schritt gelangt sind, verlassen das System.

Ein- und Ausstieg jederzeit möglich

Der E-Mail-Kreislauf kann bei Erhalt jeder einzelnen E-Mail per Abmeldung verlassen werden. Neueinsteiger werden gezielt über den Sinn und Zweck der E-Mailings aufgeklärt und nach ihrer Einwilligung (Opt-In) gefragt.

Präzisierung der Kundenprofile

Durch die unterschiedlichen Möglichkeiten der Informationsanforderung lernt das Unternehmen den Bedarf des Kunden besser einzugrenzen. Auch kann es zielorientierter reagieren. Allein die erste Trigger-E-Mail besteht aus vier unterschiedlichen Bausteinen, die beliebig kombiniert werden können.

Auswirkungen des Trigger-E-Mail-Kreislaufes

➤ Etablierung eines regelmäßigen Kontaktes zu den eigenen Kunden.

➤ Einsparung von Kosten im Vergleich zu Printmedien.

➤ Erfolgsgrößen sind leichter messbar als im Printbereich.

➤ Variable Contentbausteine erlauben schnelles Update bei neuen Produkten.

➤ Schnittstellen nach außen ermöglichen die Einbindung neuer Interessenten.

➤ Der Anwender bestimmt sein Interesse und verfeinert selbst sein Profil.

➤ Detaillierte Auswertungen ermöglichen durchgängige Optimierbarkeit.

Steigerung der Konversion

Es wurden 2,9 Prozent Konversion im Bereich der Informationsanforderung und 0,2 Prozent Konversion im Bereich persönlich betreuter Demos erreicht. Das Unternehmen ist sehr zufrieden mit dem bisherigen Verlauf, besonders angesichts der Komplexität des Produktes und der Zusammensetzung der Empfänger (Ärzte, Wissenschaftler, Forscher).

Wer sein Dialogmarketing nur von Hand steuert, kann kaum auf Einzelschicksale eingehen. Wer es automatisiert, läuft Gefahr, seine Kunden zu überfluten. Die Sparda-Banken haben mit ihrer Kollisionsmatrix einen smarten Kompromiss gefunden.

Für Dialogmarketing-Maßnahmen gibt es drei mögliche Auslöser:

➤ Kampagnen, die die Marketingleitung für ausgewählte Zielgruppen veranlasst.

➤ Vertragsabschlüsse, die mit passenden Zusatzangeboten sinnvoll ergänzt werden können (zum Beispiel: Baufinanzierung mit Gebäudeversicherung).

➤ kurzfristige Ereignisse beim Kunden, etwa die Fälligkeit einer Geldanlage.

Alle drei münden in unterschiedlich langen Betreuungsketten. Jeder Kunde wird durch intelligente Wiedervorlagen und geschickte Reaktion auf seine Einzelentscheidungen individuell begleitet. Am Ende steht entweder der erfolgreiche Produktabschluss oder eine Absage.

Richtig + richtig = falsch

Leider können die unterschiedlichen Auslöser nicht miteinander koordiniert werden. So besteht die Gefahr, dass aus unterschiedlichen Gründen abgeschickte Botschaften zwar gleichzeitig eintreffen, aber inhaltlich nicht zusammenpassen. Im schlimmsten Fall empfiehlt die Bank, Geld anzulegen und bietet gleichzeitig einen Kredit an. Dabei hat sie eigentlich nichts falsch gemacht – nur den eigenen Marketingplan korrekt umgesetzt und zugleich auf die Bedürfnisse des Kunden reagiert!

Die Matrix greift regulierend ein

Durch die Automatisierung der Abläufe darf kein Schaden entstehen. Dafür sorgt hier ein datenbankbasiertes System. Es stellt sicher, dass sich die unterschiedlichen Ansprachen nicht erst beim Kunden treffen, sondern schon vorher: in der Kollisionsmatrix. Dort ist hinterlegt, welchen zeitlichen Mindestabstand Ansprachen zu allen denkbaren Themenkombinationen einhalten müssen. Liegen die Botschaften zu nah beieinander, wird die weniger wichtige auf einen späteren Zeitpunkt verschoben oder auch ganz storniert. „Muss-Botschaften" werden an der Kollisionsmatrix vorbeigeleitet und kommen immer an.

Auszug aus einer bei-
spielhaften Kollisions-
matrix. Das Thema der
letzten Ansprache
bestimmt die Zeile, das
Thema der geplanten
Ansprache die Spalte.
Am Schnittpunkt steht
die Sperrfrist in Tagen.

	Konto-nutzung	Geld-anlage	Vorsorge	Bauen
Konto-nutzung	30	30	30	30
Geld-anlage	30	60	60	60
Vorsorge	30	60	60	60
Bauen	30	60	60	60

Kollisionsmatrix – reloaded

Bisher arbeitet die Kollisionsmatrix vergangenheitsorientiert. Sie beantwortet die Frage „hindert mich die Historie der letzten x Tage daran, heute etwas an den Kunden zu senden?" Künftig wird die Kollisionsmatrix auch vorausschauend arbeiten. Dann wird auch gefragt „kommt in den nächsten x Tagen etwas wichtigeres als die heutige Botschaft?". Das funktioniert natürlich nur für die vorausgeplanten Kampagnen und nicht für unvorhersehbare Ereignisse beim Kunden selbst.

Dennoch trägt es dazu bei, die Erfolgsquote der Kampagnen noch weiter zu optimieren. Außerdem können dann auch „was wäre wenn"-Szenarien durchgespielt werden, um vorab zu prüfen, ob das Zusammenspiel der Selektionskriterien in parallel laufenden Kampagnen passt. Beim vergangenheitsbezogenen Kampagnenmanagement war diese Funktionalität noch obsolet, da die Verhältnisse zum Zeitpunkt der Auswertung ohnehin nicht mehr zu ändern waren.

Die datenbankgesteuerte Marketing-Automation wird in dieser Form bei den Sparda-Banken seit fünf Jahren eingesetzt und seitdem kontinuierlich verbessert.

Bei kaum einer anderen Unternehmensfunktion sind Erfolg und Wirkung der eingesetzten Mittel so schwer messbar wie beim Marketing. Geomarketing kann im Marketing helfen, Budget optimal einzusetzen und Erfolge sichtbar zu machen.

Anzeigen, Prospektmaterial, Messen oder Mailings kosten viel Geld. Der Marketingleiter steht also unter permanentem Druck, den finanziellen Aufwand zu rechtfertigen. Eine Zeitungsbeilage oder ein Mailing führt in aller Regel zu einer messbar erhöhten Response. Doch es bleibt die Frage, ob diese Response hoch genug war und ob nicht mit denselben Mitteln noch mehr Kunden hätten erreicht werden können.

Geomarketing unterstützt Zielgruppenlokalisierung

Geomarketing-Software ist ein hocheffizientes Werkzeug für ein zielgenaues Marketing. Sie unterstützt das Marketing auf allen Ebenen, sowohl bei der strategischen Vorbereitung einer Kampagne als auch bei der Responsemessung. Und nicht zuletzt ist sie auch ideales Kommunikationsmedium innerhalb des Unternehmens zwischen Geschäftsführung, Vertrieb und Marketing.

Die Grundgesamtheit aller potenziellen Kunden berechnen

Wie das genau ablaufen könnte, zeigt folgendes Beispiel: Ein großes Möbelhaus in Westfalen möchte seinen Bekanntheitsgrad in der Region durch Zeitungsanzeigen oder Postwurfsendungen erhöhen. Durch Kassenbefragungen ist bekannt, dass Kunden maximal eine Autostunde für die Anfahrt in Kauf nehmen. Daraus ergibt sich die scheinbar triviale Frage, wie viele Haushalte es insgesamt in einem 60-Minuten-Einzugsgebiet gibt, wie groß also die maximal erreichbare Zielgruppe ist. Diese Frage lässt sich ohne ein Geomarketing-System nicht beantworten, mit aber sehr leicht.

Mit wenigen Mausklicks erzeugt man beispielsweise Fahrtzeitzonen. Für diese Zonen lassen sich ganz einfach Einwohnerzahlen, Haushalte und nach demselben Prinzip viele weitere Daten zusammenfassen. Erst anhand dieser Zahl als „Grundgesamtheit" sind realistische Annahmen über die eigene Zielgruppe, Wachstumspotenzial oder das Budget für die geplante Aktion möglich. Dabei erschöpft sich der Nutzen nicht nur in den reinen Zahlen. Die gewonnenen Erkenntnisse lassen sich auch anschaulich in digitalen Landkarten darstellen. Zusammen mit der Geschäftsführung und anderen Beteiligten können besonders geeignete Regionen mit einem überdurchschnittlich hohen Zielgruppenanteil identifiziert werden.

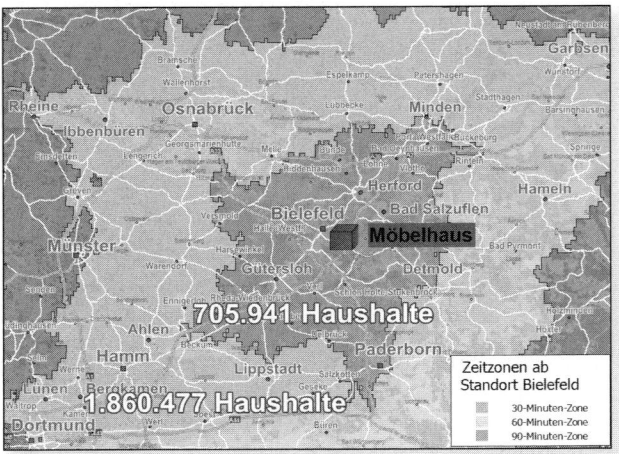

Aha-Effekt statt bloßem Bauchgefühl

Für die Marketingleitung des erwähnten Möbelhauses heißt das:

➤ Die Abschätzung einer konkreten Zahl gibt Planungssicherheit, macht auf noch nicht ausgeschöpfte Potenziale aufmerksam und korrigiert aber auch unrealistische Vorstellungen.

➤ Gemeinsam können Chancen und Risiken wie beispielsweise die Wettbewerberstandorte visualisiert werden. Erst so wird einsichtig, warum aus einigen Bereichen wenige Kunden kommen, während man sich in anderen in einer führenden Position sieht.

➤ Schließlich leiten sich daraus messbare Handlungsoptionen ab: Da jeder Marketingetat begrenzt ist, ist eine Konzentration auf einzelne Regionen sinnvoll. Wenn mit dem gleichen Aufwand die Responsequote von einem auf anderthalb Prozent steigt, bedeutet dies, dass der Erfolg eines Euros an Marketingbudget um 50 Prozent gesteigert wurde.

Kurzum: Mit demselben Marketingbudget können durch gezieltes Geomarketing mehr Kunden gewonnen werden.

Hans-Peter Anzinger studierte an der Johannes Kepler Universität und an der Wirtschaftsuniversität in Wien. Er wurde 1999 von Dr. Faramarz Ettehadieh (Imperial Finanzgruppe) zur Umsetzung eines online-basierenden Loyalitätsprogramms – für die 4-Sterne-Hotelkette Cordial AG – in den Immobilien- und Finanzdienstleistungskonzern nach Linz/Österreich geholt. Seit Gründung der points24.com ist er dort Geschäftsführer.

Manfred Bacher ist Business Unit Leiter des Bereichs E-Marketing bei Unic, einem Schweizer Internetdienstleister. In den letzten Jahren widmete er sich insbesondere komplexen Projekten im Bereich Online-Marketing mit den Schwerpunkten E-Mail-Marketing, eCRM und Web Analytics.

Klaus Beha ist seit 2004 Geschäftsführer der walter services Commerce GmbH. Schon zu Beginn seiner beruflichen Laufbahn hat er sich auf Handel und Versandhandel spezialisiert: Beim Otto Versand arbeitete er sich vom Kundenbetreuer zum Leiter Verkauf hoch. 1999 wechselte er als Division Manager zu walter services Commerce in Ettlingen. 2001 wurde er Bereichsleiter Vertrieb.

Elke Benevento ist Werbeleiterin der GTC TeleCommunication GmbH, die in Deutschland zu den führenden Kommunikationsdienstleistern rund um Massenfax-, E-Mail- und SMS-Rundsendungen zählt. Bereits seit 1999 im Unternehmen ist sie zuständig für alle Aufgaben der Werbeplanung und -umsetzung.

Sebrus Berchtenbreiter verfügt über langjährige Erfahrungen als PR- und Marketingleiter im Online-Buchhandel. Er ist als Geschäftsführer von promio.net für die Bereiche Marketing/Vertrieb und Presse verantwortlich. Im Deutschen Dialogmarketing Verband leitet er den Council Digitaler Dialog.

Robert K. Bidmon ist freiberuflicher Trainer und Berater sowie Studienleiter Dialogmarketing und Direktmarketing an der Bayerischen Akademie für Marketing & Werbung mit dem Arbeitsschwerpunkt „Dialogmarketing-Psychologie in Wissenschaft und Praxis". Seit über fünfzehn Jahren lehrt er an den Universitäten München, Rostock und Gießen. Er leitet das Drittmittelprojekt „Deutsche Forschungszentren für Direktmarketing".

Georg Blum ist Geschäftsführer der Unternehmensberatung CommunDia GmbH. Er ist seit über drei Jahren Vorsitzender des Councils CRM sowie Vorstandsmitglied im Deutschen Dialogmarketing Verband. Vor Gründung der CommunDia war Blum 14 Jahre in führenden Positionen bei Yves Rocher, WEKA Media und dem Kaufhaus Breuninger.

Dieter Brändli ist geschäftsführender Gesellschafter der von ihm 1987 gegründeten dbu Unternehmensberatung GmbH in Karlsruhe sowie der in 1991 gestarteten IM Marketing-Forum GmbH in Ettlingen. Er ist Herausgeber der Fachzeitschrift Direkt Marketing und Gründer der Mailingtage in Nürnberg. Vor seiner Selbständigkeit war er Geschäftsführer eines namhaften Versandhauses.

Michael Brückner arbeitet als freier Text- und Kommunikationsberater in Ingelheim bei Mainz und in Lindau (Bodensee). Er ist unter anderem auf Werbebriefe und Ghostwriting spezialisiert. Vor seiner Selbständigkeit war Brückner zehn Jahre Redakteur einer großen deutschen Tageszeitung und Chefredakteur eines europäischen Wirtschaftsmagazins. Später arbeitete er als Cheftexter einer führenden Non-Profit-Organisation. Von ihm stammt der in 4. Auflage erschienene Ratgeber „Werbebriefe leicht gemacht".

Jürgen Bruns war bis 2005 Professor für BWL insbesondere Marketing und Statistik an der Hochschule Niederrhein in Mönchengladbach. Vorher war er 25 Jahre bei den Unternehmen Henkel in Düsseldorf, Thyssen Edelstahl in Krefeld und Prym in Stolberg tätig. In den letzten zehn Jahren vor seinem Wechsel an die Hochschule war er Marketing- und Exportleiter. Er ist heute im Rahmen der MBA Ausbildung für Brüsseler Organisationen und als Vertriebsberater tätig.

Dr. Detlef Burow studierte Soziologie und promovierte an der Universität Göttingen. Danach war er Assistent an der Sozial- und Wirtschaftswissenschaftlichen Fakultät an der Universität Innsbruck und Senior Consultant M&A, Schwerpunkt Full Marketingmix-Modelle, bei ACNielsen. Seit 2004 ist er bei der Deutschen Post AG Abteilungsleiter Media Consulting, Strategische Kommunikationsberatung.

Prof. Dr. H. Dieter Dahlhoff hat seit 2006 den Lehrstuhl Kommunikations- und Medienmanagement im Fachbereich Wirtschaftswissenschaften an der Universität Kassel inne. Er ist im DMCC-Dialog Marketing Competence Center aktiv und vertritt dort die Aspekte des Marketingmanagements, insbesondere der Automobil- und Finanzindustrie. Er erhielt sechs Effies, die Goldmedaille des ADC und wurde als „Marketing-Mann des Jahres" ausgezeichnet.

Dr. Heinz Dallmer war mehr als 36 Jahre in Führungsfunktionen beim Bertelsmann Konzern tätig, zuletzt als Geschäftsführer der arvato direct services und CEO des Unternehmensbereichs DataWorld. Er ist Gründer des DMK (Deutscher Direct Marketing Kreis). 2000 Berufung in die Hall of Fame des DDV (Deutscher Direktmarketing Verband). Dr. Dallmer ist Autor und Herausgeber mehrerer Fachbücher. An der Universität der Künste in Berlin hat er eine Gastprofessur im Bereich Gesellschafts- und Wirtschaftskommunikation inne.

Jan Dirk Dallmer startete seine berufliche Laufbahn nach dem Studium (Wirtschaftsingenieurwesen) an der Universität Karlsruhe als Unternehmensberater bei Simon-Kucher und Partners in Bonn. Nach zwei Jahren wechselte Dallmer als Vorstandsassistent zur Allianz Versicherung. Er war an der Gründung der Direktversicherung Allianz 24 beteiligt und verantwortete den Bereich Marketing und Vertrieb. Zurzeit arbeitet er im Bereich der strategischen Konzernentwicklung der R+V Versicherung.

Christian Dankl verantwortet bei Sony DADC das europaweite Business Development von Marketing Solutions. Zuvor studierte er Betriebswirtschaft in Salzburg und spezialisierte sich auf „Media Management" an der Universität Oxford, UK. Seinen beruflichen Werdegang startete er als Leiter der Online-Abteilung eines ERP-Software-Unternehmens und gründete später eine Werbeagentur in München mit Spezialisierung auf Permission-Marketing.

Dr. Martin Dodenhoeft war nach Abschluss seines Pädagogikstudium an der Hochschule der Bundeswehr in Hamburg 1980 drei Jahre im Stab eines Bataillons tätig. 1983 absolvierte er ein Französischstudium an der Université de Paris Sorbonne. Von 1984 bis 1988 war er als Wissenschaftliche Hilfskraft an der Professur für Bildungspolitik, Universität der Bundeswehr Hamburg, Fachbereich Pädagogik tätig. Seit 1988 wirkt er als Mitarbeiter des Volksbundes Deutsche Kriegsgräberfürsorge e.V. und ist dort Leiter der Abteilung Werbung.

Manfred Dorfer studierte an der Hochschule für Welthandel in Wien. Nach seinem Einstieg in die Industrie arbeitete er zunächst in klassischen Werbeagenturen. 1984 wechselte er ins Dialogmarketing und baute 1988 eine Direkmarketing-Unit auf, aus der 1994 die Dorfer Dialog GmbH hervorging. Er wurde mit 55 nationalen und internationalen Marketing Preisen in Gold, Silber und Bronze ausgezeichnet. Dorfer ist Juror und Dozent an der DDA. Seit 2006 leitet er ein Event- und Seminarcenter in Brasilien, die Dialodge.

Markus Eberle verfügt über eine 15-jährige Erfahrung im Marketing und Vertrieb. Nachdem der Diplom-Betriebswirt (BA) elf Jahre im Medienbereich für den Markenartikler Ravensburger tätig war, setzt er seit 2001 seine Expertise im Online-Marketing ein. In der Agentur Columbus Interactive sorgt er, mit dem Blick auf die Marktpositionierung der Kunden, beratend und konzeptionell für die erfolgreiche Projektrealisierung.

Heinz Fischer startete 1951 in Berlin als Unternehmer in Marketing und Werbung. Er war Inhaber der Scholz OHG Berlin und Springe, Mitgründer PAN-Adress Direktmarketing Planegg/München (heute Consodata) und RMA Direktmarketing, Bad Homburg. Er war 17 Jahre lang Vorsitzender des ADV, jetzt DDV, dessen Ehrenpräsident er heute ist. Außerdem ist er Gründungspräsident der EDMA (European Direct Marketing Association), heute FEDMA (Federation European Direct Marketing).

Hans-Peter Förster gilt als der Experte für Unternehmenssprache. Seit über 25 Jahren ist er frei und unabhängig. Hans-Peter Förster veröffentlichte etliche Bücher, darunter der F.A.Z. Topseller „Texten wie ein Profi". Auch hat er einen Lehrstuhl für Corporate Wording an der ZfU International Business School, Schweiz, inne.

Alexander Gary ist Wissenschaftlicher Mitarbeiter am Lehrstuhl von Prof. Dr. Jörg Link an der Universität Kassel. Seine Forschungsschwerpunkte liegen in den Bereichen Business Intelligence, Datenschutz im Customer Relationship Management, Innovations- und Krankenhauscontrolling. Zudem arbeitet er als Wissenschaftliche Hilfskraft am Lehrstuhl für Environmental and Behavioural Economics von Prof. Dr. Frank Beckenbach im Rahmen des Projekts Ecological Perspectives of Modularisation.

Dr. Mag. Ing. Karl Giesriegl ist gelernter Schriftsetzer und Absolvent der Grafischen Lehr- und Versuchsanstalt in Wien. Er absolvierte sein Studium der Geschichte und Philosophie an der Universität Wien und hält heute Fachvorträge im deutsch- und englischsprachigen Raum. Er ist Verfasser des Buches „Druckwerke und Werbemittel herstellen" und leitet die auf die Verlags- und Multimediabranche fokussierte Agentur Deleatur.

Stefan Gottschling ist ein erfahrener Fachautor, Dialogmarketer und Texter aus Leidenschaft. Der studierte Pädagoge, Germanist und Direktmarketing-Fachwirt (BAW) hat heute über zwanzig Jahre Erfahrung im Dialogmarketing. Er war als Texter und Kreativchef in einem Fachverlag tätig, Geschäftsführer einer Print- und Multimedia-Agentur und gilt als Spezialist für verkaufsstarke Texte und Konzepte. Sein beruflicher Schwerpunkt heute ist die Geschäftsleitung seiner Textakademie GmbH.

Mark Graninger ist Absolvent der Wiener Werbeakademie und beschäftigt sich schon seit 1998 mit Online-Marketing- und Media-Strategien. Durch seine langjährige Erfahrung im Medienbereich und seine Tätigkeit im IAB-Austria beschäftigt er sich mit den Trends der Branche. Seit 2005 leitet er das Wiener Büro von adRom. Weiterhin ist er für die Produktentwicklung der gesamten Gruppe verantwortlich.

Gaby S. Graupner professionalisiert das Telefonverhalten ihrer Kunden. Ihre Firma DIMAT-Services Ltd. bietet seit 2004 alles rund um das Thema „erfolgreich kommunizieren und verkaufen". Als lebendiges Beispiel für professionelles Telefonieren beeindruckt sie gleichermaßen als Trainerin und Referentin. Sie gehört heute zu den Top 100 der „Excellent Speakers" und ist im Vorstand der German Speakers Association (GSA).

Günter Greff arbeitete nach einer Lehre als Groß- und Außenhandelskaufmann acht Jahre im Außendienst bei Olivetti. Danach war er Marketingchef des kanadischen Textcomputerherstellers AES. Als Unternehmer gründete er sieben Firmen, von denen vier inzwischen zu den Marktführern in der Branche gehören. Heute ist er Vorstand der e-Learn AG und hat seit Jahren einen Lehrauftrag an der Technischen Universität Dresden.

Martin Groß-Albenhausen ist seit 1998 Herausgeber und seit 2000 Chefredakteur der Branchenzeitschrift „Der Versandhausberater". 2001 gründete er das Deutsche Versandhandels-Institut und die Deutsche Versandhandels-Akademie und ist Mitbegründer und Partner des „Deutschen Versandhandelskongress". Als Mitglied der Jury der amerikanischen Catalog-Awards, berichtet er zudem häufig im In- und Ausland über die Entwicklung des deutschen Versandhandels.

Nils M. Hachen ist Unitleiter Media & Kommunikation bei denkwerk in Köln. Er ist dort verantwortlich für den Bereich digitales Marketing. Nach dem Studium der Betriebswirtschaftslehre an der Universität der Bundeswehr München spezialisierte er sich an der Akademie für Führung und Kommunikation zum PR-Berater sowie bei der Deutschen Direktmarketing Akademie zum Dipl. Fachwirt Direktmarketing. Zusätzlich hat er das EDP-Programm der Sloan School des MIT, Boston, absolviert.

Wolfgang Hartmann ist seit 2005 Geschäftsführer der GHP Dialog Services GmbH, Bamberg. Nach dem Studium der Wirtschaftswissenschaften und der Ausübung des Offizierberufs wechselte er 1991 zu Bertelsmann. Bis 1997 konzipierte und betrieb er verschiedene ganzheitliche Direktmarketing- und CRM-Systemlösungen, bevor er 1998 zu O2 wechselte und dort den Bereich Customer Care und Operations aufbaute und verantwortete.

Thomas Heickmann (42) hat nach seinem Studium der Betriebswirtschaftlehre umfangreiche Erfahrungen bei führenden Unternehmen aus der Finanzdienstleistungs- und Automobilbranche gesammelt. Als Vertriebsdirektor bei der Schober Information Group beschäftige er sich sechs Jahre lang mit der crossmedialen und direkten Kommunikation mit Kunden. Dieses Know-How überträgt er aktuell auf den Bereich E-Mail- und Mobile-Marketing als Geschäftsführer der Schober eServices GmbH.

Jens Hein-Winkler ist Key-Account-Manager der Deutschen Post AG Renten Service und ist im Vertrieb für die Produkte Renten- und Zulagenverwaltung verantwortlich. Als Betriebswirt mit dem Schwerpunkt Wirtschaftsinformatik hat das Thema CRM-Systeme einen Fokus in seiner Laufbahn bei der Deutschen Post AG bekommen.

Harald Henn blickt auf mehr als zehn Jahre Erfahrung in leitenden Marketing- und Vertriebsfunktionen für amerikanische Unternehmen aus der IT-Branche zurück. Als Marketing-Leiter der Dell Computer GmbH war er für den Markteintritt in Deutschland verantwortlich. Danach als geschäftsführender Gesellschafter der PRISMA Unternehmensberatung mitverantwortlich für den Aufbau zur führenden Call-Center-Beratung in Deutschland.

Thomas Hessler ist Mitbegründer und Sprecher des Vorstandes der Zanox AG. Er verantwortet die Bereiche Marketing und Sales. Thomas Hessler hat in den vergangen Jahren die globale Positionierung und die Expansion in neue Märkte von Zanox maßgeblich vorangetrieben.

Jürgen Hofmann studierte Betriebswirtschaftslehre und Informationswissenschaften an der Freien Universität in Berlin. Nach beruflichen Stationen bei der Landesbank Berlin und dem Internet-Start-Up Primus Online ist er seit neun Jahren in leitenden Positionen bei der Deutschen Post AG beschäftigt. Derzeit verantwortet er die Abteilung „Produktmanagement Direktmarketing adressiert" im Geschäftsbereich Marketing Brief der Zentrale der Deutschen Post AG.

Prof. Dr. Heinrich Holland lehrt an der Fachhochschule Mainz. Er ist Akademieleiter der Deutschen Dialog-marketing Akademie (DDA) und Mitglied zahlreicher Beiräte und Jurys. Holland hat 17 Bücher veröffentlicht, sein Standardwerk „Direktmarketing" ist kürzlich in Russisch erschienen. Im Jahr 2004 wurde er in die Hall of Fame des Direktmarketings aufgenommen. Er hält Vorträge im In- und Ausland und berät namhafte Unternehmen in den Bereichen Direktmarketing, Integrierte Kommunikation, CRM und Marktforschung.

Jürgen Höfling ist seit dem 1. April 2007 CEO DHL Global Mail der Deutschen Post World Net. Sein Studium der Betriebswirtschaftslehre absolvierte er an den Universitäten Würzburg und Albany, N.Y., USA. Nach dem Examen 1989 startete er seine berufliche Laufbahn bei der Werner & Mertz Gruppe und arbeitete dort an den Standorten Mainz und Paris. 1995 wechselte er zur Deutschen Post.

Dr. Christian Holst studierte Soziologie und Politikwissenschaften in Konstanz und Berlin. 1998 promovierte er an der Otto-Friedrich-Universität in Bamberg. Bis 2007 arbeitete er im Marktforschungsinstitut Inra (ab 2002 Ipsos) im Bereich Politik- und Sozialforschung. Dort war er zuletzt Director Public Affairs/Politik- und Sozialforschung. Seit 2007 ist er Leiter im Bereich Dialog-Forschung am Siegfried-Vögele-Institut.

Dr. Christian Huldi ist Geschäftsführer der dr.huldi.management.ch ag, Feldmeilen, Schweiz, Mitglied der Geschäftsleitung der AZ Direct (Schweiz) AG und Vorstandsmitglied des Schweizer Direktmarketingverbandes. Seine Spezialgebiete sind Database-, Direkt- und Guerilla-Marketing sowie Kundenbeziehungs-Management. Neben seiner langjährigen Tätigkeit als CRM-Strategieberater ist er Fachdozent und Referent.

Rudolf Jahns arbeitete nach dem Studium der Wirtschafts-Kommunikation an der Hochschule der Künste Berlin in verschiedenen klassischen Werbeagenturen. Er gründete Heye Direct Response, später Jahns, Rapp Collins. Seit 2003 ist er Vorstand der Agentur Jahns and Friends AG. Zudem ist er als Lehrbeauftragter für Direktmarketing an der Fachhochschule Düsseldorf, der DAMK (Düsseldorfer Akademie für Marketing und Kommunikation) und der dda tätig. Seit 2004 ist er als Vorsitzender des Councils der Dialogmarketing-Agenturen Vorstandsmitglied des DDV.

Gerhard Kirchner gilt im deutschsprachigen Raum als einer der Pioniere des Direktmarketings, des Versand-handels und des Katalogmarketings. Er war viele Jahre Chefredakteur des „Versandhausberaters". Er ist Verfasser mehrerer Bücher (unter anderem des Fachbuchs „Prospekt- und Katalog-Optimierung"), Referent bei nationalen und internationalen Veranstaltungen sowie Mitglied im internationalen Programm-Komitee und achtmaliger Speaker beim Montreux Direct Marketing Symposium. Er ist Gründer des „Versandhaus-Kongress".

Burkhard Köpper (Dipl. Ing. FH) ist Gründungsgesellschafter und Geschäftsführer der 1996 gegründeten jaron.DIRECT GmbH, Agentur für digitales Marketing. Er ist unter anderem Dozent an der DDA, war mehrere Jahre als Berater für die EU in Luxemburg und für die Deutsche Gesellschaft für Technische Zusammenarbeit tätig. Von 12/2003 bis 04/2005 leitete er den Arbeitskreis Performance Marketing des BVDW.

Eva Janina Korzen studierte Betriebswirtschaftslehre an der Universität Hamburg mit den Schwerpunkten Marketing und Industriebetriebslehre. Zuvor schloss sie eine Ausbildung zur Industriekauffrau ab. Seit 6/2005 arbeitet sie als Consultant in einer Hamburger Management- und Strategieberatungsgesellschaft. Seit 12/2007 ist sie zudem als wissenschaftliche Mitarbeiterin am Lehrstuhl Kommunikations- und Medienmanagement im DMCC-Dialog Marketing Competence Center tätig.

Thomas Kramer studierte an der Universität Freiburg Germanistik und Geschichte. Seine Karriere im Dialogmarketing startete er als Texter bei Readers Digest, wechselte dann zu McCann Direct. Weitere Stationen waren Ogilvy & Mather Direct, EuroRSCG Direct, FCB Wilkens Direct. Die zwei letzteren leitete er als Geschäftsführer. In Hamburg gründete er mit DDB die auf Dialogmarketing spezialisierte Kreativ-Agentur Freihafen. Heute unterstützt er als freier Berater unter anderem die Medienagentur KircherBurkhardt im Bereich on- und offline Dialogmarketing.

Carsten Kraus ist der meist veröffentlichte deutsche Autor von Fachbeiträgen zum Thema Adressmanagement/ Datenqualität in Kundenstammdaten. Als Berater unterstützt er seit 1993 deutsche und internationale Großunternehmen rund um alle Fragen der Datenqualität. Als Geschäftsführer der Omikron Data Quality GmbH war er an der Erfindung des FACT®-Ähnlichkeitsverfahrens beteiligt.

Detlef Krause ist Texter und Dialogmarketingexperte. Mit über 20 Jahren Texterfahrung, unter anderem gewonnen in internationalen Werbeagenturen, zieht er dabei für seine Auftraggeber alle Register. Zu seinen Kunden zählen DAX-Unternehmen ebenso wie Firmengründer. Detlef Krause arbeitet heute nahe Hamburg als freier Texter (www.businesstext.de) und ist Autor mehrerer Praxisbücher zum Thema PowerTexten und Kundengewinnung.

Prof. Dr. Ralf T. Kreutzer ist Professor für Marketing an der Fachhochschule für Wirtschaft in Berlin sowie Marketing- und Management-Berater. Er war fünfzehn Jahre in verschiedenen Führungspositionen bei Bertelsmann, Volkswagen und der Deutschen Post World Net tätig, bevor er 2005 zum Professor für Marketing berufen wurde. Prof. Dr. Kreutzer hat durch regelmäßige Publikationen und Vorträge maßgebliche Impulse zu verschiedenen Themen rund um Direktmarketing, CRM und Kundenbindungssysteme gesetzt.

Swen Krups leitet als Country Manager seit Juli 2005 das Deutschlandgeschäft von Epsilon International (vormals DoubleClick E-Mail Solutions). Er ist seit über zehn Jahren in der Kundenbetreuung und im Vertrieb tätig. Zu seinen vorhergehenden Stationen zählen Tätigkeiten als Software- und Projektingenieur. Krups war unter anderem als Account Director bei MessageMedia für Zentraleuropa verantwortlich.

Holger Kuhfuß ist Inhaber der HK Managementberatung mit Sitz in München und hat maßgeblich das Thema Kundenbindung in der DACH-Region vorangetrieben. Er publiziert seit 2000 kontinuierlich zu vielfältigen Themen im Direktmarketing. 2003 veröffentlichte er als Mitherausgeber das Standardwerk „Handbuch Couponing". In seinem letzten Werk „Marketing Excellence" (2007) beschäftigt er sich als Mitherausgeber mit der Frage, wie die Kundenbindung optimiert werden kann.

Laura Lamieri ist seit 2003 in der Dialog Forschung des Siegfried Vögele Instituts tätig und leitet dort Forschungsprojekte im Dialogmarketing. In ihren Analysen befasst sich Frau Lamieri mit Themen wie der Wahrnehmung von Dialog-Medien und innovativen Mailing-Formaten, Frauenmarketing und Wirkungsmessungen von Kampagnen. Sie studierte International Business Administration in Wiesbaden, Italien und England und war nach dem Studium als Projektmanagerin in der Gesundheitsbranche tätig.

Andreas Landgraf ist Gründer und Geschäftsführer der defacto software GmbH in Erlangen. Sein Softwarehaus ist seit über zehn Jahren spezialisiert auf Marketing, Vertrieb und eCommerce. Mit seinem Team entwickelt er innovative und zuverlässige Lösungen für internationale Auftraggeber. Seine Erfahrung beruht auf CRM-Projekten mit mehreren Millionen Endkunden in 120 Ländern, über 500 Millionen Kundenkontakten und einem verarbeiteten Umsatzvolumen von über einer Milliarde Euro pro Jahr.

Dr. Silke Lebrenz, Diplom-Kauffrau, ist seit über fünfzehn Jahren Marktforscherin. Ihr Handwerk hat sie an der Universität Passau gelernt und gelehrt. Seit 1997 ist sie für das Market Research Service Center (MRSC) der Deutsche Post World Net Market Research and Innovation GmbH tätig und betreut dort unter anderem den Direktmarketing Monitor.

Dr. Heiko Lehmann, Diplom Soziologe, ist Division Manager bei der Ipsos GmbH. Forschungsschwerpunkte sind die B2B-Forschung, Dienstleistungs- und Innovationsforschung, vorwiegend in den Bereichen Transport, Logistik, Verkehr sowie Dialogmarketing. Erfahren auch in der qualitativen Marktforschung. Er ist seit 1998 in der Marktforschung (INRA, MW Research, Ipsos). Vor der Zeit tätig im Bereich Forschung und Lehre an der Humboldt-Universität zu Berlin.

Cornelia Lichtner ist seit 2005 bei GfK GeoMarketing tätig und ist dort verantwortlich für den Bereich Presse- und Öffentlichkeitsarbeit. Sie studierte Germanistik, Anglistik und Philosophie in Freiburg und Cambridge und hat Arbeitserfahrung in verschiedenen Medien-Bereichen (Online, Hörfunk sowie Crossmedia für Nachrichten, Marketing und PR).

Prof. Dr. Jörg Link ist an der Universität Kassel Inhaber des Controlling-Lehrstuhls. Seine Forschungsschwerpunkte liegen im Marketing-Controlling und Customer Relationship Management, insbesondere im Bereich des Database Marketing, E- und M-Commerce. Auf diesen Gebieten sind von ihm umfangreiche empirische Forschungen durchgeführt und zahlreiche Buchveröffentlichungen publiziert worden. Prof. Link hat außerdem eine Reihe von Kongressen geleitet und eine große Zahl einschlägiger Fachvorträge gehalten.

Claudia Linsenmeier verantwortet als Marketing Manager Central Europe bei salesforce.com die Entwicklung und die Umsetzung der PR- und Marketingstrategien des Unternehmens in der DACH-Region. Zuvor war die diplomierte Marketingwirtin bei baynet.de als Marketing Manager sowie bei der Harvard Business School, Boston im Research der Fakultät „Business, Government and the International Economy" tätig.

Stefan Maier studierte Agrarwissenschaften und erwarb den Marketingwirt. Von 1993-1998 war er Produktmanager für GIS-Softwaredienstleistungen. Danach bis 2003 Key Account Manager bei einem Tochterunternehmen der John Deere Corporation und verantwortlich für die Vermarktung elektronischer Maschinensteuerungen in Mitteleuropa. Seit 2004 ist er Geschäftsführer der datamints GmbH, die Web gestützte Marketinginstrumente, Marketing-Beratung und -Konzepte umsetzt.

Claus Mayer gründete 1971 mit dem Direct Marketing-Guru Lester Wunderman die erste Direct Marketing-Agentur in Deutschland. 1996 war er Mitbegründer und Gesellschafter der g k k DialogGroup. Er ist Dozent und Referent sowie Autor zahlreicher Publikationen. 1990 bis 1996 war er Vorsitzender der Jury für den Deutscher Direkt Marketing-Preis und für den EDDI. Seit 1997 ist er Ehrenvorsitzender der Jury und aktives Jury-Mitglied. Seine Spezialgebiete sind Wahrnehmungsforschung und Blickverlaufsanalyse.

Marion Meinert ist Abteilungsleiterin Adress-Strategie Marketing Brief bei Deutsche Post World Net. Nach dem Studium an der Universität Bielefeld arbeitete Frau Meinert von 1990-1997 bei der Bertelsmann-Tochter AZ Direct GmbH in unterschiedlichen Positionen, zuletzt als Vertriebsleiterin für den Bereich mikrogeografische Systeme. 1997 wechselte sie zur Deutschen Post – zunächst als Marketing- und Vertriebsleiterin der International Postal Services GmbH. Seit 2001 ist sie Lehrbeauftragte an der Fachhochschule Köln.

Martin Nitsche ist Unternehmensbereichsleiter bei der Dresdner Bank AG und gilt als einer der führenden CRM-Experten im deutschsprachigen Raum. Er begann seine Berufslaufbahn 1994 in der Beratung, bevor er 1999 auf Kundenseite wechselte und Bereichsleiter CRM im Privatkundengeschäft der Deutschen Bank wurde. Danach war er geschäftsführender Gesellschafter bei den argonauten360° in der Grey Gruppe und zuletzt CEO der Proximity Germany. Darüber hinaus ist er Vizepräsident im Deutschen Dialogmarketing Verband DDV.

Martin Philipp hat über zehn Jahre Erfahrung bei der Vermarktung und dem Vertrieb von beratungsaufwändigen webbasierten Produkten und Lösungen im Business-to-Business-Umfeld. Der diplomierte Betriebswirt ist Marketing- und Vertriebsleiter bei SC-Networks und verantwortlich für die Markteinführung von E-Marketing-Technologien in Europa.

Kerstin Plehwe ist Vorsitzende der Initiative ProDialog und ehemalige Präsidentin des Deutschen Direktmarketingverbandes. Die Unternehmerin arbeitet heute als Beraterin für Politik und Wirtschaft. Im Rahmen ihrer Aufgaben für die überparteiliche Initiative ProDialog in Berlin setzt sie sich für die Stärkung des Dialoges zwischen Staat und Bürger ein. Seit 2007 moderiert sie die Sendung „Politik konkret" beim Hauptstadtsender TV Berlin. Sie ist Autorin zahlreicher Fachartikel und Bücher.

Britta Queda ist Inhaberin der Agentur Insecon eMarketing GmbH & Co. KG und Autorin des eMail-Marketing Guides. Seit dem Jahr 2000 arbeitet sie intensiv mit dem Medium E-Mail-Marketing und betreut internationale Kunden bei der Konzeption, Durchführung, Auswertung und Optimierung von E-Mail- und Newsletterkampagnen. Eine agentureigene Versandlösung, die sie selbständig konzeptioniert und vorangetrieben hat, runden das Portfolio ab.

Jörg Rensmann (RSS-Experte) ist Geschäftsführer der infoMantis GmbH, Hersteller innovativer, RSS-basierter Software-Tools für kreatives Online-Marketing und effiziente One-To-One Kommunikation über das Internet. Der 34-Jährige ist stellvertretender Vorsitzender der Fachgruppe Services & Innovationen im Bundesverband Digitale Wirtschaft (BVDW) e.V.

Ulf Richter hat optivo 2001 zusammen mit Peter Romianowski gegründet. Er verantwortet alle betriebswirtschaftlichen Aspekte und die Außendarstellung. Vor optivo hat Ulf Richter das Online-Auktionshaus versteigern.de ins Leben gerufen. Weitere berufliche Stationen waren der Multimedia-Dienstleister aperto sowie der Bertelsmann-Konzern.

Dr. Diane Rinas ist Expertin für internationales Direktmarketing und Zielgruppenmarketing. Seit 1999 sind dies auch die Aufgabenfelder der Senior Marketing Managerin bei der Deutschen Post Global Mail. Außerdem referiert sie regelmäßig auf internationalen Seminaren und Kongressen und ist als Autorin aktiv. Bevor sie zur Deutschen Post kam, hat die gelernte Bankkauffrau in der Medienbranche gearbeitet und lehrte außerdem als Dozentin für Marketing.

Claudia Schäfer ist seit Anfang 2007 Leiterin der Abteilung Innovative Produkte des Siegfried Vögele Instituts, Internationale Gesellschaft für Dialogmarketing mbH. Sie verantwortet die Entwicklung und Weiterentwicklung zukunftsweisender Brief-, Service- und Dialogprodukte. Die gelernte Fachwirtin Direktmarketing (DDV) begann ihre Karriere bei der Deutschen Post AG bereits 1992 im Marketing der Niederlassung Philatelie.

Thorsten Schäfer absolvierte das Studium der Betriebswirtschaftslehre mit den Schwerpunkten Marketing und Informationsmanagement an der Hochschule Darmstadt. Bis Ende 2007 war er als Senior Consultant Networking am Siegfried Vögele Institut beschäftigt. Seine Schwerpunkte dort lagen im Bereich PR, Publikationen, Messen und Unternehmenskommunikation. Seit 2008 ist er geschäftsführender Gesellschafter der Umbrella Products GmbH in Dieburg sowie selbstständiger PR-Manager und Autor.

Dieter Schefer ist seit 2003 Geschäftsführer (Vorsitz) der Deutsche Post Adress GmbH & Co. KG, einem Joint Venture der Bertelsmann AG und der Deutschen Post AG. Nach seiner Ausbildung zum Bankkaufmann absolvierte er ein betriebswirtschaftliches Studium. Seine berufliche Laufbahn im Hause Bertelsmann begann er 1977 als Marketingassistent. Von 1998 bis Oktober 2003 war er Geschäftsführer der AZ Direct GmbH.

Christine Schilling arbeitet als Projektmanagerin bei der re-lounge GmbH, dem Dienstleister für digitale Medien in Freiburg und leitet in dieser Funktion den Bereich E-Mail-Marketing. Die Absolventin der Hochschule Furtwangen ist für mehrstufige E-Mail-Kampagnen, Newsletter und komplexe E-Mail-Lösungen inklusive der Anbindung an verschiedenste Business-Intelligence-Systeme zuständig.

Klaus Schober wurde am 15. Oktober 1937 in Stuttgart geboren. Er ist alleiniger Inhaber der Schober Group mit Sitz in Ditzingen/Stuttgart und ehemaliger Präsident des Deutschen Dialogmarketing Verbandes (DDV). Die Schober Unternehmensgruppe ist eines der führenden Direktmarketing-Unternehmen und mit 400 Mitarbeitern in vielen europäischen Ländern vertreten.

Markus Schöberl arbeitet seit über zehn Jahren für große Unternehmen aus den Branchen Versandhandel und Verlage. Er verfasste 2004 das Buch „Tests im Direktmarketing", dem zahlreiche Aufsätze zu unterschiedlichen Fragestellungen des Direktmarketings folgten. Markus Schöberl arbeitet heute als Geschäftsführer eines Tochterunternehmens der Axel Springer AG.

Dr. Peter Schotthöfer ist seit über zwanzig Jahren im Bereich des nationalen und internationalen Werberecht als Anwalt tätig. Er ist Co-Herausgeber des Buches „Werberecht in den Mitgliedstaaten der EU und Nordamerika", Autor mehrerer Bücher („Werberecht im Internet", „Recht im Direktmarketing"), Referent, Gründer und ehemaliger Präsident der „European Advertising Lawyers Association", Kolumnist bei „w&v" und „absatzwirtschaft" sowie Herausgeber eines eigenen Presseinformationsdienstes.

Anne M. Schüller ist Management-Consultant und gilt als führende Expertin für Loyalitätsmarketing. Über zwanzig Jahre lang hat sie in leitenden Vertriebs- und Marketingpositionen verschiedener internationaler Dienstleistungsbranchen gearbeitet und dabei mehrere Auszeichnungen erhalten. Die Diplom-Betriebswirtin und achtfache Buchautorin gehört zum Kreis der „Excellent-Speakers". Sie arbeitet auch als Business-Trainerin und lehrt an mehreren Hochschulen.

527

Dr. Torsten Schwarz gilt als der Fachmann für E-Mail-Dialogmarketing in Deutschland. Er ist Herausgeber des Beratungsbriefs „Online-Marketing-Experts", Autor diverser Fachbeiträge und Bücher sowie mehrfacher Lehrbeauftragter. Laut „akquisa" gehört er zu den Vordenkern in Marketing und Vertrieb. Der Online-Pionier war Marketingleiter eines Softwareherstellers und berät heute internationale Unternehmen.

Daniel Simon ist alleiniger Gesellschafter und Geschäftsführer der QUADRESS GmbH mit circa 25 Mitarbeitern. Er studierte an der Universität Dortmund Diplom-Logistik mit den Studienschwerpunkten Unternehmensplanung/Industriebetriebslehre. Direkt nach dem Studium gründete Daniel Frederik Simon 1998 ein Einzelhandelsgewerbe im Bereich Soft- und Hardware/Webdesign.

Matthias Stadelmeyer ist Head of TD Technology bei TradeDoubler in Deutschland. In seiner Position verantwortet er die Technologiesparte des globalen Experten für digitales Marketing, zu der Produkte wie die TD Toolbox oder die Search-Management-Technologie TD Searchware 4 gehören.

Florian Steiner ist seit mehr als fünf Jahren vorwiegend im Bereich des Wirtschaftsrechts insbesondere im gewerblichen Rechtsschutz tätig. Momentan promoviert er im Wettbewerbsrechts und ist Partner der Kanzlei Dr. Schotthöfer & Steiner, die sich auf den Bereich des Marken- und Wettbewerbsrechts spezialisiert hat.

Arnold Steinke studierte Betriebswirtschaftslehre in Mannheim mit den Studienschwerpunkten Absatzwirtschaft, Logistik sowie Marketing und Werbung. 1977 machte er das Examen zum Diplom-Kaufmann. Danach sammelte er 13 Jahre lang Erfahrung als Direktmarketing-Anwender – insbesondere bei Heinrich Heine (OTTO Versand-Gruppe). Seit 1991 hat er die Geschäftsführung bei Schober Direktmarketing Deutschland inne und ist Vorstand der Schober Holding International AG in Ditzingen bei Stuttgart.

Bernd Stieber, Vorstand und Gründungsgesellschafter von Zieltraffic AG, verantwortet die Unternehmensbereiche Vertrieb, Consulting, Marketing sowie die Leistungsbereiche Suchmaschinenmarketing (SEM) und Consulting auf nationaler und internationaler Ebene von Zieltraffic. Er besitzt über zehn Jahre Erfahrung im Online-Marketing sowie langjährige Expertise im Bank- und Versicherungsmarketing.

Dr. Frank Tapella berät als Rechtsanwalt Unternehmen im Wirtschafts-, Werbe- und Internetrecht in der Kanzlei Dr. Tapella & Dr. Jütte, Köln. Er gründete die Gesellschaft für Recht und Marketing (GfRM), untersuchte die rechtlichen Voraussetzungen des Direktmarketings, widmete sich der elektronischen Post und den Möglichkeiten länderübergreifender Werbung. Im März 2008 erschien sein Buch „Recht der Direktwerbung – Zulässigkeit und Ansprüche für alle modernen Werbeformen in Deutschland und Österreich".

Prof. Siegfried Vögele ist Urheber der „Prof. Vögele Dialog-Methode®" für das Entwickeln und Gestalten von Mailings. Sein Fachbuch „Das Verkaufsgespräch per Brief und Antwortkarte" erscheint in fünf Sprachen. Sein Lehrfilm über das „Leseverhalten" dient als Grundlage für die Mailing-Gestaltung in allen Branchen. Seine Forschung und Lehre (Seminare in 13 europäischen Ländern) wird seit 2002 vom Siegfried Vögele Institut in Königstein (Ts.) durchgeführt, eine hundertprozentige Tochter der Deutschen Post AG.

Thomas Wehlmann blickt auf 25 Jahre Erfahrung rund um Kataloge zurück. 2002 gründete er innerhalb der Unternehmensgruppe „Wehlmann Kommunikation" die Agentur Katalogie®, die heute wegweisend für die Verkaufsförderung über Print- und Web-Kataloge steht.

Dieter Weng, Präsident des DDV, ist seit sieben Jahren als freier Berater für Unternehmer, Vorstände und Geschäftsführer mit den Schwerpunkten Coaching, Kommunikations-, Marken- und Strategieberatung tätig. Seine berufliche Laufbahn begann Weng bei der Maggi GmbH (Nestlé), danach übernahm er 14 Jahre internationale Aufgaben bei Richardson-Vicks (Procter&Gamble). Er war anschließend Geschäftsführer bei Kraft GmbH (Philip Morris) in Deutschland und danach Vorstand der Reemtsma Cigarettenfabriken GmbH.

Volker Wiewer ist Vorstandsvorsitzender der eCircle AG, einer der größten Werbevermarkter und Technologieanbieter für digitales Direktmarketing in Europa. In dieser Funktion verantwortet er die Bereiche Vertrieb und Marketing. Bevor er 1999 eCircle gemeinsam mit Thomas Wilke gründete, war der studierte Diplom-Informatiker bei Roland Berger & Partner International Management Consultants tätig.

Dr. Klaus Wilsberg startete seine berufliche Laufbahn mit einer Bankausbildung bei der Stadtsparkasse Köln, danach studierte er Geschichte, Französisch und VWL in Köln und Bordeaux. Heute ist er Presse- und Wissenschaftsreferent im Deutschen Sparkassen- und Giroverband und der Deutschen Sparkassenakademie. Seit 2002 leitet er den Bereich Networking im Siegfried Vögele Institut (SVI) in Königstein im Taunus. Seit 2008 ist er Institutsdirektor des SVI.

STICHWORTE

Abbestellmöglichkeit 382, 390

Abschöpfungskunde 350

Adressdaten 51, 68

Adressdienstleister 99

Adresse 95, 257, 436, 481, 494

Adresspotential 73

Adressqualität 49

Adressenselektion 183

Adressenverleger 27

Adressgenerierung 435

Affiliate-Marketing 485

AIDA-Modell 34, 123

Agentur 25, 399

Akquisitionsstrategie 408

Aktion 96, 179, 311, 435

Aktualität 482, 501

Analysieren 270, 498

Andockflächen 134

Anfragen 294

Angebot 177

Angebotstest 143

Angst 176

Anlass 427

Anrede 12

Anrufannahme 277

Anrufverteilung 294

Anschreiben 135

Anschriftprüfung 256

Antwortkarte 18, 38, 52

Anzeige 18, 22, 66

APE 269

Archivierung 251

Auflösung 225

Aufmerksamkeit 19, 22, 133, 160, 181, 457

Auge 165

Augenkamera 117, 142, 150

Augenpfad 191

Außendienst 98, 312

Automobilbranche 20, 293, 431

Autoresponder 186

B2B-Katalog 200

B2C-Katalog 187

Bannerwerbung 62, 67, 77

Basisdaten 95

Begeisterung 104

Begrüßung 180

Below-the-line-Marketing 23

Benutzerführung 203

Beschwerdemanagement 214

Bestellschein 12

Besucherszenarien 183

Beweislast 384

Bild 12, 32, 137

Bildkontrolle 234

Bildreihenfolge 118

Bildschirmschoner 475

Bildsprache 202

Bildverlauf 117, 134

Bildvorlage 225

Binden 243

Bindungsursache 334

Blätterrichtung 191

Blickpunkte 119

Blickrichtung 191

Blickverhaltensmuster 117

Blickverlauf 134, 137, 152

Blog 86

Bluetooth Marketing 92

BOLD-Effekt 121

Bonus 483, 498

Botschaft 218, 512

Bottom-up-Kampagne 457

Branche 20, 397

Break-Even-Analyse 439

Brief 78, 142, 465

Bundesdatenschutzgesetz 313

Business-to-Business 110

Business-to-Consumer 110

Call Button 278

Call to Action 185

Callcenter 284, 288

Close-Loop 208

Club-Konzept 338

CMYK-Filter 226

Collaborative Filtering 91

Community 11, 85

Consumer-to-Consumer-Marketing 68

Controlling 24, 43, 74, 340, 438

Cornea-Reflex 150

Corporate Publishing 206

Cost per Interest CPI 439

Cost per Testdrive CPT 439

Cost-per-Order CPO 439

Coupon 38, 52

Crossmedia 57, 61, 72, 77, 79, 88, 457

Crossmedia-Kampagnen 65, 83

Cross-Selling 107, 419

CTI-Software 295

Customer Insights 214

Customer Relationship Management CRM
17, 25, 44, 86, 111, 283, 305, 294, 363,
410, 432, 491

Customer Self Service 318

Customer Touch Points 12

Customer driven content 366

Database Marketing 17, 19, 43, 97, 39,
410, 439

Datamining 429

Daten 43, 100, 310, 482, 489

Datenbank 15, 18, 23, 493

Datenerfassung 324

Datenformat 229

Datenfriedhof 365

Datenmanagement 474

Datenpflege 321

Datenquelle 312, 324

Datensatz 95, 98

Datenschutz 27, 313, 376

Datenstruktur 324

Datenübertragung 233, 251

Datenverwaltung 474

Deutscher Presserat 209

Dialog Marketing Monitor 49, 59

Dialoginstrument 35, 455, 475

Dialogkiller 185

Dialogmarketing-Instrument 35, 407

Dialogmarketing-Medien 60

Dialogmarketing-Plattform 248

Dialogmarketing-Regel 34

Dialogmethode 30

Dialogorientierung 81

Dialogtreiber 363

Dienstleister 63, 324, 403

Digital Proof 228

Digitale Medien 68

Digitaldruck 235

Direct Mailing 79

Direct Marketing 9

Direktverkauf 28

Direktwerbung 9, 27

Dokumentenmanagement 251

Druck 221

Druckerei 224

Druckfarben 238

Druckverfahren 236

Druckvorgang 237

Druckvorlagen 231

Druckvorstufe 223

Dublette 324, 327, 436

E-Commerce 497

Effizienzsteigerung 490

Einbandarten 244

Eindruck 36, 204, 272

Einfachheit 38

Einverständnis 301

Einwilligung 315, 317, 383, 390

E-Mail 52, 78, 373, 445, 483, 497, 499, 513

E-Mail-Adresse 18

E-Mail-Marketing 62, 67, 497, 504, 513

E-Mail-Plattform 507

Emotion 123, 125, 163, 214

Empfänger 509

Empfehlung 270, 272, 498

Entgeldermäßigung 255

Erfolgsfaktor 18

Erfolgskontrolle 19

Erfolgsmessung 341

Erkennen 160

Ertragswert 322

Eskalationsregel 295

EuGH 372

Eyecatcher 180

Fallbeispiele 461

Falzen 243

Farbdruck 238

Farbe 140, 218

Farbkopierer 224

Farbkorrektur 233

Farbleitsystem 156

Farbmischung 226

Farbreproduktion 228

Fax 18, 263, 297, 374, 386, 391

Faxdienstleister 299, 303

Faxmarketing 299

Faxversand 298

Faxwerbung 297

Fernabsatzgesetz 374

Finanzdienstleister 416

Fixation 116, 134, 162, 196, 203

Flachbrettscanner 227

Flachdruck 234

Flyer 218

Folgekauf 17, 498

Format 241

Formulierung 199

Fragebogen 215

Fragetechnik 271, 365

Frankiervermerk 259

Fulfillment 147, 470

Fullservice 28

Fundraising 443

Gefühl 171

Gehirnforschung 129, 131

Geomarketing 109, 519

Geschäftsprozess 362, 491

Geschichte 27

Geschwindigkeit 428

Gesetzliche Aufbewahrungspflicht 253

Gespräch 84, 214

Gestaltung 52, 137, 437

Gestaltungsansatz 161

Gestaltungselement 35

Gestaltungsregel 117

Gewinnspiel 11, 52

Gießkannen-Prinzip 23

Gliederung 38

Gutenberg Johannes 223

Gutschein 52, 80, 166, 217, 409

Handlung 22

Handlungsaufforderung 185

Handlungsauslöser 195

Headline 118, 120, 137, 170, 172

Herstellung 223

Hilfsverb 166

Hirnforschung 131

Hit and Run-Methode 83

Homepage 458

Hot Spot-Seiten-Theorie 190

HTML 505

Ideenshopping 402

Imagegewinn 107

Individualisierung 12, 21, 18, 24, 248

Infopost 254

Infopost-Manager 256

Information 43

Informationskette 159

Informationskreislauf 104

Informationspflicht 375

Informationstechnologie 19, 21

Informationsüberflutung 119

Inhalt 210, 211, 445, 501

Integrierte Kampagnen 56, 75

Integrierte Kommunikation 25, 65, 71, 77, 218

Interesse 172

Internationales Direktmarketing 47

Internet 11, 66, 181

Internetbesucher 182, 185

Internettext 181

Internetwerbung 53

Kaltakquise 278

Kaltanruf 266

Kampagne 11, 54, 57, 71, 78, 88

Kampagnensteuerung 493

Kanalkonflikt 291

Kartografische Merkmale 109

Katalog 15, 126, 187, 467
Katalog-Analyse 200, 467
Katalog-Art 188
Katalogtext 218
Katalogtitel 190
Kaufappell 179
Kaufentscheidung 105, 440
Kaufkraftklasse 109
Kaufverhalten 48
Kernspin-Tomografie 127
Key Visual 55, 133, 217
KISS-Regel 54
Klassische Medien 59, 61, 64
Klassische Werbung 71, 132
Klassisches Marketing 16, 25, 83
Klickrate 510
Klickverhalten 509
Klumpenrisiko 148
Kollisionsmatrix 517
Kommunikation 22, 285, 456, 468, 494
Kommunikationskanal 53, 59, 132, 213
Kommunikationskonzept 23
Kommunikationsmix 351
Kontaktadresse 185
Kontaktfrequenz 107
Kontrast 134, 197
Kontrastdesign 145
Kontrasttest 145
Korrektur 225
Kosten 102
Kostenbilanz 106
Kostenoptimierung 285
Kostenreduzierung 255
Kreation 488
Kreativpotential 364
Kreativtest 138
Kunde 285 360 495
Kundenabwanderung 362
Kundenanfrage 285
Kundenansprache 10, 19, 471
Kundenanspruch 288
Kundenanwärmanruf 266
Kundenbedürfnis 13, 44
Kundenbefragung 467
Kundenbeteiligung 102
Kundenbeziehung 10, 17, 23, 76, 107
Kundenbindung 28, 44, 300, 332, 423

Kundenbindungsprogramm 332
Kundendaten 313
Kundendatenbanken 307, 330, 491
Kunden-Deckungsbeitragsrechnung 45
Kundendialog 10, 25, 63, 77, 184, 474
Kundenentwicklung 100
Kundenfokussierung 361
Kundengewinnung 44, 186, 300
Kundengruppe 352
Kundeninteraktion 106
Kundenkarte 337
Kundenkenntnis 100
Kundenkommunikation 24, 104
Kundenkontakt 366
Kundenlebenswert 322
Kundenloyalität 282
Kundenmagazin 206
Kundenmanagement 347
Kundenmotiv 260
Kundennutzen 172
Kundenorientierung 44, 102, 356, 360
Kundenpflege 44, 321
Kundenprofil 48, 516
Kundenrückgewinnung 44
Kundensegment 287, 349
Kundensicht 53
Kundentreue 100
Kundenveredlung 419
Kundenwert 44, 347
Kundenwertsteuerung 291
Kundenwertstrategie 287
Kundenzeitschrift 64
Kundenzufriedenheit 45, 285, 332, 469
Kündigerrückgewinnung 290
Kurz-Information 119

Large Format Printing 236
Layout 190
Layoutprogramm 229
Lead 85
Lean Management 292
Leistung 428
Lesbarkeit 37
Lesegewohnheit 203
Leselust 138
Leser 120, 210
Leserfragen 116, 157

Lesernutzen 116
Leseschwelle 119
Lesevorgang 161
Lesewiderstand 36
Lettershop 28, 148, 436
Lifetime Value LTV 44, 77
Logo 124, 466

Magazin, dialogisiert 206
Magnetresonanztomografie, funktionelle fMRT 121
Mailing 53, 56, 61, 119, 169, 218, 385, 390, 434, 495
Mailingplan 73
Marke 124
Markenartikel 207
Markenführung 22
Markenname 39
Marketing Intelligence 354
Marketingkonzept 284
Marketinginstrument 15
Marketingmanagement 142
Marketingplattform 211
Markt 13, 21
Markt Mavens 365
Marktbearbeitung 11
Marktdurchdringung 111
Marktforschung 366
Marktlückenmarketing 17
Marktpotential 43, 109
Marktsegmentierung 22, 43, 59
Maschinenlesbarkeit 261
Mass Customization 43, 101, 108
Massenkommunikation 17
Massenmailing 482
Massenmarketing 17, 21, 42
Massenproduktion 100
Matchcode 328
MediaMail 23
Mediaplan 73
Medien 18, 59, 66, 427, 433, 493
Medienbruch 471
Medienfilter 115
Medienmix 78, 457
Medienrotation 458
Merkmale 496
Messbarkeit 19
Messe 66

Metapher 167
Methodik 430
Mitarbeiter 46, 295
Mittelallokation 142
Mobile Commerce 13
Mobile Marketing 64, 477
Modewort 166
Modularisierung 105
Monitoring 376
Monolog 360
Motivator 178
Multi-Channel 12, 83, 89
Multikanalkonzept 284
Multikanalprozess 290
Multimedia Messaging Service 455
Multi-Partner-Programm 338
Multi-Zielgruppen-Marketing 83

Nachfassen 412
Nachhaltigkeit 499
Nachsendeantrag 326
Netzwerk 11, 457
Neugier 171
Neukunde 85, 351, 407, 409, 481
Neukundengewinnung 98, 416
Neuro-Imaging 122
Neuromarketing 121, 207
Newsletter 182, 501, 505
Nicht-Reagierer 516
Nutzenbilanz 106
Nutzer 364

OCR-Software 227
Öffentlichkeitsarbeit 301
Offline 67, 77, 471
Offline-Medien 61
Offsetdruck 234
On-Demand Digitaldruck 249
One-to-One 17, 21, 33, 414, 494
Online 36, 67, 77, 136, 471, 473
Online-Medien 37, 61
Online-Werbemittel 36
Online-Werbung 489
Optimierungspotenzial 109
Organigramm 360
Outsourcing 64, 364
Overlay-Funktion 150

Paper to Web 471
Papierqualitäten 239
Papiersorten 239, 242
Partnerprogramm 485
PDF 230
Performance-Marketing 479, 487
Permission-Marketing 317
Personalisierung 12, 212, 270, 497
Perspektive 138
Phonetik 329
Plakat 452
Point-of-Sale POS 17, 110, 408
Politische Kommunikation 452
Portokosten 254
Postalische Korrektur 324, 325
Posteingangsbearbeitung 252
Postmarkt 261
Postwurfsendung 257
Potentialdaten 311
Potentialkunde 350
Preis 39, 254, 258
Pressecodex 209
Print 36
Print-Beilage 135
Print-on-Demand 248
Print-Werbemittel 33, 135
Proband 128
Probeabo 483
Produktentwicklung 366
Produktvorteile 272
Prof. Vögele Dialogmethode 30
Profilbildung 315
Profildaten 86, 96, 215
Profiling 13, 98, 429
Projektmanagement 246
Proof-Verfahren 228
Prospekt 15, 135
Prozess 252, 514
Prozess-Redesign 291
PS 180
Psychologie 33

Qualität 102, 147, 269, 457
Qualitätsadressen 493
Qualitätskontrolle 233
Qualitätsmaßnahmen 247
Qualitätssicherung 247

Quantität 269
Quotenverfahren 145

Rabatt-Symbole 128
Radio 18, 22
Randomisierung 148, 128
Randoptimierung 144
Reagierer 51, 418, 499
Reaktanzen 153
Reaktion 15, 18, 38
Reaktionsdaten 97, 312
Reaktionsschwelle 119
Reaktionsverhalten 30
Rechtslage 379, 389
Rechtslage Deutschland 379, 393
Rechtslage Österreich 379, 381, 395
Rechtslage Schweiz 379, 388
Region 73
Reichweite 83, 457
Reize 127
Reklamation 281, 358
Relevanz 35, 510
Repräsentativ 145
Response 35, 39, 52, 59
Responseelement 38, 61
Responseerfolg 100
Responsemanagement 251
Responsequote 297
Rezeptionsforschung 211
Rezipient 138
RFM-Kriterien 411
RFMR-Methode 348
RGB-Farben 226
Robinson-Liste 27
Rückkanal 208

Sammelkarten 337
Satz 38, 160
Satzbau 165
Satzfolge 160
Satzlänge 165
Schlüsselelement 133
Schlüsseltechnik 280
Schnittstelle 292
Schrift 37, 137, 197
Scorekarte 99
Scoring Modell 44

Segmentierung 43, 212, 435, 454, 511
Selektion 482
Service 216, 513
Servicekonzept 284
Service-Level 284
Share of market 82
Share of wallet 82
Signifikanz 146
Single-Partner-Programm 338
Software 324
Spam 360, 426
Split-Testing 506
Sprache 130, 169, 183
Stammkunde 350, 409
Standort 110
Statistische Daten 98
Stichprobe 141
Storytelling 210
Strategiefrage 286
Streutest 143
Streuverlust 19, 22
Structural motion 191
Suchmaschinen-Marketing 77, 86, 91, 183, 474, 479
Suchwort 186

Tante-Emma-Prinzip 23, 431
Technische Integration 293
Telefon 78, 263, 373, 385, 391
Telefonmarketing 36, 63, 265, 277, 279
Telefonverkäufer 280
Telefonverkaufsgespräch 273
Telefonzentrale 281
Telekommunikationsgesetz 313
Telemarketing 36, 63
Telemediengesetz 313
Testeffekt 144
Testen 141
Testfragestellung 144
Testgruppe 145, 148, 439
Teststeuerung 148
Testimonial 38
Text 36, 159, 165, 198
Texten 169, 183
Textverständlichkeit 38, 163, 164
Timingtest 143
Tonalität 220

Transparenz 318
Trefferquote 99
Trend 24, 61, 67, 450
Trigger-E-Mail 515
Trommelscanner 227
TV-Werbung 18, 53, 63

Überfüllung 138
Überschrift 170
Übersichtlichkeit 38
Umschlagsgestaltung 254, 259
Umzug 326
Unadressierte Sendung 257
Unterlassungsanspruch 391
Up-Selling 107, 419
User-generated-Content 210

Variantenproduktion 101
Variety Seeking 431
Verbalstil 166
Verbot der Irreführung 383
Verkaufsdialog 181
Verkaufsförderung 28, 213, 409, 497
Verkaufsgespräch 30, 279
Verkaufskatalog 205
Verkaufsstark 184
Verkaufsstrategie 188
Verpackung 204, 261
Versand 15, 221
Versandhandel 407, 469, 498
Versicherungsbranche 424
Verständlichkeits-Index 163
Verstehen 137, 160
Vertrauen 204, 428, 453
Vertrieb 98
Vertriebskonflikt 289
Vertriebskonzept 284
Verzichtskunde 350
Video 35
Visualisierung 109, 503

Wahlwerbespot 452
Wahrnehmung 115, 301
Warenprobe 52
Wasserfallstrategie 56
Web 83, 86, 135
Web 2.0 363

Webauftritt 184, 182, 474
Weblog 458
Website 36, 62
Wechselbarriere 335
Weiterempfehlung 418
Werbeausgabe 60
Werbebotschaft 57, 207
Werbebrief 68, 169, 170, 181, 383
Werbebudget 15, 22, 62, 142
Werbecode 147
Werbefax 298
Werbeinstrument 48, 120
Werbemittel 486
Werbemittelforschung 124
Werbemitteltest 144
Werbeplanung 519
Werberecht 371
Werbewahrnehmung 115
Werbewirkung 113, 141, 196
Werbewirtschaft 66
Wertewandel 18
Wertschöpfungskette 364
Wettbewerbsstrategie 101
Wettbewerbsumfeld 48
Wettbewerbsverbot 403
Wettbewerbsverstoß 377
Wirkungsgrad 19
Wissenschaft 25, 33, 39
Wording 133, 137
Workflow 295
Wort 32, 38, 160, 166
Wort-Bild-Marke 213

Zeitung 53
Ziel 427, 447
Zielgruppe 11, 43, 57, 97, 75, 135, 184, 185, 191, 212, 358, 436, 437, 447, 456, 494
Zielgruppenbefragung 202
Zielgruppenmarketing 43, 89, 90
Zielgruppenselektion 484
Zielgruppentest 145
Zielmarkt 57
Zufallsauswahlverfahren 147
Zufriedenheit 48
Zustellrate 508

Praxis-Ratgeber für
Online-Marketing

Leitfaden eMail Marketing und Newsletter-Gestaltung

T. Schwarz, 194 Seiten, Preis: 20,00 Euro, gebunden, 3. Auflage, 09.2004
ISBN: 3-00-014639-3

Trotz Spam und Viren: seriöse Newsletter boomen. Wer seinen Kunden etwas zu sagen hat, erreicht zweistellige Reaktionsraten und spart Mailingkosten. Wie Sie dieses Ziel in zwölf Schritten erreichen, verrät Deutschlands E-Mail-Profi in seinem Standardwerk. Das Buch ist seit seinem Erscheinen unter den Top 10 der Online-Marketing-Bücher bei Amazon.

Leitfaden Permission Marketing

T. Schwarz, 285 Seiten, Preis: 24,90 Euro, gebunden, 09.2005
ISBN: 3-00-017034-0

Die Zeiten sind vorbei, als Unternehmen es sich leisten konnten, Werbung zu verbreiten, die keiner beachtet. Deshalb setzen Firmen heute auf den vom Verbraucher erwünschten Dialog. Das ist preiswerter, belästigt niemanden und bringt besseres Image sowie mehr Umsatz. In diesem Buch beschreiben renommierte Experten, wie der erwünschte Kundendialog praktisch funktioniert.

Leitfaden Integrierte Kommunikation

T. Schwarz & G. Braun, 324 Seiten, Preis: 24,90 Euro, gebunden, 2. Auflage 12.2006
ISBN: 3-00-019271-9

Schon heute produzieren Verbraucher mehr Marketing-Informationen als die Unternehmen selbst. In Weblogs, Communities und Video-Plattformen wird fleißig kommentiert. Integrierte Kommunikation gerät zum Vabanquespiel: Wer Kritik unterdrücken will, fordert diese heraus. In diesem Buch erläutern ausgewiesene Experten wie Unternehmen eine einheitliche Außendarstellung erreichen. So können Kontakte erhöht und Budget gespart werden.

Leitfaden Online Marketing

T. Schwarz, 858 Seiten, Preis: 39,90 Euro, gebunden, 2. Auflage 09.2007
ISBN: 978-3-00-020904-8

Online-Werbung wächst derzeit zehnmal schneller als alle anderen Werbemedien. Dieses Buch bündelt erstmals das aktuelle Wissen einer jungen Branche. Die Autoren sind die führenden Köpfe der Online-Branche. Die Beiträge enthalten Umsetzungsvorschläge, die sich in der Praxis bewährt haben. Von Affiliate-Marketing über Suchmaschinenoptimierung bis zum Web 2.0 werden Strategien erläutert und praktische Tipps gegeben.

www.marketing-boerse.de/Redir/Buecher